生态规划设计

——原理、方法与应用

主　编　车生泉　张凯旋

副主编　于冰沁　郭健康
申广荣　靳思佳

上海交通大学出版社

内 容 提 要

本书梳理了生态规划设计理论和实践的发展历程，总结了生态规划的基本理论，提出了生态规划的理论基础和方法论，构建了生态规划的方法体系，重点介绍了生态调查—生态评价—生态规划—生态设计的规划流程，总结了国内外多尺度生态规划的具体应用和建设案例。本书共分三篇十六章，具有系统全面、突出方法和注重实践的特点。

本书适用于风景园林、生态学、环境科学、建筑学、城市规划、环境艺术学、旅游管理等师生及相关行业的专业技术人员和管理人员阅读参考。

图书在版编目(CIP)数据

生态规划设计：原理、方法与应用/车生泉，张凯旋主编．—上海：上海交通大学出版社，2013(2020重印)
ISBN 978-7-313-09989-1

Ⅰ．①生… Ⅱ．①车… ②张… Ⅲ．①生态环境—环境规划—教材 Ⅳ．①X32

中国版本图书馆CIP数据核字(2013)第133167号

生态规划设计
——原理、方法与应用
车生泉 张凯旋 **主编**
上海交通大学出版社出版发行
（上海市番禺路951号 邮政编码200030）
电话：64071208
当纳利(上海)信息技术有限公司 印刷 全国新华书店经销
开本：787 mm×1092 mm 1/16 印张：25.75 字数：638千字
2013年9月第1版 2020年2月第2次印刷
ISBN 978-7-313-09989-1 定价：65.00元

前　言

20 世纪末，美国著名思想家托马斯·贝里(Thomas Berry)在其著作《伟大的事业：人类未来之路》中提出了“生态生代(Ecozoic)”的概念，他认为有生命以来的地球历史进程在经过古生代(Paleozoic)、中生代(Mesozoic)、新生代(Cenozoic)之后，将步入生态生代。“我们目前正在参与‘人—地球环境’中的一个独一无二的变化。这个在过去数千年中自我管理的行星，现在很大程度上通过人类的决定来决定它的未来，这就是在人类踏上经验科学和与之相关的技术之路的时候，人类共同体所应承担的责任。”

人类文明的发展经历了史前文明、农耕文明、工业文明 3 个时期。进入 21 世纪，人类正处在从工业文明向生态文明的转型时期。同时，在我国全力建设和谐社会的时期，城市建设的指导思想已由“空间论”转向了“环境论”，进而发展至“生态论”。人类文明的生态转向为城市建设和学科发展提出了新思路和新方法，以协调人与自然关系为根本任务的生态规划学将是生态文明构建阶段的重要学科。

随着全球性资源及环境问题的加剧，城市在发展中面临严重的生态困境，人类社会迫切的发展需求与有限的资源承载力、脆弱的生态环境之间的矛盾日益尖锐，建设生态城市、协调经济发展与资源环境的关系、寻求社会进步与生态保护之间的平衡成为历史必然。生态学思想广泛地向城市与区域规划、风景园林、建筑学及其他应用学科渗透。生态规划作为促进人与环境系统协调、持续发展的规划方法，使可持续发展的原则及各种生态思想、理论和技术落实到可操作层面，对人居环境的改善产生重要影响。

本教材梳理了生态规划设计理论和实践的发展历程，总结了生态规划的基本理论，提出了生态规划的理论基础和方法论，构建了生态规划的方法体系，重点介绍了“生态调查—生态评价—生态规划—生态设计”的规划流程，总结了国内外多尺度生态规划的具体应用和建设案例。

本教材所展示的理论对于专业人员来说非常重要，是作者在广泛吸收多年来国内外专家学者在本学科领域的教学、科研和实践成果的基础上，结合作者的研究、教学和实践的经验与积累编著而成，适用于风景园林、生态学、环境科学、建筑学、城市规划、环境艺术学、旅游管理等专业的师生，以及相关行业的专业技术人员和管理人员等阅读参考。本教材的特点如下：

(1) 系统全面。本教材突破了以往教材对生态学或城乡规划理论单方面的倚重，全面构建了生态规划学科的理论基础和方法体系，丰富和完善了课程的理论和实践环节。

(2) 突出方法。本教材突破了传统教材以理论为主的模式，注重方法论和研究方法的介绍，立足于生态规划设计的应用性、操作性和实践指导性。

(3) 注重实践。本教材的理论阐述基于典型的案例分析，包括区域、城镇、重点生态区等多尺度的案例，力求做到理论与实践的结合，突出实践应用价值，促进读者对理论知识的理解与深化。

本教材共分三篇十六章。绪论部分介绍了生态规划和生态设计的概念及发展历程；三篇分别为原理篇、方法篇和应用篇。其中原理篇包括第一章到第五章，主要介绍生态学、景观生态学、城市生态学、城乡规划学以及可持续发展理论和循环经济理论等生态规划的基础理论；方法篇包括第6章到第12章，主要介绍生态规划的方法体系、生态调查、生态评价、生态规划和生态设计的主要流程和方法，并介绍了3S技术和数学方法在生态规划中的应用；应用篇包括第13章到第16章，主要介绍区域生态规划、生态城镇规划、重点生态区规划和生态设计与技术方面的国内外典型案例。

本书得到了上海交通大学教材出版基金的资助，得到了上海交通大学出版社的大力支持，书中部分案例得到了复旦大学王祥荣教授、德国SBA设计事务所李宏先生的帮助。张园、汤雨琴、李蔷强、杨梦雨、蔡韵雯、余帆等研究生承担了本书的部分资料收集、图表绘制及图文编排等方面的工作，在此表示诚挚的感谢！

作　者

2013年7月

目　　录

第1篇　原　理　篇

第2篇 方 法 篇

第3篇　应　用　篇

0 绪　　论

生态规划设计是以生态学原理为指导，分析各种生态信息，通过科学的规划设计来有效防范或减少人类社会发展对自然环境的影响，达到可持续发展目的的一种规划设计思想方法。这种思想方法强调借助各种科学技术知识，深入研究人与自然的关系，科学分析人类社会经济活动引发的环境影响，探讨并认识人类在自然界中的地位，以寻求人与自然和谐相处的明智而科学的方法。

0.1 生态规划

0.1.1 生态规划的概念

生态(Eco-)一词源于古希腊字，意思是指“家(house)”或“我们的环境”。生态是指一切生物的生存状态，包括人类自身在内的所有生物体与其他生物、物理环境之间的关系。

生态学与规划有许多共同关心的问题，如对自然资源的保护和可持续利用，但生态学更关心问题的分析过程，而规划则更关心问题的解决过程，两者的结合是人地关系走向可持续的必由之路。

生态规划所要解决的问题不仅仅是一个物质规划(physical planning)的问题，更是一个关于人与自然相互作用以及人在地球上的生存问题。

由于生态规划发展迅速，应用的领域和范围不断扩大，生态规划的概念至今尚无统一的认识。不同学者在不同时期结合各自的研究工作对生态规划提出了多种定义(见表 0.1)。其中，伊恩·麦克哈格(Ian L. McHarg)的定义强调土地的适宜性，认为土地利用规划应该遵从自然的固有价值和自然过程；弗兰德里克·斯坦纳(Frederick Steiner)的定义提倡运用人类生态学的思想指导规划设计，提倡公众参与；福斯特·努比斯(Forster Ndubisi)强调生态规划是引导或控制景观的改变，使人类行为与自然过程达到协调发展的方式。在国际组织和相关机构的定义中，联合国人与生物圈计划的定义强调生态规划的能动性、协调性、整体性和层次性；《环境科学词典》中对生态规划的定义更强调资源性和经济性。

0.1.2 生态规划的理论及其发展历程

生态规划作为一种学术思想有着较为悠久的历史，早在公元前，著名哲学家柏拉图提出的“理想城市”中就蕴含了生态城市和生态规划的设想。16 世纪英国摩尔(Thomas More)的“乌托邦(Utopia)”、18～19 世纪傅立叶(Charles Fourier)的“法郎吉(Phalanxes)”以及欧文(Robert Owen)的“新协和村(Village of New Harmony)”等理念均对生态规划的发展起到重要的推动作用。19 世纪中叶，一些生态学家和规划工作者以及社会科学家的著作和实践标志

表 0.1　生态规划的定义和内涵

学者或机构	定　　义	核心内涵	备注(来源)
伊恩・麦克哈格 Ian McHarg(1969)	生态规划是对某种潜在的土地利用方式，在没有任何有害的情况下，或多数无害的情况下，对土地潜在用途予以最适宜的利用，符合此种标准的地区便认定为本身适宜于所考虑的土地利用。利用生态学原理而制定的符合生态学要求的土地利用规划称为生态规划	强调土地的适宜性，认为土地利用规划应该遵从自然的固有价值和自然过程	Ian McHarg. 1969. Design with nature [M]. Garden City, N. Y.: Doubleday/ Natural History Press. 1992. Reprint, New York: John Wiley & Sons
弗雷德里克・斯坦纳 Frederick Steiner(1991)	运用生物学及社会文化信息，就景观利用的决策提出可能的机遇及约束	提倡运用人类生态学的思想指导规划设计，提倡公众参与，规划是循环的、动态的、不断重复的过程	Frederick Steiner. 1991. The living landscape: an ecological approach to landscape planning [M]. New York: McGraw-Hill Inc
福斯特・努比斯 Forster Ndubisi (2002)	生态规划是对景观利用进行理解、评价并提供选择的过程，使其更适应于人居环境	生态规划是引导或控制景观的改变，使人类行为与自然过程达到协调发展的方式	Forster Ndubisi. 2002. Ecological planning: a historical and comparative synthesis [M]. Baltimore: Johns Hopkins University Press
王如松(2000)	生态规划就是要通过生态辨识和系统规划，运用生态学原理、方法和系统科学手段去辨识、模拟、设计生态系统内部的各种生态关系，探讨改善生态系统生态功能、促进人与环境持续协调发展的可行的调控政策	本质是一种系统认识和重新安排人与环境关系的复合生态系统规划。强调生态规划应该是包含生态人居建设的城乡生态评价、生态规划和生态建设三大组成部分之一，而不仅限于生态学的土地利用规划	王如松，周启星，胡聃. 2000. 城市可持续发展的生态调控方法[M]. 北京：气象出版社
王祥荣(2002)	生态规划是以生态学原理和城乡规划原理为指导，应用系统科学、环境科学等多学科的手段辨识、模拟、设计复合生态系统的各种生态关系，确定资源开发利用与保护的生态适宜度，探讨改善系统结构与功能的生态建设对策，促进人与环境关系持续协调发展的一种规划方法	从区域和人工复合生态系统的特点、发展趋势和生态规划所应解决的问题来定义。土地利用规划虽是城市生态规划的核心部分，但不能把城市生态规划局限于土地利用规划	王祥荣. 2002. 城市生态规划的概念、内涵与证实研究 [J]. 规划师，18(4)：12－15

（续表）

学者或机构	定　　义	核心内涵	备注(来源)
沈清基(2009)	生态规划是以生态学理论为指导,以实现城市生态系统的健康协调可持续发展为目的,通过调控一定范围内的“人—资源—环境—社会—经济—发展”的各种生态关系,促进城市可持续发展,促进人居环境水平和人的发展水平不断提高的规划类型	城市生态规划最核心内涵的特征是关系。其中,对这些关系的表达、分析、协调、重构都是城市生态规划需要解决的重点问题	沈清基. 2009. 城市生态规划若干重要议题思考[J],城市规划学刊,2：23-30
联合国(MAB,1984)	生态规划是从自然生态与社会心理两方面去创造一种能充分融合技术和自然的人类活动的最优环境,诱发人的创造精神和生产力,提供高人的物质和文化生活水平	城市生态规划科学内涵强调规划的能动性、协调性、整体性和层次性,目标是追求社会的文明、经济的高效和生态环境的和谐	联合国人与生物圈计划(Man and the Biosphere programme, MAB) 第 57 集报告,[R] 1984
《环境科学词典》(1994)	生态规划是在自然综合体的天然平衡情况下不做重大变化、自然环境不遭破坏和一个部门的经济活动不给另一个部门造成损失的情况下,应用生态学原理,计算并安排(合理)天然资源的利用及组织地域的利用	强调资源性、经济性,更多地从政府管理和经济良性发展的角度来探讨	曲格平. 1994. 环境科学词典[M]. 上海：上海辞书出版社
全国科学技术名词审定委员会(2007)	指运用生态学原理,综合地、长远地评价、规划和协调人与自然资源开发、利用和转化的关系,提高生态经济效率,促进社会经济可持续发展的一种区域发展规划方法	以生态学及生态经济学原理为基础,寻求人的活动与自然协调,实现资源永续利用和社会经济持续发展的重要途径	生态学名词审定委员会. 2007. 生态学名词[M]. 北京：科学出版社

着生态规划理论体系的基本形成。

美国著名科学、哲学家托马斯·库恩(Thomas Kuhn)在《科学革命的结构》(*Structure of Scientific Revolution*,1962)中提出了科学发展阶段：前科学—常规科学—科学危机—科学革命—新的常规科学。库恩系统阐述了范式(paradigm)的概念和理论,他认为学科的发展过程就是新范式取代旧范式的过程。库恩指出:“范式就是一种公认的模型或模式,从本质上讲是一种理论体系。”

范式的特点是：

① 范式在一定程度内具有公认性；

② 范式是一个由基本定律、理论、应用以及相关的仪器设备等构成的一个整体,它的存在给科学家提供了一个研究纲领；

③ 范式还为科学研究提供了可模仿的、成功的先例。

范式的进化也是生态规划发展过程的一种重要特征(Forster Ndubisi,1997)。从生态规划的发展历程和范式的形成来看,生态规划发展经历了萌芽期、形成期和成熟期阶段。生态规划的主要发展时期都与托马斯·库恩的科学变革的结构这一理论相符合。

0.1.2.1 萌芽时期(1860S～1900S)

早在生态概念和生态学出现之前，科学家（特别是植物学家和土壤学家）和一些规划师就力图将自然作为生命的有机系统纳入到规划中考虑。

19世纪中期为生态规划在美国的起始时期。该时期的标志是出现很多不同的、关于自然的看法。这些观点之间彼此竞争，彼此之间都还可以共同相处。

1）理论发展

美国地理学家乔治·马什(George Marsh)在其1864年出版的著作《人与自然，人类行为影响下的自然地理》(*Man and Nature, or Physical Geography as Modified by Human Action*, 1864)中，首次提出“合理规划人类活动，使之与自然协调，而非破坏自然”的原则。

美国著名的探险家和地质学家约翰·鲍威尔(John Powell)完全依据乔治·马什(George Marsh)的理念制定了美国西部干旱地区的公共管理政策。他在《美国干旱地区土地报告》(*Report on the Lands of the Arid Region of the United States*, 1879)中指出：“规划不仅要考虑工程问题及方法，还应考虑土地自身的特征，强调要求制定一种土地与水资源利用政策，并要求选择能适应干旱、半干旱地区的一种新的土地利用方式，新的管理机制及新的生活方式。”他是最早提出要通过立法和政策促进与生态条件相适应的发展规划的学者之一。

1898年，英国学者艾比尼泽·霍华德(Ebenezer Howard)出版了《明日的田园城市》(*Garden Cities of Tomorrow*, 1898)一书，提出了“田园城市(garden city)”的概念，实质上就是从城市规划与建设中寻求与自然协调的一种探索。同时，芝加哥学派的两位成员，景观设计师珍·延森(Jens Jensen)与芝加哥大学的生态学家亨利·考雷斯(Henry Cowles)曾携手探索如何在不断扩展的城市区保护自然景观。

从Marsh、Howard到Jensen，一批具有远见的生态学家与规划师通过理论探索与规划实践，自发地将生态学思想应用于规划中。

在生态规划萌芽时期，逐渐形成了一套用于指导实践的“信条系统(belief system)”。即基于对于土地内在特征的理解来指导土地的利用(using an understanding of the intrinsic character of land to guide landscape use)。然而这样一套信条系统主要是基于信念上的，并没有坚实的科学基础。

2）规划实践

在生态规划的先驱思想家们从思想、方法上构筑生态的同时，生态规划的实践已开展起来。在世纪之交，在美国中西部和东北部许多城市公园与开阔地的规划中，规划师们开始有意识地协调处理自然景观、自然过程与人工环境的关系。

19世纪后半叶，在“景观作为自然系统”理念的影响下，一些早期的景观设计师在美国公园和开放空间系统的规划实践中进行了大量的尝试。美国景观设计的奠基人弗兰德里克·劳·奥姆斯特德(Frederick Law Olmsted)在1864年制定了加利福尼亚约塞米蒂(Yosemite)流域规划，这是当时景观规划的一个杰出范例。其他的规划还有：Olmsted和Vaux在1878年设计的波士顿Back Bay Fens和Muddy River绿地系统规划；H. W. S. Cleveland在1888年设计的明尼阿波利期(Minneapolis)和圣·保罗(St. Paul)的公园绿地系统；Charles Eliot在1893年设计的波士顿大都会公园系统等，这些规划同样考虑了对自然系统的保护。

0.1.2.2 形成时期(1910S～1950S)

20世纪初，生态学已发展成为一门独立的学科，并与社会学、城市规划等学科紧密联系。

这一阶段，各种不同背景的学者从不同角度提出了生态规划的理论与方法。与此同时，不同尺度的规划实践也悄然开展，丰富发展了生态规划的理论和方法。其中地图叠加技术影响最为显著，奠定了后来 GIS、生态分析等分析技术的基础。

1) 理论发展

苏格兰植物学家和规划师帕特里克・盖迪斯(Patrick Geddes)是传统区域与城市规划的先驱思想家之一，他创立的城市与区域规划程序“调查—分析—规划方案”一直为规划者视为经典。Geddes 在《进化中的城市》(*Cities in Evolution*，1915)一书中，强调把规划建立在充分认识与了解自然环境条件的基础上，根据自然潜力与制约制订与自然和谐的规划方案。同时，他提出了“地点—事件—人(place-work-folk)”的概念，较好地诠释了人类行为与环境之间的复杂关系，他强调的不是调查地点、事件或人，而是它们之间的相互关系。这成了 50 年后 Ian McHarg 提出的人类生态规划理论的基本原则，也是今天生态景观规划的核心特征。

以 George Marsh、John Powell 及 Patrick Geddes 等为代表的生态学家、规划工作者及其他社会科学家的规划实践与著作标志着生态规划的产生和形成(Steiner，1987)。

受 Geddes 与英国田园城市运动的影响，美国区域规划协会于 1923 年成立，标志着规划与生态学之间建立了切实联系，作为其主要成员的本顿・麦克凯耶(Benton Mackaye)和刘易斯・芒福德(Lewis Mumford)，是以生态学为基础的区域与城市规划的强烈支持者。

Mackaye(1940)曾巧妙地将区域规划与生态学联系起来，他将区域规划定义为：在一定区域范围内，为了优化人类活动并改善生活条件而重新配置物质基础的过程，包括对区域的生产、生活设施、资源、人口以及其他可能的各种人类活动的综合安排与排序。Mackaye 还引用柏拉图(Plato)的名言“要征服自然，首先必须服从自然”来强调他的规划思想，他认为“区域规划就是生态学，尤其是人类生态学”，并从区域规划的角度将人类生态学定义为：“人类生态学关心的是人类与其环境的关系，区域是环境单元，规划是描绘影响人类福祉的活动，其目的是将人类与区域的优化关系付诸实践。因此，区域规划，简言之，就是人类生态学。”后来，McHarg、Steiner 及 Young 等继承了这一观点，将生态规划称为人类生态规划，或应用人类生态学。

Mumford 的代表作《城市发展史：起源、演变和前景》(*the City in History: Its Origins, Its Transformations, and its Prospects*，1968)主张人类社会与自然环境应在供求上相互取得平衡，并将社会传统作为赖以生存的第 2 种环境，用城市引力的范围来划分区域，强调把区域作为规划分析的主要单元，在地区生态极限内建立若干独立又互相关联的密度适中的社区，使其构成网络体系，建立了环境资源分析方法框架，并应用叠加技术对威斯康星州(Wisconsin)的自然资源进行了评价。

野生生物学家、森林学家阿尔多・莱奥波德(Aldo Leopold，1933)强调将生态伦理学与土地利用、管理和保护规划相结合。他注意到自然生态过程对人类活动的相互关系，同时指出：“运用生态学理论与方法追求‘广泛与土地共生’，适当的规划意味着向‘人与土地和谐相处的状态努力，通过土地与地球上所有的生物和谐共处’。”他提出了著名的“土地伦理”，即把土地看成一个由人与其他物质相互依赖组成的共同体，人是这个共同体中的“平等的一员和公民”，每个成员都有它继续存在的权利，还警告人们：“人与土地的相互作用是极其重要的，不可抱侥幸心理，必须十分仔细地规划和管理”。

2) 技术发展

在技术方面，沃伦・曼宁(Warren Manning)最早使用了地图叠加技术(overlay

technique)，用于自然和文化资源的分析。1912年，他在给波士顿附近的Billerica做规划时，用一系列的地图来显示道路和人文属性、地形、土壤、森林覆盖等，并且所有地图都采用同一比例。他用地图叠加技术来分析这些数据，并用叠加方法将设计方案呈示给当局。在稍后的城市及区域规划中，规划师们也用同样的地图叠加技术来反映城市的发展历史、土地利用及区域交通关系网以及经济、人口数据。地图叠加技术影响深远，奠定了后来地理信息系统(GIS)、生态分析等分析技术的基础。

3) 规划实践

这一时期的标志是应对长期的经济、社会和环境问题，特别是用来对抗和缓解经济危机的罗斯福新政(New Deal)的实施。在这一时期中出现了一系列的标志性法案和工程项目。例如，在1935年美国联邦政府设置了土地保护局(Soil Conservation Service, SCS)。土地保护局所做的一项杰出工作是对改进生态学原理在生态规划中应用技术的重大贡献。这项工作就是研究得到了反映不同农业利用类型的土壤内在能力的"土地容量"图，它代表了特定地面上的农业容量。此后，生态规划更为紧密地与土地保护结合了起来。

成立于1933年的田纳西河谷管理局(Tennessee valley authority，TVA)主要是为了控制洪水、农村电气化以及南部的河运和贸易发展。田纳西河谷管理局项目证明了以河流盆地(流域)为单位进行景观规划的有效性。

经过一个世纪的发展，生态规划主要在3个方面得到了发展：

① 生态学和规划之间明显的联系；

② 对于主导人和土地关系的道德准则不断地清晰；

③ 技术的发展不断支持着设计师将生态方法应用到规划之中。

上述这些方面的发展直接影响到生态规划范式的产生。

尽管在这一时期建立一个范式的大部分元素都已经具备，但它们之间仍然缺少共性，这导致了大量差异巨大的生态规划方法的并存。

0.1.2.3 成熟时期(1960S～)

"二战"期间，生态规划陷入低潮，而在20世纪60年代后开始复苏。在这一时期随着大规划的社会运动的开展，人们开始质疑一些最基本的价值观，正是这些价值观使美国成为工业界和技术界的主导。这一时期的标志是关于范式的共识(paradigm consensus)，道德标准、学科理论、概念、技术和使技术应用于实践的理念都被相对协调地整合在一起。

1) 人类生态规划(1960S～)

(1) 理论发展。蕾切尔·卡逊(Rachel Carson)的《寂静的春天》(*Silent Spring*，1962)第一次披露了生态环境遭到破坏后可能出现的可怕前景。这部著作对绿色运动的推动起到了重要作用，并在世界范围内引发了人类对自身的传统行为和观念进行比较系统和深入的反思，迫使人们重新认识人与自然的关系。

公众意识的增长和环境的不断退化使很多人寻求缓解人类滥用环境的方法。3位先驱和他们所做的贡献比较具有代表性。第1位是安格斯·希尔(Augus Hills)。他与加拿大多伦多的同事一道，创建了用土地的生物和物理的承载能力作为农业、林业、游憩等土地使用的决策指导。

第2位是菲利普·列维斯(Philip Lewis)。他发展的方法主要应用于保护即将消失的游憩资源。他主要关心的是资源的感知性，如植物风貌和独特的风光。这种方法促进了视觉和感知特性与风景园林的联系。

第3位是英国著名规划师和教育家伊恩·麦克哈格(Ian McHarg)。其理论给20世纪的生态规划学科带来巨大影响。他呼吁采用生态分析(ecological analysis)的方法来协调人们对于土地的使用,使规划、设计和生态紧密地联系起来,这一"适宜性分析(suitability analysis)"方法被广泛地接受。

1969年,伊恩·麦克哈格发表的《设计结合自然》(*Design with Nature*, 1969)强调土地利用规划应遵从自然固有的价值和自然过程,提出了以土地适宜性为基础的综合评价和规划方法,即以因子分层分析和地图叠加技术为核心的规划方法论,被称之为"千层饼模式"。它包含3个部分:

① 核心生物物理元素的场地调查与规划地图绘制;

② 对生态人文信息的调查、分析与综合;

③ 基于适宜性分析的"千层饼"分析。

上述模式的核心是在对场地生物物理要素进行深入研究的基础上进行景观分析,以获得对自然过程的深入认识,它将生态学的信息融入城市规划,被公认为是生态规划方法的经典模式。

在其生态规划模式中,McHarg极为注重调查、分析与综合,环境数据的采集和处理方法至关重要。因此,McHarg的"千层饼模式"被认为是环境决定论的一种生态规划模式。

此后,德国科学家弗兰德里克·威士德(Frederic Vester)和亚历山大·海斯勒(Alexander Hesler, 1980)开始尝试在生态系统的基础上进行生态规划,运用了系统论的观点来分析生态系统中各要素之间的复杂关系,并借助计算机技术进行模拟,创建了生态规划的灵敏度模型(sensitivity model)。生态规划进入了集系统分析、生态分析和规划理论于一体的、能够为决策者提供系统协调发展对策的阶段。灵敏度模型重点关心的是系统结构与功能的时间动态,对空间关系与空间格局的动态过程则难以反映出来。

如前所述,McHarg最早建立了生态规划框架,"McHarg式的环境分析……(已经)几乎成为进行任何形式的地方规划都必须遵循的通用方法步骤"。不过有些学者还认为:尽管这些分析"非常重要……但仍需要一种更为全面和整体的方法"。Frederick Steiner在《生命的景观》(*The Living Landscape*, 1991)中探索了一条将"千层饼"模式与美国规划体制相融合的生态规划途径,他把生态规划划分为11个步骤,从而使规划步骤更为清晰。Steiner继承了McHarg的生态规划思想,但他更重视目标的确立、实施、管理及公众参与的可行性,也强调发挥规划者的能动性。

Steiner教授具有丰富的景观设计的理论和实践经验,参与了大量的社区和区域规划项目。该书从规划师如何开展生态规划、应从哪些方面入手进行生态规划出发,从生态环境的角度,总结了规划技术与规划应用的经验。

Steiner认为,现实中的规划过程往往不是依据线性与理性的模式开展的,但为了将问题说明清楚,仍可把规划过程表述为简单的组织框架。于是,他把生态规划划分为11个步骤,详述每一步骤可能开展的工作,循序渐进地引导读者了解如何开展生态规划,从而使规划步骤更为清晰。同时,他也指出,步骤之间存在反复过程,即后几步的工作也可能导致前面步骤的修改,而这种修改又会影响到后面的步骤,需做出新的调整。

约翰·西蒙兹(John Simonds)在1990年出版的《大地景观:环境规划指南》(*Earthscape: A Manual of Environmental Planning and Design*, 1990)一书中引入了生态学观念,指出改善环境是一个创造的过程,这个过程使人与自然不断和谐演进,并将风景园林师的专业范围扩大到城市和区域环境规划。

(2) 技术发展。20 世纪 60 年代，地图分层叠加技术便在北美用于大规模的景观资源调查和规划。如 1962 年，Philip Lewis 在威斯康星州休闲资源的调查中，根据资源分布的空间格局，分层评价水、湿地、植被和重要地貌等单一景观元素，然后用叠加技术综合筛选出环境走廊。同年，克里斯托佛·亚历山大(Christopher Alexander)和马文·曼海姆(Marvin Mannheim)在应用叠加技术进行高速公路选线时，首次明确提出在因子层的叠加综合时，必须考虑因子的权重和叠加的次序，从而提出叠加程序树的概念。

此后，McHarg 进一步应用了基于手绘的、透明图纸的地图分层叠加技术。他首先将景观的单一因子逐一制图，用灰白两色区别其对某种土地利用方式的适宜性或有害性，然后将这些单因子评价图层叠加，再通过感光摄影技术得到综合的土地适宜性分布图，根据灰度来区别不同程度的适宜性。

(3) 规划实践。这一时期的主要规划实践有：纽约斯塔滕岛(Staten Island)环境评价(里士满区)、巴尔的摩沃辛顿河谷地区规划(Worthington Valley Planning)；波特马克河流域(Potomac River，America)生态规划等。

2) 景观生态规划(1980S～)

20 世纪 80 年代后，生态规划在以下 3 个方面最为突出：思维方式和方法论上的发展；景观生态学与规划的结合；地理信息技术成为景观规划强有力的支持。

(1) 理论发展。景观生态规划(landscape ecological planning)模式是继 McHarg 之后，又一次使城乡规划方法论在生态规划方向上发生了质的飞跃。如果说 McHarg 的自然设计模式摒弃了追求人工的秩序和功能分区的传统规划模式而强调各项土地利用的生态适应性和体现自然资源的固有价值，景观生态规划模式则强调景观空间格局对过程的控制和影响，并试图通过格局的改变来维持景观功能流的健康与安全，它尤其强调景观格局与运动和功能流的关系。

景观生态学与规划的结合是实现可持续规划的重要途径，也是实现人地关系和谐发展的适合的途径，已引起相关领域的研究者和景观规划师的广泛关注。

理查德·福尔曼(Richard Forman)强调景观生态学与其他生态学科不同，是着重于研究较大尺度上不同生态系统的空间格局和相互关系的科学，提出“斑块—廊道—基质”(patch-corridor-matrix)模式，奠定了景观生态学的基础。1986 年及 1995 年，理查德·福尔曼与米歇尔·戈登(Michel Godron)合作出版了《景观生态学》(*Landscape Ecology*，1986)和《土地镶嵌：景观和土地的生态学》(*Land Mosaics: the Ecology of Landscape and Region*，1995)两部著作，成为景观生态学领域的代表作。

景观生态理论是解决人与自然关系问题的关键工具，它是以景观结构、功能和动态特征为主要研究对象的一门新兴宏观生态学分支学科，是对人类生态系统进行整体研究的新兴学科。

景观生态学的主要研究内容包括：景观格局的形成及与生态学过程的关系；景观的等级结构、功能特征以及尺度推绎；人类活动与景观结构、功能的相互关系；景观异质性(或多样性)的维持和管理等。

(2) 技术发展。地理信息系统和空间分析技术的发展及其与景观规划的结合，使景观规划在方法和手段的发展上获得了另一个飞跃。它将极大地改变景观数据的获取、存储和利用方式，并将使规划过程的效率大大提高，在景观和生态规划史上可以被认为是一场革命。

20 世纪 60 年代中期，开始应用计算机和计算机图像处理方法来处理以前用非计算机方法进行的工作，如景观分类、生态因子筛选和地图叠加等。60 年代末到 70 年代初，开始注重更为复杂的地理信息系统(GIS)分析，包括将统计分析与地图绘制相结合。80 年代中期到 90 年代中期，GIS 成为景观规划的必要工具，空间分析、多解方案的预景(scenario)模拟等技术将景观生态规划，特别是基于景观生态学研究的规划大大推进了一步。

(3) 规划案例。具有影响力的案例主要有：宾夕法尼亚州 Monrou 县的多解规划；加利福尼亚州 Camp Pendelton 的生态规划；亚利桑那和索拉地区 San Pedro 河谷规划等。

0.1.2.4 国内生态规划的发展

尽管生态规划的研究与实践在我国起步较晚，但它一开始就吸取了现代生态学的新成果，并与我国区域，尤其是城市、农村发展，生态环境问题以及持续发展的主题相结合，无论是理论与方法的研究，还是规划实践均已形成自己的特色，有些方面已达到国际领先水平。

1) 复合生态系统

在理论上，马世骏和王如松(1984)提出了复合生态系统理论，认为以人的活动为主体的城市、农村实际上是一个以人类活动为纽带的、由社会、经济与自然 3 个亚系统形成的、相互作用与制约的复合生态系统。生态规划的实质就是运用生态学原理与生态经济学知识调控复合生态系统中各亚系统及其组分间的生态关系，协调资源开发及其他人类活动与自然环境与资源的关系，实现城市、农村及区域社会经济的持续发展。

在方法上，吸取系统规划及灵敏度模型的思想，建立了生态规划程度与步骤，即“辨识—模拟—调控”的生态规划方法。还在将数学方法引入生态规划方面做了成功的探索，创立了泛目标生态规划方法(欧阳志云和王如松，1993)。近年来，王如松(2008)提出了处理城市共轭生态关系的生态控制论原理和共轭生态规划方法。

2) 景观安全格局途径

景观生态学的发展为景观生态规划提供了新的理论依据，景观生态学把水平生态过程与景观的空间格局作为研究对象。同时，以决策为中心的和规划的可辩护性思想又向生态规划理论提出了更高的要求。基于以上诸方面的认识，俞孔坚(1995)提出了景观生态规划的生态安全格局(security patterns)方法。该方法把景观过程(包括城市的扩张、物种的空间运动、水和风的流动、灾害过程的扩散等)作为通过克服空间阻力来实现景观控制和覆盖的过程。要有效地实现控制和覆盖，必须占领具有战略意义的关键性的空间位置和联系。这种战略位置和联系所形成的格局就是景观生态安全格局，它们对维护和控制生态过程具有非常重要的意义，要根据景观过程之动态和趋势，判别和设计生态安全格局。不同安全水平上的安全格局为城乡建设决策者的景观改变提供了辩护战略。因此，景观生态安全格局理论不但同时考虑到水平生态过程和垂直生态过程，而且满足了规划的可辩护要求。

把景观安全格局理论尤其是把景观规划作为一个可操作、可辩护的而非自然决定的过程，在处理水平过程等诸方面显示出其重要意义。景观安全格局理论与方法为解决如何在有限的土地面积上，以最经济和最高效的景观格局，维护生态过程的健康与安全，控制灾害性过程，实现人居环境的可持续性等方面提供了一个新的思维模式。

0.1.3 生态规划的类型

生态规划的类别可按照空间尺度、生境类型、干扰强度、社会门类等进行划分，同时也可以按照规划对象、规划目标、规划阶段等进行划分。无论采用哪种分类体系，其所包含的内容基本上是一致的(见表0.2)。

表0.2 生态规划的类型

划分标准	类 别	释 义
按空间尺度划分	区域生态规划	区域生态规划就是根据区域可持续发展的要求,运用生态规划的方法,合理规划区域、流域的资源开发与利用途径以及社会经济的发展方式,寓自然系统环境保护于区域开发与经济发展之中,使之达到资源利用、环境保护与经济增长的良性循环,不断提高区域的可持续发展能力,实现人类的社会经济发展与自然过程的协同进化
	城镇生态规划	城镇生态规划是指针对人类密集聚落区域进行的规划,其范围通常从几十平方公里到几千平方公里不等,生态规划的重要目标之一是协调高密度人居环境条件下,经济发展和生态平衡之间的矛盾,引导建立可持续的城镇生态系统
	重点生态区生态规划	在尺度范围上界定于城镇生态规划与城市公园之间。以生态修复和生态保育为基础,以对生态资源的充分利用为特色,其主要功能是稳定生态系统的构建、自然生态风光和生态文化等的表达、生态游憩体验、生态科普教育、科学研究等,主要包括:废弃地、森林公园、风景名胜区、自然保护区、湿地公园、郊野公园、乡村游憩地、地质公园、水利风景区等的规划
按规划对象分类	生态经济规划	按照生态学原理,对某地区的社会、经济、技术和生态环境进行全面的综合规划,以便充分有效和科学地利用各种资源条件,促进生态系统的良性循环,使社会经济持续稳定地发展
	人类生态规划	应用生态学基本原理研究人类及其活动与自然和社会环境之间的相互关系;着重研究人口、资源与环境三者之间的平衡关系,涉及人口动态、食物和能源供应、人类与环境的相互作用,以及经济活动产生的生态环境问题分析;提出解决上述问题的途径与措施
	城市生态规划	城市生态规划的目的是在生态学原理的指导下,将自然与人工生态要素按照人的意志进行有序的组合,保证各项建设的合理布局,能动地调控人与自然、人与环境的关系,并给出了一套城市生态规划的工作程序
	乡村生态规划	运用景观生态学的原理,对乡村土地利用、生态环境及其各种景观要素进行规划设计,整合乡村环境自然生态、农业与工业生产和生活建筑三大系统,使景观格局与自然环境中的各种生态过程和谐统一,协调发展
	生态旅游规划	生态旅游规划是涉及旅游者的旅游活动与其环境间相互关系的规划,是应用生态学的原理和方法将旅游者的旅游活动和环境特性有机地结合起来,进行旅游行为在空间环境上的合理布局
	景观生态规划	广义的理解是景观规划的生态学途径,也就是将广泛意义上的生态学原理,包括生物生态学、系统生态学、景观生态学和人类生态学等各方面的生态学原理和方法及知识作为景观规划的基础;狭义的理解是基于景观生态学的规划,也就是基于景观生态学关于景观格局和空间过程(水平过程或流)的关系原理的规划

按照生态规划的空间尺度，可将生态规划分为3类。

第1类为区域生态规划。区域生态规划就是根据区域可持续发展的要求，运用生态规划的方法，合理规划区域、流域的资源开发与利用途径以及社会经济的发展方式，寓自然环境保护于区域开发与经济发展之中，使之达到资源利用、环境保护与经济增长的良性循环，不断提高区域的可持续发展能力，实现人类社会经济发展与自然过程的协同进化。

第2类为城镇生态规划。城镇生态规划是指针对人类密集聚落区域进行的规划，其范围通常从几十平方公里到几千平方公里不等。生态规划的重要目标之一是协调高密度人居环境条件下，经济发展和生态平衡之间的矛盾，引导建立可持续的城镇生态系统。

第3类为重点生态区生态规划。在尺度范围上界于城镇生态规划与城市公园之间。以生态修复和生态保育为基础，以对生态资源的充分利用为特色，其主要功能是稳定生态系统的构建，自然生态风光和生态文化的表达，以及生态游憩体验、生态科普教育和科学研究等。

重点生态区主要包括以下3种类型：

(1) 特定保护区。如自然保护区、风景名胜区、森林公园、地质公园、生态功能保护区、基本农田保护区和饮用水源保护区。

(2) 生态敏感和脆弱区。如重要湿地、热带雨林、红树林、特殊生态林、珍稀动植物栖息地、天然渔场、沙尘暴源区和珊瑚礁等。

(3) 历史文化区。世界遗产地、国家重点文物保护单位、历史文化保护地、疗养地以及具有历史文化、民族意义的保护地等。

0.2 生态设计

0.2.1 生态设计的概念

生态设计(ecological design)，也称绿色设计或生命周期设计或环境设计，是指将环境因素纳入设计之中，从而帮助确定设计的决策方向。生态设计要求在产品开发的所有阶段均考虑环境因素，从产品的整个生命周期减少对环境的影响，最终引导产生一个更具有可持续性的生产和消费系统。

生态设计活动主要包含两方面的含义：一是从保护环境角度考虑，减少资源消耗，实现可持续发展战略；二是从商业角度考虑，降低成本，减少潜在的责任风险，以提高竞争能力。

西蒙·范·迪·瑞恩(Sim Van der Ryn)和斯图尔特·考恩(Stuart Cown, 1996)是这样界定生态设计的：任何与生态过程相协调、尽量使其对环境的破坏影响达到最小的设计形式都称为生态设计。

全国科学技术名词审定委员会(2007)对生态设计的定义如下："指按生态学原理进行的人工生态系统的结构、功能、代谢过程和产品及其工艺流程的系统设计。生态设计遵从本地化、节约化、自然化、进化式、人人参与和天人合一等原则，强调减量化、再利用和再循环。"

生态设计一词来源于如何对自然界物质与功能进行合理的利用、进行循环处理并用于社会经济的发展，从而满足人们的生产与生活、社区与区域可持续发展的需要。生态设计的概念产生之前，一般的表述包括环境保护、环境修复和环境净化等。

1999 年 2 月，生态设计国际会议“Eco-design99”在日本东京召开，并通过了相关的宣言。生态设计涉及广泛，所有的东西都应该成为生态设计的对象。产业的绿色化、经济的绿色化、立法的绿色化、行政的绿色化、财政的绿色化等都属于生态设计的范畴。生态设计的概念最早是由荷兰公共机关和联合国环境计划署(UNEP)最先提出的，类似的术语还包括环境设计(design for environment, DFE)、生命周期设计(life cycle design, LCD)等。

联合国环境署工业与环境中心在 1997 年的出版物《生态设计：一种有希望的途径》中，将生态设计描述为一种概念，其中“环境”有助于界定产品生态设计决策的方向。换言之，产品的环境影响变成产品设计开发中需要加以仔细考虑的重要成分。在这种生态设计过程中，环境同传统的工业工程、利润、功能、形象和总体质量等处于相同的地位，在一些情况下，环境甚至能够提高传统商业价值。工业(产业)生态设计作为一种新的设计概念，以产品环境特性为目标，以生命周期评价为工具，综合考虑产品整个生命周期相关的生态环境问题，设计出对环境友好的、又能满足人类需要的新产品。

在联合国环境署的《生态设计手册》中，生态设计意味着在开发产品时需要综合生态要求和经济要求，考虑产品开发过程所有阶段的环境问题，努力致力于那些在整个产品寿命周期内产生最少可能对环境产生不良影响的产品。因此，生态设计应当形成可持续的产品寿命周期以及生产与消费体系。为使这种途径具有可操作性，该手册特别注重对现有产品(生态)再设计所用的方法，并给出其国际实例。这些实用办法，一般来说，是使世界各地的公司、设计师和咨询人员逐渐熟悉实际生态设计的适当方式。然而，目前在革新性工业中，生态设计概念也正在使其内容超越再设计范围。

生态设计从目前的国内外的理念来讲，就是一种在现代科学与社会文化环境下，运用生态学原理和生态技术，结合文化的传统，摒弃传统产业与生产、消费过程中的不完善之处，学习自然界的智慧，创造新的技术形式利用新型能源，进行无废料的生产与生态化的消费，从而实现人与自然的和谐与共赢(见表 0.3)。

表 0.3　传统设计和生态设计的比较(参照 van der Ryn and Cowan, 1996)

问　题	传 统 设 计	生 态 设 计
能源	通常是不可再生，依赖于化石燃料或核能：设计是基于消耗自然资产	可再生能源，太阳能、风能、小型水能或生物质能：设计是基于太阳的输入
物质利用	粗犷地利用高品质原料，造成有毒和低质物料弃于土壤、水和空气中	可以恢复的物质循环，一种生产过程的弃物成为下一生产过程的原料：在回用、循环、柔性、易于维修和耐久性方面开展设计
污染	多样化和具有地方特征	最小化：弃物的多少和组分能与生态系统吸收(同化)它们的能力相匹配
毒物使用和排放	常见的和破坏性的	极少的、节制的使用，在特定的环境中才使用
生态规模与经济的关系	认为是对立的：短期观点	认为两者是相匹配的：长期观点
设计准则	基于经济学，满足技术上的习惯做法和方便	为了人类与生态系统的健康，基于生态经济原理

（续表）

问　　题	传 统 设 计	生 态 设 计
对于生态背景的灵敏度	在全球重复许多标准的设计模式，很少考虑文化或地方特征	按生态区划做出响应，设计是该地的土壤、植被、材料、文化、气候和地形的集成：解决的办法是在具体地点上培育出来的
生物、文化和经济多样性	趋向于建设一种均一的全球文化，消除地方性和公共资产的观点	尊重和培育地方的传统知识，地方的材料和技术
知识基础	聚焦于狭窄的学科	多个设计学科的集成和广域的各种学科的综合
空间尺度（规模）	趋向于一定时间、一定尺度上的工作	穿越多个尺度的集成设计，反映较大尺度（规模）对较小尺度和较小尺度对较大尺度的互相影响
全系统	沿着各个边界来划分子系统，不能反映系统基础的许多自然过程	按全（整个）系统展开工作，生产出能提供最大可能的内部完整性和一贯性程度的服务
自然的职能	设计必然要强制自然提供控制和按人类的预测满足狭义的人类需求	将自然认作一种伙伴关系，无论何时，只要有可能，按照自然的自我设计智慧行事，以减少对物质和能源的过度依赖
参与的层面	依赖于专业行话和不愿意与公众对话、缺少社区参与	信奉一种清晰的、欢迎公开讨论和争议的氛围，每个人都有权参与讨论

来源：Sim Van der Ryn, Stuart Cown. Ecological Design [M]. Washington D. C: Island Press, 1996.

生态设计的研究范围涉及各行各业，目前的研究主要集中在产品的生态设计、建筑的生态设计、城市的生态设计和景观生态设计等领域。

0.2.2 生态设计的理论及其发展历程

生态设计的思想可以追溯到20世纪60年代，美国设计理论家维克多·帕帕耐克（Victor Papanek）在他的《为真实世界而设计》（*Design for the Real World*, 1985）中，强调设计应该认真考虑有限的地球资源的使用，为保护地球的环境服务。

在生态设计理论发展和实践的过程中，经历了问题反思、理论探索、理论发展和设计实践4个阶段（见表0.4）。

表0.4 生态设计理论及其发展历程

时间	代表人物或组织	主　　要　　内　　容
1915	Patrick Geddes	《进化中的城市：城市规划运动和文明研究导论（*Cities in Evolution: An Introduction to the Planning Movement and the Study of Civics*）》提出生态学区域论观点，制定“流域分区图”，遵从人—地关系
1925	Robert Park	《城市：对都市环境研究的提议（*The City: Suggestions for the Study of Human Nature in the Urban Environment*）》用生物群落的原理和观点研究芝加哥人口和土地利用问题

（续表）

时间	代表人物或组织	主要内容
1932	Frank Wright	《广亩城市(*The Disappearing City*)》关注城市生态组织
1942	Eliel Saarinen	《有机疏散论(*Theory of Organic Decentralization*)》。城市作为一个机体,它的内部秩序实际上是和有生命的机体内部秩序相一致的。如果机体中的部分秩序遭到破坏,将导致整个机体的瘫痪和坏死
1945	Lewis Mumford	《生命阶段的规划(*Planning for the Phases of Life*)》以人为本,创造性地利用景观,使城市环境变得自然而适于居住
1962	Rachel Carson	《寂静的春天(*Silent Spring*)》第一次披露了生态环境遭到破坏后可能出现的可怕情景,这部著作对绿色运动的推动起重要作用,在世界范围内引发人类对自身的传统行为和观念进行比较系统和深入的反思
1963	Victor Papanek	《为真实世界而设计：人类生态与社会改变(*Design for the Real World — Human Ecology and Social Change*)》设计的最大作用并不是创造商业价值,也不是包装和风格方面的竞争,而是一种适当的社会变革过程中的元素。设计应该应对有限的地球资源使用问题,并为保护地球的环境服务
1963	Victor Olgyay	《设计结合气候：建筑地区性的生物气候途径(*Design with Climate: Bioclimatic Approach to Architectural Regionalism*)》注重建筑设计与气候、地域之间的相互关系,提出建筑设计应该遵循气候—生物—技术的流程
1969	Ian McHarg	《设计结合自然(*Design with Nature*)》标志着生态规划学的正式诞生,用生态学的观点,从宏观方面研究自然、环境和人的关系;提出了系统的分析方法
1969	John Todd	《从生态城市到活的机器,生态设计原理(*From Eco-cities to Living Machines: Principles of Ecological Design*)》：生命世界是所有设计的母体;建设必须基于可更新、可再生的能源、资源;应有助于整个生物系统,体现可持续性;应同周围自然环境协同发展;应遵从神圣的生态系统
1970	罗马俱乐部 (The club of Rome)	“增长的极限”敲响环境危机的警钟,报告所密切关注的人口、资源和环境问题更是引起世界反响的“严肃的忧虑”
1971	联合国教科文组织 (UNESCO)	发起“人与生物圈”计划。“生态城市”的目标是恢复城市化所带来的人性丧失,并在城市中构建自然环境,创建“自然亲和的城市”
1985	John Lyle	《为了人类生态系统的设计(*Design for Human Eco-system*)》设计是一种最大限度地借助于自然力的最少设计
1987	世界环境与发展委员会(WC'ED)	以布伦特兰(Gro Harlen Bruntland)为主席的世界环境与发展委员会(WC'ED)向联合国大会提交了研究报告《我们共同的未来(*Our Common Future*)》,报告明确提出了“可持续发展”的概念
1987	John Simonds	《大地景观环境规划指南(*Earthscape: A Manual of Environmental Planning*)》以生态原理进行规划运作和设计的方法与模式
1987	James Lovelock	《盖亚：地球生命的新写照(*Gaia: A New Look at Life on Earth*)》提出：为星球和谐而设计;为精神平和而设计;为身体健康而设计
1990	城市生态组织 Eco-city Institute	城市生态组织在美国伯克利(Berkeley)组织了第一届生态城市国际会议

（续表）

时间	代表人物或组织	主　要　内　容
1991	Brenda and Robert	《绿色建筑学：为可持续发展的未来而设计》：节约能源；设计结合气候；循环利用；尊重基地环境；总体的设计观
1994	Leslie Starr Hart	《可持续设计指导原则(*Guiding Principles of Sustainable Design*)》尊重基地的生态系统及文化脉络；体现正确的环境意识；增强对自然的理解，制定行为准则；结合功能需要，采用简单的适用技术；尽可能使用可更新的地方建筑材料；避免产生废料；减少建筑过程中对环境的损害
1994	John Lyle	《为可持续发展的再生设计(*Regenerative Design for Sustainable Development*)》让自然做功；向自然学习、以自然为背景；整合而非孤立；适当的以适用为目的的技术追求，而非过分追求高科技；提供多条解决途径；创造环境之形来引导功能流；可持续性优先
1996	Joseph A. Demkin	《环境资源引导(*Environmental Resource Guide*)》目的：在选择和确定建筑材料时有一个环境方面的资讯和工具；核心概念：生命周期分析 主要内容：建筑材料分析过程，《计划篇》、《应用篇》、《材料篇》
1996	Sim Vander Ryn and Stuart Cown	《生态设计(*Ecological Design*)》任何与生态过程相协调，尽量使其对环境的破坏影响达到最小的设计形式都称为生态设计
2001	俞孔坚	《景观与城市的生态设计：概念与原理》生态设计是对自然过程的有效适应及结合，它需要对设计途径给环境带来的冲击进行全面的衡量
2007	全国科学技术名词审定委员会	生态设计是指按生态学原理进行的人工生态系统的结构、功能、代谢过程和产品及其工艺流程的系统设计。生态设计遵从本地化、节约化、自然化、进化式、人人参与和天人合一等原则，强调减量化、再利用和再循环

参考文献

[1] Leopold A. The conservation ethic [J]. Journal of Forestry, 1933, 31(6): 634－643.

[2] Mcharg I. Design with nature [M]. Garden City, NewYork: Doubleday, 1969/ Natural History Press Reprint, New York: John Wiley & Sons, 1992.

[3] Sim V D R, Stuart C. Ecological Design [M]. Washington D C: Island Press, 1996.

[4] Forman R, Godron M. Landscape Ecology [M]. New York: John Wiley, 1986.

[5] Hall P. Urban and Regional Planning [M]. London: Oxford University Press, 1975.

[6] Mackaye B. Regional planning and ecology [J]. Ecological Monographs, 1940, 10(3): 349－353.

[7] Ndubisi F. Landscape ecological planning//Thompson G F, Steiner F R. Ecological Design and Planning [M]. New York: John Wiley & Sons, 1997.

[8] Steiner F. The living landscape: an ecological approach to landscape planning [M]. New York: McGraw-Hill Inc. 1991.

[9] Steinitz C, Parker P, Jordan L. Hand-drawn overlays: Their history and prospective uses [J]. Landscape Architengture, 1976, 66(5): 444－455.

[10] Steinitz C. A framework for theory applicable to the education of landscape architects(and other design professionals)[J]. Landscape Journal, 1990, 9(2): 136－143.

[11] 车生泉,王小明.上海世博区域生态功能区规划研究[M].北京：科学出版社,2008.
[12] 车生泉.城市生态型绿地研究[M].北京：科学出版社,2012.
[13] (美)弗雷德里克·斯坦纳.生命的景观：景观规划的生态学途径[M]2版.周年兴,李小凌,俞孔坚,等,译.北京：中国建筑工业出版社,2004.
[14] 骆天庆,王敏,戴代新.现代生态规划设计的基本理论与方法[M].北京：中国建筑工业出版社,2008.
[15] 马世骏,王如松.社会-经济-自然复合生态系统[J].生态学报,1984,4(1)：1-9.
[16] 欧阳志云,王如松.区域生态规划理论与方法[M].北京：化学工业出版社,2005.
[17] 欧阳志云,王如松.生态规划的回顾与展望[J].自然资源学报,1995,10(3)：203-215.
[18] (美)乔治·F·汤普森,弗雷德里克·R·斯坦纳.生态规划设计[M].何平等,译.北京：中国林业出版社,2008.
[19] 沈清基.城市生态规划若干重要议题思考[J].城市规划学刊,2009(2)：23-30.
[20] 沈清基.城市生态环境：原理、方法与优化[M].北京：中国建筑工业出版社,2011.
[21] 王如松.绿韵红脉的交响曲-城市共轭生态规划方法探讨[J].城市规划学刊,2008(1)：8-17.
[22] 王祥荣.城市生态规划的概念、内涵与实证研究[J].规划师,2002,18(4)：12-15.
[23] (美)伊恩·伦诺克斯·麦克哈格.设计结合自然[M].芮经纬译.天津：天津大学出版社,2006.
[24] 俞孔坚.景观生态规划发展历程-纪念麦克哈格先生逝世两周年//俞孔坚,李迪华.景观设计：专业、学科与教育[M].北京：中国建筑工业出版社,2003.
[25] 张凯旋,孙雪飞.生态规划的发展历程与学科范式[J].上海商学院学报,2012,13(4)：49-54.

第1篇　原　理　篇

本篇主要介绍生态学、景观生态学、城市生态学、城乡规划学以及可持续发展理论和循环经济理论等生态规划的基础理论。通过剖析基础理论及其在生态规划中的应用，为后续的生态调查、生态评价和生态规划奠定理论基础。

1　生态学概论及基本原理

1.1　生态学的概念和类型

1.1.1　生态学的概念

"生态学(ecology)",来自希腊文"oikos"与"logos"。前者意为"house"或"household(居住所、隐蔽所、家庭)",后者意为"学科研究"。

一般认为,生态学一词最早是由德国生物学家赫克尔(Ernst Heinrich Haeckel)于1869年首次提出来的。赫克尔给生态学下的定义比较精炼,即生态学是"研究生物与其有机及无机环境之间相互关系的科学",他认为"可以把生态理解为关于生物有机体与其外部世界,亦即广义的生存条件间相互关系的科学"。

生态学研究的基本对象是生物与环境之间的关系,以及生物及其群体与环境相互作用下的生存条件。因此,生态学定义可以表述为:

① 从关系角度。生态学是研究生物及其环境之间相互关系的科学,是研究自然系统与人类的关系的科学;

② 从生存条件、相互作用角度。生态学是研究生物生存条件、生物及其群体与环境相互作用的过程及其规律的科学。一般从"关系"角度对生态学定义的阐述更为普遍。

1.1.2　生态学的类型及分支学科

1.1.2.1　生态学的类型

一般而言,基础生态学以个体、种群、群落、生态系统等不同的等级单元为研究对象。个体、种群、群落和生态系统被称为"生态系统研究的4个可辨识尺度的部分"。

(1) 个体生态学(autecology)。研究生物个体与其环境之间的关系。

(2) 种群生态学(population ecology)。研究一种或亲缘关系较近的几种生物种群与环境之间的关系。

(3) 群落生态学(community ecology)。研究栖息于同一地域中所有种群集合体的组成特点、彼此之间及其与环境之间的相互关系、群落结构的形成及变化机制等问题。

(4) 生态系统生态学(ecosystem ecology)。研究生态系统的组成要素、结构与功能、发展与演替、系统内和系统间的能流和物质循环以及人为影响与调控机制。

1.1.2.2　生态学分支学科

生态学诞生以后,在其发展过程中一个引人注目的现象是产生了大量的生态学分支学科。生态学研究范围的广泛性、生态学逐渐介入人类发展进程,是生态学有众多分支学科的重要原因。

(1) 按所研究的生物类别分类。有微生物生态学、植物生态学、动物生态学、人类生态学等。还可细分，如昆虫生态学、鱼类生态学等。

(2) 按生物系统的结构层次分类。有个体生态学、种群生态学、群落生态学和生态系统生态学等。

(3) 按生物栖居的环境类别分类。有陆地生态学和水域生态学。前者又可分为森林生态学、草原生态学和荒漠生态学等；后者可分为海洋生态学、湖沼生态学和河流生态学等。还有更细的划分，如植物根际生态学和肠道生态学等。

(4) 生态学与非生命科学相结合的分类。有数学生态学、化学生态学、物理生态学、地理生态学和经济生态学等。

(5) 生态学与生命科学其他分支相结合的分类。有生理生态学、行为生态学、遗传生态学、进化生态学和古生态学等。

(6) 应用性分支学科有：农业生态学、医学生态学、工业资源生态学、污染生态学(环境保护生态学)和城市生态学等。

(7) 按研究方法，可以分成理论生态学、野外生态学和实验生态学等。

1.1.3 生态学的基本原理

生态学的基本原理主要有生态位理论、生物多样性理论、生态平衡理论、生态演替理论、生态系统服务功能理论、生态系统整体性与稳定性理论等。本书选择在生态规划中应用较多的理论进行详细介绍。

1.2 生物多样性理论

1.2.1 生物多样性的概念

生物多样性(biodiversity)是近年来生物学与生态学研究的热点问题。一般的定义是"生命有机体及其赖以生存的生态综合体的多样化(variety)和变异性(variability)"。按此定义，生物多样性是指生命形式的多样化(从类病毒、病毒、细菌、支原体、真菌到动物界与植物界)，各种生命形式之间及其与环境之间的多种相互作用，以及各种生物群落、生态系统及其生境与生态过程的复杂性。

一般地讲，生物多样性包括遗传多样性、物种多样性、生态系统与景观多样性。

1.2.2 生物多样性的特点

保护生物多样性，首先是保护地球上的种质资源，同时恢复生物多样性会增加生态系统功能过程的稳定性。具体来说，生物多样性高的生态系统有以下优势：

① 多样性高的生态系统内具有高生产力的种类出现的机会增加。

② 多样性高的生态系统内，营养的相互关系更加多样化，能量流动可选择的途径多，各营养水平间的能量流动趋于稳定。

③ 多样性高的生态系统被干扰后对来自系统外种类入侵的抵抗力增强。

④ 多样性高的生态系统内某一个种所有个体间的距离增加，植物病体的扩散降低。

⑤ 多样性高的生态系统内，各个种类充分占据已分化的生态位。因此，系统对资源利用的效率有所提高。

生态恢复中应最大限度地采取技术措施，通过引进新物种、配置好初始种类组成、种植先锋植物、进行肥水管理，加快恢复与地带性生态系统（结构和功能）相似的生态系统；同时利用就地保护的方法，保护自然生境里的生物多样性，有利于人类对资源的可持续利用。

1.2.3 生物多样性理论在生态规划中的指导作用

生物多样性理论在生态规划中应用广泛，在自然保护区规划、生态系统结构与功能设计以及在产业结构与文化多样性保护规划中具有指导作用。

1.2.3.1 在自然保护区规划中的指导作用

生物多样性理论表明生物多样性是维持生态系统稳定性的基础。因此，在区域生态规划中，必须加强对各种自然保护区的规划与建设，以保护一些关键的与稀有的生物物种，特别是一些濒危的生物物种。同时，在自然保护区规划与建设过程中，需要注重对与拟保护物种生存相关联的其他生物物种与生境多样性的保护，只有这样，才能真正保护一个区域的生物多样性。

1.2.3.2 在生态系统结构与功能设计中的指导作用

许多研究表明，生物多样性可以增强生态系统自我调节和抗干扰能力。例如，在农业生态系统中，可以通过农作物之间的间作、轮作以及多品种混种来减少作物病虫害的发生，这些有益的实践表明在人工设计生态系统的结构和功能时，一定要遵循生物多样性原理，在系统中通过配置适度的生物多样性来充分利用空间生态位和时间生态位，充分利用环境资源，进而提高生态系统的综合抗逆性和生产力，并完成多样化的生态功能。

1.2.3.3 在产业结构与文化多样性保护规划中的指导作用

生物多样性的概念来自对自然生态系统的研究。事实上，生物多样性概念和理论可以拓展到其他领域，如产业生态领域和文化生态领域等。也就是说，多样性理论同样可以用于区域的产业和文化发展规划中。因此，在进行一个区域的产业结构规划时，要充分考虑产业结构多样性（或产业生态多样性），即要保持区域 3 次产业之间的平衡发展，以及各个产业内部结构的多样化与协调发展。例如，在农业产业结构规划时，要注意农、林、牧、副、渔等结构的匹配和平衡。同时，在种植业内部，也要注重粮食作物和经济作物之间的种植比例与协调。只有这样，才能保证区域社会经济的稳步健康持续发展。

在文化生态规划建设方面，也可运用生物多样性原理，加强文化生态多样性的保护，特别是在一些民族地区，文化多样性不仅是一笔宝贵的精神资产，同时文化多样性的保护与和谐发展也是地区保持社会长治久安的必然要求。

因此，在生态规划工作中，不仅要加强生物多样性保护与利用的规划，而且还需要加强对区域产业生态多样性的规划建设以及文化多样性的保护与建设，它们属于不同层面的多样性规划问题，它们共同组成了区域自然-经济-社会复合生态系统的多样性（见图 1.1）。

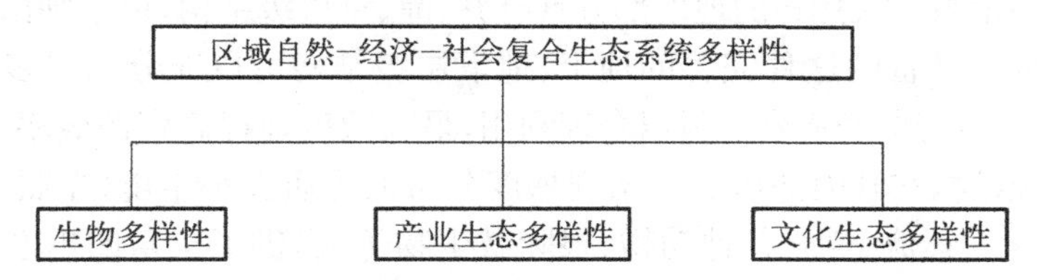

图 1.1 自然-经济-社会复合生态系统的多样性示意图

来源：章家恩.生态规划学[M].北京：化学工业出版社，2009.

1.3 生态位理论

1.3.1 生态位的概念

生态位(niche)是生态学中的一个重要概念,主要是指在自然生态系统中的一个种群在时间、空间上的位置及其与相关种群之间的功能关系。生态位可表述为:生物完成其正常周期所表现的对特定生态因子的综合位置,即用某一生物的每一个生态因子为一维(Xi),以生物对生态因子的综合适应性(Y)为指标构成的超几何空间。生态位分化是普遍的生态学现象,每一种生物在自然界中都有其特定的生态位,这是其生存发展的资源与环境基础。

1.3.2 生态位理论的主要内容

生态位理论主要揭示生物间利用环境资源的综合表现以及生物之间相互作用的必然结果。主要包括以下几个方面的内容:

① 一个稳定的群落中占据了相同生态位的两个物种,不可能长期共存,其中一个终究要灭亡。

② 一个稳定的群落中,由于各种群在群落中具有各自的生态位,种群间能避免直接的竞争,从而保证群落的稳定。

③ 一个相互起作用的生态位分化的种群系统,各种群在它们对群落的时间、空间和资源的利用方面,以及相互作用的可能类型方面,都趋向于互相补充而不是直接竞争,因此由多个种群组成的生物群落,要比单一种群的群落更能有效地利用环境资源,维持长期较高的生产力,具有更大的稳定性。

④ 生物的生态位不是一成不变的,可随着外界环境条件、生物间相互作用的改变而改变,即使在同一稳定的生境下,某一特定的生态位也会表现为昼夜变化、季节变化与年际变化。

1.3.3 生态位理论在生态规划中的指导作用

生态位理论的应用领域十分广泛,它不仅仅适用于自然生态系统中的生物,同样适用于社会、经济子系统中的功能和结构单元,如工业、农业、生态规划、建筑设计、经济发展乃至政治活动等许多领域。近年来,逐步出现了"产业生态位"、"经济生态位"和"政治生态位"等新概念。

1.3.3.1 生态位理论在林业生态规划中的应用

天然林是指适合本地气候、土壤、地理、生物等因素,经过自然发育和演替形成的、具有相应群落组成和结构的植被。天然林的地上部分具有乔、灌、草层级结构,根系则由浅到深形成地下层级结构。天然林所具备的这种完善的地上、地下层级结构可以充分利用多层次的空间生态位,使有限的光、水、气、热、肥等资源得以合理利用,最大限度地提高资源效率。更为重要的是,天然林这种多层级结构在其内部形成一系列梯度分布的异质性小生境(光照、温度、食物、隐蔽所等),为多种多样的其他生物(各种动物、根际微生物等)提供了丰富的生态位,形成食物链、食物网等复杂的联系网络,促进了相互制约、协调关系的形成。天然林的整体稳定性和低(人工)成本或无成本运行能力显著提高,从而保障了天然林中多种生物的共生和协同演化。

与天然林形成鲜明对照，人工林树种单一，既不具备完善的地上和地下层级结构，更无法为多种多样的生物提供多样化的生态位，难以支撑多样性的生物，食物链、食物网结构简单甚至破缺，系统的稳定性和自我调节能力差，抵御灾害的能力弱，是一种没有充分经历自组织演替的群落状态。因此，要想维持人工林的稳定，就必须不断地投入人力、物力、财力进行防病、抗灾，甚至还要开展施肥、浇水等工作。人工林的维护成本远高于天然林，而其综合生态效益却远小于天然林。

从上面的分析可知，在进行人工林规划建设时，必须遵循生态位原理，不宜单一化种植某一植被（如草坪），而必须考虑多样化植物的优化配置，应仿照天然林生态系统，把空缺的生态位利用起来，增加适合本地生长的乔、灌、草品种，完善和恢复人工林生态系统的立体结构和功能，最终通过群落演替形成适应本地环境条件且生态功能完善的近自然人工林。

1.3.3.2　生态位理论在农业生态规划中的应用

生态位理论在农业生产中的应用十分广泛。在我国长期的农业生产实践中，已形成了众多利用生态位的生态农业模式与技术。

在种植业生产中，间作、套种、混种、轮作、邻作等都是常用的生态位利用技术。例如，玉米与花生间作、玉米与大豆间作、不同水稻品种混种、稻—稻—菜轮作、橡胶与茶树间作、枣粮间作和果草间作等，都是充分利用空间生态位和时间生态位的优良模式。

在水产养殖方面，四大家鱼共生混养的生产模式，就是应用生态位理论的典型案例。以四大家鱼混养为例，青鱼、草鱼、鳙鱼、鲢鱼分别栖居在水体的下层、中下层、中上层和上层，分别以软体动物、水生植物、浮游动物、浮游植物为食。在同一水域中，它们处于水体的不同层面，采食不同种类的食物，它们之间不但不会发生生存资源的激烈竞争，而且生活在水体中上层的鳙鱼、鲢鱼没有完全利用的饲料以及排泄的粪便，又可以被草鱼利用，提高了资源（空间、食物等）利用效率和生态系统的生产力。如果将生活在水体中下层、杂食性的鲤鱼和鲫鱼引入该水体，它们就会与青鱼、草鱼竞争食物资源，竞争导致更多的资源与能量用于防御和争夺，降低生态系统的生产力。

在种植业与养殖业结合方面，在实际的农业实践中，可以通过增加或创造生态位，延长食物链的方式，提高系统的资源效率和生态效益。基塘系统、猪—沼—果、猪—沼—茶等都是一些通过创建生产链将种植业与养殖业联结起来的典型案例。又如稻田围网养鸭模式，在该系统中，稻田为鸭子提供良好的生活场所和食物资源，鸭子又通过捕虫、吃草、防病、中耕、排粪，改善稻田生态环境，促进水稻生长。再如，在“果—菇”生态工程中，果树为食用菌的生长提供了适宜的生态位（弱光照、高湿度和低风速等），而栽培食用菌的废料（菌糠）以及食用菌生长过程中释放出的 CO_2，又都可以作为果树生长的养料，促进了果树的生产；两者之间相互促进，提高了整个系统的生产力。

1.3.3.3　生态位理论在坡地生态规划中的应用

坡地是一种特殊的立地环境，不同的地貌部位（如坡顶、坡腰、坡地）对应着不同的生态立地条件。因此，坡地的开发利用也需遵循生态位原理，即根据坡地不同部位的地形、地貌条件，水文条件，地质条件与小气候环境，分别布局与之相适应的生物类型，使不同的生物分别占据不同的生态位。例如，开垦梯地种植经济果林或者其他一些经济作物；在山谷地带建造山塘水库蓄水和发展养殖业；而山间平原或山前冲积平原则可平整为良田，以种植水稻等粮食作物或其他经济作物，如蔬菜、花卉等。这种分布格局（即“山顶戴林帽，山腰系果带，山脚穿粮鞋"的格局)在许多地区的坡地利用中较为普遍。例如,林—果—草—鱼模式就是利用坡地生态位的一种典型的生态农业模式,即山顶植树造林,山腰种果间草,山塘养鱼,牧草用以喂鱼,从而形成了一个良性的物质循环系统。若不按照上述的模式进行布局,如在山顶或陡坡开荒种粮,将会造成严重的水土流失,而坡腰和坡脚的农业生态系统也会因水土流失而遭受危害。

1.4 生态演替理论

1.4.1 生态演替的概念

任何一个植物群落都不会静止不动,而是随着时间的推移处于不断变化和发展之中,因此在植物群落发展变化过程中,一个群落代替另一个群落的现象称为演替(succession)。植物群落的形成可以从裸露地面开始,也可以从已有的另一个群落开始。任何一个植物群落在其形成过程中,必须要有植物繁殖体的传播、植物的定居和植物之间的"竞争"3个方面的条件和作用。植物繁殖体如孢子、种子、鳞茎及根状茎的传播过程是群落形成的首要条件,也是植物群落变化演替的重要基础。当植物繁殖体到达新地点后,开始发芽、生长和繁殖,即完成了植物的定居。随着首批先锋植物定居的成功,以及后来定居种类和个体数量的增加,植物个体之间及种与种之间开始了对光、水、营养等的竞争。一部分植物生长良好并发展为优势种,而另外一些植物则退为伴生种,甚至消失,最终各物种之间形成了相互制约的关系,从而形成稳定的群落。

依据群落演替方向,可分为顺行演替(progressive succession)和逆行演替(regressive succession)。顺行演替是指随着演替进行,生物群落的结构和种类成分由简单到复杂,群落对环境的利用由不充分到充分,群落生产力由低到高,群落逐渐发展为中生化,群落对环境的改造逐渐强烈。而逆行演替的进程则与顺行演替相反,它导致群落结构简单化,不能充分利用环境,生产力逐渐下降,群落旱生化,对环境的改造较弱。无论是哪种演替,都可以通过人为手段加以调控,从而改变演替方向或演替速度。

1.4.2 生态演替理论的主要内容

生态演替理论认为,在相对稳定的自然状态下,任何生物群落和生态系统都会发生从低级到高级、由简单到复杂的顺行演替,并达到一个成熟稳定的终点——顶级群落和顶级生态系统(climax)。然而,目前关于在某一自然地理带内生态演替是否存在共同终点的问题仍存在不同的观点。主要包括:

(1) 单元顶级学说(monoclimax theory)。该学说由美国的克莱曼特·罗伯特(Clements Robert)(1916)提出,他认为一个地区的全部演替都将会聚为一个单一、稳定、成熟的顶级群落或生态系统。这种顶级群落系统的特征只取决于气候,倘若给予充分时间,演替过程和群落造成环境的改变将克服地形位置和母质差异的影响。至少在原则上,在一个气候区域内的所有生境中,最后都将达到统一的顶级群落。该假说把群落和单个有机体相比拟。

(2) 多元顶级理论(polyclimax theory)。该学说由英国的阿瑟·乔治·坦斯利(Arthur George Tansley)(1954)提出,认为如果一个群落在某种生境中基本稳定,能自行繁殖并结束它的演替过程，就可看作是顶级群落。在一个气候区域内，群落演替的最终结果不一定都要汇集于一个共同的气候顶级终点。除了气候顶级之外，还可有土壤顶级、地形顶级、火烧顶级和动物顶级。同时，还可存在一些复合型的顶级，如地形—土壤顶级和火烧—动物顶级等。

(3) 顶级—格局假说(climax pattern hypothesis)。该学说由美国惠特克(Whittaker)(1953)提出，认为植物群落虽然由于地形、土壤的显著差异及干扰，必然产生某些不连续，但从整体上看，生物群落是一个相互交织的连续体。同时，认为景观中的种分别以自己的方式对环境因素进行独特的反应，种常常以许多不同的方式结合到一个景观的多数群落中去，并以不同方式参与构成不同的群落，种并不是简单地属于特殊群落相应明确的类群。这样，一个景观的植被所包含的与其说是明确的块状镶嵌，不如说是一些由连续交织的物种参与的、彼此相互联系的复杂而精巧的群落配置。

生态演替理论还认为：在人为干扰和自然灾害变化的条件下，群落演替可改变或终止原有的演替方向，发生逆行演替，致使生态系统发生退化。

1.4.3 生态演替理论在生态规划中的指导作用

生态演替理论在生态恢复和生态建设中应用较多，并对生态规划动态发展目标制定具有一定的指导作用。

1.4.3.1 在生态恢复与生态建设规划中的应用

对于一些已退化的生态系统，在制定生态恢复治理规划时，特别需要遵循生态演替规律。首先，要根据生态系统的退化现状以及当地的自然生态条件，确定生态退化的阶段和恢复方向，然后，在此基础上，制定具体的生态恢复技术措施。例如，当一个山坡地生态系统植被遭受完全破坏后，地表裸露，水土流失严重。在这种生态极度退化与环境条件极度恶劣的情况下，首先必须采取水土保持的工程技术措施，改善水土条件；同时，引入先锋生物群落，如耐旱性、耐瘠性的草本或灌木植物，直到生态环境条件改善后，再逐步考虑引入乔木植物，方能起到良好的效果。若在生态恢复活动伊始就不顾恶劣的地理环境条件盲目地植树造林，一些高大树木可能因干旱和养分缺乏导致成活率低，其结果可能是“种一片，死一片”。因此，在生态恢复建设及其生态规划过程中必须循序渐进，方能取得应有的成效。

1.4.3.2 对生态规划动态发展目标制定的指导作用

生态演替理论告诉我们，生态系统随着时间的推移会不断发生变化的。因此，要求我们在制定生态规划时，要用动态发展的眼光和预测的方法来描绘一个区域生态系统的长期发展蓝图，要充分估测不同发展阶段生态系统的结构与功能变化。同时，根据这些动态变化制定相应的生态建设与保护方案以及相应的社会经济发展目标。例如，当一个地区的植树造林项目启动若干年后，该区域的森林覆盖率将逐步提高，区域的生态系统服务功能将不断增强，有益于社会经济发展的生态环境容量也将不断提高。因此，规划建设项目也要因时而变。

1.5 生态系统服务功能理论

1.5.1 生态系统服务的概念

生态系统服务(ecosystem service)是指生态系统与生态过程所形成及所维持的人类赖以

生存的自然环境与效用，它为人类提供生存必需的食物、医药及工农业生产的原料，维持了人类赖以生存和发展的生命支持系统。换句话说，生态系统服务是指对人类生存和生活质量有贡献的生态系统产品和服务。产品是指在市场上用货币表现的商品，服务是不能在市场上买卖，但具有重要价值的生态系统的性能，如净化环境、保持水土、减轻灾害等。离开了生态系统对于生命支持系统的服务，人类的生存就要受到严重威胁，全球经济的运行也将会停滞。生态系统服务是客观存在的，生态系统服务与生态过程紧密地结合在一起，它们都具有自然生态系统的属性。生态系统，包括其中各种生物种群，在自然界的运转中，充满了各种生态过程，同时也就产生了对人类的种种服务。由于生态系统服务在时间上是从不间断的，所以从某种意义上说，其总价值是无限大的。

与传统经济学意义上的服务(它实际上是一种购买和消费同时进行的商品)不同，生态系统服务只有一小部分能够进入市场被买卖，大多数生态系统服务是公共物品或准公共物品，无法进入市场。生态系统服务以长期服务流的形式出现，能够带来这些服务流的生态系统是自然资本。

1.5.2 生态系统服务功能的类型

生态服务功能分类系统将主要服务功能类型归纳为提供产品、调节、文化和支持 4 个功能组。产品提供功能是指生态系统生产或提供的产品；调节功能是指调节人类生态环境的生态系统服务功能；文化功能是指人们通过精神感受、知识获取、主观映像、消遣娱乐和美学体验从生态系统中获得的非物质利益；支持功能是保证其他所有生态系统服务功能提供所必需的基础功能。区别于产品提供功能、调节功能和文化服务功能，支持功能对人类的影响是间接的，或者通过较长时间才能发生的，而其他类型的服务则是相对直接和短期影响于人类的。

根据生态系统服务功能的特点，可将其细分为以下 17 个方面的具体服务项目：

① 气体调节，即大气化学成分调节；

② 气候调节，即全球温度、降水及其他由生物媒介的全球及地区性气候调节；

③ 干扰调节，即生态系统对环境波动的容量、衰减和综合反应；

④ 水调节，即水文流动调节；

⑤ 水供应，即水的储存和保持；

⑥ 控制侵蚀和沉积物，即生态系统内的土壤保持；

⑦ 土壤形成，即土壤形成过程；

⑧ 养分循环，即养分的储存、内循环和获取；

⑨ 废物处理，即易流失养分的再获取，过多或外来养分、化合物的去除或降解；

⑩ 传粉，即有花植物配子的运动；

⑪ 生物防治，即生物种群的营养动力控制；

⑫ 避难所，即为常居和迁徙种群提供生境；

⑬ 食物生产，即总初级生产中可用为食物的部分；

⑭ 原材料，即总初级生产中可用为原材料部分；

⑮ 基因资源，即独一无二的生物材料和产品的来源；

⑯ 休闲娱乐，即提供休闲旅游活动机会；

⑰ 文化，即提供非商业性用途的机会。

1.5.3 生态系统服务功能理论在生态规划中的指导作用

生态系统服务功能对生态资源环境的评价、生态功能分区、生态价值评估、生态补偿价格的确定，以及对生态环境保护措施制定、生态规划方案的实施等均具有重要的指导意义。

1.5.3.1 有助于提高生态规划者、管理者与公众的生态环境意识

生态系统服务功能理念能够有效地帮助规划者和公众定量地了解生态系统服务的价值，从而提高公众对生态系统服务的认识程度与生态环境意识，最终有助于人们对生态规划方案的理解、制订与实施。

1.5.3.2 有助于进行客观与科学的生态经济评价

传统的生态环境与资源评价仅对其自然属性进行评价，而忽视了对其经济价值进行评价。同时，常规的国民经济核算体系以国民生产总值(GNP)或国内生产总值(GDP)作为主要指标，它只重视经济产值及其增长速度的核算，而忽视国民经济赖以发展的生态资源基础和环境条件，只体现生态系统为人类提供的直接产品的价值，而未能体现其作为生命支持系统的间接价值。因此，传统的自然资源与生态环境的自然属性评价体系以及常规的国民经济核算体系必然会对经济社会发展与自然资源与生态环境利用产生错误的导向作用。其结果是，一是使国民经济产值的增长带有一定的虚假性，夸大了经济效益；二是忽视了作为未来生产潜力的自然资本的耗损贬值和环境退化所造成的损失(负效益)；三是损毁了经济社会赖以发展的资源基础和生态环境条件，使经济社会的持续健康发展难以为继。生态系统服务功能价值评价为纠正这种偏向提供了一条有效途径。

1.5.3.3 有助于进行区域的生态功能定位及区划，并制定生态建设规划

通过区域生态系统服务的定量化研究，能够确切地找出区域内不同类型生态系统的重要性，发现区域内生态系统的敏感性及空间分布特征，确定优先保护的生态系统和优先保护区，为生态功能区的划分和生态建设规划提供科学的依据。

参 考 文 献

[1] Costanza R, d'Arge R, de Groot R, et al. The Value of the World's Ecosystem Services and Natural Capital[J]. Nature, 1997, 387: 253 - 260.
[2] (英) A. 麦肯齐，A. S. 鲍尔，S. R. 弗迪. 生态学[M]. 孙儒泳，等译. 北京：科学出版社，2004.
[3] 李博. 生态学[M]. 北京：高等教育出版社，2000.
[4] 刘康. 生态规划：理论、方法与应用[M]. 2 版. 北京：化学工业出版社，2011.
[5] 王旭，王斌. 生态规划的生态学原理研究[J]. 现代农业科学. 2009, 16(1): 87 - 88.
[6] 章家恩. 生态规划学[M]. 北京：化学工业出版社，2009.

2 景观生态学基本原理

2.1 景观生态学概论

景观生态学(landscape ecology)一词是由德国地植物学家卡尔·特洛尔(Carl Troll)在利用航照研究东非土地问题时首先提出的(1971)。Troll 开拓了地理学向生态学发展的道路,认为景观生态学是"地理学和生态学的有机组合"。我国最早出现阐述景观生态学的文献是 1983 年林超先生翻译的 Troll 的《景观生态学》(*Landscape Ecology*, 1983)。

福尔曼(Forman R. T. T.)对景观的定义是"由生态系统所构成的镶嵌体"(Forman, 1986);肖笃宁将景观的定义修订为:景观是一个由不同土地单元镶嵌而成,具有明显视觉特征的地理实体,兼具经济价值、生态价值和美学价值(肖笃宁,1995)。景观生态学首先是地理科学和生态科学的融合,同时由于景观生态学将人的因素融入其中,人的生活方式和文化背景对景观的影响,使景观生态学研究领域扩大到经济和文化的层面(Naveh,1995,1998;李团胜,1997)。

景观生态学作为一门相对独立的科学,其核心概念框架有以下几点:(a) 景观系统的整体性和景观要素的异质性;(b) 景观研究的尺度性;(c) 景观结构的镶嵌性;(d) 生态流的空间聚集性与扩散性;(e) 景观的自然性与文化性;(f) 景观演化的不可逆性与人类主导性;(g) 景观价值的多重性(肖笃宁,1999)。

景观生态学的发展经历了 3 个阶段:(a) 自然景观学阶段:以景观描述为主;(b) 人文景观学阶段:以研究景观建造和景观美学为主;(c) 综合景观学阶段:以景观规划设计和综合开发利用为重点(车生泉,2002)。

景观生态学经半个世纪的研究实践,在国际上已形成了若干个各具特色的学术派别。即:(a) 美国的空间格局和景观行为研究;(b) 荷兰和德国的土地生态设计;(c) 东欧的景观综合研究与景观生态规划;(d) 加拿大和澳大利亚的土地生态分类;(e) 前苏联的景观地球化学分析和区划;(f) 中国的生态建设与生态工程方向。

景观生态学研究焦点是景观的 3 个特征(Forman,1986;肖笃宁,1991;徐化成,1996)。

(1) 景观结构。即不同生态系统或景观组分的分布格局,尤其是能量、物质和物种的分布与生态系统的大小、形状、数量、种类及生态系统的空间配置或排列方式之间的关系。

(2) 景观动态。即生态镶嵌体的结构和功能在时间上的变化。

(3) 景观功能。是指空间要素之间的关系与作用,即组成景观的生态系统之间的能量、动物、植物、矿质营养及水的流动。对景观格局与生态过程(植被演替、生物多样性、放牧格局、捕食关系、扩散、营养动态、干扰的传播)相互作用的研究,有助于在宏观上解决物种的保护与管理、环境资源的经营管理、土地利用规划、生物多样性保护与维持、人类对景观及其组分的影响等生态问题(Forman,1986;李哈滨,1988;Piekettete,1995)。

2.1.1 景观结构的基本要素

景观是具有高度空间异质性的区域，它是由相互作用的景观元素或生态系统以一定的规律组成的（傅伯杰，1995）。根据形状和功能的差异，景观元素可分为斑块（patch）、廊道（corridor）和基质（matrix）。

基质（patch）、廊道（corridor）和斑块（matrix）为构成景观生态结构的 3 要素。基质包括景观的面积、边界和位置，有宏观和微观之分。宏观上的基质以巨型的生态系统为主，包括城市群、城市、乡村和行政区；微观上的基质包括街区、学校、医院、机关等占据一定地域面积的组织。由于景观基质由多种景观要素组成，具有生态系统特征，因此表现为有机性、连续性和发展性等特征。另外，由于景观基质是各种景观要素的载体，因此具有土地系统的特征，如位置固定性、边界过渡性、景观唯一性等。顾名思义，廊道是指狭长的带状景观，包括河流、道路等景观内容。斑块是指景观综合体中具有突出功能的块状景观，如公园、苗圃、市场和功能区等。

斑块、廊道和基质是景观生态学用来解释景观结构的基本模式，普遍适用于各类景观，包括荒漠、森林、农业、草原、郊区和建成区景观（Forman and Godron，1986），景观中任意一点或是落在某一斑块内，或是落在廊道内，或是在作为背景的基质内。这一模式为比较和判别景观结构，分析结构与功能的关系和改变景观提供了一种通俗、简明和可操作的语言。这种语言和景观与城乡规划师及决策者所运用的语言尤其有共通之处，因而景观生态学的理论与观察结果很快可以在规划中被应用。

2.2 景观尺度理论

尺度（scale）是指在研究某一物体或现象时所采用的空间或时间单位，同时又可指某一现象或过程在空间和时间上所涉及的范围和发生的频率。因此，尺度可分为空间尺度和时间尺度，往往以粒度（grain）和幅度（extent）来表达。其中，空间粒度为景观中最小可辨识的单元所代表的特征长度、面积或体积（如样方、像元）；时间粒度为某一现象或事件发生的（或取样的）频率或时间间隔。而幅度的研究对象在空间或时间上的持续范围或长度，即研究区域的面积或研究项目的持续时间。

2.2.1 景观尺度的分类

在景观生态学中，大尺度是指大的空间范围或时间幅度，往往对应于小比例尺、低分辨率。而小尺度指的是小的空间范围或短时间，往往对应于大比例尺、高分辨率。

对于尺度的研究则主要集中在尺度效应、适宜性尺度选择以及尺度转换 3 个方面。尺度效应和适宜性尺度选择两个方面已经广泛运用于地貌系统、景观结构变化和生物多样性等研究中。

在研究中，已经有了较为普遍的对于不同研究对象和尺度的对应，在不同的时间和空间上，研究的对象也会随之而发生变化（见图 2.1）。

2.2.2 景观尺度域

在实际的研究中，景观单元的划分必须与一定的观察尺度和生态类型相联系才具有生态

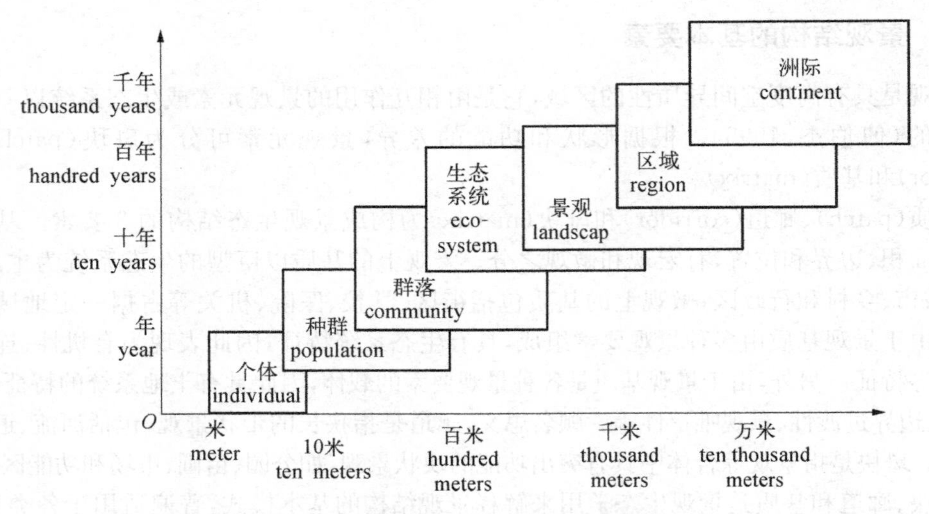

图 2.1　不同等级上的时间与空间尺度

来源：陈文波，肖笃宁，李秀珍. 景观空间分析的特征和主要内容[J]. 生态学报，2002，22(7)：1135－1142.

学意义，因此需要深入理解景观生态学中的尺度含义。由于某种空间形式(包括形态、结构与过程)会随着(空间)尺度的不同而发生变化。因此，对于某种空间形式的研究应该选择其适宜的尺度。在适宜性尺度选择方面，德尔古(Delcourt)提出了宏观生态学研究的 4 个尺度域：

(1) 微观尺度域(micro-scale dominion)。包括 1～500 a 的时间范围和 $1\sim10^6\ m^2$的空间范围。在这一尺度域内可以研究干扰过程(火干扰、风干扰和砍伐等)、地貌过程(土壤剥蚀、沙丘运动、滑坡崩塌和河流输移等)、生物过程(种群动态、植被演替等)和生境破碎化过程等。

(2) 中观尺度域(meso-scale dominion)。包括 $500\sim10^4$ a 的时间范围和 $10^6\sim10^{10}\ m^2$ 的空间范围。这一尺度域囊括了最近间冰期以来次级支流流域上的事件。

(3) 宏观尺度域(macro-scale dominion)。包括 $10^4\sim10^6$ a 的时间范围和 $10^{10}\sim10^{12}\ m^2$ 的空间范围。在这一尺度域内发生了冰期 2 间冰期过程以及物种的特化和灭绝。

(4) 超级尺度域(mega-scale dominion)。包括 $10^6\sim4.6\times10^9$ a 的时间范围和大于 $10^{12}\ m^2$的空间范围，与类似于地壳运动的地质事件相适应。Delcourt 所定义的尺度域是粗线条的。在每一个尺度域内还可以做进一步细化。但是对于研究尺度的基本划分可以参考 Delcourt 的理论。

2.3　景观格局理论

在景观生态学中，景观是指由若干个生态系统(自然的和人工的)组成的具有空间异质性特征的地理单元。景观格局是景观组成单元(即景观内各生态系统)的空间分布，是景观结构在二维平面的直观反映。特定的景观格局是在景观生态过程长期作用下形成的，并影响着当前景观生态过程的正常作用，进而影响景观中生物个体、种群、群落及生态系统的生存和稳定。

2.3.1　景观格局与结构

景观生态学中的格局，往往是指空间格局，即斑块和其他组成单元的类型、数目以及空间分布与配置等。空间格局可粗略地描述为随机型、规则型和聚集型,更详细的景观结构特征和空间关系可通过一系列景观指数和空间分析方法来加以定量化。

景观格局是景观生态学中的一个重要概念,是指一定尺度下由不同的景观要素无序分布组合而形成的镶嵌式景观空间形态,是景观结构的综合反映,可以影响各种生态景观流的作用情况,进而影响生态景观的稳定性,具有合理格局的景观一般较为稳定。景观格局分析就是通过景观的空间结构进行分解研究,识别那些对景观的稳定性有着重要作用的基本景观空间结构特征。

生态规划设计可以通过对景观格局合理化的研究,维护景观中自然生态系统和人工系统的协调、稳定和发展。规划的功能结构分析是对规划区域内各种空间、物体及其使用活动内在联系的研究。通过对规划区域内的各种功能进行合理的分化、组织和安排,可以避免因各种使用活动的混乱无序而引发的低效问题。

规划的功能结构分析如果基于景观格局分析来进行,可以通过识别那些对规划景观的生态稳定性有着重要作用的基本景观空间结构特征作为规划功能结构的基本参照,从而实现规划景观中客观系统的生态合理性,并为实现景观规划其余研究层次的合理性提供基本保证。

2.3.2 景观格局的内容

景观格局研究的主要内容包括:景观格局的时间变化规律、景观格局的控制要素、景观格局对干扰扩散的影响、景观格局生态功能的指标度量、景观变化的模型模拟预测、景观格局的尺度转化规律等。目前,景观格局研究主要集中于两个方面:一方面是景观格局的空间异质性问题(包括景观指数及其空间统计特征分析);另一方面是景观格局演变即时间异质性问题。空间异质性是景观格局的静态分析,是时间异质性的反映,是景观格局演变研究的基础(张秋菊等,2003)。

景观格局是生态学家研究最多的课题之一。近年来,景观格局数量研究有了重大发展,出现了大量的数量化方法(Turne, 1989;Turner, 1991),并且被广泛地运用到各个领域。美国亚利桑那州立大学邬建国教授编写的《景观生态学——格局、过程、尺度与等级》一书中对景观生态学数量化研究方法及其数学模型构建过程进行了详细的论述。国内的研究主要集中在森林景观空间格局研究(田奇凡,1994; 杨国靖,2003)、农田生态系统、城市绿地(城市森林)景观空间格局(车生泉,2002;吴泽民,2003;周文佐,2002;周志翔,2004)、湿地景观格局变化(王宪礼,陈康娟等,2002)的研究。肖笃宁(1991)、赵景柱(1990)、刘振国(1991)、李哈滨(1992)等介绍了景观空间格局的研究方法和度量结构体系。肖笃宁(1991)、傅伯杰(1995)等就农业城郊景观做了研究工作。

在城市绿地景观中,其基本构成是指大小不等、形状各异的绿地景观单元。每一个绿地景观单元具有一定的结构、功能和相对的独立性,绿地景观单元的空间分布就是绿地景观格局(车生泉,2002)。城市绿地景观格局主要是由人与自然诸多因素共同干扰的结果。不同的绿地景观格局对景观所起作用、功能差别很大。对组成城市绿地景观斑块空间格局的定量描述是分析景观结构、功能的基础,是分析各种生态过程(包括自然演变过程、人为干预过程)的重要依据,更是景观生态规划的重要依据和必要前提。

俞孔坚等(1999)从有利于城市大气污染物扩散的角度出发,认为以绿地景观可达性作为评价城市绿地系统的一个指标,对评价城市环境质量及衡量自然生态系统的服务功能有着重要的潜在价值,其观点也体现了绿化廊道在改善城市环境质量上的意义。高峻等(2000)通过对上海城市绿地景观格局分析,认为城市绿地景观是通过一系列的景观生态学数量指标加以反映的,研究绿色斑块的数量、覆盖面积、空间分布格局及动态特征等对认识城市绿化景观的总体特征十分重要。魏斌、吴弋等(1997,2000)提出将城市绿地景观异质性和景观均一度作为衡量城市绿地空间分布合理性及绿化水平的指标;李贞等(2000)则通过广州城市绿地系统景观异质性分析,也提出斑块大、分布均匀的绿地空间结构能更有效地发挥绿地的生态功能。

廊道(corridor)是构建景观格局的重要要素,对于城市绿地系统来说,城市绿地景观的破碎化是制约城市生态功能发挥的瓶颈因素之一。绿色廊道是提高绿地连接度,降低破碎度的主要手段,廊道基本上有线状廊道、带状廊道和河流廊道。廊道通常具有栖息地(habitat)、过滤(filter)或隔离(barrier)、通道(conduit)、源(source)和汇(sink)五大功能。城市绿色廊道具有以下 4 个主要特性:

(1) 其空间形态是线状的。它为物质运输、物质迁移和取食提供保障,这不仅是绿色廊道的重要空间特征,同时也是区别于其他景观规划概念的特性。

(2) 绿色廊道具有相互联结性。不同规模、不同形式的绿色廊道、公园等构成绿色网络。

(3) 绿色廊道是多功能的。这对于绿色廊道的规划设计目标的制定具有重要的指导意义。当然,很难在同一绿色廊道中很理想地实现所有的功能。因此,绿色廊道中生态、文化、社会和休闲观赏的不同目标之间必须相互妥协达成一致。例如,在实际规划设计中,规划设计师遇到最多的问题是游憩的需要和野生生物栖息地的保护相冲突。如果两者不能达成一致的话,只能进行空间分区管理或舍弃一个功能。

(4) 绿色廊道战略是城市可持续发展的组成部分,其协调了城市自然保护和经济发展的关系,绿色廊道不仅保护了自然,而且合理利用和保护了资源,是实现城市可持续发展的基础。

绿色廊道分为绿带廊道(green belt)、绿色道路廊道(green roadside corridor)和绿色河流廊道(green river corridor)3 种。按照不同绿色廊道的功能侧重点不同又可分为:生态环保廊道——以保护城市生态环境,提高城市环境质量,恢复和保护生物多样性为主要目的,规划设计以建立稳定的生物群落,提高生物多样性为基本原则;游憩观光廊道——以满足城市居民休闲游憩为主要目的,规划设计以形成优美的植物景观为出发点。由于城市中廊道大多兼有生态环保、游憩观赏、文化教育的功能,在我国目前大部分城市环境质量较差的状况下,城市廊道的设计应在兼顾游憩观光基本功能的同时,将生态环保放在首位(车生泉,2002)。

2.4 景观过程理论

景观生态过程研究是研究景观要素之间的相互联系方式与相互作用机制,如景观要素之间的动、植物的物种迁移与扩散以及生态系统内部物质流、能流与信息流等。景观生态过程研究主要是指涉及生态系统物质循环和能量转换规律的微观过程,它有别于生态系统的功能、结构、演化、生物多样性等相对宏观的研究内容。景观生态过程研究重视物理规律,涉及环境生物物理、植物生理、微气象和小气候等多个学科。

2.4.1 景观过程与格局

与格局不同,过程则强调事件或现象发生、发展的程序和动态特征。景观生态学常常涉及的生态学过程包括种群动态、种子或生物体的传播、捕食者和猎物的互相作用、群落演替、干扰扩散和养分循环等。

景观格局一方面是由自然或人为形成的大小、形状各异、排列不同的景观要素共同作用的结果，是各种复杂的物理、生物和社会因子相互作用的结果；另一方面，景观格局也深深地影响并决定着各种生态过程，如斑块大小、形状和链接度会影响景观内物种的丰度与分布及种群的生存能力与抗干扰能力。因此，理解景观格局变化的生态学原则，有益于建立景观格局与过程之间的相互联系，是景观生态学应用研究中至关重要的任务。

景观生态学常涉及的生态学过程，包括种群动态、种子或生物的传播捕食者和猎物的相互作用、群落演替扰动扩散养分循环等。建立格局与过程之间相互联系的首要问题是：如何将景观格局数量化，使景观格局的表示更加客观、准确。

2.4.2 生态过程的内容

在景观生态规划中影响工作科学性和准确性的生态过程主要包括生物物种扩散与迁移过程、生态系统物质循环过程、生态系统能量转换过程、物种与物种的生态关系、生态分异过程、水循环过程、大气过程、物质重力过程、生命过程、扰动过程等。每一种过程都在景观生态系统中承担各自的作用，具有不可替代的生态意义。一种景观格局的形成可能是多个生态过程综合作用的结果，但在形成过程中会存在一个主导的自然生态过程。同时，一旦格局形成之后就会反过来对景观生态过程形成影响，甚至改变原有的生态过程(见表 2.1)。

表 2.1 影响景观生态规划的十大生态过程

生态过程	细分的生态过程
物种扩散与迁移过程	空间扩散过程 物种迁移过程
生态系统物质循环过程	碳循环过程 氮循环过程 磷循环过程 硫循环过程
生态系统能量转换过程	光合作用
物种与物种的生态关系	食物链与营养级 竞争、偏害、寄生、捕食、偏利、合作、互利共生 种群动态过程 群落演替过程
空间分异过程	水平水分主导分异过程 水平温度主导分异过程 垂直温度再分异过程 垂直湿度再分异过程
水循环过程	地表径流与河流流动过程 地下水补给与流动过程 水分海陆循环
大气动力过程	水平风过程 垂直湍流过程 微地貌涡流过程

（续表）

生态过程	细分的生态过程
物质重力过程	崩塌、滑坡过程 泥石流过程 冰川过程 沉淀分异过程
生命过程	生命周期 生物生长过程 自然生态恢复过程
扰动过程	火灾、火山爆发、洪水等自然干扰 开荒、修路、筑坝、伐林人为干扰

来源：骆天庆，王敏，戴代新. 现代生态规划设计的基本理论与方法[M]. 北京：中国建筑工业出版社，2008.

(1) 生物物种扩散与迁移过程。生物扩散与迁移是一个以动植物水平过程为主导的自然过程，在景观生态学和景观生态规划中具有重要的生态意义。扩散与迁移过程存在主动和被动两种方式，在不同属性的基质内发生，从而形成基质分化和斑块形成。斑块形成后，不同物种在斑块内部进一步通过扩散与迁移进行分化，形成斑块生境的多样性、群落生态的多样性与景观生态的多样性，并调整了生物扩散与迁移的廊道格局。生物扩散与迁移是景观生态过程最基本的过程之一。

(2) 生态系统物质循环过程。生态系统物质循环过程是生态系统维持的重要过程，不仅具有较强的垂直过程，而且同样具有较强的水平过程。水平过程决定了生态系统在空间上的分异或联系，是形成景观生态格局的重要过程。

(3) 生态系统能量转换过程。生态系统能量转换过程以垂直生态过程为主，是生态系统研究的核心内容。但生态系统能量转换过程决定了生态系统种群、群落及其生态系统结构与功能，同样反映在生态系统的景观生态结构与格局上。

(4) 物种与物种的生态关系。种群是最小的景观生态单元，物种与物种之间存在的竞争、偏害、寄生、捕食、偏利、合作、互利共生等，物种之间的关系决定种群相互镶嵌的空间格局；同时种群动态和群落演替成为景观格局变化的重要内在机制。

(5) 自然分异过程。空间分异是景观生态异质性格局形成的基本生态地理过程。空间分异的机制在于水分、温度等基本生态因子的空间差异和组合。

(6) 水循环过程。水是重要的景观要素，水体是重要的景观，往往成为景观格局中占据重要空间位置的景观实体。水循环过程决定了景观格局，同时景观格局又进一步影响了水循环过程，形成一个生态效应突出的复杂过程。

(7) 大气过程。风既是景观形成的塑造力，又是改变景观生态因子的重要环境，具有水平和垂直的生态过程。

(8) 物质重力过程。重力过程是垂直过程和水平过程的统一，重力过程大多是景观灾害发展的重要原因，如滑坡、泥石流、土壤侵蚀和崩塌等灾害。

(9) 生命过程。生命过程是生物圈生物共同的特征，生物的生长过程不仅是生物体本身，而且与环境发生紧密的联系，成为景观生态过程中最典型的生态过程。例如，森林树木生长代表了景观生态学中生命过程的全过程。

(10) 扰动过程。扰动是影响景观格局的重要过程，干扰是对景观影响最广、最深远的过程。在此基础上，景观生态规划的重要出发点就是对各种扰动，特别是对扰动进行有效的监控与管理，降低扰动作用，实现景观的稳定持续发展。

2.5 景观生态理论在生态规划中的指导作用

景观生态规划是指运用景观生态学原理解决景观水平上生态问题的实践活动，是景观管理的重要手段，集中体现了景观生态学的应用价值。景观规划涉及景观结构和景观功能两方面，其焦点在于景观空间组织异质性的维持和发展。在景观规划设计中，始终把景观作为一个整体单位来考虑，协调人与环境、社会经济发展与资源环境、生物与生物、生物与非生物及生态系统之间的关系。

2.5.1 景观生态规划的步骤

1) 确定规划范围与规划目标

规划前必须明确规划区域及须解决的问题。一般而言，规划范围由政府决策部门确定。规划目标可分为3类：

① 为保护生物多样性而进行的自然保护区设计；

② 为自然(景观)资源的合理开发而进行的设计；

③ 为当前不合理的景观格局(土地利用)而进行的景观结构调整。

2) 景观资料的搜集

景观资料包括生物(植被、野生动物等)、非生物(地理、地质、气候、水文和土壤等)两个方面，景观的生态过程及与之相关联的生态现象(人口、文化及人的价值观等)和人类对景观影响程度等。收集资料的目的是了解规划区域的景观结构、自然过程及社会文化状况，为以后的景观生态分类与生态适宜性分析奠定基础。

3) 景观生态分类和制图

根据现有资料，综合分析规划区的自然特征、人类需要和社会经济条件，根据规划目标和原则选取影响景观格局、分布规律、演替的主导因子作为分类指标，进行景观生态类型制图，以此作为景观生态适宜性评价的基础。

4) 景观生态适宜性分析

以景观生态类型为评价单元，根据区域景观资源与环境特征、发展需求与资源利用要求，选择有代表性的生态因子(如降水、土壤肥力、旅游等)，分析某一景观类型内在的资源质量以及与相邻景观类型的关系(相斥性或相容性)，确定景观类型对某一用途的适宜性和限制性，划分景观类型的适宜性等级，同时进行不同景观利用类型的经济效益、生态效益和风险分析，以达到既维持生态平衡又提高社会经济效益的目的。

5) 景观生态规划与设计

根据景观生态适宜性的分析结果，依据景观生态规划的自然优先、持续性等原则构建合理的景观结构，以满足景观生态系统的环境服务、生物生产及文化支持三大基础功能。

6) 景观生态规划实施和调整

根据提出的景观空间结构，确定规划实施方案，制定详细措施，促使规划方案的全面实施。随着时间的推移及客观情况的改变，需要对原来的规划方案不断予以修正，以满足不断变化的情况，达到景观资源的最优管理和景观资源的可持续利用的目的。

2.5.2 廊道的设计与规划

廊道是指不同于两侧基质的狭长地带，可以看作是一个线状斑块，如河流、道路、树篱等。廊道的作用是多方面的，可以是物种迁移的通道，也可以是物种和能量迁移的屏障。

1) 廊道的数目

廊道数目的规划，除考虑相邻斑块的利用类型(商业区、保护区和农业区等)，还要考虑经济的可行性和社会的可接受性。若斑块是农业区侧廊道(道路和渠道)两三条即可；而在保护区设计中，由于廊道有利于物种的空间运动和维持孤立的斑块内物种的生存和延续，廊道数目应适当增加。

2) 廊道的构成

相邻斑块利用类型不同，廊道构成也不同，如连接居民区和商业区的廊道多由道路构成，方便了人们的生活和工作。而连接保护区的廊道最好由本地植物种类组成，并与作为保护对象的残遗斑块相近似。一方面本土植物种类适应性强，使廊道的连接度增高，利于物种的扩散和迁移，另一方面有利于残遗斑块的扩展。

3) 廊道的宽度

根据规划目的和区域的具体情况，确定适宜的廊道宽度，如进行保护区设计，针对不同的保护对象，仔细分析保护对象的生物、生态习性，廊道宜宽则宽，宜窄则窄，若保护对象是一般动物，廊道宽度约为 1 km，而大型动物则需几公里宽。

4) 廊道的形状

目前，生态学家对斑块内的物种在景观中迁移方式(沿直线、曲线，还是随机迁移)知之甚少，此项研究须对特定物种进行长期的定位观测。因此，对廊道形状的规划有待进一步深入研究。

2.5.3 景观格局规划

1) 基本格局

基本格局是景观生态规划中优先原则的体现，即格局中包含有涵养水源的一些大型自然植被、保护水系或水道和满足关键物种在斑块间扩散的绿色廊道，以及为增加景观的多样性，在发达地区或建成区设置的小斑块。这些要素能实现主要的生态或人类目标，应成为景观生态规划的基础。此种格局是景观生态规划的基本格局。

2) 集中与分散相结合格局

“集中与分散相结合”格局是 Forman 基于生态空间理论提出的景观生态规划格局，被认为是生态学意义上最优的景观格局。它包括以下 7 种景观生态属性：

① 大型自然植被斑块用以涵养水源，维持关键物种的生存；

② 粒度大小，既有大斑块又有小斑块，满足景观整体的多样性和局部点的多样性；

③ 注重干扰时的风险扩散；

④ 基因多样性的维持；

⑤ 交错带减少边界抗性；

⑥ 小型自然植被斑块作为临时栖息地或避难所；

⑦ 廊道用于物种的扩散及物质和能量的分布与流动。

这一模式强调集中使用土地，保持大型植被斑块的完整性，在建成区保留一些小的自然植被和廊道，同时在人类活动区（沿自然植被和廊道周围地带）设计一些小的人为斑块，如居住区和农业小斑块等。这种格局有许多生态学上的优越性。一方面，这一格局有大型植被斑块，也有小的人为斑块，提高了景观多样性，达到生物多样性的保护；另一方面，大型植被斑块可为人们提供旅游度假和隐居的去处，小的人为斑块可作为人们的工作区和商业集中区，高效的交通网络方便人们的活动。

参考文献

[1] Forman R T T. Land Mosaics: The Ecology of Landscapes and Regions[M]. Cambridge: Cambridge University Press, 1995.

[2] Forman R, Godron M. Landscape Ecology[M]. New York: John Wiley, 1986.

[3] 车生泉. 城市绿地景观结构分析与生态规划[M]. 南京：东南大学出版社，2012.

[4] 陈文波，肖笃宁，李秀珍. 景观空间分析的特征和主要内容[J]. 生态学报，2002，22(7)：1135－1142.

[5] 傅伯杰，陈利顶，马克明，等. 景观生态学原理及应用[M]. 2版. 北京：科学出版社，2011.

[6] 刘茂松，张明娟. 景观生态学——原理与方法[M]. 北京：化学工业出版社，2004.

[7] 骆天庆，王敏，戴代新. 现代生态规划设计的基本理论与方法[M]. 北京：中国建筑工业出版社，2008.

[8] 王云才. 景观生态规划原理[M]. 北京：中国建筑工业出版社，2007.

[9] 邬建国. 景观生态学：格局、过程、尺度与等级[M]. 2版. 北京：高等教育出版社，2007.

[10] 肖笃宁，李秀珍，高峻等. 景观生态学[M]. 2版. 北京：科学出版社，2010.

3 城市生态学基本原理

3.1 城市生态学概论

城市生态学(urban ecology)是指以城市空间范围内生命系统和环境系统之间联系为研究对象的学科。由于人是城市中生命成分的主体,因此城市生态学也可以说是研究城市居民与城市环境之间相互关系的科学,是以生态学的理论和方法研究城市的结构、功能和动态调控的一门学科。它既是生态学的重要分支,又是人类学的下属学科,还是城市科学的重要组成部分。

城市生态学主要研究以人类活动为主导的复合生态系统的结构、功能、演化、过程的基本规律、生态服务的机制和规划、建设、管理的系统方法。城市生态学研究层次包括从分子、细胞、个体、社区到城市、城市群乃至城市化区域不同尺度内部和之间的生态关系。

3.2 城市生态系统的结构

3.2.1 城市生态系统的概念和特征

城市生态系统是指特定地域内人口、资源、环境(包括生物的和物理的、社会的和经济的、政治的和文化的环境)通过各种相生相克的关系建立起来的人类聚居地或社会、经济、自然复合体。

1) 城市是以人为主体的生态系统

城市中人口密集,供自然界生物生存的绿地面积很小,绿色植物和动物在城市生态系统中仅仅作为环境的一部分。

2) 城市是具有人工化环境的生态系统

人工化环境改变了城市的下垫面特征,形成“城市热岛”,并使城市的小气候发生改变;城市中的自然,如山体、河流、湖泊和沼泽等也都受到人类建设活动的严重影响,形态和功能都发生了巨大的改变。

3) 城市是流量大、容量大、密度高、运转快的开放系统

城市是一个需要输入大量粮食、水、燃料、原料,同时输出大量产品和废物的开放系统,其物质和能量的“输入—转化—输出”运转效率很高。

4) 城市是依赖性很强、独创性很差的生态系统

生态系统所具有的自然调节以保持平衡的功能在城市生态系统中显得很弱。城市需要不断的人为干预来维持系统的平衡。

5）对城市生态系统的研究必须与人文社会科学相结合

由于城市生态系统是以人为主体的人工生态系统，包括人的社会活动、经济活动在内的“城市系统”才是人们真正需要认真研究的对象。社会学、经济学的观点、方法必然同时被生态学家利用来解释城市复杂的结构、功能和过程。

3.2.2 城市生态系统的基本结构

城市生态具有等级特征，它可以分成若干个相互联系和制约的子系统，每一个一级子系统又可以分为若干个次一级系统；这样续分下去，最终每个次级系统可以分为若干不同的组分(component)。各个亚系统还可以进一步续分为不同的子系统，彼此互为环境。城市生态主要研究不同层次内各个子系统之间或者组分间相互作用的复杂关系。一般将城市生态系统分为社会、经济、自然3个一级子系统(亚系统)(见图3.1)。

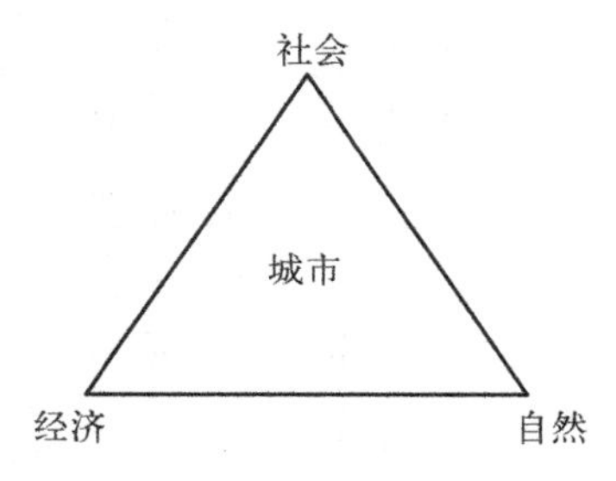

图3.1 城市生态系统的3个子系统

自然生态亚系统是基础，经济生态亚系统是命脉，社会生态亚系统是主导。它们之间相互作用，导致了城市复合体的矛盾运动。

(1) 社会生态亚系统以人口为中心，包括基本人口、服务人口、抚养人口、流动人口等与城市居民的就业、居住、交通、供应、文娱、医疗、教育及生活环境等需求息息相关的方方面面，其中还包括为经济系统提供劳力和智力。它以高密度的人口和高强度的生活消费为特征。

(2) 经济生态亚系统以资源(包括能源、物资、信息等)为核心，由工业、农业、建筑、交通、贸易、金融、信息、科教等系统组成。它以物资从分散向集中的高密度运转，能量从低质向高质的高强度聚集，信息从低序向高序的连续积累为特征。

(3) 自然生态亚系统以生物结构和物理结构为主线，包括植物、动物、微生物、人工设施(房屋、道路、管线等)和自然地理环境(土地、水域、大气、气候景观等)。它以生物与环境的共存，城市活动的支持、容纳、缓冲及净化为特征。

3.2.3 城市生态系统的构成

城市生态系统是由城市人类及其生存环境两大部分组成的统一体。城市是一个复杂的巨系统，不同学科对构成城市生态系统的基本要素和组成理解是一致的，但对其内部的相互作用关系仍有不同的见解(见图3.2)。城市人类是由不同的人口结构、劳力结构和智力结构的城市居民所组成的；城市人类生存环境是由自然环境(大气、水、土壤等)、生物环境(除人类外的动物、植物、微生物)和经济、社会文化环境以及技术物质环境(建筑物、道路、公共设施等)组成的。

3.3 城市生态系统的功能

3.3.1 城市生态系统的基本功能

城市生态系统的功能是指城市生态系统在满足城市居民的生产、生活、游憩、交通活动中所发挥的作用。城市生态系统的结构及其特征决定了城市生态系统的基本功能，和自然生态

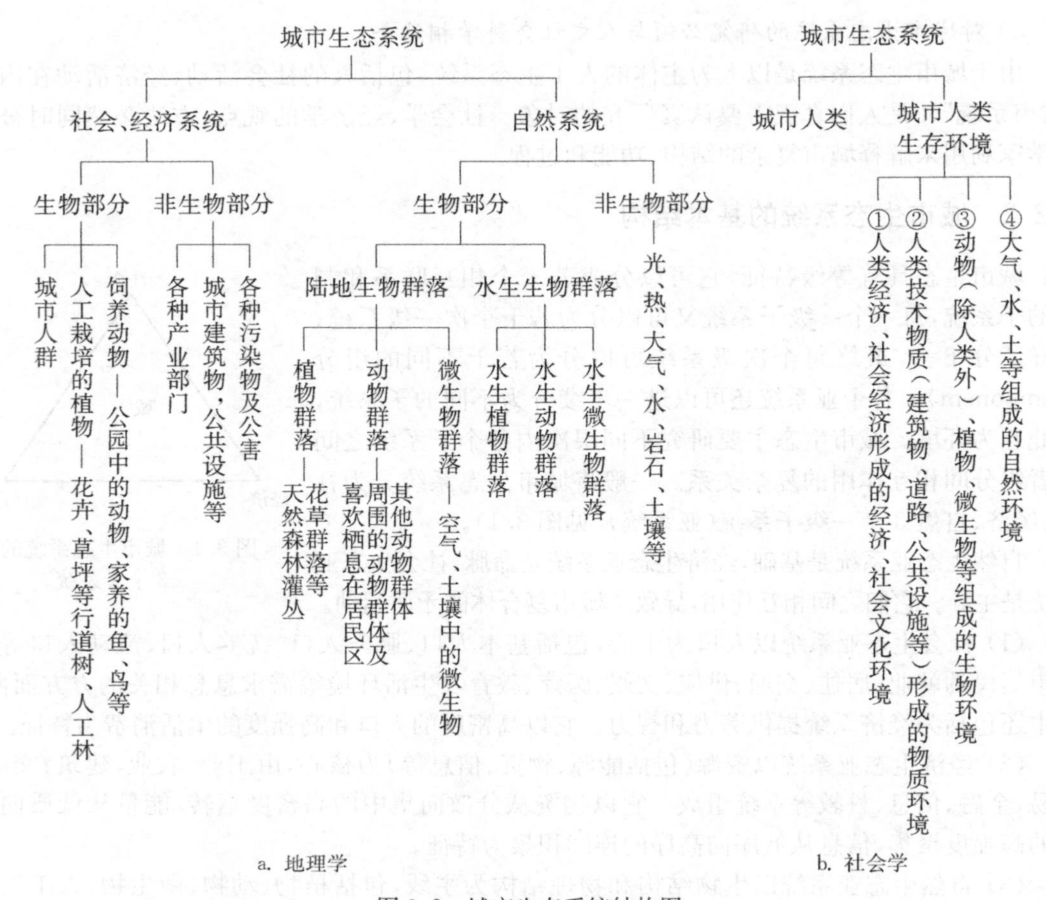

图 3.2　城市生态系统结构图

来源：王如松，周启星，胡聃. 城市生态调控方法[M]. 北京：气象出版社，2000.

系统类似，城市生态系统也具有生产功能、能量流动功能、物质循环功能和信息传递等功能。由于城市生产包括经济生产和生物生产，经济生产囊括了城市的主要社会过程，因此城市生态系统的基本功能要比自然生态系统的功能复杂得多。

一般将城市生态系统的基本功能概括为生产、生活（消费）和调节 3 个方面。此外，城市生态系统对区域环境具有主导作用（见表 3.1）。

表 3.1　城市生态系统的基本功能

功能内容	经济生态亚系统	社会生态亚系统	自然生态亚系统
生产	物质与精神原料和产品。中间产物及末端废弃物	人文资源，包括劳动力、智力体制、文化	光合作用、化学能合成、第二次生产、水文循环
消费	商品的生产与消费，包括生产资料和生活用品	信息的共享、文化教育、社会福利和基础设施	诱捕、捕食与寄生、资源消耗与代谢、污染与退化
调节	供需平衡、市场调节、银行干预	保险、治安、法制、伦理、道德、教育、信仰	竞争、自然选择、自然净化、降解、释放、溶解、扩散与聚集、人工处理与生态恢复

来源：王如松、周启星，胡聃. 城市生态调控方法[M]. 北京：气象出版社，2000.

1）生产功能

生产功能是指城市为社会提供物资和信息产品。城市生命力来源于城市的大规模生产，有目的、有组织的生产是城市生态系统有别于自然生态系统的显著标志之一。

城市生产活动的特点是：空间利用率高，能流和物流高度密集，系统输入及输出量大，主要消耗不可再生性能源，且利用率低，系统的总生产量与自我消耗量之比大于1，食物链呈线状而不呈网状，系统对外界的依赖性很强。

主要包括以下几个方面：

(1) 初级生产。包括农、林、牧、水产、采矿等直接从自然界生产或开采农副产品及工业原料的生产过程。

(2) 次级生产。包括制造、加工、建筑业等。它们将初级产品加工成半成品、成品及机器、设备、厂房等扩大再生产的基本设施和为居民生活服务的食品、衣物、用品、住宅、交通工具等。

(3) 流通服务。金融、保险、医疗卫生、商业、服务业、交通、通信、旅游业及行政管理等流通服务业构成的城市系统的第三产业。它保证和促进了城市生态系统内物流、能流和信息流、人口流、货币流的正常运行。

(4) 信息生产。科技、文化、艺术、教育、新闻、出版等部门为城市生产信息、培训人才等。这是城市区别于动物社会的最大特征之一，也是城市区别于乡村生产的主要部分。

2）生活功能

生活(消费)功能是指城市具有利用域内外环境所提供的自然资源及其他资源，生产各类“产品”(包括各类物质性及精神性产品)，为市民提供方便的生活条件和舒适的栖息环境的能力。

城市是人类最集中的地方，因而人不断发展的需求最终都能反映到城市之生活功能上。随着社会的进步和时代的变迁，城市居民的生活需求也在逐渐演变：从基本的物质、能量和空间需求到更丰富的精神、信息和时间需求；从崇尚多样性的人工环境到追求大自然的田园风光。

城市的生活功能应满足城市居民以下几方面的需求：

(1) 基本需求。基本生活条件，包括基本的食物、淡水、衣着、日常生活用品，燃料、动力、供应等消耗性物品及基本的住房、交通和医疗卫生条件。

(2) 发展需求。在基本物质生活条件得到满足的前提下，为了社会的持续发展及个性的充分发挥，人们需要更加丰富多彩的生活环境，希望从繁重的体力和脑力劳动中解放出来，并需要与外界建立广泛的社会联系。

上述这些需求的具体内容包括：

① 生活消费品从维持基本生活需求向高品质和多样化的趋势发展；

② 日益增长的文化、信息和精神追求。人们选择城市生活在很大程度上是为城市中绚丽多彩的精神生活和便捷的信息条件所吸引；

③ 家务劳动的社会化，包括提供多种如教育、文化在内的精神服务逐渐深入到社会生活的各个方面；

④ 闲暇增加。随着生产的自动化、劳动次序的提高、服务业的发展、交通的改善，人们的闲暇时间在逐渐增加，为城市居民的生活安排提出了更高的要求；

⑤ 活动空间的扩大。随着人们回归自然的生态意识逐渐觉醒，人们的物质需求从人工产品转向自然产品，能量需求从矿物能转向自然能，信息需求转向多样性和天然性；生活节奏变得有张有弛，生活空间从城市向城郊更大的空间发展。

(3) 自我实现的需求。城市为具有多种技能的人提供了生活舞台，为他们实现生活理想的目标提供了各种条件。自我实现的需求对城市的生态建设提出更高的要求，城市不仅要保持生态功能的健康，而且还要为城市居民提供健康的心理环境。

3) 还原功能

还原(调节)功能是指城市具备的消除和缓冲自身发展带来的不良影响的能力，且在自然界发生不良变化时能尽快恢复原状，即保证城市自然资源的永续利用和社会、经济、环境的协调发展的能力。具体包括以下几个方面：

(1) 自然净化能力。污染物在进入水体、大气、土壤后(或者在绿色植物的作用下)，污染物的浓度有自然降低的现象，称为自然净化功能。根据介质不同，可以分为水体自净化功能、大气自净化能力、土地的自净能力和绿色植物自净化功能。

发挥城市还原功能必须特别注意几方面的问题：

① 无论是空气、水体、土壤、绿色植物都有一定的自净能力限制，若污染物超过一定限度，将对城市生态系统带来各种风险；

② 许多人工合成的有机化合物，如二氯二苯三氯乙烷(DDT)、工程塑料等是持久性有机物，在环境中残留的时间非常长，使得人类活动对全球环境造成长远的负面影响。

(2) 城市还原功能的人工调节。由于城市人工干扰的范围十分大，城市的自然净化功能脆弱而且有限，必须进行人工的调节，一般包括以下途径：

① 综合治理城市水体、大气和土壤环境污染；

② 建设城乡一体化的城市绿地与开放空间系统；

③ 改善城市周围区域的环境质量；

④ 保护乡土植物和乡土生物多样性。

4) 区域主导功能

区域主导功能是城市区域经济集聚增长的结果，同时又引导着区域经济的发展和环境质量的优劣，具体包括：城市的经济主导功能、城市的政治主导功能、城市的社会文化主导功能和环境主导功能。

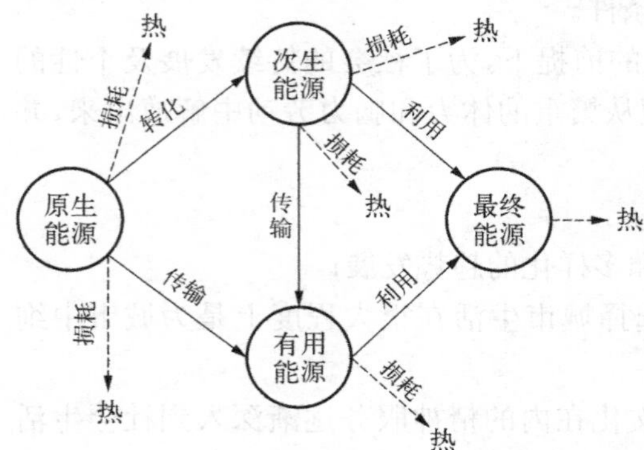

图 3.3　城市生态系统能量流动基本过程示意图
来源：何强，井文涌，王翊亭. 环境学导论[M]. 3 版. 北京：清华大学出版社，2004.

3.3.2　城市生态系统基本功能的实现途径

城市生态系统的基本功能通过能量流和物质循环来实现。

1) 城市生态系统的能量流动

城市生态系统中原生能量一般皆需从城市外调入。原生能量可以直接成为有用能源，也可以通过次生能源转化过程成为有用能源，完成其在城市中的最终用途。次生能源也可以直接被城市利用(见图 3.3)。进入城市生态系统的能量最终都以热的形式散失。

城市生态系统能量流动具有以下特征：

（1）在能量使用上，能量来源不仅仅局限于生物能源，还包括大量的非生物能源，能量流动和交换同时存在于生物与生物、生物与人类和生物、人类与非生物（如人类所制造的各种机械设备等），以及非生物与非生物之间。随着城市的发展，它的能量和物资供应地区越来越大，从城市所在的邻近地区到整个国家，直至世界各地。

（2）在传递方式上，城市生态系统的能量流动方式要比自然生态系统多。自然生态系统主要通过食物网传递能量，而城市生态系统通过农业部门、采掘部门、能源生产部门、运输部门等传递能量。

（3）在能量流运行机制上，自然生产系统的能量流动是自发的，而城市生态系统的能量流动以人工为主，如一次能源转换成二次能源、有用能源等皆依靠人工。

（4）在能量生产和消费活动过程中，除造成热污染外，还有一部分物质以“三废”形式排入环境，使城市环境遭受污染。

（5）能量利用方式多为一次性，可以通过设计能量多级利用方式提高其利用效率。

（6）除部分能量是由辐射传输外（热损耗），其余的能量都是由各类物质携带。

2）城市生态系统的物质循环

城市生态系统中物质循环是各项资源、产品、货物、人口、资金等在城市各个区域、各个系统、各个部分之间以及城市与外部之间的反复作用过程。

城市生态系统物质循环具有以下特征：

（1）城市生态系统所需物质对外界有依赖性。绝大多数城市都缺乏维持城市活动的各种物质，皆需从城市外部输入，城市生产、生活活动所需的各类物质，离开了外部输入的物质，城市将立即陷入困境。

（2）城市生态系统物质既有输入又有输出。城市生态系统在输入大量物质以满足城市生产和生活需求的同时，也输出大量的物质，包括产品及各类“废弃物”。

（3）生产性物质远远大于生活性物质。这是由于城市的最基本的特点是经济集聚（生产集聚），城市首先是一个生产集聚的区域所决定的。

（4）城市生态系统的物质流缺乏循环。城市生态系统中分解者的作用微乎其微（因城市生态系统是高度人工化的生态系统），数量也很少，再加上物质循环中产生的废物数量巨大，故城市生态系统中废物难以分解、还原，物质被反复利用，周而复始地循环（利用）的比例相当小。

（5）物质循环在人为干预状态下进行。与自然生态系统的物质循环主要在自然状态下进行不同，城市生态系统的物质循环皆在人为状态下进行。人们为了增加产品种类，提高生产效率，满足物质享受，使得城市生态系统的物质循环受到很大影响。

（6）物质循环过程中产生大量废物。由于科学技术的限制以及人们认识的局限，城市生态系统物质利用的不彻底性导致了物质循环的不彻底，物质循环的不彻底又导致了物质循环过程中产生大量废物。

3）城市“节能降耗”的生态学机制

理解城市生态系统的能量流动和物质循环特点，以及能量流动和物质循环的偶合关系，通过多级利用能量、循环利用物质，配合节能适用技术，有效降低城市生产和生活活动的能量和物质消耗是十分重要的。

3.4 城市生态理论在生态规划中的指导作用

城市生态理论对开展城市综合研究，阐明城市发展与生态环境的相互关系，按照城市生态系统的自身特点进行城市生态规划具有重要的指导作用。

1）阐明城市发展与生态环境的相互关系

从相对比较宏观的层面，通过研究城市生态系统的主体——城市人口的结构、变化速率及其空间分布特征，研究城市发展及其制约条件，城市物质代谢功能与城市生态环境变化之间的关系，来阐明城市人口与城市生态环境的相互关系。从区域环境质量管理的角度，研究城市生态系统与其他生态系统的相互关系。

2）改善和控制城市生态环境

运用城市生态学原理，综合考虑并合理规划城市生态系统的各项组成要素，包括自然与生态的关系、社会与生态的关系、经济与生态的关系、环境与生态的关系、区域与生态的关系、生物与生态的关系等，构建和谐、高效的城市生态关系，使人与自然在城市范畴得到融合共生。

参考文献

[1] 何强，井文涌，王翊亭. 环境学导论[M]. 3 版. 北京：清华大学出版社，2004.
[2] 王如松，周启星，胡聃. 城市生态调控方法[M]. 北京：气象出版社，2000.
[3] 王祥荣. 城市生态学[M]. 上海：复旦大学出版社，2011.
[4] 欧阳志云，王如松. 区域生态规划理论与方法[M]. 北京：化学工业出版社，2005.
[5] 宋永昌、由文辉、王祥荣. 城市生态学[M]. 上海：华东师范大学出版社，2000.
[6] 沈清基. 城市生态环境：原理、方法与优化[M]. 北京：中国建筑工业出版社，2011.

4 城乡规划基本原理

4.1 城乡规划概论

4.1.1 城乡规划的概念

城乡规划是各级政府统筹安排城乡发展建设空间布局、保护生态和自然环境、合理利用自然资源、维护社会公正与公平的重要依据，具有重要公共政策的属性。

根据《中华人民共和国城乡规划法》，城乡规划是以促进城乡经济社会全面协调可持续发展为根本任务，促进土地科学使用为基础，促进人居环境根本改善为目的，涵盖城乡居民点的空间布局规划。

城乡规划是城市政府关于城市发展目标的决策。尽管各国由于社会经济体制、城市发展水平、城市规划实践和经验的不同，城市规划的工作步骤、阶段划分与编制方法也不尽相同，但基本上都按照由抽象到具体、从战略到战术的层次决策原则进行。一般都将城乡规划工作划分为总体规划和详细规划两个阶段。

总体规划阶段主要是研究确定城市发展目标、原则、战略部署等重大问题，是制定后一阶段详细规划的依据。详细规划是对有关问题的深入研究和制订方案，也可以反馈到对前一阶段工作的调整及补充上。

4.1.2 城乡规划学科

现代城乡规划学科是在借鉴相关学科理论基础上逐渐形成与发展起来的。现代城乡规划学科开拓者 Howard 倡导的“花园城市”、Geddes 的“人与自然融合”、Mumford 的“区域整体协调”等思想，极大地推动、深化和提升了现代城乡规划的理论思想，并在解决工业革命所造成的“城市病”方面发挥着重要的理论与实践作用。正是这些相关交叉学科的渗透和理论拓展，使得现代城乡规划学科诞生。

现代城乡规划学科是以城乡建成环境为研究对象，以城乡土地利用和城市物质空间规划为学科的核心，结合城乡发展政策、城乡规划理论、城乡建设管理等社会性问题所形成的综合研究内容(见表 4.1)。

表 4.1 现代城乡规划学科理念变革

传统城市规划和 现代城乡规划学科比较	传统城市规划学科	现代城乡规划学科
研究内容	城市物质空间形体	城乡社会经济和城乡物质空间发展
研究方法	城市空间发展构成	社会经济发展和物质空间形态的科学统一

（续表）

传统城市规划和 现代城乡规划学科比较	传统城市规划学科	现代城乡规划学科
研究理念	空间视觉审美和工程技术	区域与城市社会经济和物质空间的融贯和协调
学科门类	建筑工程类学科（工科）	城乡统筹的人居环境大学科（城乡规划、建筑学、风景园林学）

来源：赵万民，赵民，毛其智. 关于"城乡规划学"作为一级学科建设的学术思考[J]. 城市规划，2010，34(6)

研究内容应包括：对城乡规划区域发展、社会经济宏观层面的研究；对城乡规划设计理论、方法和技术问题的研究；对城乡规划的管理、法规、政策体系等层面的研究（见图 4.1）。

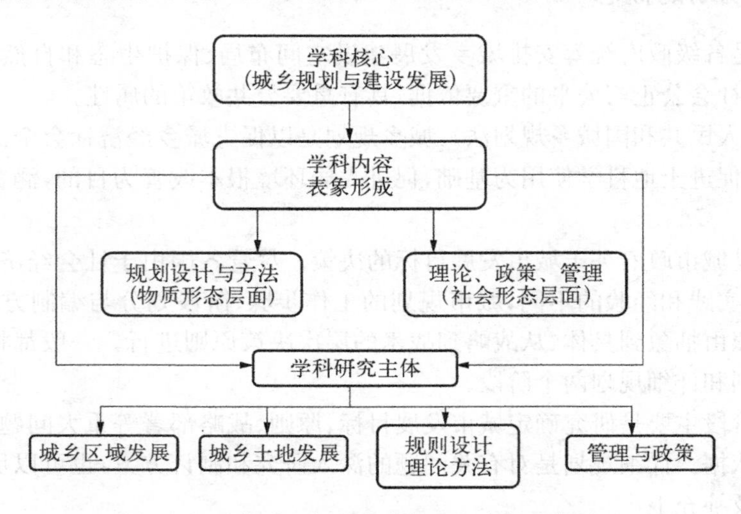

图 4.1　现代城乡规划学科研究内容与对象关系

来源：赵万民，赵民，毛其智. 关于"城乡规划学"作为一级学科建设的学术思考[J]. 城市规划，2010，34(6)：46－54.

4.2　城市结构理论

4.2.1　城市结构的概念

城市中的各类活动按照一定规律展开。由于城市功能而产生的各种地区（面状要素）、核心（点状要素）、主要交通通道（线状要素）以及相互之间的关系构成了通常被称为城市结构的构架。也就是说城市结构所反映的是城市功能活动的分布及其内在联系，是城市、经济、社会、环境及空间各组成部分的高度概括，是它们之间的相互关系与相互作用的抽象写照，是城市布局要素的概念化表示和抽象表达。

4.2.2　城市结构的类型

城市结构的类型是指城市在某一特定阶段中所呈现出的空间布局特征。城市规划所关注的城市结构是在现状基础上未来一段时间内城市有可能形成的结构形态。

赵炳时教授在分析国内外城市结构分类方法后，提出了采用总平面图解式的形态分类方法，并将城市形态归纳为：集中型、带型、放射型、星座型、组团型和散点型(见图 4.2)。

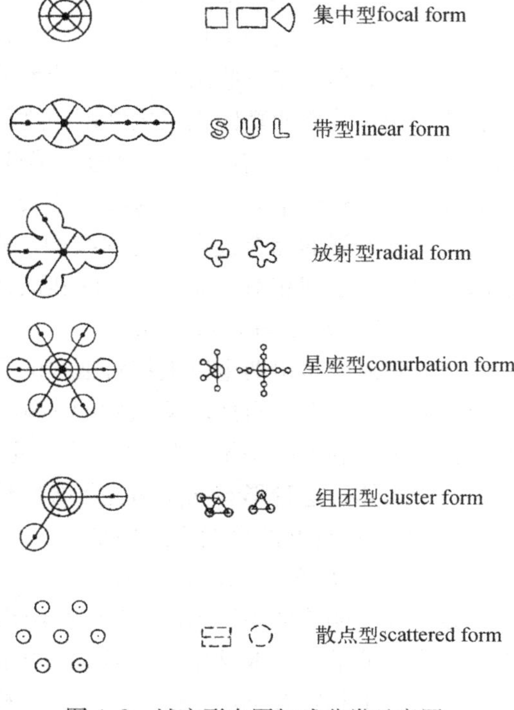

图 4.2 城市形态图解式分类示意图

来源：全国城市规划执业制度管理委员会. 城市规划原理[M]. 北京：中国计划出版社，2008.

1) 集中型形态(focal form)

城市建成区主体轮廓长短轴之比<4∶1，是长期集中紧凑全方位发展状态，其中包括若干子类型，如方形、圆形、扇形等。这类城镇是最常见的基本形式，城市往往以同心圆式同时向四周扩延。人口和建成区用地规模在一定时期内比较稳定，主要城市活动中心多处于平面几何中心附近，属于一元化的城市格局，建筑高度变化不突出而比较平缓。市内道路网为较规整的网格状。这种空间形态便于集中设置市政基础设施，合理有效利用土地，也容易组织市内交通系统。在一些大中型城市中也有相当紧凑而集中发展的，形成此种大密集团块状态的城市，人口密度与建筑高度不断增大，交通拥塞不畅，环境质量不佳。有些特大城市不断自城区向外连续分层扩展，俗称"摊大饼"式蔓延。

2) 带型形态(linear form)

建成区主体平面形状的长短轴之比大于 4∶1，并明显呈单向或双向发展，其子型有 U 形、S 形等。这些城市往往受自然条件所限，或完全适应和依赖区域主要交通干线而形成，呈长条状发展，有的沿着湖海水面的一侧或江河两岸延伸，有的因地处山谷狭长地形或不断沿铁路、公路干线一个轴向的长向扩展，也有的全然是根据一种"带型城市"理论按既定规划实施而建造成的。这类城市规模不会很大，整体上使城市各部分均能接近周围自然生态环境，空间形态的平面布局和交通流向组织也较单一，但是除了一个全市主要活动中心以外，往往需要形成分区次一级的中心而呈多元化结构。

3) 放射型形态(radial form)

建成区总平面的主体团块有 3 个以上明确的发展方向，包括指状、星状、花状等子型。这些形态的城市大多是位于地形较平坦，而对外交通便利的平原地区。它们在迅速发展阶段很容易由原城市旧区，沿交通干线自发或按规划多向多轴地向外延展，形成放射性走廊，所以全城道路形成在中心地区为网格状而外围呈放射状的综合性体系。这种形态的城市在初期多只有一个主要中心，属一元化结构，而形成大城市后又往往发展出多个次级副中心，又属多元化结构。这样的布局易于组织多向交通流向及各种城市功能。由于各放射轴之间保留楔形绿地，使城市与郊外接触面相对较大，环境质量亦可能保持较好水平。有时为了减少过境交通穿入市中心部分，需在发展轴上的新城区之间或之外建设外围环形道路，这又很容易在经济压力下将楔形绿地填充而变成同心圆式在更大范围内蔓延扩展。

4）星座型形态(conurbation form)

城市总平面是由一个相当大规模的主体团块和3个以上较次一级的基本团块组成的复合式形态。此形态在一些国家首都或特大型地区中心城市较常见，在其周围一定距离内建设发展若干相对独立的新区或卫星城镇。这种城市整体空间结构形似大型星座，人口和建成区用地规模较大，除了具有非常集中的高楼群中心商务区(CBD)外，往往为了扩散功能而设置若干副中心或分区中心。联系这些中心及对外交通的环形和放射干路网可使之成为相当复杂而高难度发展的综合式多元规划结构。有的特大城市在多个方向的对外交通干线上间隔地串联建设一系列相对独立且较大的新区或城镇，成为放射性走廊或更大型的城市群体。

5）组团型形态(cluster form)

城市建成区是由两个以上相对独立的主体团块和若干个基本团块组成，这大多是由于较大河流或其他地形等自然环境条件的影响，城市用地被分隔成几个有一定规模的分区团块，有各自的中心和道路系统，团块之间有一定的空间距离，但有较便捷的联系性通道，使之组成一个城市实体。这种形态属于多元复合结构，如布局合理，团组距离适当，这种城市既可有高效率，又可保持良好的自然生态环境。

6）散点型形态(scattered form)

城市没有明确的主体团块，各个基本团块在较大区域内呈散点状分布。这种形态往往出现在资源较分散的矿业城市；地形复杂的山地、丘陵或广阔平原都可能产生此种城市形态；也有的是由若干相距较远的、独立发展的、规模相近的城镇组成一个城市，这可能是由特殊的历史或行政体制原因导致的。这种形态通常因交通联系不便，难以组织较合理的城市功能和生活服务设施，每一组团需分别进行因地制宜的规划布局。

4.3 城市整体空间的组织理论

4.3.1 城市组成要素空间布局的基础——区位理论

区位，是指为某种活动所占据的场所在城市中所处的空间位置。城市是人与各种活动的聚集地，各种活动大多有聚集的现象，占据城市中固定的空间位置，形成区位分布。这些区位(活动场所)加上连接各类活动的交通路线和设施，便形成了城市的空间结构。

创立各种区位理论的目的就是为各项城市活动寻找最佳区位，即能够获得最大利益的区位。根据区位理论，城市规划对城市中的各项活动的分布掌握了基本的衡量尺度，以此对城市土地使用进行分配和布置，使城市中的各项活动都处于最适合于它的区位中。因此，可以说区位理论是城市规划进行土地使用配置的理论基础。

区位理论解释了城市各项组成要素在城市中如何选择各自最佳区位，但当这些要素选择了各自的区位之后，如何将它们组织成一个整体，即形成城市的整体结构，从而发挥各自的作用，则是城市空间组织的核心。城市各项要素在位置选择时往往是从各自的活动需求、成本等要求出发的，对同一位置的不同使用可能以及较少考虑与周边用地的关系，城市规划就需要从城市整体利益和保证城市有序运行的角度出发，协调好各要素之间的相互关系，满足城市生产和生活发展的需要。

4.3.2 从城市功能组织出发的空间组织理论

城市按照分区进行组织的做法自古就有，但这些分区的原则基本上是按照阶级(阶层)、种姓等设置，或者为了统治的需要而设定的。现代意义上的按照城市活动类型进行分区的原则最早是由法国建筑师戈涅(Tony Garnier)在"工业城市"的规划设想中予以明确表述的。尽管戈涅积极宣传工业城市的设想，并著书立说予以推广，但因其与当时强调形式化的传统规划理念不符而没有得到重视。而后，在勒·柯布西耶(Le Corbusier)的介绍下，该理念才开始对正在寻找现代建筑之路的规划师和建筑师产生影响，并得到了极大的推进。

在 Corbusier 影响下的国际现代建筑协会(CIAM)于 1933 年通过了《雅典宪章》(*Chaeter of Athens*, 1933)，确立了现代城市规划的功能分区原则。《雅典宪章》提出："居住、工作、游憩与交通四大活动是研究分析现代城市规划时的最基本分类"，这"4 个主要功能要求各自都有其最适宜发展的条件，以便给生活、工作和文化分类和秩序化。每一个主要功能都有其独立性，都被视为可以分配土地和建造的整体，并且所有现代技术和巨大资源都将被用于安排和配备它们"。在此基础上，《雅典宪章》提出了现代城市规划工作者的 3 项主要工作：① 在位置和面积方面，将居住、工作、游憩的不同区域做一个平衡的布置，同时建立一个联系三者的交通网；② 分别制定规划，使各区按照其需要有秩序地发展；③ 建立居住、工作和游憩各区域之间的关系，使这些地区间的日常活动可以在最经济的时间内完成。

根据《雅典宪章》的内容，城市空间组织就是对城市功能进行划分，将城市划分成不同的功能区，然后运用便捷的交通网络将这些功能区联系起来，而在具体组织和各功能区中，其组织有非常明显的等级系列，这就是"一切城市规划应该以一幢住宅所代表的细胞作为出发点，将这些同类的细胞集合起来以形成一个大小适宜的邻里单位。以这个细胞作为出发点，各种住宅、工作地点和游憩地方应该在一个最合适的关系下分布到整个城市里"。

功能区的提出在当时具有一定的现实意义和历史意义。在工业化发展过程中不断扩张发展的大中城市内，工业和居住混杂，工业污染严重，土地的高密度使用，设施不配套，缺乏空旷地，交通拥挤，由此产生了严重的卫生问题、交通问题和居住生活环境问题。从这样的意义上讲，功能分区的运用确实可以解决相当一部分当时城市中所存在的实际问题，改变城市中混乱的状况，使城市能"适应其中广大居民在生理上及心理上最基本的需求"。因此，在"二次大战"后的城市规划中，功能分区作为城市空间组织的最基本原则得到了广泛的运用和实践。但由于在实践中过于强调纯粹的功能分区，从而产生了一系列的问题，也使城市规划受到了重大的损害，但这并不是这一原则本身的错误(见图 4.3)。

4.3.3 从城市土地使用形态出发的空间组织理论

就城市土地使用而言，由于城市的独特性，城市土地的自然状况的唯一性和固定性，城市土地使用在各个城市中都具有各自的特征。但是它们之间也具有共同的特点和运行的规律，也就是说，在城市内部，各类土地使用之间的配置具有一定的模式。为此，许多学者对此进行了研究，提出了许多的理论，其中最为基础的是同心圆理论、扇形理论和多核心理论(见图 4.4)。

同心圆理论(concentric zone theory)是由伯吉斯(E. W. Burgess)于 1923 年提出的。他以芝加哥为例，试图创立一个城市发展和土地使用空间组织方式的模型，并提供了一个图式性的描述。根据他的理论，城市可以划分成 5 个同心圆区域：居中的圆形区域是中心商务区

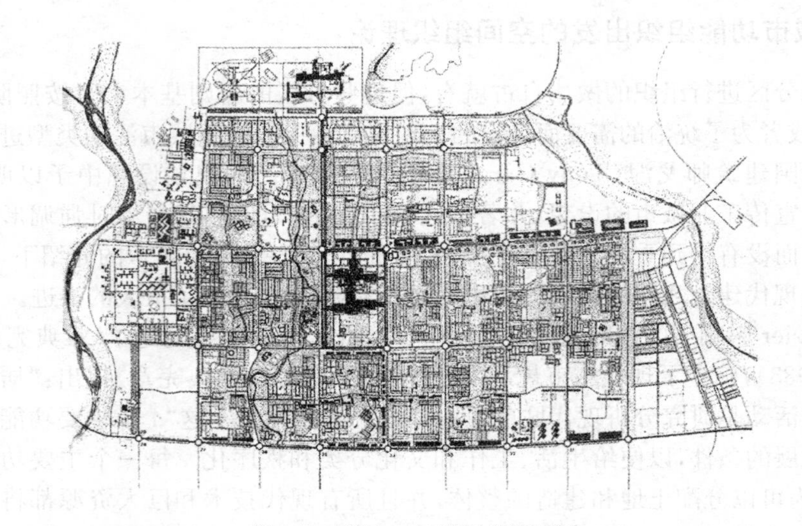

图 4.3　昌迪加尔规划总平面图

来源：全国城市规划执业制度管理委员会. 城市规划原理[M]. 北京：中国计划出版社，2008.

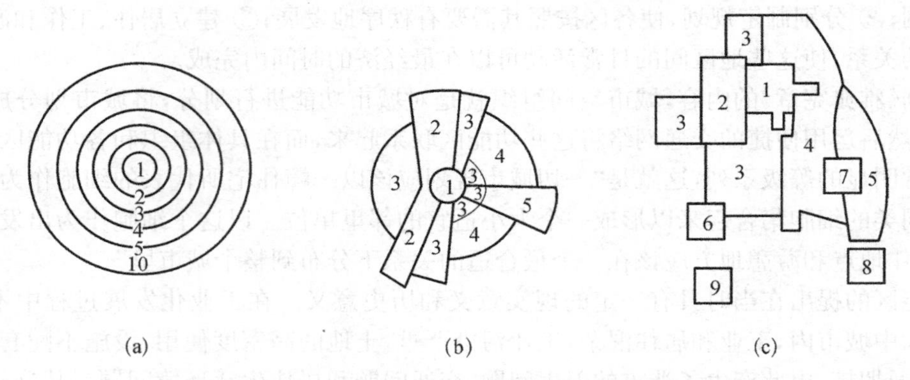

图 4.4　同心圆理论、扇形理论和多核心理论示意图

(a) 同心圆理论　(b) 扇形理论　(c) 多核心理论

来源：吴志强，李德华. 城市规划原理[M]. 4 版. 北京：中国建筑工业出版社，2010.

(central business district，即 CBD)，这是整个城市的中心，是城市商业、社会活动、市民生活和公共交通的集中点。第二环是过渡区(zone in transition)，是中心商务区的外围地区，是衰败了的居住区。第三环是工人居住区(zone of workingmen's homes)，主要是产业工人(蓝领工人)和低收入的白领工人居住的集合式楼房、单元住宅或比较便宜的公寓所组成。第四环是良好住宅区(zone of better residenses)，这里主要居住的是中产阶级，有独门独院的住宅和高级公寓和旅馆等，以公寓住宅为主。第五环是通勤区(commuters zone)，主要是一些富裕的、高质量的居住区，上层社会和中上层社会的郊外住宅坐落在这里，还有一些小型的卫星城，居住在这里的人大多数在中心商务区工作，上下班往返于两地之间。这一理论还特别提出，这些环并不是固定的和静止的，在正常的城市增长条件下，每一个环通过向外面一个环的侵入而扩展自己的范围，从而揭示了城市扩张的内在机制和过程。

扇形理论(sector theory)是霍伊特(H. Hoyt)于 1939 年提出的。根据美国 64 个中小城市住房租金分布情况的统计资料，又对纽约、芝加哥、底特律、费城、华盛顿等几个大城市的居住状况进行了调查，霍伊特提出，城市就整体而言是圆形的，城市的核心只有一个，交通线路由市中心向外作放射状分布，随着城市人口的增加，城市将沿交通线路向外扩大，某类使用方式的土地从市中心附近开始逐渐向周围移动，轴状延伸而形成整体的扇形。也就是说，对于任何的土地使用均是从市中心区既有的同类土地使用的基础上，由内向外扩展，并继续留在同一扇形范围内。1964 年，Hoyt 在针对他的理论进行了长期讨论之后，对他的理论进行了再评价，他认为，尽管汽车交通拓展了可供选择的居住用地而不再局限于现存的居住地，但总体上，高收入家庭仍然明显地集中在那些特定的扇形中。

多核心理论(multiple-nuclei theory)由哈里斯(C. D. Harris)和乌尔曼(E. L. Ullman)于 1945 年提出。他们通过对美国大部分大城市的研究，提出了影响城市中活动分布的 4 项原则：

① 有些活动要求设施位于城市中为数不多的地区(如中心商务区要求非常方便的可达性，而工厂需要有大量的水源)；

② 有些活动受益于位置的互相接近(如工厂与工人住宅区)；

③ 有些活动对其他活动容易产生对抗或有消极影响，这些活动应当避免同时存在(如富裕者优美的居住区与浓烟滚滚的钢铁厂毗邻)；

④ 有些活动因负担不起理想场所的费用，而不得不布置在不适宜的地方(如仓库被布置在冷清的城市边缘地区)。这 4 个因素的相互作用、受历史遗留习惯的影响和局部地区的特征、相互协调的功能在特定地点的彼此强化、不相协调的功能在空间上的彼此分离最终导致了地域的分化，使一定的地区保持了相对的独特性，具有明确的性质，这些分化了的地区又形成各自的核心，从而构成了整个城市的多中心。因此，城市并非是由单一中心而是由多个中心构成的。

以上 3 种理论具有较为普遍的适用性，但很显然它们并不能用来全面地解释所有城市的土地使用和空间状况，最合理的说法是没有哪种单一模式能很好地适用于所有城市，但以上 3 种理论能够或多或少地在不同的程度上适用于不同的地区。

在此之后，出现了很多从城市土地使用形态角度出发探讨城市空间组织的研究成果。尽管其出发点各不相同，但从最终的成果来看，这些理论基本上没有完全脱离开这 3 种模式，都可以看成是这 3 种模式在不同的空间尺度或地区的运用，有的则是在一个模式中整合了这 3 种模式。

4.3.4 从经济合理性出发的空间组织理论

根据经济的原则和经济合理性来组织城市空间，是城市空间组织在市场机制下得以实现的关键所在。在城市用地和空间的配置上，各项用地都有向城市中心集聚的需求，但不同的用地对土地使用所能承担的成本是各不相同的。经济合理性的含义就在于：在完全竞争的市场经济中，城市土地必须按照最高、最好也就是最有利的用途进行分配。这一思想通过位置级差地租理论而予以体现。根据该理论，一定位置一定面积土地上的地租的大小取决于生产要素的投入量及投入方式，只有当地租达到最大值时，才能获得最大的经济效果。城市土地使用的分布在很大程度上是根据对不同地租的承受能力而进行竞争的结果。某类特定使用所能承担的地租比其他活动所能承担的租金高，则该使用便可获得它所要求的土地，尤其是在多种使用共同竞争同一位置的用地时。

在城市中，区位是决定土地租金的重要因素。伊萨德认为："决定城市土地租金的要素主要有：

① 与中心商务区(CBD)的距离；

② 顾客到该地的可达性；

③ 竞争者的数目和他们的位置；

④ 降低其他成本的外部效果。

现在比较精致而且也是比较重要的地租理论是阿伦索(W. Alonso)于1964年提出的竞租(bid rent)理论。这一理论就是根据各类活动对距离市中心不同距离的地点所愿意或所能承担的最高限度租金的相互关系来确定这些活动的位置。所谓竞租，就是人们对不同位置上的土地愿意出的最高价格，它代表了对于特定的土地使用，出价者愿意支付的最高租金以获得那块土地。根据阿伦索的调查，商业由于靠近市中心就具有较高的竞争能力，也就可以支持较高的地租，所以愿意出价高于其他的用地。随后依次为办公楼、工业、居住、农业用地。根据该理论，在单中心城市的条件下，可以得到城市同心圆布局的理论。

从城市规划的角度来讲，经济合理性并不是城市规划的唯一依据，其最根本的原则应该在于社会合理性，或者说是基于公正、公平等公共利益的基础之上的。但经济的合理性也是必须予以考虑的，否则，规划的空间组织难以实施。但这并不意味着一切都要按照经济例行行事，而是要考虑经济的可能，如果要对此进行调整，规划就必须提出相应的手段和方式。

4.3.5 从城市道路交通出发的空间组织理论

城市道路交通连接城市中各种土地使用，将城市活动结合为一体。从城市空间组织的角度讲，城市的道路交通将城市的各项用地连接起来，保证了空间之间的联系，从而建立起了城市空间组织的基本结构。

对城市交通问题的思考和研究推动了现代城市规划理论和实践的进步和发展。索里亚·玛塔(Soria Mata)的"线形城市(linear city)"是铁路时代的产物，他所提出的"城市建设的一切问题均以城市交通问题为前提"的原则仍然是城市空间组织的基本原则。法国建筑师戈涅(Gogney)在工业城市规划中也高度重视城市的道路组织，他提出："城市的道路应当按照道路的性质进行分类，并以此来确定道路的宽度。"而在20世纪初对城市道路交通组织做出重要贡献的则是巴黎总建筑师埃涅尔(Eugene Henard)。他认为："交通运输是城市有机体内富有生机的活动的具体表现之一。"他把市中心比作人的心脏，认为它与滋养它的动脉——承受运输巨流的道路必须有机地联系在一起。"但是，必须减少中心区过度的运输，因为像心脏里的血液过剩一样，它能使城市机体夭折"。由此，Eugene Henard提出"过境交通不能穿越市中心，并且改善市中心区与城市边缘区和郊区公路的联系"。从减少市中心区交通运输量的观点出发，埃涅尔为巴黎设计了若干条大道和新的环行道路，从而改善了豪斯曼巴黎改建留下的交通问题。在进行城市道路干线网络改造的同时，埃涅尔对城市道路交通的节点进行了研究，认为城市道路干线的效率主要取决于街道交叉口的组织方法，因此需要全面提高道路交叉口交通流量，为此他提出了改进交叉口组织的两种方法：建设街道立体交叉枢纽，建设环岛式交叉口和地下人行通道。埃涅尔提出的城市道路交通的组织原则和交叉口交通组织方法在20世纪的城市道路交通规划和建设中都得到了广泛的运用。

Corbusier的现代城市规划方案是汽车时代的作品。他认为“所有现代的交通工具都是为速度而建的，……街道不再是牛车的路径，而是交通的机器，而一个为速度而建的城市是为成功而建的城市”。因此，城市的空间组织必须建立在对效率的追求方面，而其中的一个很重要的方面就是交通的便捷，即以使车辆以最佳速度自由地行驶为目的。在他的设想中，交通性干道分为3层：地下走重型车、地面用于市内交通、高架道路用于快速交通。在1930年完成的“光辉城市”(the radiant city)方案中，建筑物底层架空，城市的全部地面由行人支配，地下布置地铁，离地面5 m高的位置上安排汽车运输干线和停车网。正是这种对城市交通问题的重视和对交通问题的解决决定了Corbusier设想的城市空间结构模式。

汽车交通的快速发展给城市生活带来了严重的问题，为了使这种不利影响减至最小，一些规划理论和方法相继提出并成为现代城市规划的基本组成部分。1929年，佩里(L. A. Perry)提出以“邻里单位(neighborhood unit)”来组织城市居民区。他认为形成邻里单位的观点是“被汽车逼出来的”。他提出：“为了减少汽车交通对居住生活的干扰，获得居住地区的邻里感，应当以城市交通干道为边界建立起有一定生活服务设施的家庭邻里，在该单位里不应有交通量大的道路穿越”。之后，斯坦(C. Stein)等人完成的雷德邦规划(Radburn, 1933)，对“邻里单位”理论做了修正，提出“大街坊(superblock)”概念，对车行道路和人行道路进行了严格的划分，并进行了成系统的组织，形成人车完全分离的道路系统。1944年，在对城市汽车交通增长的危险具有敏锐洞察的基础上，屈普(H. A. Tripp)对城市范围内的交通组织进行了研究，提出了一个新的交通组织模式，即交通分区：道路按功能进行等级划分并进行划区(precincts)，区内以步行交通为主，从而实现整体的步行交通与车行交通的分离。Tripp的划区方法后来成为阿伯克隆比大伦敦规划中交通组织的重要理论基础。1963年，布坎南(C. Buchanan)在《城市交通》(*Traffic in Towns*)一书中提出：“为了保证城市内部交通的便捷，必须建立一个高速道路网，以提供高速、有效的交通分配；同时为取得令人满意的环境质量，则需要对这些主要道路网所环绕的地段进行合理的规划与设计，以创造安全、清洁和令人愉悦的日常生活环境。”这些对城市交通所进行的直接研究，都成为城市规划工作中自觉遵守的基本原则。

城市交通源于城市中不同土地使用之间相互联系的要求。因此，城市交通的性质与数量直接与城市土地使用相关，麦克劳林(J. B. McLoughlin)称其为“交通使用地的函数”。20世纪50年代末至60年代初，美国进行的运输-土地使用规划(transport-land use planning)研究，从规划角度对交通与土地使用之间的关系及其组织进行了探讨。这些研究的思想与方法和二次大战后迅速发展的系统理论与系统工程相结合，形成了20世纪60、70年代在城市规划领域占主导思想的过程方法论(procedural methodology)。这一方法论全面地改变了对城市规划的认识、对规划问题的分析和处理，并在技术手段上推进了计算机和系统方法在城市规划中的运用。运输-土地使用研究现在仍然是城市规划过程中的重要步骤和分析方法。

20世纪80年代以后，针对美国郊区建设中存在的城市的蔓延和对私人小汽车交通的极度依赖所带来的低效率和浪费问题，新都市主义(new urbanism)提出应当对城市空间组织的原则进行调整，强调要减少机动车的使用量，鼓励使用公共交通，居住区的公共设施和公共活动中心等围绕着公共交通的站点进行布局，使交通设施和公共设施能够相互促进、相辅相成，并据此提出了“公交引导开发(TOD)”的模式(见图4.5)，认为如果邻里能够把必须使用汽车

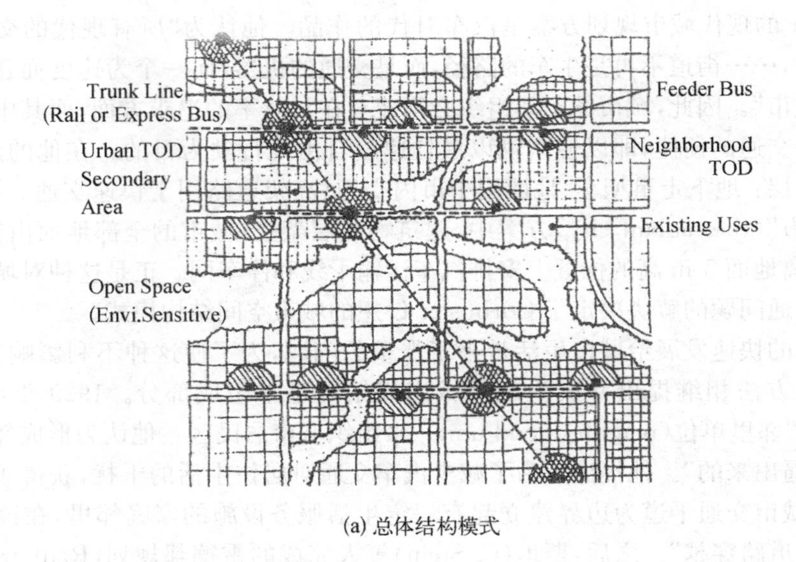

(a) 总体结构模式

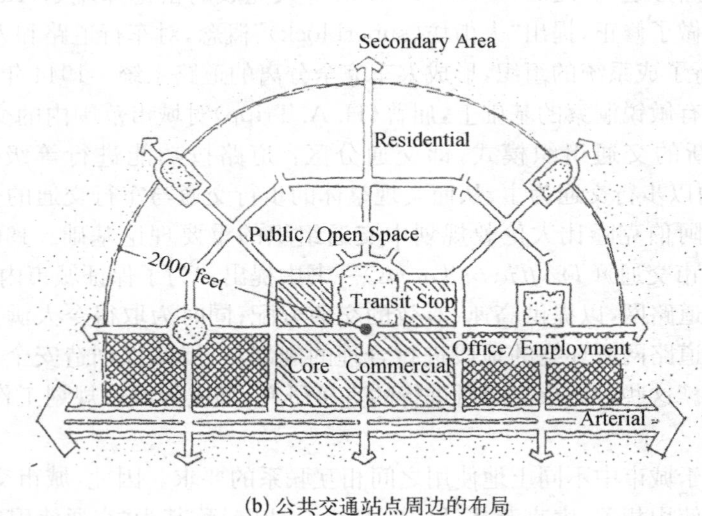

(b) 公共交通站点周边的布局

图 4.5 公共交通导向发展

来源：全国城市规划执业制度管理委员会. 城市规划原理[M]. 北京：中国计划出版社，2008.

的人聚集在公共交通车站的步行范围以内，那么就会使公共交通支持更大的人口密度，公共交通的便利也就会减少人们对私人小汽车的使用需求。在这样的基础上，采用传统邻里的组织方式以及欧洲小城市的空间模式，从创造更有机的富有活力的城市空间结构的角度出发，对区域(或大都市地区)和城市内部的空间结构进行重组。

4.3.6 从空间形态出发的空间组织理论

城市空间的组织在很大程度上与建筑空间有着非常密切的关系，而且在一定的条件下，城市空间需要通过建筑空间而得以实现。因此，有关建筑形态的空间组织理论对城市整体的空间组织也具有重要的影响。

被誉为现代城市设计之父的卡米洛·西特(Camillo Sitte)于 1889 年出版的《城市建筑艺

术》中提出了现代城市建设中空间组织的艺术原则，但他的观点与后来形成的、在现代建筑运动主导下的现代城市空间概念有极大的不同。因此，其理论在20世纪相当长的时期内并不为城市规划师所重视，在20世纪50年代以前甚至被视为现代城市空间组织的反面教材，只得到少部分设计者的认可，但在70年代以后，Sitte的思想得到了广泛的重视，并由罗西（A. Rossi）、克里尔兄弟（Rob Krier & Leon Krier）等人发扬光大。

罗西（A. Rossi）从新理性主义的思想体系出发，提出城市空间的组织必须依循城市发展的逻辑，凭借历史的积淀，用类型学的方法进行建筑和城市空间的安排。他认为城市空间类型是城市生活方式的集中反映，也是城市空间的深层结构，并且已经与市民的生活和集体记忆紧密结合。根据罗西的观点，组成城市空间类型的要素是城市街道、城市的平面以及重要纪念物。这些城市的人工建造物之间的关系是构成城市空间类型的关键，但这并不意味着城市的类型是由可以直接看到的或直接摸到的物质实体所构成的，人的体验具有更为重要的意义。因此，在空间组织的过程中需要充分认识这些人工建造物的意义以及在此基础上的相互作用关系，必须与使用这些空间的人的活动方式相关联。Rob Krier和Leon Krier更为明确地提出城市空间组织必须建立在以建筑物限定的街道和广场的基础上，而且城市空间必须是清晰的几何形状，他们提出“只有几何特征印迹清晰、具有美学特质的、并可能为我们有意识地感知的外部空间才是城市空间”。

4.3.7　从城市生活出发的空间组织理论

城市是人和活动集聚的场所，也必然是以此作为凭借和依托的。没有城市空间的支持，城市的社会经济活动便无法展开。城市空间是城市活动发生的载体，同时又是城市活动的结果。因此，在城市空间组织的过程中，必须将空间的组织与空间中的活动相结合，并且从城市活动的安排出发来组织空间的结构与形态。正如《马丘比丘宪章》所指出的那样，“人与人相互作用与交往是城市存在的基本根据”。因此，城市规划“必须对人类的各种需求做出解释和反应”。这也应当是城市空间组织的基本原则。

邻里单位理论的提出者佩里（C. A. Perry）认为，城市住宅和居住区的建设应当从家庭生活的需要以及周围的环境即邻里的组织开始。邻里单位的目的就是要在汽车交通开始发达的条件下，创造一个适合于居民生活的、舒适安全的和设施完善的居住社区环境。他提出，邻里单位就是“一个组织家庭生活的社区计划，因此这个计划不仅要包括住房，而且要包括它们的环境，而且还要有相应的公共设施。这些设施至少要包括一所小学、零售商店和娱乐设施等。他同时认为在当时快速汽车交通的时代，环境中的最重要问题是街道的安全，因此最好的解决办法就是建设道路系统来减少行人和汽车的交织和冲突，并且将汽车交通完全地安排在居住区之外。”根据Perry的论述，邻里单位由6个原则组成：

① 规模（size）。一个居住单位的开发应当提供满足一所小学的服务人口所需要的住房，它的实际面积则由其人口密度决定。

② 边界（boundaries）。邻里单位应当以城市的主要交通干道为边界，这些道路的宽度应满足交通的需要，避免汽车从居住单位内穿越。

③ 开放空间（open space）。应当提供小公园和娱乐空间系统。

④ 机构用地（institution sites）。学校和其他机构的服务范围应当对应于邻里单位的界限，它们应该适当地围绕着一个中心或公用地进行成组布置。

⑤ 地方商业(local shops)。与服务人口相适应的一个或更多的商业区应当布置在邻里单位的周边,最好是处于交通的交叉处或与相邻邻里的商业设施共同组成商业区。

⑥ 内部道路系统(internal street system)。邻里单位应当提供特别的道路系统,每一条道路都要与它可能承载的交通量相适应,设计的街道网要便于邻里单位内的交通运行,同时又能阻止过境交通的使用。佩里认为,只有达到了上述原则,才能更加完整地满足家庭生活的基本需要(见图 4.6)。邻里单位理论在此后的规划实践中成为城市居住区组织的基本理论和方法。

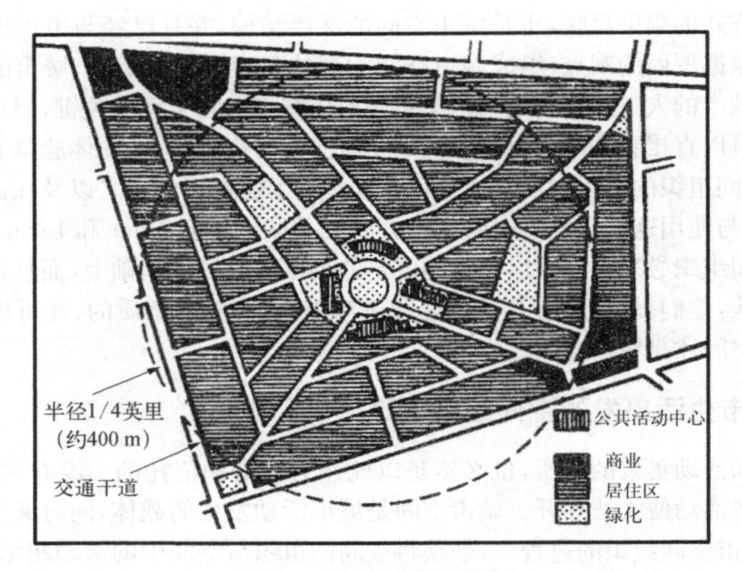

图 4.6 邻里单位理论图解

来源:全国城市规划执业制度管理委员会.城市规划原理[M].北京:中国计划出版社,2008.

CIAM 的“十次小组”(TEAM 10)认为,城市的空间组织必须坚持以人为核心的人际结合思想,必须以人的行动方式为基础,城市和建筑的形态必须从生活本身的结构发展而来。在此基础上,他们提出任何新的东西都是在旧机体中生长出来的,一个社区也是如此,必须对它进行调整,使它重新发挥作用。因此,城市的空间组织不是从一张白纸上开始的,而是一种不断进行的工作。所以,任何一代人只能做有限的工作;每一代人必须选择对整个城市结构最有影响力的方面进行规划和建设,而不是重新组织整个城市。

凯文・林奇(Kevin Lynch)对城市意象的研究改变了城市空间组织的传统框架,城市的空间不再是反映在图纸上的物与物的关系,也不是现实当中的物质形态的关系,更不是建立在这些关系基础上的美学上的联系,而是人在其中的感受以及对这些物质空间感知的组合关系,即意象(image)。人们在意象的引导下采取相应的空间行动,在这样的意义上,城市空间就不再仅仅是容纳人类活动的容器,而是一种与人的行为联系在一起的场所。他通过大量调查,提出构成城市意象的 5 项基本要素是:路径、边缘、地区、节点和地标(见图 4.7)。这 5 项要素建构起对城市空间总体的认知,当这些要素相互交织、重叠时,它们就提供了对城市空间的认知地图(cognitive map),或称心理地图(mental map)。认知地图是观察者在头脑中形成的城市意象的一种图面表现,并随着人们对城市的认识的扩展和深化而扩大。行动者就是根据这样的认知地图而对城市空间进行定位,并依据对该认知地图的判断而采取行动。因此,在城市空间的组织中，需要通过对构成城市意象的各项要素的运用，强化它们的可识别性，清晰化各要素之间的相互关系，赋予它们城市和文化的意义，传递有效的信息，进而引导人们的行为。

简·雅各布斯(J. Jacobs)对美国城市空间中的社会生活进行了调查，并于1961年出版了《美国大城市的生与死》(*The Death and Life of Great American Cities*)一书。她认为街道和广场是真正的城市骨架形成的最基本要素，它们决定了城市的基本面貌。她说："如果城市的街道看上去是有趣的，那么城市看上去也是有趣的；如果街道看上去是乏味的，那么城市看上去也是乏味的。"而街道要有趣，就要有生命力，雅各布斯认为街道要有生命力应当具备3个条件：

① 街道必须是安全的。而要一条街道安全，就必须在公共空间和私人空间之间有明确的界限，也就是在属于特定的住房、特定的家庭、特定的商店或者其他领域和属于所有人的公共领域之间有明确的界限。

② 必须保持有不断地观察。被她称之为"街道天然的所有者"的"眼睛"必须在所有时间里都能注视到街道。

③ 街道本身特别是人行道上必须不停地有使用者。这样，街道就能获得并维持有趣味的、生动的和安全的声望，人们才会喜欢去那里看和被人看，街道也就因此而具有它自己的生命。而街道的生命力还来源于街道生活的多样性，街道生活的多样性要求有一定的街道本身的空间形式来保证。她认为要做到这一点，就必须遵循如下4个基本原则：

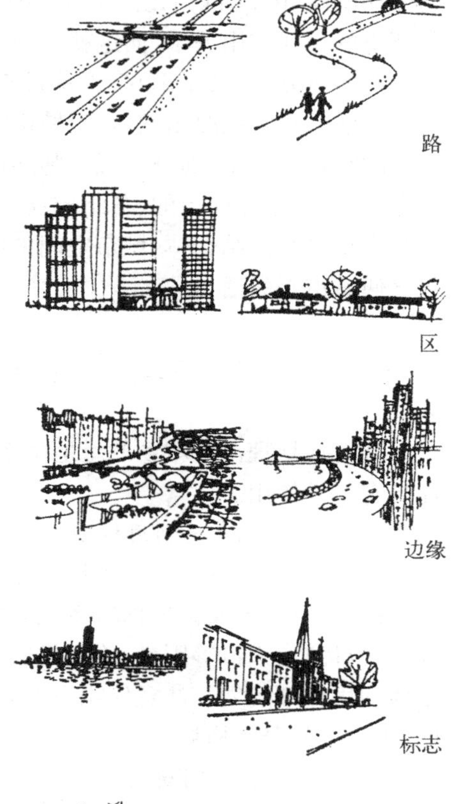

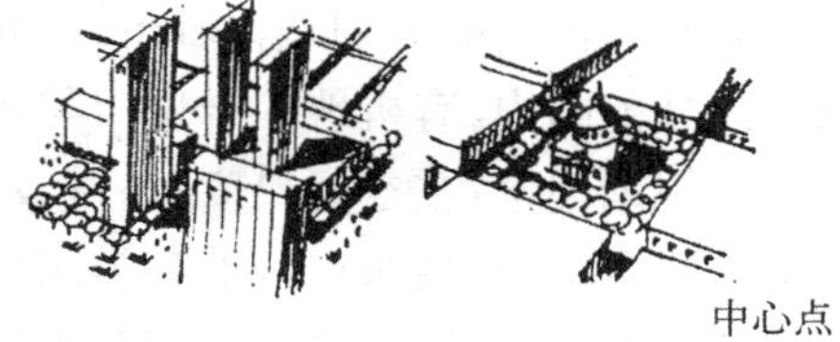

图4.7 林奇的城市意象5要素图解

来源：(美)凯文·林奇.城市意象[M].方益萍，何晓军译.北京：华夏出版社，2001.

① 作为整体的地区至少要用于两个基本的功能：生活、工作、购物、进餐，等等，而且越多越好。这些功能在类别上应当多种多样，使各种各样的人在不同的时间来来往往，按不同的时间表工作，来到同一个地点，而同一个街道则用于不同的目的，在不同的时间以不同的方式使用同样的设施。

② 沿着街道的街区不应超过一定的长度。她发现一些大街之间长900英尺[1英尺(ft)=0.3048 m]就显得过长了，并且她宁愿看到一些短的街道与之交叉。这样，在不同方向的街道之间就更容易进入，并且有较多的转角场所。

③ 不同时代的建筑物共存于她称之为"纹理紧密的混合"之中。由于老建筑物对于街道经济所显示出来的重要性，因此应当有相当高比例的建筑物。

④ 街道上要有高度集中的人，包括那些必需的核心，他们生活在那里，工作在那里，并且作为街道的"所有者"而行动。

亚历山大(C. Alexander)则通过一系列的理论著作阐述了空间组织的原则。他认为，人的活动倾向(tendency)比需求(need)更为重要,因为倾向作为可观察到的行为模式,反映了人与环境的相互作用关系,而这就是城市规划和设计需要调和的。而在对城市规划和城市空间的组织的研究中,其于1965年发表的《城市并非树形》(*A City is Not a Tree*,1965)一文则从城市生活的实际状况出发,指出城市空间组织应当重视人类活动中丰富多彩的方面及其多种多样的交错与联系,而城市规划师和设计师在进行空间组织时不应偏好简单和条理清晰的思维方式,轻易接受简单的、各组成要素互不交叠的组织方法。他认为,城市空间的组织本身是一个多重复杂的结合体,城市空间的结构应该是网格状的而不是树形的,任何简单化的提纯只会使城市丧失活力。

4.4 城乡规划理论在生态规划中的指导作用

城乡规划理论对城乡的土地生态利用规划、城乡绿色空间规划以及区域协调生态规划方面具有指导作用。

1) 城乡土地生态利用规划

城乡在发展过程中,对土地所形成的压力有较大差异,然而土地利用的生态化对两者而言,都具有重要意义。依据城乡规划的相关理论科学地进行土地利用规划,结合城乡资源条件、区位优势、人口等因素,确定发展规模,同时结合自然生态和人文生态空间规划,编制城乡土地利用详细规划。注意使用自然走廊、绿廊、绿带、绿道外围农业用地、休闲用地等连接成网,确立空间分布格局。

2) 城乡绿色空间规划

城乡绿色空间规划是在城市、镇和村庄的建成区以及因城乡建设和发展需要实行规划控制的区域范围内,有机地综合城市与乡村各类绿地,所构成的区域化、网络化的绿色空间。依据城乡规划理论,在空间尺度上,城乡绿色空间将绿地的范围拓展到了城乡一体的区域范围;在组成要素上,包括城市内的各类园林绿地以及乡村的森林、农田林网和果园等多种要素;在空间结构上,强调绿地之间的相互连接,形成网络化的城乡绿地系统结构。

3) 城市-区域协调生态规划

在城市-区域协调生态规划领域,城市群生态规划是从空间角度对区域人居环境进行符合城乡规划理论和生态学原理的规划,是实现经济、社会、环境、人口等要素在城市与区域范围内高度协调发展的规划类型。城市群生态规划注重生态规划与城市规划的融合,关注城市群发展的过程调控和格局优化。

参考文献

[1] (美)凯文·林奇. 城市意象[M]. 方益萍,何晓军译. 北京:华夏出版社,2001.

[2] 黄光宇,陈勇. 生态城市理论与规划设计方法[M]. 北京:科学出版社,2002.

[3] 吕斌,佘高红. 城市规划生态化探讨——论生态规划与城市规划的融合[J]. 城市规划学刊,2006(4):15-19.

[4] 全国城市规划执业制度管理委员会. 城市规划原理[M]. 北京:中国计划出版社,2008.

[5] 吴志强,李德华. 城市规划原理[M]. 4版. 北京:中国建筑工业出版社,2010.

[6] 张泉，叶兴平．城市生态规划研究动态与展望[J]．城市规划，2009，33(7)：51-58.
[7] 赵万民，赵民，毛其智．关于“城乡规划学”作为一级学科建设的学术思考[J]．城市规划，2010，34(6)：46-54.
[8] 邹德慈．论城市规划的科学性[J]．城市规划，2003，27(2)：77-79.

5 其他相关理论

5.1 可持续发展理论

5.1.1 可持续发展的基本概念与内涵

可持续发展(sustainable development)是20世纪80年代后期提出的一个新概念。1987年,世界环境与发展委员会在《我们共同的未来》报告中第一次阐述了可持续发展的概念,并取得了国际社会的广泛共识。

可持续发展是指"既满足当代人需要,又不对后代人满足其需要的能力构成危害的发展"。可持续发展是一个涉及经济、社会、文化、技术及自然环境的综合概念,它不仅涉及当代的或一国的人口、资源、环境与发展的协调与公平,还涉及后代的和其他国家或地区之间的人口、资源、环境与发展之间利益的协调与公平。其实质是追求达到两大动态目标:人与自然之间的平衡,寻求人与自然关系的和谐化;人与人之间关系的和谐,逐步达到人与人之间关系的协调与公正。

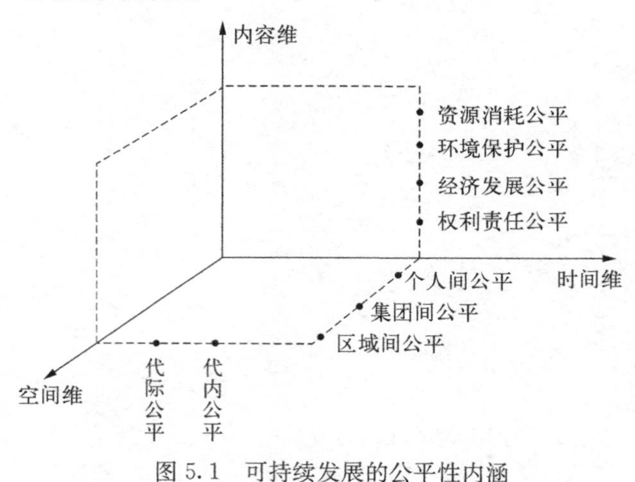

图5.1 可持续发展的公平性内涵

来源:刘康.生态规划-理论、方法与应用[M].2版.北京:化学工业出版社,2011.

实现可持续发展需要遵循3个基本原则:公平性原则(见图5.1)、持续性原则、共同性原则。可持续发展所要解决的核心问题有人口问题、资源问题、环境问题与发展问题,简称PRED问题。可持续发展的核心思想是:人类应协调人口、资源、环境和发展之间的相互关系,在不损害他人和后代利益的前提下追求发展。可持续发展的目的是保证世界上所有的国家、地区、个人拥有平等的发展机会,保证我们的子孙后代同样拥有发展的条件和机会,而不能"吃祖宗饭,断子孙路"。可持续发展的要求是人与自然和谐相处,认识到对自然、社会和子孙后代的应负的责任,并有与之相应的道德水准。

可持续发展是把发展与环境作为一个有机整体,它包括5个方面的内涵:

① 可持续发展不可否定经济增长,尤其是穷国或贫困地区的经济增长,但单纯的经济增长不等于发展,发展不等于可持续,可持续不等于供应平衡;

② 可持续发展要求以自然资产为基础,同环境承载力相协调;

③ 可持续发展要求以提高生活质量为目标，同社会进步相适应；

④ 可持续发展承认并要求产品和服务在价格中体现出自然资源的价值；

⑤ 可持续发展的事实以适宜的政策和法律体系为条件，强调“综合决策”和“公众参与”。

可持续发展是人类对工业文明以来所走过的道路的反思结果，是人类为克服一系列经济、社会与环境问题，特别是全球性的环境污染和广泛的生态破坏以及它们三者之间关系失衡所做出的理性抉择。可持续发展思想和理论已应用到社会经济发展的各个领域。

5.1.2 可持续发展的度量

可持续发展的水平，通常由下面5个基本要素及其之间的关系来衡量。

1) 资源的承载能力

可持续发展的基本支持系统，是指一个国家或地区按人口平均的资源数量和质量，以及它对空间内人口的基本生存和发展的支撑能力。如果在世代公平的前提下能够得到满足，则具备可持续发展的条件，如不能满足，则必须依靠科技进步来挖掘和开发替代资源，使资源的承载力保持在区域人口需求的范围之中。

2) 区域的生产力

区域的生产力是指一个国家或地区在资源、人力、技术和资本的总体水平上，可以转化为产品和服务的能力。可持续发展要求这种能力在不危及其他子系统的前提下，应与人的需求同步增长。

3) 环境的缓冲能力

人类对区域的开发、对资源的利用、对生产的发展及废弃物的排放和处理等，均应维持在环境容量的允许范围之内。

4) 过程的稳定能力

过程的稳定能力是指在系统发展过程中，要避免因自然波动和社会经济波动而带来灾难性的后果，可以通过培植系统的抗干扰能力或增加系统的弹性来维持其稳定性。

5) 协调能力

协调能力是指人的认识能力、行为能力、决策能力和调整能力，能适应总体发展水平。

5.1.3 可持续发展理论在生态规划中的指导作用

可持续发展理论要求我们在进行生态规划时，一定要注意现实基础与未来发展目标的合理把握。不能不顾自然资源条件的承载能力，制定过高或超前的社会经济发展目标；也不能因为过分强调保护生态环境，而压低未来社会经济发展的应有水平。因此，在制定生态近期、中期和远期规划时一定要充分把握可持续发展原则。否则，所制定的规划将是不可持续的发展规划。

可持续发展理论要求我们在进行生态规划时，要充分考虑区域公平性原则，即要求我们不仅要考虑规划区内部各地区的公平问题，而且也要考虑规划区与其周边地区的生态资源环境利用和社会经济之间的协调发展问题。具体而言，在制定生态规划时，要考虑生态规划与其他已制定的地区发展规划、部门发展规划相衔接，也要注意生态规划与规划区周边地区的相关规划相呼应。

可持续发展理论要求我们在进行生态规划中，要充分考虑区域共同性与参与性原则。可持续发展需要各地区、各部门以及公民的共同参与。因此，在生态规划过程中要尽量采用公民参与的方法，如采用问卷调查、与规划区领导和群众座谈和征求意见等方式，充分考虑社情民意，这样所制定的规划将更具有可操作性。

5.2 循环经济理论

5.2.1 循环经济的基本概念

循环经济(circular economy)，本质上是一种生态经济，它要求运用生态学规律而不是机械论规律来指导人类社会的经济活动。传统经济是一种由"资源—产品—污染排放"单向流动的线性经济，其特征是高开采、低利用、高排放。在这种经济中，人们高强度地把地球上的物质和能源提取出来，然后又把污染和废物大量地排放到水系、空气和土壤中，对资源的利用是粗放的和一次性的，通过把资源持续不断地变为废物来实现经济的数量型增长。与此不同，循环经济倡导的是一种与环境和谐的经济发展模式。它要求把经济活动组织成一个"资源—产品—再生资源"的反馈式流程，其特征是低开采、高利用、低排放。所有的物质和能源要能在这个不断进行的经济循环中得到合理和持久的利用，以把经济活动对自然环境的影响降低到尽可能小的程度。

循环经济在发展概念上就是要改变"重开发、轻节约、片面追求 GDP 增长、重速度、轻效率、重外延扩张、轻内涵提高"的传统的经济发展模式，把传统的依赖资源消耗的线性增长的经济转变为依靠生态型资源循环来发展的经济。这既是一种新的经济增长方式，也是一种新的污染治理方式，同时又是经济发展、资源节约与环境保护的一体化战略。

5.2.2 循环经济的基本原则

循环经济是一种以资源高效利用和循环利用为核心，以减量化(reduce)、再利用(reuse)、再循环(recycle)的"3R"原则为基础；以低消耗、低排放、高效率为基本特征；以生态产业链为发展载体；以清洁生产为重要手段，实现物质资源的有效利用和经济与生态的可持续发展。

1) 减量化原则

减量化原则旨在从输入端进行控制，减少进入生产和消费流程的物质量，从而在经济活动的源头上节约资源和减少污染物的排放。在生产实践中，减量化原则要求生产厂家通过减少生产产品原材料的使用量、重新设计制造工艺和利用先进科技手段来节约资源和减少废弃物排放，尽可能使产品体积小型化和重量轻型化。在产品包装追求简单朴实而不是豪华浪费，从而达到减少废弃物排放的目的。在消费方面，要求人们尽可能少地使用一次物品，尽可能多地购买和使用耐用性强的可循环使用的物品。

2) 再利用原则

再利用原则旨在从过程上进行控制，目的是提高产品和服务的利用率。它要求产品和包装能够以初始的形式被多次使用。在生产中，常要求制造商使用标准尺寸进行设计，以便于更换部件而不必更换整个产品，同时鼓励发展再制造产业；在生活中，鼓励人们购买能够重复使用的物品、饮料瓶和包装物；同时，尽量将可维修的物品返回市场体系供他人继续使用。

3) 再循环原则

再循环原则旨在从输出端进行控制，要求所生产的物品在完成其使用功能后能重新变成可以利用的资源而不是无用的垃圾。物质循环通畅有两种方式：一是资源循环利用后形成与原来相同的产品；二是资源循环利用后形成不同的新产品。循环原则要求消费者和生产者购买循环物质比例大的产品，以实现循环经济的整个过程的闭合。

以上原则中，减量原则属于输入端控制方法，旨在减少进入生产和消费过程的物质量；再利用原则属于过程控制方法，目的是提高产品和服务的利用效率；再循环原则是输出端控制方法，通过把废弃物再次变成资源以减少末端处理负荷。

5.2.3　循环经济理论在生态规划中的指导作用

循环经济理论对区域产业经济发展规划以及生态产业结构设计等方面具有指导作用。

1）对区域产业经济发展规划的指导作用

根据循环经济倡导的新的系统观、价值观、经济观、生产观和消费观，可以从宏观上指导制定一个地区产业经济发展的总体方向，以及各个产业之间的相互衔接与结构协调，使不同地区之间、不同部门之间的生产、加工、流通、消费等各环节保持有序畅通的物流、能流、资金流与信息流，从而减少资源的中间浪费，提高废弃物的资源化再利用率，以实现节约型国民经济和节约型社会的发展目标。在循环经济发展的指导下，一般要求在制定一个地区的经济发展规划时，要特别加强生态产业园区的规划与建设，以及静脉产业体系（静脉产业一般包括废弃物的综合回收再利用、资源化和无害化处置产业）的建设规划（见图 5.2）。

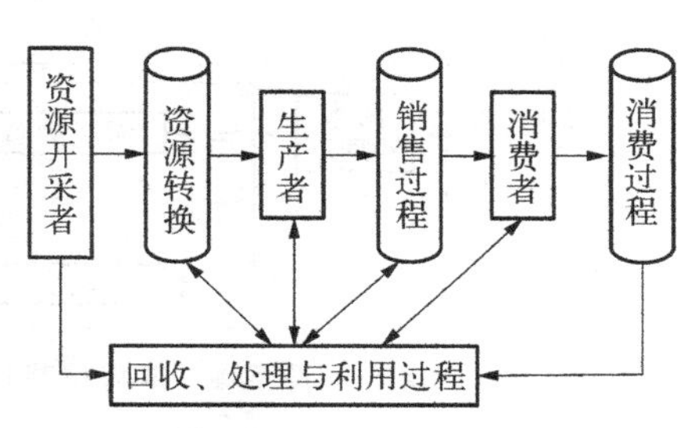

图 5.2　社会静脉产业体系的构建图

来源：章家恩.生态规划学[M].北京：化学工业出版社，2009.

2）对生态产业结构设计的指导作用

循环经济的 3R 原则还可以用以指导区域生态产业结构的过程设计。例如，指导一个具体的生态农业项目的设计、生态工业产业链结构的设计以及工农业、城乡产业之间结构设计等。这方面的实践案例很多。在进行生态农业模式设计时，可以综合运用间作、套种、轮作技术、复合农林业技术、复合种养技术、区域农业景观生态配置技术、农业产业化技术来组装配套与集成生态农业模式。在我国长期的传统农业生产实践中，已形成了一大批成功的生态农业模式，如猪—沼—果模式、基塘系统模式、鸭稻共作复合生态农业模式以及庭院以沼气为纽带的循环经济模式（见图 5.3）。

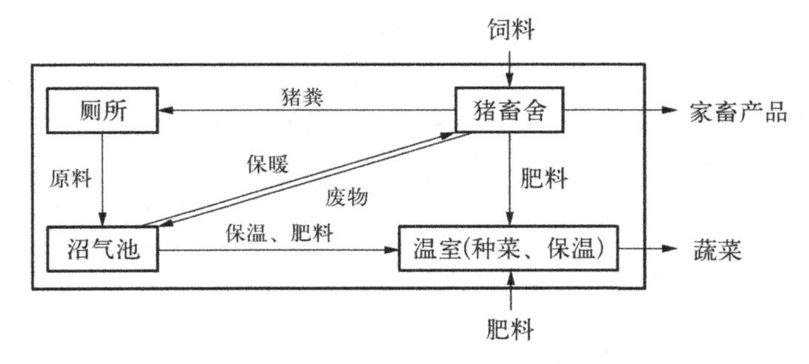

图 5.3　“四位一体”的沼气庭院循环经济模式图

来源：刘康.生态规划——理论、方法与应用[M].2 版.北京：化学工业出版社，2011.

在生态工业模式设计时，则要求严格遵循“3R”原则，建立物质闭路循环（横向偶合与纵向闭合），构建生态工业产业链，加强新工艺和环境友好技术的设计，建立清洁生产体系，实现资源和废物在产业链之间的循环利用效率。同时，进行产品生命周期设计，实现工业产品的小型化、轻型化、非物质化的生产目标。美国俄克拉荷马州的乔克托（Choctaw）生态工业园区是应用循环经济理论的实践案例（见图 5.4）。

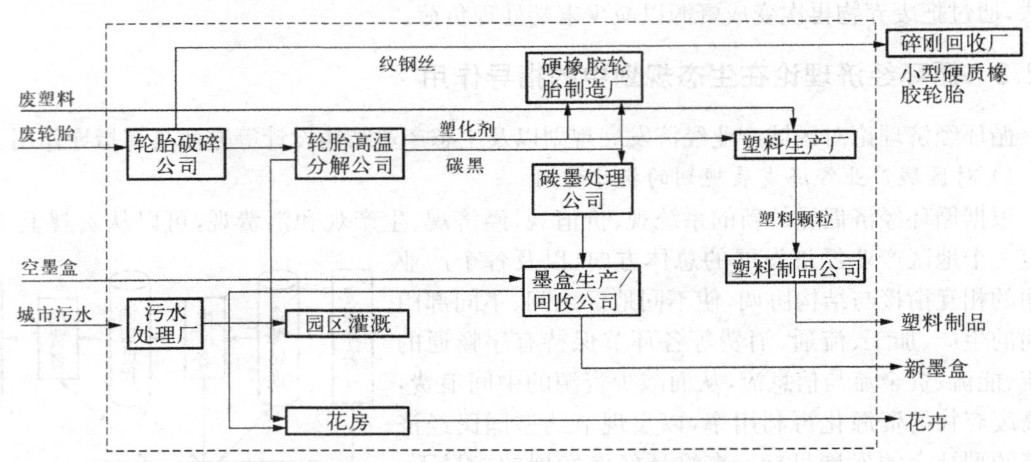

图 5.4　俄克拉荷马州的乔克托（Choctaw）生态工业园区示意图

来源：沈清基. 城市生态环境：原理、方法与优化[M]. 北京：中国建筑工业出版社，2011.

参考文献

［1］ 刘康. 生态规划——理论、方法与应用[M]. 2 版. 北京：化学工业出版社，2011.

［2］ 沈清基. 城市生态环境：原理、方法与优化[M]. 北京：中国建筑工业出版社，2011.

［3］ 章家恩. 生态规划学[M]. 北京：化学工业出版社，2009.

第2篇　方　法　篇

生态规划方法是实现生态规划的重要手段。本篇主要介绍生态规划的方法体系和生态基础调查、生态评价、生态规划以及生态设计的步骤和详细过程,通过对上述方法的掌握,可以科学合理地进行生态调查、评价和规划设计。

6　生态规划的方法体系

6.1　生态规划的方法论

1) 基于“结构(structure)—功能(function)—形态(formation)—关系(relationship)”的基本方法。

生态规划的基本方法是分析结构、调控关系、完善功能和优化形态。结构强调事物之间的联系,是认识事物本质的一种方法。生态结构是内涵的、抽象的,是生态系统构成的主体。功能的变化是结构变化的先导,通常它决定结构的变异和重组。生态功能是主导的、本质的,是发展的动力因素。形态是表象的,是构成系统所表现的发展变化着的空间形式的特征,是一种复杂的经济、社会、文化现象和过程。生态关系是生态系统内部结构与功能的关系,是存在于人类与其环境之间的物质、营养及能量的关系。

2) 基于“调查(survey)—评价(assessment)—规划(planning)—设计(design)”的核心方法。

生态规划的基本流程可以分为4个阶段:生态调查、生态评价、生态规划和生态设计(见图6.1)。其中生态调查包括自然生态和社会经济的调查;生态评价包括生态适宜性分析、生态敏感性分析、生态风险性评价、生态安全性分析、生态承载力分析和生态系统服务功能评价等;生态规划的主要内容是进行空间布局和生态功能分区,并构建生态要素指标体系;生态设计是指在生态规划的指导下,通过工程和技术的途径进行具体的设计。生态规划更注重调查、分析与综合,即保证生态规划的科学性,这是其有别于传统规划的一个主要方面。

3) 基于“整体论(holism)”和“融贯综合(transdiciplinary and comprehensive)”的系统方法

“融贯,是指各有关学科综合在一起,找出问题,以问题为导向进行求解,并在此基础上进行综合”。“以问题为导向,在复杂体系中建立整体观念,明确系统,把握方向,突出重点,创造性地处理问题”。随着生态规划研究广度和深度的扩展,整体论和融贯综合必将成为主要的研究方法之一,综合经济社会、环境生态、城乡规划、风景园林、建筑等相关学科的研究,促进社会与生态的平衡。

6.2　生态规划的步骤

6.2.1　Ian McHarg提出的生态规划步骤

Ian McHarg在其著作《设计结合自然》(*Design with Nature*, 1969)中指出,生态规划方法首先是指研究某一场所存在的生物物理及社会文化系统的方法,以揭示特定的土地利用类型在何处最适宜。正如他在作品中及公开演讲中反复概括和强调的那样:“对某种潜在的土

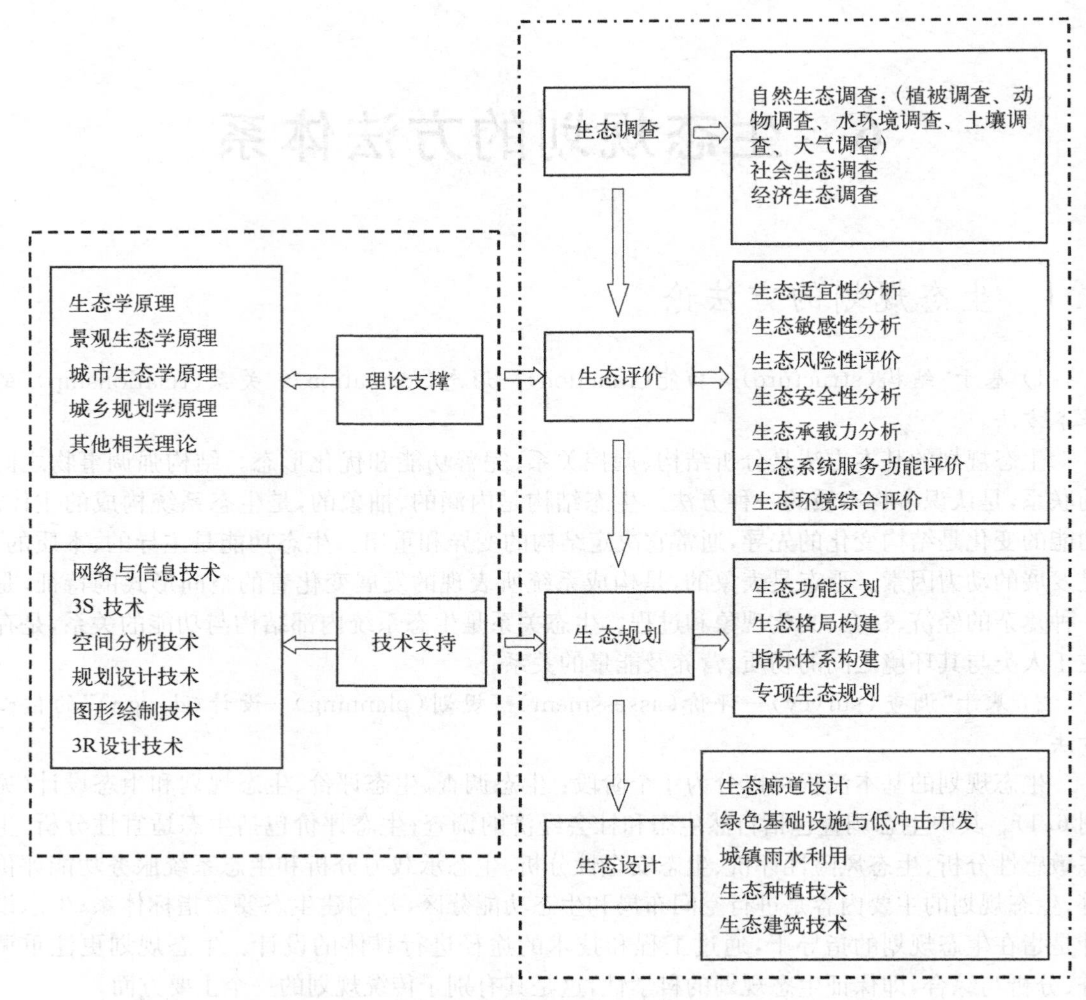

图 6.1　生态规划的方法体系

地利用类型,这种方法能找出拥有全部或众多有利因素而没有或仅有较少不利因素的地点。满足这一标准的地点即被视为是适于此土地利用类型的。”

20 世纪 60 年代以来,尽管不同学者及规划工作者乃至政府部门在生态规划研究与实践中发展起来的方法各有特点,但总的来说均是以 McHarg 的生态规划方法为基础的。

McHarg 生态规划方法的核心是根据区域自然环境与自然资源性能,对其进行生态适宜性分析,以确定利用方式与发展规划,从而使自然的开发利用及人类其他活动与自然特征、自然过程协调相统一。

McHarg 生态规划方法可以分为 7 个步骤(见图 6.2):

① 确立规划范围与规划目标;

② 广泛收集规划区域的自然与人文资料,包括地理、地质、气候、水文、土壤、植被、野生动物、自然景观、土地利用、人口、交通、文化、人的价值观调查,并分别描绘在地图上;

③ 根据前述收集到的资料,按照规划目标的要求,提取、分析有关信息;

④ 对各主要因素及各种资源开发利用方式进行适宜性分析,确定适应性等级;

⑤ 根据规划目标，建立资源评价与分级的准则；
⑥ 分析和评价资源对不同利用方式的兼容性；
⑦ 确定综合利用和发展的适宜性分区。

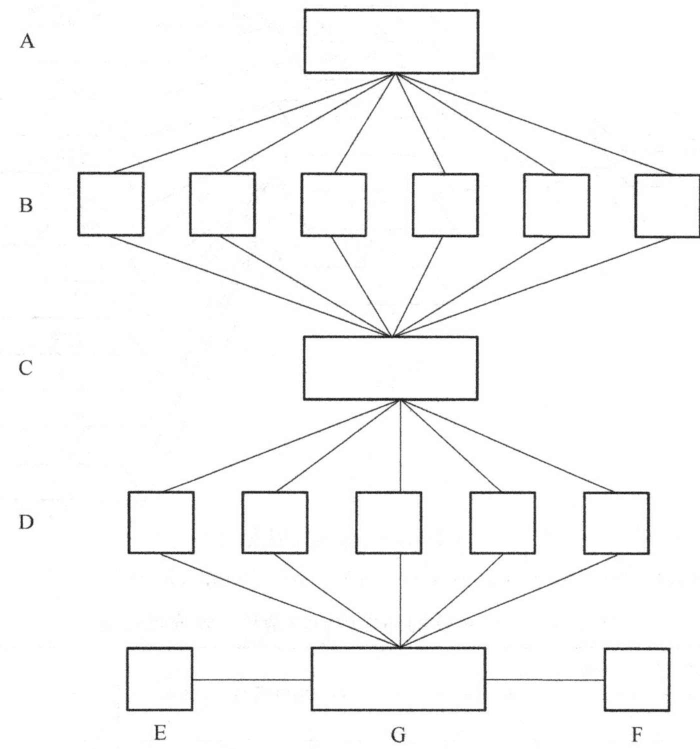

注：A：确定研究范围及目标；B：收集自然及人文资料；C：分析提取有关信息；
D：分析各相关环境与资源的性能，划分适应性等级；
E：建立资源评价与分级准则；F：资源不同利用方式的相容性；
G：综合发展(或资源利用)的适宜性分区

图 6.2　McHarg 生态规划流程图

来源：欧阳志云，王如松.生态规划的回顾与展望[J].自然资源学报，1995，10(3)：203－215.

Ian McHarg 提出了一种千层饼模型(layer-cake model)，为场地的调查或地形图绘制提供了一组核心的生物物理元素。其内容包括地表、地形、地下水、地表水、土壤、气候、植被、野生动物以及人类(见图 6.3)。联合国教科文组织(UNESCO)在其人与生物圈计划中，提出一个更为详细的可能调查的元素目录(见表 6.1)。

"千层饼"模型的实质就是让规划者在地方尺度的景观分析上，了解和掌握所需要的资料清单，早期的调查更多关心的是自然环境属性，带有明显的生态决定论的观点，后期逐渐扩展了文化与经济方面的属性，如博伊登(Boyden)的香港城市研究中的环境组分与环境过程的生态调查内容包括 7 个方面，即自然环境组分、自然环境过程、人口数量及质量特征、人类活动、社会类群、人类产品与文化。

生态规划的必要资料被分成三大类：人、生物与非生物，其下再划分为若干个子因素，这些因素集合对生态规划的意义重大。不同的研究区域决定了相应的因子，而且这些因素在研究中的作用权重不同。

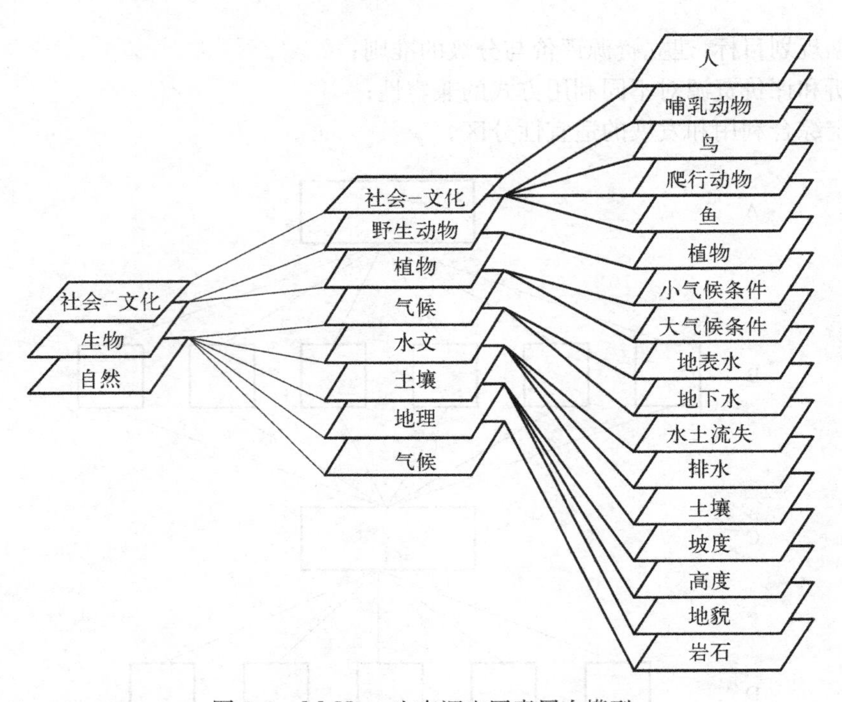

图 6.3　McHarg 生态调查因素层次模型

来源：Ian L. McHarg. Design with Nature[M]. New York: John Wiley & Sons, 1992.

表 6.1　UNESCO 的环境调查总清单：成分与过程

自然环境——成分		权利的运作与分配	军事活动
土壤	能源		交通
水	动物	管理	休闲活动
大气	植物	农业、渔业	犯罪率
矿产资源	微生物	社会群体	
自然环境——过程		政府群体	信息媒体
生物地球化学循环	动植物生长的波动	工业群体	司法群体
辐射	土壤肥力、盐分、碱度的变化	商业群体	医疗卫生服务
气候过程		政治群体	社区群体
光合作用	寄主/寄生虫的相互作用及传染过程	宗教群体	家庭群体
动植物生长		教育群体	
		劳动成果	
人口数量——人口统计学方面		人工环境	食物
人口结构	人口规模	·建筑　·道路 ·铁路　·公园	药品
·年龄　·种族 ·经济　·教育 ·职业	人口密度		机械
	出生率及死亡率		其他产品
	健康统计	文化	

（续表）

		价值观	技术
人类活动及机械的使用		信仰	文学
迁徙活动	矿业	态度	法律
日常流动性	工业活动	知识	经济系统
决策	商业活动	信息	

来源：(美) 弗雷德里克·斯坦纳.生命的景观：景观规划的生态学途径[M].2版.周年兴，等译.北京：中国建筑工业出版社，2004.

6.2.2　Frederick Steiner 提出的生态规划步骤

Steiner 认为生态规划是运用生物学及社会文化信息，就景观利用的决策提出可能的机遇及约束。提倡遵循人类生态学的思想指导规划设计，提倡公众参与，重视设计，并且认为规划是循环的、动态的、不断重复的过程。基于 McHarg 的生态规划理论，Steiner 创立了一个更为全面的生态规划框架，用系统论的思维对生态规划流程进行了改进，它不仅从自然生态系统的构成、环境背景上进行调查研究，同时也将项目所在区域的人们的生产生活都纳入到考虑范围之列，真正实现了项目所在区域的经济效益、社会效益和生态效益的统一，是一种系统的生态规划方法。

Steiner 认为，现实的规划过程往往不是依据线性与理性的模式开展的，但为了将问题说明清楚，仍可把规划过程表述为简单的组织框架。于是，他把生态规划划分为 11 个步骤，详述每一步骤可能开展的工作，循序渐进地引导读者了解如何开展生态规划，从而使规划步骤更为清晰。同时他也指出，步骤之间存在反复过程，即后几步的工作也可能导致前面步骤的修改，而这种修改又会影响到后面的步骤，需做出新的调整（见图 6.4）。

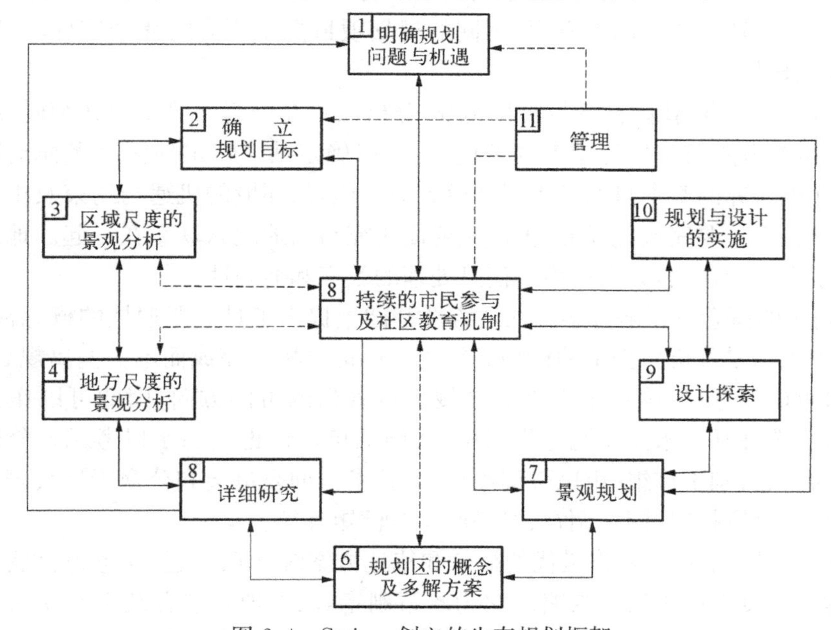

图 6.4　Steiner 创立的生态规划框架

来源：(美) 弗雷德里克·斯坦纳.生命的景观：景观规划的生态学途径[M].2版.周年兴，等译.北京：中国建筑工业出版社，2004.

(1) 明确规划问题与机遇。人类面临着许多机遇及环境问题,而问题与机遇则引导了特定的规划议题,如郊区的发展常常占用最优质的农田,土地利用的冲突引发了许多问题。又如,海滩因其优美的风景面临新的发展机遇,而关键的挑战在于如何在适应新发展的同时,保护那些吸引人们来此的自然资源。

(2) 确立规划目标。在确认了所有的问题后,针对这些问题确立规划目标,而这些目标应该是规划过程的基础。所有受此目标影响的人都应该参与到确立目标的工作中来。确立规划目标的公众组织包括市民咨询委员会、技术咨询委员会、邻里规划委员会、名义团体研讨会等。这些方法也会在后面的规划阶段用到。而且,这种公众参与是持续性的,即人们能够继续参与其后的规划过程。

(3) 景观分析,区域尺度。规划工作涉及环境的不同尺度,包括相互联系的各种尺度等级,如区域、地方及特定场地(强调地方性),每个等级的整体又是更高等级的组成部分,所以规划应从不同尺度有条理地展开分析。例如,流域被认为是景观规划和自然资源管理的重要分析等级,许多规划案例以流域及盆地为基础,如水土流失控制规划。

(4) 景观分析,地方尺度。规划应对更为具体的规划区域上发生的过程进行研究。地方尺度的分析主要是为了获得对自然过程、人类活动的认识。

生态规划过程中的这一步骤类似于前面各步,包括对构成规划区域的物理、生物及社会元素的相关资料的收集。由于成本与时间在许多规划过程中都是很重要的因素,故现有的已出版或绘制的资料是最容易、也是能最快获取的。如果预算及时间允许,在开展景观分析时,最好组织跨学科团队收集新的资料,包括搜寻、汇集、调查和绘制等。在这一阶段,土地分类系统能让规划师将各种资料归纳到一般的组类中,因而非常有价值。

首先,收集上述(3)、(4)两个步骤所需的生物物理环境要素(包括:区域气候、地貌、地形、水文、土壤、微气候、植被、动物、土地利用现状等)。然后,理清这些要素之间的关系及其相互作用。在人文社会要素调查方面,不同的规划项目需要不同的社会信息,最后综合所有资料,建立景观格局。

(5) 详细研究。将问题、目标与资料调查、分析联系在一起。典型的详细研究,如适宜性分析,是基于生态调查及土地使用者的价值观念,以确定某一特定地区对多种土地利用类型的适宜性。详细研究的基本目的是为了理解人类价值观、环境的机遇与约束及正在研究的问题之间的复杂关系。要完成此任务,关键是要使研究与当地现状联系在一起。地理信息系统在这里发挥了重要的作用,大大提高了信息处理的效率和准确性。

(6) 规划区的概念及多解方案。在适宜性基础上提出了具有普遍性的概念模型,以及为问题的解决提供预景分析。提出的模型必须能够保证目标的完成而不应偏离规划目标;预景分析(即未来可能的选择)确定了未来对区域进行管理的可能方向,因此可以作为讨论的基础,而由社区来选择其未来。在此过程当中,实施的可能性也应当予以考虑。分析选择的组织有专家研讨会、特别工作组、市民咨询委员会、技术咨询委员会和公众听证会等。规划选择的技术手段包括公民投票、同步调查、"目标一实现"矩阵等。

(7) 景观规划。景观规划将最优的概念和待选方案综合在一起,并考虑自然和社会两方面内容,在地方尺度上提出发展战略。它为政策制定者、土地管理者及土地使用者提供了灵活的导则,以指导对某一地区进行的保护、恢复或开发活动。在这种规划中,必须留有足够的自由度,便于地方官员及土地使用者针对新的经济需要或社会变化而调整行动。规划应该包括对政策及实施战略的书面表述，以及一张表现景观空间组织结构的地图。这一步是规划过程中关键的决策点。

(8) 持续的市民参与及社区教育机制。一个规划的成功很大程度上取决于有多少民众参与到其决策过程中。例如，政府突然公布某规划方案，事先并未与相关群众协商，尽管规划将对民众生活产生积极的影响，但该规划依然可能受到民众反对。可行之策是使民众参与到规划过程中，征求民众意见，并将意见融入规划中。虽然这么做可能会使规划周期加长，但会获得地方民众更高的支持率，从而加强对规划的监督力度。

Steiner 自始至终都在强调"生态规划是一个动态的过程，必须考虑规划项目涉及的各方利益主体。只有这样，规划才能真正解决所面临的迫切问题，获得大众的支持，从而便于实施"。因此，公众参与应贯穿整个生态规划过程。

(9) 设计探索。规划师在景观规划的基础上进行详细设计，可以帮助决策者了解其政策的后果。设计代表了对前面所有规划研究的综合。在这一阶段，设计也应是生态的设计。只有这样，决策者才能认识人类生活的生态背景，做出正确的评价。设计可以通过图形模拟、建设示范项目等来表达。专家研讨会是产生设计思想源泉的良好平台。

(10) 规划与设计的实施。无法实施的规划是毫无用处的。实施是采用各种战略、战术及程序，实现生态规划中确定的目标及政策。Steiner 详细介绍了美国政府实施规划通常采用的 4 种权力(管制权、征用权、支付权及税收权)及具体内容(自愿达成契约、地役权、土地购买、开发权转移、分区制、设施推广政策及执行标准等)。Steiner 指出："规划实施采用的方法必须适应此地区的实际情况。"例如，在某些地区，传统的分区制可能是行之有效的，而在另一些地区则并不理想。

(11) 管理。生态规划的最后一步是对规划进行管理。管理包括对规划实施的全程监控及评价。由于现实情况会不断发生变化，会不断出现新的信息，因此对规划的修正、调整或管理无疑是必要的。管理可以由市民委员会通过监督当地法令的执行委员会及评审委员会等形式来完成。在此阶段，还可对项目做出影响评价，以衡量项目的效益。这些影响评价包括环境、经济、国家财政和社会等多个方面。

6.2.3 Carl Seinitz 提出的生态规划步骤

哈佛大学的卡尔·斯坦尼兹(Carl Steinitz)教授认为规划本身不是决策，而是决策的支持。是一个自上而下的过程，即规划过程首先应明确什么是要解决的问题，目标是什么，然后以此为导向，采集数据，寻求答案。

Steinitz 的 6 步骤框架提供了一个非常系统的模式(见图 6.5)，这个框架在制定规划时通常考虑 6 个层次的问题：

(1) 景观的状态如何描述，包括景观的内容、边界、空间、时间，用什么方法，用什么语言。这一层次问题的回答依赖于表述模型(representation model)。

(2) 景观的功能，即景观是如何运转的，各要素之间的功能关系和结构关系如何。这类问题的回答依赖于过程模型(process model)。

(3) 目前景观的功能运转状况如何，如何判断，基于判断矩阵——无论美观、栖息地多样性、成本、营养流、公共健康还是使用者满意状况，这类问题的回答依赖于评价模型(evaluation models)。

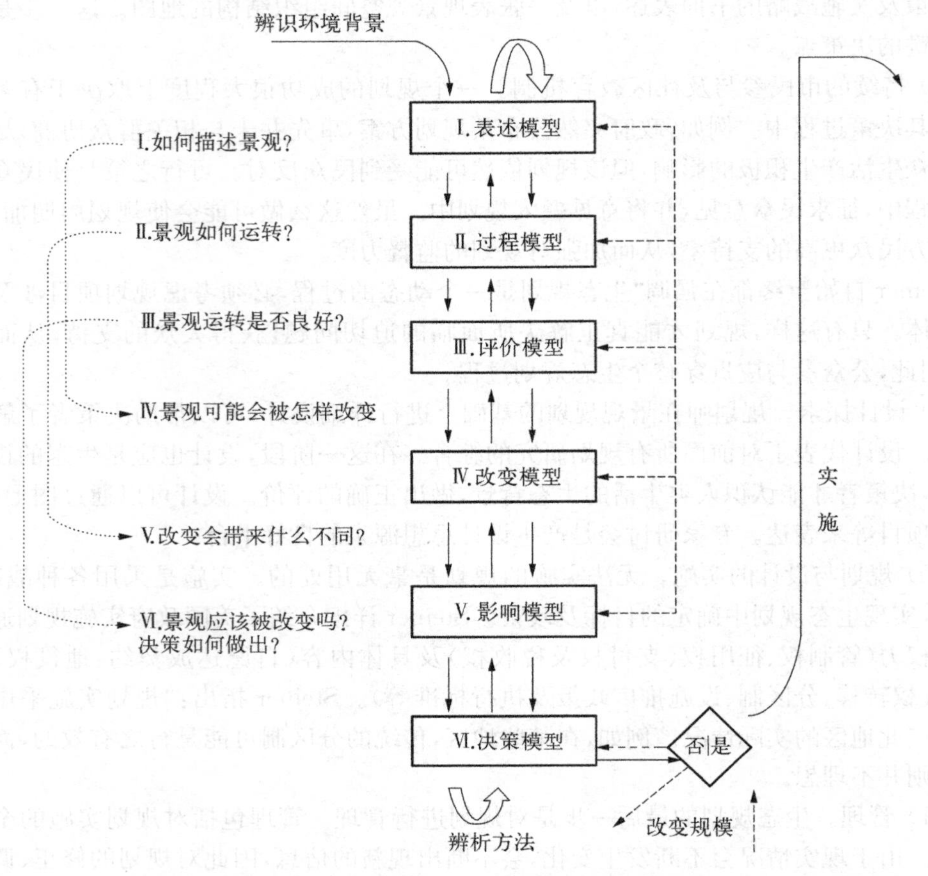

图 6.5　Carl Steinitz 的生态规划理论框架图

来源：卡尔·斯坦尼兹，黄国平.论生态规划原理的教育[J].中国园林，2003，19(10)：13－18.

(4) 景观会怎样发生变化(无论是保护还是改变景观)，被什么行为，在什么时间、什么地点而改变。这与第一类问题直接相关，尤其是在数据、用语、句法方面。这一问题引致了变化模型(change model)。至少两类重要的变化必须考虑：当前可预见趋势带来的变化(实际包括的要素有自身的时间趋势以及别的要素发生变化带来的改变)，相应的就有预测模型(projection models)；可以实施的设计带来的变化，规划、投资、法规、建设等都属于设计范畴，相应的就有干预模型(intervention models)。

(5) 变化会带来什么样的可预见的差异或不同，这与问题(2)直接相关，因为同样是基于信息、基于预测性理论的。这一类问题的解决依赖于评价模型(impact model)。在这一模型中，过程模型[(2)所描述的]用于模拟变化。

(6) 景观是否应该被改变，如何做出改变景观或保护景观的决策，如何评估由不同改变带来的不同影响，如何比较替代方案，这与第 3 类问题又直接相关，因为两者都是基于知识，基于文化价值的。这个问题的解决需要由决策模型(decision model)来实现。

在任何一个项目中这 6 个层次的框架流程都必须至少反复 3 次：第一，自上而下(顺序)明确项目的背景和范围，即明确问题所在；第二，自下而上(逆序)明确提出项目的方法论，即如何解决问题；第三，自上而下(顺序)进行整个项目直至给出结论为止，即回答问题。

6.2.4 王如松提出的生态规划步骤

王如松基于社会—经济—自然复合生态系统的观点，认为生态规划可以包含以下内容（见图 6.6）。

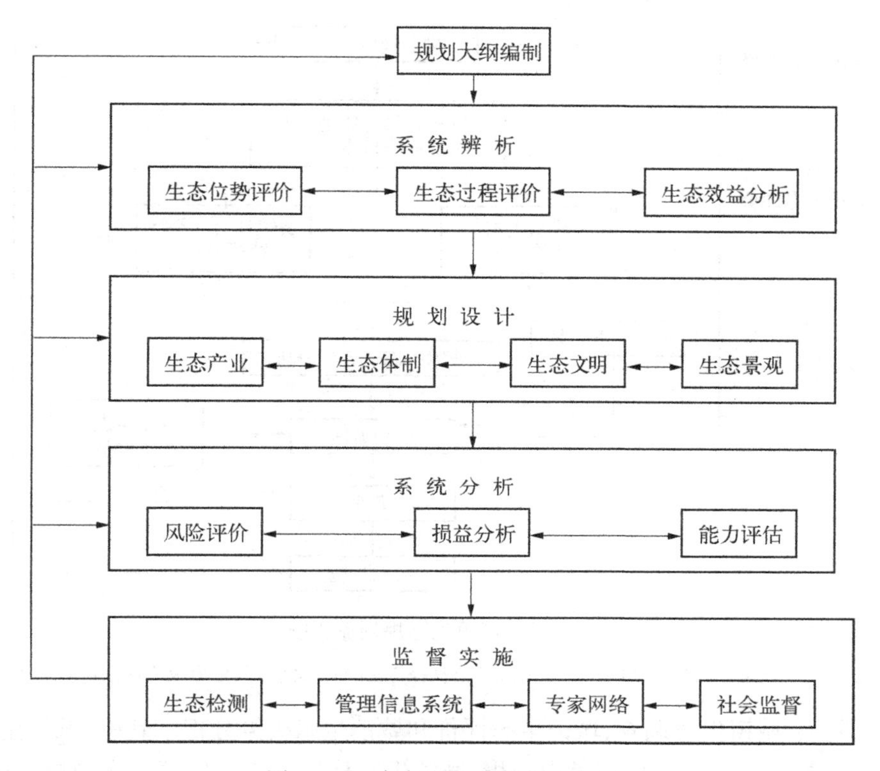

图 6.6 王如松的生态规划流程图

来源：王如松. 从物质文明到生态文明[J]. 世界科技研究与发展，1998(2)：87－98.

(1) 生态位辨识。辨识规划区域内人口、资源、环境、市场的优势、劣势、问题与潜力。

(2) 生态过程评价。评价系统的物质代谢、信息反馈、资金融通及人口流动的健康程度。

(3) 生态效益分析。包括经济效益、环境效益、社会效益、生态服务功能等的综合评价。

(4) 生态产业规划。发展的力度与稳度，结构的优势度与多样性，可利用资源的利用率和循环率，经济、社会和生态资产的增长率和波动幅度。

(5) 生态体制规划。包括管理体制、政策法规的改革力度，部门、单位间的横向偶合度，对外开放及共生程度，内部的自组织、自补偿能力、信息网络的通畅性和灵敏度。

(6) 生态文明规划。决策者、企业家及群众的文化素质、生态意识、伦理道德、价值取向、社会风尚、社会公益及能力建设体系等。

(7) 生态景观规划。土地利用格局、环境质量、景观标识度及和谐度、生物多样性。

(8) 生态安全性评价。对居民身心健康、经济持续能力、社会安定及环境安全的威胁程度及风险减缓对策。

(9) 生态监测与监督。从时间、空间、数理化、结构及序列几方面监测物、事、人的变化动态，及时得到决策部门、普通民众和社会舆论及外部的监督。

(10) 管理信息系统。利用地理信息系统、遥感分析、系统科学及计算机技术逐步建立完善的数据库、图库、方法库和知识库。

王如松等(2000)提出了可持续城镇生态规划的基本流程,包括3个阶段、7个步骤(见图6.7)。

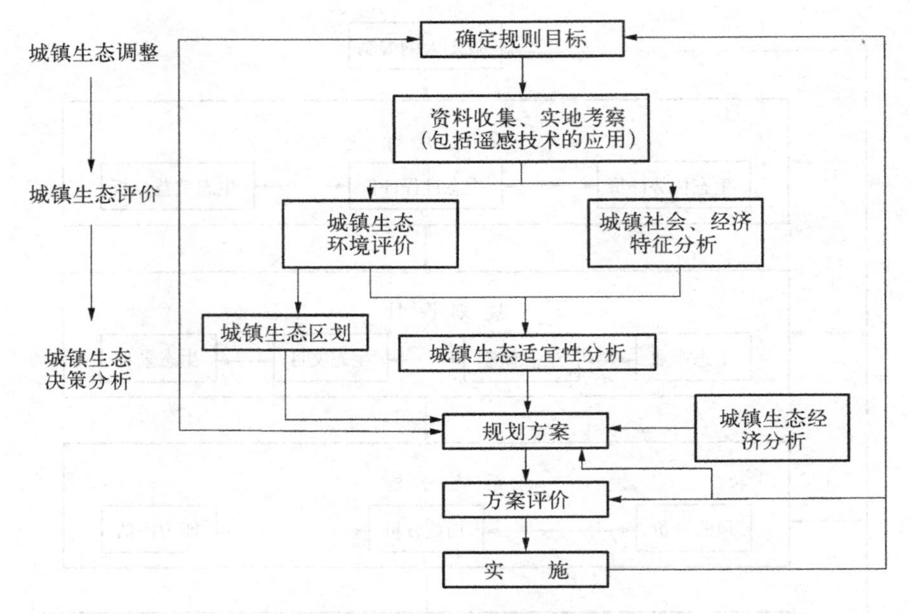

图6.7　城镇生态规划流程图

来源:王如松,周启星,胡聃.城市生态调控方法[M].北京:气象出版社,2000.

3个阶段为:城镇生态调查、城镇生态评价和城镇生态决策分析。其中,城镇生态评价包括:城镇生态过程分析、城镇生态潜力分析、城镇生态格局分析和城镇生态敏感度分析;城镇生态决策分析包括:城镇生态适宜性、城镇规划方案的评价与选择(通过规划方案与规划目标、成本-效益分析和对城镇可持续能力的影响等进行)。

7个步骤为:

(1) 明确规划范围及规划目标。将城镇可持续发展规划目标分解成具体的、相互联系的子目标。如城镇人口发展规划、土地利用规划、工商业发展规划以及交通发展规划。

(2) 根据规划目标与任务收集城市及所处区域的自然资源与环境、人口、经济、产业结构等方面的资料与数据。资料与数据的收集不仅要重视现状,重视历史的资料及遥感影像资料,还要重视实地踏勘取得的第一手资料。

(3) 城镇及所处区域自然环境及资源的生态分析与生态评价。主要运用城市生态学、生态经济学、地学及其他相关学科的知识,对城镇发展与规划目标有关的自然环境与资源的性能、生态过程、生态敏感度及城镇生态潜力与限制因素进行综合分析与评价。

(4) 城镇社会经济特征分析。主要目的是运用经济学及生态经济学分析和评价城镇工业、商业及其他经济部门的结构、资源利用、投入-产出效益和经济发展的地区特征,寻找城镇社会经济发展的潜力及社会经济问题的症结。

(5) 按城镇建设与发展及资源开发的要求,分析评价各相关资源的生态适宜性,然后综合各单项资源的适宜性分析结果，分析城镇发展及所处区域资源开发利用的综合生态适宜性空间分布图。

(6) 根据城镇建设和发展目标，以综合适宜性评价结果为基础，制订城镇建设与发展及资源利用的规划方案。

(7) 运用城市生态学与经济学的知识，对规划方案及其对城镇生态系统的影响以及生态环境的不可逆变化进行综合评价。

参考文献

[1] Mcharg I. 1969. Design with nature[M]. Garden City, N. Y.: Doubleday/Natural History Press. 1992. Reprint, New York: John Wiley & Sons.

[2] Ndubisi F. Ecological planning: a historical and comparative synthesis[M]. Baltimore: Johns Hopkins University Press, 2002.

[3] Steinitzf C, Parker P, Jordan L. Hand-drawn overlays: Their history and prospective uses [J]. Landscape Architengture, 1976, 66(5): 444 - 455.

[4] Steinitz C. A framework for theory applicable to the education of landscape architects(and other design professionals)[J]. Landscape Journal, 1990, 9(2): 136 - 143.

[5] Thompson G F, Steiner F R. Ecological Design and Planning [M]. New York: John Wiley & Sons, 1997.

[6] (美)卡尔·斯坦尼兹,黄国平. 论生态规划原理的教育[J]. 中国园林,2003,19(10): 13 - 18.

[7] 欧阳志云,王如松. 区域生态规划理论与方法[M]. 北京: 化学工业出版社,2005.

[8] 欧阳志云,王如松. 生态规划的回顾与展望[J]. 自然资源学报,1995,10(3): 203 - 215.

[9] 沈清基. 城市生态环境: 原理、方法与优化[M]. 北京: 中国建筑工业出版社,2011.

[10] 宋永昌、由文辉、王祥荣. 城市生态学[M]. 上海: 华东师范大学出版社,2000.

[11] 王如松,周启星,胡聃. 城市生态调控方法[M]. 北京: 气象出版社,2000.

[12] 王如松. 从物质文明到生态文明——人类社会可持续发展的生态学[J]. 世界科技研究与发展, 1998(2): 87 - 98.

[13] 王祥荣. 城市生态学[M]. 上海: 复旦大学出版社,2011.

7 基础调查的内容与方法

在生态规划工作中，首先需要对规划区域的自然生态环境、土地利用现状、社会经济发展状况进行调查，为后续的生态评价和生态规划提供科学依据。

7.1 自然生态环境调查

7.1.1 植被调查方法

它主要调查植被类型、植被覆盖度、植物种类及区系成分、植物群落特征等。在一般情况下，植物总是成群生长的，出现在有联系的种类组合中，这就是植物群落(plant community)。植物群落是指生活在一定区域内所有植物的集合，它是每个植物个体通过互惠、竞争等相互作用而形成的一个巧妙组合，是适应其共同生存环境的结果。植物群落的整体状况综合体现了基地的生态本底，是生态恢复和生态建设以及制定土地利用政策的重要依据。

通过对植物群落进行全面、系统的野外调查，掌握植物群落的整体现状(包括群落类型及其物种构成、结构、分布和动态等)，分析群落与环境的相互关系，对重点群落类型进行长期监测，了解群落优势种的生态属性等，并对群落现状和发展趋势进行评估。群落调查的成果可为生物多样性利用和保护、土地利用状况的监测、生态系统管理、区域发展规划等提供基础资料。

在介绍群落调查方法之前，首先明确“样地”和“样方”这两个概念。样地和样方是两个既关联又有区别的空间概念。样地(site)是指群落调查的所在地，在空间上它包含样方，一般没有特定的面积；而样方(plot)则是指群落调查所要实施的特定地段，有特定的面积，例如森林调查的样方一般为400 m^2。

1) 典型样地记录法

典型样地记录法(releve method)是法瑞学派所采用的调查方法，因此常称为“法瑞学派样地记录法”。这个方法的特点是，在对一个地区植被全面勘察的基础上，选择典型的群落地段，即“群落片段(stands)”，在其中设置若干个大小足以能反映群落种类组成和结构的样地，记录其中的种类、数量、生长、分布等。这张表叫做样地记录表。

(1) 典型样地记录法的样地设置。设置样地有三点至关重要：一是样地面积大小，它必须包括群落片段中的绝大部分种类，能够反映这个群落片段的种类组成的重要特征，样地内的植物应尽可能均匀一致，在样地内不应看到结构明显的分界线或分层的变化(见图7.1)。二是群落片段内应具有一致的种类成分，突出表现为优势种的连续分布。第三就是样地的生境条件也应尽可能一致。

典型样地记录法对于样地形状的要求并不严格，方形、长方形、圆形都可以，在特殊的情

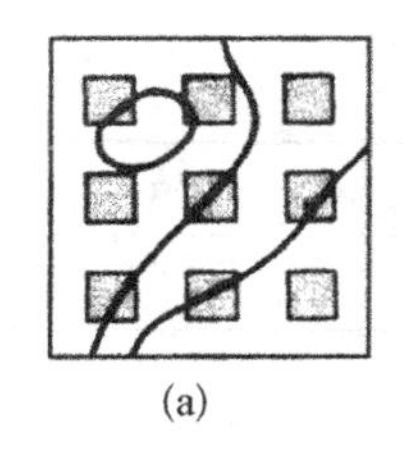
(a)

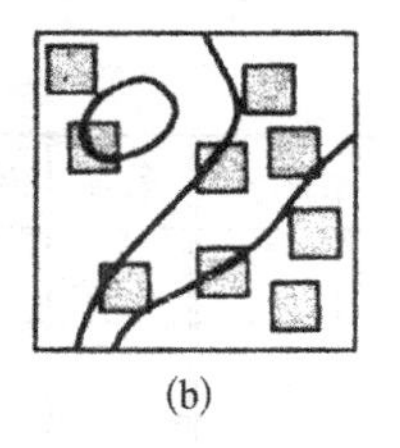
(b)

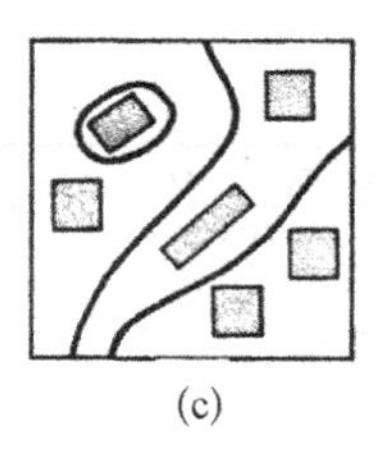
(c)

图 7.1 在一具有 4 种不同群落地段上的取样

(a) 9 个规则设置的样方中只有 3 个样方是同质的，面积小的群落类型还未包括进去；(b) 9 个随机设置的样方中，5 个样方是同质的，面积小的群落类型也未包括进去；(c) 根据初步划分类型设置的，形状合适的样方，只要 6 个样方就可满足要求了。

来源：宋永昌. 植被生态学[M]. 上海：华东师范大学出版社，2001.

况下，甚至可以是不太规则的(见图 7.2)。由于它记录的是各个种的目测多盖度级，因此对边线设置并不要求十分精确，除非有特殊目的，如测定生物量时，才需要精确地框定面积。

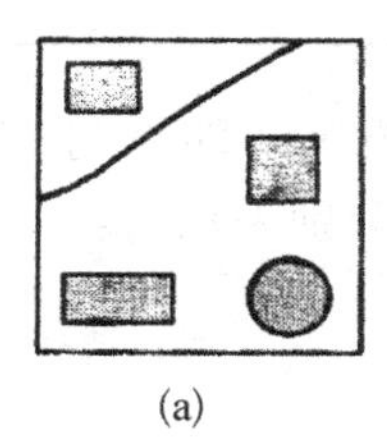
(a)

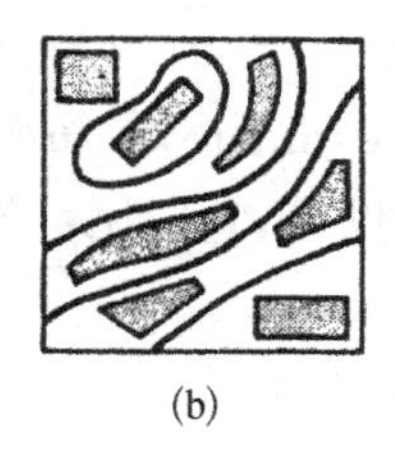
(b)

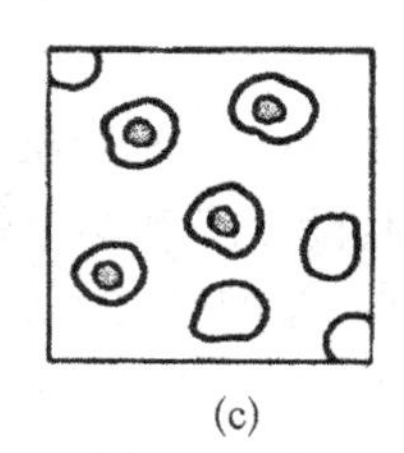
(c)

图 7.2 在不同情况植被中采用不同形状的取样

(a) 群落面积很大(样方、样条、样园)；(b) 适合于小面积带状分布植被的样方形状；(c) 小面积的镶嵌群落，用多个局部取样达到整体取样。

来源：宋永昌. 植被生态学[M]. 上海：华东师范大学出版社，2001.

(2) 典型样地记录法的样地记录。典型样地记录法的内容包括对群落地段的一般性描述，如群落名称、地理位置、地形部位以及环境状况，群落组成结构包括群落分层状况，每层的高度和盖度，组成群落各个植物种的数量特征和生活状况，如多盖度、聚生度、生活强度和物候期等(见表 7.1)。

表 7.1 典型样地记录表

野外样地号： 总编号： 面积： 日期： 调查人：

群落名称：		高度(m)	盖度(%)
地点： 海拔高度： 坡向： 坡度：	T		
地表类型： 表层岩石： 土壤类型：	T_1		
生境条件：	T_2		
	T_3		
	S		
	S_1		
	S_2		
	H		
	G		

（续表）

多盖	聚生	植 物 名 称	附注	多盖	聚生	植 物 名 称	附注

① 多盖度综合级(cover and total estimate)。布莱恩·布朗克利(Braun-Blanquet)推荐用目测估计多盖度，共设5级和两个辅助级，它们用数值分别表示为：

5＝不论个体多少，盖度＞75%；

4＝不论个体多少，盖度为50%～75%；

3＝不论个体多少，盖度为25%～50%；

2＝不论个体多少，盖度为5%～25%，或者盖度虽＜5%，但个体数很多；

1＝个体数量较多，盖度为1%～5%，或者盖度虽＞5%，但个体数稀少；

＋＝个体数稀少，盖度＜1%；

r＝盖度很小，个体数很少(常常只有1～3株)。

由于这个等级系统使用方便，目前仍被多数植被生态学家所采用(图7.3)。

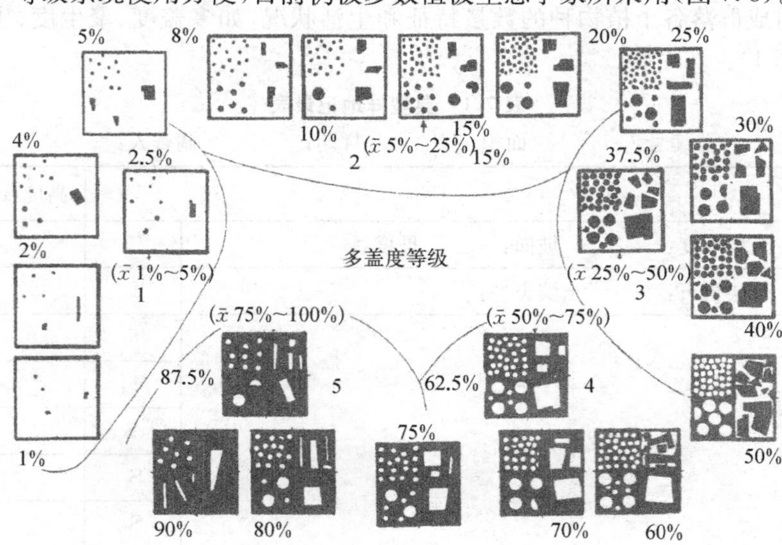

图7.3 多盖度综合级估量的辅助图

注：图中大写数字代表Braun-Blauquet 5个多盖度等级，小写数字表示盖度百分数

来源：宋永昌.植被生态学[M].上海：华东师范大学出版社，2001.

② 群集度(sociability)。或称聚生度，是指生物个体在群落内聚生状况，即是分散的还是聚集生长的，这种聚生状况反映了群落内的差异和植物的生态生物学特性，以及种间竞争状况等。也分为5级：

5＝大片生长，覆盖着整个样地，通常是纯一的种群；

4＝小片生长，常在样地内形成大斑块；

3＝小块生长，在样地内呈小斑块或大丛；

2＝成丛生长，在样地内成小群或小丛生长；

1＝单株散生。

通常将群集度数字加到多盖度值后面，并用点分开，例如“3.1”表示多盖度级为3，群集度级为1。

③ 生活力(vitality)或生活强度(vigor)。以上所列各项只说明群落中的植物种类，它们的数量特征和散布状况，而没有表达该种植物在群落内生长是否良好，它们在群落内是受压抑的还是正常生长的。有的种虽然出现在群落内，但有可能只是临时的居住者，它们生长受压抑或不能自行繁殖，不久即将退出这个群落。调查种的生活力对于了解群落现状和判断群落的发展史很重要的。生活力一般分为4级：

1级(●)：植物发育良好，可有规律地完成它的生活史。

2级(⊙)：植物营养生长旺盛，但常常不能完成其生活史或发育较差，以营养体散布。

3级(○)：植物体生长衰弱，从未完成其生活史，仅以营养体散布。

4级(00)：偶然从种子中萌发出来，完全不能增加植株数目。

④ 物候期(phenological stage)。物候期是指群落中的各种植物在调查时所处的发育状态。植物一生中的发育时期可以划分为：营养期(v.)、花期(fl.)和果期(fr.)。为了便于记载，多选择植物生长发育过程中变化明显、易于识别、有意义的时期，此外物候期也有用符号表示的，一般常用的是：

—	营养期	＋	开始结果
∧	孕蕾期	＃	果熟
(	始花	×	果落
○	盛花	～～	结实后营养期
)	花谢	＝	落叶或枯死或开始第2个生长季

上述物候期等级的划分是为一般群落调查时制定的，如有特殊需要也可适当增减。具体植物的物候期划分还要根据植物生活型而有所不同。

2) 标准样方法

标准样方法(quadrat methods)是许多美洲大陆生态学家常用的方法，其特点是首先用主观的方法选择群落段，然后在其中随机设置许多小样方，对它们进行调查。这样做的目的是要通过随机设置的相当多的小样方的调查结果，较精确地去估计这个群落地段，从而掌握该群落数量的特征。因而这种取样法在样方的面积、形状和数量上都有不同于典型样地记录法的要求。

选择适当的地点是样方调查的关键，在样方选择时应注意：

① 群落内部的物种组成、群落结构和生境相对均匀；

② 群落面积足够，使样方四周能够有10～20 m以上的缓冲区；

③ 除依赖于特定生境的群落外，一般选择平(台)地或缓坡上相对均一的坡面，避免坡顶、沟谷或复杂地形(见图 7.4)。

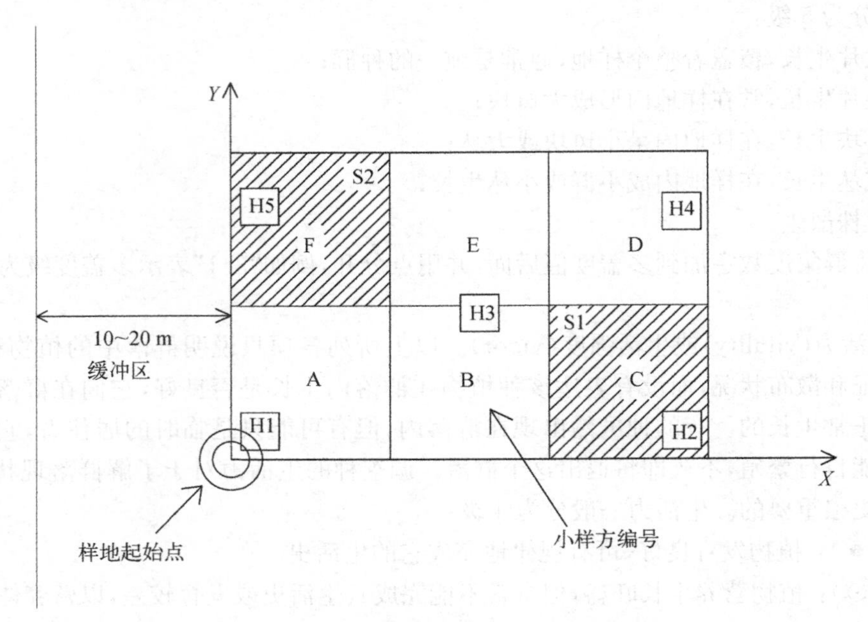

图 7.4　群落样方设置和样格编号方法

注：样方面积 20 m×30 m，由 6 个 10 m×10 m 的样格组成，A～F 为样格编号，S1 和 S2(阴影部分)为灌木层调查样格；H1～5 为草本调查小样方。样方四边应各留有 10～20 m 以上的缓冲区。

来源：方精云，王襄平，沈泽昊，等. 植物群落调查的主要内容、方法和技术规范[J]. 生物多样性，2009,17(6)：533－548.

(1) 标准样方法的样方设置。样方面积与调查的对象相关，一般认为样方面积至少要 2 倍于体积最大种的平均面积。如果最大种类树冠平均面积为 10 m^2，样方最小面积也要达到 20 m^2。取样数目的多寡取决于群落地段的均匀程度，如果群落地段很均匀，即使它的范围很大，取样也可以少些，如果不均匀，取样就要多些。这种均匀性(变异程度)在统计学上可用方差来表示。

目前，我国在亚热带森林群落调查中常用的方法是在具有一致性的群落地段上，按照“最小面积”要求设置标准样地，在中国东部亚热带地区，常绿阔叶林最小面积是 400～800 m^2。

(2) 标准样方法的样方记录。标准样方法和典型样地记录法在样地记录的内容上基本是一致的，除了群落生境和群落一般描述外，也包括样地中的植物种类名称、数量、分布情况、生活强度、物候期等。但有些项目记录的详略和方式则稍有不同。

① 植物群落样地记录总表。选择样地后，首先要对这个样地做一般性的描述，填写一张植物群落记录总表(见表 7.2)。

群落结构及对群落的一般性描述。群落结构主要是指群落的垂直分层，特别是指同化作用部分所处的高度。分层记录其高度和盖度，当需分亚层时，分别记录亚层高度和盖度。最好做群落垂直剖面示意图，直观地表达群落分层结构。为了资料整理和核对的方便，需画出样地设置示意图。此外，还应大致估计该群落地段的面积、群落结构状况，同时也可对群落生长情况、利用情况等做概括性的描述。

表 7.2 标准样地记录表

(总表)

野外样地号：________ 总编号：________ 样地面积：________ 日期：________ 调查人：________

植物群落名称：____________________________

地理位置：

地貌类型： 海拔高度： 坡向： 坡度：

表层岩石和地质情况：

土壤状况：

小气候状况：

周围环境：

外围影响(包括人类、动物以及自然灾害等)：

群落结构及群落的一般描述：

层次	T	T_1	T_2	T_3	S	S_1	S_2	H	
高度(m)									
盖度(%)									
生长特点									

群落估计面积以及群落的一般表述(附样地设置示意图及剖面图)：

② 植物群落分层调查记录表。填完总表后即可进行分层调查和记录，对于林木层要求记下每一株树的种名，并进行每木调查(见表 7.3)。对于灌木层和草本地被层的调查，可在调查林木层的大样方内，机械地设置若干个更小的样方，对每个种的多度和盖度进行点数或估测。一般要求灌木层样方的面积为 5 m×5 m，草本地被层样方面积为 1 m×1 m。对于灌木层，按种在小样方内对每个植株(尤其是更新苗木)测量高度；对于草本层则按种估测盖度和高度(见表 7.4)。

表 7.3 林木层每木调查表

野外样地号：________ 总编号：________ 样地面积：________ 日期：________ 调查人：________

层高度：T_1 T_2 层盖度：T_1 T_2

编号	植物名称	高度(m)	枝下高(m)	胸径(cm)	材积(m^3)	冠幅(m×m)	生活强度	物候期	起源	附注

表 7.4　群落分层记录表

野外样地号：________　总编号：________　样地面积：________　日期：________　调查人：________

样地面积：

层次名称：　　　高度：S_1　　　S_2　　　盖度：S_1　　　S_2

　　　　　　　　　　H　　　　G　　　　　　H　　　　G

编号	植物名称	高度			数量	多盖度	聚生度	生活强度	物候期	起源	附注
		最低	一般	最高							

附：

① 盖度(cover, coverage)。盖度多以百分数表示。一般需分层、分种加以测定。为了进行种间相互比较有时还要算出种的相对盖度(relative coverage)，即该种盖度占全部种类盖度之和的百分数：

$$相对密度(RC)=\frac{C(某个种的盖度)}{\sum C(全部种的盖度之和)}\times 100$$

树冠盖度的测定比较困难，估测也不易准确，由于树冠大小和树干粗细有相关关系，因此在森林群落调查中，常采用树干基面积或胸高断面积来代替盖度。

② 密度或多度(density or abundance)。密度测定要求清点样方内每个种的所有个体数，以每 m^2，或每 hm^2(公顷)(10 000 m^2)的个体数表示之。除此之外，也可以表示为各个种的相对密度(relative density)或称相对多度(relative abundance)：

$$相对密度(D_r)=\frac{D(某个种的株树)}{\sum D(全部种的总株树)}\times 100$$

③ 频度(frequency)。频度是指某一种植物的个体在群落地段中的出现率，测定方法是在群落地段内设置若干小样方，计算种在小样方中出现的次数，用百分数表示，即为频度。各个种的频度同样也可以表示为相对频度(relative frequency)：

$$相对频度(F_r)=\frac{F(某个种的频度)}{\sum F(全部种的总频度)}\times 100$$

相对盖度、相对密度、相对频度三者之和即为该种的重要值(importance value)，以此作为该种在群落中的优势程度。对于一个群落而言,有了各个种的重要值,就可以算出它的优势度指数(dominance index)。

7.1.2 动物调查方法

动物群落调查方法因动物类群不同(如鸟、兽、昆虫、土壤动物、水生动物等)而有较大差别。下面仅对城市鸟类、鼠类和水生浮游动物群落的调查做一介绍。

1) 鸟类调查

鸟类是一类活动性很强的动物,对环境变化十分敏感。根据城市生态环境和鸟类生态分布特征,先将调查地区划分为:城市公园、居民点、水域、农田、森林、灌丛、草地等主要生境,采用线路法或样方面积法调查鸟类种类和个体数量,按生境分别记录。现对线路法调查作一介绍。

(1) 器材:望远镜、罗盘、海拔表、记录表格、笔等。

(2) 步骤:

① 观察统计的最适时间在早晨日出后 2～3 h 及傍晚日落前 2～3 h 内进行,因为此时鸟类活动频繁,取食活跃。每次观察约 3 h,统计时进行速度约 3 km/h。

② 工作时要非常专心,因为鸟活动快、敏捷。对鸟类的鸣声及飞行姿态要非常熟悉,以便一看一听就能知道鸟种。此项工作要选择晴朗、没有大风的天气进行。统计时只记录前方或左右两侧的鸟种,不回过头记录后面的鸟种。

③ 全年可按季节分别统计,每次调查时对同一路线或某生态环境要重复统计 3～4 次,对于个体数应求出每小时的平均数,即为数量密度。鸟类密度指标通常采用 3 级标准:

优势种(+++):遇见率>10 只/h;

普通种(++):遇见率 1～10 只/h;

稀有种(+):遇见率<1 只/h。

最后列表分析讨论城市及城市各类环境鸟类群落结构。

2) 鼠类调查

对城市鼠类群落调查方法很多,如线路法和样方法等。线路法可用于室外,样方法可用于室内外,一般都采用一定规格的鼠夹来调查,方法较简便,但布夹时间应以鼠的昼夜活动规律为依据。

(1) 器材:鼠夹、诱饵、记录表格、笔等。

(2) 步骤:

① 先将城市划分为不同环境类型,调查室内鼠,以每 15 m^2 房间布一夹,将带有诱饵(油条或花生米)的一端垂直于墙根,离墙约 1 cm,这样可以捕获来自左右两个方向的鼠。

② 调查野外环境鼠,沿一定生态环境每隔 5 m 布一夹,一般同一类环境应布 300 夹次。

③ 将捕到的鼠体登记,并计算出城市鼠类群落结构和各类环境中的鼠密度。

3) 浮游动物群落调查

浮游生物(包括浮游植物和浮游动物)常作为估计水域生产力和鱼类生产潜力的重要依据。城市水域一般都受到污染,造成水生生物群落中很多敏感物种消失或数量急剧减少。通过浮游动物群落调查也可以了解到水域环境变化的程度和发展趋势。

(1) 器材。浮游生物网、采水器、广口瓶、浓缩器、甲醛(福尔马林)、鲁哥氏液、显微镜、记录表格、笔等。

(2) 步骤：

① 采集。在每一采样点，根据水的深度用采水器采集水样，一般若水深不超过 2 m，可在 0.5 m 处取水；若水深为 2～3 m，可分别在表层(离水面 0.5 m 内)及底层(离水底 0.5 m 左右)各采水样。采集原生动物和轮虫时，可用 25 号浮游生物网在表层捞取两份定性水样，一份不经固定带回实验室作活动体观察，一份在每 100 ml 样品中加入 1.5 ml 鲁哥氏液固定。枝角类和桡足类则用 13～18 号浮游生物网捞取，每 100 ml 样品中加 4 ml 甲醛溶液固定。定量标本采水 10 L，并用 25 号浮游生物网过滤，集中于 100 ml 广口瓶中，加 4 ml 甲醛固定。

② 计算：将采集样品经处理摇匀后，吸 0.1 ml 放入计数框中，盖上盖片，在 400～600 倍的显微镜下进行全片计数，每份样品计数两片，然后按浓缩的倍数换算成 1 L 水中的含量，记录浮游动物群落结构及各物种密度。

7.1.3 水环境调查和评价方法

水在环境作用下所表现出来的综合特征，即水的物理性质和化学成分。自然界中的水是由各种物质(溶解性和非溶解性物质)所组成的极其复杂的综合体。水中含有的溶解物质直接影响天然水的诸多性质，使水质有优劣之分。

1) 水质参数的选择

国家标准《地面水环境质量标准(GB3838—2002)》中规定的水质参数包括两类：一类是常规水质参数，它能反映水域水质一般状况；另一类是特征水质参数，它能代表建设项目将来排放的水质。

常规水质参数以 pH、溶解氧、高锰酸盐指数、五日生化需氧量、凯氏氮或非离子氨、酚、氰化物、砷、汞、铬(6 价)、总磷以及水温为基础，根据水域类别、评价等级、污染源状况适当删减。特征水质参数根据建设项目特点、水域类别及评价等级选定。

(1) pH 的测定。pH 是水化学中常见的和最重要的检验项目之一，天然水的 pH 多在 6～9范围内。由于天然水的 pH 受水温影响而变化，测定时应在规定的温度下进行，或者校正温度。通常采用玻璃电极法测定 pH(按 GB/T 6920—86《水质 pH 的测定　玻璃电极法》执行)。

(2) 溶解氧的测定。溶解在水中的分子态氧称为溶解氧(DO)。天然水的溶解氧含量取决于水体与大气中氧的平衡。测定水中溶解氧常用碘量法和电化学探头法。清洁水可直接采用碘量法测定，但水样有色或含氧化性及还原性物质量会干扰测定。电化学探头法简便、快速、干扰少(碘量法按《水质　溶解氧的测定　碘量法(GB 7489—87)》执行；电化学探头法按《水质　溶解氧的测定　电化学探头法(GB/T 11913—89)》执行)。

(3) 高锰酸盐指数。高锰酸盐指数是指水样在给定条件下被氧化剂氧化时所消耗的高锰酸根离子的浓度，一般采用酸性高锰酸钾法，但当水样含大量氯化物(300 mg/L 以上)时，应采用碱性高锰酸钾法。测定时应严格按规定条件，并在结果报告时注明方法，以增加可比性(按《水质　高锰酸盐指数的测定　碱性高锰酸钾法(GB11892—89)》执行)。

(4) 化学需氧量的测定。化学需氧量(COD)也称耗氧量，是指在一定条件下，用强氧化剂处理水样时所消耗氧化剂的量。化学需氧量用于反映水中受还原性物质污染的程度。还原性物质包括有机物、亚硝酸盐、亚铁盐、硫化物等。水的化学需氧量受加入氧化剂的种类和浓度、反应液的酸度、温度和时间，以及催化剂的有无而获得不同的结果。因此，必须严格按操作步骤执行(《水质—化学需氧量的测定—重铬酸盐法》(按GB11914—89)执行)。

(5) 总磷的测定。在天然水中磷的含量很少,并多以磷酸盐形式存在。受生活污水和工业废水污染的水体中含磷量较高。总磷是水样经消解后将各种形态的磷转变成正磷酸盐后测定的结果,以每升水样含磷毫克数计量。测定时,首先用强氧化剂将各种磷化合物分解,用钼酸铵分光光度法测定水中总磷含量(按《水质 总磷的测定 钼酸铵分光光度法》(GB/T11893—89)执行)。

(6) 总氮的测定。总氮包括有机氮与各种无机氮的总和。水中含氮物质过高时会造成水体富营养化。总氮的测定是以过硫酸钾氮化,使有机氮和无机氮化合物都转变为硝酸盐后,再用紫外分光光度法测定(按《水质 总氮的测定 碱性过硫酸钾消解紫外分光光度法》(GB/T11894—89)执行)。

2) 水环境评价

对水质最基本的要求是《地表水环境质量标准》(GB3838—2002)中规定的地面水使用目的和保护目标。我国地面水分五大类:

Ⅰ类——主要适用于源头水,国家自然保护区;

Ⅱ类——主要适用于集中式生活饮用水、地表水源地一级保护区,珍稀水生生物栖息地,鱼虾类产卵场,仔稚幼鱼的索饵场等;

Ⅲ类——主要适用于集中式生活饮用水、地表水源地二级保护区,鱼虾类越冬、回游通道,水产养殖区等渔业水域及游泳区;

Ⅳ类——主要适用于一般工业用水区及人体非直接接触的娱乐用水区;

Ⅴ类——主要适用于农业用水区及一般景观要求水域。

满足地表水各类使用功能和生态环境质量要求的基本项目的限值参见国家标准《地表水环境质量标准》(GB3838—2002)。

7.1.4 土壤环境调查和评价方法

土壤是连接生物圈与岩石圈的重要环节,又是景观的重要组成部分,与植物景观具有内在的联系。

1) 土壤调查内容

(1) 土壤类型调查。热带性土壤(热带森林土壤——砖红壤,热带草原土壤——燥红土,亚热带森林土壤——红、黄壤,温带森林土壤——棕壤,温带湿草原土壤——温草原土,温带典型草原土壤,温带干草原土壤,荒漠土壤——荒漠土,寒带森林土壤——灰化土,苔原土壤——冰沼土);隐地带性土壤(水成土壤、盐成土壤、钙成土壤);非地带性土壤(冲积土、石质土和粗骨土、风沙土、火山灰土)。

(2) 土壤资源调查。土壤资源特点、土壤资源价值、土壤资源与人类文明关系、土壤资源丧失与退化、土壤侵蚀、土地荒漠化、土壤沙化、土壤污染、土壤的改良与资源保护等情况。

(3) 土壤测定。测定城市土壤特性的目的是掌握土壤主要性状的野外速测法,以比较不同生境下城市土壤的差别。

① 土壤质地指测法。根据自然湿润状态下土壤的颗粒度、黏结性以及可塑性等方面的差异,可以进行土壤类型的初步划分。

取自然湿润土壤按检索表的方法,初步评判城市土壤类型:

ⅰ 将土放在手中迅速揉成铅笔粗细的细条：

(a) 不能揉成条，单个颗粒可见，砂土类……………………………………ⅱ

(b) 可揉成条，砂壤土、壤土、黏土类……………………………………ⅳ

ⅱ 用拇指和食指试验黏结性：

(a) 不能黏结……………………………………ⅲ

(b) 能黏结……………………………………壤土

ⅲ 在手中搓磨：

(a) 手纹中完全没有黏土物质……………………………………砂土

(b) 手纹中有黏土物质……………………………………轻壤砂土

ⅳ 将土壤试着揉成半支铅笔粗细的细条：

(a) 不能揉成条……………………………………重壤砂土

(b) 能揉成条……………………………………ⅴ

ⅴ 用拇指和食指在手边挤压土样：

(a) 嚓嚓作响，可以看到并感到一些颗粒……………………………………砂壤土

(b) 没有或有很弱的嚓嚓声……………………………………ⅵ

ⅵ 对压平的光滑面评估

(a) 光滑面不光亮……………………………………壤土

(b) 光滑面光亮……………………………………ⅶ

ⅶ 用牙齿试验：

(a) 嚓嚓作响……………………………………黏壤土

(b) 黄油样黏稠，看不见，也感觉不到有颗粒……………………………………黏土

② 土壤 pH 及各种养分的定性分析

(a) 仪器和药品。锥形瓶、漏斗、试管、pH 试纸、滤纸、大(小)烧瓶、广口瓶、小塑料杯、2 mm孔筛、0.05 mol/LHCl、HNO_3，10% $KHSO_4$，氮试剂，$ZnCl_2$，$KMnO_4$，$(NH_4)_2SO_4$，$AgNO_3$，10%硫酸氰钾。

(b) 步骤。去少许土壤样品，分别置于锥形瓶中，按 1∶4 的比例加入蒸馏水，充分振荡，过滤，按以下步骤对滤液进行定性分析。

ⅰ 去少许滤液，用 pH 试纸测定 pH。

ⅱ 测 Fe。取 2 ml 滤液于试管中，加 2 滴稀盐酸，1 滴 $KMnO_4$，再加 1 ml 10%硫酸氰钾。若试管中液体呈淡橙黄色，说明其中有 Fe，否则无。

ⅲ 测 N。取 2 ml 滤液于试管中，加氮试剂 3 ml，将试管置于白纸上，垂直观察试管内有无蓝色光圈，若有则说明该土壤含 N，否则无。

ⅳ 测 P。取 2 ml 滤液于试管中，加 2 ml $ZnCl_2$ 和 $(NH_4)_2SO_4$ 1 ml，样品若显蓝色，说明含 P，否则无。

ⅴ 测 Cl。取 2 ml 滤液于试管中，加 HNO_3 溶液，再加 $AgNO_3$，若有白色胶状沉淀出现，说明含 Cl，否则无。

ⅵ 测 Ca。取少许土壤于试管中，加 HCl，冒气泡说明含 Ca，否则无。

2) 土壤环境质量评价

对土壤环境要求最基本的是《土壤环境质量标准》(GB15618—1995)中的规定。

(1) 土壤环境质量分类。根据土壤应用功能和保护目标，划分为3类：

Ⅰ类为主要适用于国家规定的自然保护区(原有背景重金属含量高的除外)、集中式生活饮用水源地、茶园、牧场和其他保护地区的土壤，土壤质量基本上保持自然背景水平。

Ⅱ类主要适用于一般农田、蔬菜地、茶园果园、牧场等土壤，土壤质量基本上对植物和环境不造成危害和污染。

Ⅲ类主要适用于林地土壤及污染物容量较大的高背景值土壤和矿产附近等地的农田土壤(蔬菜地除外)。土壤质量基本上对植物和环境不造成危害和污染。

(2) 标准分级。一级标准。为保护区域自然生态、维持自然背景的土壤质量的限制值。

二级标准。为保障农业生产，维护人体健康的土壤限制值。

三级标准。为保障农林生产和植物正常生长的土壤临界值。

(3) 各类土壤环境质量执行标准的级别。各类土壤环境质量执行标准的级别规定如下：

Ⅰ类土壤环境质量执行一级标准；

Ⅱ类土壤环境质量执行二级标准；

Ⅲ类土壤环境质量执行三级标准。

具体各指标的标准值参见国家标准《土壤环境质量标准》(GB15618—1995)。

7.1.5 大气环境调查和评价方法

1) 大气主要污染物及测定方法

大气主要污染物包括 SO_2、总悬浮颗粒物(TSP)、可吸入颗粒物($PM_{2.5\sim10}$)、NO_x、CO、O_3。调查方法根据国标《环境空气质量标准(GB3095—1996)》(2011年12月30日最新修订)中的规定进行取样和测定。

2) 环境空气质量功能区的分类和标准分级

我国正式颁布的国家大气环境质量标准《环境空气质量标准》中的规定，污染物浓度限值的一级、二级和三级标准分别用于3类不同的环境空气质量功能区：

一类区为自然保护区、风景名胜区和其他需要特殊保护的地区；一类区执行一级标准；

二类区为城镇规划中确定的居住区、商业交通居民混合区、文化区、一般工业区和农村地区；二类区执行二级标准；

三类区为特定工业区，三类区执行三级标准。

一级标准为优，二级标准为良好，三级标准为轻微污染或轻度污染。

7.1.6 声环境调查和评价方法

1) 声环境调查

城市声环境根据国家标准《声环境质量标准(GB3096—2008)》中的规定进行测定。

2) 声环境评价

按区域的使用功能特点和环境质量要求，声环境功能区分为以下5种类型：

0类声环境功能区。指康复疗养区等特别需要安静的区域。

1类声环境功能区。指以居民住宅、医疗卫生、文化教育、科研设计、行政办公为主要功能，需要保持安静的区域。

2类声环境功能区。指以商业金融、集市贸易为主要功能，或者居住、商业、工业混杂，需要维护住宅安静的区域。

3类声环境功能区。指以工业生产、仓储物流为主要功能，需要防止工业噪声对周围环境产生严重影响的区域。

4类声环境功能区。指交通干线两侧一定距离之内，需要防止交通噪声对周围环境产生严重影响的区域，包括4a类和4b类两种类型。4a类为高速公路、一级公路、二级公路、城市快速路、城市主干路、城市次干路、城市轨道交通（地面段）、内河航道两侧区域；4b类为铁路干线两侧区域。

7.2 城市人工环境调查

7.2.1 土地利用状况调查

城市土地利用状况调查的目的在于揭示城市各物质要素在用地布局中所存在的问题，为城市用地功能组织和合理确定各项用地指标提供依据，内容包括城市中生活居住用地、工业用地、道路交通用地、公建用地、绿化与水面用地及农林用地的类型及其比例等。

1）城市土地利用现状调查方法

城市用地现状调查主要是通过现状踏勘、填绘城市土地使用现状图、编制城市用地现状分析表等方式进行。

现场踏勘在工作一开始即须进行。主要目的在于明了城市行政管辖和规划范围，熟悉地形和城市布局现状，特别是现状用地功能分区、主要企事业单位的位置以及道路骨架等。一般是“粗线条”的踏勘，并结合城市用地现状图的填绘和各部门、专业规划用地调查，对城市细部和重要规划地段进行更详细的踏勘。

城市土地现状图（简称城市现状图）具体反映城市现状土地使用状况，包括城市各项用地的分布和面积。填绘和编制城市现状图是城市用地现状调查的重要手段，一般步骤如下：

(1) 填绘城市现状草图。可结合现场踏勘同时进行。室外填绘使用的图纸，其比例尺一般应比正式成图大一些。例如，中小城市现状图图纸比例尺采用1∶5 000，室外填绘用图的比例尺则多采用1∶2 000。

(2) 编制城市现状草图。由于城市现状图是规划总图和其他图件的基础，要求各种用地界线准确无误，图面布置均匀紧凑，色调清晰美观。在编制正式现状图之前，必须先编制现状草图，以便于校合各种用地界线和调整图面布置和色调。如时间紧凑，现状草图也可以不描绘比例、图名、风玫瑰（预留位置）和进行图廓整饰。

(3) 编制城市现状图。城市用地现状分析表，具体反映城市各项用地的面积、比重和指标，反映城市各项用地之间的数量比例关系。其编制方法是，利用城市现状图，量算城市总用地和各种用地面积，然后根据计算结果制表。

2）城市用地现状的综合分析

城市用地现状综合分析，包括城市用地现状布局和用地现状指标两方面。前者主要包括以下诸方面。

(1) 根据城市的规模和建设条件，分析研究城市现状布局形式是否合适，以及城市用地的发展方向是否合理等。

(2) 城市工业区(片)的数量、规模以及各区(片)工业部门(企业)的组合是否协调合理，是否具备合适的工业生产用地条件和满足工业生产需要的水、电、交通运输条件和生产协作条件。

(3) 工业区(片)与居住区的相互组合方式，其间是否具有合适的距离和联系。“三废”污染严重的工厂对城市和居住区的影响程度。

(4) 对外交通运输设施、仓库与工业区、居住区的布局是否有利于城市生产和生活，铁路、对外公路对城市干扰的主要路段及其形成原因的分析。

(5) 生活居住用地的完善程度及其满足各功能区(工业区、居住区、对外交通站场、中心区等)之间有机联系的状况，主要道路的功能合理与否等。

3) 城市土地利用现状分析图的编制

在对城市建设各项自然条件基础资料搜集的基础上，按照城市土地利用分析图编制的要求，对其进行单项分析和综合分析。城市土地利用分析图的编制方法如下：

(1) 根据城市土地适用性分级标准，在地形图上用等值线法画出不同地基承载力等值线，地下水埋深等值线；标明不同周期洪水淹没线，不同坡度线；用不同底色、符号表示规划范围内断裂带、滑坡、泥石流、活动性冲沟等不良地质地貌现象的分布。

(2) 采用因素叠置法，按用地适用性，划分出城市3类用地。一类，各个条件都能满足；二类，某些条件有缺陷；三类，各项条件均较差，或某项指标太低。

(3) 根据叠置的结果，用不同线条或底色画出城市用地分析图。

(4) 在土地利用分析图上应绘制风向玫瑰图和污染系数图，可利用气象部门和环境保护部门已绘制的成图资料，也可依据搜集的风向及环境保护基础资料自行绘制，现有的一些计算机软件，如城市总体规划软件包(GPCAD)已开发出了比较完善的全国各大中城市的风向玫瑰图和部分城市污染系数图，为规划制图带来了很大的方便。

7.2.2 城市环境污染调查

城市的各种环境污染源所排放的种类繁多的污染物质，是导致城市环境质量发生剧烈变化的主要因素，其主要污染物的种类、性质及排放总量，是决定城市环境质量好坏的主要因数。因此，城市环境污染源调查是生态环境质量评价的基础和关键性工作。在调查中，应尽量通过一切可能的途径(如对工厂企业的调查，对原料使用和生产加工过程的物料平衡状况的调查、通过排污检测数据进行推算等)，查明城市地区排放的污染物种类及其排放量。

城市环境污染源调查包括以下3部分内容。

(1) 城市环境污染全貌调查。调查内容包括：城市概况；城市人口；城市土地利用状况；城市能源、水源、生活污水及垃圾排放情况；城市交通污染状况；城市噪声污染状况；其他。

(2) 工业污染调查。调查内容包括：概况；原料及生产工艺；能源、水源和资源；工业“三废”及噪声；环境污染影响；环境污染控制和措施；其他。

(3) 农业污染调查。调查内容包括：概况；农药和肥料；灌溉、养殖；环境污染影响；环境污染控制及措施；其他。

在普查污染物的基础上，通过深入调查进一步确定城市的主要污染要素和污染物质，以便确定城市的污染特征。如有的城市以大气硫氧化物污染为主，有的城市以氮氧化物污染为主，而有的城市是混合污染型。任何一种污染物都可以作为环境因子，选用的污染物质越多，越能全面反映环境要素的综合质量。但选用太多，往往增加检测工作量。因此，实际应用上常选择该地区大气或水体中有代表性的污染物作为参数。选择最常见而常规检测所包括的污染物项目作为依据。如大气中常选用 SO_2、NO_x、CO、总悬浮微粒(TSP)等，水体中常选用五日生化需氧量(BOD_5)、化学需氧量(铬法)(CODcr)或化学需氧量(锰法)(CODmn)、溶解氧(DO)、悬浮物(SS)、pH 等指标。此外，可针对城市工矿企业污染源及排放特征，补充一些有针对性的特异性污染物指标作为参数。

人体健康和生态状况也是进行城市生态环境质量状况调查和评价的基本内容，即环境中所有单因子和复合因子的优劣均应以对人体健康和生态环境的影响为标准。各种不同性质的污染物、各种不同量纲的因素，通过标准化计算，统一在同一量纲上，相互之间就可以进行对比和进一步运算。

7.3 社会经济发展调查

7.3.1 社会经济指标调查

社会经济指标是判断一个地区社会经济发展水平和确定一个地区社会经济发展目标的重要参数。因此，该方面也是生态调查的主要内容之一。在我国，社会经济指标通常包括经济增长指标、经济结构指标、人口和资源环境指标、公共服务和人民生活指标四大类别(见表 7.5)。这些指标可以通过统计年鉴和其他相关资料获得。

表 7.5 经济社会发展调查的主要内容

类 别	主 要 指 标
经济增长	国内生产总值、人均国内生产总值及其年均增长率等
经济结构	3 次产业结构、工业生产总值、农业生产总值、其他服务业产值、服务业增加比重值(%)、服务业就业比重(%)、城镇化率等
人口资源环境	人口数量、单位国内生产总值源耗、单位工业增加值水耗、农业灌溉用水有效利用系数，主要污染物排放总量、工业固体废物综合利用率(%)、耕地保有量、森林覆盖率(%)
公共服务与人民生活	居民平均受教育年限、城镇基本养老保险覆盖人数、农村合作医疗覆盖率、就业状况、富余劳动力状况、失业率(%)、城镇居民可支配收入、农村居民人均纯收入等

来源：章家恩. 生态规划学[M]. 北京：化学工业出版社，2009.

7.3.2 产业发展状况调查

生态调查也需要对规划区各次产业(农业、工业、旅游业及其他服务业)的发展结构、规模特征以及空间布局等相关数据进行收集(见表 7.6)，了解产业结构及其组成比例、产业发展优势与特色及其空间分布，划分和分析规划区的新型产业、主导产业、支柱产业和基础产业，诊断辨识规划区的产业经济发展阶段，以便为产业结构调整与发展规划提供相关依据。这方面的数据可以从规划区的《社会经济统计年鉴》或相关报告中获取。

表 7.6 产业发展状况的调查内容

项目	产业类型	主要调查内容
产业发展状况	第一产业	农林牧副渔结构比例及产值、特色农业发展状况、农业总产值、粮食产量和经济作物产量(总产和单产水平)、农村人口与农业劳动力、农业基础设施状况、农业产业化水平、农业标准化水平、农业灾害、农产品市场状况、农业科技含量、农业化肥、农药投入状况等
	第二产业	工业产业结构组成比例及各部门产业产值、工业总产值、新兴工业与环保工业发展状况、支柱工业与主导工业发展状况、工业园区发展状况等
	第三产业	旅游业、餐饮业、宾馆服务业、商业、金融、电信、交通运输等服务业发展状况,包括结构、规模、效益及其空间分布

来源：章家恩. 生态规划学[M]. 北京：化学工业出版社，2009.

参 考 文 献

[1] Braun-Blanquet JPflanzensoziologie, Grundzüge der Vegetationskunde [M]. 3rd ed. New York: Springer-Verlag, 1964.

[2] Magurran AE. Ecological Diversity and Its Measurement [M]. New Jersey: Princeton University Press, 1988.

[3] Wang ZH, Brown J, Tang ZY, et al. Temperature dependence, spatial scale, and tree species diversity in eastern Asia and North America[J]. Proceedings of the National Academy of Sciences, USA, 2009, 106: 13388 - 13392.

[4] Whittaker RH. Evolution of measurement of species diversity[J]. Taxon, 1972, 21: 213 - 251.

[5] 方精云，王襄平，沈泽昊等. 植物群落调查的主要内容、方法和技术规范[J]. 生物多样性，2009, 17(6): 533 - 548.

[6] 宋永昌、由文辉、王祥荣. 城市生态学[M]. 上海：华东师范大学出版社，2000.

[7] 宋永昌. 植被生态学[M]. 上海：华东师范大学出版社，2001.

[8] 章家恩. 生态规划学[M]. 北京：化学工业出版社，2009.

8 生态评价的内容与方法

生态评价是生态规划的一个重要环节，也是生态规划方案制订的重要依据。它是以生态调查获取的数据为依据，围绕某一生态主题，采用一定的方法对生态环境状况、质量水平、发展趋势及其存在的问题进行科学分析与评价。由于评价的主题和目的的不同，生态评价可以分为不同的类型，其使用的评价指标体系和评价方法也各不相同。

8.1 生态评价概述

8.1.1 生态评价的概念

生态评价是指根据合理的指标体系和评价标准，运用恰当的生态学方法，评价某区域生态环境状况、生态系统环境质量的优劣及其影响作用关系。生态评价的基本对象是区域生态系统和生态环境，即评价生态系统在外界干扰作用下的动态变化规律及其变化过程。生态评价的主要任务是认识生态环境的特点与功能，明确人类活动对生态环境影响的性质和程度，确定为维持生态环境功能和自然环境可持续利用而应采取的对策和措施。由于评价的主题和侧重点不同，生态评价通常分为生态适宜性评价、生态敏感性评价、生态环境容量评价、生态环境现状评价以及生态环境影响评价等类型，这些评价均是制定生态规划的基础依据。

8.1.2 生态评价的标准

生态系统是类型与结构的多样性、地域性特别显著的复合系统，其评价标准不仅复杂，且因地而异。一般情况下，生态评价标准可从下表中提及的 4 个方面进行选择(见表 8.1)。

表 8.1 生态评价标准

标　准	说　明
国家、行业和地方规定的标准	各个国家或国际组织已颁布执行的环境质量标准，如地面水水质标准、大气环境质量标准等 各行业发布的环境评价规划、规定以及设计要求 各地方政府颁布的环境标准以及规划区目标、河流水系保护要求、特殊区域的保护要求(绿化率、水土流失防止等)
背景或本底值	以评价区域生态环境的背景值和本底值作为评价标准(如植被覆盖率、生物多样性等)
类比标准	以未受人类严重干扰的生态安全性高的相似生态系统作为类比标准；或以类似条件的生态因子和功能作为类比标准(如类似生态环境的生物多样性、植被覆盖率、蓄水功能和防风固沙能力等)

（续表）

标　　准	说　　　明
科学研究中已判定的生态标准	通过当地或相似条件下科学研究已判定的生态效应指标，如保障生态安全的植被覆盖率要求、污染物在生物体内的最高允许限值、特别敏感生物的环境质量要求等标准

来源：孙蕾.国家生态安全评价指标体系研究[J].中国统计，2005(2)：21－23.

8.2 生态适宜性分析

8.2.1 生态适宜性的概念

生态适宜性是指区域土地的生态现状及开发利用条件，或是指区域或特定空间生态环境条件的最适宜生态利用方向，或指在规划区内确定的土地利用方式对生态因素的影响程度（生态因素对给定的土地利用方式的适宜状况、程度）。它是土地开发利用适宜程度的依据。生态适宜度分析是在网格调查的基础上，对所有网格进行生态分析和分类，将生态状况相近的作为一类，计算每种类型的网格数，以及其在总网格中所占的百分比。

生态适宜性分析是生态规划的核心，其目标以规划范围内生态类型为评价单元，根据区域资源与生态环境特征，发展需求与资源利用要求，选择有代表性的生态特征，从规划对象尺度的独特性、抗干扰性、生物多样性、空间地理单元的空间效应、观赏性以及和谐性分析规划范围内的资源质量以及与相邻空间地理单元的关系，确定范围内生态类型对资源开发的适宜性和限制性，进而划分适宜性等级。

生态适宜性分析是运用生态学的原理方法，分析区域发展所涉及的生态系统敏感性与稳定性，了解自然资源的生态潜力和对区域发展可能产生的制约因素，从而引导规划对象空间的合理发展以及生态环境建设的策略。

8.2.2 生态适宜性分析的步骤

适宜性分析是生态规划的重要手段之一。Ian L. McHarg(伊恩・麦克哈格)的“千层饼”模式成为生态规划的基本范式。基于生态适宜性分析，麦克哈格(McHarg)在其生态规划方法中提出了生态适宜性分析的7个步骤(见图8.1)。

8.2.3 生态因子的选择与指标体系的确定

正确选择生态因子是生态适宜性评价的关键，因子选择是否合适，直接影响到生态适宜度分析结果。因此，在选择分析因子时，应着重考虑那些比较稳定的、对生态环境变化以及用地生态适宜性起主导作用的生态限制因子。总的来说，生态因子的选择一般有定性法（经验法）和定量法两种。

(1) 定性法。即以经验来确定生态因子及其权重。常用的方法有3种：问卷—咨询选择法；部分列举—专家修补选择法；全部列举—专家取舍选择法。

(2) 定量法。即先在构成土地的生态属性中，从实践经验出发，初步选取一些初评因子，

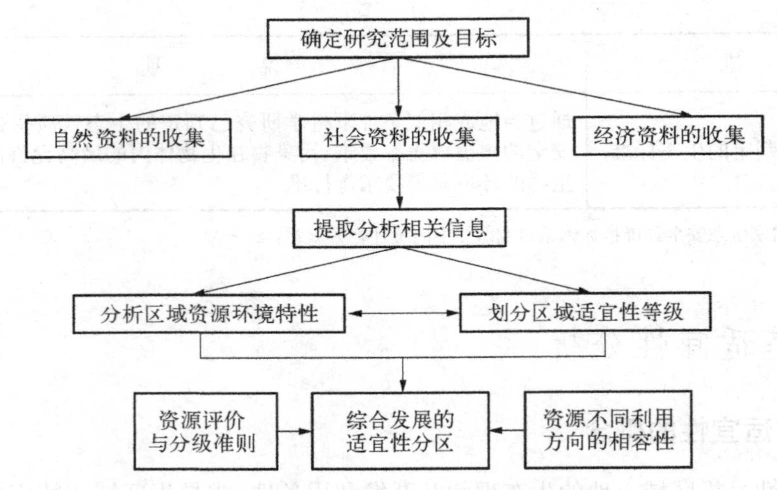

图 8.1　麦克哈格生态适宜性分析步骤

来源：欧阳志云，王如松. 生态规划的回顾与展望[J]. 自然资源学报，1995，10(3)：203－215.

然后对初评因子的指标数量化，再通过一些数学模型定量确定分析因子及其权重，如采用逐步回归分析法、主成分分析法等。

生态适宜性分析可针对各类发展用地自身要求而制定该用地适宜性评价的体系标准，从而分析对该类用地适宜的土地利用模式，如刘贵利(2000)从景观生态学的角度，以城市用地适宜性评价为目标，建立了相应的评价指标体系图层(见图 8.2、表 8.2)。

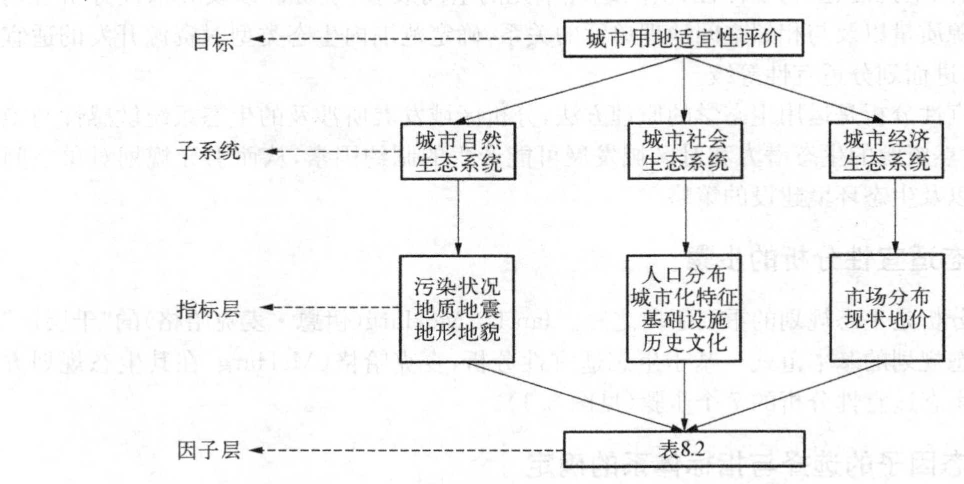

图 8.2　城市用地适宜性评价系统结构示意图

来源：刘贵利. 城乡结合部建设用地适宜性评价初探[J]. 地理研究，2000(1)：80－85.

表 8.2　各因子组成内容统计表

因子	组　成　内　容	因子	组　成　内　容
污染状况	大气污染、水污染、噪声污染、固体废物污染	基础设施	道路通达性、交通便捷性，人防分布合理性

（续表）

因子	组成内容	因子	组成内容
地质地震	断裂带、地基承受力	历史文化	历史文化遗存
地形地貌	坡度与高程	市场分布	市场间距
人口分布	人口密度	现状地价	土地现状评估价格
城市化特征	城市化水平		

来源：章家恩.生态规划学[M].北京：化学工业出版社，2009.

8.2.4 生态适宜性分级标准的制定

1）单因子分级

筛选出生态适宜性分析的生态因子之后，首先应对每个因子进行分级并逐一进行评价。单因子分级目前还没有统一的方法，同一块土地，因其利用方式和利用性质不同，单因子分级评分的标准也不同。因此，进行单因子分级评分时，一方面要考虑该生态因子对给定土地利用类型的生态作用，如人口密度对于工业用地的影响就很敏感。因此，在对人口密度进行分级评分时，把工业用地的不适宜人口密度标准定得高一点，即人口密度应尽量小一些；另一方面则要充分考虑用地的生态特色，如风景旅游用地适宜度分析的各单因子，其适宜的标准应尽量严些。单因子分级一般可分为5级，即很不适宜、不适宜、基本适宜、适宜和很适宜；也可分为很适宜、适宜和基本适宜3级。

2）综合适宜性分级

在各单因子分级评分基础上，进行各种用地类型的综合适宜性分析。综合适宜性分级可根据综合适宜性的计算值分为很不适宜、不适宜、基本适宜、适宜和很适宜5级；也可分为很适宜、适宜和基本适宜3级。

(1) 很不适宜。指对环境破坏或干扰的调控能力很弱，自动恢复很难，使用土地的环境补偿费用很高。

(2) 不适宜。指对环境破坏或干扰的调控的能力弱，自动恢复难，使用土地的环境补偿费用多。

(3) 基本适宜。指对环境破坏或干扰的调控能力中等，自动恢复能力中等，使用土地的环境补偿费用中等。

(4) 适宜。指对环境破坏或干扰的调控能力强，自动恢复快，使用土地的环境补偿费用少。

(5) 很适宜。指对环境破坏或干扰的调控能力很强，自动恢复很快，使用土地的环境补偿费用很少。

8.2.5 生态适宜性的分析方法

生态规划工作者对适宜性分析方法进行了大量的研究和探索，根据区域规划内容和目的的不同，先后提出了多种生态适宜性的分析方法，尤其是随着地理信息技术的发展，生态适宜性分析方法得到了空前的发展和完善。归纳起来，生态适宜性的分析方法可分为形态分析法、因素重叠法、线性组合与非线性组合法、逻辑规划组合法、生态位适宜度模型五大类（欧阳志云，1996)。

1) 形态分析法

这是以景观类型划分为基础的最早使用的方法，由 4 个步骤组成。

(1) 根据对分析对象的实地调查或有关资料，按地形、植被、土壤等地理要素特征将规划区域分为不同的同质单元或景观类型。

(2) 根据资源利用要求，制定资源利用的适宜评估表，定性描述每一个景观或单元的潜力与限制。

(3) 分析每一个景观或单元对特定土地利用的适宜性等级。

(4) 根据规划目标将不同土地利用的适宜性图叠加为综合适宜性图。

形态分析法较为直观，但存在明显的缺点：一是其景观类型或同质单元的划分及适宜性的评价需要较高的专业修养和经验，限制了其应用的广泛性；二是适宜性分析没有一个完整的评价体系，主要取决于规划者的主观判断。

2) 因素重叠法

因素重叠法又称“因素叠置法”或“McHarg 适宜性分析法”。其形成可追溯到 20 世纪初期，但是直到 20 世纪 60 年代，在 McHarg 等规划师的努力下，这一方法才被成功地应用于土地利用的生态适宜度分析。McHarg 将其应用于高速公路选线、土地利用、森林开发、流域开发、城市与区域发展等领域的生态规划工作，并形成了一套完整的方法体系。

基本步骤可归纳如下：

(1) 确定规划目标及所涉及的因子，建立规划方案及措施与环境因子的关系表。

(2) 调查每个生态因子在区域内分布状况，建立生态目录，并根据对其目标的适宜性进行分级，然后用不同的颜色将各因子的适宜性分级分别绘制在不同的地图上，形成单因子生态适宜性评价图。

(3) 根据需要将各单位要素图进行叠加得到复合图，即综合适宜性图。

(4) 对叠加形成的复合图进行分析，并对土地利用的适宜性进行分析。

因素重叠法的优点是形象、直观，可以将社会、环境等因素进行综合，但该方法也存在明显的局限。其最主要的缺点是将各个因素的作用无区别对待，而事实上各个因素的作用不尽相同。另外，所选择的各个因素之间有可能存在相关性很强的一对或几对因子，将其进行叠加不但会造成重复计算，而且可能会产生错误的结果。

3) 线性与非线性因子组合法

该方法是针对因素叠置法的局限发展起来的，分为线性组合法与非线性组合法两种方法。

(1) 线性组合法。与因素叠置法相似，不同之处是适宜度量值代替颜色或符号来表示适宜性等级。另外，每个因素视其重要性大小而给予不同的权重值。将每个因素的适宜性等级值乘以权重，得到该因素的适宜性值。最后综合各因素的适宜性空间分布特征，即可得到综合适宜性值及空间分布。

(2) 非线性组合法。在某些情况下，环境资源因素之间具有明确的关系，可运用非线性数学模型进行表达。在进行生态适宜性分析时，用这些模型进行空间模拟，然后按一定准则划分适宜性等级。

4) 逻辑规划组合法

该方法是针对分析因子之间存在的复杂关系，运用逻辑规划建立适宜性分析准则，再以此为基础进行判别分析适宜性的方法。主要过程包括：确定规划方案及参与评价的资源环境因素；对评价的资源环境因素按评价目标和要求进行等级划分；制定综合的适宜性评价规则；根据评价规则确定综合适宜性。

5）生态适宜度模型

这是欧阳志云等(2005)在进行区域发展生态时提出的一种适宜性分析模型。其基本原理是根据区域发展对资源的需求，确定发展的资源需求生态位，再与现实条件进行匹配，分析其适宜性。

生态适宜度评价因子的选择：

(1) 科学性。权重系数的确定以及数据的选取、计算与合成等要以公认的科学理论为依托，并避免指标间的重叠和简单罗列。

(2) 针对性。对于不同的人类活动，要选择不同的评价因子。

(3) 可操作性。评价因子的信息能够获得或容易获得。

(4) 代表性。所选择的因子代表某一类或某一方面，避免重复。

8.3　生态敏感性分析

8.3.1　生态敏感性分析的概念

生态敏感性分析是指在不损失或不降低环境质量的情况下，生态因子对外界压力或外界干扰适应的能力，通过对符合生态系统敏感性进行分析，为今后区域发展规划产业布局和区域环境综合整治提供科学基础，并以此为根据建立起完善合理的环境保护和生态建设的对策框架，为区域可持续发展建设指明方向。

在复合生态系统中，不同生态系统或景观斑块对人类活动干扰的反应是不同的。有的生态系统对干扰具有较强的抵抗力；有的则恢复能力强，即尽管受到干扰后，在结构或功能方面产生偏离，但很快就会恢复系统的结构和功能。然而，有的系统却很脆弱，即容易受到损害或破坏，也很难恢复。生态敏感性分析的目的就是分析、评价复合系统内部各子系统对人类活动的反应。根据生态规划建设内容与可持续发展可能对复合生态系统的影响，生态敏感性分析通常包括土地利用、矿产资源、生物资源、地下水资源评价、敏感集水区和下沉区的确定、具有特殊价值的生态系统及人文景观以及自然灾害的风险评价等。

8.3.2　生态敏感性的评价内容

1）评价要求

根据《生态功能区划技术暂行规程》(环发[2002]117 号)规定，生态环境敏感性评价要求包括以下 3 个方面：

① 敏感性评价。应明确区域可能发生的主要生态环境问题类型与可能性大小；

② 敏感性评价。应根据主要生态环境问题的形成机制，分析生态环境敏感性的区域分异规律，明确特定生态环境问题可能发生的地区范围与可能程度；

③ 敏感性评价。首先是针对特定生态环境问题进行评价，然后对多种生态环境问题的敏感性进行综合分析，明确区域生态环境敏感性的分布特征。

2）评价内容

生态环境敏感性评价主要包括以下几方面的内容：土壤侵蚀敏感性、沙漠化敏感性、盐渍化敏感性、石漠化敏感性、生境敏感性和酸雨敏感性。

8.3.3 生态敏感性的评价方法

1）评价单元的划分

不同土地利用类型的生态功能是不同的，即使是同一种土地利用类型，也会因为面积的不同、距离市区的远近不同以及生态环境功能等诸多因素而在生态功能上有所差异，所以在土地利用类型（林地、耕地、园地、滩涂和未利用土地）分区的基础上，可以根据行政区划和自然地理条件进行进一步的划分。

2）评价因子的选择

在选择评价因子的时候要充分考虑复合生态系统不能等同于一般自然生态环境的情况，其自身所独有的社会经济属性对城市生态敏感性的评估有十分重要的作用，所以主要选取不同类型的资源开发经济活动作为评价因子，同时还要对各个不同区域的物理现状进行考察，并给予评分。

3）数据处理与评价

（1）生态敏感性评估表的制定。对每个评价生态单元，根据所选择的评价因子和生态参数，制定生态敏感性评估表（见表 8.3）。

表 8.3 各评价单元生态敏感性评估表

生态参数	开发活动类型					
	混农林业开发 B1	工业开发 B2	服务业开发 B3	基础建设 B4	信息产业 B5	…B6…
土地利用现状 A1	B11	B12	B13	B14	B15	
	A11	A12	A13	A14	A15	
植被覆盖面积 A2	B21	B22	B23	B24	B25	
	A21	A22	A23	A24	A25	
山体坡度 A3	B31	B32	B33	B34	B35	
	A31	A32	A33	A34	A35	
当地保护区类型 A4	B41	B42	B43	B44	B45	
	A41	A42	A43	A44	A45	
物种多样 A5	B51	B52	B53	B54	B55	
	A51	A52	A53	A54	A55	
…A6…						

来源：张红军. 生态规划-尺度、空间布局与可持续发展[M]. 北京：化学工业出版社，2007.

（2）生态敏感性原始评分的获取。借助于以上 5 项评价单元子目标，即土地利用、坡度、物种多样性、保护区类型和交通，通过德尔菲法获得生态敏感性的原始评分，先由每项开发活动类型对各生态参数排序打分，受影响最大的参数为 1 分，其次为 2 分，依此类推，影响最小者得 5 分，分数记在每个对应单元格的下部分中，即 A_{i1}，A_{i2}，…，A_{i5}；再由每项生态参数对各开发活动类型排序打分，对该项生态参数影响最大的开发活动得 1 分，其次得 2 分，依此类推，对该项生态参数影响最小的得 5 分，分数记在每个对应单元格的上部分中，即 B_{i1}，B_{i2}，…，B_{i5}。

（3）生态敏感性综合评分：

$$D = \sum_{i=1}^{5}(A_{i1}B_{i1} + A_{i2}B_{i2} + A_{i3}B_{i3} + A_{i4}B_{i4} + A_{i5}B_{i5})$$

式中：D 为每个评价单元的初步得分，但是由于各个土地利用类型之间的敏感性大小是不同的，所以根据各生态系统对外界作用力的敏感性反应强弱，为各种土地利用类型赋予不同的权重值(P)，每个评价单元的综合评估值(E)为

$$E = DP$$

4）评价结果

各生态单元的最后综合评估值分成不同等级来评价复合系统生态环境敏感性，即最敏感、敏感、弱敏感和非敏感。

5）生态敏感性区划

根据评价结果，以土地利用类型图为底图，在 GIS 的环境平台下将不同的土地利用类型按照相应的敏感性等级进行叠加，将生态敏感性划分区域，并针对不同敏感区实行相应的保护对策。

生态敏感区是指一旦被危害将对人类产生危害的区域，维护这类区域将有利于维护对人类有用的生态系统及其本身所包含的生态价值。生态敏感区划分的标准如下：

（1）重要性。在自然景观中具有较高等级的生态功能，提供生态服务功能的重要区域。

（2）稀缺性。在自然景观中，属于稀缺的资源类型。

（3）脆弱性。在自然景观中承载力较差的区域，受人类活动干扰后较易被破坏。

8.4 生态风险性评价

8.4.1 生态风险评价的概念

1）风险

风险(risk)是指不幸事件发生的可能性及其发生后将要造成的损害。这里，“不幸事件发生的可能性”称为风险概率；不幸事件发生后所造成的损害称为风险后果。风险存在于人的一切活动中，不同的活动会带来不同性质的风险，如经常遇到的灾害风险、事故风险、金融风险以及环境风险等。

2）生态风险

生态风险(ecological risk)是指一个种群、生态系统或整个景观的正常功能受外界胁迫，从而在目前或将来削弱系统内部某些要素或本身的健康、生产力、遗传结构、经济价值和美学

价值。

3）生态风险评价

美国环保局(EPA)在1992年颁布的生态风险评价框架中对生态风险评价进行了定义：评价负生态效应可能发生或正在发生的可能性，而这种可能性归结于受体暴露在单个或多个胁迫因子下的结果，其目的就是用于支持环境决策。

生态风险评价(ecological risk assessment，ERA)是评估一种或多种外界因素导致可能发生或正在发生的不利生态影响的可能性过程，是环境风险评价的重要组成部分。有关生态风险评价的定义可从以下几方面进行理解：

① 生态风险评价可以追溯单一或多重化学的、物理的、生物学的以及人类活动对压力形成的影响；

② 生态风险的描述可以是定性判别或是定量概率；

③ 生态风险评价可以预测未来风险，也可以回顾性地评价已经或正在发生的生态危害；

④ 生态风险评价涉及对生态系统的有价值的结构或功能特征的人为改变(或有害趋势)；

⑤ 研究不利生态影响即是研究这种危害的类型、强度、影响范围和恢复的可能性。

8.4.2 生态风险评价的类型

1）回顾性生态风险评价

回顾性生态风险评价着重评价已经发生或正在发生的风险事件，如废弃物堆场、酸雨、残留杀虫剂等，其特点都是评价毒理学实验数据必须结合污染现场的生态学研究结果，且现场数据有时对问题的形成和分析会起重要作用，即评价问题的范围已由事件所确定。

在评价动机上，回顾性评价不仅限于污染源，更多的是从暴露或效应开始着手。在分析问题和表征风险方面具有以下特点：

① 更注重环境对污染物迁移、转化和效应的影响；

② 在污染源方面不仅估计源强，而且更注重测定源强；

③ 在暴露评估中不仅是理化性质确认，而且更注重环境浓度和分布的测定、实际的受体污染负荷及生物标记；

④ 在效应评估中不仅是毒性实验，而且更注重测定现场的污染响应。

依据回顾性风险评价的动机，可将评价分为3种形式，即源驱动评价、效应驱动评价和暴露驱动评价(见表8.4)。

表8.4 回顾性风险评价的类型

源驱动的评价：已知风险源→未知的暴露→未知的效应
效应驱动的评价：现场已观察到的效应→未知的暴露→未知的风险源
暴露驱动的评价：未知风险源→观察到异常的暴露→未知的效应

来源：章家恩.生态规划学[M].北京：化学工业出版社，2009.

2）多重压力的生态系统风险评价

与大部分风险评价追溯单独作用的风险因子不同，多重压力的风险评价研究的风险因素不止一个，而是大尺度范围内产生的一组效应。多重压力的生态风险评价具有下述特点：

① 由局部压力产生区域性的后果，如我国滇池和太湖流域的水体富营养性、北方的沙尘暴等；

② 多个可接受的压力在一个生态系统或地理区域内综合形成严重的环境问题，如黄河断流等；

③ 系统或区域过程对污染物的传输、转化所起的作用，在局部范围内不能识别，如光化学烟雾和酸沉降等；

④ 具有系统或区域效应的排放在局部地区是没有效应的，如 CO_2 排放引起的气候变化等；

⑤ 有些系统或区域水平上的特定功能或特征必须保护，如河口、海湾的功能性湿地保护等。

3）监视性生态风险评价

监视性生态风险评价是指通过对环境关键组分的监视性监测对生态质量变化趋势进行分析。这种类型的评价不仅涉及发现风险的能力，而且有助于风险防范。其最大的不同在于风险还未确认，而要以环境监测的方法发现风险和评价风险。严格来说，监视性生态风险评价并不是一个独立的评价类型，而更像回顾性或预测性生态风险评价的前奏曲，即一旦风险被发现，立即进行回顾性或预测性生态风险评价。但监测性生态风险评价的目的是发现未知但已存在的生态风险问题，关键是监视的内容和结果分析的方式方法。

4）生物安全性风险评价

生物安全性风险评价起源于外来生物入侵产生的生态学危害的风险评价，现已扩大为对转基因生物的环境释放进行分门别类的风险评价。由于与生物安全评价有关的科学技术，如分子生态学、微生物生态学、生态多样性、生物入侵生态学、生态系统功能变化的趋势预测等，均属学科交叉和学科前沿的研究内容，发展和变化较快，使得生物安全性风险评价是生态风险评价中难度较大的部分。

8.4.3 生态风险评价的程序与内容

1）生态风险评价框架

不同学者和机构提出的生态风险评价框架体系有所不同，下面简要介绍几个具有代表性的生态风险评价框架。

（1）美国。美国的生态风险评价是在人体健康风险评价的基础上发展起来的。1990 年，美国国家环保局风险评价专题讨论会正式提出生态风险评价的概念，探讨把 1983 年美国国家科学委员会提出的人体健康风险评价方法引入生态风险评价中。经过几年的研讨、修订和完善，1998 年美国国家环保局正式颁布了《生态风险评价指南》（*Guidelines for Ecological Assessment*，1998），提出生态风险评价“三步法”，即问题形成、分析和风险表征。随着生态风险评价的发展，美国 EPA 在生态风险评价方面建立了较成熟的方法和数据库，并且实施了大量的生态风险评价工作，一般分为以下 4 个过程：

① 制订计划，根据评价内容的性质、生态现状和环境要求提出评价的目标和评价重点；

② 风险的识别，判断分析可能存在的危险及其范围；

③ 暴露评价和生态影响表征，分析影响因素的特征以及对生态环境中各要素的影响程

度和范围；

④ 风险评价结果表征，根据评价过程得出结论，作为生态环境保护决策的依据。

美国生态风险评价框架见图 8.3。

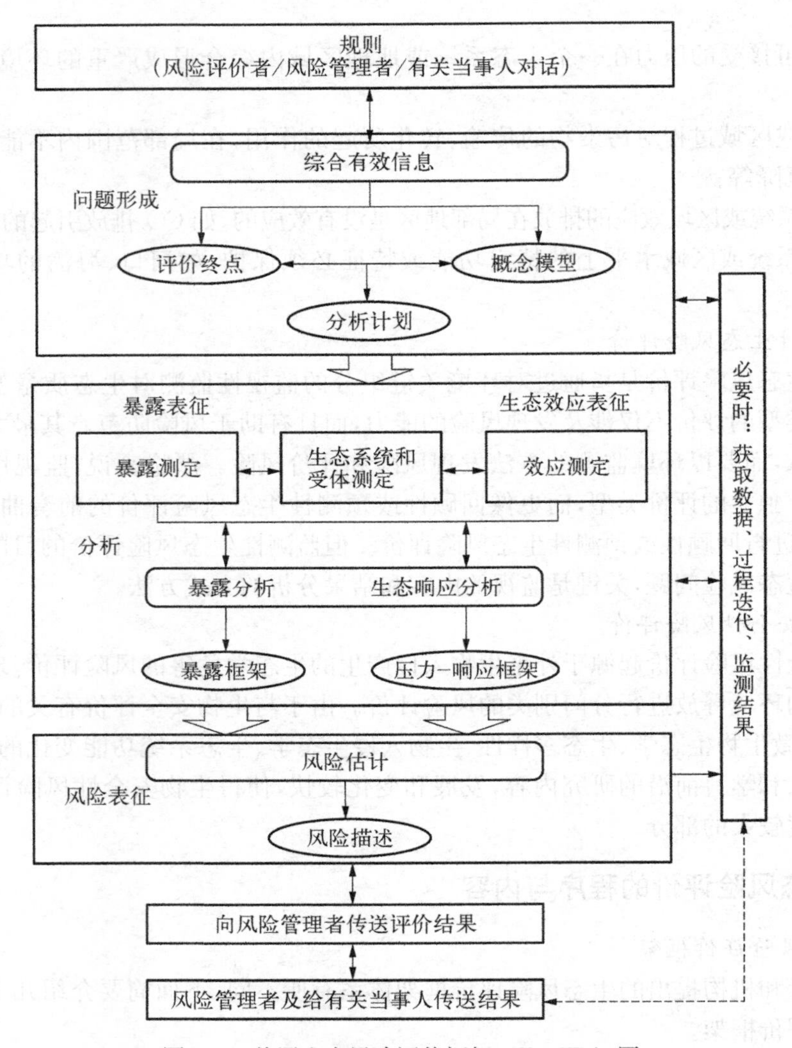

图 8.3　美国生态风险评价框架(US，EPA)图

来源：US EPA. Guidelines for ecological risk assessment[R] Washington DC，1998.

(2) 英国。1995 年英国环境部要求所有环境风险评价和风险管理行为必须遵循国家可持续发展战略，其创新点在于应用了“预防为主”的原则，并强调如果存在重大环境风险，即使目前的科学证据不充分，也必须采取行动预防和减缓潜在的危害行为。英国生态风险评价框架见图 8.4。

(3) 荷兰。荷兰风险管理框架是荷兰房屋、自然规划和环境部(NMHPPE)于 1989 年提出，其关键是确定阈值，即以决策标准来判断特定的风险水平是否能被接受。该框架的创新之处在于利用不同生命组建水平的风险指标，并用数值明确表达最大可接受或可忽略的风险水平。荷兰生态风险评价框架见图 8.5。

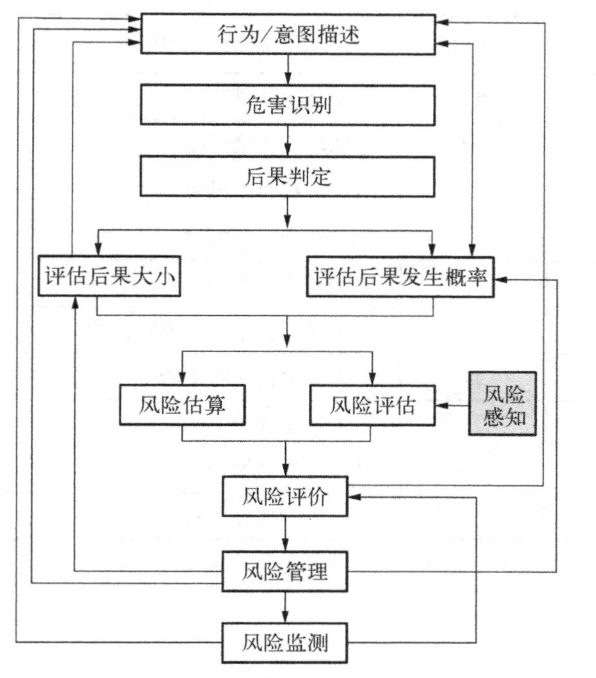

图 8.4 英国生态风险评价框架(UKDOS)图

来源：Pollard S J. Current directions in the practice of environmental risk assessment in UK [J], Environment Scientifical Technologu, 2002, 36(4): 530-538.

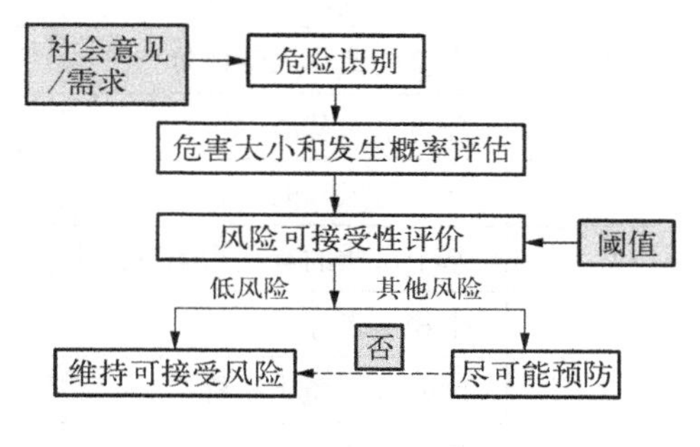

图 8.5 荷兰风险管理框架(NMHPPE)图

来 源：Power M. A comparative analysis of environmental risk assessment [J], 1998, 32(9): 224A-231A.

2) 生态风险评价的一般内容

生态风险评价主要涉及风险源、受体、暴露分析以及综合评价等内容。

① 风险源分析。区域生态风险评价所涉及的风险源可能是自然或人为灾害，也可能是其他社会、经济、政治、文化等因素。

② 受体分析。在生态系统中可能受到来自风险源的不利作用的组成部分，它应该能够及时准确地对环境因素的改变做出反应，同时受体的选择也应体现出一定的代表性和重要性。

③ 暴露分析。是研究风险源在评价区域中的分布、流动及其与风险受体之间的接触暴露关系。

④ 综合评价。在生态系统中，每一种生态风险均有其不确定性来源。因此，需通过指数和评价模型的选取来评价风险程度的大小。

8.4.4 生态风险评价的方法

目前，生态风险评价的主要内容之一是有关方法学的研究，旨在探讨、创造、选择、完善一套行之有效的科学评价标准方法。1988 年 11 月，美国环保局颁布了《生态风险评价指南》，从方法学的角度综述和评价了由 EPA 和其他联邦、州机构进行的 20 项生态风险评价研究(见表 8.5)。

表 8.5　生态风险评价方法

序号	方　法	序号	方　法
1	A类损害评价	11	化学品迁移风险评价
2	B类损害评价	12	敏感环境的接近度
3	国家空气臭氧标准	13	有害废物容器风险
4	平流层变化风险评价	14	风险费用分析模型
5	环境水质基准	15	估测相关水平
6	暴露与风险的研究	16	有毒品办公室生态风险评价
7	基于水质的有毒污染物许可证	17	生态风险使用者手册
8	生物学指标	18	区域生态评价
9	Nigara 河鱼肉指标	19	计算机模拟模型
10	生态风险标准评价	20	综合风险研究项目

来源：US EPA. Guidelines for Ecological Risk Assessment[R]. EPA/630/R-92/001, 1998.

8.5　生态安全评价

8.5.1　生态安全的概念

1）安全的概念

安全(security)通常是指一个国家或地区的社会和政治稳定，没有战争，个体或系统不受侵害和破坏的状态(周文华等，2005)。随着人口的增长，社会经济的发展，人类活动对环境的压力不断增大，人地矛盾日趋加剧。尽管世界各国在生态环境建设上已取得了一定的成绩，但并未从根本上扭转环境逆向变化的趋势。由环境退化和生态破坏及其所引发的环境灾害和生态灾害不仅没有得到缓减，反而越来越对区域发展、国家安全、社会进步构成威胁，并使全球环境日趋恶化成为不争的事实。在这种背景下，一些学者倡导并延伸了安全的含义，将其从政治和军事领域转向了生态环境领域，进而使生态安全成为构成国家安全、区域安全的重要内容，与国防安全、经济安全、金融安全等具有同等重要的战略地位(陈国阶，2002)。

2）生态安全的概念

生态安全(ecological security)作为与国家安全密切相关的名词，在近十多年才逐渐被赋予了科学的内涵(刘红，2005)。国外的生态安全研究始于20世纪90年代初期，集中在基因工程、农药、化肥的生态影响和安全方面；我国也在20世纪90年代初期开始关注生态安全。尽管“生态安全”一词出现的频率越来越高，其意义也越来越为大众所认知，但对其含义却始终没有统一的界定。

当前，对生态安全存在广义和狭义两种理解：前者以国际应用系统分析研究所(international institute of applied system analysis，IASA)于1989年提出的为代表，认为生态安全是指在人的生活、健康、安乐、基本权利、生活保障来源、必要资源、社会秩序和人类适应环境变化能力等方面不受威胁的状态，包括自然生态安全、经济生态安全和社会生态安全；后者是指自然和半自然生态系统的安全，即生态系统完整性和健康的整体水平反映（肖笃宁，2002）。我国学者陈国阶（2002）还认为，广义的生态安全包括生态细胞、组织、个体、种群、群落、生态系统、生态景观、生态区（生物地理区）、陆（地）海（洋）生态以及人类生态，只要其中某一层次出现损害、退化或胁迫，即可认为生态不安全；狭义的生态安全则专指人类赖以生存的生态环境的安全。目前，国内外学者对生态安全的理解大多集中在其狭义概念上，主要是从生态系统或生态环境方面对其进行阐述。如，肖笃宁等（2002）认为，生态安全是维护一个地区或国家乃至全球的生态环境不受威胁的状态，能为整个生态经济系统的安全和持续发展提供生态保障。Rogers（1999）与左伟（2002）将生态安全理解为一个国家或区域生存和发展所需的神态环境处于不受或少受破坏与威胁的状态，即自然生态环境能满足人类和群落的持续生存与发展需求，而不损害自然生态环境的潜力。

3）生态安全的构成

生态环境系统是一个复杂的有机整体，受到自然因素和人文因素的共同影响。生态安全既是区域可持续发展所追求的目标，又是一个不断发展的过程体系。生态安全是一个由国土安全、水资源安全、环境安全和生物安全 4 方面组成的动态的安全体系（见图 8.6）。

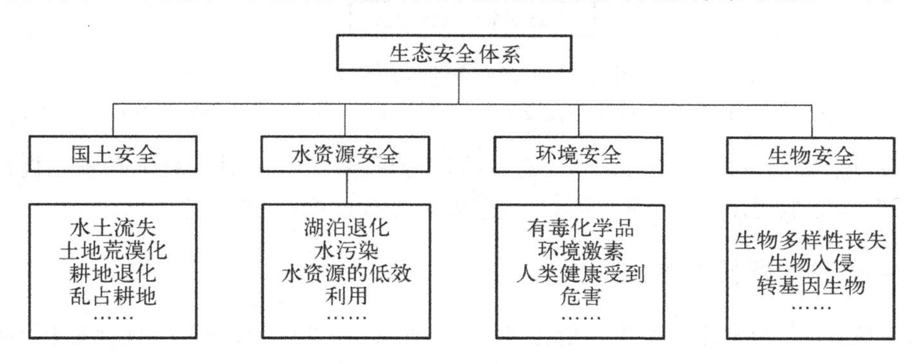

图 8.6　生态安全体系构成示意图

来源：刘康. 生态规划-理论、方法与应用[M]. 2 版. 北京：化学工业出版社，2011.

4）生态安全评价的概念

生态安全评价的概念（ecological security assessment）是根据所选定的指标体系和评价标准，运用恰当的方法对生态环境系统安全状况进行定量评估，是在生态环境或自然资源受到一个或多个威胁因素影响后，对其生态安全性及由此产生的不利的生态安全后果出现的可能性进行评估，最终为国家的经济、社会发展战略提供科学依据。生态安全评价以区域生态环境为中心，以生态环境系统和经济、社会以及人类自身的稳定性和可持续性作为评价标准。

8.5.2　生态安全评价的步骤

生态安全评价工作由评价主体确定评价对象（区域）与尺度，建立评价指标体系，并按照评价标准实施评价，最后编写安全评价报告书等。其工作程序如图 8.7 所示。

生态安全评价报告书的编制是为了能形成一份有关区域生态安全评价的系统材料，以便能够进行科学决策。生态安全评价报告书一般包括以下主要内容：背景描述，包括评价区域

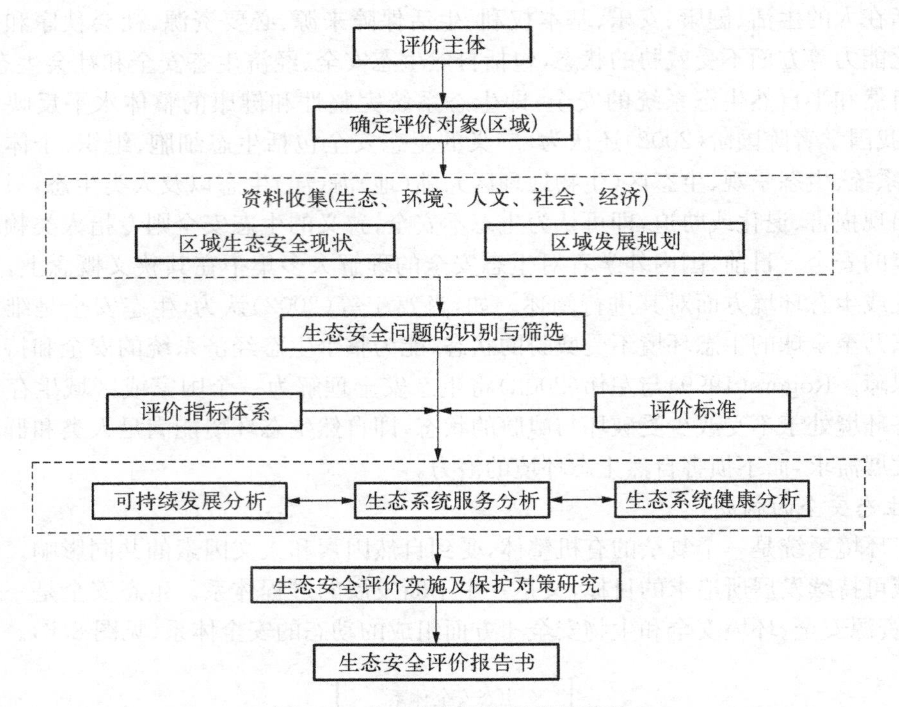

图 8.7　生态安全评价程序示意图

来源：李辉，魏德洲. 生态安全评价系统及工作程序[J]. 中国安全科学学报，2004，14(4)：43－46.

内的生态、环境、社会、经济基本状况；生态危险性分析，界定可能对系统生态安全性产生影响的因子，并明确影响程度；生态安全预测；生态安全综合评价；评价结论。

8.5.3　生态安全评价的方法

一般来说，生态安全评价是由评价主体、评价对象、评价目的、评价指标标准和评价方法 5 个相互依存、相互作用的要素构成的(李辉等，2004)。评价主体是指负责实施生态安全评价工作的组织或个人。评价对象是生态安全评价系统的评价客体。评价目的是为了评价人类生态系统面临危险的可能性及其后果的严重程度，以寻求最优的系统安全状态，维护人类生态系统的服务功能和可持续性。

生态安全评价的目标是系统生态安全性指标的目标值。生态安全评价系统的评价标准具有以下性质：

① 目的性。它能反映生态与环境安全质量的优劣，特别是能够衡量生态环境功能的变化，所选的评价标准既能反映生态安全评价的预测内容，又能反映生态安全目标的实现程度。

② 层次性。所选的评价标准应能充分反映生态安全所涉及的层次差异。

③ 可操作性。评价涉及的度量指标所需数据容易获得。

④ 可持续性。评价标准要符合可持续发展思想的本质，避免陷入“一切从当代人利益出发”的误区。

生态安全评价方法可分为定性评价方法和定量评价方法。其中定性评价可用具有少量定量信息的效应影响作出评价，从而为决策过程的调查研究获取多层次的信息资料。定量评价方法则主要包括暴露—响应分析模式、综合指数法、模糊综合评判法、层次分析法、聚类分析法、生态足迹法、能值分析法、生态模型模拟法(如 BACHMAP 模型、ECOLECON 模型以及基于 GIS 分析的 DISPATCH 模型)、景观分析法等(见表 8.6)。其中综合指数法是应用最多的方法。随着模型分析方法的快速发展,在生态安全问题的研究中运用一些成熟的生态模型业已成为近年来生态安全评价的重要发展方向。

表 8.6 生态安全评价的主要方法及实例

评价模型	代表性方法	特 点	实 例
数学模型	综合指数法	体现生态安全评价的综合性、整体性和层次性,但易将问题简单化,难以反映系统本质	海南岛生态安全评价(肖荣波等,2004)
	层次分析法	评价指标优化归类,需要定量化数据较少,但存在随意性,难以准确反映生态环境及生态安全评价领域实际情况	旅游地生态安全评价研究——以五大连池风景名胜区为例(董雪旺,2003)
	聚类分析法	适用于指标选取、指标权重的计算及指标阈值的确定等各个环节,但当指标数量少,指标数值变化较小时,将会影响聚类结果	内蒙古锡林浩特市生态安全评价与土地利用调整(卢金发等,2004)
	模糊综合法	考虑生态安全系统内部关系的错综复杂及模糊性,但模糊隶属函数的确定及指标参数的模糊化会掺杂人为因素并丢失有用信息	中小型水库库区生态安全性综合评价(张继等,2005)
	灰色关联法	对系统参数要求不高,特别适应尚未统一的生态安全系统,但分辨稀疏的确定带有一定主观性,从而影响评价结果的精确性	首都圈怀来县生态安全评价(陈浩等,2003)
	物元评判法	有助于从变化的角度识别变化中的因子,直观性好,但关联函数形式确定不规范,难以通用	城市生态安全评价指标体系与评价方法研究(谢花林等,2004)
	主成分投影法	克服指标间信息重叠问题,客观确定评价对象的相对位置及安全等级,但未考虑指标实际含义,易出现确定的权重与实际重要程度相悖情况	主成分投影法在生态安全评价中的应用(吴开亚,2003)
生态模型	生态足迹法	表达简明,易于理解,但过于强调社会经济对环境的影响而忽略其他环境因素的作用	西昌市生态孔家占用及其生态安全评估(方一平等,2004)
景观生态模型	景观生态安全格局法	可以从生态系统结构出发综合评估各种潜在生态影响类型	生物保护的景观生态安全格局(俞孔坚,1999)
	景观空间邻接度法	在空间尺度上特别适应生态安全研究,主要着眼于相对宏观的要求	绿洲景观空间邻接特征与生态安全分析(角媛梅等,2004)

来源:刘康.生态规划-理论、方法与应用[M].2 版.北京:化学工业出版社,2011.

肖荣波等(2004)以海南岛为例,建立了包括资源依赖性、生态环境状态、生态系统服务功能3方面在内的区域生态安全评价体系,提出区域生态安全系数概念和计算方法,评价其陆地生态系统的安全状况,得出海南陆地综合生态安全系数为0.610,其生态服务功能安全性较高(0.772),而资源依赖性安全系数最低(0.468)(见表8.7)。研究结果表明海南岛生态安全整体良好,即海南岛生态系统结构丰富完善,功能强大,在水土保持、自然灾害控制、空气净化方面尤为突出。

表8.7 海南岛生态安全评价

评价体系	评价指标	计算方法或依据	安全系数	综合安全系数
资源依赖性	能　源	能源自给/能耗量	0.113	0.468
	水资源	可利用量/开发利用量(≤1)	1.000	
	粮　食	粮食自给/消耗量(≤1)	1.000	
	森　林	年消耗量/年生长量(≤0)	0.427	
生态环境状态	水环境	优于Ⅱ类水质水体比例	0.712	0.628
	大气环境	优于国家空气质量二级标准	0.950	
	城镇生活垃圾	城镇垃圾无害化处理率	0.307	
	生物入侵	专家评定	0.750	
生态系统服务功能	自然灾害控制	年自然灾害经济损失/国内生产总值	0.888	0.772
	病虫害调节	森林病虫受害率	0.976	
	生物多样性保护	天然植被覆盖率	0.330	
	水土保持	未发生水土流失面积/国土资源总面积	0.987	
	海岸带保护	海岸防护林带完整率	0.970	

来源:肖荣波,欧阳志云,韩艺师等.海南岛生态安全评价[J].自然资源学报,2004,19(6):769-775.

8.6 生态承载力分析

8.6.1 生态承载力概念和内涵

生态承载力可总结为"特定时间、特定生态系统自我维持、自我调节的能力,资源与环境子系统对人类社会系统可持续发展的一种支持能力以及生态系统所能持续支撑的一定发展程度的社会经济规模和具有一定生活水平的人口数量"。其概念至少应该包括3层基本含义:一是指生态系统的自我维持与自我调节能力;二是指生态系统内资源与环境子系统的支撑能力;三是指生态系统内社会经济—人口子系统的发展能力。前两层含义为生态承载力的支持部分,第三层含义为生态承载力的压力部分。

生态承载力(ecological carrying capacity, ECC)强调特定生态系统所提供的资源和环境对人类社会系统良性发展的支持能力,是多种生态要素综合形成的一种自然潜能(K. Arrow、B. Bolin、R. Costansa等,1995)。与其他能力一样,它可以发展,也可以衰退,取决于人类的资源利用方式。一定生态承载力基础上,可以承载的人口和经济总量是可变的,取决于人口与生产力的空间分布、不同土地利用方式直接的优化程度以及产业结构与产业技术水平(M. Sagoff,1995)。

生态承载力决定着一个区域经济社会发展的速度和规模,而生态承载力的不断提高是实现可持续发展的必要条件(王书华等,2001;刘宇辉和彭希哲,2004)。如果在一定社会福利和经济技术水平条件下,区域的人口和经济规模超出其生态系统所能承载的范围,将会导致生态环境的恶化和资源的耗竭,严重时会引起经济社会的畸形发展甚至倒退。

8.6.2 生态承载力的指标体系与分析方法

1) 生态承载力指标体系构建

定量地评价或预测一个区域的生态承载力,关键是要有一套完整的指标体系,它是分析研究区域生态承载力的根本条件和理论基础。从国内外与承载力相关的指标体系研究成果来看,由于在对承载力内涵理解上有差异,所以在评价指标体系类型结构设计、指标选择上也不尽相同。综合已有的研究,指标体系构建应遵循以下原则:

① 体系的构建必须以可持续发展理论和生态经济理论为指导,体现系统性、动态性、完备性。

② 指标体系应具有层次性。这是由生态系统的结构性决定的,要素、子系统和评价指标相互联系,共同构成生态承载力指标体系,一方面可以满足不同人群所需,另一方面可以是评价结果更明了、准确,有针对性。

③ 区域性。评价指标体系的科学性还体现在它是否能准确反应评价区域生态系统的个性。

④ 定量指标与定性指标相结合。定量与定性指标都有各自的优点与不足,应依据反映精确程度不同,有选择地采用。在计算处理上定性指标亦可用分等定级的办法予以量化评分处理。

⑤ 指标精简化。"精"是指指标应客观准确,"简"是指所选指标并不是越多越好而应根据目标有重点地筛选一些有关键性的、必要的、可行的指标。

2) 生态承载力定量研究方法

对于承载力的量化,国内外提出了许多直观的、较易操作的定量评价方法及模式(见表8.8)。

表 8.8 生态承载力计算模型比较

名 称	特 点	使用者
自然植被净第一性生产力估测方法	以生态系统内自然植被的第一性生产力估测值确定生态承载力的指示值。不能反映生态环境所能承受的人类各种社会经济活动能力	王家骥 (2000)
资源与需求的差量方法	根据资源存量的需求量以及生态环境现状和期望状况之间的差量来确定承载力状况。该方法比较简单,但不能表示研究区域的社会经济状况及人民生活水平	王中根、夏军 (1999)

（续表）

名　称	特　　点	使 用 者
综合评价方法	选取一些发展因子和限制因子作为生态承载力的指标，用各要素的检测值与标准值或期望值比较，得出各要素的承载率，然后按照权重法得出综合承载率。考虑因素较全面、灵活，适用于评价指标层次较多的情况，但所需资料较多	高吉喜（2001）
状态空间法	较准确地判断某区域某时间段的承载力状况。但定量计算较为困难，构建承载力曲面较困难，所需资料较多	余丹林、毛汉英（2003）
生态足迹法	由一个地区所能提供给人类的生态生产性土地的面积总和来确定地区生态承载力。不能反映社会、社会经济活动等因素	赵秀永（2003）

来源：石月珍，赵洪杰.生态承载力定量评价方法的研究进展[J].人民黄河，2005，27(3)：6－8.

（1）自然植被净第一性生产力估测方法。净第一性生产力反映了自然体系的恢复能力，特定的生态区域内第一性生产者的生产能力在一个中心位置上下波动，而这个生产能力是可以测定的。同时与背景数据进行比较，偏离中心位置的某一数据可视为生态承载力的阈值。由于对各种调控因子的侧重及对净第一性生产力调控机制解释的不同，产生了很多模拟第一性生产力的模型，大致可分为3类：气候统计模型、过程模型和光能利用率模型。我国一般采用气候统计模型。

（2）资源与需求的差量方法。王中根等(1999)认为区域生态承载力体现了一定时期、一定区域的生态环境系统对区域社会经济发展和人类各种需求（生存需求、发展需求和享乐需求）在量（各种资源量）与质（生态环境质量）方面的满足程度。因此，衡量区域生态承载力应从该地区现有的各种资源量与当前发展模式下社会经济对各种资源的需求量之间的差量关系，以及该地区现有的生态环境质量与当前人们所需求的生态环境质量之间的差量关系入手。

结合完整的指标体系，依据这种差量度量评价方法，王中根等对西北干旱区河流流域进行了生态承载力评价分析，证明此方法能够简单、可行地对区域生态承载力进行有效的分析和预测。

（3）综合评价方法。高吉喜（2001）认为承载力概念可通俗地理解为承载媒体对承载对象的支持能力。如果要想确定一个特定生态系统承载情况，首先必须知道承载媒体的客观承载能力大小、被承载对象的压力大小，然后才可了解该生态系统是否超载或低载。所以研究者提出承压指数、压力指数和承压度，用以描述特定生态系统的承载情况。

（4）状态空间法。状态空间是欧氏几何空间用于定量描述系统状态的一种有效方法。通常由表示系统各要素状态向量的三维状态空间轴组成。利用状态空间法中的承载状态点表示一定时间尺度内区域的不同承载状况。

8.6.3 生态足迹分析法

1）生态足迹概念

生态足迹是指在一定技术条件下，为维持某一物质消费水平下的某一人口、某一区域的持续生存所必需的生物生产性土地的面积。

生态足迹模型通过计算人类为了自身生存而消费的自然资源的量来评价人类对生态系统的影响。任何个人或区域人口的生态足迹应该是生产这些人口所消费的所有资源和吸纳这些人口所产生的废弃物需要的生态生产性土地的面积总和。

2）生态足迹的计算与比较

生态足迹的计算式基于以下两个基本事实：一是人类可以确定自身消费的绝大多数资源/能源及其产生的废弃物的数量；二是资源和废弃物能折算成生产这些资源和废弃物的生物生产面积或生态生产面积。生态足迹的计算主要包括生态足迹、生态承载力的计算以及在此基础上得出的生态赤字或盈余的结果。

生态足迹具体计算公式如下：

(1) 生态足迹的计算(生态需求)。生态足迹是指在一定经济和人口规模下满足这些人口所需的自然资源和吸纳产生的废弃物所需的生物生产性面积。其计算公式如下：

$$EF = Ne_f = N\sum r_j A_i (j = 1, 2, \cdots, n)$$

式中：EF——总的生态足迹；

N——人口数；

e_f——人均生态足迹；

r_j——第 j 类生物生产性土地的均衡因子；

j——6 类生态性土地类型；

A_i——第 i 种消费项目折算的人均生态足迹分量，hm^2/人；

i——消费项目的类别。

A_i通过下式计算：

$$A_i = C_i/Y_i = (P_i + I_i - E_i)/(Y_i N)$$

式中：C_i——第 i 种消费项目的人均消费量；

Y_i——第 i 种消费项目的全球平均产量，kg/km^2；

P_i——第 i 种消费项目的生产量；

E_i——第 i 种消费项目的年出口量；

I_i——第 i 种消费项目的年进口量。

(2) 生态承载力的计算(生态供给)。生态承载力是指区域所能提供给人类的生物生产性土地面积总和。处于谨慎性考虑，在生态承载力计算时应扣除 12%的生物多样性保护面积。计算公式如下：

$$EC = 0.88N\sum e_c = 0.88N\sum A_j r_j y_j (j = 1, 2, 3, \cdots, 6)$$

式中：EC——总的生态承载力，hm^2；

e_c——人均生态承载力；

A_j——人均实际占有的生物生产性土地面积，hm^2/人；

y_j——产量因子；

r_j、N——意义同前。

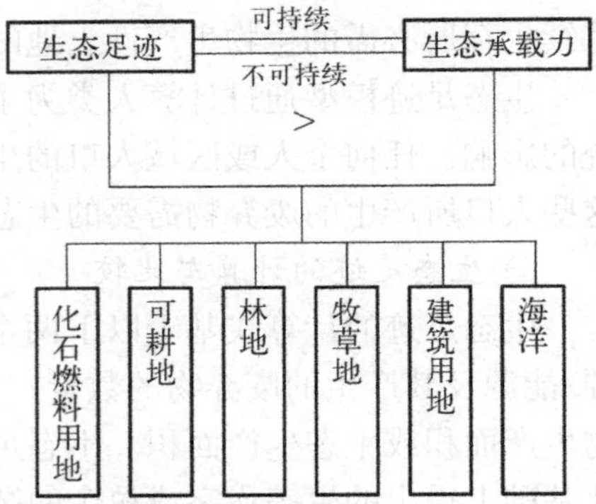

(3) 生态足迹和生态承载力的比较和分析。如果一个地区的生态足迹超过了区域所能提供的生态承载力，即$EF>EC$,就会出现生态赤字；反之，$EF<EC$则表现为生态盈余。生态赤字表明该区域的人类负荷超过了其生态容量，区域发展模式处于相对不可持续状态。相反，生态盈余表明该区域的生态容量足以支持其人类负荷，该区域发展模式处于相对可持续状态(见图8.8)。

图8.8　生态承载力与生态足迹比较示意图

8.7　生态系统服务功能价值评价

生态系统服务(ecosystem service)是指自然生态系统及其物种所提供的能够满足和维持人类生活需要的条件和过程。生态系统服务功能是指生态系统与生态过程所形成及所维持的人类赖以生存的自然环境条件与效用。它不仅为人类提供食品、医药及其他生产生活原料，更重要的是维持了人类赖以生存的生命支持系统，维持生命物质的生物地化循环与水文循环，维持生物物种与遗传多样性，净化环境，维持大气化学的平衡与稳定。

8.7.1　生态系统服务功能价值的特征

生态系统不仅具有使用价值，而且由生物资源和环境资源结合起来共同形成的生态系统或生态资源，还表现出明显的生态效益，并对社会和人民生活起着极为重要的作用。这种生态效益具有如下特征：

① 整体有用性。即生态系统是由多要素组成的，其价值是各组成要素综合成生态系统后表现出来的整体有用性。

② 空间固定性。生态系统必须在一定的空间内才能存在，其价值只能在相应地域及其可涉及的范围内发生作用。

③ 用途多样性。生态系统除直接提供产品外，还具有涵养水源、调节气候、保持水土、净化大气以及观赏等多种用途。

④ 持续有用性。只要适度利用生态资源的价值，其多种价值是可长期存在和永续使用的。

⑤ 共享性。即生态系统价值具有"公共物品"的特征，即非所有者和所有者都可以共享生态资源的使用价值。

⑥ 正负效益性。生态系统除具有上述正效益外，如果利用不当，就会使生态系统恶化或污染，产生负效益。

8.7.2　生态系统服务功能价值的分类

生态系统服务功能的价值包括直接使用价值、间接使用价值、选择价值、存在价值和遗产价值(见图8.9)。直接使用价值主要是指生态系统产品所产生的价值，按产品形式又可分为显著实物型直接价值和非显著实物型直接价值。间接使用价值主要是指无法商品化的生态系统的功能价值或环境的服务价值。选择价值是指个人或社会对某种生态系统服务功能潜在用途的将来利用(直接利用或间接利用)的支付意愿。存在价值亦称为内在价值，是指人们为确保某种生态系统服务功能继续存在而自愿支付的费用。遗产价值是指当代人为将某种资源保留给子孙后代，使其将来能受益于某种资源存在而自愿支付的费用，即当代人希望其子女或后代将来可以从某些资源（如珍稀动植物物种）的存在中得到一些利益（如观光等）而愿意现在支付一定数量的钱物，用于对这些资源的保护。

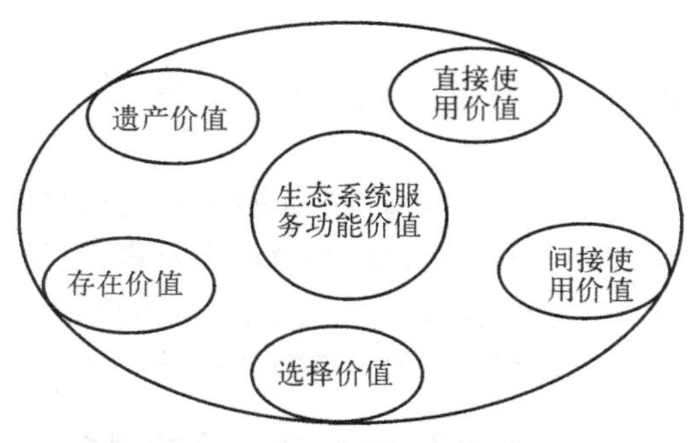

图 8.9　生态系统服务功能价值分类图

来源：孙刚，盛连喜，冯江. 生态系统服务的功能分类与价值分类[J]. 环境科学动态，2000(1)：19－22.

8.7.3　生态系统服务功能价值的评估方法

对于生态系统服务功能的评估，目前还处于探索阶段。大多数研究处在生态环境破坏的经济损失评估的技术领域，即环境影响的经济评价技术。而根据经济学、环境经济学和资源经济学的研究成果，对生态系统服务功能的经济价值评估采用较多的方法如表 8.9 所列。

表 8.9　生态系统服务功能价值评估常用方法

类别	具体方法	备　注
市场价格法	市场价值法	以生态系统提供的商品的价值为依据，较为直观，可直接反映在国家受益账目上，受到国家和地方重视
	费用支出法	常用于评价环境或生态系统的服务价值，以人们对某种环境效益的支出费用来表示该效益的经济价值，包括总支出法、区内支出法和部分费用法 3 种形式
替代法		通过估算替代品的花费而代替某些环境效益或服务的价值的一种方法，是以使用技术手段获得与生态系统功能相同的结果所需的生产费用为依据的。其缺点在于生态系统的许多功能无法用技术手段代替
生产成本法	机会成本法	任何资源都存在许多互相排斥的待选方案，必须找出生态经济效益或社会效益最优的方案，从而把寻找方案中能获得的最大收益称为该资源选择方案的机会成本
	恢复和保护费用法	一种资源被破坏，可把恢复其或保护它不受破坏所需的费用作为该环境资源被破坏所带来的经济损失
	影子工程法	是恢复费用技术的一种特殊形式，即生态环境被破坏后，人工建造一个工程来代替原来的环境功能所需的费用
环境偏好显示法	旅行费用法（TCM）	是评估非市场物品最早的技术。寻求利用相关市场的消费行为来评估环境物品的价值。通过旅行费用（交通费、门票费和旅游点的花费等）代替某项生态系统服务的价值
	享乐价格法（HPM）	其原理是人们赋予环境质量的价值可通过其为优质环境物品享受所支付的价格来计算，常用于房地产价值评估
	规避行为和防护费用法	当人们面临可能的环境变化，试图用各种方法来补偿。如当周围环境正被或可能被破坏，人们将购买一些商品或服务来帮助保护周围环境，并保护自己免受其害的费用
条件价值评估法（CVM）		也叫意愿调查法，即直接向调查对象询问对减少环境危害的不同选择所意愿支付的价值，适用于那些缺乏实际市场和替代市场交换的生态系统服务的价值评估

来源：孙刚，盛连喜，冯江. 生态系统服务的功能分类与价值分类[J]. 环境科学动态，2000(1)：19－22.

8.8 生态环境综合评价

区域生态环境是一个复杂的有机整体，受到人文因素和自然因素的共同影响，因此区域生态环境的综合评价涉及众多要素，也是一个多层次、多目标、多任务的系统工程，需要遵循生态学、生态经济学、系统工程学的原理。开展生态环境的综合评价工作对生态环境建设规划和制定相关政策具有重要指导意义。

8.8.1 生态环境综合评价的概念

生态环境综合评价(eco-environmental comprehensive assessment)是指在综合生态调查和分析的基础上，根据选定的指标体系，运用综合评价方法评定区域生态环境的优劣、预测或预警区域未来的生态环境质量。生态环境综合评价可为区域生态规划提供科学依据，使规划能进行合理布局，以便更好地协调区域社会经济发展与生态环境保护和建设之间的关系。同时，由于任何评价与决策密切相关，因此，生态环境综合评价结果可为相关决策部门提供科学的依据和指导。生态环境综合评价涉及众多要素，既包括自然要素又包括经济要素和社会要素。

8.8.2 生态环境综合评价的流程

1) 评价指标体系选取

生态环境综合评价指标是评价的基本尺度和衡量标准。一个国家或地区所处的自然、社会、经济条件的不同，加之研究者的学科背景、研究目的的不同，使得评价指标体系难以统一。因此，指标体系构建的合理与否将决定评价效果的客观性和可行性，最终影响评价结果的指导性。生态环境综合评价指标体系的确定需要遵循下述原则。

(1) 综合性原则。综合性是生态环境的基本特点之一。生态环境是自然要素、社会要素与经济要素共同作用下的综合产物。因此，要全面衡量所组成生态环境的诸多因素，选取合适指标以进行综合分析与评价。

(2) 代表性原则。评价指标体系的确定要具有一定的代表性，能真实反映一个地区生态环境的现状及变化特征，即区域生态环境系统的个性，指标概念必须明确，并具有各自独立的内涵。

(3) 系统性原则。生态环境是一个复杂的系统，其评价指标体系应能反映系统内在的结构。因此，指标本身必然具有一定的层次结构。通过相应评价层次的确定，最终将各评价指标按系统论的观点进行考虑，构成完整的评价指标体系。

(4) 实用性原则。由于各个因子对生态环境状况所产生的影响程度不同，必须采用定量化方法加以区别对待，以有效得出生态环境状况的数值结果，避免定性分析所带来的模糊概念。为此，所选指标要有理有据，实用可行，计算简便，通俗易懂，能被检查。

(5) 易获性原则。指标的设置要尽可能利用现有统计指标，要适应地方监测力量和技术水平，尽量与统计指标一致或存在一定的关联，以便纳入国民经济同级指标中。

2) 指标体系的确定

生态环境是一个复杂的巨系统，涉及众多要素，其综合评价指标因研究区域的环境特点、研究人员的知识水平、研究方法的需要等不同而存在很大差异。但无论如何，应从社会、自然、经济等方面去分析生态环境系统的结构、功能、效益，涉及的指标一般可分为社会指标、经济指标和自然环境指标。

3）指标权重的确定与标准化

因各评价指标对生态环境的影响程度不同，为此常采用层次分析法以及主成分分析法等确定各指标的权重。

同时，进行生态环境综合评价，量化指标十分关键。由于各指标数据性质不同，量纲各异，无论从指标的分级值还是从计量单位上看，都不具有可比性。同时，评价指标与生态环境还存在正逆相关两种关系，因此须对各评价指标实现统一标准下的定量化表达。通常情况下，对与生态环境存在正相关的评价指标（指标数值越大越好时），标准化时采用式(8.1)，与生态环境存在负相关的要素（即指标数值越小越好时），标准化采用式(8.2)。为便于计算，可考虑将处理值扩大10倍，处理后的值位于0～10之间。

$$a_i = \frac{X_i - X_{\min}}{X_{\max} - X_{\min}} \times 10 \tag{8.1}$$

$$a_i = \left(1 - \frac{X_i - X_{\min}}{X_{\max} - X_{\min}}\right) \times 10 \tag{8.2}$$

$$a_i = \left[1 - \left|\frac{X_i - \overline{X_i}}{\overline{X_i}}\right|\right] \times 10 \qquad \text{其中：} \overline{X_i} = \frac{X_{\max} - X_{\min}}{2} \tag{8.3}$$

式中：a_i——第 i 个指标的标准化值；

i 是各评价单元序号；

x_i——该评价指标原始值；

$x_{\max}$——该评价指标中的最大值；

$x_{\min}$——该评价指标中的最小值。

4）综合评价模型的建立

生态环境综合评价可用以下公式进行计算：

$$P_n = \sum_{i=1}^{8} k_i \cdot w_i$$

式中：P_n——第 n 个评价单元（栅格）的生态环境综合指数；

n——评价单元数；

k_i——该评价单元第 i 个指标标准化后的定量值；

w_i——该评价指标对生态环境影响重要性的权重。

5）评价结果分析

为便于比较，根据综合评价模型计算得到的生态环境综合评价值，按一定标准进行等级划分，可得到区域生态环境质量状况的综合分级及其空间分布特征，根据评价结果可了解生态环境综合状况的区域空间差异。

8.8.3 生态环境综合评价的方法

生态环境综合评价指标体系的复杂性决定了评价方法的多样性，但大体可分为定性评价和定量评价两类。定性评价以评价者的主观判断为基础，并受评价者的专业水平、意志和偏好的影响，因此这类方法已不常用。定量评价的方法由于所选指标各异，方法也较多，常见的有层次分析法、聚类分析法、主成分分析法、灰色综合评价法和模糊综合评判法等。

参 考 文 献

[1] Pollard S J, Yearsley R, Reynard N, et al. Current Directions in the Practice of Environmental Risk Assessment in the United Kingdom [J]. Environmental Scientifical Technology, 2002, 36(4): 530 - 538.

[2] Power M, Mccarty L S. A Comparative Analysis of Environmental Risk Assessment/Risk Management Frameworks [J]. Environmental Scientific Technology, 1998, 32(9): 224A - 231A.

[3] US EPA. Guidelines for Ecological Risk Assessment[R]. Washington DC: Office of Water US EPA, 1998.

[4] 陈辉，刘劲松，曹宇，等. 生态风险评价研究进展[J]. 生态学报，2006，26(5)：1558 - 1566.

[5] 付在毅，许学工. 生态风险研究进展[J]. 地理科学进展，2001，16(2)：267 - 271.

[6] 李辉，魏德洲. 生态安全评价系统及工作程序[J]. 中国安全科学学报，2004，14(4)：43 - 46.

[7] 刘贵利. 城乡结合部建设用地适宜性评价初探[J]. 地理研究，2000，(1)：80 - 85.

[8] 刘康. 生态规划——理论、方法与应用[M]. 2版. 北京：化学工业出版社，2011.

[9] 欧阳志云，王如松. 生态规划的回顾与展望[J]. 自然资源学报，1995，10(3)：203 - 215.

[10] 孙刚，盛连喜，冯江. 生态系统服务的功能分类与价值分类[J]. 环境科学动态，2000(1)：19 - 22.

[11] 孙蕾. 国家生态安全评价指标体系研究[J]. 中国统计，2005(2)：21 - 23.

[12] 石月珍，赵洪杰. 生态承载力定量评价方法的研究进展[J]. 人民黄河，2005，27(3)：6 - 8.

[13] 毛小苓，倪晋仁. 生态风险评价研究述评[J]. 北京大学学报(自然科学版)，2005，41(4)：646 - 654.

[14] 肖笃宁，陈文波，郭福良. 论生态安全的基本概念和研究内容[J]. 应用生态学报，2002，13(3)：354 - 358.

[15] 肖荣波，欧阳志云，韩艺师，等. 海南岛生态安全评价[J]. 自然资源学报，2004，19(6)：769 - 775.

[16] 谢花林，李波. 城市生态安全评价指标体系与评价方法研究[J]. 北京师范大学学报(自然科学版)，2004，40(5)：705 - 710.

[17] 阳文锐，王如松，黄锦楼. 生态风险评价及研究进展[J]. 应用生态学报，2007，18(8)：1869 - 1876.

[18] 张红军. 生态规划——尺度、空间布局与可持续发展[M]. 北京：化学工业出版社，2007.

[19] 章家恩. 生态规划学[M]. 北京：化学工业出版社，2009.

[20] 周文华，王如松. 城市生态安全评价方法研究——以北京市为例[J]. 生态学杂志，2005，24(7)：848 - 852.

9　生态规划的内容与方法

9.1　生态规划的内容和工作程序

9.1.1　生态规划的主要内容

由于生态规划的对象是自然—经济—社会复合生态系统，其规划建设的主导目标是建设区域的生态环境与人类活动相互协调且可持续发展。因此，生态规划也必然涉及区域生态系统的各个方面，具体包括以下几个主要部分：

(1) 生态功能区划。

(2) 生态规划指标体系构建。

(3) 生态专项规划：

① 生态环境综合整治专项规划；

② 生态产业发展专项规划；

③ 人居环境建设专项规划；

④ 生态建设专项规划。

9.1.2　生态规划的工作程序

生态规划的一般程序如图 9.1 所示。

(1) 根据规划要求选择有关专业。由于规划区性质、规模和发展目标的不同，各个规划区生态规划的重点也可能有所差异，而规划涉及的因素众多，不可能样样俱全，因此必须根据规划要求选择较密切的专业参加。

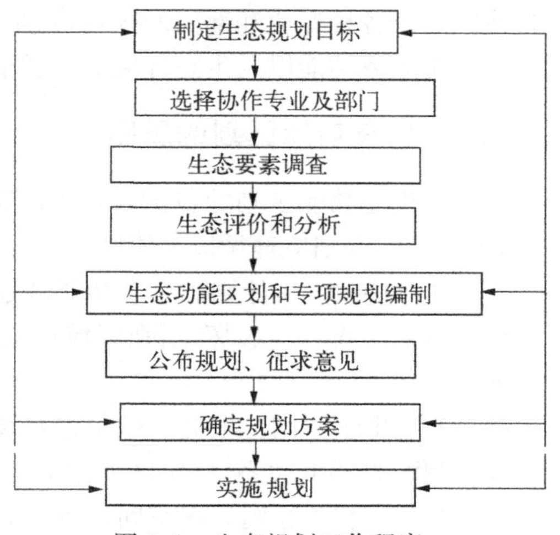

图 9.1　生态规划工作程序

(2) 生态要素资料的收集与调查。生态要素资料的收集与调查的目的是搜集规划区域内包括地质地貌、气候、水文、土壤、植被、动物、土地利用类型、环境质量、人口、产业结构与布局等因素在内的自然、社会、人口、经济与环境方面的资料与数据，为充分了解规划区域的生态特征、生态过程、生态潜力与限制因素提供基础。资料搜集不仅包括现状资料，也包括历史资料。城市生态规划应重视人类活动与自然环境的长期互相影响与作用，如资源衰竭、土地退化、大气与水体污染、自然生境与景观破坏等问题均与人类活动相关。因此，历史资料的研究十分重要。资料收集包括文字资料和图件。

在搜集现存资料的同时，还要开展实地调查，在生态调查中多采用网格法，即在筛选生态因子的基础上，按网格逐个进行生态状况的调查与登记。首先，确定生态规划区范围，采用1∶10 000地形地图，依据一定原则将规划区域分为若干个网格，网格一般为1 km×1 km，有的采用0.5 km×0.5 km，每个网格即为生态调查与评价的基本单元。调查登记的主要内容有：规划区内的气象条件、水资源、植被、地貌、土壤类型、人口密度、经济密度、产业结构与布局、土地利用、建筑密度、能耗密度、水耗密度、环境污染状况等。

(3) 生态评价和分析。在收集和调查取得资料的基础上对规划区域进行分析和评价。

(4) 编制规划。在以上几个步骤的基础上制定单项的和综合的城市规划图，在这一过程中地理信息系统(GIS)技术将发挥非常重要的作用。

(5) 公布规划草案征求意见。规划草案不仅要向领导征求意见，而且需向群众公布，广泛征求意见，公众的参与是完善规划和实施规划的重要条件和保证。

(6) 确定规划，上报批准。在多方反复征求意见的基础上修订规划，最后予以确定，规划一旦确定并得到有关部门批准，即应该成为一种法规，规范着人们的行为，非经合法程序的修订，不得随意变更。

9.2 生态功能区划

9.2.1 生态功能区划的概念

生态功能区划是实施区域生态环境分区管理的基础和前提。其目的是明确区域生态环境特征、生态系统服务功能重要性与生态环境敏感性空间分异规律，确定区域生态功能分区，为制定区域生态环境保护与建设规划、维护区域生态安全、合理利用资源、保育区域生态环境提供科学依据，为环境管理和决策部门提供管理信息和管理手段。生态功能区划不同于综合自然区划及各种专业和部门的区划，它是运用现代生态学的理论，在充分考虑区域生态过程、生态系统服务功能以及生态环境对人类活动强度敏感性关系基础上的综合功能区。

9.2.2 生态功能区划的原则

根据生态功能区划的目的，区域生态服务功能与生态环境问题形成机制与区域分异规律，生态功能区划应遵循以下原则：

(1) 可持续发展原则。生态功能区划的目的是促进资源的合理利用与开发，避免盲目的资源开发和生态环境破坏，增强区域社会经济发展的生态环境支撑能力，促进区域的可持续发展。

(2) 发生学原则。根据区域生态环境问题、生态环境敏感性、生态服务功能与生态系统结构、过程、格局的关系，确定区划中的主导因子及区划依据。

(3) 区域相关原则。在空间尺度上，生态服务功能与该区域，甚至更大范围的自然环境与社会经济因素相关；在评价与区划中，要从全省、流域、全国甚至全球尺度考虑。

(4) 相似性原则。自然环境是生态系统形成和分异的物质基础，虽然在特定区域内生态环境状况趋于一致，但由于自然因素的差别和人类活动影响，区域内生态系统结构、过程和服务功能存在某些相似性和差异性。生态功能区划是根据区划指标的一致性与差异性进行分区的。但这种特征的一致性是相对的，不同等级的区划单位各有一致性标准。

(5) 区域共轭性原则。区域所划分的对象必须是具有独特性并在空间上完整的自然区域，即任何一个生态功能区必须是完整的个体，不存在彼此分离的部分。

9.2.3 生态功能区划的方法

生态功能区规划是根据生态系统的潜在能力和人的价值选择，对研究对象的生态功能进行规划。一般采用生态服务功能重要性分析、生态敏感度分析和生态适宜度分析相结合的方法(见表 9.1)，具体分析的方法有：顺序划分法、合并法、地理相关法、空间叠置法、主导标志法、景观制图法和定量分析法等。各类区划工作通常综合运用下述方法，并在空间分析的基础上采用定性与定量分析相结合方法。

表 9.1 生态功能区划的主要方法

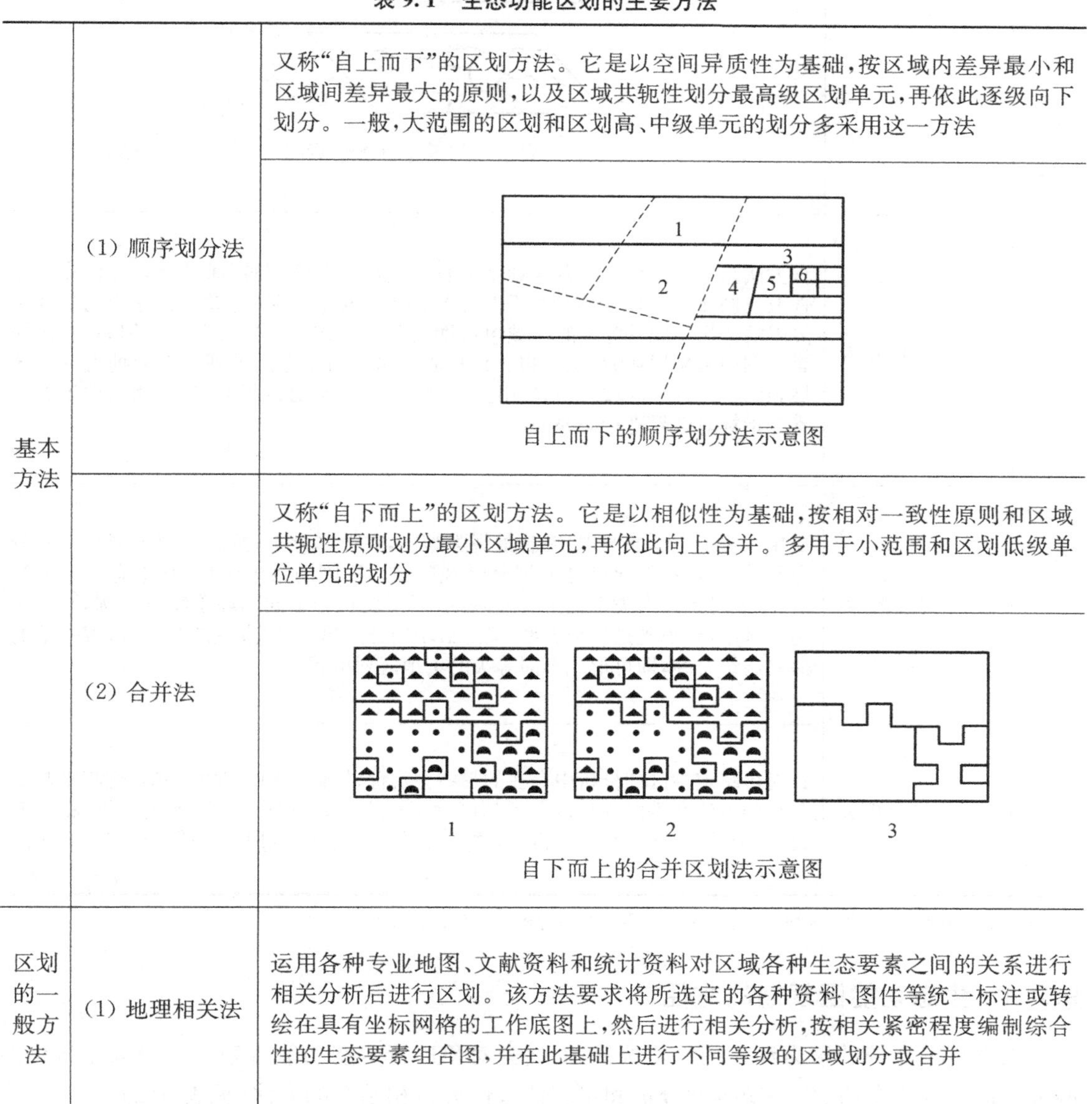

基本方法	(1) 顺序划分法	又称“自上而下”的区划方法。它是以空间异质性为基础，按区域内差异最小和区域间差异最大的原则，以及区域共轭性划分最高级区划单元，再依此逐级向下划分。一般，大范围的区划和区划高、中级单元的划分多采用这一方法 自上而下的顺序划分法示意图
	(2) 合并法	又称“自下而上”的区划方法。它是以相似性为基础，按相对一致性原则和区域共轭性原则划分最小区域单元，再依此向上合并。多用于小范围和区划低级单位单元的划分 自下而上的合并区划法示意图
区划的一般方法	(1) 地理相关法	运用各种专业地图、文献资料和统计资料对区域各种生态要素之间的关系进行相关分析后进行区划。该方法要求将所选定的各种资料、图件等统一标注或转绘在具有坐标网格的工作底图上，然后进行相关分析，按相关紧密程度编制综合性的生态要素组合图，并在此基础上进行不同等级的区域划分或合并

（续表）

区划的一般方法	（2）空间叠置法	以各个区划要素或各个部门的综合的区划图（气候区划、地貌区划、土壤区划、农业区划、林业区划、综合自然区划、生态地域区划、植被区域区划、生态敏感性区划、生态服务功能区划等）为基础，通过空间叠置，以相重合的界限或平均位置作为新区划的界限。在实际应用中，该方法多与地理相关法结合使用，特别是随着地理信息系统技术的发展，空间叠置分析得到了越来越广泛的应用 植被层 土壤层 地形层 水文层 叠图层 要素空间叠置分析示意图
	（3）主导标志法	该方法是主导因素原则在区划中的具体应用。在区划时，通过综合分析确定并选取反映生态环境功能地域分异主导因素的标志或指标，并以此作为划分区域界限的依据。同一等级的区域单位即按此标志或指标进行划分。例如，农业综合区划中常采用≥0℃积温和≥10℃的积温作为主导因子划分农业种植制度区域和农作物种植区域。当然，用主导标志或指标划分区界时，还需用其他生态要素和指标对区界进行必要的订正
	（4）景观制图法	应用景观生态学的原理，编制景观类型图，在此基础上，按照景观类型的空间分布及其组合，在不同尺度上划分景观区域。不同的景观区域，其生态要素的组合、生态过程及人类干扰是有差别的，因而反映着不同的环境特征。例如，在土地分区中，景观既是一个类型，又是最小的分区单元，以景观图为基础，按一定的原则逐级合并，即可形成不同等级的土地区划单元
	（5）定量分析法	针对传统定性区划分析中存在的一些主观性、模糊不确定性的缺陷，近年来数学分析的方法和手段逐步被引入到区划工作中，如主成分分析、聚类分析、相关分析、对应分析、逐步判别分析等，这一系列方法均在区划工作中得到了广泛应用

来源：陶星名.生态功能区划方法学研究——以杭州市为例[D].杭州：浙江大学，2005.

9.2.4 生态功能区规划的途径

根据生态系统的潜力和人的价值选择，对研究对象进行生态功能规划。一般采用将生态服务功能重要性分析、生态敏感度分析和生态适宜性分析相结合的方法（见表 9.2）。

表 9.2 生态服务功能重要性分析、生态敏感度分析和生态适宜度分析方法

分析类型	释 义	评价因子选择	评价结果
生态服务功能重要性	根据典型生态系统服务功能的能力和价值进行评估，按照一定的分区原则和指标，将区域划分成不同的单元	17 类主要服务功能：大气调节、气候调节、干扰调节、水调节、水供给、侵蚀控制和沉积物保持、促进土壤发育、保持营养循环、废物处理、授粉、生物控制、庇护所、食物生产、原材料、基因资源、休闲娱乐功能和文化功能	一般分为极重要、重要、中等重要、一般地区 4 个等级，以反映生态服务功能的区域分异规律
生态敏感度分析	指生态系统对区域中各种环境变异和人类活动干扰的敏感程度，其实质是评价具体的生态过程在自然状况下产生生态环境问题的可能性大小	(1) 重要性：提供生态服务功能的重要区域 (2) 稀缺性：属于稀缺的资源类型 (3) 脆弱性：比较脆弱，受到干扰后较易被破坏，并且难以恢复	各生态单元的最后综合评估值分成不同等级：敏感性分为最敏感性、敏感、弱敏感、非敏感
生态适宜度分析	指在生态调查的基础上，为寻求最佳土地利用方案，在规划区内就土地利用方式对生态要素的影响程度（生态要素对给定的土地利用方式的适宜状况和程度）进行评价	(1) 科学性：权重系数的确定以及数据的选取、计算与合成等均以公认的科学理论为依托，避免指标间的重叠和简单罗列 (2) 针对性：对于不同的人类活动，要选择不同的评价因子 (3) 可操作：评价因子的信息能获得或容易获得 (4) 代表性：所选择的因子代表某一类或某一方面，避免重复	生态适宜等级：最适宜、比较适宜和不适宜

9.3 生态规划的指标体系

9.3.1 国外可持续发展指标体系

可持续性指标的数量和显著性近年来得到了广泛关注，但是它们在衡量城市可持续性方面的真正实践还处于起始阶段。如果环境状态的描述性指标建立在真实的、具体的物理指标基础之上，则更易于建立并通过相对于特定的工作和阈值判定来解释。性能指标建立在政策规则和目标基础之上。没有特定目标的指标是毫无意义的，而且如果没有一个政策性框架并对目前形势进行诊断，这些指标对于城市生活质量的提高没有贡献。

城市指标不能包括全部的环境指标，而社会经济指标则起着关键性的作用。指标为政策决定（预期的）和评价政策实施（回顾性指标）提供了有用的工具，但是也存在自身的限制性（世界资源研究所，1994）。

1）联合国可持续委员会的指标体系（UNCSD）

联合国可持续发展委员会（UNCSD）与联合国政策协调和可持续发展部牵头，联合国统计局与联合国开发计划署等单位参加，在“经济、社会、环境和机构四大系统”的概念模型和驱

动力—状态—响应概念模型(DSR 模型)的基础上,结合《21 世纪议程》(*21 Century Agency*)中的各章节内容提出了一个初步的可持续发展核心指标框架。其中,驱动力指标用以表征那些造成发展不可持续的人类活动和消费模式或经济系统的一些因素,状态指标用以表征可持续发展过程中的各系统的状态;响应指标用以表征人类为促进可持续发展所采取的对策。表 9.3 是该可持续发展指标体系框架中的指标摘录。

表 9.3　UNCSD 提出的可持续发展指标体系中的指标摘录

分类	在《21 世纪议程》中的章节	驱动力指标	状态指标	响应指标
社会	第一章:消除贫困	失业率	按人口计算的贫困指数 贫困差距指数 基尼指数 男女平均工资比例	
经济	第二章:加速可持续发展的国际合作	人均 GDP 在 GDP 中净投资所占的份额 在 GDP 中进出口总额所占的百分比	经环境调整的国内生产总值 在总的出口商品中制造业商品所占的份额	
环境	第九章:大气层的保护 第十章:陆地资源的统筹规划和管理 第十一章:森林毁灭的防治 第十八章:淡水资源的质量和供给的保证	温室气体的释放 硫氧化物的释放 氮氧化物的释放 消耗臭氧层物质的消费 土地利用的变化 森林采伐强度 地下水和地面水的年提取量 国内人均耗水量	城市周围大气污染物的浓度 土地状况的变化 森林面积的变化 地下水储量 淡水中粪便大肠杆菌的浓度 水体中的 BOD	削减大气污染物的支出 分散的地方水平的自然资源管理 受管理的森林面积 废水处理率 水文网密度
机构	第八章:将环境与发展纳入决策过程			可持续发展战略 结合环境核算和经济核算的计划 环境影响评价

来源:叶文虎,仝川.联合国可持续发展指标体系述评[J].中国人口资源与环境,1997,7(3):83-87.

从上表可见,DSR 模型突出了环境受到的压力和环境退化之间的因果关系,因此与可持续的环境目标之间的联系较密切。但对于社会和经济指标,这种分类方法无法得到其所希望的因果关系,即在压力指标和状态指标之间没有逻辑上的必然联系;再者,有些指标是属于"压力指标"还是"状态指标"的界定并不肯定。此外,该指标体系所选取的指标数目庞大,粗细分解不均,存在一定的局限。

2) 联合国经济合作与发展组织的指标体系(OECD)

该体系分为 13 个环境主题:气候变化、臭氧层损耗、富营养化、酸化、有毒污染物、城市环境质量、生物多样性、景观、废物、水资源、森林资源、鱼类资源、土壤退化;第 14 个主题称为一般指标。表 9.4 列出了该指标体系的主题和指标构成。

表 9.4 OECD 主题和指标

OECD 主题	OECD 指标	OECD 主题	OECD 指标
气候变化	CO_2 排放 温室气体大气浓度 全球平均温度 能量强度	城市环境质量	选定城市 SO_2、NO_2 和颗粒物浓度
		生物多样性和景观	土地利用变化 濒危或者灭绝物种占已知物种的百分比
平流层 臭氧损耗	CFC 表观消费 CFC 大气浓度	城市、工业、核以及危险废物的产生	废物收集和处理花费 废物循环率(纸和玻璃) 水资源 水资源使用强度
富营养化	肥料表现消费,在选定河流中以 N、P,BOD 和 DO 形式测定 与废物相联系的人口百分比 水处理厂	森林资源面积	森林面积和分布
		土壤退化(沙漠化和侵蚀)	土地利用变化
酸化作用	SO_x 和 NO_x 排放 酸性江水的浓度(pH,SO_4^{2-},NO_3^-)	总指标、不针对特定问题	人口增长和密度 GDP 增长 工业和农业生产 能源供给和结构 道路交通和车辆 储备 污染减少和控制费用 公众对环境的意见
有毒污染物	危险废物产生 选定河流中铅、镉、铬和铜的浓度 无铅汽油的市场份额		

来源:http://www.oecdchina.org/[EB/OL].

3) 世界银行可持续发展的综合指标体系

世界银行把指标定义为将信息集中为一种有用形态的衡量,强调波动的、未解决的问题以及在实践上的变化和不确定性。1995 年,世界银行启动了一项检测环境可持续发展进程的实验项目,并发布了《监测环境的进展》报告,提出以"真实储蓄"的定量框架去描述国家的实质性财富。1998 年,迪克逊(Dixon)在《扩展衡量国家财富的手段》一书中将其进一步加以具体化。

尽管该理论体系和计算方法并非专门针对可持续发展能力建设的领域,但世界银行尝试通过对人造资本、自然资本和人力资本 3 个方面的衡量来反映一个国家的真实财富。这个方法假设可持续发展是一个维持和创造现有财富的过程。这个关于国家财富的范围从人造资本和自然资本,扩展到了包括人造资本、自然资本、社会资本和人才资本在内的 4 个方面。人造资本通过国家的固定资产数量来衡量,自然资本通过 6 个方面,包括农田、牧地、非生产林地带来的收益、自然保护区和不可再生的资源。社会资本通过对人与人之间的社会关系、社会体制及社会资本对发展进程带来影响的类型来衡量。人才资本通过已获得的技能和健康的程度来衡量。该体系将这些指标货币化，并被赋予一个明确的数值，衡量一个城市或一个国家可持续发展的情况。

4）欧洲城市可持续发展的指标体系

欧洲可持续城市报告委员会认识到将可持续指标作为定量评价可持续性执行情况的工具的需要。如果可持续性是一贯的政策目标，衡量人们是否在向它发展就成为可能。

欧洲可持续城市报告委员会制定了欧洲城市可持续发展的指标结构：

（1）全球气候指标（GCI）。CO_2、CH_4、N_2O和CFCS、卤化烃排放总量。

（2）空气质量指标（AQI）。每年超过警戒水平并且交通受阻的天数。

（3）酸化指标。SO_2沉降/hm^2、NO_2沉降/hm^2、NH_3沉降/hm^2。

（4）生态系统毒性指标（ETI）。镉、多环芳香烃、汞、环氧乙烷、氟化物和铜排放量。

（5）城市流动指标（UMI）或者情节交通指标。每年每个居民乘坐私人汽车的里程以及上下班和满足基本需要的里程总数。

（6）废物管理指标（WMI）。通过焚烧和有控制、无控制地填埋处理废物量；废物再利用或回收量。

（7）能源消费指标（ECI）。不同来源产品（可更新能源、电力、汽油、煤油、重质燃料油、天然气、碳和木材）的能源消费量。

（8）水消费指标（WEI）。

（9）公害指标（DI）。建立有关被上述因子严重影响的人口百分数的次指标非常必要。

（10）社会公平指标（SJI）。具有一个有关被上述原因严重影响的人口百分比的次指标非常必要；建立关于人口弱势群体（少年、妇女、残疾人和长期失业者）的次指标也很必要。

（11）住房质量指标（HQI）。无家可归者占居民和那些可能会成为无家可归者的百分数。

（12）城市安全指标（USI）。具有一个有关不可逆的长期伤害的次指标非常必要。

（13）经济城市可持续性指标（ESI）。

（14）绿色、公共空间和遗产指标（GPI）。对于城市生活质量而言，每个居民拥有绿地、遗产地、和公共空间面积是非常重要的，因此它们被建议为替代指标。

（15）市民参与指标（CPI）。

（16）独特的可持续性指标（USI）。

5）美国环境可持续性指标体系（ESI）

环境可持续性指标（environmental sustainability index，ESI）是由美国耶鲁大学和哥伦比亚大学合作开发的，包括22个核心指标，每个指标结合了2～6个变量，共67个基础变量。课题组曾用该指标体系测试了包括中国在内的122个国家。ESI主要致力于环境可持续发展，该体系认为政策、经济、社会价值都是可持续发展最值得考虑的重要因素，环境可持续发展以下列5种现象的功能为代表：环境系统的状态，如空气、土壤、生态和水；环境系统承受的压力，以污染程度与开发程度来衡量；人类对于环境变化的脆弱性，反映在粮食资源匮乏或环境所致疾病的损失上；社会与法制在应对环境挑战方面的能力；对全球环境合作需求的反应能力，如保护大气等国际环境资源。ESI定义的环境可持续性为：以可持续的方式创造上述5方面的高水平业绩的能力。即上述5方面为环境可持续发展的核心内容（见表9.5）。

表 9.5 2005ESI 指标和变量设置情况

组成部分	指标	变量
环境系统	空气质量	城市 SO_2 浓度、城市 NO_2、城市总悬浮颗粒物(TSP)、使用固体燃料的室内空气污染
	生物多样性	受到生态胁迫的国土面积比例、受胁迫哺乳动物百分率、受威胁鸟类百分率、受威胁两栖动物百分率、生物多样性指数
	土地	人为影响较低的土地面积比例、人为影响较高的土地面积比例
	水体质量	溶解氧、磷的浓度、悬浮固体(SS)、电导率
	水储量	国内人均可更新水的数量、人均地下水可利用量
减轻压力	减少空气污染	每单位"人口化土地面积"(populated land area)NO_x 排放量、每单位"人口化土地面积"SO_2 排放量、每单位"人口化土地面积"可挥发性有机物(VOCs)排放量、每单位"人口化土地面积"煤炭消耗量、每单位"人口化土地面积"机动车数目
	减轻生态系统压力	1990～2000 年森林覆盖率变化、超出酸雨负荷的国土面积百分比
	降低人口增长	总生育率、2004～2050 年预计人口变化百分率
	减轻废物和消费压力	人均生态足迹、废物回收率、危险废物生产量
	减轻水压力	每公顷耕地化肥用量、每公顷农地杀虫剂施用量、每单位工业新水中 BOD 排放量、处于严重缺水压力之下的国土面积百分比
	自然资源管理	过度捕捞量、确认的实行可持续管理的森林比例、世界经济论坛对补贴的调查、灌溉盐碱化的耕地比例、农业补贴
减少人类损害	环境保健	儿童呼吸系统疾病死亡率、肠道感染疾病死亡率、5 岁以下死亡率
	人类基本生计	总人口中营养不良百分数、能获得良好饮水供应的人口百分数
	减少环境相关的自然灾害脆弱性	每百万居民遭受洪水、热带气旋和干旱的死亡率、环境危害暴露指数
社会和体制能力	环境管理	价格扭曲(汽油价格与国际平均价格的比例)、腐败的控制、政府效率、世界经济论坛关于环境管理的问卷调查、受保护的国土面积百分比、法制管理、每百万人口中当地 21 世纪议程倡议者、公众和政治自由、对于国际可持续发展指标体系咨询组(CGSDI)"可持续测定仪"缺失的变量数、每百万人中的国际自然保护同盟(IUCN)成员数、环境科技、政策的知识创新、民主衡量
	生态效率	能源效率(单位 GDP 总能耗)、总能源消耗中水能和可再生能源生产所占百分比
	私有部门的响应	每 10 亿美元 GDP 中通过 ISO14001 认证的企业数、道琼斯可持续性组织指数(Dow Jones Sustainability Group Index)、企业平均生态价值评价、世界商业可持续发展委员会(WBCSD)成员数、化学生产商联盟责任关心项目(Responsible Care Program)的参与

（续表）

组成部分	指　标	变　　量
	科学与技术	数码存取指数(Digital Access Index)、女性初等教育实现率、3次教育总入学率、每百万居民中科学研究人员数
全球参与	参与国际合作的努力	政府间环境组织的成员数、对国际多边和双边环境项目和发展援助基金的贡献、国际公约的参与情况
	减少温室气体排放	生活方式上的碳效率（人均 CO_2 排放量）、经济上的碳效率（每百万美元GDP的排放量）
	减缓跨境环境压力	SO_2 跨境转移量、进口货物和服务中造成污染的货物和原材料所占比例

来源：http://www.yale.edu/esi/[EB/OL].

ESI允许在不同国家在环境进展方面进行系统化的、定量化的对比。ESI有助于：确定一个国家的环境业绩是在期望之上或之下；研究确定地区的政策是成功还是失败；确定环境工作的基准；确定“最好的实践”；调研环境业绩同经济业绩间的相互作用。

9.3.2　国内生态城市建设指标体系

中国生态城市研究与建设比西方晚了近一个世纪，由于所处发展水平不同，国内的生态城市建设指标形成了一些适合中国国情的特色。在国内，生态城市指标主要有两类：一类是从社会、经济、自然3个子系统的分析出发建立的指标体系，这类指标体系的应用较广泛；另一类是从城市生态系统的结构、功能、协调度出发建立的指标体系。对指标体系中指标的数量问题，主要存在两种观点：一种是少而精；另一种是详细而全面。但是，两者在应用上都存在争议，过少的指标会被认为不够全面，过多的指标会因为指标间的相互性导致指标间关系复杂，指标综合结果无法正确反映各指标的重要性。

目前，除了国家环境保护部颁布了生态市建设指标体系、国家建设部发布了生态园林城市标准（暂行）以外，国内已有多个城市建立了自己的生态城市指标体系，如上海市、天津市、重庆市等，国内也有多个城镇区域进行了较小地域范围的生态城建设的实践，并尝试根据地方特色建立相应的区域指标体系，如上海崇明生态岛建设指标体系。

1）国家环境保护部生态城市建设指标体系（2003年试行，2005年修订）

生态城市是社会经济和生态环境协调发展的、基本符合可持续发展要求的地市级区域。

（1）生态城市的基本条件：

① 制订了《生态市建设规划》，并通过市人大审议颁布实施。国家有关环境保护法律、法规、制度及地方颁布的各项环保规定、制度得到有效的贯彻执行。

② 全市县级（含县级）以上政府（包括各类经济开发区）有独立的环保机构。环境保护工作纳入县（含县级市）党委、政府领导班子实绩考核内容，并建立相应的考核机制。

③ 完成上级政府下达的节能减排任务。3年内无较大环境事件。群众反映的各类环境问题得到有效解决。外来入侵物种对生态环境未造成明显影响。

④ 生态环境质量评价指数在全省名列前茅。

⑤ 全市80%的县(含县级市)达到国家生态县建设指标并获命名;中心城市通过国家环保模范城市考核并获命名。

(2) 生态城市建设指标。生态城市的建设指标包括经济发展、生态环境保护和社会进步三大方面(见表9.6)。

表9.6 生态城市建设指标

分类	序号	名称	单位	指标	说明
经济发展	1	农民年人均纯收入 经济发达地区 经济欠发达地区	元/人	≥8 000 ≥6 000	约束性指标
	2	第三产业占GDP比例	%	≥40	参考性指标
	3	单位GDP能耗	t标煤/万元	≤0.9	约束性指标
	4	单位工业增加值新鲜水耗 农业灌溉水有效利用系数	m^3/万元	≤20 ≥0.55	约束性指标
	5	应当实施强制性清洁生产企业通过验收的比例	%	100	约束性指标
生态环境保护	6	森林覆盖率 山区 丘陵区 平原地区 高寒区或草原区林草覆盖率	%	≥70 ≥40 ≥15 ≥85	约束性指标
	7	受保护地区占国土面积比例	%	≥17	约束性指标
	8	空气环境质量	—	达到功能区标准	约束性指标
	9	水环境质量 近岸海域水环境质量	—	达到功能区标准,并且城市无劣Ⅴ类水体	约束性指标
	10	主要污染物排放强度 化学需氧量(COD) 二氧化硫(SO_2)	kg/万元(GDP)	<4.0 <5.0 不超过国家总量控制指标	约束性指标
	11	集中式饮用水源水质达标率	%	100	约束性指标
	12	城市污水集中处理率 工业用水重复率	%	≥85 ≥80	约束性指标
	13	噪声环境质量	—	达到功能区标准	约束性指标
	14	城镇生活垃圾无害化处理率 工业固体废物处置利用率	%	≥90 ≥90 无危险废物排放	约束性指标
	15	城镇人均公共绿地面积	m^2/人	≥11	约束性指标
	16	环境保护投资占GDP的比重	%	≥3.5	约束性指标

（续表）

分类	序号	名　　称	单　位	指　标	说　明
社会进步	17	城市化水平	%	≥55	参考性指标
	18	采暖地区集中供热普及率	%	≥65	参考性指标
	19	公众对环境的满意率	%	>90	参考性指标

2）国家住房和建设部《国家生态园林城市标准（暂行）》

生态园林城市是一种以人为本、以自然环境为依托、以资源流动为命脉的经济高效、生态良性循环、社会和谐的人类居住形式。生态园林城市崇尚生态伦理道德，倡导绿色文明，保护和营造地带性植物群落，实施清洁生产，防治环境污染，提高资源利用效率和再生能力，保持地域文化特色，在人与自然和谐的基础上，实现城市的可持续发展。

(1) 定性标准：

① 组织管理：各级人民政府重视城市园林绿化工作，制定并实施了生态园林城市创建工作方案，并列入政府的重要议事日程。

② 应用生态学与系统学原理编制科学的城市绿地系统规划，并纳入城市总体规划，严格执行，形成功能协调、符合生态平衡要求、与区域生态系统相协调的城乡一体化的城镇发展体系。

③ 城市与区域协调发展，有良好的市域生态环境，形成完整的城市绿地系统。自然地貌、植被、水系、湿地等生态敏感区域得到了有效保护，绿地分布合理，生物多样性趋于丰富。

④ 保持城市地域风貌，保护自然资源，传承历史文化，形成独特的城市自然、人文景观。

⑤ 城市各项基础设施完善、集约，运行高效、稳定。生产、生活污染物得到有效处理，城市环境清洁、安全。城市建筑(新建)广泛采用节能、节水技术，普遍应用低能耗环保、节能材料。

⑥ 大气、水系环境良好，并具有良好的气流循环，城市热岛效应较低。

⑦ 城市公共卫生设施完善，污染控制水平较高，建立相应的危机处理机制。城市具有完备的公园、文化、体育等各种娱乐和休闲场所。住宅小区、社区的功能俱全，居民对本市的生活环境有较高的满意度。

⑧ 实施节约型园林绿化建设，通过规划设计、建设和养护管理等各个环节，最大限度地节约资源，提高资源的利用效益。

⑨ 涉及公共利益政策制定与实施的机制健全，社会参与度较高。

⑩ 模范执行国家和地方有关法律、规章，严格保护生态园林绿化建设成果，持续改善城市生态环境，不断提高人居环境质量。

(2) 定量标准。包含生态环境指标(见表 9.7)、生活环境指标(见表 9.8)和基础设施指标(见表 9.9)。

表 9.7　城市生态环境指标

序　号	指　　　标	标准值
1	综合物种指数	≥0.5
2	本地植物指数	≥0.7
3	建成区道路广场用地中透水面积的比重	≥50%

（续表）

序 号	指 标	标准值
4	城市热岛效应程度(℃)	≤2.5
5	建成区绿化覆盖率(%)	≥45
6	建成区人均公共绿地(m^2)	≥12
7	建成区绿地率(%)	≥38

表 9.8 城市生活环境指标

序 号	指 标	标准值
8	空气污染指数≤100 的天数/年	≥300
9	城市水环境功能区水质达标率(%)	100
10	城市管网水水质年综合合格率(%)	100
11	环境噪声达标区覆盖率(%)	≥95
12	公众对城市生态环境的满意度(%)	≥85

表 9.9 城市基础设施指标

序 号	指 标	标准值
13	城市基础设施系统完好率	≥85
14	自来水普及率(%)	100,实现 24 小时供水
15	城市污水处理率(%)	≥70
16	再生水利用率(%)	≥30
17	生活垃圾无害化处理率(%)	≥90
18	万人拥有病床数(张/万人)	≥90
19	主次干道平均车速	≥40 km/h

3) 崇明生态岛建设指标体系

《崇明生态岛建设纲要(2010～2020)》提出在强化生态保障方面，注重自然资源的可持续开发和利用，发展可再生能源和循环经济；在加强环境保护方面，注重水、大气、噪声、固体废弃物及环境综合治理，促进节能减排；在优化产业结构方面，注重发展现代服务业和生态型产业；在改善民生质量方面，注重完善以人为本的社会公共服务体系，推进基础设施建设；在提升管理水平方面，注重公众参与和社会评价。具体指标如表 9.10 所示。

表 9.10 崇明生态岛建设主要评价指标一览表

序号	指 标	单 位	2020 年
1	建设用地比重	%	13.1
2	占全球种群数量 1%以上的水鸟物种数	种	≥10

（续表）

序号	指　　标	单　位	2020年
3	森林覆盖率	%	28
4	人均公共绿地面积	m^2	15
5	生态保护地面积比例	%	83.1
6	自然湿地保有率	%	43
7	生活垃圾资源化利用率	%	80
8	畜禽粪便资源化利用率	%	>95
9	农作物秸秆资源化利用率	%	>95
10	可再生能源发电装机容量	$kW\times10^4$	20～30
11	单位GDP综合能耗	t标准煤/万元	0.6
12	骨干河道水质达到Ⅲ类水域比例	%	95
13	城镇污水集中处理率	%	90
14	空气API指数达到一级天数	天	>145
15	区域环境噪声达标率	%	100
16	实绩考核环保绩效权重	%	25
17	公众对环境满意率	%	>95
18	主要农产品无公害、绿色食品、有机食品认证比例(其中：绿色食品和有机食品认证比例)	%	90 (30)
19	化肥施用强度	kg/hm^2	250
20	农田土壤内梅罗指数	—	0.7
21	第三产业增加值占GDP比重	%	>60
22	人均社会事业发展财政支出	万元	1.5

9.4　专项规划

9.4.1　生态环境综合整治规划

城市生态环境整治是城市生态规划的重要内容之一。城市生态环境整治专项规划包括城市大气环境综合整治规划、水环境综合整治规划、噪声污染综合整治规划、固体废物污染综合整治规划、城市绿地系统建设规划以及城市重点生态区保护与建设规划等内容。

1）大气环境综合整治规划

大气环境综合整治规划一般包括以下几个方面的内容(见图9.2)：大气污染源分析与评价；确定大气环境规划的目标和指标，包括总目标和阶段目标；大气环境容量分析；城市大气污染物排放预测；大气污染控制方案优化。

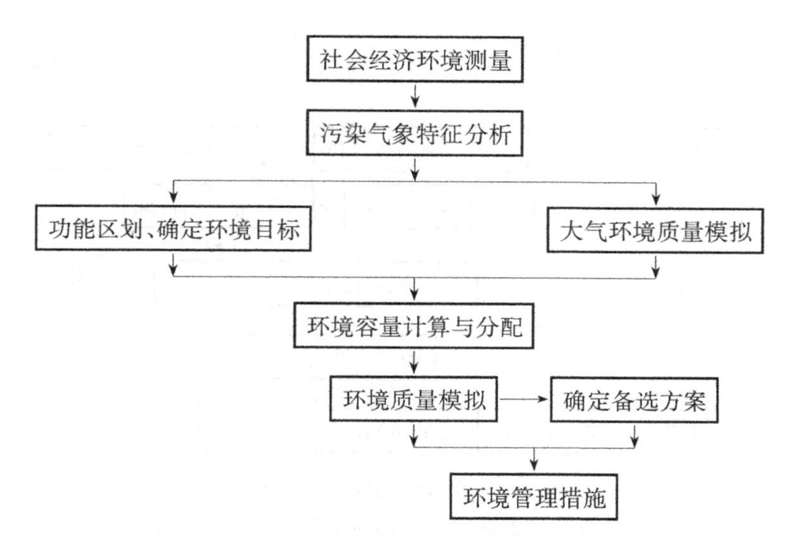

图 9.2 大气环境综合整治规划的技术路线图

来源：杨志峰，徐琳瑜．城市生态规划学[M]．北京：北京师范大学出版社，2008．

2）水环境综合整治规划

水环境综合整治规划包括以下 7 个方面：对规划区域内的水环境现状进行调查、分析与评价，了解区域内存在的主要环境问题；根据水环境现状，结合水环境功能区划的状况，计算水环境容量；确定水环境规划目标；对水污染负荷总量进行合理分配；对规划方案进行优化；制订水污染综合防治方案；提出水环境综合整治的方法与措施（见图 9.3）。

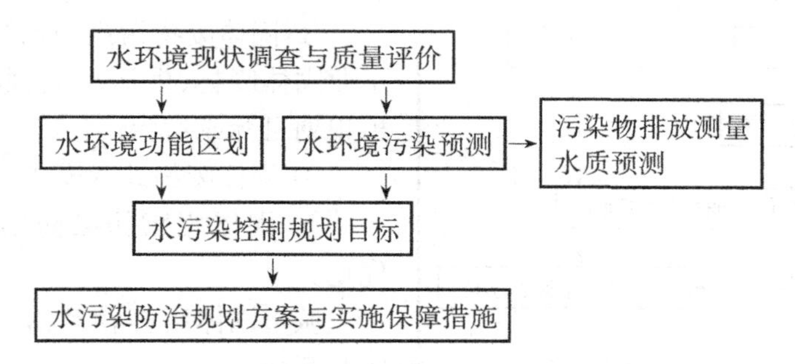

图 9.3 水环境综合整治规划的技术路线图

来源：章家恩．生态规划学[M]．北京：化学工业出版社，2009．

3）噪声污染综合整治规划

噪声污染综合整治规划的一般步骤与主要内容包括：

① 城市噪声控制功能分区。通常分为Ⅰ类区域（疗养院、高级别墅区、高级宾馆区等，执行 GB3096—1933 的 0 类标准）、Ⅱ类区域（居住、文教机关为主的区域，执行 GB3096—1993 的 1 类标准）、Ⅲ类区域（居住、商业、工业混杂区，执行 GB3096—1993 的 2 类标准）、Ⅳ类区域（工业区，执行 GB3096—1993 的 3 类标准）、Ⅴ区域（城市中的道路交通干线道路两侧区域、穿越城区的内河道两侧区域，执行 GB3096—1993 的 4 类标准）；

② 噪声环境调查与评价；

③ 噪声污染预测；

④ 制定噪声污染控制规划目标；

⑤ 制订噪声污染控制方案(见图 9.4)。

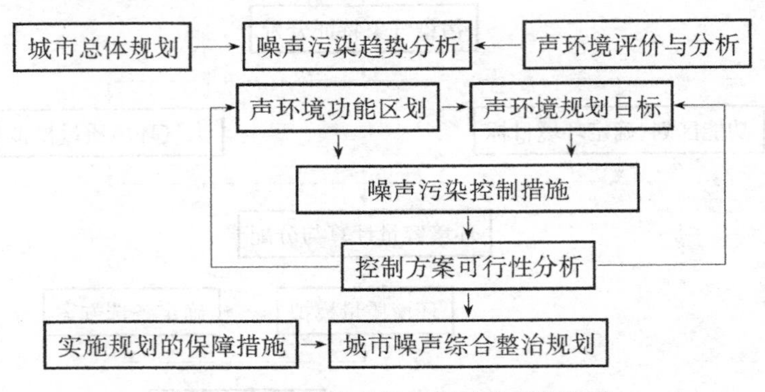

图 9.4 噪声综合整治规划的技术路线图

来源：章家恩.生态规划学[M].北京：化学工业出版社，2009.

4) 固体废弃物综合整治规划

固体废物污染防治的基本指导思想是“三化”(3R 原则)，即“资源化”、“减量化”和“无害化”。固体废物规划与管理的基本方法是“避免产生”(clean)、“综合利用”(cycle)和“妥善处置”(control)的“3C”原则。固体废物综合整治规划一般包括以下几个方面的内容：

① 固体废物现状调查及分析，包括固体废物产生、收集、储存、处理(置)、利用及污染现状等；

② 固体废物预测，包括产生量、收集量、运输量、处理处置、利用量和污染趋势等；

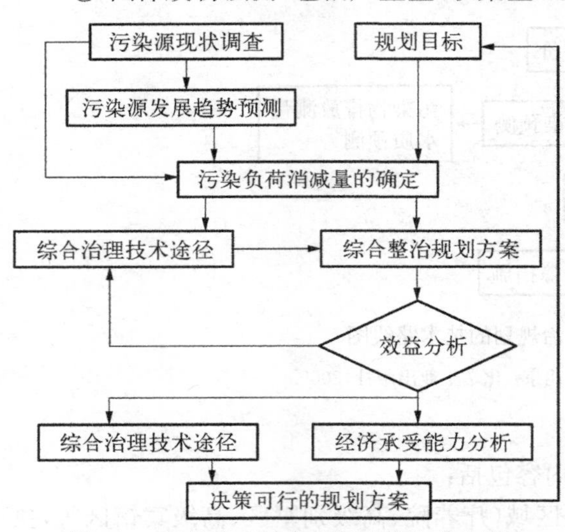

图 9.5 固体废弃物整治规划的技术路线图

来源：杨志峰，徐琳瑜.城市生态规划学[M].北京：北京师范大学出版社，2008.

③ 固体废物污染防治规划目标。一般从工业固体废物、生活垃圾、危险废物 3 方面提出规划目标或指标；

④ 固体废物处置模式与综合利用决策；

⑤ 固体废物污染防治规划方案制订及优化。

城市固体废弃物整治规划的技术路线如图 9.5 所示。

5) 城市绿地系统建设规划

城市绿地系统是指城市中具有一定数量和质量的各类绿化及其用地，用地间相互联系并构成具有生态效益、社会效益和经济效益的有机整体。绿地系统为城市提供重要的生态服务功能，是城市生态规划的重要内容之一。

城市绿地系统分布方式，一般要求均匀布置，结合各个城市的自然地形地貌特点，采取点(指均匀分布的小块绿地)、线(指道路绿地、城市组团之间、城市之间和城乡之间的绿带等)、面(指公园、风景区绿地)相结合的方式把绿地连接起来，形成有机整体。关于城市绿地系统规划编制规范，我国已发布了《城市绿地系统规划编制刚要(试行)》。纲要中规定，《城市绿地系统规划》成果应包括规划文本、规划说明书、规划图则和规划基础资料 4 个部分。其中，依法批准的规划文本与规划图则具有同等法律效力。

规划文本的内容包括以下几个主要部分：总则，包括规划范围、规划依据、规划指导思想和原则、规划期限与规模等；规划目标与指标；市域绿地系统规划；城市绿地系统规划结构、布局与分区；城市绿地分类规划，简述各类绿地的规划原则、规划要点和规划指标；树种规划，规划绿化植物数量与技术经济指标；生物多样性保护与建设规划，包括规划目标与指标、保护措施与对策；古树名木保护规划，古树名木数量、树种和生长状况；分期建设规划，分近、中、远 3 期规划，重点阐明近期建设项目、投资与效益估算；规划实施措施，包括法规性、行政性、技术性、经济性和政策性等措施。

规划图则主要包括：城市区位关系图；现状图，包括城市综合现状图、建成区现状图和各类绿地现状图以及古树名木和文物古迹分布图等；城市绿地现状分析图；规划总图；市域大环境绿化规划图；绿地分类规划图，包括公园绿地、生产绿地、防护绿地、附属绿地及其他绿地规划图等；近期绿地建设规划图。

6）城市重点生态区保护与建设规划

城市重点生态区一般包括城市中的重要山体、重要湿地、重要河流、重要自然保护区、重要的生物多样性保留地（如动物园、植物园）、重要的城市园林、重要的地质景观、重要的农业生态景观、重要的生态廊道与生态屏障，以及重要的人文生态景观等类型，这些都是城市生态规划中不可忽视的内容，也应作为建设专题开展规划研究。

9.4.2 城市生态产业发展规划

产业是城市经济发展的载体。根据生态城市和城市可持续发展的要求，生态产业发展是未来城市发展的必然方向。生态产业是模拟生态系统的功能，建立起相当于生态系统的“生产者、消费者、还原者”的产业生态链，以低消耗、低（或无）污染、产业发展与生态环境协调为目标的产业。

生态产业的学科基础是产业生态学，是依据生态经济学原理，运用生态规律、经济规律和系统工程的方法来经营和管理的一种现代化产业发展模式，通过两个或两个以上的生产体系或环节之间的系统偶合使物质和能量多级利用、高效产出或持续利用，从而节约资源，实现最终的废物低排放或零排放。

生态产业把不同阶段产生的废物利用在不同阶段的生产过程中，使污染在生产过程中即被消除，摒弃了传统产业发展中把经济与环保分离，是两者产生矛盾冲突的弊端，真正使发展经济与防治污染保护环境结合起来，实现两者的双赢。因此，生态产业才是工业发展的最高层次，将是未来工业发展的主要方向。

城市生态产业规划即根据循环经济理论和生态学理论，利用清洁生产技术和工艺对传统产业进行改造规划，制定新型生态产业发展项目，优化调整、组装与集成城市产业链，以及开展城市生态产业园的规划建设等。城市的未来产业发展主要定位于生态工业、生态服务业、环保产业、生态农业等方面。

9.4.3 城市人居环境建设规划

城市是一个人口高度密集的地区，人口是城市生态系统中最主要的生物组分之一。因此，在城市生态规划中，人居环境建设规划也是一个十分重要的专项规划。

人居环境是与人类生活与生存活动密切相关的环境空间，也是人类利用自然、改造自然的主要场所。“人居环境”就城市和建筑的领域来讲，可具体理解为人的居住生活环境。人居环境的核心是“人”。因此，在人居环境建设规划中，必须以满足“人类居住”需要为目的，必须将人的居住、生活、休憩、交通、管理、公共服务、文化等各种复杂的要求在时间和空间中结合起来，要将人工建筑环境与自然环境融合起来，要将硬件建设（人居建筑及其附属设施）、软件建设（社区管理体制、社区文化）和心件（生理健康、心理健康）等结合起来，要将人居建筑的节能、节材、降耗、环保、安全、健康、循环、再生、和谐等作为规划目标，要充分体现人文关怀。

在城市人居环境建设规划中，应加强以下生态工程的设计与应用，即

① 结构活化生态工程。将生态学原理应用于建筑结构设计中，赋予建筑以生命活力，使建筑具有当地文化特色，适应当地自然条件，充分体现自然、采光、隔热、制冷、绿化、美化及其他生态工程原理对建筑结构的要求。

② 能源优化生态工程。充分利用太阳能、风能、生物质能等可再生能源作为建筑能源，降低对化石能源的消耗。

③ 生态建材利用工程。广泛应用可再生、本土化、易获得的生态型建筑材料；建筑材料生产及使用过程对环境影响的最小化；对人体健康的无害化；建筑材料对建筑本身的安全性、节能性、经济性、对内外环境设计的适应性等。

④ 生态智能系统工程。主要是指按生态学原理及信息技术来设计的居住小区的通信系统、控制系统、安全系统及服务系统等智能化综合服务网络。

⑤ 废弃物再生生态工程。可将干垃圾（生活垃圾）收集到小区外进行处理；湿垃圾采用庭院式小型发酵装置处理，发酵生产出来的肥料可用于小区绿化等方面。粪便可采用大、小便分离马桶系统（干式和沼气发酵式）进行处理，以达到“卫生、方便、节水、节能、经济”的目的。

⑥ 活水净水生态工程。采用卫生净水供应系统，保障饮用水卫生安全；设计雨水利用系统保证地下水的有效补充和水资源的充分利用；采用无动力厌氧和耗氧结合的分散式雾水处理及中水回用系统使水资源得到充分、合理的利用；变静水为动水、死水为活水、污水为净水、废水为利水。

⑦ 景观生态工程。充分营造建筑的生态标识及生态空间，如绿色空间和建筑绿化、动植物生境和生物多样性的营造，以及对水景观及其他人工景观的特异性、易维护性、公共空间的绿化美化与香化、与当地自然环境的亲和性、适应性等生态目标的追求；充分体现地域特点，使当地自然生态景观、建筑风貌和本土历史文化融为一体，独具特色。

⑧ 居室生态工程。实现居室内部的光、温、湿、气的生态调控，达到居室内部环境及设施的舒适性、无害性、方便性、经济性及生态合理性目标（包括居室内部的美化、绿化、生态美的体现、废弃物处理设施的优化设计等）。

⑨ 土地恢复与再造生态工程。在生态居住小区中适当引进都市农业和庭院经济，在建筑的屋顶、中层及立面营造立体绿色空间，在一定程度上对建筑占用土地的原有生物生产或生态服务功能进行恢复，为居民生活提供一种接近自然的环境空间。

⑩ 社区生态工程。以人体生态学、社会生态学、环境工程学、美学、心理学原理为基础，

针对不同阶层和年龄人群的生态需求，进行社区人居环境的生态设计和管理，使人和自然、人和人得以和谐共生，使居民的生理、心理和文化需求得到满足，使建筑工程、自然生态、社会生态环境达到和谐统一（见图 9.6）。

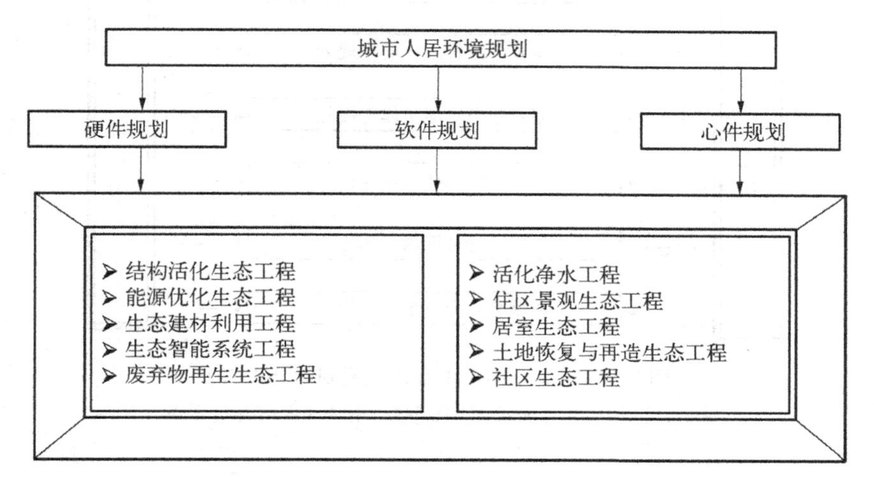

图 9.6 城市人居环境建设规划的基本内容

来源：章家恩.生态规划学[M].北京：化学工业出版社，2009.

9.4.4 城乡一体化生态建设规划

城市与其周边乡村地区共同构成了城乡复合生态系统，两者之间相互作用、相互影响，它们之间不断地进行着物质、能量、信息和资金交流。一方面，乡村地区不断地为城区居民提供农产品、人力资源和各种生态服务，城区也不断为乡村地区提供市场、资金、信息和技术的支持。但另一方面，两者之间在生态环境污染上也会产生许多负面的影响，例如城市的“三废”物质排放直接影响其周边的乡村地区，而乡村地区农业的面源污染也会通过地表径流和地下径流影响城市地区，从而出现“城市辐射农村”以及“农村包围城市”的城乡复合污染与交叉污染的状态，最终周边乡村地区因环境污染而生产的污染农产品又被输送到城市市场，危害城市居民的健康。因此，在城市生态规划中，必须加强城乡一体化的生态环境建设规划，以实现城乡之间的社会经济协调发展和生态共融发展的目标。然而，目前许多城市规划或城市生态规划往往只注重城区及其郊区的规划建设，而城市周边地区和乡村地区的发展规划则遭到忽视或弱化。

城乡一体化可以简单地理解为统筹城乡社会经济发展，推动城市和农村协调发展，农村居民和城市居民共享现代文明生活。城乡一体化不是城乡统一化，而是通过统一的城乡规划，打破城乡分割的体制和政策，加强城乡的基础设施和社会事业建设，促进城乡间生产要素流动，逐步缩小城乡差距，实现城乡经济、社会环境的和谐发展。

在城乡一体化生态建设规划时，应注意如下问题：统筹城乡发展空间，实现城乡布局一体化；统筹城乡经济发展，实现产业构成一体化；统筹城乡基础设施建设，实现城乡服务功能一体化；统筹城乡生态建设，实现生态环境保护一体化；统筹城乡劳动就业，实现就业与社会保障一体化；统筹城乡生态文明建设，实现社会进步一体化（见图 9.7）。

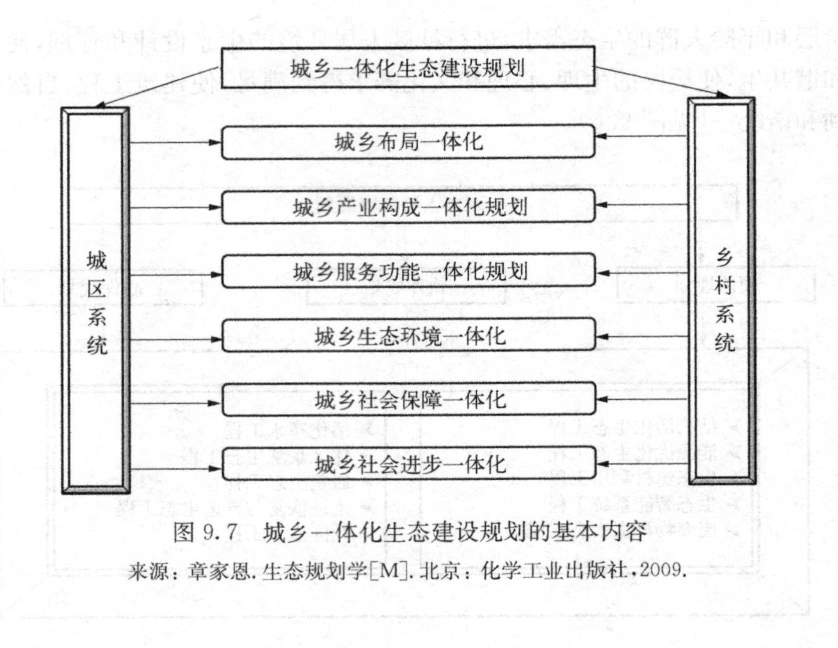

图 9.7 城乡一体化生态建设规划的基本内容

来源：章家恩.生态规划学[M].北京：化学工业出版社，2009.

参 考 文 献

[1] TopEnergy绿色建筑论坛组织.绿色建筑评估[M].北京：中国建筑工业出版社，2007.

[2] 车生泉，王小明.上海世博区域生态功能区规划研究[M].北京：科学出版社，2008.

[3] 陶星名.生态功能区划方法学研究——以杭州市为例[D].杭州：浙江大学，2005.

[4] 杨程程.屋顶绿化综合评价模型的建立与应用研究——以上海市屋顶绿化为例[D].上海：上海交通大学，2012.

[5] 杨志峰，徐琳瑜.城市生态规划学[M].北京：北京师范大学出版社，2008.

[6] 叶文虎，仝川.联合国可持续发展指标体系述评[J].中国人口资源与环境，1997，7(3)：83-87.

[7] 章家恩.生态规划学[M].北京：化学工业出版社，2009.

10 生态设计的内容和方法

生态设计(ecological design),也称“绿色设计”或“生命周期设计”或“环境设计”,是指将环境因素纳入设计之中,从而帮助确定设计的决策方向。生态设计是按照生态学原理进行的人工生态系统的结构、功能、代谢过程和产品及其工艺流程的系统设计,强调减量化、再利用、再循环和回收,要求在产品开发的所有阶段均考虑环境因素,使产品的整个生命周期均减少对环境的影响,最终引导产生一个具有可持续性的生产和消费系统。

生态设计涉及人类生产和生活的方方面面,如建筑师对房屋设计及材料选择的考虑、水利工程师对洪水的重新认识与控制利用途径、工业产品设计者对有害物的节制使用、工业流程设计者对节能和减少废弃物的考虑以及农业生产者对于种植、养殖对象的合理空间、时间结构的设计利用等,均属于生态设计的范畴。

10.1 生态设计的原则

10.1.1 尊重自然,整体优先原则

建立正确的人与自然的关系,尊重自然,保护自然,尽量减少对原始自然环境的改变;局部利益服从整体利益,短期利益服从长远的、持续性的利益。

10.1.2 与环境协调,充分利用自然资源

地球上的自然资源分为再生资源(水、森林、动物等)和不可再生资源(石油、煤等)。要实现人类生存环境的可持续,必须对不可再生资源合理、节约地使用。即使是可再生资源,其再生能力也是有限的。对能源的高效利用、对资源的充分利用和循环使用、减少资源的消耗是生态设计的基本出发点。因此,生态设计提倡“4R”原则,即减量使用(reduce)、重复使用(reuse)、循环使用(recycle)和回收利用(recovery),以维持自然生态系统的物流和能流的合理循环和功能完善。

10.1.2.1 减量使用(reduce)

生态设计要求合理地利用自然资源(光、风、水等),尽可能减少包括能源、土地、水、生物资源的使用,或者提高使用效率。新技术的采用往往可以显著地减少能源和资源的消耗。即使基于已有的技术,研究表明人类可以用比现在少1倍的能源和资源消耗量获得比现在高1倍的效益;相似观点认为,在全世界范围,只有将资源消耗量减少50%,而发达国家减少90%,可持续的目标才有可能实现。

10.1.2.2 重复使用(reuse)

利用废弃的土地和废旧材料(植物、建筑垃圾、工业废品等),服务于新的人类及自然系

统，可以极大地节约资源和能源。例如，在城市更新过程中，关闭或废弃的工厂可以在生态恢复后成为市民的休闲娱乐场地。

10.1.2.3 资源循环使用(recycle)

在自然系统中，物质和能量流动是一个由“源—消费中心—汇”构成的头尾相接的闭合循环流。而在现代城市生态系统中，这一流动是单向的。因此，在人们消费和生产的同时，产生了大量垃圾和废物，造成了对水、大气和土壤的污染。促进城市生态系统的物质和能量循环利用，由开放系统向闭合系统转变是生态设计的目标之一。

10.1.2.4 工业生态设计要求工业生产流程的闭合性

一个闭合的生产流程线可以实现两个生态目标：一是将废物变成资源，取代对自然材料的需求；二是避免将废物转化为污染物。基于这一概念，约翰·莱尔(John Lyle)等提出了再生设计理论(regenerative design)(1994)，即用“源—消费中心—汇”循环系统取代目前的线性流，形成一个再生系统(regenerative system)，即前一流程中的汇，变成下一流程中的源。

10.1.2.5 景观设计要保护自然资源

“在东西方文化中，保护资源的优秀传统值得借鉴，她们往往以宗教戒律和图腾的形式来实现特殊资源的保护(俞孔坚，1992)”。在城市发展过程中，特殊自然景观或生态系统的保护尤其重要，如湿地的保护、自然水系及山林的保护等。

10.1.3 发挥自然的生态调节功能

自然生态系统为维持人类生存和其他生物的生长，满足生命活动需要而提供条件的过程，称为生态系统服务。自然生态系统提供给人类的服务是全方位的。生态设计原理强调人与自然过程的共生和合作关系，即通过与生命所遵循的过程和格局的协调，可以显著减少设计对生态环境的影响。

自然生态系统是一个具有自组织和自我设计能力的动态平衡系统。根据热力学第二定律，一个系统向外界开放，吸收能量、物质和信息时，也会不断进化，从低级走向高级。进化论的倡导者托马斯·赫胥黎(Thomas Henry Huxley)曾经如此描述：“当一个花园无人照料时，便会有当地的杂草侵入，最终将人工栽培的园艺花卉淘汰。”盖亚理论(Gaia hypothesis)认为，整个地球都在一种自然的和自我的设计中生存并延续。自然系统的丰富性和复杂性远远超出了人类的设计能力。自然系统的这种自我设计能力在污水治理、废弃地的恢复(包括矿山、采石坑等)以及城市中地带性生物群落的建立等方面都有广泛的借鉴价值。

如何维护和提高区域生物多样性是生态设计的重要目标之一。生物多样性包括生物遗传基因的多样性、生物物种的多样性和生态系统的多样性。生态设计应在3个层面上进行，即：保持有效数量的乡土动植物种群；保护各种类型及多种演替阶段的生态系统；尊重各种生态过程及自然干扰，包括允许范围内的自然火灾过程、旱涝的交替规律以及洪水的季节性泛滥。

10.1.4 社会参与性与经济性原则

生态设计涉及每个人的日常行为。对专业设计人员来说，这意味着设计必须走向大众，走向社会，使生态设计理念和目标为大众所接受。通过这种过程使每个人熟悉特定场所中的自然过程，从而参与到生态化的环境和社区建设中。传统设计强调设计师的个人创造，认为设计是一个纯粹的艺术过程；而西蒙·范·德·瑞恩(Sim Van der Ryn)和斯图尔特·考恩(Stuart Cowan)(1996)认为生态设计是人与自然、人与人合作的过程，每个人的选择都应成为生态设计的内容，反映了设计者对自然和社会的责任。

同时，生态设计又是经济的设计过程。本质上，生态和经济是统一的，生态学是自然的经济学(Nature's Economy)；两者产生矛盾的原因在于衡量经济时"人类中心主义"的价值偏差。而生态设计强调多目标的、完全的经济性(环境的经济性)。

10.1.5 乡土化、方便性、人文性原则

生态设计应延续地方文化和民俗，充分利用当地材料，结合地域气候、地形地貌。同时，生态设计不仅要保证居民的日常生活安全，还要考虑突发情况下的安全性，如火灾、地震、洪水等。因此，设计要有针对性地设置防灾设施和避难场所。此外，生态设计活动主要包含两方面的含义，一是保护环境，减少资源消耗，实现可持续发展战略；二是从商业角度考虑，降低成本、减少潜在的责任风险，以提高竞争能力。

10.2 生态设计主要内容

生态设计涉及人类活动的方方方面，而人居环境方面的生态设计包括绿化种植、雨水收集净化、驳岸工程和建筑节能等问题。鉴于近年来相关书籍已经进行了较为详尽的介绍，本节重点从以下几个方面进行介绍：生态廊道设计、绿色基础设施和低冲击开发、生态种植设计、水资源循环利用技术和绿色建筑技术。

10.2.1 生态廊道设计

10.2.1.1 生态廊道的概念

廊道(corridor)简单地说，是指不同于两侧基质的狭长地带。几乎所有的景观都为廊道所分割，同时又被廊道所联结，这种双重而又相反的特性证明了廊道在景观中具有重要的作用，涉及运输、保护、资源和美学等方面(Forman, R T T,1983)。廊道由线状廊道(全部由边缘物种占优势的狭长条带，无内部小生境)、带状廊道(含有丰富内部生物的较宽条带，含边缘种和内部种)和河流廊道组成。廊道通常具有栖息地(habitat)、过滤(filter)或隔离(barrier)、通道(conduit)、源(source)和汇(sink)五大功能作用(Forman, R T T, 1995)。廊道的研究主要集中于其对生物多样性保护的作用和意义上(俞孔坚，1998)。生态学家和保护生物学家认为，廊道有利于物种的空间运动和斑块内物种的生存和延续(Forman, R T T, et al., 1986)，但廊道本身又是招引天敌进入安全庇护所的通道，给某些残遗物种带来灾难。

在城市中，廊道对城市经济、文化、环境质量、城市美化起着重要的作用。廊道决定城市景观结构和人口空间分布模式，为大都市的景观结构优化提供了新的思路(Edward J Taaffe et al., 1992)。宗跃光(1999)将城市景观廊道分为人工廊道(artificial corridor)和自然廊道(natural corridor)两大类。人工廊道以交通干线为主，自然廊道以河流、植被带(包括人造自然景观)为主。自然廊道的效应表现为限制城市无节制发展，有利于吸收、排放、降低和缓解城市污染，减少中心市区人口密度和交通流量，促进土地利用集约化、高效化发展。

欧洲景观学派将城市生态廊道称为"绿色廊道(green corridors)"；美国学者将生态廊道

称为"绿道(greenway)";1977年,英国伦敦规划提出了"绿链(green chain)"的概念,并为green chain的落实成立了委员会(Tom Turner 1995);葡萄牙称之为corridors verdes。green corridor的萌芽可追溯到100年前,在Adirondack公园区的规划设计中运用了blueline的概念和设计方法。1989年,Ebenezer Howard首次提出了绿带(greenbelt)的概念。近30年来,生态廊道设计越来越受到重视。1987年,美国游憩调查委员会将生态廊道描述为:"A living network of greenways... to provide people with access to open spaces close to where they live, and to link together the rural and urban spaces in the American landscape... threading through cities and countrysides like a giant circulation system."(David, T. 1996)。其中,Giant circulation system即自然廊道(natures corridors)。之后,有关生态廊道的研究和论著大量出现,如美国查尔斯·利特(Charles Little)于1990年出版了《美国绿道》(*Greenways for America*,1990)、史密斯(Smith)和黑尔蒙德(Hellmund)于1993年出版了《绿道生态学》(*Ecology of Greenways*, 1991)一书、戴维·道森(Dave Dawson)于1991年发表了《伦敦绿廊》(*Green Corridors in London*, 1991)论文。此外,杰克·埃亨(Jack Ahern)将Greenway解释为一个由许多线状元素组成的网络结构,其规划、设计和建设管理的网络是多目标和可持续的,其目标包括生态、游憩、文化、观赏,等等(Jack Ahern, 1995)(见表10.1)。

表10.1 道路生态廊道发展历程

时间(年)	国家或代表人物	空间类型	主要内容
1651	欧洲皇室	林荫大道	各国普遍建设城市林荫大道用以增加城市游憩空间
1860	奥姆斯特德	公园道	尝试用公园道或其他线形方式来连接城市公园
1920	美国	公园道	公园道衍生为绿道概念
1921	美国	步道	第一条步道(阿巴拉契步道)开始建设
1930	美国蓝岭	风景道	由公园道衍生出风景道概念并在蓝岭风景道的修建中首次提出
1960	巴黎香榭丽舍大道改造协会	林荫大道	经典的林荫道转变为商业林荫道
1968	户外游憩办公署	步道	通过美国步道系统法案
1987	美国户外活动报告委员会	绿道	概念定义为一个具生命的绿道网络系统,提高人们亲近开放空间的可及性,且连接美国都市和乡村空间的景观,穿越城市和乡村边缘,像个巨大的循环系统
1991	美国交通部	风景道	建立风景道法案,详细说明风景道的级别、标准、提名工作以及提名程序
1995	Tom Turner	绿道	认为绿道在形式上主要来源于绿带和公园道,在实质内涵上有更早的来源,包括礼仪性大街、林荫大道、公园道、河滨公园道、公园带、公园系统、绿带等
1995	Ahern	绿道	确定了绿道特征

来源:张建宇,靳思佳,等.城市林荫道概念、特征及类型研究[J].上海交通大学学报(农业科学版),2012,30(4):1-7.

10.2.1.2 生态廊道的特征、功能和类型

1) 生态廊道的特征

生态廊道具有4个主要特性。首先,其空间形态是线状的,是为物质运输、物质迁移和取食提供保障,这是生态廊道区别于其他景观概念的重要特征。其二,生态廊道具有相互联结性,不同规模、不同形式的绿色廊道、公园能构成绿色网络。其三,生态廊道是多功能的,包括生态、文化和休闲观赏等多方面,对于生态廊道的规划设计目标的制定具有重要的指导意义。例如,在实际规划设计中,当游憩需要与野生生物栖息地保护的目标相冲突时,只能进行空间分区管理或舍弃其中一个功能。其四,生态廊道战略是城市可持续发展的组成部分,其协调了城市自然环境保护和社会经济发展的关系,不仅保护了自然生态环境,而且使资源得到合理利用,成为实现城市可持续发展的基础。

2) 生态廊道的功能

安娜丽丝(Annaliese B.)将生态廊道的功能表达为5个"E-ways",即环境(environment)、生态(ecology)、教育(education)、体验(exercise)、表达(expression)。environment 的功能即生态廊道的环境保护功能,如城市防洪、蓄洪、水质净化、水土保持、降低污染等;ecology 的功能是恢复和建立城市自然生态系统,维持生物多样性。而 education 是指生态廊道可作为开展环保教育、学校野外实习和实验的自然课堂;exercise 是指生态廊道为城市居民提供了休闲健身、体育运动的场所;expression 是指生态廊道可为人际交流、情感表达提供平台,具有纪念意义、文化性或政治性的意识(Annaliese Bischoff, 1995)。Little 在其著作 *Greenways for America* 一书中将绿道划分为5种常见类型:城市河岸—滨水区绿道、休闲游憩绿道、生态自然绿道、风景和历史文化廊道、综合性绿道系统或网络。综上所述,生态廊道的功能可总结为生态功能、游憩功能和社会功能。其中,首要的功能是生态功能,其不仅形成了城乡中的自然系统,而且对维持生物多样性及野生动植物的迁移提供了保障;其次是廊道的游憩功能,尤其是具有游步道和滨水的生态廊道。第三是生态廊道社会功能,包括文化、教育、经济功能。此外,生态廊道在构成优美风景的同时,还能促进经济发展,提供高居住环境质量。

3) 生态廊道的类型

按照生态廊道的结构和功能的区别,将生态廊道分为生态绿带(ecological green belt)、道路生态廊道(road ecological corridor)和河流生态廊道(river ecological corridor)3种。按照不同生态廊道的功能侧重点不同又可分为:生态环保廊道——以保护生态环境,提高环境质量,恢复和保护生物多样性为主要目的,规划设计以建立稳定的生物群落,提高生物多样性为基本原则;游憩观光廊道——以满足城市居民休闲游憩为主要目的的,规划设计以形成优美的植物景观为出发点。由于城市中廊道大多兼有生态环保、游憩观赏、文化教育的功能,生态廊道的设计应在兼顾游憩观光基本功能的同时,将生态环保放在首位。

(1) 生态绿带。生态绿带结构一般较宽,从数百米到几十公里不等,如上海市外环线绿带规划宽度为500 m,而英国伦敦的绿带廊道宽度由几公里到几十公里不等。主要由较为自然、稳定的植物群落组成,生境类型多样,生物多样性高,其本底可能是自然区域,也可能是人工设计建造而成,但一般具有较好的自然属性。其位置多处于城市边缘,或城市各城区之间,其直接功能大多是隔离作用,防止城市无节制蔓延,控制城市形态。同时,它还具有以下功能:改善生态环境,提高城市抵御自然灾害的能力;促进城乡一体化发展,保证城乡合理过渡;开辟大量绿色空间,丰富城市景观;创造有益、优美的游憩场所等。

(2) 道路生态廊道。道路生态廊道主要有两种形式:一种是与机动车道分离的林荫休闲道路,主要供散步、运动、自行车等休闲游憩之用。在世界许多城市,这种道路廊道被用于构成公园与公园之间的联结通道(pave ways)(Tom Turner,1995)。这种道路廊道的设计形式往往从游憩的功能出发,高大的乔木和低矮的花灌木、草花地被相结合,形成视线通透、赏心悦目的景观效果,其生物多样性保护及野生生物栖息地的功能相对较弱;第二种是道路两旁的道路绿化,两旁的绿化带是构成道路生态廊道的重要组成部分,在一些水系不发达的城市,道路绿化带成为城市生态廊道的主要组成部分。在目前城市环境污染较重,城市生物多样性脆弱的情况下,道路绿化带的主要功能应定位在环境保护和生物多样性保护上,其最大功能是为动植物迁移和传播提供有效的通道,使城市内廊道与廊道、廊道与斑块、斑块与斑块之间相互联系,成为一个整体。因此,其规划设计的出发点应着重考虑如何通过植物配置和生境创造实现上述目的。

(3) 河流生态廊道。河流水系是自然环境的重要组成部分,几乎所有的大型城市都是依水而建。尤其是在上海,河网密布,纵横交错,城市河流水系构成了城市的自然骨架,河流生态廊道包括河道、河漫滩、河岸和高地区域(至少在一侧,即比一个边缘效应宽)(Forman R T T, et al.,1986)。河流生态廊道的功能主要表现在以下几个方面:

① 实现城市生态规划、设计和管理的途径。植被覆盖良好的河岸对提高整个城市气候和局部小气候的质量具有重要作用,保存良好的植被或新栽植的植被能改善城市热岛效应,即通过提供阴凉、防风和蒸腾作用使城市变得凉爽。此外,植物还为野生动植物繁衍传播提供了良好的生存环境(Sukopp H, et al., 1982)。在城市中,自然栖息地的保护具有较高的经济效益,河边植被对控制水土流失、保护分水地域、吸收净化水质、废水管理、消除噪声和污染控制等方面均有诸多明显的经济效益(Grey G W et al., 1978)。

② 社会经济价值。河流生态廊道为居民提供更多的亲近自然的机会和更多的游憩休闲场所,使居民的身心得到健康发展(Cook E A, 1991)。另外,河流植被由于其生境类型的多样化,还是维持和建立区域生物多样性的重要"基地",自然的河岸线构成了城市优美的景观,是塑造城市景观的重要手段之一。

10.2.1.3 生态廊道的规模和结构

生态廊道的设置除了考虑游憩、文化、教育的功能外,其主要的出发点是为了提高环境质量和生物多样性的保护功能。因此,生态廊道的规划设计必须以能满足生物多样性保护和提高环境质量的要求为主要参考标准,涉及廊道的规模(宽度)、数量、结构和设计模式等。

1) 生态廊道的规模

一般来说,廊道规模在满足最小宽度的基础上越宽越好。由于廊道为线性结构,生境的质量和物种的数量都受到廊道宽度的影响,随着廊道宽度的增大,廊道内的边缘种和内部种具有不同的数量格局(见图 10.1)。

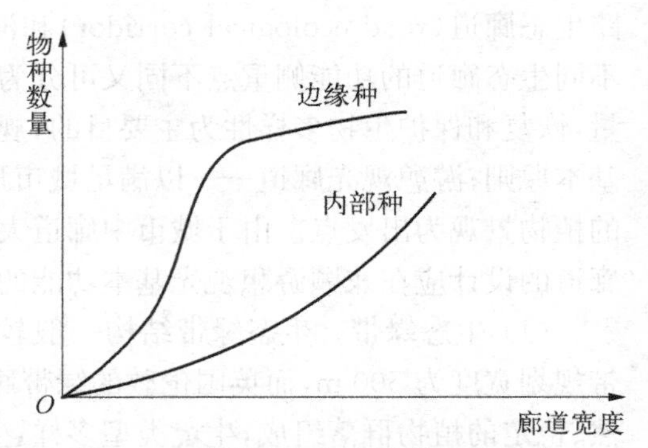

图 10.1 廊道宽度与物种数量关系图

来源:车生泉.城市绿色廊道研究[J].城市生态研究,2001,25(11):44-48.

随着廊道宽度的增加,内部种逐渐增加,而边缘种在增加到一定数量后趋于稳定。廊道的宽度，根据廊道设置的目标而不同，Rohling J(1988)在研究廊道宽度与生物多样性保护的关系中指出廊道的宽度在 46～152 m 较为合适，Forman 和 Godron 认为线状和带状廊道的宽度对廊道的功能有着重要的制约作用，对于草本植物和鸟类来说，12 m 宽是区别线状和带状廊道的标准。对于带状廊道而言，宽度在 12～30.5 m 之间时，能够包含多数的边缘种，但多样性较低；在 61～91.5 m 之间时具有较大的多样性和内部种(Forman R T T et al.，1986)；Csuti 提出廊道宽度的重要性在于森林的边缘效应可以渗透到廊道内的一定距离，理想的廊道宽度依赖于边缘效应的宽度。通常情况下，森林的边缘效应有 200～600 m 宽，窄于 1 200 m 的廊道不会有真正的内部生境(Csuti C, Canty D, et al.，1989)；Pace 在研究 Klamath National Forest 时提出，河岸廊道的宽度为 15～61 m，河岸和分水岭廊道的宽度为 402～1 609 m 时，能满足动物迁移需求，较宽的廊道还为生物提供具有连续性的生境(Pace F, 1991)。Budd 在研究湿地变迁时发现，河岸植被最小宽度为 27.4 m 才能满足野生生物对生境的需求(Budd W W, et al.，1987)。Juan Antonio bueno 等提出，廊道宽度与物种之间的关系表现为，12 m 为显著阈值，在 3～12 m 之间，廊道宽度与物种多样性之间相关性接近于零，而宽度大于 12 m 时，草本植物多样性平均为狭窄地带的 2 倍以上(Juan Antonio, 1995)。

Budd 等在研究美国的 Bear-Evans 河时发现 30 m 宽的河岸植被才能维持河流生态系统(Budd W W, et al.，1987)。对生态廊道和环境保护之间的关系的研究表明，河流及其两侧的植被可有效地降低环境温度 5～10℃。河岸植被完全被砍伐的河流，其月平均温度升高 7～8℃，在无风的情况下最多高出 15.6℃。水温的控制需要 60%～80%的植被覆盖(Budd W W, et al.，1987)。Brazier 等提出河岸植被的宽度至少在 11～24.3 m 之间(Brazier J R, et al.，1973)，Steinblums 等提出河岸植被的宽度在 23～38 m 之间(Steinblums I J, et al.，1984)。河中树木的碎片为鱼类繁殖创造了必需的多样化生境，而多数树木碎片是来自于河岸边的植被，研究表明，至少 31 m 宽的河岸植被才能产生数量足够多的树木碎片。河岸植被在环境保护方面的功能还表现为防止水土流失，过滤油、杀虫剂、除草剂和农药等污染物，而至少是 30 m 宽的河岸植被才能有效地发挥上述功能。Cooper 等发现 16 m 宽的河岸植被能有效地过滤硝酸盐(Cooper J R, et al.，1986)，Peter John 和 Correll 得出了同样的结论(Peter John W T, et al.，1984)；Gilliam 等(1986)在研究农田的水土流失问题时，发现从农田中流失的土壤在流经超过 18.28 m 的河岸植被时，88%的土壤被河岸植被截获。综上研究可以看出所述，河流植被的宽度在 30 m 以上时，能有效地起到降低温度、提高生境多样性、增加河流中生物食物的供应、控制水土流失、河床沉积和有效地过滤污染物的作用。

60 m 宽的道路廊道可满足动植物迁移、传播和生物多样性保护的功能；600～1 200 m 宽的生态廊道可以维持物种丰富的景观结构。此外，为保护某一物种而设的廊道宽度，依据被保护物种的不同而有较大的差异，如雪白鹭(*Snowy egret*)较为理想的河岸湿地栖息地宽度为 98 m，而栖息在硬木林和柏树林中的鸣禽则需要 168 m 的宽度(Brown M T, et al.，1990)。然而，各种类型的廊道宽度和组成廊道的植物群落的结构密切相关，上述廊道宽度都是在廊道植物群落结构完整的情况下提出的。

2) 生态廊道的结构

生态廊道结构是指生态廊道的设计方式，主要包括植物群落的配置方式和类型。无论是道路绿带还是河岸植被带，均以环境保护为首要目标，综合考虑休闲游憩功能和环境保护功能，植物配置以乡土树种为主，兼顾观赏性的植物，配植生态性强、群落稳定的具有自然景观性的植物。在污染区域，设计需针对污染源的类别，配植相应的抗性强、具有净化功能的植物。

如图 10.2 所示的河流植被景观设计模式和图 10.3 所示的河道景观设计模式都提供了一种科学合理的设计方法。

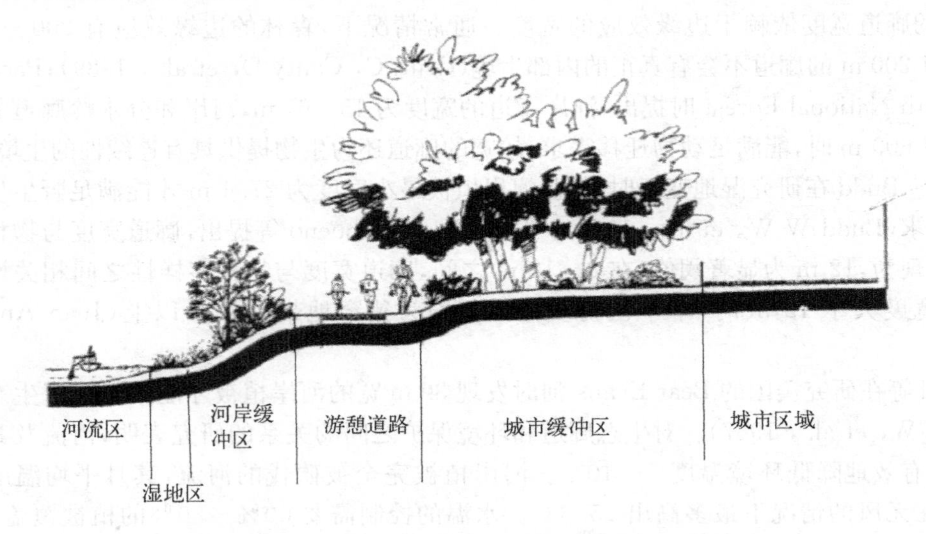

图 10.2 城市河流植被景观设计图

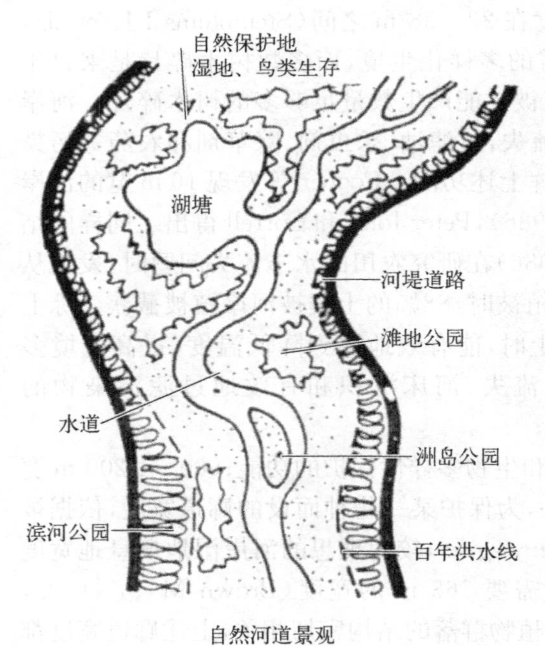

图 10.3 河道景观设计图

来源：束晨阳，城市河道景观设计模式探析[J]. 中国园林，1999，15(1)：8-11.

10.2.1.4 生态廊道的设计——以道路廊道生态设计为例

道路廊道生态设计主要关注的是降低道路环境影响和提高道路两侧缓冲区生物群落多样性，其内容主要是：道路边缘植被及其他野生生物种群的生物多样性保护；道路对周边环境的影响及其控制技术，包括道路雨水流动特征、雨水侵蚀和沉淀物控制、道路化学污染的来源和扩散特性、污染物质的管理和控制、交通干扰和噪声；道路对周边生境尤其是水生生态系统的影响；体现道路景观的生态美和游赏价值。

1) 道路影响生态区

道路对周边影响的范围称为道路影响生态区，其受影响的程度主要受 3 个方面的影响：一个是道路两侧的坡向，位于下坡向的区域相对于位于上坡向的区域来说，受到道路影响的幅度更大；下风向(顺风向)的区域相对于上风向(逆风)的区域来说，受到道路影响的幅度更大；生物较为适宜的栖息环境区域比生物不太适合栖息的环境区域，受到道路影响的幅度更大(见图 10.4)。

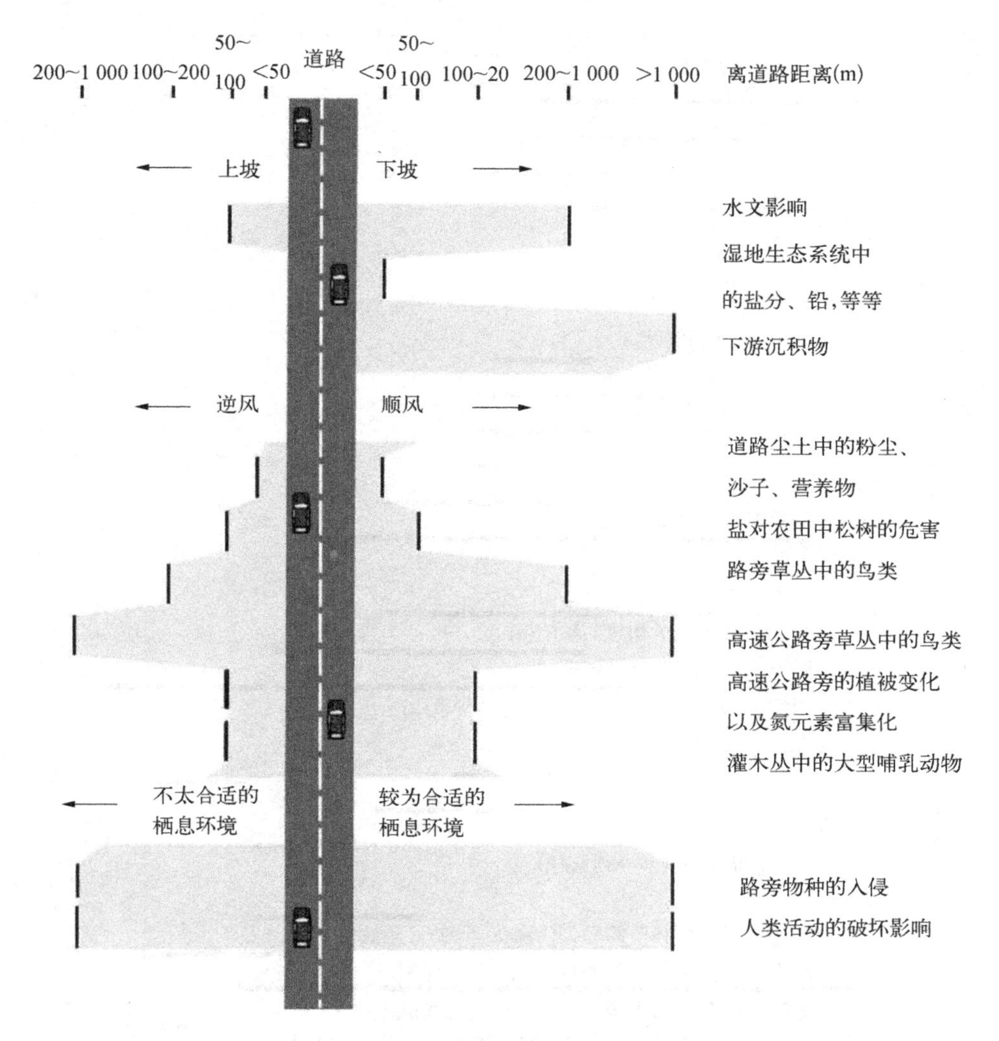

图 10.4　道路影响区和决定道路影响区宽度和特征的 3 个因子

来源：Forman R T T，et al. Road Ecology：Science and Solutions[M]. Island Press，Washington，D. C，2003.

在道路影响生态区内，各类生态因子受道路影响的程度随着离开道路的距离而呈现梯度变化，这种变化表现为“道路对各类生态因子影响的距离效应”(见图 10.5)。

2) 道路影响生态区植被特征

乌尔曼(Ullmann)等研究了新西兰(New Zealand)的南部(区)(Southsland)地区的道路两侧的植被构成，发现自然生长状况下，道路两侧植被的乡土性树种和非乡土性树种的分布规律如图 10.6 所示。

10.2.1.5　道路廊道生态设计的特点

道路廊道生态设计在目标、功能、手法、植物群落特征、动物种群类型、生态稳定性、养护管理和投入方面都与道路景观常规设计有所区别，具体表现为生态系统稳定性、建造材料循环性、环境影响最小性和管理投入经济性等方面。道路廊道生态设计和道路景观常规设计的

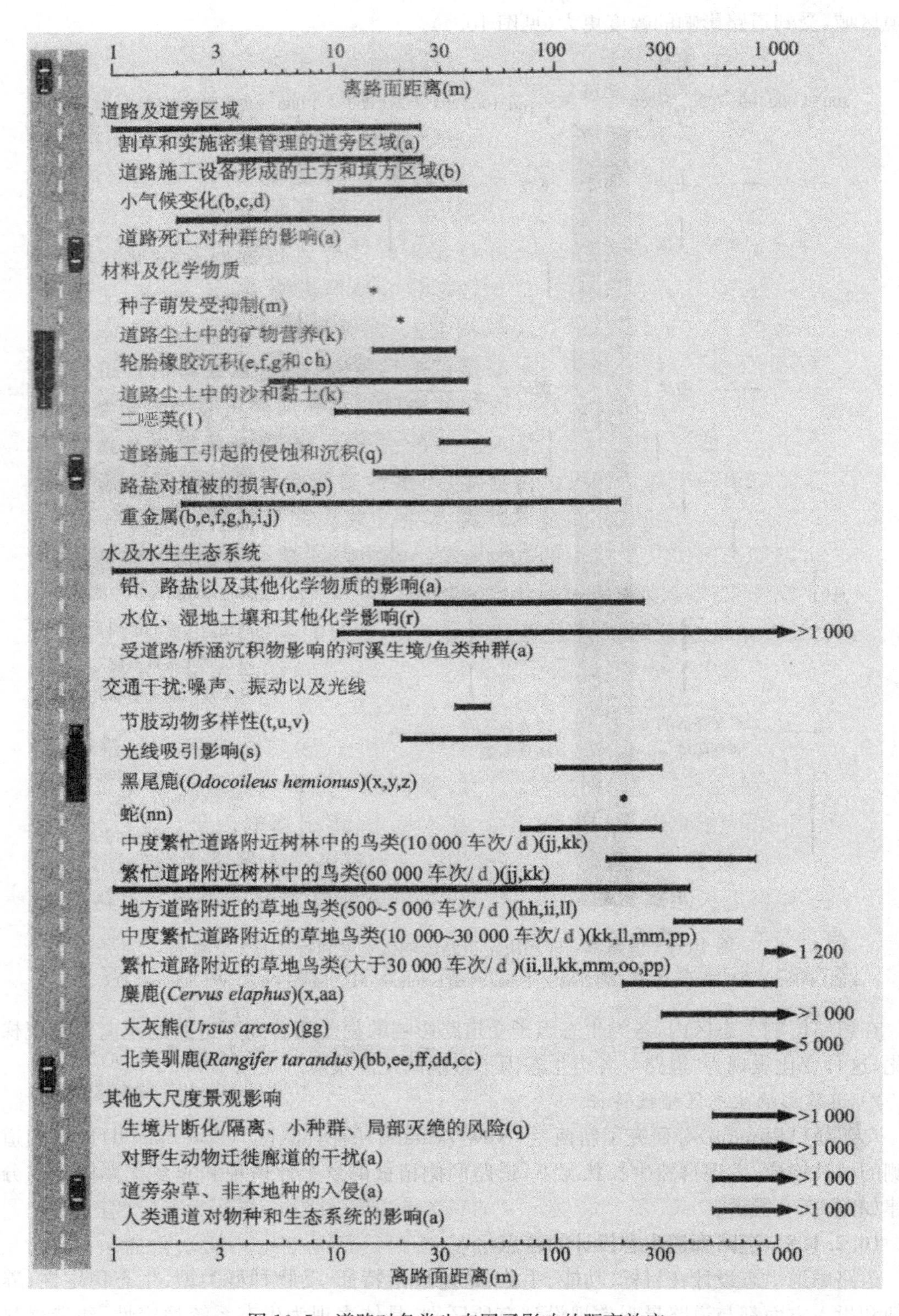

图 10.5 道路对各类生态因子影响的距离效应

来源：Forman R T T，et al. Road Ecology：Science and Solutions[M]. Island Press，Washington，D. C，2003.

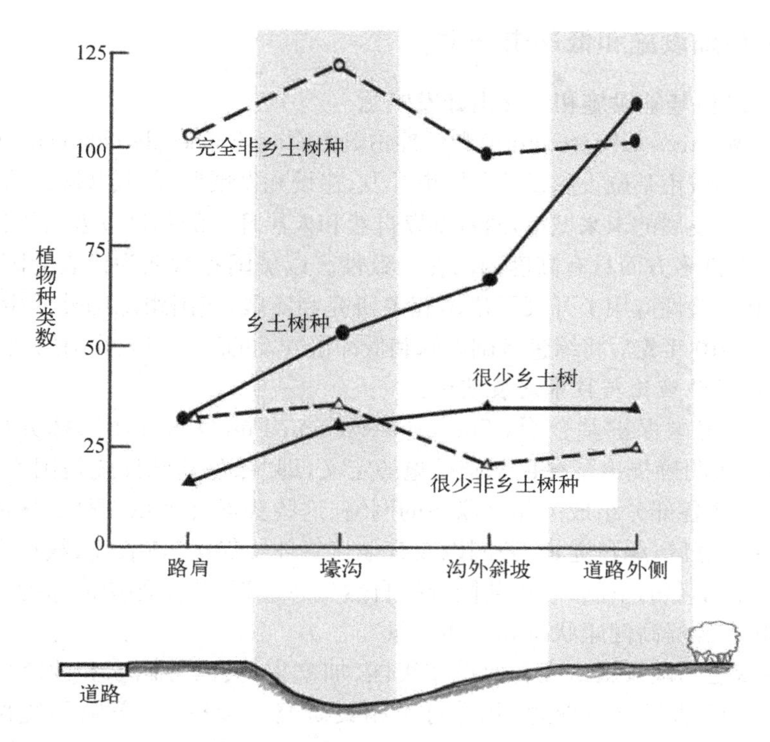

图 10.6 路距离效应对植物类型分布的影响

来源：Forman R T T, et al. Road Ecology: Science and Solutions[M]. Island Press, Washington, D. C, 2003.

比较如表 10.2 所示。

表 10.2 道路廊道生态设计和道路景观常规设计的比较

项 目	道路廊道生态设计	道路廊道常规设计
目 标	环境影响控制与生物多样性保护相结合	环境影响控制和景观美化相结合
功 能	环境影响控制、生物多样性保育、乡土生境和景观保留	环境影响控制、景观美化欣赏
设计手法	尊重地形地貌和乡土植被	地形改造，人工化植物群落
植物群落	乡土植被的特征和种群组成，高的生物多样性	人工化的植物群落，低生物多样性
动物种群	成为野生动物的庇护地和繁育所，吸引动物进入，动物多样性高	较少考虑野生动物的生息，动物逃逸出去，动物多样性低
生态稳定性	生态相对稳定，以自我维持为主	生态不稳定，以人工维持为主
养护管理	动态的目标，低养护管理	景观的目标，高养护管理
投 入	较低的经济投入	较高的经济投入

来源：车生泉. 道路景观生态设计的理论与实践——以上海市为例[J]. 上海交通大学学报(农业科学版)，2007，25(3)：180-188.

10.2.2 绿色基础设施和低冲击开发

10.2.2.1 绿色基础设施和低冲击开发概念

绿色基础设施(green infrastructure)和低冲击开发(low impact development)均是美国在20世纪90年代提出的城市基础设施设计和城市开发、建设和发展模式,其共同的目标是建立更加生态低碳的、可持续发展的未来城市,两者都以自然和人居环境的和谐发展为终极目标,所延伸出的技术和方法在许多方面具有高度的内在一致性。以美国和欧洲为代表的国家在系统性理论、可行性探索和实验性应用上开展了诸多相关研究和实践,我国跟踪国外的生态化理论和技术,在2004年和2010年先后将绿色基础设施和低冲击开发的理念引入我国的城市化建设中。

1) 绿色基础设施理论与技术发展演变

1999年8月,美国保护基金会(The Conservation Fund)和农业部林务局(The USDA forest Service)首次明确提出了绿色基础设施的定义,即"绿色基础设施是国家自然生命保障系统,是一个由下述各部分组成的相互联系的网络,这些要素有水系、湿地、林地、野生生物的栖息地以及其他自然区;绿色通道、公园以及其他自然环境保护区;农场、牧场和森林;荒野和其他支持本土物种生存的空间,它们共同维护自然生态进程,长期保持洁净的空气和水资源,并有助于社区和人群提高健康状态和生活质量"。

在此之后,绿色基础设施研究和建设在美国、加拿大、英国等国家和西欧广泛开展,2004年,中国引入了绿色基础设施理念,并进行了相关研究。2008年,美国环境保护署(United States Environment Protection Agency, USEPA)在《2008绿色基础设施行动策略》中指出,为了完成绿色基础设施意向书,决定把绿色基础设施这一术语定义为"利用和模仿自然的进程来渗透、通过植物或蒸腾作用重新让水返回环境、或者是在暴雨、地表径流等产生的地方重新利用它们"。至此,绿色基础设施出现了两种目标不同的定义和多重内涵(见表10.3)。

表10.3 绿色基础设施的发展比较

1999年8月	美国保护基金会(The Conservation Fund)和农业部林务局(The USDA forest Service)	首次明确提出绿色基础设施的定义
2001年	美国东南区域8个州	通过佛罗里达大学地理规划中心完成了以地理信息系统(绿色基础设施)分析为基础的东南区生态框架规划
2001年	马里兰州	推行了绿图计划(Maryland's Green Print Program),通过绿道或连接环节形成全州网络系统,减少因发展带来的土地破碎化等负面影响。马里兰州发展了功能健全的庞大绿色基础设施系统,并形成了相应的评价体系
2008年	美国环境保护署USEPA	提出了绿色基础设施在水资源循环方面的狭义定义
21世纪初	美国、加拿大、英国等国家以及西欧	各国政府广泛开展绿色基础设施建设
2008年和2009年	美国景观设计师协会(ASLA) 第46届国际景观设计师大会(IFLA)	都以绿色基础设施作为研讨主题,绿色基础设施得到了充分的重视

(1) 广义的绿色基础设施。绿色基础设施的广义概念在1999年提出，指在空间上由网络中心(hubs)与连接廊道(links)和小型场地(sites)组成的天然与人工化绿色空间网络系统(见图10.7)。

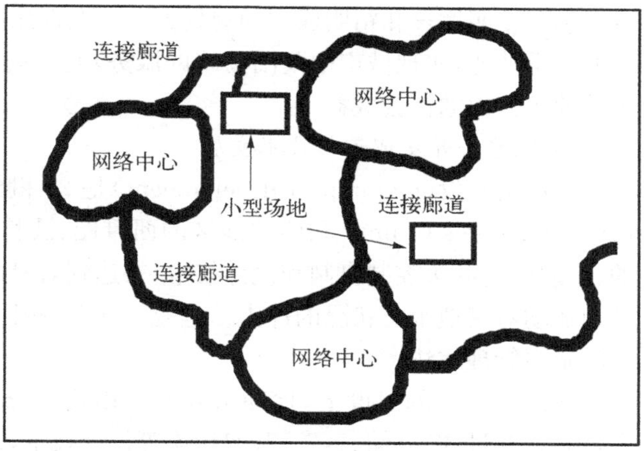

网络中心是指大片的自然区域，是较少受外界干扰的自然生境，为野生动植物提供起源地或目的地，其形态和尺度也随着不同层级有所变化。网络中心主要包括：大型的生态保护区域；大型公共土地；农地；公园和开放空间；循环土地。

图10.7 绿色基础设施体系结构示意图

来源：Karen S Williamson. Growing with Green Infrastructure. RLA, CPSI, Heritage Conservancy, 2003.

连接廊道是指线性的生态廊道，它将网络中心和小型场地连接起来形成完整的系统，对促进生态过程的流动，保障生态系统的健康和维持生物多样性均起到了关键的作用。连接廊道包括：景观连接廊道，除了保护当地生态环境，这些廊道可能还包含文化内容；保护廊道；绿带，通过分离相邻的土地用途以及缓冲使用冲击的影响，保护自然景观，同时维护当地的生态系统以及农场或牧场的土地类型。

小型场地的尺度小于网络中心，是在网络中心或连接廊道无法连通的情况下，为动物迁移或人类休憩而设立的生态节点，是对网络中心和连接廊道的补充，并独立于大型自然区域的小生境和游憩场所。小型场地同样为野生生物提供栖息地和提供以自然为依托的休闲场地，兼具生态和社会价值。

(2) 狭义的绿色基础设施。随着绿色基础设施的理念和方法逐渐融入各种实践项目，绿色基础设施又成了具有高度灵活性的术语，在不同的环境中使用方法也不同，于是又出现了多种狭义的解释。

① 依据2008年美国环境保护署(USEPA)在《2008绿色基础设施行动策略》提出的绿色基础设施的狭义定义，绿色基础设施指的就是模仿自然进程的雨洪管理的基础设施。

② 绿色基础设施指的是一种方法，通过把自然过程运用到已建成的环境中，绿色基础设施不仅提供了暴雨管理的方法，而且在洪水减灾、空气质量监测等方面也获益良多。

③ 当绿色基础设施是一个形容词时，它描述了一个进程，提供了一种能满足多利益需求的机制，提出了一个国家、州、区域和地方等规模层次上的系统化的、战略性的土地保护方法，并确定土地保护的优先性，鼓励那些对自然和人类有益的土地利用规划和实践。

④ 绿色基础设施即是绿道或绿地网络系统，即绿色基础设施的价值无异于已有的研究结果中绿色开放空间网络的直接和间接价值。

总的来说，绿色基础设施是一系列结合自然系统和工程系统的产品、技术和措施的集合，作为基础设施，其突出模仿自然系统过程，从而达到改善环境质量和提供公共设施服务的目的。虽然，绿色基础设施常常被描述为“蜿蜒在城市、区域甚至是国家之间的乌托邦式的绿色网络”，但是相对于绿带、绿道和生态网络，绿色基础设施更具主动性、功能复合性和弹性，使其更能适应城市发展的要求。在城市规划层面，绿色基础设施指的是对城市土地、资源长期可持续的精明增长和精明保护的规划方法。在理念层面,绿色基础设施则是利用自然生态系统的多重功能,实现城市中基础设施的服务功能,同时保持和恢复生态系统的稳定也可以带来其他各方面的社会效益。

2) 低冲击开发理论与技术发展

低冲击开发(low-impact development)是20世纪90年代末期,由美国东部马里兰州的Prince George's County和西北地区的西雅图、波特兰市共同提出。其初始原理是通过分散的、小规模的源头控制机制和设计技术,来达到对暴雨所产生的径流和污染的控制,减少开发行为活动对场地水文状况的冲击。这是一种发展中的、以生态系统为基础的、从径流源头开始的暴雨管理方法。

在雨洪管理的尺度上,地冲击开发利用均匀分布的、小尺度的控制设施,从源头控制雨水,用渗透、过滤、存储、蒸发、截取径流等设计技术,来模拟场地未开发前的水文特征;把小尺度的、低造价的园林景观设施设置在不同的高程,以达到滞留雨水的目的。

尽管,低冲击开发最初提出的领域是城市雨洪的控制管理,但随着理论研究及应用实践的深入,其内涵不断拓展,近几年已从具体的微观技术上升到人类需求与自然进程相和谐的城市开发模式和规划方法的层面。

(1) 广义的低冲击开发。低冲击开发理念上升到城市开发的层面后,其核心思想是在城市化的进程中,采取各种手段减轻城市建设对生态环境的冲击和破坏,保持和恢复自然生态环境。开发本身就包含着对城市各类型土地的直接规划建设和对土地原有自然状况的改变,对场地潜在的自然进化过程也有着巨大的影响。同时,城市土地及空间的开发也直接或间接地影响了区域的资源利用模式、产业发展模式以及居民的生活模式。现代发达的科学技术和施工设备使本不太适合开发或不适合开发的地区的开发利用变成了可能,但从另一个角度看,也可以利用现代发达的科技和设备探寻对生态系统最低冲击的城市开发模式。

推行低冲击开发模式是城市规划模式变革的方向之一,城市应以对环境更低冲击的方式进行规划、建设和管理。目前,纽约市、华盛顿、芝加哥等城市也开始利用低冲击开发技术制定发展规划。正如美国生态建筑学的创始人赖特教授所说:"让建筑和城镇从自然环境中'生长'出来那样,与自然相融合,强调城镇、村庄与河流、森林、山脉的和谐相处。"

广义的低冲击开发作为城市开发理念可以市政建设模式为出发点,研究低冲击的资源利用模式和产业发展模式,并在建设与发展中引导绿色生活模式(见图10.8)。

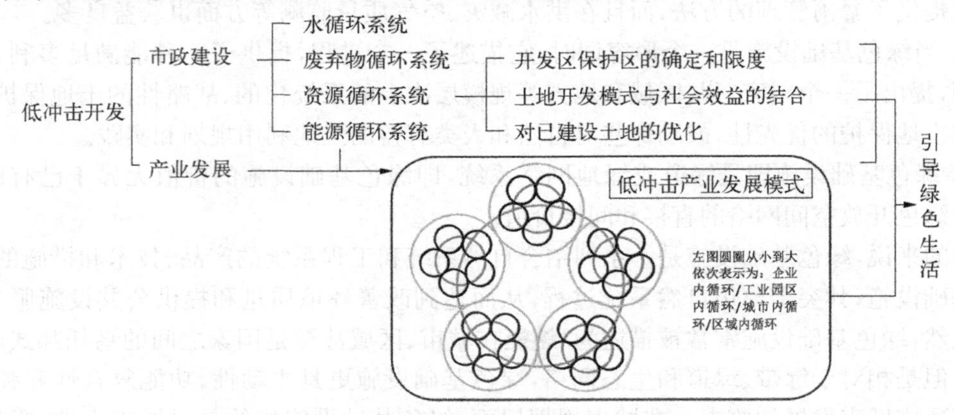

图10.8 广义低冲击开发体系结构示意图

(2) 狭义的低冲击开发。从狭义上讲,低冲击开发模式最初的目标是城市建设之后不影响原有自然环境的地表径流量,延长雨水聚集时间,减缓雨水的流速以滞留雨水。具体是指通过有效的水文设计,运用分散的、小规模的源头控制机制和设计技术,综合采用入渗、过滤、蒸发和蓄流等方式,减少径流排水量,来达到对暴雨所产生的径流和污染的控制,从而使城市开发区域的水文功能尽量接近开发之前的自然水文循环状况。

低冲击开发的具体实施方法的内容包括都市自然排水系统、雨水花园、绿色街道、绿色屋顶、渗透铺装、生物滞留池、植被浅沟、屋顶花园和雨水调蓄水池等(见图 10.9)。

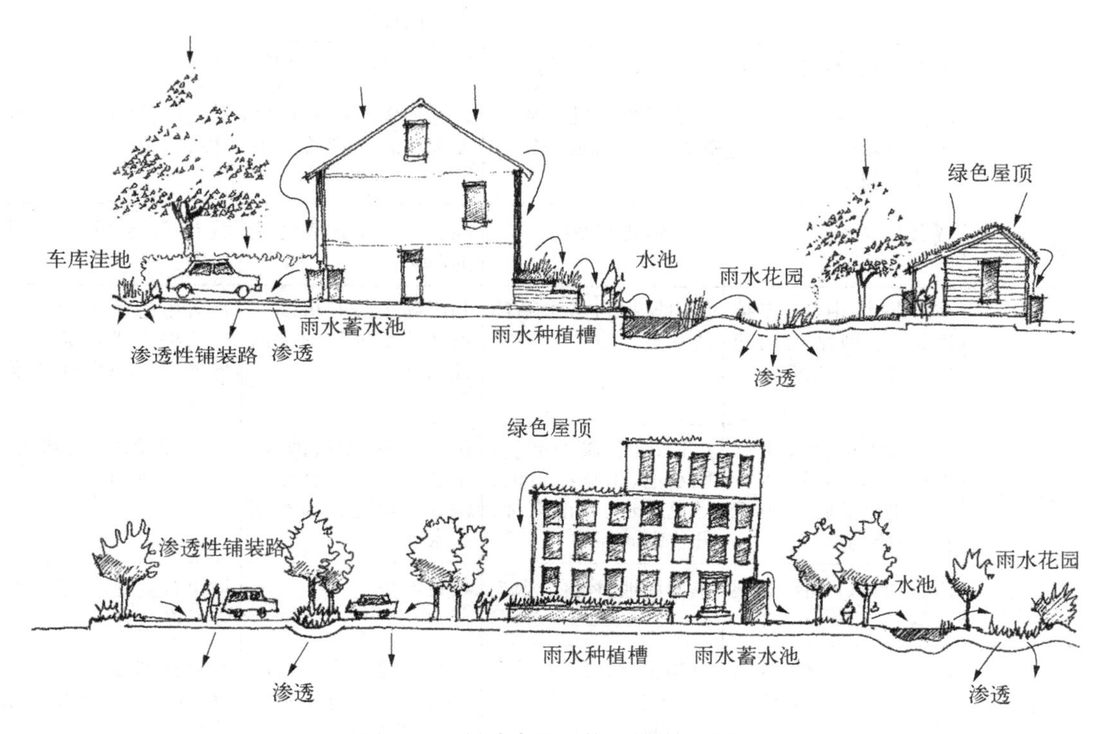

图 10.9 低冲击开发体系结构示意图

3) 绿色基础设施与低冲击开发关系

20 世纪 90 年代末期,绿色基础设施和低冲击开发的概念提出伊始,绿色基础设施指广义的绿色开敞空间网络,低冲击开发则是指狭义的雨洪管理方法,这个时期对两者研究和应用均集中在概念最初的含义上,尚未出现直接的交集或比较研究(见表 10.4)。

表 10.4 绿色基础设施与低冲击开发总体比较

问　题	绿色基础设施		低冲击开发	
	广　义	狭　义	狭　义	广　义
提出背景	土地破碎化;基础设施分散化;资源、能源无循环网络	模拟自然的水循环是重要的绿色基础设施之一	城市开发建设对生态系统的破坏使暴雨造成地面径流速度过快,对城市交通,生活产生巨大影响	土地开发建设对生态系统各方面破坏;城市空间利用率低;资源配置低效

（续表）

问　题	绿色基础设施		低冲击开发	
	广　义	狭　义	狭　义	广　义
实　质	让自然做功	水系统基础设施	城市雨洪管理	减少冲击生态系统
理念初衷	使郊野和自然区包围点状城市格局的图底关系反向转变。基础设施由灰色转为绿色，使自然系统与工程结合实现基础设施的功能		通过分散的、小规模的源头控制机制和设计技术，来达到对暴雨所产生的径流和污染的控制，从而使开发区域尽量接近于开发前的自然水文循环状态	
主要参与者	政府，规划准则制定者，管理者、研究机构		开发商，规划师，使用者，居民	
原　则	以让自然做功为出发点，用绿色基础设施替代灰色基础设施，促进资源循环，高效、长期、可持续利用		以保护生态系统为出发点，进行城市低冲击开发和空间、资源集约化建设、使用	
对　象	现有开放空间	城市给排水系统	在各个产生地表径流的源头	城市新区域的开发建设
设计方法	连接网络中心、连接廊道、小型站点构建绿色开放空间网络	使用模拟自然水循环的基础设施	利用源头控制机制和设计技术进行雨洪的控制管理	在对生态系统低冲击的前提下进行城市各种类型空间的开发建设
内容范围	开放空间连接、生态保护、土地利用、水资源管理、基础设施工程、节能利用	屋顶花园、渗透铺装、储水池、生物滞留池、绿色接道、城市森林、开放空间保护	雨水花园、渗透铺装、生物滞留池、植被浅沟、屋顶花园，雨水调蓄水池	建设开发；资源利用；产业发展；生活模式
尺　度	跨越项目、政治、景观边界	小型场地、社区、区域	项目本身	城市各类型、尺度的开发建设
与自然关系	借助自然结构系统力量达到稳定、持续地满足人类的需求	模拟自然水循环系统，来使其行使基础设施的功能	在开发建设中尽量减少对场地原有稳定的自然水循环系统的冲击	在对自然生态系统最低影响下，对资源的优化配置、循环利用及土地集约化开发
演变逻辑	宏观规划理念→微观具体设施技术		微观具体技术方法→宏观开发建设模式	
	→模拟自然水循环系统←			
效　益	提供栖息地；社会服务功能；经济效益；启发人类思考；调节气候；健康的生活方式、心理		节约资源能源；社会服务功能；经济效益；防灾；生物多样性；环保的行为活动	

21世纪初，西方各国对绿色基础设施和低冲击开发的研究和实践开始集中在雨洪控制管理尺度上，常将绿色基础设施和低冲击开发相互融合应用。绿色基础设施强调在人工水系统中模拟自然环境中的水循环，更多的是作为传统雨洪调控元素来对低冲击开发进行支持，同为狭义时，两者是等同的。

现在的研究重点和趋势不断在发生变化，在西方国家绿色基础设施理论和实践应用中仍多沿用两者在雨洪管理上可相互替换的定位，将两者结合起来一起应用实践，如美国低冲击开发中心（Low Impact Development Center, Inc.）和2012 Arid低冲击开发 Conference网站通过实际案例对两者关系进行描述和定义。

狭义的绿色基础设施就是广义中具体的绿色基础设施的一部分，广义的低冲击开发是对生态系统的低冲击由雨洪管理上升到城市空间利用的层面进行探究，绿色基础设施与低冲击开发的融合则在于“雨洪管理时恢复区域原有自然水文，其恢复设施同时也发挥了城市给排水系统的基础设施的功能，其做法是模拟自然的水循环，即利用自然做功建设城市的基础设施(绿色基础设施中“绿色”的本意)”。由此看来，低冲击开发的狭义完全等同于绿色基础设施的狭义(见图 10.10)。

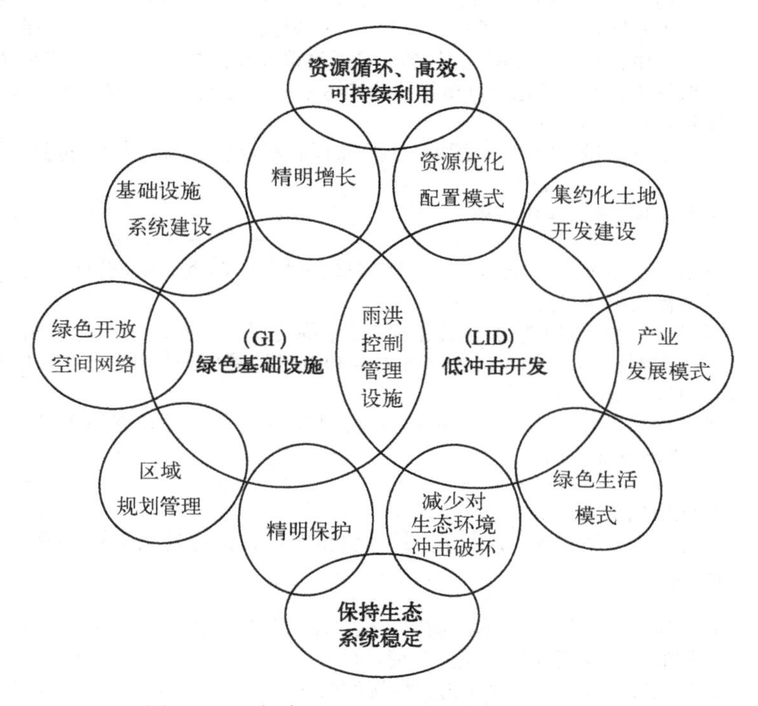

图 10.10　绿色基础设施与低冲击开发关系图

除去在雨洪管理模式上的交集，绿色基础设施和低冲击开发更多的是在规划设计的原则上有着内在的一致性，绿色基础设施所强调的精明增长是试图通过保护自然资源并运用新的发展计划和战略来影响未来的增长，正是低冲击开发在对自然低冲击的条件下对资源的优化配置和高效利用的目标。而精明保护关注保护需求的整体性、战略性和系统性，在较大尺度上，将开放空间和相关规划、保护行动，以及长期管理计划进行整合，以合理而有效的方法来保护生态系统的稳定。

10.2.2.2　绿色基础设施雨洪管理综合技术

绿色基础设施的主要功能包含维持生物多样性、雨洪管理、为居民提供休闲游憩空间等。本书以雨洪管理为例，介绍绿色基础设施相关技术措施。

1) 生态屋顶绿化技术

对于建筑物而言，屋顶绿化具有显著的保温隔热、雨水截用和隔声消声等功能。而且与传统的高度依赖人工灌溉的屋顶绿化相比，生态屋顶绿化以其低养护特征，近年来在绿色建筑设计中得到广泛重视。

(1) 生态屋顶绿化的主要功能。生态屋顶绿化具有生态功能、经济功能、美学功能和心理功能(见表10.5)。

表10.5 屋顶绿化的功能

生态优势	1) 降低"热岛"效应：联合国环境署的研究表明，如果一个城市的屋顶绿化率达到70%以上，城市上空二氧化碳量将下降80%，热岛效应会彻底消失 2) 调节空气湿度：绿色植物的蒸腾作用和潮湿土壤的蒸发作用会使屋顶蒸腾量大大增加，使空气中的绝对湿度增加 3) 蓄积雨水，减少洪水：经绿化后的屋顶雨水排水量大大减少，一般只有30%的雨水流入地下管网，而其余的蓄存在屋顶上，一部分被保留为土壤含水，一部分水被植物分解并用于植物自身的新陈代谢，剩下的通过蒸发和植物蒸腾作用扩散到大气中 4) 降低噪声：屋顶绿化通过植物枝叶和树干减少对城市噪声的反射，绿化后屋顶与普通屋顶相比，可减少噪声2～3 dB 5) 提高空气质量，减轻城市污染：北京市园林科研所的调查表明，每公顷屋顶绿化每年可以滞留粉尘2.2 kg 6) 节约土地，增加绿化面积
经济优势	1) 调节顶楼温度，节约能源：北京市园林科研所的调查表明，进行屋顶绿化后，建筑物的整体温度夏季可降低约2℃ 2) 维护建筑物，维护结构，延长屋顶寿命：绿化屋顶能够减少阳光暴晒造成的热胀冷缩，同时起到隔热、减渗及屏蔽部分射线和电磁波等保护作用，还可防止火灾和机械性破坏对屋顶造成的损害 3) 吸引顾客，创造经济价值：饭店、宾馆、购物中心等大楼设置屋顶绿化更易吸引顾客亲睐，提高营业价值
美学优势	1) 美化屋顶空间环境 2) 美化城市整体景观：城市众多屋顶将由平淡而杂乱的景象转变为一个生机勃勃的花园网
心理优势	1) 释放压力，愉悦心情：增添城市文化氛围，提供清新空气，消除人脑紧张和疲劳，为保证人们的身心健康提供有益的环境条件 2) 促进人际交流：屋顶绿化为整栋楼的居住人员提供一个便捷的互动交流空间

来源：余伟增. 屋顶绿化技术与设计[D]. 北京林业大学，2006.

(2) 生态屋顶绿化的环境特点。与地面绿化相比，屋顶绿化的环境特点主要体现在以下5个方面：

① 风。屋顶离地面越高，风速越大，适当通风有利于植物生长，但风速过高，易导致高层植物倒伏、风折，在高温季节还易枯梢、枯叶等。

② 温度。屋顶上的昼夜温差和年温差远远高于地面。适度的温差有利于植物生长和色彩表现，但当温差的边幅和变化速度超过植物承受能力时，则会导致植物生长不良。夏季高温易致叶片灼伤，根系受损，冬季低温易造成寒害或冻害。

③ 水。研究表明，建筑屋顶的相对湿度较地面降低10%，且光照强、植物蒸腾量大，到旱季，植物易出现脱水甚至死亡，因此选择合理的灌溉手段和技术是屋顶绿化必不可少的条件。另外，在雨季，由于降雨集中，基质滞留雨水造成短时积水，容易引发一些植物死亡，因而排水也是屋顶绿化的技术要点之一。

④ 日照。屋顶光照强度和时间大于地面，例如屋面夏季光照强度比地面高12 700 lx，加上建筑物反射光的影响，使屋顶绿化植物所受光照强度有所增加。适当增加光照强度可促进

植物光合作用，但光照过强，会抑制光合作用，甚至引起叶片灼伤，对植物生长不利。

⑤ 基质。屋顶绿化基质被人为地与大地分隔，导致植物生长所需的水分和矿物质缺少了大地的调节作用。同时，受建筑承载力的制约，基质厚度受到限制，土层较薄。故屋顶种植基质在水分、肥力因素等方面均远比地面环境恶劣。

(3) 生态屋顶绿化的基本构造。生态屋顶根据其角度可以分为平屋顶和坡屋顶两类。坡屋顶基本构造层同平屋顶类似，不同的是，坡屋顶属于不上人的屋顶。由于坡屋顶水分及土壤养分容易流失，不利于植物的固定与生长，加上施工养护不方便，因此在坡屋顶上进行屋顶绿化建设的难度比平屋顶高。坡屋顶进行屋顶绿化的最佳坡度为 5°～12°，与平屋顶构造不同，坡屋顶不需要铺设排水层，雨水可通过屋顶自身排水系统排出。坡屋顶屋顶绿化由于日常维护管理不便，通常选择养护要求较低的植被。在进行坡屋顶绿化时应注意以下几点：第一，屋顶坡度在 20°～30°之间时，需采取防止滑坡的措施，可以使用带网格的沙砾板嵌套排放，减少容易被冲刷的材料的使用，在防水层下面铺设防滑条等措施；第二，屋顶坡度＞30°时，安装防滑栏，防止基质层因雨水冲刷而滑落。

① 生态屋顶的基本构造。生态屋顶可以分为防水层、隔离层、根阻层、保护层、排水层、过滤层、基质层和植被层等(见表 10.6，图 10.11)。也可根据实际情况进行增减。

表 10.6 生态屋顶基本构造层

构造层	作　用	特　性	常　用　材　料
防水层	防止水进入建筑，直接影响建筑物的正常使用和安全	不透水性、耐久性、承重性、耐药性、耐菌性、耐机械损伤	1) 传统刚性防水层 2) 传统沥青柔性防水层 3) 复合防水层，如 APP 改性沥青抗根卷材、弹性 SBS 沥青防水卷材、聚氯乙烯(PVC)防水卷材、PSS 合金防水卷材、PSB 合金卷材等
隔离层	防止相邻材料化学性质不相容的情况下出现粘连或滑移现象	不易与其他材料发生化学反应、荷载轻、易施工	1) 聚乙烯薄膜 2) 无纺布
根阻层	防止植物根穿透防水层造成屋面防水系统功能失效	坚固性、耐腐蚀、易施工	1) 水泥砂浆 2) 聚乙烯(PE)、聚氯乙烯(PVC)、高密度聚乙烯(HDPE)等卷材 3) 纯金属或合金
保护层	在建造阶段保护屋面防水层，在日后屋顶绿化维护时保护防水层免受机械损坏	坚固性、相容性好、耐腐蚀、荷载轻、易施工	1) 水泥砂浆刚性保护层 2) 沥青 3) 薄膜材料，包括无纺布、塑料纤维垫、薄膜等
排水层	在降雨或浇灌时让土壤中不能保持的多余水分排到排水装置中，防止屋面积水	渗水性、孔隙率、耐腐蚀、稳定性、支撑抗压性、易施工	1) 松散材料，如沙砾、陶粒、熔岩、碎黏土砖、泡沫玻璃 2) 板材，包括用热黏法或用沥青黏结的泡沫平板、异型硬质板、泡沫塑料板等排水板材
过滤层	防止种植基质中的细颗粒漏到排水层阻塞排水层及排水口	渗水性、有一定孔径、耐腐蚀、阻根性、易施工	1) 稻草、椰壳纤维等有机材料 2) 粗麻布、塑料编织袋等编制材料 3) 聚丙烯、聚酯等材料制作的无纺布

（续表）

构造层	作 用	特 性	常 用 材 料
基质层	为植物提供生长空间、养分、水分等	有一定有机物质、蓄水能力、渗水性、孔隙率、空间稳定性	1）田园土 2）改良土壤 3）无土栽培基质
植被层	集中体现屋顶绿化景观、游憩、生态等功能	风、水、温度、光照适宜	耐干旱、耐高温、适应性较强的乔木、灌木、爬藤植物、草本类植物等

来源：许荷. 屋顶绿化构造探析[D]. 北京：北京林业大学，2007.
陈凭. 屋顶绿化建造技术及应用研究[D]. 湖南：湖南大学建筑学院，2008.

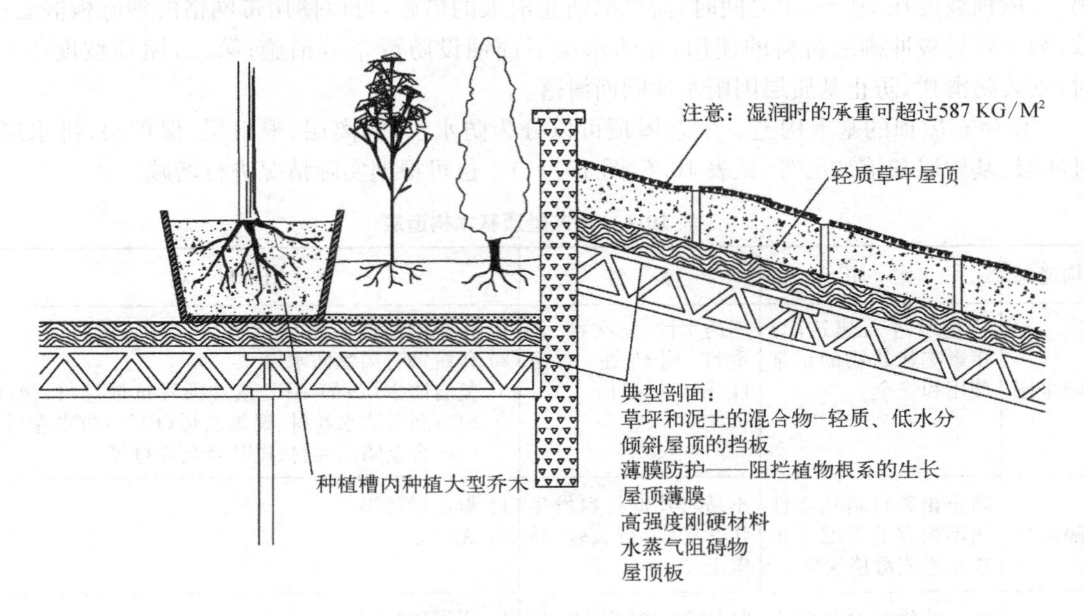

图 10.11 生态屋顶绿化示意图

来源：塞巴斯蒂安·莫法特(Sebastian Moffatt). 加拿大城市绿色基础设施导则，2001.

② 生态屋顶技术规范。以上海市屋顶绿化规范为例，对生态绿化屋顶的技术要求进行分析(见表 10.7)。

表 10.7 上海市屋顶绿化技术规范解读

类 别	项 目	标 准 或 要 求
屋面结构	荷 载	花园式和组合式屋顶绿化，屋面荷载≥4.50 kN/m²（营业性屋顶花园≥6.0 kN/m²）；草坪式屋顶绿化，屋顶荷载≥2.5 kN/m²
	坡 度	坡度<15°
	防 水	必须达到《屋面工程技术规范》(GB50345—2004)建筑二级防水标准
	排 水	设计合理排水系统，保证暴雨 1 h 内排水，在排水口有过滤结构

（续表）

类　别	项　目	标　准　或　要　求
绿化种植	生长基质	基质厚度：乔木 60～190 cm，大灌木 45～90 cm，小灌木 30～60 cm，草本地被 15～45 cm
	植物选择	满足多样性、适生性、易移植、耐粗放管理、生长缓慢、抗风、耐干旱、耐高温的要求
	植物配植	花园式：复层结构，植物色彩丰富；组合式：容器式栽植辅助；草坪式：低成本、低养护原则，耐干旱、耐高温的地被或藤本
景观功能	小品及共用设施	遵循公园设计规范，选择质轻、环保、安全、牢固材料，设置防护围栏（高 130 cm 以上），灯具设置
	出入口及安全通道	设置独立出入口和安全通道，必要时设专门疏散楼梯
维护管理	绿化维护	植物灌溉、修剪、防寒、施肥
	设施维护	设施小品及排水系统安全性维护检查

来源：上海市绿化管理局. 上海市屋顶绿化技术规范，2008.

（4）生态屋顶绿化植物选择与配置。植被层是屋顶绿化发挥生态效益的主要功能层，适应屋顶绿化的生态环境特点是植物选择的基本出发点。生态屋顶绿化在筛选植物时更加强调：

① 尽量选用低矮、抗风、根系浅并且水平根发达、耐贫瘠、耐旱、抗寒、抗病虫害及耐日晒的屋顶绿化材料，宜以地被类植物为主，适当搭配小灌木，避免使用乔木；

② 选择生长慢，修建和轧剪等管理间隔期长的植物，以乡土植物为主，少量引种外来品种，降低养护费用。

生态屋顶绿化常用的地被类植物包括：垂盆草（*Sedum sarmentosum*）、佛甲草（*Sedum lineare*）、凹叶景天（*Sedum emarginatum*）、金叶景天（*Sedum spectabile*）、圆叶景天（*Sedum sieboldii*）、三七景天（*Sedum spetabiles*）、八宝景天（*Sedum spectabile*）、多花筋骨草（*Ajuga multiflova*）、葱兰（*Zephyranthes candida*）、萱草（*Hemerocallis fulva*）、金叶过路黄（*Lysimachia nummularia* 'Aurea'）、沿阶草（*Ophiopogon japonicus*）、麦冬（*Ophiopogon japonicus*）、亚菊（*Ajania pallasiana*）、百里香（*Thymus mongolicus*）、欧亚活血丹（*Glechoma Hederacea*）、丛生福禄考（*Phlox subulata*）、玉带草（*Pratia nummularia*）、矮蒲苇（*Cortaderia selloana* 'Pumila'）、玉簪（*Hosta plantaginea*）、吉祥草（*Reineckia carnea*）、钓钟柳（*Penstemon campanulatus*）、荷兰菊（*Aster novi-belgii*）、金鸡菊（*Coreopsis basalis*）、蛇鞭菊（*Liatris spicata*）、鸢尾（*Iris tectorum*）、石竹（*Dianthus chinensis*）、美人蕉（*Canna indica*）、赤胫散（*Polygonum runcinatum*）、一叶兰（*Aspidistra elatior*）、铃兰（*Convallaria majalis*）、羊齿天门冬（*Radix Asparagi*）、火炬花（*Kniphofia uvaria*）、络石（*Trachelospermum jasminoides*）、马蔺（*Iris lactea Pall*）、火星花（*Crocosmia crocosmiflora*）、黄金菊（*Perennial chamomile*）、美女樱（*Verbena hybrida*）、太阳花（*Erodium stephanianum*）、紫苏（*Perilla frutescens*）、薄荷（*Mentha haplocalyx*）、罗勒（*Ocimum basilicum*）、鼠尾草（*Salvia farinacea*）、薰衣草（*Lavandula pedunculata*）、花叶蔓长春（*Vinca major*）、常春藤属（*Hedera*）、美国爬山虎（*Parthenocissus thomsoni*）、西番莲属（*Passiflora*）、忍冬属（*Lonicera*）等。

(5) 生态屋顶绿化基质土选用。种植基质层是指满足植物生长条件,具有一定渗透性能、蓄水能力和空间稳定性的轻质覆土材料层。为使植物生长良好,同时尽量减轻屋顶的附加荷重,生态屋顶绿化的种植基质不直接选用地面的自然土壤(土壤太重且保水性能差),而是选用既含有各种植物生长所需的元素又质地轻、保水性好、透水的人工基质。例如,选用一些轻质材料,如普通土壤、腐叶土、蚯蚓土、蛭石、珍珠岩、棉岩、锯木屑、谷壳、稻壳灰、炭渣、泥炭土、泡沫有机树脂制品等,其表观密度不仅比一般耕土小许多,而且是经过消毒、筛选及腐熟混合而成的。在实践中,为同时达到轻质、肥沃、保水、排水等良好的效果,通常是几种基质混用或和腐殖土混用;并且,为了稳固种植基层土和植被层,还可在土层表面铺设一层网格状卷材。

出于对房屋结构安全、抗渗、防漏方面的考虑,生态屋顶绿化的覆土厚度必须严格控制,根据配置的植物根系深浅,种植基质层满足正常生长所需的最小土层厚度分别为:草本 10~15 cm、地被 15~30 cm、低矮的花草 20~30 cm、花卉小灌木 30~45 cm、大灌木 40~60 cm、小乔木 60~90 cm。

进行生态坡屋顶绿化,当坡度角度<20°且所种植的植被生长稳定时,不需采取防滑坡措施;如果屋顶坡度在 20°~30°之间,则需要用木格防止植物和栽培基质滑坡;当斜坡的角度>30°时,还须计算其剪应力。

(6) 生态屋顶蓄水和防水设计:

① 蓄水设计。生态屋顶绿化的蓄水层位于保护层和防水层之上、过滤层之下,一般可采用蓄水板的形式,收集和储存多余的屋面雨水,供屋顶植物生长之用。需要收集雨水时,种植层介质土壤应选择孔隙率高、密度小和耐冲刷的,并可在下部布置集水管,集水管周围可适当填塞卵(碎)石,绿化给水通常采用管网喷浇或滴灌的形式。

② 防水设计。由于需要收集和储存屋面雨水,生态屋顶绿化强调屋面结构应具有良好的防水性能,同时还要求防水层具有长期抵抗植物根穿透的能力。屋面防水层设计可以采用柔性(油毡卷材)防水层、刚性防水层或新材料(如三元乙丙防水布)防水。目前使用最多的是柔性防水层或者采用复合防水方案,即设置卷材或涂膜防水层和配筋细石混凝土刚性防水层两道防线,且在普通卷材或涂膜防水层之上空铺或点粘一道具有足够耐根系穿刺能力的材料,如 HDPE 或 LDPE 土工膜、PVC 卷材、PSS 卷材等。

2) 雨水花园设计技术

雨水花园是自然形成的或人工挖掘的浅凹绿地,被用于汇聚并吸收来自屋顶或地面的雨水,是一种生态可持续的雨洪控制与雨水利用设施,同时具有控制径流量、回补地下水、净化、缓解热岛效益以及提高生物多样性等作用。随着城市的不断发展,雨水花园的理论和技术在更大尺度的景观设计中得以应用。

(1) 雨水花园的分类。根据建造的主要功能,雨水花园可以分为两类:一是以控制径流量为目的的;二是以控制径流污染为目的的。

① 以控制径流量为目的的雨水花园。以控制径流量为目的的雨水花园的主要功能是通过调节雨水汇流时间和雨水的及时下渗来减少区域雨洪径流量。其一般适用于处理水质相对较好的雨水,如公共建筑或小区中的屋面雨水、污染较轻的道路雨水、城乡分散的单户庭院径流等。由于污染较轻,该类雨水花园在景观方面往往有更大的优势。

② 以控制径流污染为目的的雨水花园。以控制径流污染为目的的雨水花园也被称作生物滞留区域,其主要功能是通过植物和土壤物对污染物的吸收、吸附等作用来控制初期雨水

径流污染，一般适用于污染较严重的区域，例如停车场、广场、道路的周边。

(2) 雨水花园的构造。雨水花园对雨洪调节与雨水利用有着显著的功效，同时雨水花园本身还是一种管理简单粗放、自然美观的景观绿地，雨水花园构造示意图见图 10.12。

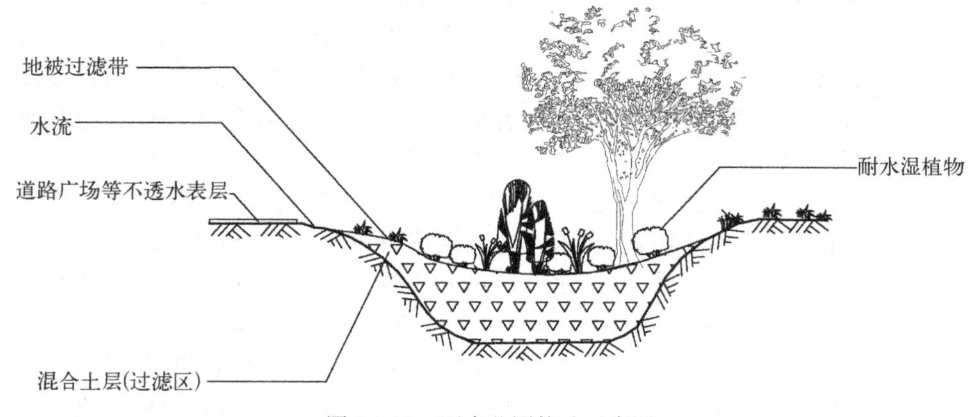

图 10.12　雨水花园构造示意图

雨水花园的构造主要是为了满足其特定的渗水、集水、净化等生态功能，常见的包含以下 6 大部分：

① 蓄水层。位于最上层的蓄水层为过多的暴雨径流提供暂时的滞留空间，发挥雨洪调节作用，同时使得径流中的污染物在此沉淀，促使附着在沉淀物上的有机物和金属离子得以去除。其高度根据周边地形和当地降雨特性等因素而定，一般多为 100～250 mm。

② 覆盖层。覆盖层一般为 3～5 cm 厚的树皮，主要是保持土壤湿度，避免土壤板结而导致土壤渗透性能下降，同时作为微生物生长的环境场所，促进有机物的降解，并且可以过滤大的悬浮物。另外，树皮之间的空隙使得该层对雨水的冲击有缓冲作用，从而减少径流对土壤的侵蚀。其最大深度一般为 5～8 cm。

③ 植被及种植土层。种植土层一般选用渗透系数较大的砂质土壤，其中砂子含量为 60%～85%，有机成分含量为 5%～10%，黏土含量不超过 5%。主要是为植物的生长提供水分及营养物质，过滤雨水径流，通过渗透、植物吸收、土壤吸附、微生物作用去除污染物。雨水内的碳氢化合物、金属离子、营养物和其他污染物在该层被植物根系吸附和微生物所降解。种植土的厚度根据所种植的植物来决定，种植草本植物时一般厚度为 25 cm 左右，灌木需要 50～80 cm 厚；乔木则需要 1 m 以上。

④ 人工填料层。人工填料层多选用渗透性较强的天然或人工材料。具体厚度根据当地的降雨特性、雨水花园的服务面积等确定，多为 0.5～1.2 m。当选用砂质土壤时，其主要成分与种植土层一致；当选用炉渣或砾石时，其渗透系数一般不小于 10～5 m/s。

⑤ 沙层。沙层的目的主要是防止土壤颗粒进入砾石层而引起管道的堵塞，同时也起到通风作用，其厚度一般为 150 mm。

⑥ 砾石层。砾石层主要由直径不超过 50 mm 的砾石组成，厚度 200～300 mm。在该层可埋置直径为 100 mm 的穿孔管，经过渗滤的雨水由穿孔管收集进入邻近的河流或其他排放系统，使净化后的雨水得到利用。

城市公共建筑、住宅区、商业区以及工业区的建筑、停车场、道路等的周边都可以开发成雨水花园，在处理和利用别墅区、旅游生态村等分散建筑和新建村镇的雨洪径流方面雨水花园也大有可为。

(3) 雨水花园的植物配置技术：

① 植物选择。为了保证雨水花园发挥应有的功能，选择植物时必须注意如下几个方面。

a. 保证生态安全。优先选择乡土植物，适当搭配外来物种。因为有的外来物种可能具有生物侵略性，会对本地的土壤水分、营养成分，以及生物群落的结构稳定性及遗传多样性等方面造成影响，严重的会破坏生物多样性及生态平衡。但是，外来物种在试验驯化的前提下可以谨慎选用，既能提高花园中物种多样性，又可以避免物种入侵。

b. 具有净化效能。选用根系发达、茎叶繁茂、净化能力强的植物。植物去污作用与植株的生长状况和根系发达程度密切相关，因此应优先选用对营养物吸收能力（尤其是雨水和土壤中氮和磷的吸收能力）强、根系发达、茎叶茂密和生物量大的物种。净化 N、P 效果较好的植物主要有水葫芦（*Eichhornia crassipes*）、水花生（*Alligator Alternanthera*）、慈姑（*Sagittaria trifolia var. sinensis*）、菱角（*Trape japonica*）和金鱼藻（*Ceratophyllum demersum*）等。在降雨期间，径流的流速较快，要选择根系较深的植物，如根系较为发达的芦苇（*Phragmites australis*），其根系可深入到地下 0.6～0.7 m。整体净化污水能力较强的植物主要有水葫芦、芦苇及伊乐藻（*Elodea canadensis*）等。

c. 较强的抗逆性。雨水花园雨水处理净化消纳系统是全年连续运作的旱地生态系统，植物要经历丰水期和枯水期。为了保证雨水花园全年都能运行，应选择耐涝又有一定抗旱能力的植物。同时，因为植物根系有时要长期浸泡在水中，接触浓度较高且变化较大的污染物，因此所选用的植物应能抗污染、抗病虫害、抗冻、抗热等，耐污能力要强。常用耐污力强的植物种类有水葫芦、芦苇、菱角等。

d. 较好的观赏性。根据植物的观赏特性，选择季相特征明显的或者姿态优美、有质感的植物提高观赏性。同时，选择蜜源植物、食源植物以吸引昆虫和小动物，在城市营造富有自然野趣的景观群落。

② 植物配置。针对雨水花园的功能需求，选择适宜的植物满足不同功能的雨水花园的需要（见表 10.8）。

表 10.8　不同功能的雨水花园的植物选择种类

分　类	主 要 功 能	配 置 的 植 物	应用范围
以控制径流量为主	收集屋面雨水，美化建筑周边环境，注重景观性	乔木可以选择垂柳、红枫等观赏性强的种类，灌木可以选择喜湿润的杜鹃、根系发达的接骨木，在道路边缘或林下的草本可以选择景天类、萱草类草本	居住绿地、附属绿地
	引导城区雨水分流、渗透，缓解城市雨洪压力，结合绿地游憩功能向公众普及雨水花园的生态理念	乔木可以选择耐水湿的落羽杉、垂柳、枫杨，灌木可以选择观赏性强的种类如根系发达的接骨木、喜湿润的山茱萸和唐棣，草本选择耐践踏的狗牙根、雀稗等。结合滨水景观，选择湿生乔木、灌木，如垂柳、风杨、紫穗槐、杜鹃等，以及观赏性强的千屈菜、黄菖蒲，净化能力强的大漂、睡莲等	街旁绿地、公园绿地
以控制污染为主	改善城区雨水质量，净化路面雨水，改善环境	乔木可以选择耐瘠薄、抗性强的白蜡、杜梨，灌木可以选择耐烟尘、抗有毒气体的夹竹桃、根系发达的紫穗槐等，草本可以选择耐旱、耐涝的细叶芒、马蔺等	隔离带、绿化带、停车场下凹绿地

a. 以控制径流量为主要目的植物配置。此类雨水花园一般适用于处理水质相对较好的小汇流面积的雨洪，如公共建筑或小区中的屋面雨水、污染较轻的道路雨水、城乡分散的单户庭院径流等。同时，由于其所处的位置一般位于游人或者居民活动的区域，故应满足人们的活动和观赏需求。

此类花园多选择深根性的植物，如芦苇、香蒲和蕉草等在暴雨径流湿地系统中应用较多。而美人蕉等浅根性的植物则可以根据景观效果适量种植。若进入花园的初期雨水污染物质较多，可以考虑在进水口附近适量种植凤眼莲、大漂等去污能力较强的水生植物。另外，尽量选择四季性的植物，如灌木、草、蕨类植物等，使得雨水花园系统全年都能发挥作用。

位于游人活动较多地区的雨水花园，应选择耐踩踏、耐涝的草本和耐水湿的乔、灌木为主要植物，如狗牙根、雀稗等耐涝能力较强的草坪草；香菇草、三白草、鸭跖草等既耐涝又对污染物有一定吸收作用的地被植物；湿地松、落羽杉、垂柳、枫香等耐水湿的高大乔木等，综合配置营造有层次的空间和丰富的景观。

b. 以控制径流污染为目的的植物配置。此类雨水花园可用于停车场、广场、道路的周边，需要处理地表径流中的SS、BOD、N、P、重金属、难降解有机物及微量元素。因此，需选择对污染物吸收能力较强的植物，或以人工湿地的形式来进行设计，通过植物、动物、土壤的综合作用来净化、吸收雨水。

植物在处理系统中所起的功能在很大程度上决定了种类的选用，如主要去除对象是BOD、N、P、重金属和某些有机物时，需要选择具有较好的富集吸收能力并且生长速度快的种类；如果去除的污染物目标较多时，需要寻找能够有效地发挥多种生态功能的种类，或者不同生态功能类型的种类搭配使用。

自然式湿地沉淀池的沿岸可成片种植芦苇、香根等湿生植物，规则式人工湿地的沉淀池可沿岸边设计成梯台式的植物床种植湿生植物，池塘中限制性地种植凤眼、大漂等水生植物，让悬浮物质得以沉淀的同时，去除雨水中的部分有机污染物。自然式湿地沿线带状种植既能去除有机污染物又有一定观赏价值的湿生植物，如香蒲、灯心草、莎草、美人蕉、姜花等，并适当配植常绿湿生植物，如石菖蒲、旱伞草等，保证冬季的净水能力；随着水质的逐步改善，在一些水流较缓的区域可种植荇菜、睡莲等水生植物，增加观赏性。规则式湿地则依据上述植物净水能力的高低，分别种植于各层的植物塘中，随着水质的净化在一些植物塘中可引入鱼类、蛙类等动物，形成更复杂的动植物群落。

(4) 雨水花园的植物选择。针对雨水花园植物选择的原则，选择适宜的乔灌草用于雨水花园植物群落的构造，具体种类见表 10.9。

表 10.9 适用于雨水花园的植物名录

名称	拉丁名	科 属	优 点	缺 点
湿地松	*Pinus elliottii*	松科松属	常绿，耐寒、耐水湿，姿态优美	碱土中种植有黄化现象
水杉	*Metasequoia glyptostroboides*	杉科水杉属	耐寒、耐水湿能力强，姿态优美	落叶需清理干净
落羽杉	*Taxodium distichum*	杉科落羽杉属	喜光，极耐水湿，姿态优美	落叶需清理干净

（续表）

名称	拉丁名	科属	优点	缺点
池杉	*Taxodium ascendens*	杉科落羽杉属	喜光，极耐水湿，姿态优美	落叶需清理干净
垂柳	*Salix babylonica*	杨柳科柳属	喜光，耐寒，耐水湿	
枫杨	*Pterocarya stenoptera*	胡桃科枫杨属	喜光，耐寒，耐水湿	
红枫	*Acer palmatum*	槭树科槭属	喜疏荫，耐寒，耐酸碱，观叶	不耐水涝
枫香	*Liquidambar formosana*	金缕梅科枫香树属	喜光，深根性，抗风力强	不耐水涝
麻栎	*Quercus acutissima*	壳斗科栎属	喜光，深根性，抗风力强	不耐水湿
钻天杨	*Populus nigra*	杨柳科柳属	喜光，稍耐盐碱和水湿	抗病能力差，生长寿命短
旱柳	*Salix matsudana*	杨柳科柳属	喜光，喜水湿，耐干旱	
楝树	*Melia azedarach*	楝科楝属	喜光，耐寒	
白蜡	*Fraxinus chinensis*	木犀科梣属	喜光，喜湿润，能耐轻盐碱	
杜梨	*Pyrus betulaefolia*	蔷薇科梨属	喜光，喜湿润，能耐轻盐碱	
乌桕	*Sapium sebiferum*	大戟科乌桕属	喜光，能耐短期积水，耐干旱，观叶	
榕树	*Ficus microcarpa*	桑科榕属	喜光，耐水湿	
冬青	*Ilex chinensis*	冬青科冬青属	耐阴湿，萌芽力强	
山胡椒	*Lindera glauca*	樟科木姜子属	喜光，稍耐阴湿，抗寒力强	
杜鹃	*Rhododendron* spp.	杜鹃花科杜鹃花属	喜酸性、湿润土壤	
唐棣	*Amelanchier sinica*	蔷薇科唐棣属	喜光、耐旱、耐寒	
山茱萸	*Cornus officinalis*	山茱萸科山茱萸属	喜阴凉、湿润	
接骨木	*Sambucus williamsii*	忍冬科接骨木属	喜光，耐寒，耐旱，根系发达	
木槿	*Hibiscus syriacus*	锦葵科木槿属	喜光耐半荫，耐寒，耐瘠薄	不耐干旱
柽柳	*Tamarix chinensis*	柽柳科柽柳属	喜光，耐旱，亦较耐水湿，极耐盐碱，根系发达 具有观赏性	
胡颓子	*Elaeagnus pungens*	胡颓子科胡颓子属	耐干旱和瘠薄	不耐水涝
海州常山	*Clerodendrum trichotomum*	马鞭草科大青属	喜光，较耐寒、耐旱，喜湿润	不耐水涝
海棠花	*Malus spectabilis*	蔷薇科苹果属	喜湿润、半阴，耐旱，亦耐盐碱	不耐湿
紫穗槐	*Amorpha fruticosa*	豆科紫穗槐属	喜光，耐寒、耐旱、耐湿、耐盐碱，根系发达	

（续表）

名称	拉丁名	科 属	优 点	缺 点
杞柳	*Salix integra*	杨柳科柳属	喜光，抗雨涝，根深性	
夹竹桃	*Nerium indicum*	夹竹桃科 夹竹桃属	耐烟尘，抗有毒气体	不耐水涝
狗牙根	*Cynodon dactylon*	禾本科 狗牙根属	根茎发达，繁殖迅速，较耐涝	
雀稗	*Paspalum thunbergii*	禾本科雀稗属	湿地上常见草种，耐涝	
马蹄金	*Dichondra repens*	旋花科 马蹄金属	耐荫、耐湿，稍耐旱	不耐践踏
芒草	*Miscanthus sinensis*	禾本科芒属	喜光，耐寒，耐旱，耐涝	
花叶燕麦草	*Arrhenatherum elatius*	禾本科 燕麦草属	喜光，耐荫，耐寒，耐旱，耐水湿	
蒲苇	*Cortaderia selloana*	禾本科蒲苇属	常绿，耐寒、耐旱，观赏性强	
细叶针茅	*Stipa lessingiana*	禾本科针茅属	常绿，叶细长，喜光，管理粗放	
藿香蓟	*Ageratum conyzoides*	菊科藿香蓟属	喜光，喜湿润，能耐轻盐碱	
半枝莲	*Scutellaria barbata*	唇形科黄芩属	喜光，喜湿润	
玉带草	*Arundo donax*	禾本科芦竹属	喜光，喜湿润，耐盐碱	
金叶苔草	*Carex* "Evergold"	莎草科苔草属	常绿，叶金黄，喜光，观赏性强	不耐涝
棕叶苔草	*Carex kucyniakii*	莎草科苔草属	常绿，叶终年棕黄色，喜光，观赏性强	不耐涝
鸢尾	*Iris tectorum*	鸢尾科鸢尾属	生于浅水中，观赏性强	
马蔺	*Iris lactea*	鸢尾科鸢尾属	根系发达稠密，耐旱、耐涝、耐盐碱、耐践踏，具有观赏性	
紫鸭趾草	*Setcreasea purpurea*	鸭趾草科 紫鹃草属	喜光，喜湿润，对土壤要求不严	忌暴晒
蛇鞭菊	*Liatris spicata*	菊科蛇鞭菊属	喜光，耐寒，耐水湿，耐贫瘠，具有观赏性	高于 30℃ 休眠
沼泽蕨	*Thelypteris palustris*	金星蕨科 沼泽蕨属	可生于沼泽中	
美人蕉	*Canna indica*	美人蕉科 美人蕉属	对于 COD 和氨态氮的去除效果明显	根系较浅
萱草	*Hemerocallis fulva*	百合科 萱草属	耐干旱、潮湿、贫瘠，具有观赏性	

（续表）

名称	拉丁名	科属	优点	缺点
景天属	*Sedum*	景天科景天属	喜强光，耐贫瘠和干旱，生长迅速	不耐水涝
落新妇属	*Astilbe*	虎耳草科落新妇属	喜半荫，喜湿润，对土壤要求不严，具观赏性	
芦苇	*Phragmites australis*	禾本科芦苇属	根系发达，可深入地下 60～70 cm，具有优越的传氧性能，有利于 COD 的降解，适应性、抗逆性强	植株较高、蔓延速度过快，小面积雨水花园中不适用
芦竹	*Arundo donax*	禾本科芦竹属	生物量大，根状茎粗壮，较耐旱	植株较高，小面积雨水花园不适用
香根草	*Vetiveria zizanioides*	禾本科香根草属	根系强大，抗旱、耐涝、抗寒热、抗酸碱，对于氮磷的去除效果明显	植株较高、生长繁殖快，小面积雨水花园中不适用
香蒲	*Typha orientalis*	香蒲科香蒲属	根系发达，生产量大，对于 COD 和氨态氮的去除效果明显	
香菇草	*Hydrocotyle vulgaris*	伞形科天胡荽属	喜光，可栽于陆地和浅水区，对污染物的综合吸收能力较强	不耐寒
细叶莎草	*Cyperusalternifolius* ‘*Gracilis*’	莎草科莎草属	根系深，对营养元素的综合吸收能力较强，叶细观赏性强	不耐寒
姜花	*Hedychium coronarium*	姜科姜花属	生物量大，对氮元素的吸收能力较强，观赏性强	不耐寒，不耐旱
茭白	*Zizania latifolia*	禾本科茭白属	对 Mn、Zn 等金属元素有一定富集作用，对 BOD 的去除率较高，可食用	不耐旱
慈姑	*Sagittaria sagittifolia*	泽泻科慈姑属	叶形奇特，观赏性强，对 BOD 的去除率较高，可食用	根系较浅
薏苡	*Coix lacroymajobi*	禾本科薏苡属	根系发达，生物量大，可食用，有一定抗旱性	
灯心草	*Juncus effusus*	灯心草科灯心草属	半常绿，较耐旱，根状茎粗壮横走，净水效果良好	
石菖蒲	*Acorus gramineus*	天南星科菖蒲属	常绿，根状茎横走多分枝	不耐旱
旱伞草	*Cyperus alternifolius*	莎草科莎草属	常绿，茎直立、丛生、无分支、三棱形，高可达 50～160 cm	不耐寒
条穗苔草	*Carex nemostachys*	莎草科苔草属	常绿，喜光，喜湿润，较耐寒	
千屈菜	*Lythrum salicaria*	千屈菜科千屈菜属	较耐旱，观赏性强	去污能力弱
黄菖蒲	*Iris pseudacorus*	鸢尾科鸢尾属	较耐旱，观赏性强	

（续表）

名称	拉丁名	科 属	优 点	缺 点
泽泻	*Alisma plantago-aquatica*	泽泻科泽泻属	耐寒耐旱，观赏性强	
红莲子草	*Alternanthera paronychioides*	苋科苋属	较耐旱，叶终年通红，观赏性强	
三白草	*Saururus chinensis*	三白草科三白草属	较耐旱，观赏性强	
凤眼莲	*Eichhornia crassipes*	雨久花科凤眼莲属	繁殖能力强，除氮效果佳	需严格控制种植范围，冬季休眠
大漂	*Pistia stratiotes*	天南星科大漂属	繁殖能力强，除氮效果佳	需严格控制种植范围，冬季休眠
水蕹	*Aponogeton lakhonensis*	水蕹科水蕹属	生物量大，除氮效果佳	冬季休眠
水芹	*Oenanthe javanica*	伞形科水芹属	生物量大，除氮效果佳，可食用	夏季休眠
睡莲	*Nymphaea tetragona*	睡莲科睡莲属	生物量大，除氮效果佳，可食用	
荇菜	*Nymphoides peltatum*	龙胆科荇菜属	喜阳耐寒，观赏性强	
萍蓬草	*Nuphar pumilum*	睡莲科萍蓬草属	喜阳耐寒，观赏性强	
藨草	*Scirpus triqueter*	莎草科藨草属	耐寒，耐湿，可观赏	

来源：刘佳妮. 雨水花园的植物选择[J]. 北方园艺，2010，(7)：129－132.

3）植草沟设计技术

植草沟可以控制和削减进入受纳水体的径流污染负荷，并能有效控制暴雨径流造成的城市面源污染。

(1) 植草沟定义。植草沟是指种植植被的景观性地表沟渠排水系统。地表径流以较低流速经植草沟持留、植物过滤和渗透，雨水径流中的多数悬浮颗粒污染物和部分溶解态污染物可有效去除（Homer R R，1988）。植草沟在最佳管理措施（best management practices，BMPs）或可持续城市排水系统（sustainable urban drainage system，SUDS）措施中应用在源头、污染物传输途径和就地处理系统，应用区域包括居民区、商业区和工业区。路旁的植草沟可以代替传统的雨水口和排水管网，从根本上解决传统雨水和污水管道混接和乱接的问题，并通过恰当的管理措施，有效控制并处理径流传输过程和进入受纳水体前的污染物（见图10.13）。植草沟作为BMPs或SUDS的重要组成部分，和其他措施联合运行，在完成输送功能的同时满足雨水的收集及净化处理的要求（刘燕，2008）。

(2) 植草沟类型。根据地表径流在植草地沟中的传输方式，植草沟分为3种类型：标准

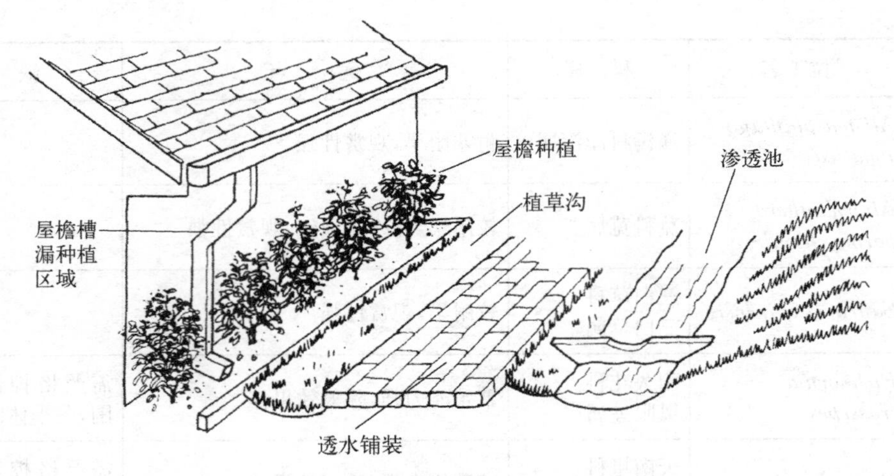

图 10.13　植草沟在雨洪管理设施中示意图

来源：塞巴斯蒂安·莫法特(Sebastian Moffatt).加拿大城市绿色基础设施导则,2001.

传输植草沟(standard conveyance swales)、干植草沟(dry swales)和湿植草沟(wet swales)。标准传输植草沟是指开阔的浅植物型沟渠,它将集水区中的径流引导和传输到BMPs的其他处理措施;干植草沟是指开阔的、覆盖着植被的水流输送渠道,它在设计中包括了由人工改造土壤所组成的过滤层,以及过滤层底部铺设的地下排水系统,设计强化了雨水的传输、过滤、渗透和持留能力,从而保证雨水在停留时间内从沟渠排干;湿洼地与标准传输沟系统类似,但设计为沟渠型的湿地处理系统,该系统长期保持潮湿状态。3种类型植草沟都可应用于乡村和城市化地区,由于植草沟边坡较小,占用土地面积较大,因此一般不适用于高密度区域。标准传输型植草沟一般应用于高速公路的排水系统,在径流量小及人口密度较低的居住区、工业区或商业区,可以代替路边的排水沟或雨水管道系统。干植草沟最适用于居住区,通过定期割草,可有效保持植草沟干燥。湿植草沟一般用于高速公路的排水系统,也用于过滤来自小型停车场或屋顶的雨水径流,由于其土壤层在较长时间内保持潮湿状态,可能产生异味及蚊蝇等卫生问题,因此不适用于居住区。

(3) 植草沟设计步骤:

① 植草沟的布置。植草沟的布置遵循如下原则:平面规划和高程设计与自然地形充分结合,保证雨水在植草沟中重力流排水通畅,并且避免对坡岸的冲蚀;在进行植草沟的平面布置和服务汇水面积划分时尽量使植草沟内的降雨径流量均匀分配;植草沟的高程布置应考虑节省工程造价,并做好相应的土方平衡计算;植草沟的设置需考虑与其他BMP措施协同净化雨水及径流量调节,保证各措施的合理衔接;植草沟的布置与周围环境相协调,充分发挥景观效应。

② 植草沟设计流量确定。进入植草沟系统的降雨径流量:

$$Q_1 = \Psi q F \times 10^{-3} \tag{10.1}$$

式中:Q_1 ——设计降雨径流量(m^3/s);

Ψ ——综合径流系数,其数值<1;

F ——汇水面积($10^4 m^2$);

q ——设计暴雨强度($L/s \cdot 10^4 m^2$)。

③ 植草沟水力计算(Barrett M E,等,1998)。根据工程实际情况和经验数据,选择植草沟形状,确定植草沟坡度、粗糙度及断面尺寸,通过曼宁等式计算植草沟水流深度、流量及植草沟长度。曼宁等式表示为

$$Q_2 = V \times A = \frac{AR^{\frac{2}{3}} i^{\frac{1}{2}}}{n} \tag{10.2}$$

$$R = \frac{A}{P} \tag{10.3}$$

式中:Q_2 ——植草沟计算径流量(m^3/s);

V ——雨水在植草沟断面的平均流速(m/s);

A ——植草沟横断面面积(m^2);

R ——横断面的水利半径(m);

i ——植草沟纵向坡度(m/m);

n ——曼宁系数;

P ——湿周(m)。

植草沟的长度为

$$L = 60Q_2 t/A = 60Vt$$

式中:L ——植草沟设计长度(m);

t ——水里停留时间(min)。

④ 植草沟设计要素校核。用公式(10.2)和公式(10.1)验算流量和流速,当以一年一遇的暴雨强度计算得出的 $Q_2 < Q_1$ 时,或以 30 年一遇的暴雨强度计算得出的 $Q_2 > Q_1$ 时,返回步骤(10.3),调整相关参数,直到满足条件为止。当以一年一遇的暴雨强度计算得出的 $Q_2 > Q_1$ 时,植草沟有足够处理暴雨的能力;且以 30 年一遇的暴雨强度计算得出的 $Q_2 < Q_1$ 时,植草沟中径流流速和深度不会引起侵蚀,此时计算完毕。在设计要素的基础上进一步对植草沟进行平面和高程布置,保证植草地沟的径流水力临界条件和污染物净化效果。

(4) 植草沟设计参数确定

① 曼宁系数(n)值(见表 10.10)。曼宁系数 n 值与植草沟的许多物理特征相关,如与沟底和沟边坡的粗糙度、植物种植类型、高度和密度及植物对雨水在植草沟中的水流方式的影响、植草沟曲折变化程度、植草沟纵向坡度以及雨水在植草沟中的侵蚀和沉淀等因素相关,此变量直接影响植草沟中水流的排放、流速的估算。Cowan(1956)提出计算曼宁系数的方法(式 10.4),并应用于大量的工程实例中。

$$n = (n_0 + n_1 + n_2 + n_3 + n_4) \times m_5 \tag{10.4}$$

式中:n ——植草沟的曼宁粗糙系数;

n_0 ——与植草沟渗透材料有关的系数;

n_1 ——反映植草沟不规则程度的系数;

n_2 ——反映植草沟断面变化的系数;

n_3 ——与植草沟控制堰或污染物拦截设置有关的系数;

n_4——与植草沟植物种植有关的系数；

m_5——反映植草沟曲折程度的系数。

表 10.10　植草沟曼宁粗糙系数 n 计算的各系数取值

系　　数	设计条件	曼宁系数取值
植草沟材质 (n_0)	土壤 细砂砾 粗砂粒	0.020 0.024 0.028
植草沟不规则程度 (n_1)	规则 较规则 中等规则 不规则	0.000 0.005 0.010 0.020
植草沟断面变化程度 (n_2)	小 中 大	0.000 0.005 0.010～0.015
与植草沟堰 (n_3)	无 少 中 多	0.000 0.010～0.015 0.020～0.030 0.040～0.060
植草沟种植 (n_4)Z	低 中 高 很高	0.005～0.010 0.010～0.025 0.025～0.050 0.050～0.100
植草沟曲折程度 (m_5)	直 较曲折 弯曲	1.000 1.150 1.300

来源：Cowan W. L Estimating hydraulic roughness coefficients，1956，37(07)：473－475.

② 植草沟纵向坡度(i)和断面边坡坡度(i_0)。为避免径流速度太快影响污染物处理效果和流速太慢渗透量变大两种情况，标准传输植草沟 i 取值范围通常为 1%～5%，当 i<1%时存在洪涝风险，应设计为干植草沟，通过地下排水渠增加径流渗透和传输。干植草沟和湿植草沟没有最小纵向坡度限制，但干植草沟地下排水渠的最大纵向坡度为 2.5%。在工程设计中，当实际地形原始坡度偏大，可将植草沟做成阶梯状，使纵向坡度的平均值满足设计要求，也可在植草沟中间设置堰体，减小径流流速，提高对污染物的处理效果。断面边坡坡度是控制断面尺寸的参数，通常 i_0 的取值范围是 1/4～1/3，这样，径流能够以较浅的深度、较低的流速在植草沟流动，此时断面湿周也较大，可以防止边坡侵蚀并加强污染径流经过边坡时的过滤作用。

③ 植草沟的高度、最大有效水深(d)及断面高度(d')。为了同时兼顾植草沟的输水能力，保证暴雨时雨水能够顺利地通过植草沟排出，植草沟的高度应大于最大有效水深，但一般最大不宜>0.6 m。一旦径流水深超过 d，减小 n，这样的设计参数取值既保证了对重现期较低的降雨径流污染的控制，又满足了重现期较高时，径流水能顺利排出。

④ 水力停留时间(t)。水力停留时间又称名义停留时间,其取值范围为6～8 min。由于植被摩擦阻力等因素,实际水力停留时间可能大于理论计算值。t值越大,植草沟对污染物的去除效果越好。根据项目具体条件,并结合植草沟长度,保证径流雨水在标准传输型植草沟的水力停留时间为6～8 min,干植草沟的水力停留时间为24 h。

⑤ 最大径流流速(V)。为了防止雨水径流对植草沟表层土壤以及覆盖植被的冲蚀,特大降雨事件的径流在植草沟中的流速应<1.0 m/s。

⑥ 植草沟底宽。植草沟底部应设计为水平,宽度为0.5～2 m。当设计底宽>2 m时,应在植草沟纵向增设水流分离装置,防止植草沟侵蚀和底部顺流沟渠化。

⑦ 植草沟的长度(L)。L从净化径流雨水的角度考虑最好>30 m,当区域径流水质较好,也可视具体情况减小。据资料介绍(Wigington P J,1996),利用植草沟去除污染物,有80%的污染物是在60～75 m内去除的,为了保证对污染物的去除率,最短长度不宜<30 m。

(5) 植草沟运行和维护

① 植草沟入口和出口。为了保证植草沟对雨水的处理效果和防止冲蚀,水流能否均匀分散地进入和通过植草沟非常关键。通常道路旁按一定间隔放置路边石,可保证水流侧向分散汇入植草沟。当径流通过雨水口或管道集中汇入植草沟时,植草沟入口处侵蚀和淤塞风险增加,可用卵石等进行分流处理。植草沟的出水侵蚀保护同样重要,应在出口处设置溢流结构或设置防侵蚀溢流沟渠,保证超出植草沟径流量的雨水能安全流至下游排水系统。

② 植被的养护。植被覆盖良好可以提高植草沟对雨水的处理能力并保证良好的景观效果,但若植被过量生长,则会使过水断面减小。因此,植被需定期收割,设计高度为50～150 mm,最大高度为75～180 mm,切割后的草高为40～120 mm。如植被切割过量,会加大雨水径流流速,降低污染物去除率。新建植草沟的植被应适量施肥,维持草的健康生长。

③ 及时清除植草沟内的沉积物和杂物。大量的沉积物和杂物堆积势必会影响植草沟的正常运行,沉积物清除后会打乱植物原有的生长状态,需恢复原设计的坡度和高度,可修补或局部补种植被。

④ 设置滤网及清理。在植草沟的入湖口(或其他储存设施入口),可以设置简易的滤网,拦截树叶、杂草等较大的垃圾,并及时清理滤网附近被拦截的杂物。

10.2.3 城镇雨水利用

城镇雨水利用是指在城镇范围内,有目的地采用各种措施对雨水资源进行保护和利用,主要包括:雨水收集净化后的直接利用;利用各种人工或自然水体(如池塘、湿地或低洼地)对雨水径流实施调蓄;通过人工或自然渗透设施使雨水渗入地下。

雨水收集处理后的主要用途包括:

① 景观用水,即形成具有一定生态环境效益的水体景观,以满足人们的视觉享受和亲水需求;

② 市政及生活杂用,即将对雨水处理后形成的中水,用于浇灌城市绿地及作为相关市政用水,或为人们提供日常生活杂用,如冲厕、洗车等;

③ 补充地下水,即补偿由于各种人类活动而造成的地下水位普遍下降的破坏性影响。雨水资源利用目前在建筑及风景园林设计中有较多尝试,已发展成为一种多目标的综合性技

术，主要涉及雨水的收集、截污、调蓄、净化和应用等流程(见图 10.14)。

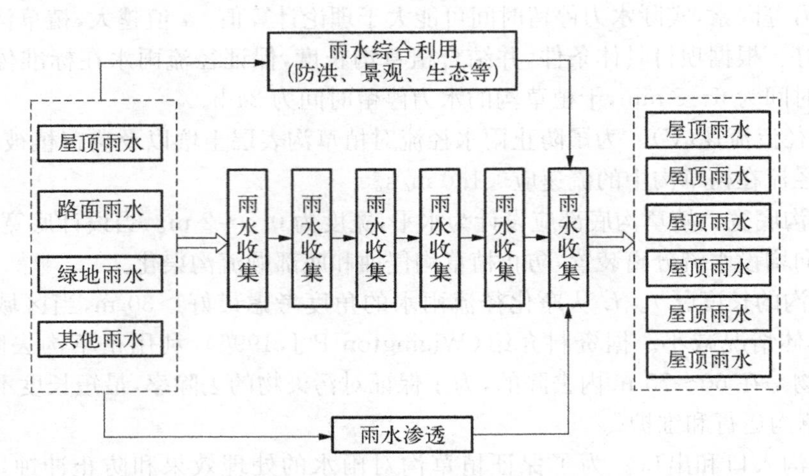

图 10.14　城镇雨水利用系统图

10.2.3.1　城镇雨水收集与截污措施

城镇雨水收集主要包括对屋面雨水、广场雨水、绿地雨水和污染较轻的路面雨水的收集。在设计中，应根据不同的径流收集面，采取相应的雨水收集和截污措施(见表 10.11、表 10.12)。

表 10.11　雨水收集方式与设计要点

收集面	主要收集方式	设　计　要　点
屋　面	按照雨水管道的位置分为外收集系统和内收集系统，普通屋面雨水外收集系统由檐沟、收集管、雨落管、连接管等组成 屋面面内收集系统由屋面、雨水斗及建筑物内部的连接管、悬吊管，立管、横管等雨水管道组成	一般情况下尽量采用外收集方式或两种收集方式综合考虑，对于跨度大、跨度多、屋面要求高的建筑可使用内收集系统 雨水集水管必须单独配管，不得与建筑物的污水排水管或通气管并用 不同楼层的集雨区域应设置各自独立的排水路径，避免混用造成底层的泛水溢流
路　面	可以采用雨水管、雨水暗渠、雨水明渠等方式收集雨水，水体附近汇集面的雨水也可利用地形通过地表面向水体汇集	尽量采用重力流的方式收集雨水 若地形坡度和场地条件允许，利用道路两侧的低绿地或有植物覆盖的自然排水浅沟是一种有效且兼具截污、净化功能的雨水收集方式
停车场广场	收集方式与路面类似	由于人们的集中活动和车辆的泄漏等原因，这些场地的雨水径流水质会受到明显的影响，设计时需要考虑有效的管理和截污措施
绿　地	绿地本身既是一种汇水面，又是一种雨水的收集和截污措施	作为一种雨水汇集面，绿地的径流系数很小，设计时要考虑通过绿地，径流量明显减少的问题。如需收集回用，一般可采用浅沟、雨水管渠等方式对绿地径流进行收集

来源：骆天庆，王敏，戴代新. 现代生态规划设计的基本理论与方法[M]. 北京：中国建筑工业出版社，2008.

表 10.12 雨水径流截污措施与设计要点

收集面	主要截污措施	特性与设计要点
屋 面	截污滤网装置	这类装置只能取出一些大颗粒污染物，对细小的或溶解性污染物没有截污效果，适用于水质较好的屋面径流
	花坛渗滤净化装置	可以利用建筑物周边花坛来接纳净水屋面雨水、兼具美化环境和截污功能；在满足职务正常生长要求的前提下，尽可能选用渗滤速率和吸附净化污染物能力较大的土壤填料
	初期雨水弃流装置（弃流池、弃流井、雨落管弃流装置等）	一种非常有效的雨水径流水质控制技术、价格便宜 合理设计可以控制径流中的大部分污染物，包括细小的或溶解性污染物。屋面雨水一般可按 2 mm 控制初期弃流量，对有污染性的屋面材料，如油毡类屋面，可以适当加大弃流量
路 面	截污挂篮	设置在路面的雨水口处，长宽一般较雨水口略小 20～100 mm，深度保持挂篮底部位于雨水口连接管的顶部以上 300～600 mm。截污效果明显，但需要及时清洗或更换，设计时注意在挂篮上部设溢水口，防止因堵塞导致积水
	初期雨水弃流装置	与屋面初期雨水弃流装置类似，若弃流量较大，根据污染条件而定，一般不宜少于 6 mm，一般设计为地下式，适合设在径流集中、附近有埋深较大污水井的地方，以利用重力排放初期雨水
	雨水沉淀井 雨水浮查隔离井	沉淀井可按平流式沉砂池或旋流式沉砂池来设计，浮渣隔离井设计。可参照隔油井，也可在井内设置简易格栅。井内的出水口设置在较高的中间部位，出水口以下为沉淀固体物的沉淀区。此类截污并可截流较大的可沉固体和漂浮物，但对沉淀速率慢的细小颗粒、胶体物以及溶解性污染物的去除效果差，需及时清洗
	植被浅沟与缓冲带	利用地表植物和土壤可以有效减少雨水径流中的悬浮固体颗粒和有机污染物，投资少，施工简单，管理方便，景观效果好，植被可以减少雨水流速，保护土壤在大暴雨时不被冲刷，减少水土流失 植被浅沟能收集较多径流量，具有输送功能，适宜较长距离输送雨水径流，在坡度、图纸、景观等满足要求的区域可代替雨水管，适宜建造在居住区、商业区、公园和道路边等 缓冲带多为平坦的植被区，接受大面积分散降雨量，适宜建造在池塘边，露天停车场和园区内不透水区域周边
停车场广场	植被浅沟与缓冲带	设置在停车场或广场周边，可以种植不同的花卉灌木，具有良好的景观效果，其他特性与设计要点参见路面雨水径流截污措施中的“植被浅沟与缓冲带”
	初期雨水弃流装置	污染较严重的初期雨水通过该装置就近排入污水管道 汽车租赁和修理企业泄漏污染量较大的停车场不宜进行雨水收集，设计时通过该装置就近排入污水管，减少对环境的污染
绿 地	绿地	绿地本身就是一种有效的径流截污、净化装置，还能调蓄雨水（低势绿地）和增加下渗，合理设计可发挥综合作用
	滤网、挂篮	采用浅沟、雨水灌渠方式收集雨水时，利用该装置有效拦截杂草和大颗粒的污染物

来源：骆天庆，王敏，戴代新. 现代生态规划设计的基本理论与方法[M]. 北京：中国建筑工业出版社，2008.

10.2.3.2 城镇雨水调蓄方式

雨水调蓄是指雨水的调节和储存。传统意义上的雨水调节主要是为了削减洪峰流。雨水回用系统中的雨水调移,除了调节作用外,还需为满足雨水利用要求而设置雨水暂存空间,以将备净化回用。表10.13列出了雨水调蓄设计的基本方式、特点和适用条件。在生态设计中,建议根据地形地貌,结合停车场、运动场、公园、绿地等,建设多功能雨水调蓄池,集雨水调蓄、防洪、城市景观、休闲娱乐于一体,达到节水、节能、节地的目的。

表10.13 雨水调蓄的方式、特点、常见做法和适用条件

<table>
<tr><th colspan="2">雨水调蓄方式</th><th>特　点</th><th>常见做法</th><th>适用条件</th></tr>
<tr><td rowspan="3">调蓄池</td><td>地下封闭式</td><td>节省占地,便于雨水重力收集,卫生、安全、适应性强,但施工难度大,费用较高</td><td>钢筋混凝土结构、砖混结构、玻璃钢水池等</td><td>多用于小区或建筑群雨水利用</td></tr>
<tr><td>地上封闭式</td><td>安装简便,施工难度小,维护管理方便。但占用地面空间,水质不能保障</td><td>玻璃钢、金属、塑料水箱等</td><td>多用于单体建筑雨水利用</td></tr>
<tr><td>地上开敞式(地表水体)</td><td>充分利用自然条件,可与景观、净化相结合,生态效果好,调蓄容积较大,费用较低,但占地较大,蒸发量较大</td><td>天然低洼地、池塘、湿地等</td><td>多用于开阔区域,如公园、新建小区等</td></tr>
<tr><td colspan="2">雨水管道调节</td><td>简单、实用,但调蓄空间一般较小,有时会在管道底部产生淤泥</td><td>在雨水管道上游或下游设置溢流口,保证上游排水安全,在下游管道上设置流量控制闸阀</td><td>多用于管道调蓄空间较大的情况</td></tr>
<tr><td colspan="2">多功能调蓄</td><td>可以实现雨水的多功能调蓄利用,如削减洪峰、减少水涝、调蓄利用与水资源、增加地下水补给、创造城市水景、提供动植物栖息场所</td><td>灵活多样,一般为地表式,主要利用地形、地貌等条件,常与停车场、运动场、公园、绿地等一起设计和建造</td><td>多用于城乡结合部,卫星城镇、新开发区、公园、城市绿化带、低洼地带等</td></tr>
</table>

来源:李俊奇,孟光辉,车伍.城市雨水利用调蓄方式及调蓄溶剂使用算法的探讨[J].给水排水,2007,33(2):42-46.

10.2.4 生态种植技术

生态种植是指应用生态学原理和技术,借鉴地带性植物群落的种类组成、结构特点和演替规律,构建多样性景观,对绿地的整体空间进行合理配置,健全群落生态结构,以追求更大的整体生产力,并最大程度地发挥其清洁空气、释放氧气、调节温度和湿度、保持生物多样性等生态效益。生态种植技术主要包括:近自然植物群落配置技术、低碳型植物群落和节约型植物群落配置技术。

10.2.4.1 近自然植物群落配置技术

按照植物群落学和生态学的理论,以植物群落演替学说中顶极植物群落的原理为支撑,遵循植物的自然生长发展规律,采用适应度高的建群种、优势种及其他乡土物种,构建物种多样性高、空间结构层次复杂、生态服务功能充分的人工植物群落。

近自然植物群落营建的理论依据主要有：

(1) 顶级群落理论。无论原生演替或次生演替，生物群落总是由低级向高级、由简单向复杂的方向发展，经过长期不断的演化，最后达到一种相对稳定状态。在演替过程中，生物群落的结构和功能发生着一系列的变化，生物群落通过复杂的演替，达到最后成熟阶段的群落是与周围物理环境取得相对平衡的稳定群落，称为顶级群落。

(2) 潜在植被(potential natural vegetation)。是德国著名植被生态学家 Tuxen(1956)提出的，他认为潜在自然植被是假定植被全部演替系列在没有人为干扰及现有的环境条件下(如气候、土壤条件、包括由人类所创造的条件)完成时，该立地应该存在的植被。潜在自然植被不一定是现状植被，而是与它所处立地达到平衡的演替终态，即潜在的自然植被终态，一旦人类的干扰停止即可实现的演替顶极。宫胁(Miyawaki, 1993)认为，潜在自然植被是和当地气候、土壤等环境因子协调最好的植被，在自然条件下能自我更新和调节，不需要人为管理，且生态效益最佳，可将其作为当地生境植被环境恢复的蓝图。

(3) 宫胁造林法。以潜在自然植被和新演替理论为基础，Miyawaki 提出了环境保护林营建的方法，称为宫胁造林法，即以群落演替和潜自然植被理论为基础，选择当地乡土树种，应用容器育苗等“模拟自然”的技术和手法，通过人工营造与后期植物自然生长的结合，超常速、低造价地建造以地带性森林类型为目标的、群落结构完整、物种多样性丰富、生物量高、趋于稳定状态、后期完全遵循自然循环规律的“少人工管理型”森林。

近自然多层复合群落结构不仅生态效益高，而且还具有减轻自然灾害的功能。1898 年，德国林学家盖耶尔(Gayer)提出的近自然林业理论，是基于利用森林自然动力的生态机制，从尊重和接近森林生态系统原发机制的原则出发，在确保森林结构关系、自我保存能力的前提下，遵循自然规律的林业活动，是一种接近自然的森林经营模式，可实现林业生产可持续与生态可持续的有机结合。近自然林业经营的目标林为混交—异龄—复层林，手段是应用“近自然林经营法”，是兼容林业生产和森林生态保护的一种经营模式，其本质特征是自然林系统和人工林系统的生态平衡。

10.2.4.2 低碳型植物群落配置技术

1) 低碳绿化与绿地碳平衡

绿地碳输入形式主要是植被光合固碳，而碳输出形式不仅与自然的碳排放过程有关，还与绿地的养护管理相关。植被固碳与树种和树种配植方式密切相关。自然碳输出形式包括：生态系统呼吸、枯落物分解及土壤侵蚀，其中生态系统呼吸是主要的碳输出形式，植被固定的碳大部分以呼吸释放 CO_2 的形式返回大气。人为造成的 CO_2 排放由绿地养护管理引起，其中修枝、抽稀是直接的碳输出形式，而灌溉、器械、农药和化肥的施用是间接的碳输出形式；有机肥施用既是碳输入形式，也是碳输出形式，分解过程形成的 CO_2 返还大气，形成的有机碳进入土壤。低碳绿化的实质就是增加绿地系统的净碳输入，涉及绿化树种的选择与配植，以及绿地的养护管理方式。

2) 影响植物固碳能力的因素

(1) 植物特性：

① 对环境的适应能力。如果植物对环境的适应能力很强，养护管理需求就很少，或基本不需要养护管理。这意味着吸收 CO_2 能力很强，同时碳排放很少。

② 植物体量。植物体量也和固碳能力有关，特别是木质部越大，固碳能力就越强。

③ 寿命和生长速度。如银杏和芭蕉,银杏的碳汇作用比芭蕉强。芭蕉的固碳能力很强,但它固定后很快就释放CO_2,不能长时间将CO_2锁定在植物体内。而长寿的银杏寿命可以超过3 000年,胸径达4 m,可长时间固碳。因此,生长速度快、寿命长的植物的碳汇作用强。

④ 植物的结构。植物的叶、枝条、树干、根系的比例关系很重要。最稳定的碳汇是树干和根系,小枝条和叶片不稳定。叶片寿命往往只有几个月到十几个月,落叶腐烂后又放出CO_2。植物的木质结构部分的比例影响CO_2固定的时间和效率。

⑤ 乡土与外来树种。乡土与外来树种固碳效用的差别源于对环境适应能力。除此之外,本地树木的采集、搬运成本较低,排碳量较少;外来植物运输成本高,排碳量高。

(2) 植物的规格和种植密度。植物的种植密度太低,碳汇作用下降;密度太高,植物生长不良,释放CO_2增加,阳光利用效率下降,碳汇作用也会下降。

此外,移栽植物规格越大,排碳量越大,固碳量越低。如超大规格树木,种植后需要3～5年时间才能恢复其吸收CO_2的能力。期间,它的碳排放可能超过碳吸收量。而小规格树木一年时间就能恢复,生长快速,可发挥良好的固碳作用。

(3) 植物的生长环境。不同的生长环境也会对植物的生物量和固碳量产生很大影响,如花岗岩石坡环境的生物量较少,而缓坡地带单位面积生物量则大得多。因此,创造适合植物生长的环境,包括水分、土壤环境等对植物碳汇作用的影响很大。

3) 影响植物固碳效应的主要指标

(1) 叶面积指数。植物的叶面积指数越大,单位面积绿地的叶片面积越大,固碳释氧量就越大。

(2) 郁闭度。一般而言,绿地植物的固碳率随着郁闭度等级的提高而增加。

(3) 植物的种类:

① 固碳能力高的植物种类。固碳能力较高的园林植物包括:垂柳、糙叶树(*Aphananthe aspera*)、乌桕、麻栎、醉鱼草(*Buddleja lindleyana*)、木芙蓉(*Cottonrose Hibiscus*)、荷花(*Nelumbo nucifera*)、蝴蝶花(*Iris japonica*)、火棘(*Pyracantha fortuneana*)、锦带(*Weigela florida 'Variegata'*)、刺槐(*Robinia pseudoacacia*)、桃(*Prunus persica*)、夹竹桃、金钟花(*Forsythia viridissima*)、金叶女贞(*Ligustrum vicaryi*)、广玉兰(*Magnolia grandiflora*)、槐树(*Sophora japonica*)、喜树(*Camptotheca acuminata*)、悬铃木(*Platanus acerifolia*)、香樟(*Cinnamomum camphora*)、枇杷(*Eribotrya japonica*)等。

② 低养护、节约型植物种类。应大力推广耐旱植物、耐瘠薄植物、节水植物、易养护植物、攀援植物、屋顶绿化植物、岩生植物以及优良的乡土树种等养护管理简单的园林植物。

③ 植物种类的丰富程度。在植物群落中,植物种类越丰富,其整体的固碳能力就越高。

4) 低碳型植物群落的构建

(1) 常绿、落叶植物和乔、灌木搭配。灌木树种通常具有较强的固碳释氧能力,在乔木林中适当提高灌木的量,可有效提高群落整体的固碳水平。在生长季节,落叶树种通常比常绿树种具有较强的固碳能力,但秋冬季节,落叶树种的固碳效益几乎为零。因此,将常绿植物、落叶植物和乔木树种、灌木树种合理搭配,是构建低碳型植物群落的重要手段。

(2) 不同龄级树木搭配。年龄相对较低的树木固碳能力高于高龄树。就单株碳储量而言,古树远高于常规树种,但由于古树数量基本保持不变,生长也基本停止,碳储量较稳定,对固定大气中CO_2的贡献较小。因此,不同龄级树木搭配种植可在营建低碳植物群落的同时,兼顾多方面的需求。

5）低碳型植物选择

在具体的低碳型绿化植物选择过程中，应根据绿地的建设目标，在实地考察绿地所处地区的土壤、气候条件等生态环境特点及乡土植物应用状况的基础上，综合考虑绿地的特点及要求，以所处地区现有的、适生的植物种类与常用绿化植物为主要筛选对象。同时，对初选植物的固碳能力、维护成本及生态功能进行分析，以选择高固碳、低维护的适生绿化植物。

10.2.4.3　节约型植物群落配置技术

节约型植物群落配置是指遵循园林植物的生长规律和立地条件，合理利用乔木、灌木、草本植物配植构建的植物群落，其结构稳定，病虫害少，生态效益良好，维护成本较低，而且能满足居民的游憩活动需求。

节约型园林植物群落按照城镇绿地植物群落的空间结构类型和使用水平可分为半开敞型、垂直郁闭型、水平郁闭空间类型、完全封闭型、疏林草地型和冠下活动型。

1）半开敞空间类型

空间的顶面开敞、前景开敞，丛状乔灌木在一定程度上限制了视线的穿透，背景高大的乔木限定了视线（见表10.14）。

表10.14　半开敞空间节约型植物群落配置模式(以华东地区为例)

群落类型		半开敞空间节约型植物群落
群落特色		群落自然度高、较稳定；生物多样性高、病虫害少；入侵杂草发生率低、低维护
适用地区		北亚热带（上海、合肥等区域）
群落外貌		林冠线：高低起伏，层次丰富 林缘线：圆滑多变，组合丰富 地形：地形起伏变化小，满足排水坡度
群落特征	水平结构	背景为乔木斑块 中前景由灌丛斑块和草本地被斑块混合构成 在视线上形成前-中-后梯度分布
	垂直结构	复层数≥2 垂直结构类型：乔灌草型、乔草型、灌草型 乔木优势种聚生度：1～2 乔木层盖度：40%～50% 灌木层盖度：40%～50% 草本层盖度：50%～60%
	物种组成	多样性指数>2.0 常绿乔木：落叶乔木＝1：3～4（种类比） 常绿乔木：落叶乔木＝1：3～4（数量比） 乔木：灌木＝1：2～3（数量比） 乡土树种比例>90%
节约水平 （与同类群落相比）		低维护：维护成本降低30%，病情指数为Ⅱ级 生态效应：绿量提高20%；群落稳定性提高25%
典型配置		圆柏/侧柏＋白玉兰/二乔玉兰＋榉树/朴树—紫薇/紫荆＋腊梅/蚊母树＋结香＋金丝桃/金丝梅—茶梅＋小叶栀子＋春鹃＋马尼拉

（续表）

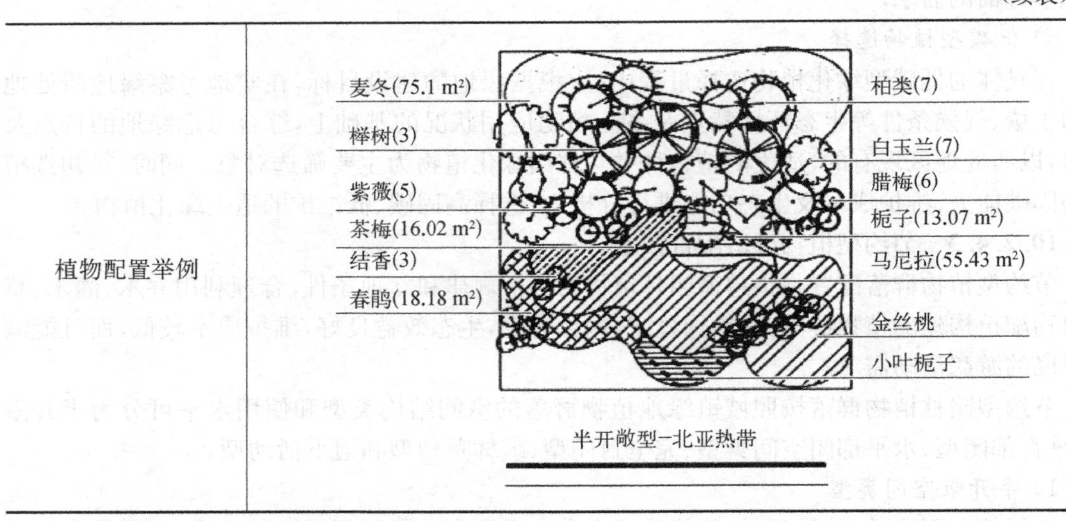

半开敞型-北亚热带

2）垂直郁闭空间类型

空间顶面开敞，林分灌丛呈条带状分布，垂直面上视线不通透，无完全开敞空间（见表10.15）。

表 10.15　垂直郁闭空间节约型植物群落配置模式（以华东地区为例）

群落类型		垂直郁闭空间节约型植物群落
群落特色		群落自然度高、较稳定；生物多样性高、病虫害少；体现地带性植被特色、低维护
适用地区		北亚热带（杭州、上海等区域）
群落外貌		林冠线：起伏平缓，具有统一的整体美 林缘线：整体感圆润，局部变化较丰富 地形：地形起伏变化小，满足排水坡度
群落特征	水平结构	乔木斑块占据群落 4/5 以上空间 灌丛斑块和草本斑块位于群落边缘 垂直视线被限定，无完全开敞空间
	垂直结构	复层数≥2 垂直结构类型：乔草型、乔灌草型 乔木优势种聚生度：4～5 乔木层盖度：70%～90% 灌木层盖度：20%～40% 草本层盖度：30%～50%
	物种组成比例	多样性指数＞2.2 常绿乔木：落叶乔木≈1：1（种类比） 常绿乔木：落叶乔木≈1：2（数量比） 乔木：灌木≈1：1～2（数量比） 乡土树种比例＞95%
节约水平（与同类群落相比）		低维护：维护成本降低 35%，病情指数为Ⅰ级 生态效应：群落稳定性提高 25%；生物多样性提高 30%

（续表）

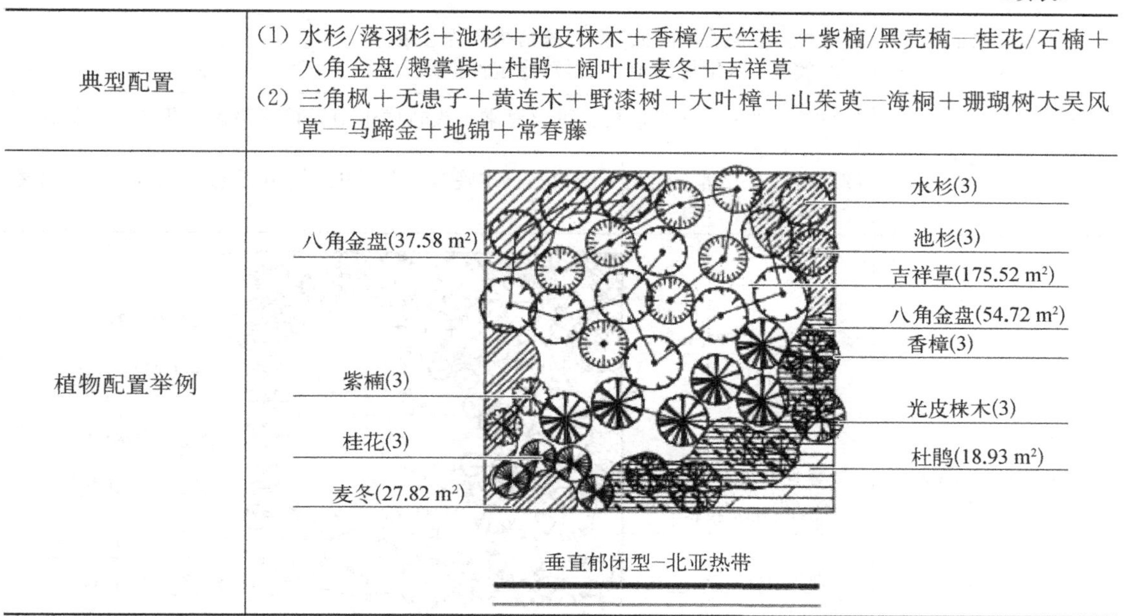

典型配置	(1) 水杉/落羽杉＋池杉＋光皮梾木＋香樟/天竺桂 ＋紫楠/黑壳楠—桂花/石楠＋八角金盘/鹅掌柴＋杜鹃—阔叶山麦冬＋吉祥草 (2) 三角枫＋无患子＋黄连木＋野漆树＋大叶樟＋山茱萸—海桐＋珊瑚树大吴风草—马蹄金＋地锦＋常春藤
植物配置举例	垂直郁闭型–北亚热带

3）水平郁闭空间类型

空间的顶面较遮蔽，乔木层的高度比较均一，树冠和地面之间有一定空间，中层比较缺乏，垂直面上人的视线比较通透。例如乔草结构的人工风景林（见表 10.16）。

表 10.16 水平郁闭空间节约型植物群落配置模式

群落类型		水平郁闭空间节约型植物群落
群落特色		群落自然度高、较稳定；生物多样性高、病虫害少；提高绿地生态水平、低维护
适用地区		北亚热带（上海、南京等区域）
群落外貌		林冠线：统一有序，高低起伏平缓 林缘线：整体较圆润 地形：地形起伏变化小，满足排水坡度
群落特征	水平结构	前景和背景为灌丛斑块和草本斑块混合构成 中景由乔木斑块构成 视线在垂直方向较通透，水平方向被限定
	垂直结构	复层数≥2 垂直结构类型：乔草型、乔灌草型 乔木优势种聚生度：2～3 乔木层盖度：50%～70% 灌木层盖度：20%～30% 草本层盖度：40%～60%
	物种组成比例	多样性指数＞2.0 常绿乔木∶落叶乔木≈1∶1（种类比） 常绿乔木∶落叶乔木 ≈1∶1（数量比） 乔木∶灌木≈1∶2～3（数量比） 乡土树种比例＞90%

（续表）

节约水平 （与同类群落相比）	低维护：维护成本降低 35%，病情指数为Ⅱ级 生态效应：绿量提高 15%；群落稳定性提高 20%
典型配置	(1) 广玉兰＋雪松＋枫杨—垂丝海棠＋夹竹桃＋南天竹＋腊梅—葱兰＋马尼拉＋酢浆草 (2) 香樟＋苦槠＋桂花＋侧柏＋日本晚樱—金丝桃＋大花溲疏＋六月雪—细叶麦冬＋萱草—百慕大
植物配置举例	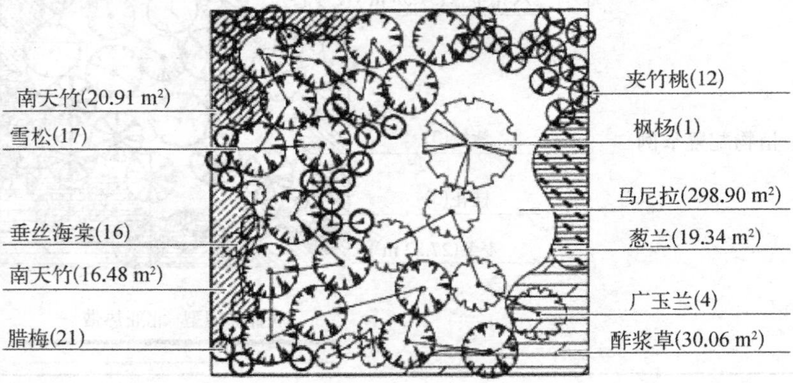 水平郁闭型–北亚热带

4）完全封闭空间类型

空间的顶面遮蔽，垂直面的视线不通透，丰富的乔灌草搭配，色彩搭配亦丰富，公园中应多配植该类型的观赏性群落（见表 10.17）。

表 10.17　完全封闭空间节约型植物群落配置模式

群落类型		完全封闭空间节约型植物群落
群落特色		群落自然度高、较稳定；环境功能性植物多，对环境有修复作用；入侵杂草发生率低、低维护
适用地区		北亚热带（杭州、南京等区域）
群落外貌		林冠线：高低起伏，富于层次变化，节奏韵律明显 林缘线：变化丰富，圆滑屈曲 地形：地形起伏变化小，满足排水坡度
群落特征	水平结构	背景为条状带分布的灌丛斑块和草丛斑块 中前景由乔木包括构成 视线在垂直方向上和水平方向上都有植物限定
	垂直结构	复层数≥2 垂直结构类型：乔草型、乔灌草型 乔木优势种聚生度：2～3 乔木层盖度：50%～70% 灌木层盖度：30%～50% 草本层盖度：40%～60%

（续表）

群落特征	物种组成比例	多样性指数＞1.8 常绿乔木：落叶乔木≈1：2～3(种类比) 常绿乔木：落叶乔木 ≈1：3～4(数量比) 乔木：灌木≈1：3～4(数量比) 乡土树种比例＞80％
节约水平（与同类群落相比）		低维护：维护成本降低 30％，病情指数为Ⅰ级 生态效应：多样性指数提高 10％，群落稳定性提高 20％
典型配置		(1) 构树＋香樟＋栾树＋罗汉松—桂花＋木槿＋夹竹桃—红花继木＋瓜子黄杨＋夏鹃—花叶麦冬＋吊兰 (2) 香樟＋青桐＋梓树＋日本晚樱—鸡爪槭＋红叶石楠＋含笑球＋苏铁—阔叶麦冬
植物配置举例		夏鹃(20.21 m²)　香樟(6)　红花继木(37.05 m²)　桂花(6)　瓜子黄杨(24.08 m²)　罗汉松(7)　花叶麦冬+吊兰(34.33 m²)　构树(4)　白玉兰(1)　紫荆(10)　红花继木(31.27 m²)　夏鹃(20.86 m²) 完全封闭型-北亚热带

5）冠下活动空间类型

乔木层下有一定面积大小的内部空间，除了边缘外群落内部几乎没有灌木和地被。乔木的覆盖度高，几乎是覆盖了整个平面或者是呈交冠的情况(见表 10.18)。

表 10.18　冠下活动空间节约型植物群落配置模式

群落类型		冠下活动空间节约型植物群落
群落特色		群落自然度高、较稳定；林下空间大，满足游憩需求；入侵杂草发生率低、低维护
适用地区		北亚热带(上海、杭州等地区)
群落外貌		群落生境：一般位于公园的路缘或者水边 林冠线：乔木均匀或随机分布，冠形差异不大，林冠线稍微起伏 林缘线：植物间距不同引起林缘线的变化使光影变化丰富
群落特征	水平结构	背景由整齐灌丛组成， 前中景由不规律分布的乔木斑块组成， 对外有一定的遮蔽效果，内部视透过树木枝干仍可看到远方

（续表）

<table>
<tr><td rowspan="2">群落特征</td><td>垂直结构</td><td>复层数≥1
垂直结构类型：乔草型、乔灌草型
乔木优势种聚生度：4～5
乔木层盖度：50%～60%
灌木层盖度：10%～20%
草本层盖度：40%～50%</td></tr>
<tr><td>物种组成比例</td><td>多样性指数>1.6
常绿乔木：落叶乔木≈1：0（种类比）
常绿乔木：落叶乔木 ≈12：0（数量比）
乔木：灌木≈1：2～3（数量比）
乡土树种比例>80%</td></tr>
<tr><td colspan="2">节约水平
（与同类群落相比）</td><td>低维护：维护成本降低30%，病情指数为Ⅰ级
生态效应：群落稳定性提高15%；生物多样性提高10%</td></tr>
<tr><td colspan="2">典型配置</td><td>(1) 香樟/榉树/无患子/栾树——红花继木/紫鹃/小叶女贞——红花酢浆草/常春藤、扶芳藤
(2) 水杉/墨西哥落羽杉/池杉——桂花＋海桐球——四季草花</td></tr>
<tr><td colspan="2">植物配置举例</td><td>常春藤(20.86 m²)
紫鹃(25.92 m²)
香樟(12)
冠下活动型-北亚热带</td></tr>
</table>

6）疏林草地空间类型

上层乔木稀疏，灌木和草花较少，人的视线被植物部分遮挡，透过树木枝干仍然可以看到远方空间（见表10.19）。

表10.19　疏林草地空间节约型植物群落配置模式

群落类型	树林草地空间节约型植物群落
群落特色	群落自然度高、较稳定；乔木数量少而稀疏，满足游憩需求；入侵杂草发生率低、低维护
适用地区	北亚热带（杭州、上海等地区）

（续表）

群落外貌		群落生境：一般位于路旁，地形结合不同的植物群组起伏变化丰富，为人们提供休闲功能兼顾景观效果 林冠线：冠形差异较大，层次分明，林冠线高低起伏变化丰富且过渡自然，且空间中有外貌不同的植物组团来分隔空间 林缘线：不同的群组结合形成丰富变化的林缘线，线条圆润流畅
群落特征	水平结构	背景由灌丛和草本斑块组成， 中前景由不规则乔木斑块组成，空间从里到外的乔木可以依次变密 视线被植物部分遮挡，空间前后层次丰富
	垂直结构	复层数≥1 垂直结构类型：乔草型、乔灌草型 乔木优势种聚生度：1～2 乔木层盖度：30％～40％ 灌木层盖度：20％～30％ 草本层盖度：60％～80％
	物种组成比例	多样性指数＞1.8 常绿乔木：落叶乔木≈1：2(种类比) 常绿乔木：落叶乔木 ≈1：2(数量比) 乔木：灌木≈1：3～4(数量比) 乡土树种比例＞80％
节约水平（与同类群落相比）		低维护：维护成本降低 30％，病情指数为Ⅱ级 生态效应：绿量提高 20％；群落稳定性提高 35％
典型配置		(1) 广玉兰＋垂柳＋银杏＋青枫＋金桂—红花继木＋杜鹃＋茶梅＋野蔷薇＋八角金盘＋洒金桃叶珊瑚＋南天竹—鸢尾＋草坪草 (2) 银杏＋紫楠＋侧柏＋光皮梾木＋山茱萸—桂花＋腊梅＋石楠—大叶黄杨＋多花蔷薇
植物配置举例		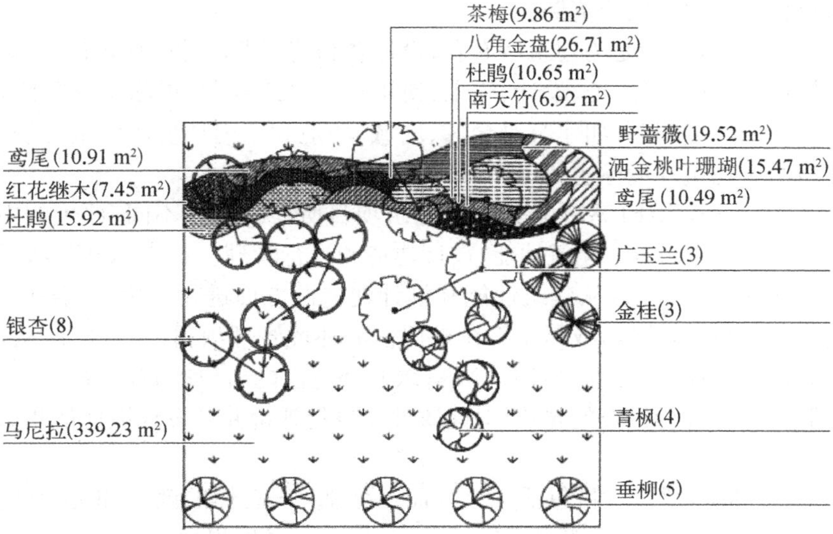 茶梅(9.86 m²) 八角金盘(26.71 m²) 杜鹃(10.65 m²) 南天竹(6.92 m²) 野蔷薇(19.52 m²) 洒金桃叶珊瑚(15.47 m²) 鸢尾(10.49 m²) 鸢尾(10.91 m²) 红花继木(7.45 m²) 杜鹃(15.92 m²) 广玉兰(3) 金桂(3) 银杏(8) 青枫(4) 马尼拉(339.23 m²) 垂柳(5) 疏林草地型-北亚热带

10.2.5 生态建筑设计技术

10.2.5.1 生态建筑基本理念及评价标准

1）生态建筑的基本理念

生态建筑亦称绿色建筑、可持续发展建筑，是指在建筑全寿命周期内（规划、设计、建造、运营、拆除/再利用），通过高新技术和先进适用技术的集成研究，降低资源和能源的消耗，减少废弃物的产生和对生态环境的破坏，为使用者提供健康舒适的工作或生活环境，最终实现与自然和谐共生的目的。其基本理念如图10.15所示。

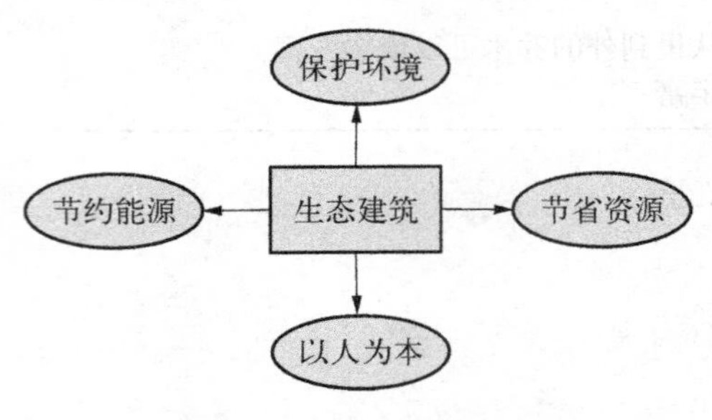

图10.15 生态建筑的基本理念

来源：王蕾.绿色生态建筑评价体系综述[J].新型建筑材料，2007(12)：26－28.

随着全球"可持续发展"战略的提出和实施，"绿色"、"生态"的概念已成为当今建筑设计与研究领域新的热点和趋势。这不仅预示着建筑技术与设计手法的某种转变，更表明了一种新文化的确立与观念的更新。在这样的背景下，如何正确理解绿色生态建筑的概念并建立合理的评价体系，成为管理者、设计者和使用者共同关心的重要课题。

2）国外生态建筑评价体系

(1) 英国建筑研究组织环境评价法(BREEAM)。英国建筑研究组织环境评价法是由英国建统研究组织(BRE)和一些私人部门的研究者于1990年共同制定的。目的是为绿色建筑实践提供权威性的指导，以期减少建筑对全球和地区环境的负面影响。1990年至今，BREEAM已经发行了《2/91版新建超市及超级商场》、《5/93版新建工业建筑和非食品零售店》、《环境标准3/95版新建住宅》以及《BREEAM98新建和现有办公建筑》等多个版本的环境评价法规，并已对英国的新建办公建筑市场中25%～30%的建筑进行了评估，成为各国类似评估手册中的成功范例。

BREEAM98是为建筑所有者、设计者和使用者设计的评价体系，以评判建筑在其整个寿命周期（包含建筑选址、设计、施工、使用直至最终报废、拆除所有阶段）的环境性能。通过对一系列的环境问题（如建筑对全球、区域、场地和室内环境的影响）进行评价，BREEAM98最终将给予建筑环境标志认证。其评价方法概括如下：

① 首先，BREEAM认为根据建筑项目所处的阶段不同，评价的内容也不同。评估内容主要包括3个方面：建筑性能、设计建造和运行管理。其中，处于设计阶段、新建成阶段和整修建成阶段的建筑，从建筑性能和设计建造两方面进行评价，计算BREEAM等级和环境性能指数；对现有建筑，或属于正在被评估的环境管理项目的一部分，从建筑性能、管理和运行两方面进行评价，计算BREEAM等级和环境性能指数；闲置的现有建筑，或只需对结构和相关服务设施进行检查的建筑，对建筑性能进行评价并计算环境性能指数，无须计算BREEAM等级。

② 其次，评价条目包括9个方面：管理——总体的政策和规程；健康和舒适——室内和室外环境；能源——能耗和CO_2排放；运输——场地规划和运输时CO_2的排放；水——消耗和渗漏问题；原材料——原材料选择及对环境的作用；土地使用——绿地和褐地使用；地区生态——场地的生态价值；污染——(除CO_2外的)空气和水污染。每一条目下再分若干子条

目，各对应不同的得分点，分别从建筑性能、设计与建造、管理与运行 3 个方面对建筑进行评价，满足要求即可得到相应的分数。

③ 最后，合计建筑性能方面的得分点，得出建筑性能分(BPS)，合计设计与建造，管理与运行两大项各自的总分，根据建筑项目所处阶段的不同，计算 BPS+设计与建造分或 BPS+管理与运行分，得出 BREEAM 等级的总分。另外，由 BPS 值根据换算表换算出建筑的环境性能指数 EPI，最终，建筑的环境性能以直观的量化分数给出，根据分值 BRE 规定了有关 BREEAM 评价结果的 4 个等级：合格、良好、优良和优异。同时规定了每个等级下设计与建造、管理与运行的最低限分值。

自 1990 年首次实施以来，BREEAM 系统得到了不断地完善和扩展，可操作性逐渐提高，基本适应了市场化的要求，至 2000 年已经评估了超过 500 个建筑项目，成为各国类似研究领域的成果典范，受其影响，加拿大和澳大利亚分别出版了各自的 BREEAM 系统，香港特区政府也颁布了类似的 HK-BEAM 评价系统。

(2) 美国能源及环境设计先导计划(LEED)。LEED(leadership in energy & environmental design)由美国绿色建筑委员会于 1993 年开始着手制定。作为条款式评价系统，LEED 针对不同建设项目制定了相应的评价标准。其评价内容包括可持续的场地设计、水资源有效利用、能源与环境、材料和资源、室内环境质量和革新设计等六大方面。在每一方面，具体包含若干个得分点，项目按各方面的具体要求，评出相应的积分。各得分点均包含目的、要求和相关技术指导 3 项内容。积分累加得出总评分，因此建筑绿色特性可以用量化的方式表达。这套体系的主要优点体现在其透明性和可操作性。除了评价要点之外，其还提供了一套内容全面的使用指导手册，不仅解释了每一个子项的评价意图、预评(先决)条件及相关的环境、经济和社区因素、评价指标文件来源等，还对相关设计方法和技术提出了建议与分析，并提供了参考文献目录(包括网址和文字资料等)和实例分析(见表 10.20)。

表 10.20 LEED 评价指标

评价主题	评价目的	评　价　指　标
绿色选址	建设活动污染防治	1：选址 2：开发密度和社区连通性 3：褐地再开发 4.1：替代交通：自行车存放和更衣间 4.2：替代交通：低排放和节油车辆 4.3：替代交通：停车容量 5.1：场址开发：栖息地保护和恢复 5.2：场址开发：最大化空地 6.1：雨水处理：水量控制 6.2：雨水处理：水质控制 7：热导效应：屋面 8：减少光污染
节水	减少用水	1：景观绿化节水 2：新的废水处理技术 3：减少用水

（续表）

评价主题	评价目的	评　价　指　标
能源与大气	建筑能源系统的基本调试； 最低能耗水平； 基本冷媒管理	1：现场课再生能源 2：强化调试 3：强化冷媒管理 4：测量与验证 5：绿色电力
材料与资源	再生物存放和收集	1.1：建筑再利用——保留原有墙体、楼板和屋面 1.2：建筑再利用——保留内部非结构构件 2：建筑废弃物的管理 3：材料再利用 4：循环材料含量 5：区域性材料 6：快速可再生材料 7：已认证的木材
室内环境品质	最低室内空气品质； 吸烟环境控制	1：室外新风监控 2：提高通风 3.1：施工室内空气质量(IAQ)管理规划，施工中 3.2：建设室内空气质量(IAQ)管理规划，使用前 4.1：低排放材料——黏结剂和密封剂 4.2：低排放材料——涂料和涂层 4.3：低挥发性材料：地板系统 4.4：低挥发性材料：复合板和纤维制品 5：室内化学品和污染源控制 6.1：系统可控性：照明 6.2：系统可控性：热舒适 7.1：热舒适度：设计 7.2：热舒适度：验证 8.1：采光和视野——采光 8.2：采光和视野——视野
设计创新		1：设计创新 2：LEED 认证Ⅰ专家
地域优势		地域优势

注：LEED2009 按下列分级认证：认证级 40～49 分；银级 50～59 分；金级 60～79 分；白金级 80 分以上。
来源：美国建筑委员会，能源和环境设计认证体系，2009.

(3) 德国 DGNB 绿色建筑评估体系。DGNB 体系是德国多年来可持续建筑实践经验的总结与升华。德国在被动式节能建筑设计、微能耗和零能耗建筑探索和实践方面，在欧洲乃至世界都位于先进行列。早在 1998 年，德国就曾制定并颁布了整体可持续发展纲领。在过去的几十年里，德国建筑界在建筑节能领域积累了丰富的实践经验，其中不乏成功的经典案例和惨痛的教训，DGNB 的制定正是建立在这些宝贵经验的基础之上，扬长避短，提炼而成的。

德国 DGNB 认证体系的制定思路：

① 将地球环境需要保护的群体进行定义和分类，确定“保护体”，包括：自然环境和资源、经济价值、健康和社会文化。

② 针对每一类保护体制定相应的“保护目标”，即以自然环境和资源为保护对象的目标——环境保护，以经济价值为保护对象的目标——降低生命周期消耗，以及以社会文化与健康为保护对象的目标——保护健康。

③ 以确定的保护目标为指导，制定一系列有针对性的评估标准以衡量建筑的生态性、经济性及社会性和功能性，同时评价执行和实现这些目标过程中的技术质量和程序质量，以确保整个建筑从设计建造至运营管理的“绿色质量”。各项技术构成在最终的成果中，按其重要性占取相应比例，其中程序质量占 10%，其余各项各占 22.5%（见表 10.21）。

表 10.21　DGNB 评价指标

评价领域	评　价　指　标
生态质量	1. 全球温室效应的影响 2. 臭氧层消耗量 3. 臭氧形成量 4. 环境酸化形成潜势 5. 化肥成分在环境含量中过度 6. 对当地环境的影响 7. 其他对全球环境的影响因素 8. 小环境气候 9. 一次性能源的需求 10. 可再生能源所占比重 11. 水需求和废水处理 12. 土地使用
经济质量	13. 全寿命周期的建筑成本与费用 14. 第三方使用可能性
社会文化及功能质量	15. 冬季的热舒适度 16. 夏季的热舒适度 17. 室内空气质量 18. 声环境舒适度 19. 视觉舒适度 20. 使用者的干预与可调性 21. 屋面设计 22. 安全性和故障稳定性 23. 无障碍设计 24. 面积使用率 25. 使用功能可变性与适用性 26. 公共可达性 27. 自行车使用舒适性 28. 通过竞赛保证设计和规划质量 29. 建筑上的艺术设施

(续表)

评价领域	评　价　指　标
技术质量	30. 建筑防火 31. 噪声防护 32. 建筑外维护结构节能及防潮技术质量 33. 建筑外立面易于清洁与维护 34. 环境可恢复性,可循环使用,易于拆除
过程质量	35. 项目准备质量 36. 整合设计 37. 设计步骤方法的优化和完整性 38. 在工程招标文件和发标过程中考虑可持续因素及其证明文件 39. 创造最佳的使用及运营的前提条件 40. 建筑工地,建设过程 41. 施工单位的质量,资格预审 42. 施工质量保证 43. 系统性的验收调试与投入使用
基地质量	44. 基地局部环境的风险 45. 与基地局部环境的关系 46. 基地及小区的形象及现状条件 47. 交通状况 48. 邻近的相关市政服务设施 49. 邻近的城市基础设施

来源：卢求.德国DGNB——世界第二代绿色建筑评估体系[J].2010(1).105-107.

德国DGNB体系对每一条标准都给出了明确的测量方法和目标值,依据庞大的数据库和计算机软件的支持,评估公式根据建筑已经记录的或计算出的质量进行评分,每条标准的最高得分为10分,每条标准根据其所包含内容的权重系数可评定为0～3,因为每条单独的标准都会作为上一级或者下一级标准使用。根据评估公式计算出质量认证要求的建筑达标度。评估达标度(分为金、银、铜级)：50%以上为铜级,65% 以上为银级,80% 以上为金级。最终的评估结果用软件生成在罗盘状图形上,各项的分支代表了该项被测建筑的性能表现,软件所生成的评估图直观地总结了建筑在各领域及各个标准的达标情况,结论一目了然。DGNB认证分为两大步骤,分别为设计阶段的预认证和施工完成之后的正式认证。

(4) 我国生态建筑评价体系。2005年10月,建设部、科技部发布了《绿色建筑技术导则》(GB50378—2006),用以引导、促进和规范绿色建筑的发展。绿色建筑评价指标体系由节地与室外环境、节能与能源利用、节水与水资源利用、节材与材料资源利用、室内环境质量和运营管理6类指标组成。每类指标包括控制项、一般项与优选项(见表10.22)。绿色建筑应满足住宅建筑或公共建筑所有控制项的要求,并按满足一般项数和优选项数的程度,划分为3个等级,等级划分按表10.23或者表10.24确定。

① 评价指标。如表10.22所示。

表 10.22 绿色建筑技术评价指标

绿色建筑类型	指标类型	指标细化	指标特点
住宅建筑	节地与室外环境	1. 场地建设不破坏当地文物、自然水系、湿地、基本农田、森林和其他保护区 2. 建筑场地选址无洪涝灾害、泥石流及含氡土壤的威胁。建筑场地安全范围内无电磁辐射危害和火、爆、有毒物质等危险源 3. 人均居住用地指标：低层不高于 43 m^2、多层不高于 28 m^2、中高层不高于 24 m^2、高层不高于 15 m^2 4. 住区建筑布局保证室内外的日照环境、采光和通风的要求，满足现行国家标准《城市居住区规划设计规范》(GB 50180)中有关住宅建筑日照标准的要求 5. 种植适应当地气候和土壤条件的乡土植物，选用少维护、耐候性强、病虫害少、对人体无害的植物 6. 住区的绿地率不低于 30%，人均公共绿地面积不低于 1 m^2 7. 住区内部无排放超标的污染源 8. 施工过程中制定并实施保护环境的具体措施，控制由于施工引起的大气污染、土壤污染、噪声影响、水污染、光污染以及对场地周边区域的影响	控制项
		1. 住区公共服务设施按规划配建，合理采用综合建筑并与周边地区共享 2. 充分利用尚可使用的旧建筑 3. 住区环境噪声符合现行国家标准《城市区域环境噪声标准》(GB3096)的规定 4. 住区室外日平均热岛强度不高于 1.5℃ 5. 住区风环境有利于冬季室外行走舒适及过渡季、夏季的自然通风 6. 根据当地的气候条件和植物自然分布特点，栽植多种类型植物，乔、灌木结合构成多层次的植物群落，每 100 平方米绿地上不少于 3 株乔木 7. 选址和住区出入口的设置方便居民充分利用公共交通网络。住区出入口到达公共交通站点的步行距离不超过 500 m 8. 住区非机动车道路、地面停车场和其他硬质铺地采用透水地面，并利用园林绿化提供遮阳。室外透水地面面积比不小于 45%	一般项
		1. 合理开发利用地下空间 2. 合理选用废弃场地进行建设。对已被污染的废弃地，进行处理并达到有关标准	优选项
	节能与能源利用	1. 住宅建筑热工设计和暖通空调设计符合国家批准或备案的居住建筑节能标准的规定 2. 在采用集中空调系统时，所选用的冷水机组或单元式空调机组的性能系数、能效比符合现行国家标准《公共建筑节能设计标准》(GB 50189)中的有关规定值 3. 采用集中采暖或集中空调系统的住宅，设置室温调节和热量计量设施	控制项
		1. 利用场地自然条件，合理设计建筑体形、朝向、楼距和窗墙面积比，使住宅获得良好的日照、通风和采光，并根据需要设遮阳设施 2. 选用效率高的用能设备和系统。集中采暖系统热水循环水泵的耗电输热比，集中空调系统风机单位风量耗功率和冷热水输送能效比符合现行国家标准《公共建筑节能设计标准》(GB50189)的规定 3. 当采用集中空调系统时，所选用的冷水机组或单元式空调机组的性能系数、能效比比现行国家标准《公共建筑节能设计标准》(GB 50189)中的有关规定值高一个等级	一般项

（续表）

绿色建筑类型	指标类型	指　标　细　化	指标特点
住宅建筑	节能与能源利用	4. 公共场所和部位的照明采用高效光源、高效灯具和低损耗镇流器等附件，并采取其他节能控制措施，在有自然采光的区域设定时或光电控制 5. 采用集中采暖或集中空调系统的住宅，设置能量回收系统(装置) 6. 根据当地气候和自然资源条件，充分利用太阳能、地热能等可再生能源。可再生能源的使用量占建筑总能耗的比例＞5％	一般项
		1. 采暖或空调能耗不高于国家批准或备案的建筑节能标准规定值的80％ 2. 可再生能源的使用量占建筑总能耗的比例＞10％	优选项
	节水与水资源利用	1. 在方案、规划阶段制定水系统规划方案，统筹、综合利用各种水资源 2. 采取有效措施避免管网漏损 3. 采用节水设备，节水率不低于8％ 4. 景观用水不采用市政供水和自备地下水井供水 5. 使用非传统水源时，采取用水安全保障措施，且不对人体健康与周围环境产生不良影响	控制项
		1. 合理规划地表与屋面雨水径流途径，降低地表径流，采用多种渗透措施增加雨水渗透量 2. 绿化用水、洗车用水等非饮用水采用再生水、雨水等非传统水源 3. 绿化灌溉采用喷灌、微灌等高效节水灌溉方式 4. 非饮用水采用再生水时，优先利用附近集中再生水厂的再生水；附近没有集中再生水厂时，通过技术经济比较，合理选择其他再生水水源和处理技术 5. 降雨量大的缺水地区，通过技术经济比较，合理确定雨水集蓄及利用方案 6. 非传统水源利用率不低于10％	一般项
		1. 非传统水源利用率不低于30％	优选项
	节材与材料资源利用	1. 建筑材料中有害物质含量符合现行国家标准(GB18580～GB 18588)和《建筑材料放射性核素限量》(GB 6566)的要求 2. 建筑造型要素简约，无大量装饰性构件	控制项
		1. 施工现场500 km以内生产的建筑材料重量占建筑材料总重量的70％以上 2. 现浇混凝土采用预拌混凝土 3. 建筑结构材料合理采用高性能混凝土、高强度钢 4. 将建筑施工、旧建筑拆除和场地清理时产生的固体废弃物分类处理，并将其中可再利用材料、可再循环材料回收和再利用 5. 在建筑设计选材时考虑使用材料的可再循环使用性能。在保证安全和不污染环境的情况下，可再循环材料使用重量占所用建筑材料总重量的10％以上 6. 土建与装修工程一体化设计施工，不破坏和拆除已有的建筑构件及设施 7. 在保证性能的前提下，使用以废弃物为原料生产的建筑材料，其用量占同类建筑材料的比例不低于30％	一般项
		1. 采用资源消耗和环境影响小的建筑结构体系 2. 可再利用建筑材料的使用率＞5％	优选项

(续表)

绿色建筑类型	指标类型	指标细化	指标特点
住宅建筑	室内环境质量	1. 每套住宅至少有1个居住空间满足日照标准的要求。当有4个及4个以上居住空间时,至少有2个居住空间满足日照标准的要求 2. 卧室、起居室(厅)、书房、厨房设置外窗,房间的采光系数不低于现行国家标准《建筑采光设计标准》(GB/T 50033)的规定 3. 对建筑围护结构采取有效的隔声、减噪措施。卧室、起居室的允许噪声级在关窗状态下白天不大于45 dB(A),夜间不大于35 dB(A)。楼板和分户墙的空气声计权隔声量不小于45 dB,楼板的计权标准化撞击声声压级不大于70 dB。户门的空气声计权隔声量不小于30 dB;外窗的空气声计权隔声量不小于25 dB,沿街时不小于30 dB 4. 居住空间能自然通风,通风开口面积在夏热冬暖和夏热冬冷地区不小于该房间地板面积的8%,在其他地区不小于5% 5. 室内游离甲醛、苯、氨、氡和TVOC等空气污染物浓度符合现行国家标准《民用建筑室内环境污染控制规范》(GB50325)的规定	控制项
		1. 居住空间开窗具有良好的视野,且避免户间居住空间的视线干扰。当1套住宅设有2个及2个以上卫生间时,至少有1个卫生间设有外窗 2. 屋面、地面、外墙和外窗的内表面在室内温、湿度设计条件下无结露现象 3. 在自然通风条件下,房间的屋顶和东、西外墙内表面的最高温度满足现行国家标准《民用建筑热工设计规范》(GB50176)的要求 4. 设采暖或空调系统(设备)的住宅,运行时用户可根据需要对室温进行调控 5. 采用可调节外遮阳装置,防止夏季太阳辐射透过窗户玻璃直接进入室内 6. 设置通风换气装置或室内空气质量监测装置	一般项
		卧室、起居室(厅)使用蓄能、调湿或改善室内空气质量的功能材料	优选项
	运营管理	1. 制定并实施节能、节水、节材与绿化管理制度 2. 住宅水、电、燃气分户、分类计量与收费 3. 制定垃圾管理制度,对垃圾物流进行有效控制,对废品进行分类收集,防止垃圾无序倾倒和二次污染 4. 设置密闭的垃圾容器,并有严格的保洁清洗措施,生活垃圾袋装化存放	控制项
		1. 垃圾站(间)设冲洗和排水设施。存放垃圾及时清运,不污染环境,不散发臭味 2. 智能化系统定位正确,采用的技术先进、实用、可靠,达到安全防范子系统、管理与设备监控子系统与信息网络子系统的基本配置要求 3. 采用无公害病虫害防治技术,规范杀虫剂、除草剂、化肥、农药等化学药品的使用,有效避免对土壤和地下水环境的损害 4. 栽种和移植的树木成活率大于90%,植物生长状态良好 5. 物业管理部门通过ISO 14001环境管理体系认证 6. 垃圾分类收集率(实行垃圾分类收集的住户占总住户数的比例)达90%以上 7. 设备、管道的设置便于维修、改造和更换	一般项
		对可生物降解垃圾进行单独收集或设置可生物降解垃圾处理房。垃圾收集或垃圾处理房设有风道或排风、冲洗和排水设施,处理过程无二次污染	优选项

（续表）

绿色建筑类型	指标类型	指标细化	指标特点
公共建筑	节地与室外环境	1. 场地建设不破坏当地文物、自然水系、湿地、基本农田、森林和其他保护区 2. 建筑场地选址无洪灾、泥石流及含氡土壤的威胁，建筑场地安全范围内无电磁辐射害和火、爆、有毒物质等危险源 3. 不对周边建筑物带来光污染，不影响周围居住建筑的日照要求 4. 场地内无排放超标的污染源 5. 施工过程中制定并实施保护环境的具体措施，控制由于施工引起各种污染以及对场地周边区域的影响	控制项
		1. 场地环境噪声符合现行国家标准《城市区域环境噪声标准》(GB 3096)的规定 2. 建筑物周围人行区风速<5 m/s，不影响室外活动的舒适性和建筑通风 3. 合理采用屋顶绿化、垂直绿化等方式 4. 绿化物种选择适宜当地气候和土壤条件的乡土植物，且采用包含乔、灌木的复层绿化 5. 场地交通组织合理，到达公共交通站点的步行距离不超过 500 m 6. 合理开发利用地下空间	一般项
		1. 合理选用废弃场地进行建设。对已被污染的废弃地，进行处理并达到有关标准 2. 充分利用尚可使用的旧建筑，并纳入规划项目 3. 室外透水地面面积比≥40％	优选项
	节能与能源利用	1. 围护结构热工性能指标符合国家批准或备案的公共建筑节能标准的规定 2. 空调采暖系统的冷热源机组能效比符合现行国家标准《公共建筑节能设计标准》(GB50189—2005)第 5.4.5、5.4.8 及 5.4.9 条规定，锅炉热效率符合第 5.4.3 条规定 3. 不采用电热锅炉、电热水器作为直接采暖和空气调节系统的热源 4. 各房间或场所的照明功率密度值不高于现行国家标准《建筑照明设计标准》(GB 50034)规定的现行值 5. 新建的公共建筑，冷热源、输配系统和照明等各部分能耗进行独立分项计量	控制项
		1. 建筑总平面设计有利于冬季日照并避开冬季主导风向，夏季利于自然通风 2. 建筑外窗可开启面积不小于外窗总面积的 30％，建筑幕墙具有可开启部分或设有通风换气装置 3. 建筑外窗的气密性不低于现行国家标准《建筑外窗气密性能分级及其检测方法》(GB 7107)规定 4 级要求 4. 合理采用蓄冷蓄热技术 5. 利用排风对新风进行预热或预冷处理，降低新风负荷 6. 全空气调节系统采取实现全新风运行或可调新风比的措施 7. 建筑物处于部分冷热负荷时和仅部分空间使用时，采取有效措施节约通风空调系统能耗 8. 采用节能设备与系统。通风空调系统风机的单位风量耗功率和冷热水系统的输送能效比符合现行国家标准《公共建筑节能设计标准》(GB 50189—2005)第 5.3.26、5.3.27 条的规定 9. 选用余热或废热利用等方式提供建筑所需蒸汽或生活热水 10. 改建和扩建的公共建筑，冷热源、输配系统和照明等	一般项
		1. 建筑设计总能耗低于国家批准或备案的节能标准规定值的 80％ 2. 采用分布式热电冷联供技术，提高能源的综合利用率 3. 根据当地气候和自然资源条件，充分利用太阳能、地热能等可再生能源，可再生能源产生的热水量不低于建筑生活热水消耗量的 10％，或可再生能源发电量不低于建筑用电量的 2％ 4. 各房间或场所的照明功率密度值不高于现行国家标准《建筑照明设计标准》(GB 50034)规定的目标值	优选项

（续表）

绿色建筑类型	指标类型	指　标　细　化	指标特点
公共建筑	节水与水资源利用	1. 在方案、规划阶段制订水系统规划方案，统筹、综合利用各种水资源 2. 设置合理、完善的供水、排水系统 3. 采取有效措施避免管网漏损 4. 建筑内卫生器具合理选用节水器具 5. 使用非传统水源时，采取用水安全保障措施，且不对人体健康与周围环境产生不良影响	控制项
		1. 通过技术经济比较，合理确定雨水积蓄、处理及利用方案 2. 绿化、景观、洗车等用水采用非传统水源 3. 绿化灌溉采用喷灌、微灌等高效节水灌溉方式 4. 非饮用水采用再生水时，利用附近集中再生水厂的再生水，或通过技术经济比较，合理选择其他再生水水源和处理技术 5. 按用途设置用水计量水表 6. 办公楼、商场类建筑非传统水源利用率不低于20%，旅馆类建筑不低于15%	一般项
		1. 办公楼、商场类建筑非传统水源利用率不低于40%，旅馆类建筑不低于25% 2. 节材与材料资源利用	优选项
	节材与材料资源利用	1. 建筑材料中有害物质含量符合现行国家标准(GB18580～GB18588)和《建筑材料放射性核素限量》(GB 6566)的要求 2. 建筑造型要素简约，无大量装饰性构件	控制项
		1. 施工现场500 km以内生产的建筑材料重量占建筑材料总重量的60%以上 2. 现浇混凝土采用预拌混凝土 3. 建筑结构材料合理采用高性能混凝土、高强度钢 4. 将建筑施工、旧建筑拆除和场地清理时产生的固体废弃物分类处理并将其中可再利用材料、可再循环材料回收和再利用 5. 在建筑设计选材时考虑材料的可循环使用性能。在保证安全和不污染环境的情况下，可再循环材料使用重量占所用建筑材料总重量的10%以上 6. 土建与装修工程一体化设计施工，不破坏和拆除已有的建筑构件及设施，避免重复装修 7. 办公、商场类建筑室内采用灵活隔断，减少重新装修时的材料浪费和垃圾产生 8. 在保证性能的前提下，使用以废弃物为原料生产的建筑材料，其用量占同类建筑材料的比例不低于30%	一般项
		1. 采用资源消耗和环境影响小的建筑结构体系 2. 可再利用建筑材料的使用率大于5%	优选项
	室内环境质量	1. 采用集中空调的建筑，房间内的温度、湿度、风速等参数符合现行国家标准《公共建筑节能设计标准》(GB 50189)中的设计计算要求 2. 建筑围护结构内部和表面无结露、发霉现象 3. 采用集中空调的建筑，新风量符合现行国家标准《公共建筑节能设计标准》(GB 50189)的设计要求 4. 室内游离甲醛、苯、氨、氡和TVOC等空气污染物浓度符合现行国家标准《民用建筑工程室内环境污染控制规范》(GB 50325)中的有关规定 5. 宾馆和办公建筑室内背景噪声符合现行国家标准《民用建筑隔声设计规范》(GBJ 118)中室内允许噪声标准中的二级要求；商场类建筑室内背景噪声水平满足现行国家标准《商场(店)、书店卫生标准》(GB 9670)的相关要求 6. 建筑室内照度、统一眩光值、一般显色指数等指标满足现行国家标准《建筑照明设计标准》(GB 50034)中的有关要求	控制项

（续表）

绿色建筑类型	指标类型	指标细化	指标特点
公共建筑	室内环境质量	1. 建筑设计和构造设计有促进自然通风的措施 2. 室内采用调节方便、可提高人员舒适性的空调末端 3. 宾馆类建筑围护结构构件隔声性能满足现行国家标准《民用建筑隔声设计规范》(GBJ 118)中的一级要求 4. 建筑平面布局和空间功能安排合理，减少相邻空间的噪声干扰以及外界噪声对室内的影响 5. 办公、宾馆类建筑75%以上的主要功能空间室内采光系数满足现行国家标准《建筑采光设计标准》(GB/T 50033)的要求 6. 建筑入口和主要活动空间设有无障碍设施	一般项
公共建筑	室内环境质量	1. 采用可调节外遮阳，改善室内热环境 2. 设置室内空气质量监控系统，保证健康舒适的室内环境 3. 采用合理措施改善室内或地下空间的自然采光效果	优选项
公共建筑	运营管理	1. 制定并实施节能、节水等资源节约与绿化管理制度 2. 建筑运行过程中无不达标废气、废水排放 3. 分类收集和处理废弃物，且收集和处理过程中无二次污染	控制项
公共建筑	运营管理	1. 建筑施工兼顾土方平衡和施工道路等设施在运营过程中 2. 物业管理部门通过ISO 14001环境管理体系认证 3. 设备、管道的设置便于维修、改造和更换 4. 对空调通风系统按照国家标准《空调通风系统清洗规范》(GB 19210)规定进行定期检查和清洗 5. 建筑智能化系统定位合理，信息网络系统功能完善 6. 建筑通风、空调、照明等设备自动监控系统技术合理 7. 办公、商场类建筑耗电、冷热量等实行计量收费	一般项
公共建筑	运营管理	具有并实施资源管理激励机制，管理业绩与节约资源、提高经济效益挂钩	优选项

注：a. 当本标准中某条文不适应建筑所在地区、气候与建筑类型等条件时，该条文可不参与评价，参评的总项数相应减少，等级划分时对项数的要求可按原比例调整确定。

b. 本标准中定性条款的评价结论为通过或不通过；多项要求的条款，各项要求均满足时方能评为通过。

来源：中国建筑科学研究院等. 绿色建筑评价标准，2006.

② 评价等级。见表10.23、表10.24。

表10.23 划分绿色建筑等级的项数要求(住宅建筑)

等级	一般项数(共40项)						优选项数(共9项)
	节地与室外环境(共8项)	节能与能源利用(共6项)	节水与水资源利用(共6项)	节材与材料资源利用(共7项)	室内环境质量(共6项)	运营管理(共7项)	
★	4	2	3	3	2	4	—
★★	5	3	4	4	3	5	3
★★★	6	4	5	5	4	6	5

来源：中国建筑科学研究院等. 绿色建筑评价标准，2006.

表 10.24 划分绿色建筑等级的项数要求(公共建筑)

等级	一般项数(共43项)						优选项数(共14项)
	节地与室外环境(共6项)	节能与能源利用(共10项)	节水与水资源利用(共6项)	节材与材料资源利用(共8项)	室内环境质量(共6项)	运营管理(共7项)	
★	3	4	3	5	3	4	—
★★	4	6	4	6	4	5	6
★★★	5	8	5	7	5	6	10

来源:中国建筑科学研究院等.绿色建筑评价标准,2006.

此外,中国香港特别行政区也开发了“香港建筑物环境评估方法”(HK-BEAM),主要针对全球、地区和室内环境的评估,侧重点在于资源消耗、材料和能源消耗、环境负荷以及对人自身的影响几个方面。中国台湾也推出了《绿色建筑解说与评估手册》。

(5) 其他国家和地区的评价体系。澳大利亚的绿色生态建筑评价工具(NABERS)是一个最新开发(尚未正式使用)的适应澳大利亚国情的绿色生态建筑评价工具,其评价机制仍然是先确定评价指标项目,再确定评价基准,最后进行评价。日本的建筑综合环境评价委员会于2001年开发了建筑物综合环境评价方法(CASBEE, Comprehensive Assessment System For Building Environment Efficiency)。此外,芬兰开发了LCA-House评估工具;法国建筑科学研究中心针对建筑环境性能开发了EScale评估工具和全寿命周期分析工具TEAM、Papoose及EQUER;荷兰创建了生态指标Ecoindicator评估体系;瑞士研发了OGIP全寿命评估工具。

10.2.5.2 可再生能源利用技术

可再生能源包括水能、太阳能、风能、生物质能、地热能、潮汐能等,它们在被消耗后可以得到恢复和补充,不产生或很少产生污染物,被认为是未来理想能源结构的基础。近年来,可再生能源技术日益发展成熟,具有与传统能源竞争的可能性。例如,欧洲有20%的电力由风力发电供给;丹麦的整个能源构成中,可再生能源从1980年仅占3%上升到2005的15%,预计到2030年将达到35%,其中风能总装机容量达790 MW,目前发电量已占实际消耗量的7%,预计到2030年将达到50%。

作为规划设计可控制的技术,目前在建筑及设施建设中具有实用价值的可再生能源主要是风能和太阳能。其中,对风能的利用方式主要是转换为电力用于照明、灌溉、水景运行等,将风力发电系统与场地设施、景观小品结合起来。建筑系统利用太阳能包括被动式和主动式两类技术,并同时考虑两个方面的问题:一是考虑太阳能在建筑上的应用及对建筑物本身的影响,包括建筑的使用功能、围护结构特性、建筑形体和立面等;二是考虑太阳能利用的系统选择、太阳能产品与建筑形体的有机结合。

1) 被动式太阳能技术

被动式太阳能技术主要通过建筑方位和朝向的布置,建筑物形体和结构的设计,以及建筑材料的选择来有效地采集、储存和分配太阳能,在不需要辅助能源和技术的条件下使建筑具有舒适的环境。该技术系统投资小,运行成本低,属于生态技术的范畴,如特朗伯墙、日光间以及水墙等。

(1) 特朗伯墙。特朗伯墙(Trombe Walls)是一种收集太阳热能的外墙系统,它利用热虹吸及温差环流原理,利用自然的热空气或水来进行热量循环,从而降低供暖系统的负担,最古老的太阳热能吸收外墙是利用较厚的热惰性材料来维持室内的温度,如气候炎热的沙漠地带的建筑使用的土墙。而特朗伯墙吸收了这些传统的手法,同时具备了更加轻盈的形象和更高的热吸收效率,以及更主动地适应气候变化的能力。在寒冷天气,热惰性墙体可以利用自身收集的太阳辐射热量为室内供暖。新鲜空气从外墙底部进入空腔中,被热惰性材料吸收的太阳辐射热加热后进入室内,使热空气得以屋内循环和传播。在炎热的气候条件下,特朗伯墙可使空气直接上升并排到室外,防止热量进入室内,此时墙体从室内吸出空气,并从北面吸取较冷的空气进入室内,达到自然降温的效果。

(2) 日光间。日光间也是一种较为特殊的被动式太阳能采集方式,实质上是一个覆盖着玻璃外墙、朝南的缓冲空间。它通常需要两个元素:以一个封闭的透明空间来接纳阳光;以一些具备高热惰性的材料(如混凝土、相变材料等)来存储热能。日光间的作用不只是接受太阳光照,更起到了气候缓冲的作用。

(3) 水墙。水墙技术的工作原理是利用水的高比热容积蓄太阳能,白天温度上升时吸收太阳的辐射能量,夜间温度较低时则缓慢放出蓄集的能量,从而达到调节室温的目的。

2) 主动式太阳能技术

主动式太阳能技术是利用建筑物结合辅助设备实现太阳能的收集、转换和使用,包括太阳能热水系统、太阳能供暖系统、太阳能空调体统和太阳能光电系统等。其中,太阳能光电系统与建筑材料的结合在近几年得到了极大的发展,并广泛运用于建筑的屋顶、玻璃、墙等构件上。

(1) 太阳能光电屋顶。由太阳能瓦板、空气间隔层、屋顶保温层、结构层构成的复合屋顶,太阳能光电瓦板是太阳能光电池与屋顶瓦板相结合形成的一体化产品,由安全玻璃或不锈钢薄板做基层,用有机聚合物包裹太阳能电池。这种瓦板既能防水,又能抵御撞击,且有多种规格尺寸,颜色多为黄色或土褐色。在建筑向阳的屋面上安装太阳能光电瓦板,既可得到电能,也可得到热能,但为了防止屋顶过热,光电板下需留有空气间隔层,并设热回收装置,以产生热水和供暖。美国和日本的许多示范性太阳能住宅屋顶上都装有太阳能光电瓦板,其产生的电力不仅可以满足住宅自身的需要,也可以将多余的电力输入电网。

(2) 太阳能电力玻璃。太阳能电力玻璃实际上是一种透明的太阳能光电池,用以取代窗户和天窗上的玻璃。作为当今最先进的太阳能技术之一,未来太阳能电力玻璃有可能取代普通玻璃,成为绿色建筑的主要材料。例如,日本已经尝试在一些商用建筑中采用半透明的太阳能电池,将窗户变成微型发电站,将保温—隔热技术融入太阳能光电玻璃中。

(3) 太阳能电力墙。太阳能电力墙将太阳能光电池与建筑材料相结合,构成了一种可发电的外墙贴面,既起到了装饰作用,又可为建筑提供电力能源。其成本与花岗石一类的贴面材料相当。这种高新技术在建筑设计中已经开始应用,如瑞士斯特科波思的一座 42 m 高的钟塔,两面覆盖了光电池组件构成的电力墙,墙面发出的部分电力用来运转钟塔巨大的时针,其余电力被输入电网。

10.2.5.3 生态节能措施

建筑在运行过程的能耗包括两部分:一是实际使用的建筑耗能,如人工照明、供暖、空调等能耗;二是使用过程中排放的废弃能量,如散热器或者空调系统下室内的热、冷空气未作处理直接排放到室外，造成一定的能源损失。因此，绿色建筑的生态节能措施主要从减少能耗以及回收、使用废弃能量这两个方面入手。

1）建筑外围护结构保温技术

改善建筑外围护结构的保温性能是绿色建筑设计上的主要节能措施，主要包括墙体保温技术和窗户保温技术。近年来，我国各种墙体保温技术的开发和应用发展较快，墙体改革正在推广（见表 10.25）。

表 10.25 墙体保温的工程做法与特点

技术手段	工程做法	特点
空心砖墙技术	空心砖是保温材料用于框架结构的填充墙可以减轻建筑自重	保温效果优于实心砖墙，而且可以减少制砖耗能并节约大量耕地
复合墙体技术	以轻质板材为覆面板或用混凝土作面层和结构层，以高效保温材料作芯层，或在承重外墙的内表面或外表面加一层高效保温材料	能充分发挥各种材料的特性，从而在提高保温性能的基础上削减墙体材料的厚度，减轻墙体材料的重量
加气混凝土和混凝土轻质砌块技术	加气混凝土是轻质保温材料，用于框架结构的填充墙可以减轻建筑自重	容重轻，房屋自重将大幅度下降；同时还具有保温性、隔音性、防火性、抗渗性、可加工性、绿色环保等特性，有利于提高建筑的抗震能力
墙面外保湿技术	蓄热量大的材料在内侧，墙外表面加一层高效保温材料，以避免热桥现象，常用于旧房改造	室温波动小，房屋的主体材料温度变化小，使用寿命能得到延长
相变材料（PCM）内置技术	在墙体中放置相变材料（Phase Changing Material，PCM），增强建筑物的蓄热能力	PCM 材料白天吸收太阳热辐射变成液相，晚上则凝固向外放热，使围护结构同时具有显热和潜热蓄热能力，可大幅度降低室内供暖和空调负荷

来源：骆天庆，王敏，戴代新. 现代生态规划设计的基本理论与方法[M]. 北京：中国建筑工业出版社，2008.

在建筑外围护结构中，窗体能够改善建筑的采光和通风，可使室内有一定的开敞面积，扩大视野，同时也是建筑耗能的最大因素。例如，在多层建筑的能耗分析中，门窗散热约占建筑总散热的 1/3 以上。因此，窗体设计要兼顾保温节能的要求，主要从两方面着手：

（1）控制窗的面积，即控制窗墙或窗地的面积比，在满足基本采光和通风的前提下，应尽量缩小窗墙和窗地的面积比，如瑞典规定窗地比不超过 3∶20。

（2）从窗户的材料和构造上进行改进、把单层玻璃改成双层或多层玻璃，在严寒地区通常用中空玻璃来提高窗户保温性能。

2）废弃能源回收使用技术

生态建筑中的废弃能源回收使用措施，一般是建立一套控制进出建筑的空气或生活用水的混合设备来达到对排放能源（主要是热能）的回收和再利用。该技术的工作原理是让出入建筑的流体（空气或生活用水）直接混合或间接通过导热能力强的金属设备来交换能量。直接混合的做法在回收部分建筑废弃热能的同时，会在一定程度上影响进入空气的质量，更先进的技术手段是让出入建筑的流体呈十字交叉的方式通过热交换设备，彼此不发生直接接触，既不对进入建筑的流体造成污染，又能利用金属良好的导热性有效地回收能量。

参考文献

[1] Barrett M E, Walsh P M et al. Performance of vegetative controls for treating highway runoff [J]. Journal of Environmental Engineering. 1998,124(11): 1121-1128.

[2] BrazierJ R, Brown G W. Buffer strips for stream temperature control[J]. Journal of Environmental Quality, 1973,23(5): 878-882.

[3] Brown M T, Schaefer J M et al. buffer zones for water wetlands and wildlife in east central Florida [M], University of Florida. The Center for Wetlands, 1990.

[4] Budd W W, Cohen P L et al. Stream corridor management in the Pacific Northwest: determination of stream-corridor widths[J], Environmental management, 1987,11(05): 587-597.

[5] Bueno J A, Tsihrintzis V A et al. South Florida greenways: a conceptual framework for the ecological reconnectivity of the region[J]. Landscape and urban planning,1995, 33(1): 247-266.

[6] Cook E A. Urban landscape networks: an ecological planning framework[J]. Landscape Research, 1991,16(03): 8-15.

[7] CooperJ R, Gilliam J W et al. Riparian areas as a control of non point pollutants. //Correll D L. Watershed Research Perspectives[M], 1986.

[8] Cowan S, van der Ryn S. Ecological Design[M]. Washington DC: Island Press. 1996.

[9] Cowan W L. Estimating hydraulic roughness coefficients[J]. Agricultural Engineering,1956, 37(7): 473-475.

[10] Csuti C, Canty D, et al. A path for the Palouse: an example of conservation and recreation planning [J]. Landscape and Urban Planning, 1989,(17): 1-9.

[11] David Toft. Green belt and the Urban fringe[J]. Built Environment, 1995, 21(1): 54-59.

[12] Forman R T et al. Road Ecology: Science and Solutions[M]. Island Press, Washington, D. C, 2003.

[13] Forman R T, Gordon, M. Landscape ecology[M]. New York: John Wiley and Sons. 1986.

[14] Forman R T. Land Mosaics: The Ecology of Landscapes and Regions [M]. Cambridge (United Kingdom): Cambridge University Press. 1995.

[15] Grey G W, Deneke F J. Urban Forestry[M]. New York: John Willey and Sons, 1978.

[16] Horner R R. Biofiltration systems for storm runoff water quality control[M]. 1988.

[17] Jack Ahern. Greenways as a planning strategy [J]. Landscape and Urban Planning, 1995 (33): 131-155.

[18] Karen S Williamson. Growing with Green Infrastructure [M]. RLA, CPSI, Heritage Conservancy. 2003.

[19] Little C E. Greenways for America[M]. London: The Johns Hopkins University Press. 1990.

[20] Miyawaki, A. In Global perspective of green environments-restoration of native forests from Japan to Malaysia and South America, based on an ecological scenario, Geoscience and Remote Sensing Symposium, 1993. IGARSS93. Better Understanding of Earth Environment. International[C], 1993; IEEE: 1993; pp VI-VIII vol. 1.

[21] Pace F. The Klamath corridors: preserving biodiversity in the Klamath National Forest. // Hudson W E. Landscape Linkages and Biodiversity. Edited by Island Press, Washington, D. C. 1991, 105-116.

[22] Peterjohn W T, Correll D L, Nutrient dynamics in an agricultural watershed: observations on the role

of a riparian forest[J]. Ecology,1984,65(5):1466 - 1475.

[23] Steinblums I J, Froehlich H A et al. Designing stable buffer strips for stream protection[J]. Journal of Forestry, 1984, 82(1):49 - 52.

[24] Sukopp, H., P. Werner. Nature in Cities[M]. Strasbourg(France):Council of Europe. 1982.

[25] 车生泉. 道路景观生态设计的理论与实践——以上海市为例[J]. 上海交通大学学报(农业科学版), 2007, 25(3):180 - 188.

[26] 陈凭. 屋顶绿化建造技术及应用研究[D]. 湖南:湖南大学建筑学院, 2008.

[27] 刘佳妮, 雨水花园的植物选择[J]. 北方园艺, 2010,(17):129 - 132.

[28] 刘燕、尹澄清、车伍. 植草沟在城市面源污染控制系统的应用[J]. 环境工程学报, 2008, 2(3), 334 - 339.

[29] 骆天庆,王敏等. 现代生态规划设计的基本理论与方法[M]. 中国建筑工业出版社,2008.

[30] 美国建筑委员会. 能源和环境设计认证体系,2009.

[31] 塞巴斯蒂安·莫法特(Sebastian Moffatt),加拿大城市绿色基础设施导则, 2001.

[32] 上海市绿化管理局. 上海市屋顶绿化技术规范[S]2008.

[33] 束晨阳. 城市河道景观设计模式探析[J]. 中国园林,1999, 15(1):8 - 11.

[34] 王蕾,姜曙光. 绿色生态建筑评价体系综述[J]. 新型建筑材料,2007, 12:26 - 28.

[35] 许荷. 屋顶绿化构造探析[D]. 北京:北京林业大学,2007.

[36] 余伟增. 屋顶绿化技术与设计[D]. 北京:北京林业大学, 2006.

[37] 俞孔坚, 李迪华, 段铁武. 生物多样性保护的景观规划途径[J]. 生物多样性, 1998, 6(3):205 - 212.

[38] 张建宇,靳思佳等. 城市林荫道概念, 特征及类型研究[J]. 上海交通大学学报(农业科学版)2012, 30(4), 1 - 7.

[39] 中国建筑科学研究院等. 绿色建筑评价标准[S]2006.

[40] 宗跃光. 城市景观生态规划中的廊道效应研究——以北京市区为例[J]. 生态学报, 1999, 19(2): 145 - 150.

11 3S 技术及其在生态规划中的应用

随着3S技术的不断发展，生态规划在研究手段上也得到了极大提升。3S技术已广泛地应用于生态环境与资源调查、生态适应性评价、景观生态格局与景观动态分析等生态规划的各个环节中，成为生态规划不可或缺的关键技术之一。

11.1 3S 技术的基本原理

3S技术是指遥感(remote sensing, RS)、全球定位系统(global positioning system, GPS)、地理信息系统(geographic information system, GIS)的总称。三者常常集成为一个综合的应用系统，即以GIS为核心工作平台，进行空间分析和综合处理，以RS(数据采集更新)和GPS(实时定位)为信息源，构成对空间数据实时采集、更新、处理、分析，为实际应用提供科学决策与咨询的技术体系。

作为空间信息技术的代名词，3S涉及卫星通信、航天航空遥感、卫星定位技术和地理信息系统技术等专业领域，是当前人类快速获取大区域地球动态和定位信息的重要手段。

11.1.1 RS 的基本原理

人类通过大量的实践，发现地球上每一个物体都在不停地吸收、发射和反射信息和能量，其中一种是人类已经认识到的形式——电磁波，并且发现不同物体的电磁波特性是不同的。遥感就是根据该原理探测地表物体对电磁波的反射和发射的电磁波，从而提取这些物体的信息，完成远距离识别物体的操作。电磁波的波段按波长由短至长可依次分为：γ射线、X射线、紫外线、可见光、红外线、微波和无线电波。电磁波的波长越短，其穿透性越强。遥感探测所使用的电磁波波段是从紫外线、可见光、红外线到微波的光谱段。

11.1.1.1 RS 的基本概念

遥感RS(remote sensing)，英文直译为“遥远的感知”。关于遥感的科学含义通常有广义和狭义两种解释：广义的遥感是指一切与目标物不接触的远距离探测；狭义的遥感是指运用现代光学、电子学探测仪器，不与目标物相接触，从远距离把目标物的电磁波特性记录下来，通过分析、解译揭示出目标物本身的特征、性质及其变化规律。

11.1.1.2 RS 的基本构成

遥感技术主要由3个部分组成，即传感器、遥感平台以及地面控制系统。

(1) 传感器。传感器是遥感技术的核心部分，是记录地物反射或发射电磁波能量的装置。按传感器工作方式的不同，可分为主动式和被动式；根据记录方式的不同，又可分为非成像方式和成像方式两种(见表11.1)。

(2) 遥感平台。遥感平台是指装载传感器的运载工具。飞机和人造卫星是最具代表性的运载工具。按其所处高度，遥感平台可分为近地面平台、航空平台和航天平台，从空间角度看，3 种平台的配合使用可以形成一个立体遥感观测网（见表 11.2）。

表 11.1　遥感资料记录方式与传感器工作方式分类

划分依据	名　称	特　　点	举　　例
按工作方式	主动式传感器	由人工辐射源向目标发射辐射能量，然后接收目标反射回来的能量	侧视雷达、激光雷达、微波散射计等
	被动式传感器	接收自然界地物所辐射的能量	摄影机、多波段扫描仪、红外辐射计、微波辐射计等
按记录方式	非成像方式传感器	把传感器所探测到的地物辐射强度，用数字或曲线图形表示	辐射计、红外辐射温度计、微波辐射计、雷达高度计、散射计、微光高度计等
	成像方式传感器	把地物辐射（反射、发射或两者兼有）能量的强度，用图像形式表示。按接收信息的方式分为摄影方式和扫描方式	摄影机、扫描仪、成像雷达等

来源：章家恩．生态规划学[M]．北京：化学工业出版社，2009.

表 11.2　遥感工作平台分类

遥感平台	遥感类型	描　述	运载工具	高度	特　性
近地面平台	地面遥感	指在地面上装载传感器的固定或可移动的装置	汽车，轮船、高塔和移动支架等	1 m 至数 10 m	既有独立性，也有辅助性（对航空、航天遥感的校准重要）
航空平台	航空遥感	指飞机、气球等装载传感器的装置	飞机、气球等	≤10 km	不受地面条件的限制，分辨率高，资料回收方便，具有机动灵活性，但对广域资料的获取耗资较高
航天平台	航天遥感	指探测火箭、人造卫星，航天飞机等装载传感器的装置	探测火箭、人造卫星，宇宙飞船和航天飞机等	100 至数 10 000 km	宏观性、动态性、快速性和经济性

来源：章家恩．生态规划学[M]．北京：化学工业出版社，2009.

（3）地面控制系统。地面控制系统是指挥和控制传感器与平台并接收其信息的指挥部，现代遥感的指挥系统一般由计算机系统来执行，如在航天遥感中，由地面控制的计算机向卫星发送指令，以控制卫星运行的姿态、速度，指令传感器探测的数据和接收地面遥测站的数据向指定地面接收站发送，地面接收站接收到卫星发送回来的全部数据信号后，送交数据中心进行各种预处理，然后提交用户使用，由技术中心指挥与控制。

常用的传感器有航空摄影机（航摄仪）、全景摄影机、多光谱摄影机、多光谱扫描仪（multi-spectral scanner，MSS）、专题制图仪（thematic mapper，TM）、反束光导摄像管（RBV）、HRV（high resolution visible range instruments）扫描仪、合成孔径侧视雷达（side-looking airborne radar，SLAR）。

常用的遥感数据有美国陆地卫星（landsat）TM 和 MSS 遥感数据、法国 SPOT 卫星遥感数据、加拿大 Radarsat 雷达遥感数据。

11.1.1.3 RS的主要类型

遥感的分类方法较多，但一般均依照其分类标志进行分类。

(1) 按遥感工作平台(运载工具)分类。可将其分为地面遥感、航空遥感和航天遥感。这种分类方法较为普遍。

(2) 按遥感电磁波的工作波段分类。分为紫外遥感，其探测波段在0.3～0.38 μm之间；可见光遥感，其探测波段在0.38～0.76 μm之间；红外遥感，其探测波段在0.76～14 μm之间；微波遥感，其探测波段在1 mm～1 m之间；多光谱遥感，其探测波段在可见光与红外波段范围之内。

(3) 按遥感应用目的分类。从宏观研究角度可以将遥感分为：外层空间遥感、大气层遥感、陆地遥感、海洋遥感等；从微观应用角度可以将遥感分为：军事遥感、地质遥感、资源遥感、环境遥感、测绘遥感、气象遥感、水文遥感、农业遥感、林业遥感、渔业遥感、灾害遥感及城市遥感等。

(4) 按遥感资料的记录方式分类。可分为成像方式和非成像方式。

(5) 按传感器的工作方式分类。可分为主动式和被动式遥感。

(6) 按波谱性质分类。可分为电磁波遥感、声呐遥感、物理场(重力和磁力场)遥感等。

11.1.2 GPS的基本原理

1973年12月，为了满足民用与军用的实时三维导航需求，美国国防部批准研制了新一代卫星导航系统。这种技术日后被称为全球定位系统(global positioning system, GPS)。

11.1.2.1 GPS系统组成

GPS的物理设备组成分为3个部分：卫星星座部分、地面监控部分和用户设备部分。

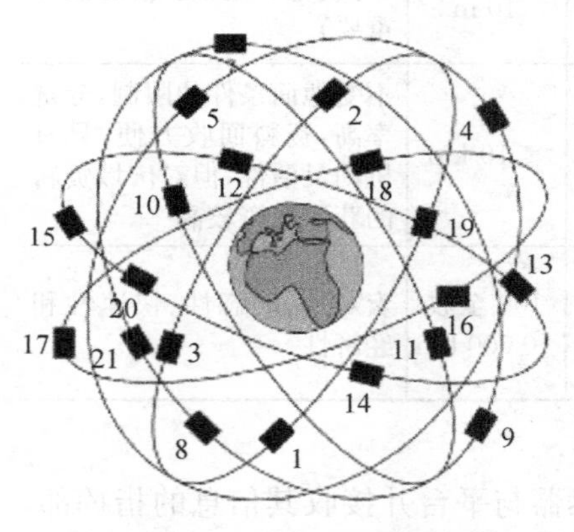

图11.1 GPS星座分布图

来源：申广荣.资源环境信息学[M].上海：上海交通大学出版社，2008.

(1) 卫星星座部分。卫星星座部分由21个工作卫星和3个备用卫星构成(见图11.1)，图中的6个轨道平面升交点的赤经相差都是60°，相对地球赤道面的倾角是55°，平均高度20 200 km；运行周期11 h 58 min，载波频率为1 575.42和1 227.60 MHz。这样的分布保障了在地球上的任何一点在任何时刻均被至少4颗卫星同时观测到，且卫星信号的传播和接收不受天气的影响。

卫星星座部分主要的用途是为具有精确位置信息的高空目标提供全球的实时导航和测量服务。其具有以下基本功能：

① 接收和储存由地面监控站发出来的导航信息，接收并执行监控站的控制指令；

② 借助卫星上设置的微机处理器进行必要的数据处理工作；

③ 通过星载的高精度铯原子钟和铷原子钟提供精密的时间标准；

④ 向用户发送定位信息；

⑤ 在地面监控站的指令下，通过推进器调整卫星的姿态和启用备用卫星。

(2) 地面监控部分。地面监控部分由5个地面站构成，它们都有监测站的功能，在主控站的控制下进行自动的数据采集，对卫星进行连续观测，采集卫星数据和轨道参数。其中，美国科罗拉多州的斯平士的联合国空间执行中心为主控站，而其他监控站均无人值守。

主控站的主要任务有：

① 根据本站和其他监测站的所有观测资料，推算编制各卫星星历、卫星钟差和大气的修正参数等，并把这些数据传送到注入站。

② 提供全球定位系统的时间基准。各测站和 GPS 卫星原子钟，均应与主控站的原子钟同步，或测出其间钟差，并把这些钟差信息编入导航电文，送到注入站。

③ 调整偏离轨道的卫星，使之沿预定的轨道运行。

④ 启用备用卫星，以代替失效的工作卫星。

此外，在迪戈加西亚岛、阿森松岛和夸贾林岛上的监测站也是注入站，它们每隔 1 分钟要向主控站报告 1 次各自的工作状态，并将主控站推算和编制的星历、钟差、导航电文和其他指令注入相应的卫星存储器中，每天 3～4 次。

(3) 用户设备部分。用户设备即 GPS 接收机，主要由接收机硬件、数据处理软件、微机处理机及终端构成。GPS 接收机硬件是用户设备的核心部件，主要接收 GPS 卫星发射的信号，以获得必要的导航信息及测量值;GPS 的软件主要负责对观测数据进行精加工，以获得精密的定位结果。

GPS 用户机可根据用户需要选择合适的类型，一般分为导航型、测量型和授时型。其生产商越来越小型化，型号繁多，这使 GPS 测量的成本降低，应用更广泛。

11.1.2.2　GPS 技术的特点

(1) 测站间无须通视。经典的观测站点要求站点之间必须通视，而且同时要求有良好的控制网结构，这不仅对建站地点要求较高，而且还要花费大量的资金建造觇标。而 GPS 的“觇标”在太空，不需要在地面上的观测站相互通视，只要使地面站的上方视野足够宽阔，足以“看”到卫星即可，所以 GPS 的观测站选址更加灵活，花费也大大降低。

(2) 定位精度高。目前使用的载波相位测量进行静态相对定位，其相对定位精度在<50 km的基线上可达 $10^{-6}\sim2\times10^{-6}$，在 100～500 km 的基线上可达 $10^{-6}\sim10^{-7}$。而动态定位的精度也达到了厘米级，在多种工程中被广泛应用。

(3) 观测时间短。随着 GPS 数据处理软件的不断完善，观测时间从起初的数小时已缩短到十几分钟甚至几分钟。因此，采用 GPS 技术建立控制网可大大提高作业效率。

(4) 提供三维坐标。在常规的测量方法中，高程往往和地理坐标是分别测定的，而 GPS 测量的数据中包含三维信息，可以在测量地理坐标的同时得到高程信息，这使得 GPS 的应用为研究地面点的高程提供了新的技术手段。

(5) 仪器轻便、自动化程度高。GPS 测量的轻便性和自动化程度正在不断提高。测量员在测量时的主要任务仅仅是安置仪器、连接数据线、开关仪器、量取天线高度和气象数据、监视工作状态，其他工作都可以由 GPS 自动完成，特别是当对一个地点进行长期连续观测时，整个工作站甚至可以无人值守，只需 GPS 定时将数据、工作状态和气象状况一起发送到数据处理中心即可。

(6) 全天候作业。在地面上的任意点、任意时刻只需同时接受到 4 颗卫星的讯息即可，几乎不受气象条件影响(除了雷电和地磁异常以外)，这使得测量工作可以不受时间的限制。

11.1.2.3　GPS 数据获得

为提高 GPS 观测点的利用率，并使其在数据库中可以共享，在 GPS 获得地面坐标和高程信息的同时，应做好数据来源的记录工作(元数据)，以便后期通过不同的数据处理过程(坐标换算、网平差计算)得到更专业化的数据。GPS 测量点数据记录格式如图 11.2 所示。

日期：　　年　月　日　　记录者：　　　绘图者：　　　校对者：

<table>
<tr><td rowspan="4">点名及种类</td><td rowspan="2">GPS点</td><td rowspan="2">点号</td><td></td><td rowspan="2">上质</td><td rowspan="2"></td></tr>
<tr><td></td></tr>
<tr><td rowspan="2">相领点（点号，里程，通视否）</td><td rowspan="2" colspan="2"></td><td>标识说明（单双、类型）</td><td></td></tr>
<tr><td>旧名称</td><td></td></tr>
<tr><td colspan="6">所在地</td></tr>
<tr><td colspan="6">概略位置</td></tr>
<tr><td rowspan="2" colspan="2">所在图幅号</td><td rowspan="2" colspan="2"></td><td rowspan="2">概略位置</td><td>X　Y</td></tr>
<tr><td>L　B</td></tr>
<tr><td colspan="6">（附图）</td></tr>
<tr><td colspan="6">备注：</td></tr>
</table>

图 11.2　GPS测量点相关信息样张

来源：申广荣.资源环境信息学[M].上海：上海交通大学出版社，2008.

11.1.3　GIS的基本原理

地理信息系统（Geographic Information System或Geo-Information system，GIS）有时又称为“地学信息系统”或“资源与环境信息系统”，是一种特定的、十分重要的空间信息系统，是在计算机硬、软件系统支持下，对整个或部分地球表层（包括大气层）空间中的有关地理分布数据进行采集、储存、管理、运算、分析、显示和描述的技术系统。地理信息系统处理、管理的对象是多种地理空间实体数据及其关系，包括空间定位数据、图形数据、遥感图像数据、属性数据等，用于分析和处理在一定地理区域内分布的各种现象和过程，解决复杂的规划、决策和管理问题。

GIS的基本概念如下：

① GIS的物理外壳是计算机化的技术系统，它又由若干个相互关联的子系统构成，如数据采集子系统、数据管理子系统、数据处理和分析子系统、图像处理子系统、数据产品输出子系统等。这些子系统的性能、结构直接影响着GIS的硬件平台、功能、效率、数据处理的方式和产品输出的类型。

② GIS的操作对象是空间数据，即点、线、面、体这类有三维要素的地理实体。空间数据的最根本特点是每一个数据都按统一的地理坐标进行编码，实现对其定位、定性和定量的描述，这是GIS区别于其他类型信息系统的根本标志，也是其技术难点之一。

③ GIS的技术优势在于数据综合、模拟与分析评价能力，通过GIS技术可得到常规方法或普通信息系统难以得到的重要信息，实现地理空间过程演化的模拟和预测。

④ GIS与测绘学和地理学有着密切的关系。大地测量、工程测量、矿山测量、地籍测量、航空摄影测量和遥感技术为GIS中的空间实体提供不同比例尺和精度的定位数；电子速测仪、GPS全球定位技术、解析或数字摄影测量工作站、遥感图像处理系统等现代测绘技术的使用可以直接、快速、自动地获取空间目标的数字信息产品，为GIS提供丰富的、实时的信息源，并促使GIS向更高层次发展。地理信息系统和信息地理学是地理科学第2次革命的主要工具和手段，GIS被誉为地学的第3代语言——用数字形式来描述空间实体。

GIS按研究的范围大小可以分为全球性的、区域性的和局部性的；按研究内容的不同可分为综合性的与专题性的。同级的专业应用系统集中起来可以构成相应地域同级的区域综合系统。在规划、建立应用系统时应统一规划这两种系统的发展，以减小重复浪费，提高数据共享程度和实用性。

11.1.4 GIS的基本构成及其特点

(1) GIS的构成。完整的GIS主要由4个部分构成，即计算机硬件系统、计算机软件系统、地理空间数据和系统管理操作人员，其核心部分是计算机软硬件系统，空间数据库反映了GIS的地理内容，而管理人员和用户则决定系统的工作方式和信息表示方式(见图11.3)。

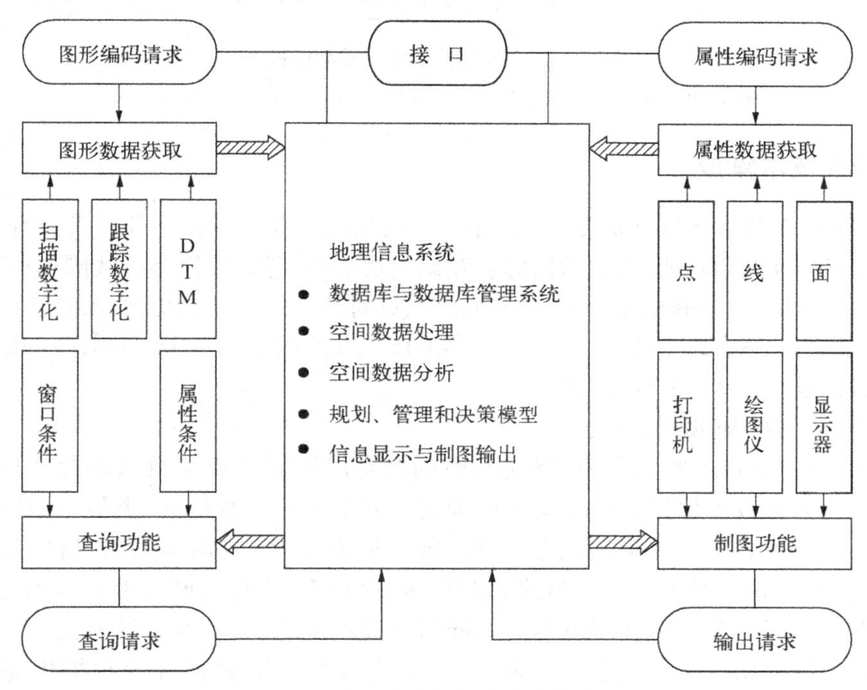

图11.3 地理信息系统的组成

来源：申广荣.资源环境信息学[M].上海：上海交通大学出版社，2008.

(2) 计算机软件系统。指GIS运行所必需的各种程序，通常包括系统软件、专业软件和应用软件等(见图11.4)。

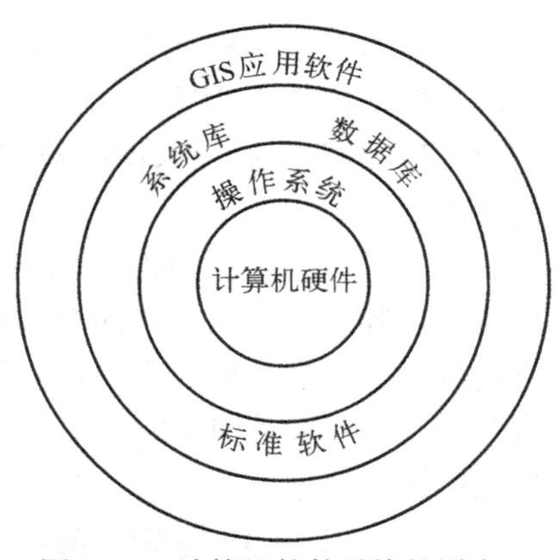

图11.4 计算机软件系统的层次

来源：申广荣.资源环境信息学[M].上海：上海交通大学出版社，2008.

(3) 应用分析程序。应用分析程序是系统开发人员或用户根据地理专题或区域分析模型编制的用于特定应用任务的程序，是系统功能的扩充与延伸。在GIS工具支持下，应用程序的开发应是透明的和动态的，与系统的物理存储结构无关，而随着系统应用水平的提高得到不断优化和扩充。应用程序作用于地理专题数据或区域数据，构成GIS的具体内容，是用户真正用于地理分析的部分，也是从空间数据中提取地理信息的关键。用户进行系统开发的大部分工作是开发应用程序，而应用程序的水平在很大程度上决定了系统的实用性和性能的优劣。GIS软件工具一般包括如下主要部分或模块(见图 11.5)。

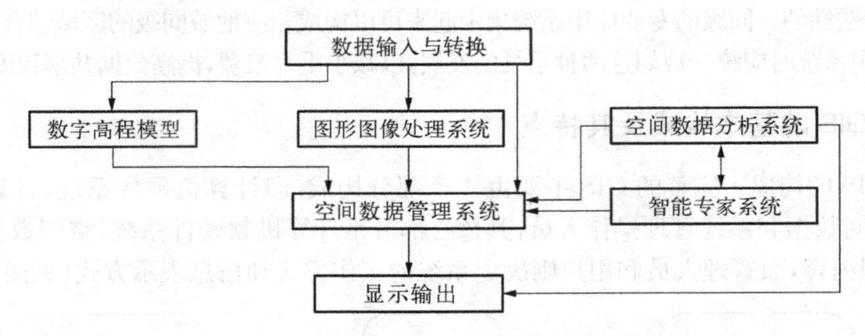

图 11.5　GIS 软件系统主要功能模块

来源：申广荣.资源环境信息学[M].上海：上海交通大学出版社,2008.

11.1.5　3S 技术集成

目前,3S 技术的结合与集成研究经历了一个从低级向高级的发展和完善过程,其低级阶段是系统之间相互调用功能;高级阶段除相互调用功能外,还能发挥直接共同作用,形成有机的一体化系统,以快速准确地获取定位的现势信息,对数据进行动态更新,实现实时的现场查询和分析判断。具体有以下 4 种结合方式,即 GIS 与 RS 的结合、GIS 与 GPS 的结合、RS 与 GPS 的结合以及 GIS、GPS 和 RS 的结合。

11.1.5.1　GIS 与 RS 的结合

GIS 与 RS 的结合主要表现为 RS 是 GIS 的重要信息源,GIS 是处理和分析应用空间数据的一种强有力的技术保证。由于遥感影像是空间数据的一种形式,类似于 GIS 中的栅格数据,因此,两者很容易在数据层次上实现集成。但由于 RS 普遍采用栅格格式,其信息以像元存储,而 GIS 则主要采用矢量格式,按点、线、面存储,它们之间的差别是因影像和制图数据用不同的空间概念表示客观世界的相同信息而产生的,因此两者结合的关键技术在于栅格数据和矢量数据的对接问题。实际上,目前大多数 GIS 软件并没有提供完善的遥感数据处理功能,而遥感图像处理软件又不能很好地处理 GIS 数据,这就需要实现集成的 GIS。

对于 RS 与 GIS 的集成,Ehlers 等在软件实现上提出了 3 个发展阶段：开发一种标准的空间数据交换格式,采用数据交换格式把两个软件模式连结起来;两个软件模式具有共同的用户接口和同步的显示;RS 与 GIS 相互结合形成一个完整的、能同时提供图像处理和空间分析功能的系统。

近年来,我国关于 RS 与 GIS 结合集成的研究较多,经历了由初步探讨向逐渐成熟的发展过程。其应用主要包括两个方面：一是 RS 数据作为 GIS 的信息源;二是 GIS 为 RS 提供空间数据管理和分析的手段,主要考虑 GIS 的数字高程模型(digital elevation model,DEM)数据、气候、环境等因素的空间分布。目前,RS 与 GIS 一体化的集成应用技术渐趋成熟,已被广泛应用于植被分类、灾害估算、图像处理等领域。

11.1.5.2　GIS 与 GPS 的结合

GIS 与 GPS 的结合,可取长补短地使两者的功能得到充分的发挥。通过 GIS 系统,可使 GPS 获取的定位信息在电子地图上获得实时、准确、形象的反映及漫游查询。通常,GPS 接收机所接收的信号无法输入底图，如果从GPS接收机上获取定位信息后，再回到地形图或专题图上查找，核实周围地理属性，则工作将十分烦琐而耗时，在技术手段上也不合理。但是，如果把GPS接收机同电子地图相配合，利用实时差分定位技术，加上相应的通信手段组成各种电子导航和监控系统，可广泛地应用于交通、公安侦破、车船自动驾驶等方面。GPS系统可以为GIS及时地采集、更新或修正数据。例如，在地籍测量中，通过GPS定位得到的数据，输入电子地图或数据库，可对原始数据进行修正和核实，并赋予专题图属性，以生成新的专题图。

11.1.5.3　RS与GPS的结合

在3S技术系统中，RS与GPS均是GIS的信息源(数据源)。然而，GPS与RS既有相互独立的功能，又可互相补充完善。一方面，GPS的精确、快速定位功能为RS数据实时、快速进入GIS提供了可能，其基本原理是用GPS/GPS/ISN方法，将传感器的空间位置(X_S，Y_S，Z_S)和姿态参数(Φ，ω，K)同步记录下来，通过相应软件，快速产生直接地学编码，从而克服了RS采用立体观测、二维空间变换等定位困难的问题；另一方面，利用RS数据也可以实现GPS定位遥感信息的空间查询。

11.1.5.4　GIS、GPS与RS的结合

GIS、GPS与RS的整体集成(integration)一直是人们所追求的目标。在这一集成系统中，GIS是中枢神经，RS是传感器，GPS是定位器，三者的共同作用使其能自动、实时地采集、处理和更新数据，并且能智能地分析和运用数据，从而为各种应用提供科学决策，解决用户可能提出的各种复杂问题，感受地球的实时变化，在资源环境与区域管理等众多领域中发挥巨大的作用。

3S技术的集成方式可以在不同技术水平上实现，主要包括空基3S集成与地基3S集成。空基3S集成是用空—地定位模式实现直接对地观测，目的是在无地面控制点(或有少量地面控制点)的情况下，实现航空航天遥感信息的直接对地定位、侦察、导航、测量等；地基3S集成则主要是对车载、船载的定位导航和对地面目标的定位、跟踪、测量等展开实时作业。3S技术的整体结合见图11.6。

11.2　3S技术的应用领域

11.2.1　3S技术的主要应用领域

11.2.1.1　生态环境监测

生态环境监测是了解一个国家、一个地区或某一生态区的生态环境状况，为生态建设和环境保护提供决策依据的基础工作。生态环境监测的对象通常包括农田、森林、草原、荒漠、湿地、湖泊、海洋、气象、物候和动植物等。采用传统的生态环境监测技术通常应用范围小，而且只能解决局部生态环境监测和评价问题，很难大范围、适时地开展监测工作。要获得综合的、整体的、准确的、完全的监测结果通常需要依赖3S技术，即利用RS和GPS获取和管理地貌、土地利用类型等专题及位置信息，利用GIS对整个生态区域进行数字表达，以形成规划、决策系统。目前，3S技术已在生态环境监测中得到了广泛应用。利用3S技术进行生态环境监测可以掌握区域生态环境的现状和动态变化，构建生态环境状况基本数据库，为地区经济

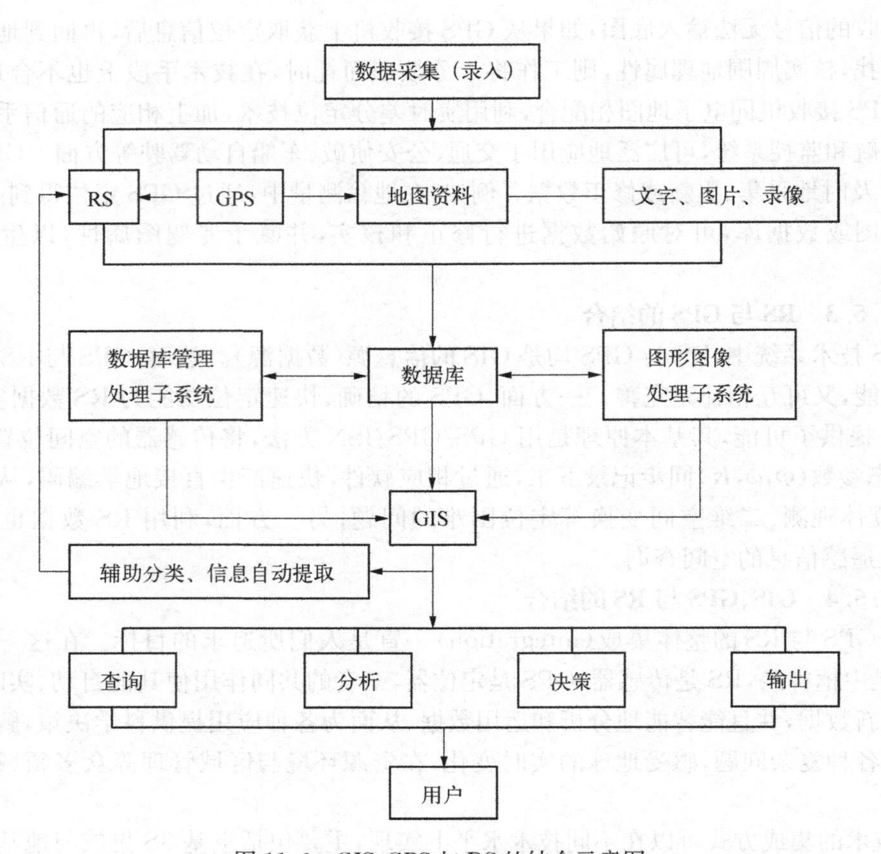

图 11.6 GIS、GPS 与 RS 的结合示意图

来源：王振中．“3S”技术集成及其在土地管理中的应用[J]．测绘科学，2005，30(4)：62－64．

结构调整、生态环境保护和建设、生态区划和规划提供科学依据。基于 3S 技术的生态环境监测的基本流程如图 11.7 所示。

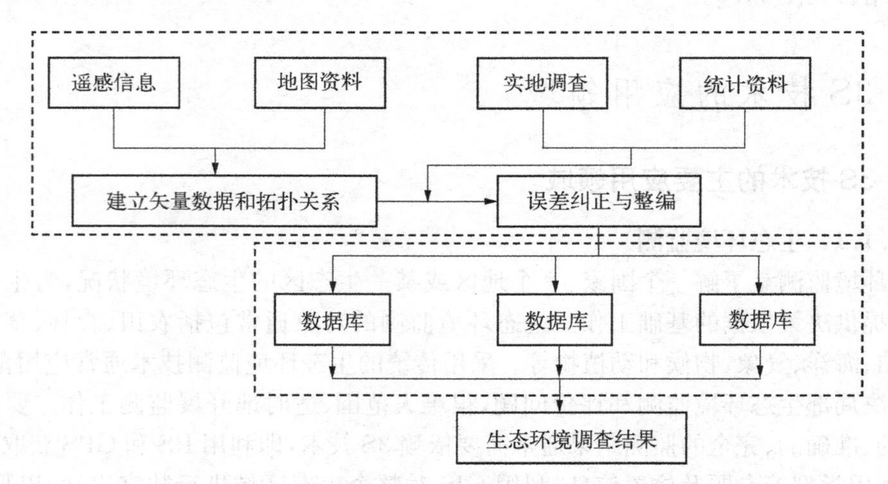

图 11.7 3S 技术在生态环境监测中的应用流程示意图

来源：章家恩．生态规划学[M]．北京：化学工业出版社，2009．

利用3S技术可以开展以下几个方面的生态环境监测工作。

(1) 城市生态环境监测。3S技术较早应用于城市规划、大气污染监测等领域。利用RS资料和GIS平台,可编绘城市大气污染源的分布图,同时采用航空多光谱摄影手段可监测大气污染的主要污染物、颗粒大小及空间区域的分布,分析城市地面辐射温度和城市“热岛”现象形成的关系。应用卫星或机载热红外图像,通过图像处理技术,可定期把热污染的分布范围和强度显示出来。根据植被光谱反射率及其影像特征,采用多光谱有关数据及其生成的植被指数,经图像处理和定量分析后,可对植被和土地状况进行分类,监测城市化等环境变化进程。GIS技术还可用于城市生态环境调查、现状和污染源监测、生态功能和环境影响评价等。

(2) 水资源环境监测。利用3S技术对河流水质、水量等进行监测,可准确地显示不同区域的水环境状况,反映水体环境质量在空间上的变化趋势,更加直观地反映污染源、排污口等环境要素的空间分布特征。利用RS可快速监测出水体污染源的类型、位置及分布范围等。此外,3S技术还应用于水文模拟和水资源调查评价、生态耗水量分析、开展水域分布变化和水体沼泽化、水体富营养化、泥沙污染等监测。

(3) 生态环境灾害监测。3S技术在洪涝、干旱、森林火灾、森林病虫害、沙漠化等突发性自然灾害监测中已得到广泛应用。森林病虫害、沙漠化等监测主要以陆地卫星TM数据为主,森林火灾、洪水、雪灾、旱灾等灾害监测主要以NOAA数据为主,灾后的评价多采用航空遥感手段,以更准确地制定生产自救和家园重建计划。利用GIS和RS技术可对水土流失、土地沙化和盐碱化、森林和草场退化与消失、海水入侵、河流断流等进行监测。利用GIS与GPS技术还可以对过量开采地下水导致的地面沉降进行实时监控,利用RS可监测赤潮发生的时间、地点和范围,并根据水文气象资料进行赤潮的实时速报。利用RS调查与滑坡、泥石流有关的环境因素,可推测滑坡、泥石流发育环境因素及产生条件,进行区域危险性分区与预测,可为防治地质灾害提供依据。

(4) 森林与草地生态环境监测。近年来,3S技术已广泛应用于森林资源、荒漠化、湿地、野生动植物等资源与生态环境监测。RS技术主要用于森林资源的调查和动态监测,编绘大面积的森林分布图,对宜林荒山荒地进行立地条件调查,绘制林地立地图、土地利用现状图和土地潜力图等,测算各类土地面积,进行土地评价。例如,甘肃省利用RS、GIS技术对林地和草地资源进行本底调查、分析和资产评估,最终建立了具有友好界面且易操作的林、草地生态资产评估系统。

(5) 农业生态环境监测。3S技术在农业生态环境监测中可用于土地的生产潜力评价、土地的适宜性评价、土地持续利用评价及土壤侵蚀、土地沙化和土地次生盐渍化等监测。对土地环境的监测除实地进行定位观测外,还可用不同时期的同一幅影像进行影像叠加和对比,来准确地研究土地资源的变化情况。例如,耕地地面温度、土壤水分的旱涝状况等环境条件以及农作物的生长状况都可通过远红外和热红外接收的遥感影像探测到。

(6) 海洋生态环境监测。利用3S技术可获得海面浮泥沙、浮游生物、可溶性有机物、海面油膜和其他污染物等信息,监测海洋生物体污染、石油污染、洋面温度等。RS在海洋资源的开发与利用、海洋环境污染监测、海岸带和海岛调查等方面也已取得了成功的应用。

(7) 区域生态环境监测。3S技术广泛应用于区域生态环境质量监测与评价。在区域环境质量现状评价工作中,可将地理信息与大气、土壤、水、噪声等环境要素的监测数据结合在一起,利用GIS软件的空间分析模块,对整个区域的环境质量现状进行客观、全面的评价,以反映区域受污染的程度及空间分布情况。

11.2.1.2　资源评价

3S技术在资源评价中的应用的核心技术是GIS。早在20世纪70年代后期，地学领域的专家们就开始认识到了GIS在自然资源分析中的应用潜力。经过30多年的努力，3S技术已广泛应用于多种类型的自然资源的评价中，如矿产资源评价、土地资源评价、森林资源评价、草地资源评价、农业资源评价、气候资源评价和地下水资源评价等。

11.2.1.3　生态功能分区

生态功能分区是根据环境要素、生态敏感性与生态服务功能空间分异规律，将区域划分成不同生态功能区。其目的是为区域环境保护与建设规划制定、区域生态安全维护、资源合理开发利用、工农业生产布局、区域生态环境保育提供科学依据，为环境管理部门和决策部门提供管理信息和管理手段。

利用3S技术进行生态功能分区的基本原理是通过遥感图像数据的选择、处理、解译，获取相关专题图件信息，通过野外实地校核以及GPS空间定位，对错判和漏判的单元及时修改和补充，在GIS技术支持下，建立区域生态环境数据库。最后，按照生态功能的重要性、生态环境敏感性和现状完好程度的相似性与差异性划分各级生态功能区。

利用3S技术能快速而准确地获取大量具有准确空间位置的、现时性强的生态环境数据，并能客观评价环境质量现状、生态敏感性及生态功能重要性，为生态功能保护区总体规划和分区规划提供了重要的基础信息和主要技术手段。

11.2.1.4　景观生态学分析

自20世纪80年代初期以来，遥感技术迅速成为景观生态学研究的重要技术支撑手段，极大地促进了景观定量研究的发展和景观结构格局及其动态分析的不断深入，为景观模型的建立和发展提供了坚实的资料基础。

通常情况下，RS为景观生态学提供的常用信息包括植被类型及其分布、土地利用类型及其面积、生物量分布、土壤类型及其水分特征、群落蒸腾量、叶面积指数及叶绿素含量等。RS在景观生态学上的应用主要有3方面：植被和土地利用分类；生态系统和景观特征的定量化、不同尺度上缀块的空间格局、植被的结构、生境特征及生物量计算；景观动态研究、土地利用时空变化、植被动态、群落演替和人类活动的影响。

GIS在景观生态学研究中的应用主要包括：景观数据的采集、处理、存储、管理和输出；分析与描述景观空间格局及其变化；模拟景观时空的动态变化；优化设计与管理区域景观；确定不同环境和生物学特征在空间上的相关性；确定景观斑块大小、形状毗邻性和连接度；分析景观中能量、物质和生物流的方向和通量；景观生态变量的图像输出等。利用GIS进行景观格局动态变化分析的优点主要表现在以下4个方面：

① 能将各类地图(空间资料)和有关图中内容的文字和数字记录(属性资料)通过计算机高效地联系起来，从而使这两种形式的资料完善地融合在一起；

② 为不断地、长期地储存和更新空间资料及其相关的属性信息提供了有效的工具；

③ 处理数据速度快，操作过程简便易行，大大增加了对资料的存取速度和分析能力；

④ 输出形式灵活，可从多种角度将景观格局分析的结果直观、明白地表示出来。

GPS在景观生态学分析中也具有重要的作用。在传统的技术路线中，利用遥感技术发现了变化区域之后，对变化区域的定量确定仅仅依靠对遥感判译图中的区域界限进行量测获得。遥感图像的成像机制和图像分类方法自身存在的误差(如绘图误差)使得遥感判译图中的区域界限只具有示意性，且界限相当模糊。GPS 所具有的全天候、连续、实时、高精度的三维位置以及时间数据功能使其在航空照片和卫星遥感影像的定位和地面校正方面能有效弥补遥感技术的上述缺陷，为遥感图像的几何纠正提供准确的地面控制点坐标，从而为遥感图像的准确分类提供数据。此外，GPS 在景观生态学研究中的应用还包括监测动物活动行踪、制作专题地图（生境图、植被图、土地分布图）等。

11.2.1.5 图件制作

随着计算机技术的发展，地图制图技术也由最初的手工绘图发展到机助制图，Photoshop、AutoCAD、MapCAD、CorelDraw 等均在国内外地图制图软件市场占有巨大优势。随着 3S 技术的应用，地图制图技术得到了进一步的发展。

航空、航天遥感技术和全球定位系统技术的发展和应用为地图制作提供了快速、丰富、真实、源源不断的信息来源，同时也解决了大范围、全球高精度定位问题。数字摄影测量和数字图像处理技术的成熟和完善突破了时空的限制，改变了传统地图制图模式，可以直接编制大范围的小比例尺地图，也极大地丰富了专题地图的内容，从而形成了新的地图成图技术——遥感制图技术，并在地图制图领域得到广泛应用。

GIS 的产生对推动地图制图学的发展具有重要意义。GIS“脱胎于地图”，“起始于计算机辅助地图制图”，“得益于地图数据库”，是计算机地图制图的延伸和发展。因此，GIS 的主要功能之一是地图制图并建立地图数据库。与传统的、周期长、更新慢的手工制图方式相比，利用 GIS 建立的地图数据库可以达到一次投入、多次产出的效果。其不仅可以为用户输出全要素地形图，而且可以根据用户需要分层输出专题图，如行政区划图、土地利用图、道路交通图等。更重要的是，由于 GIS 是一种空间信息系统，其所制作的图件也能够反映一种空间关系，制作多种立体图形，而制作立体图形的数据基础就是数字高程模型。

11.2.1.6 区域管理信息系统

计算机在管理领域的应用始于 20 世纪 50 年代。20 世纪 60 年代初，J. D. Gallamher 提出建立管理信息系统（management information system，MIS）的设想，希望通过它来实现管理决策过程的全盘自动化，并应用到各个领域。但直到 20 世纪 80 年代以后，随着各种技术、特别是信息技术的迅速发展，MIS 才逐渐成为一门新技术。

管理信息系统是信息系统在管理领域的具体应用，具有信息系统的一般属性。从信息系统的建立、功能等方面来看，管理信息系统是用系统思想建立起来的，以电子计算机为基本信息处理手段，以现代通信设备为基本传输工具，且能为管理决策提供信息服务的人—机系统。也就是说，管理信息系统是一个由人和计算机组成的、能进行管理信息的收集、传输、存储、加工、维护和使用的系统（见图 11.8）。

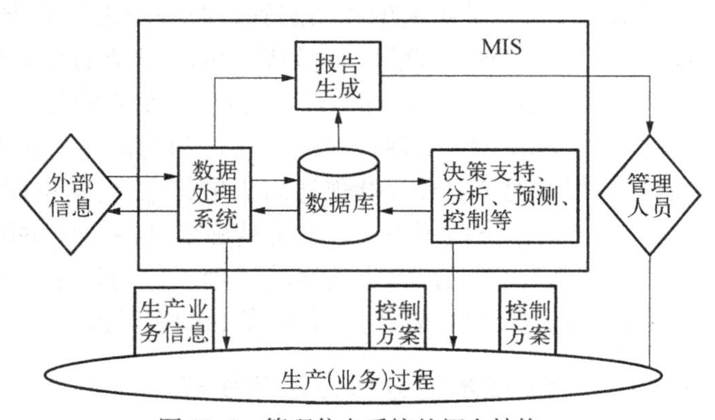

图 11.8 管理信息系统的概念结构

来源：周勇等. 基于 GIS 的区域土壤资源管理决策支持系统[J]. 系统工程理论与实践，2003(3)：40－44.

在 3S 技术的支持下，诸多研究者已经建立了有关土地利用、植被、水资源、噪声、地质灾害、水土流失等区域生态环境管理信息系统。这些管理信息系统的建立为管理部门的决策及其规划设计提供了快速、准确、详细的基础信息。

11.2.1.7 数字规划

21世纪是以信息技术为核心的知识经济时代。美国前总统克林顿(William Jefferson Clinton)早在1993年就提出了信息高速公路的概念,在全美建立信息高速公路,即国家信息基础设施(national information infrastructure,NII),并于1994年签署了建立国家空间数据技术设施(national spatial data infrastructure,NSDI)的12906号总统令。1998年,美国前副总统戈尔(Albert Gore,Jr.)又提出了"数字地球"的概念。此后,数字国家、数字省、数字城市、数字行业等概念相继出现,并得到了政府和不同行业的重视。

当前,以GIS为核心的3S技术、Internet技术、三维虚拟现实技术的集成为"数字规划"提供了可靠的技术保障。数字规划以数字化的手段来实现对区域空间资源的有效配制与合理安排,是一种可持续的、适应区域发展变化的有效手段,涵盖区域规划内容的方方面面。简言之,数字规划就是在全数字化的环境下完成区域规划的所有任务。其内涵主要包括:

① 数字化的现场调查与分析。以往的资料收集以现场调查为主,工作量巨大,工作效率低,且许多数据难以采集。而以GIS为中心,结合GPS、RS技术,可很好地解决区域规划中空间地理信息的采集问题。GIS作为信息管理和分析工具,是实现区域规划设计和管理的新技术手段,借助其数据库管理模式强大的空间分析功能,可快速实现对大量信息的检索、处理,以及对基础资料的分类、汇总、统计等分析工作,并生成相应的统计图表和专题地图。

② 数字化的规划设计。当前,区域规划设计已广泛应用CAD技术,但未来的数字化的规划设计将广泛使用GIS技术和虚拟现实等技术。利用GIS技术可构造与现实地理空间对应的虚拟地理信息空间,并可用数字模型对现实地理空间的现象和过程进行模拟、仿真和预测。而虚拟现实技术将数字地域的可视化和计算机仿真技术结合在一起,是数字规划新的信息表现方式,可根据规划设计方案展现设计所要表达的效果。

③ 数字化的规划设计方案评审与报建。在数字规划时代,借助于互联网,电子报批成为可能并逐渐成为一种全新的规划审批模式,将传统报批使用的纸介质转变为电子介质,并由此带来了审批方式、设计方法及管理体制上的改变。电子报批有效改善了传统审批中存在的计算精度差、审批周期长、图纸易污损等缺陷,且有利于提高规划审批的精确性和科学性,为规划信息中心的数据入库和动态管理服务带来极大方便,保证了规划信息的时效性。另外,设计部门还可通过互联网与规划管理部门建立有效的信息通信渠道,实现网上报建。

④ 数字化的规划管理。现代化的规划管理将以海量的数字化数据为基础,依靠高速宽带的信息传输网络,实现管理的自动化和规范化。在RS与GIS技术的支持下,动态、快速、高精度、规范地获取和存储规划的成果信息(包括空间信息和属性信息);进行管理信息的查询检索和统计,方便用户获取各类精确信息,并通过网络技术向社会提供信息服务;进行有效的地域信息的空间分析,支持区域管理工作的深化并辅助决策;在GPS支持下,快速更新区域定位信息,保证区域管理工作中信息的实时性。

11.2.2 3S技术的分析方法与手段

11.2.2.1 数据库建立与更新

数据库是在计算机存储设备上合理存放的、相互关联的数据集。而数据库的建立与更新是3S技术支持下的生态规划有效实施的基础。其中，RS与GPS为数据库的建立提供丰富的信息源，GIS则为数据库的建立提供强大的支撑平台。大多数GIS软件为用户提供了强大的数据接口，以便与不同的GIS软件进行数据交换。GIS数据一般包括空间数据和属性数据。空间数据在计算机中以矢量(图形)或栅格(图像)方式进行存取，如AutoCAD数据、卫星影像、航空相片甚至一般的*XY*坐标文件等均是GIS可识别的空间数据格式，在ArcView中以专题(theme)识别，在ArcInfo中以层(coverage)显示、分析和处理。属性数据则常以表格方式显示、分析和处理，该数据源往往为一些数据库文件，如Dbase数据库、ArcInfo的Info数据库，或一般的文本文件(*.Txt)。

3S集成技术是一项集信息采集、信息处理、信息应用于一身的综合性技术，最终构成高度自动化、实时化、智能化和网络化的地理信息系统，在信息获取与处理的高速、实时与应用的高精度、可量化等方面表现突出，是空间信息适时采集、存储、管理、更新以及动态过程的现势性分析以及提供决策辅助信息的有利手段。通过3S技术的集成应用，可为数据库更新提供强有力的基础信息资料和技术支持。

11.2.2.2　空间数据结构建立

地理信息系统的空间数据结构是指空间数据的编排方式和组织关系。空间数据编码是空间数据结构的实现，目的是将图形数据、影像数据、统计数据等按一定的数据结构转换为适用于计算机存储和处理的形式。不同数据源的数据结构差异很大，同一数据源可以用多种方式来组织数据，按照不同的数据结构处理数据，得到的内容也截然不同。数据结构是数据存在的形式，也是信息的一种组织方式。在GIS中，数据结构对于数据采集、存储、查询、检索和应用分析等操作具有重要影响。

空间数据结构的选择对于GIS设计和建立起着十分关键的作用，只有充分理解了GIS的特定数据结构，才能正确而有效地使用系统。目前，GIS软件支持的主要空间数据结构有矢量数据结构和栅格数据结构两种形式。

(1) 栅格数据结构。在栅格模型中，空间表面实体被划分为规则格网，每个网格单元称为像素(也称为像元)。栅格数据结构实际上就是像元阵列，即像元按矩阵形式的集合，栅格中的每个像元是栅格数据中最基本的信息存储单元，其坐标位置可以用行号和列号确定。由于栅格数据是按一定规则排列的，所以表示的地理实体位置关系隐含在行号、列号之中。网格中每个元素的代码代表了实体的属性或属性的编码，根据所表示实体的表象信息差异，各像元可用不同的“灰度值”来表示。在栅格结构中，点实体表示为一个像元；线实体表示为在一定方向上连接成串的相邻像元集合；而面实体则是由聚集在一起的相邻像元集合来表示。这种数据结构便于计算机对面状要素进行处理。

用栅格数据表示的地表不是连续的，而是量化和近似离散的数据，意味着地表在一定面积内(像元地面分辨率范围内)地理数据的近似性。此外，栅格数据的比例尺就是栅格大小与地表相应单元大小之比，每个栅格的大小代表定义的空间分辨率。

(2) 矢量数据结构。矢量数据是代表地图图形的各离散点的平面坐标(z，y)的有序集合，矢量数据结构是一种最常见的图形数据结构，主要用于表示地图图形元素几何数据之间及其与属性数据之间的相互关系。通过记录坐标方式，尽可能精确无误地表现点、线、面的地理实体。矢量数据描述的坐标空间为连续空间，不必像栅格数据结构那样进行量化处理，因此矢量数据更能准确地确定实体的空间位置。此外，矢量数据还可通过点、线、面3种基本图元之间的联系，构筑地理实体及其图形表示的邻接、连通、包含等拓扑关系，从而有利于地理信息的查询、网络路径优化、空间相互关系分析等地理应用。GIS的矢量数据模型可以用相对较少的数据量，记录大量的地理信息，且精度高，制图效果好。

遥感影像、扫描的纸质地图等属于栅格数据，GPS定位、导航数据则属于矢量数据。通过GIS的数字化(矢量化)操作，可将遥感影像、扫描的纸质地图等栅格数据转换成矢量数据，供查询、分析和处理。同时，在GIS系统内部，矢量数据和栅格数据也可相互进行转换，如ArcView中的Convert to Grid(矢—栅)、Convert to Shipfile(栅—矢)，ArcInfo中的GRID(矢—栅)、Shipfile(栅—矢)以及Erdas中的Raster to Vector(栅—矢)与Vector to Raster(矢—栅)命令等。

矢量数据结构与栅格数据结构的优缺点如表11.3所示。

表11.3 矢量数据结构与栅格数据结构的比较

结构类型	优　点	缺　点
矢量数据结构	● 数据存储量小 ● 空间数据精度高 ● 用网络连接法能完整描述拓扑关系 ● 图形输出细腻、精确、美观 ● 可对图形及其属性进行检索、更新和综合	● 数据结构复杂 ● 获取数据慢 ● 数学模拟困难 ● 地图叠加分析困难 ● 不能直接处理数字图像信息 ● 空间分析不容易实现 ● 边界复杂和模糊事物难以描述 ● 数据输出费用较高
栅格数据结构	● 数据输出快 ● 便于面状数据处理 ● 数据结构简单 ● 数学模拟方便 ● 易于地图的叠加分析 ● 能直接处理数字图像信息 ● 空间分析容易 ● 容易描述边界复杂和模糊的事物	● 数据存储量大 ● 空间数据精度低 ● 难于建立网络连接关系 ● 图形输出粗糙，不美观

来源：章家恩.生态规划学[M].北京：化学工业出版社，2009.

11.2.2.3 数字高程模型(DEM)

数字高程模型(digital elevation model，DEM)是以数字的形式按一定结构组织在一起，表示实际地形特征空间分布的模型，是对地形地貌的一种离散的数字表达，也是对地面特性进行空间描述的一种数字方法。

(1) DEM的数据来源及其表示方法。由于观测方法和获取途径的不同，DEM数据的分布规律、数据特征具有明显的差异。按其空间分布特征，DEM数据可分成两类：格网状数据和离散数据，可生成两种主要的DEM表示方法，即规则格网DEM、不规则三角网TIN(triangular irregular network)。

格网数据是把DEM覆盖区划分成规则格网，每个网格大小和形状都相同，用相应矩阵元素的行列号来实现网格点的二维地理空间定位；第三维为特征值，可以是高程，也可以是属性；网格大小代表了数据精度。格网数据简单，便于管理，但因格网高程是原始采样点的派生值，内插过程损失了高程精度，仅适用于中小比例尺DEM的构建。不规则三角网TIN是由不规则分布的离散数据点连成的三角网组成，三角面的形状和大小取决于不规则分布的观测点(节点)的密度和位置。不规则三角网的优点是能随地形起伏变化的复杂性而改变采样点的密度和决定采样点的位置，且能直接利用原始高程采样点重建表面，从而能克服地形起伏不大的地区产生数据冗余的问题；但TIN的存储量大，不便于大规模的规范化管理，且难以与图形及影像数据进行联合分析应用。

(2) DEM的主要用途。DEM在地理信息系统及计算机辅助设计中有着广泛的应用。主要包括：在国家数据库中存储数字地形图的高程数据；计算道路设计、其他民用和军事工程中挖填土石方量；显示地形的三维图形；实现通视情况分析；不同地貌的比较和统计分析；计算坡度、坡向、地表阴影图，用于地貌晕渲的坡度剖面图，帮助地貌分析，估计侵蚀和径流等。

目前，大部分RS与GIS软件均提供两种DEM软件包，用户可根据需要进行选择。生成1∶25万以下的DEM，最可行的是对地形图进行数字化(1∶25万已有全国数据)处理，然后在Arc/Info环境下对矢量的等高线Coverage进行ARCTIN操作得到TIN，最后实现TIN to DEM，获得研究区的DEM。

11.2.2.4　空间插值(interpolate)

在3S技术领域，空间插值是一类常用的重要算法，很多相关软件都内置该算法。空间插值有多种分类方法，主要包括反距离加权插值法(inverse distance to a power)、克吕格插值法(Kriging)、最小曲率法(minimum curvature)、改进谢别德法(modified Sheppard's method)、自然邻点插值法(natural neighbor)、最近邻点插值法(nearest neighbor)、多元回归法(polynomial regression)、径向基函数法(radial basis function)、线性插值三角网法(triangulation with linear interpolation)、移动平均法(moving average)和局部多项式法(local polynomial)等。

(1) 克吕格插值法。克吕格法最初是由南非金矿地质学家克吕格(D. G. Krige)根据南非金矿的具体情况提出的计算矿产储量的方法，即按样品与待估块段的相对空间位置和相关程度来计算块段品位及储量，并使估计误差最小。后来，法国学者马特隆(G. Matheron)对克吕格法进行了详细的研究，使之公式化和合理化。该方法建立在变异函数理论及结构分析的基础上，利用区域化变量的原始数据和变异函数的结构特点，对未采样点的区域化变量取值进行线性无偏最优估计的一种方法。其最大优点是最大限度地利用了空间取样提供的信息，即在估计未知样点数值时，不仅考虑了落在该样点的数据，还考虑了邻近样点的数据；不仅考虑了待估样点与邻近已知样点的空间位置，还考虑了各邻近样点彼此之间的位置关系。此外，该方法还利用了已有观测值空间分布的结构特征，使这种估计比其他传统的估计方法更精确、更符合实际，并且避免了系统误差的出现，给出估计误差和精度。

(2) 移动平均法。移动平均法认为任一点上场的趋势分量均可以从该点一定领域内其他各点的值及其分布特点平均求得，参加平均的领域称作"窗口"。逐格移动窗口，逐点逐行计算，直到覆盖全区，就得到网格化的数据点图。该方法保持了对一般趋势的反映，且很容易填补一些小的数据空缺，使图面完整，但移动平均法有一定的平滑效应和边缘效应。当原始取样点分布稀疏且不规则时，可采用定点数而不规定范围的取数方法，即搜索邻近的点直到预定的数目为止，其缺点是可能导致距离相差较大。

11.2.2.5　缓冲区分析(buffer)

在GIS的空间操作中，确定不同地理特征的空间接近度或邻近性的操作即建立缓冲区。缓冲区分析是GIS重要的空间分析功能之一，是针对点、线、面、实体的空间特性，自动建立对象周围一定距离的区域范围(缓冲区域)，以分析该对象对缓冲区内邻近对象的影响程度。

缓冲区的产生可分为3类：一是基于点要素的缓冲区，通常以点为圆心、以一定距离为半径的圆；二是基于线要素的缓冲区，通常是以线为中心轴线，距中心轴线一定距离的平行条带多边形；三是基于面要素多边形边界的缓冲区，向外或向内扩展一定距离以生成新的多边形。可见，任何目标所产生的缓冲区总是一些多边形，这些多边形将构成新的数据层。

当前，缓冲区分析已广泛应用于交通、林业、资源管理、城市规划等领域，如机场噪声会对周围多大范围内的居民造成影响(点缓冲区)；为防止水土流失，要求距河流两岸一定范围内规定出禁止砍伐树木的地带(线缓冲区)；一个正在下沉的矿山采空区，需要在一定范围内划出绝对安全区(面缓冲区)(见图11.9)。

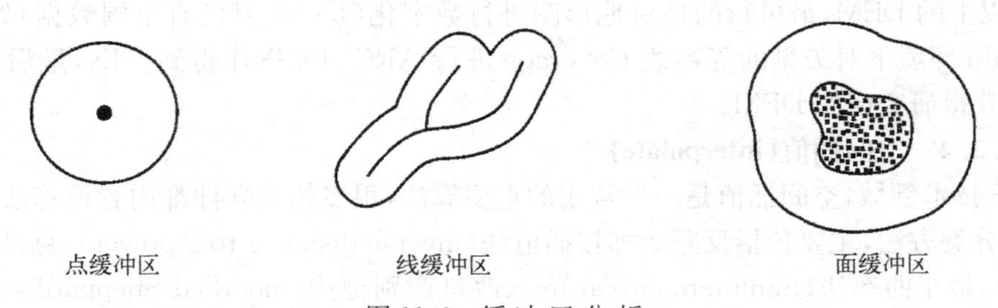

图11.9　缓冲区分析

来源：章家恩.生态规划学[M].北京：化学工业出版社，2009.

如果缓冲目标是多个点(或多条线、多个面)，则缓冲分析的结果可以是各单个点(线、面)的缓冲区的简单叠加，也可以是各单个点(线、面)的缓冲区合并，即GIS可自动处理两个特征缓冲区的重叠情况，使叠加在一起的缓冲多边形合并为一个，从而取消由于重叠而落在缓冲区内的弧段。

11.2.2.6　多要素叠加分析(overlay analysis)

叠加分析是GIS最常用的提取空间隐含信息的手段之一。该方法源于传统的透明材料叠加，即将来自不同数据源的图纸绘于透明纸上，在透光桌上将图纸叠放在一起，然后用笔勾绘感兴趣的部分(即提取感兴趣的数据)。图层叠加是在统一的坐标系下将同一区域的两个或多个图层进行叠合，产生新的空间图形和属性的操作，以提取具有多重指定属性特征的区域，或者根据区域的多重属性进行分级、分类(见图11.10)。

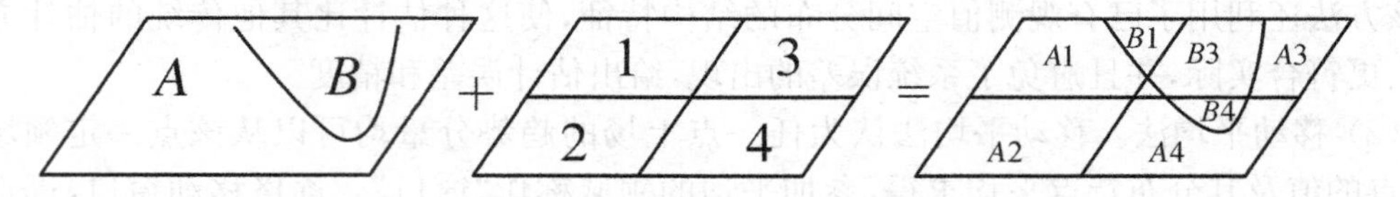

图11.10　空间数据的叠加分析

来源：章家恩.生态规划学[M].北京：化学工业出版社，2009.

叠加分析不仅包含空间关系的比较，还包含属性关系的比较。依据图层数据的结构，叠置分析可分为矢量图层叠加和栅格图层叠加两类。

（1）矢量图层叠加。即拓扑叠加，是将两图层中的要素进行叠加，产生一个新的图层，新图层中的要素综合了原来两层或多层要素的属性。主要包括点层对线层的叠加（生成点数据层）、点层对面层的叠加（生成点数据层）、线层对面层的叠加（生成线数据层）以及面层对面层的叠加（生成面数据层）、面层对点层的叠加（生成多边形数据层）。需要注意的是，矢量图层叠加要求对产生的面层重新建立拓扑关系，重新进行多边形与属性数据之间的连接，因此需要进行大量的几何运算，并在叠加过程中会产生许多小而无用的、属性组合不合理的伪多边形（silver polygon），这成为矢量图层叠加的主要问题。

（2）栅格图层叠加。栅格数据结构的空间信息隐含了明显的属性信息，被看作是典型的数据层。以揭示某种空间现象或空间过程为目的的空间模拟，需要通过不同的方程将不同数据层进行叠加运算，即栅格图层的叠加。栅格图层叠加可分为单层栅格数据分析和多层栅格数据分析两类，两者均包括算术运算和逻辑运算。

① 算术运算：GIS几乎支持所有的算术运算：如＋、－、×、÷、≥、≤、＞、＜、求模（MOD）、整除（DIV）、三角函数 sin、cos、tan 以及它们的反函数 arcsin、arccos、arctan，几何运算 log、exp，数学运算符 int、float 等。

② 逻辑运算。即二值逻辑叠加，常作为栅格结构的数据库查询工具，其操作类型包括与、或、非、异或。在栅格图层叠加过程中，数据库查询通常分为两步。第一步是进行再分类操作，为每个条件创建一个新图层，通常采用二值图层，1代表符合条件，0表示所有不符合条件；第二步进行二值逻辑叠加操作得到想要分析的结果。例如，需获知某地区坡度≥25°的耕地，则首先分别对坡度图和土地利用类型图进行重分类（即≥25°与＜25°），即将≥25°赋值为1，＜25°赋值为0；同时将耕地赋值为1，非耕地赋值为0，再将重新赋值后的坡度图与土地利用类型图进行叠加，结果即为某地区坡度≥25°的耕地。

11.2.2.7　网络分析（network analysis）

网络是地理信息系统（GIS）中一类独特的数据实体，由若干线性实体通过节点连接而成。网络分析是空间分析的一个重要方面，其依据网络拓扑关系（线性实体之间，线性实体与节点之间的连接、连通关系），通过考察网络元素的空间和属性数据，对网络的性能特征进行多方面的分析计算。

与GIS的其他分析功能相比，针对网络分析的研究较少。但是，近年来GIS被普遍用于管理大型网状设施（如各类地下管线、交通线、通信线路等），导致对网络分析功能的需求大大增加。因此，各类GIS软件均纷纷推出了相应的网络分析子系统。目前常见的网络分析功能主要包括以下几项。

（1）最佳路径分析。其核心是对最佳和最短路径的分析，如为救护车提供从医院到患者处最快的路径；为旅客提供众多航线中费用最低的中转方案；为警察提供巡查其负责的各个街道的最有效线路；为铁路巡道员提供其巡查完所有负责路轨的最佳线路等。

（2）资源分配。通过计算得出资源的最佳配置方式，如为城市中的每一条街道上的学生确定最近的学校，为不同水库提供最佳供水区等。

（3）连通分析。当地震发生时，排除所有被破坏的公路和桥梁考虑的前提下，为救灾指挥部提供救灾物资从集散地出发至每个居民点的途径，如果有若干居民点与物资集散地不在一个连通分区之内，指挥部就不得不采用特殊的救援方式（如派遣直升机等），或由公路部门拟修建足够数量的公路以使这些地点间直接或间接地相互连接的费用最少。

11.3 3S 技术在生态规划中的应用领域

生态规划的计算机辅助系统是一种包含数字信息的收集、存储、处理、图形显示与输出的计算机系统。以 GIS 为中心的 3S 技术能够快速获取、更新、精确定位、处理大范围内的大量数据信息，具有极强的图形显示、输出功能。因而，应用 3S 技术进行生态规划是一种新的发展趋势，促进了生态规划向科学量化的层次发展。

11.3.1 在生态功能分区上的应用

卢中正等(2003)在对秦岭国家级生态功能保护区规划中，应用遥感技术获取生态环境现状和生态环境退化状况的专题内容，主要包括土地利用、植被种类、植被覆盖度、水土流失、水资源、地质及地质灾害、生物多样性和自然保护区 7 个专题的信息数据，并在此基础上，建立了生态环境数据库。应用地理信息系统技术，按海拔高度进行专题统计。首先，按海拔高度统计土地利用类型、植被种类、植被覆盖度、水土流失强度、生物多样性和现有自然保护区在垂直方向上的分布特征，分析其相似性和差异性，并分别给出了植被类型、土壤侵蚀强度和土地利用类型的垂直分布状况。结合自然要素垂直分带规律，分析了生态功能的垂直变化规律。在此基础上，将秦岭划分为 3 个生态功能保护区：2 600 m 以上为中高山针叶灌丛草甸生物多样性生态功能区、1 500～2 600 m 之间为中山针阔叶混交林水源涵养与生物多样性生态功能区、1 500 m 以下为低山丘陵水土保持功能区。

为便于生态功能区管理，卢中正等又按行政区和海拔分别对生态环境质量现状评价、生态环境敏感性评价和生态功能重要性 3 个专题数据进行了统计，利用 GIS 技术和层次分析法确定参评因子分值(见表 11.4)，运用专家打分和层次分析法相互验证给出的权值。

表 11.4 各专题评价因子

环境现状质量指标(0.2)		环境敏感性指标(0.3)		生态功能重要性指标(0.5)
资源(0.4)	森林覆盖率(0.33) 产流模数(0.33) 生物多样性化(0.33)	水土流失		森林覆盖率(0.25) 产水模数(0.25) 生物多样性(0.33) 自然保护区面积占比(0.25)
脆弱(0.4)	土壤侵蚀模数(0.6) 水地流失面积比(0.4)	多样性	物种因子(0.5) 自然保护区(0.5)	
破坏(0.2)	人口密度(0.5) 耕地占比(0.5)			

来源：卢中正，张敦虎，邱少鹏. RS 和 GIS 技术在生态功能保护区规划中的应用[J]. 遥感信息，2003(4)：20－21.

最后，在人-机交互作用下，归并划分了生物多样性保护和水源涵养生态功能中心保护区、重要保护区、一般保护区、水土保护中心防治区、重要防治区和一般防治区 6 个二级功能区。

11.3.2 在生态敏感性评价方面的应用

生态环境敏感性是指生态系统对各种环境变异和人类活动干扰的敏感程度。生态环境敏感性评价是在不考虑人类活动影响的前提下，评价具体的生态过程在自然状况下对生态环境产生的潜在影响。敏感性高的区域，在受到人类不合理活动影响时，容易产生生态环境问题，应是生态环境保护和恢复建设的重点。

生态环境问题的形成和发展往往是多个因子综合作用的结果，其出现或发生概率常常取决于影响生态环境问题形成的各个因子的强度、分布状况和多个因子的组合。因此，刘康(2003)等在对甘肃省生态环境敏感性评价时，采用了多因子的综合评价方法。评价过程基于生态环境问题的形成机制，对直接影响生态环境问题发生和发展的各自然因素进行了综合，通过综合影响因子分布图，采用GIS空间分析方法，得出各生态环境问题的敏感性分布图。然后，再进一步综合，得出研究区生态环境敏感性分布图。

11.3.2.1　评价指标

根据甘肃省的实际情况，考虑到生物多样化的敏感性涉及问题较多且空间资料不全等因素，仅选取水土流失敏感性、沙漠化敏感性和盐渍化敏感性为评价指标进行评价。而水土流失敏感性又以通用水土流失方程(USLE)为基础，综合考虑降水、地形、植被与土质等因素；沙漠化敏感性考虑了气候的干燥程度、风力大小、植被覆盖和土壤状况，选用湿润指数、土壤质地、植被覆盖及起沙风的天数等来评价；盐渍化敏感性则首先根据地下水位来划分敏感性区域，并在采用蒸发量/降水量比值、地下水矿化度与地貌类型等因素来划分等级。

11.3.2.2　评价方法与结果

结合相应的单因子现状评价及综合评价标准(见表11.5)，对敏感性进行了5级划分，即极敏感、高度敏感、中度敏感、轻度敏感和不敏感。通过应用地理信息系统的空间分析功能，以地理信息系统ArcView为工具，分别综合影响水土流失、沙漠化和盐渍化的因子分布图，获得水土流失、沙漠化和盐渍化的敏感性分布图，通过进一步综合，明确了甘肃省的生态敏感性现状及其分布状况。综合评价流程见图11.11。

表11.5　甘肃省生态环境敏感性影响因子及其分级

生态环境问题	影响因子	不敏感	轻度敏感	中度敏感	高度敏感	极敏感
水土流失	降水冲蚀力(R值)	<25	25～100	100～300	300～500	>500
	土壤质地	石砾、砂	粗砂土、细砂土、黏土	面砂土、壤土	沙壤土、粉黏土、壤黏土	沙粉土、粉土
	地形起伏/m	0～20	21～50	50～100	100～300	>300
	植被	水体、草本沼泽、稻田	阔叶林、针叶林、草甸、灌丛和萌生矮林	稀疏灌木草原、一年二熟粮作、一年水旱两熟	荒漠、一年一熟粮作	裸地
土壤沙漠化	湿润指数	>0.65	0.5～0.65	0.20～0.50	0.05～0.20	<0.05
	土壤质地	基岩	黏质	砾质	壤质	沙质
	≥6 m/s起沙风天数	<10	10～20	21～40	41～60	>60
	地表植被覆盖率	茂密	适中	较少	稀疏	极稀疏
土壤盐渍化	蒸发量/降水量	<1	1～3	3～10	10～15	>15
	地下水矿化度(g/L)	<1	1～3	3～10	10～50	>50
	地貌类型	山地、丘陵	洪积平原	泛滥冲积平原	河谷平原	闭流盆地
综合评价		1.0～2.0	2.1～4.0	4.1～6.0	6.1～8.0	>8.0

来源：刘康，欧阳志云，王效科，等.甘肃省生态环境敏感性评价及其空间分布[J].生态学报，2003，23(12)：2711-2718.

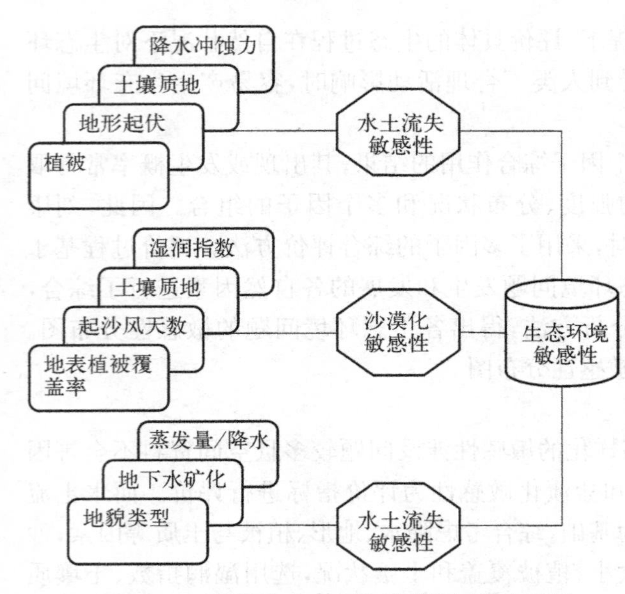

图 11.11 甘肃省生态环境敏感性评价流程图

来源：刘康，欧阳志云，王效科，等.甘肃省生态环境敏感性评价及其空间分布[J].生态学报，2003，23(12)：2711－2718.

通过上述评价发现，在生态环境调查的基础上，应用GIS空间分析方法进行生态环境敏感性评价具有可操作性和结果的可靠性等特点；甘肃省的生态环境敏感性区域分布广泛，极敏感区占全省面积的1.1%，高度敏感区占57.4%。其中水土流失极敏感区占0.21%，高度敏感区占24.6%，主要集中在陇东黄土高原除子午岭以外的大部分地区、中部黄土丘陵沟壑区的绝大部分，陇南山地的西礼盆地、徽成盆地等地区；沙漠化极敏感区面积占0.8%，高度敏感区面积占33.1%，主要集中在甘肃北部，安西中部地区和肃北的东南部；土壤盐渍化基本无极敏感区，高度敏感区域占1.1%，主要集中在疏勒河中下游、黑河中游以及石羊河下游（见表11.6，图11.12）。

表 11.6 不同类型生态环境敏感性的面积与比例

生态环境问题	不敏感		轻度敏感		中度敏感		高度敏感		极敏感	
	面积(km^2)	比例(%)	面积(km^2)	比例(%)	面积(km^2)	比例(%)	面积(km^2)	比例(%)	面积(km^2)	比例(%)
水土流失	9 096	2.0	224 670	49.4	107 787	23.7	111 880	24.6	955	0.21
土地沙漠化	32 216	7.1	178 728	39.3	89 734	19.7	150 338	33.1	3 785	0.8
土壤盐渍化	146 739	32.3	267 764	58.9	34 932	7.7	5 366	1.1	—	—
敏感性综合	—	—	45 480	10	143 262	31.5	261 054	57.4	5 002	1.1

来源：刘康，欧阳志云，王效科，等.甘肃省生态环境敏感性评价及其空间分布[J].生态学报，2003，23(12)：2711－2718.

11.3.3 在生态环境综合评价方面的应用

3S技术的发展，特别是GIS空间内插、空间叠加功能的实现，在很大程度上改变了以往区域生态环境质量评价存在的问题，使其向综合性、定量化、空间化及多要素评价为主的方向发展。目前，应用3S技术、采用合适的分析方法、利用模型将区域环境因素系统化成为区域生态环境综合评价的有效方法。

在GIS与RS多源空间信息的支持下，麻素挺等(2004)对吉林西部生态环境进行了综合评价。具体的评价过程如下所述。

11.3.3.1 指标体系的建立及指标权重的确定

考虑到吉林西部地区人类活动与资源环境的相互作用主要集中在水、热、土等方面，尤其以水、土的相互影响最为直接和显著。因此，研究者在广泛征求生态环境研究领域专家意见

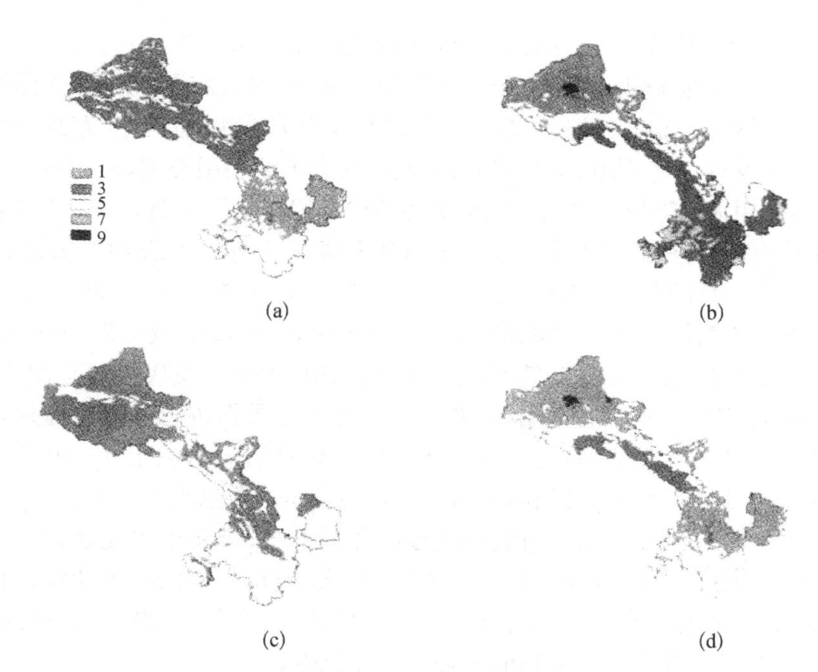

图 11.12　甘肃省生态环境敏感性评价图

来源：刘康，欧阳志云，王效科，等. 甘肃省生态环境敏感性评价及其空间分布[J]. 生态学报，2003，23(12)：2711－2718.

的基础上，根据研究区生态环境特征和以往研究成果，建立了研究区生态环境综合评价的二级指标体系。并采用层次分析法(AHP)获得各指标的权重值(见表 11.7)。

表 11.7　吉林西部生态环境评价指标及权重

一级指标		二级指标	
指标名称	权　重	指标名称	权　重
水热条件	0.30	多年平均降水量	0.12
		干燥度	0.09
		≥10℃的连续积温	0.09
土地覆盖	0.35	植被指数	0.21
		土地利用类型	0.14
土　壤	0.20	土壤等级	0.10
		沙漠化	0.10
水质等级	0.15	水质情况	0.15

来源：麻素挺，汤洁，林年丰. 基于 GIS 与 RS 多源空间信息的吉林西部生态环境综合评价[J]. 资源科学，2004，26(4)：40－45.

11.3.3.2　综合数字评价模型的建立

(1) 数据获取与预处理。根据确定的生态环境评价指标体系，收集了气象观测资料、遥感调查以及专题图件等数据资料。通过对在 GIS 软件 ARC/INFO 中对气象与气候观测数据进行空间内插获得水热条件矢量图层，由此计算出多年平均降水量、≥10℃的连续积温和干燥度3个二级指标值，并按一定标准将其分别划分为六、五、五个等级；选用2001年地面分辨率为30 m的美国陆地资源卫星Landsat ETM$^+$影像，扫描后利用遥感图像处理软件ERDAS，通过目视解译、监督分类、非监督分类以及混合分类法，按林地、草地、水田、水体、旱地、城镇居民点和交通工矿用地、未利用地、盐碱地八大土地利用类型，编制研究区土地利用/覆盖图。同时，利用遥感影像获取归一化植被指数(NDVI)，并将其划分为8个不同的等级；土壤指标采用土壤专题图件，通过专家打分法来划分土壤等级；水质状况则采用地下水水质评价专题图，采用模糊综合评判法得到饮用水水质评价结果；最后，在ARC/INF0支持下，将水热条件等多源空间数据进行栅格化，每个栅格大小为100 m×100 m，以简化难度，节省时间。

(2) 评价因子标准化。为统一量纲，有效利用ARC/INFO模块中的叠加分析工具来提取空间信息数据库中的各个专题数据，需要对各参评因子数据进行标准化处理，在此采用极差标准数据变换。为便于计算，将处理值扩大10倍，处理后的值位于0～10之间。这样，经标准化后的值具有了一致性，标准值越大对生态环境质量的贡献也就越大。

(3) 评价方法的选择。多源空间数据经栅格化后，应赋予每个单元要素以属性，之后进行单要素评价。在此基础上，利用ARC/INFO中Grid模块的空间叠加功能，将每一专题数据层进行叠加，得到具有各种评价因子专题属性的栅格数据文件；最后，采用综合评价指数法，即加权综合评分法，计算每个栅格的生态环境综合指数。

11.3.3.3 评价结果

生态环境质量综合指数代表环境质量状况优劣程度。为便于比较分析，将环境评价综合指数进行分级处理，把生态环境综合评价结果划分为Ⅰ级较好(≥7.5)、Ⅱ级一般(≥5且<7.5)、Ⅲ级较差(≥2.5且<5)、Ⅳ级恶劣(<2.5)。综合评价的分级结果表现在图上则能充分体现生态环境状况的区域性差异。

评价结果表明，吉林西部地区生态环境质量较好的地区(Ⅰ级)仅占总面积的16.11%，而生态环境较差(Ⅲ级)和恶劣(Ⅳ级)的地区则占总面积的56%(见表11.8)，表明吉林西部有一半以上地区的生态环境质量不容乐观，亟须治理和改善。

表11.8 吉林西部生态环境质量综合指数分级

环境等级	环境状况	综合评价指数	栅格数	面积(hm^2)	面积百分比(%)
Ⅰ	较好	7.5～10	753 559	753 559	16.1
Ⅱ	一般	5～7.5	1 304 275	1 304 275	27.89
Ⅲ	较差	2.5～5	1 653 880	1 653 880	35.37
Ⅳ	恶劣	0～2.5	964 466	964 466	20.63

来源：麻素挺，汤洁，林年丰.基于GIS与RS多源空间信息的吉林西部生态环境综合评价[J].资源科学，2004，26(4)：40-45.

11.3.4 在景观生态分类方面的应用

景观生态分类和景观生态类型图的编制是进行景观格局分析和生态规划的前提。GPS的精确定位、RS的多信息源以及GIS强大的空间分析功能将有助于景观生态分类的实现。

在对安徽省进行景观生态分类过程中，蒋卫国等(2002)应用3S集成技术，收集了多时相、多尺度、多种类的数据源，即 2000 年的 1∶10 万 Landsat5 TM 影像数据、1∶25 万安徽省 DEM 数据、1∶100 万植被图以及野外景观图片数据库；通过对这些数据源处理提取得到地形地貌、植被、水文、村落、大型建筑、交通、土地利用等空间信息；最后，把这些分项数据层通过 GIS 系统集成得到安徽省景观生态分类系统。

鉴于安徽省的时空尺度，采用了三级分类法。其技术流程见图 11.13。

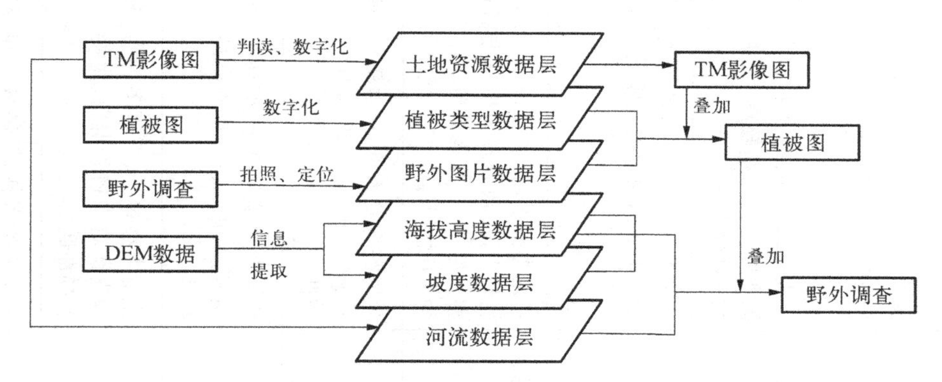

图 11.13　安徽省景观生态分类数据生产及景观分类处理流程图

来源：蒋卫国，谢志仁，王文杰，等. 基于 3S 技术的安徽省景观生态分类系统研究[J]. 水土保持研究，2002，9(3)：236－240.

一级景观类型指标采用土地资源的自然属性和利用属性，从自然生态系统以及人工生态系统出发，结合安徽省的景观特性，将全省划分为农田景观、森林景观、草地景观、湿地水域景观、人工景观五大景观类型，并通过 TM 影像的监督分类、非监督分类及数字化得到全省一级景观生态分类的空间分布图。

二级景观类型主要根据区域景观基质进行划分，最终在一级景观中划分出 21 类二级景观。其二级景观类型的空间分布图则是利用 GIS 的空间叠加功能，将一级景观的矢量数据图层与植被类型数据图层进行叠加，并利用野外景观图片定点数据图层和野外景观图片对部分景观类型进行调整获得。

三级景观分类中，首先利用海拔数据层与坡度数据层进行叠加，生成景观生态的地形分类图，再用二级景观生态分类图层与地形分类图层以及生态流域图层进行叠加，最后通过对图斑的归并、调整，将全省划分为 112 种景观类型。

根据安徽省各级景观类型划分的依据，对其景观生态类型采用了三级六位数字编码系统，即第一位数字表示大景观类型，第二、三位数字表示土地利用水平，第四位数字表示生态地形类型，第五、六位数字表示流域区域或不可划分或没有必要细分的类型，从而有利于全省景观生态类型的信息系统和景观信息的查询。最后根据编码系统制定出安徽省景观生态类型图例系统(即 5 类一级景观、21 类二级景观和 112 类三级景观)，在此图例系统基础上，可按不同需要自动生成各种景观生态专题图。

车生泉(2002)对上海市外环线内 650 km^2 范围内的绿地景观进行了分类研究，第一等级按绿地功能、利用形式、研究尺度和自然度划分的，与绿地景观遥感划分的类型相一致，划分为五大类型：公共绿地、居住区绿地、附属绿地、农林植被和自然植被；第二等级按绿地形态结构将第一级绿地类型划分为斑块绿地和廊道绿地。上海城市绿地景观类型详细划分及其特征见表 11.9。

表 11.9 上海城市绿地景观类型划分及其特征一览表

景观类型		内容	主要功能	形态结构	利用方式	生态特征	生态意义
公共绿地	斑块绿地	公园、街头绿地、纪念园林、名胜古迹园林、广场绿地、公园墓地	游憩、观赏、美化城市、改善城市生态环境、防震避灾	多边形、面积大、较为集中	休息、体育、游赏、集会、展览等	生境类型多样、群落类型丰富、生物多样性较高	对建立生态平衡、提高生物多样性具有决定性作用
	廊道绿地	林荫道、交通绿地、绿带、河、湖及其两岸绿化	游憩、观赏、美化城市、改善城市生态环境、防震避灾	条形或带状	休息、体育、游赏等	除大型绿带外、一般生境类型和群落类型都较单一、生物多样性不高	同上
居住区绿地		居住区内部绿化(含花园别墅):房前屋后绿化、区内小游园、区内其他绿化	美化环境、改善城市生态环境、游憩观赏、防震避灾	多边形、点状分布、分散、绿化覆盖率差别较大	休息、体育、游赏、社区活动	生境类型较为单一、群落类型不丰富、生物多样性较低	对促进生态平衡具有一定的作用
附属绿地		工业、仓储、公用事业、商贸、文教卫生、特殊用地内的绿化	美化环境、改善生态环境、卫生防护、观赏游憩、防震避灾	多边形、点状分布、分散、	卫生防护、休息、游赏、掩饰等	用地类型不同、生态特征变化较大,一般表现为生境类型较为单一、群落类型和生物多样性中等	生态隔离、降低环境污染、促进生态平衡
农林植被	斑块绿地	城市化区域内的耕地、园地、苗圃、花圃、农田地头片状林地	改善城市生态环境、提供绿化材料	多边形、大面积块状分布	农业生产	生境类型较为单一、群落类型较为单一、生物多样性较低	参与促进生态平衡
	廊道绿地	农田防护林、沿江、海防护林	自然灾害防护、防风抗浪	带状、线状分布	生态防护	生境类型较为单一、群落类型较为单一、生物多样性较低	对促进生态平衡、提高生物多样性具有一定作用
自然植被	斑块绿地	城市内闲置待用地植被	参与改善城市生态环境	多边形、块状分布、面积不等	待用地	生境类型单一、群落多为当地先锋草本植物群落、生物多样性低	参与促进生态平衡
	廊道绿地	河川、湖泊、海滨及其两岸自然植被	生态保护、改善水质、维持生态平衡、保护生物多样性	带状、线状分布	生态保护	生境类型多样、群落类型和生物多样性中等	对促进生态平衡、提高生物多样性具有重要作用

11.3.5　在景观格局动态变化方面的应用

景观格局是景观组分在空间的排列、组合及构成方式，是在景观内部自然条件约束和人为活动影响双重作用下，为了适应特定的景观功能要求而形成的一种景观整体结构。其显著特征是可以及时准确地反映景观动态变化的基本过程。而景观格局的动态变化研究则有助于从无序的景观中发现潜在的有序规律，揭示景观格局与生态过程相互作用的机制，进而对景观变化方向、过程、效应进行模拟、预测和调控。近年来，景观格局的动态变化研究已成为景观生态学研究的一个核心和热点问题。

曾辉等(1998)选择景观变化剧烈的珠江三角洲东部地区常平镇为工作区，进行景观格局的动态变化研究。该研究以 1988～1996 年 6 个时段的卫星影像数据为主要信息源，借助研究区地形图和土地利用分类图，利用我国自主研发出的第一套融 RS 与 GIS 于一体的空间信息系统软件 MICSIS 系统对 6 个时段的 TM 影像数据进行合成、增强和几何校正处理，然后进行机助人工监督分类，最后生成 6 张景观图，并根据研究区实际情况与遥感影像特征，提取了城镇用地、开发区、农田、果园、林地以及水体六大景观组分的分层数据。此后，利用 GIS 软件将不同时段不同组分的分层栅格信息转换成矢量格式，用于提取斑块数量、面积和周长等信息，以便进行其他景观格局指数计算(见图 11.14)。

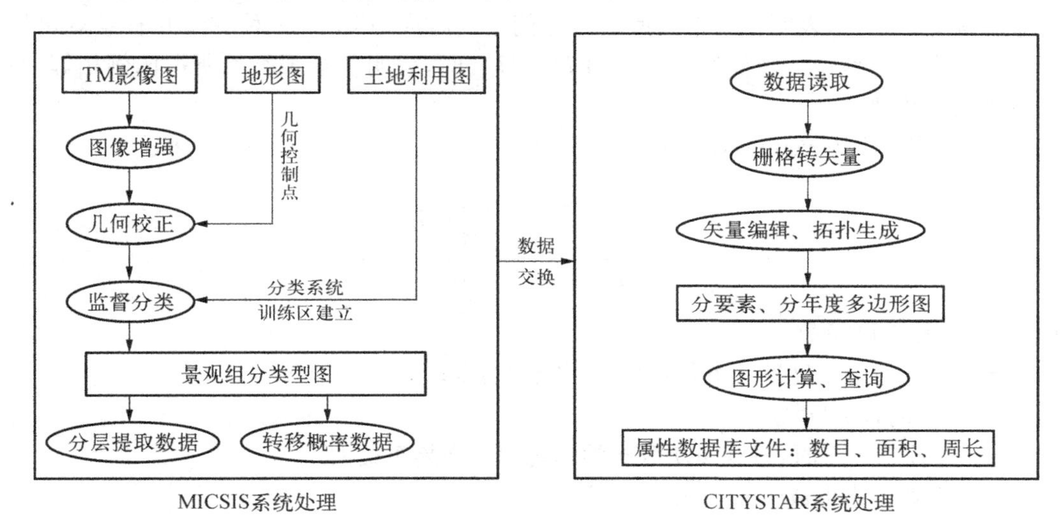

图 11.14　数据处理工作流程图

来源：曾辉，郭庆华，刘晓东. 景观格局空间分辨率效应的实验研究——以珠江三角洲东部地区为例[J]. 北京大学学报(自然科学版)，1998，34(6)：820－826.

在 RS 与 GIS 技术支持下，选择景观的斑块面积、数量、多样性、优势度、均匀度、景观破碎化指数、景观形状指数等来描述不同时段景观的格局特征。各指标指数的计算如下：

(1) 景观斑块数：

$$N = \sum_{i=1}^{n} EN \tag{11.1}$$

式中：N——一个景观中所有斑块数；

EN——一个景观中某类景观的斑块数；

n——景观类型数。

（2）景观多样性指数(diversity)：

$$H = -\sum_{i=1}^{n} P_i \ln P_i \tag{11.2}$$

式中：H——景观多样性指数；

n——景观类型数；

P_i——第 i 类景观所占的面积比例。

对于给定的 n，当 $P_i = 1/n$ 时，H 达到最大值（$H_{max} = \ln n$）。通常，随着 H 的增大，景观结构组成成分的复杂性也趋于增加。

（3）景观优势度(dominance)：

$$D = H_{max} + \sum_{i=1}^{n} P_i \ln(P_i) \tag{11.3}$$

式中：H_{max}——多样性指数的最大值（$H_{max} = \ln n$）；

P_i——第 i 类景观所占的面积比例；

n——景观类型数。

景观优势度越大，表明各景观类型所占比例差别越大，其中某一种或某几种景观斑块类型在景观中占主导地位。当优势度为 0 即 $H = H_{max}$ 时，表明各景观类型所占比例相等，没有一种景观占据优势。

（4）景观均匀度(evenness)：

$$E = \frac{H}{H_{max}} = \frac{-\sum_{i=1}^{n} P_i \ln P_i}{\ln n} \tag{11.4}$$

式中：E——均匀度指数；

H_{max}——给定丰度条件下景观最大可能均匀度；

H、n、P_i 的含义同式(11.2)。

显然，当 E 趋于 1 时，景观斑块分布的均匀程度亦趋于最大。

（5）景观破碎化指数(fragmentation)：

$$C = N/A \tag{11.5}$$

式中：C——景观类型的破碎度；

N——景观斑块的总个数；

A——景观斑块的总面积。

（6）景观形状指数。景观形状指数常用斑块分维数(fractal dimension analysis)来表示：

$$F = 2\ln(P/4)/\ln A \tag{11.6}$$

式中：P——斑块周长；

A——斑块面积；

F——分维数，且满足 $1 \leqslant F \leqslant 2$。

F 值越大，反映斑块的形状越复杂；当 $F=1$ 时，斑块形状为简单的欧几里德正方形。

通过对研究区多时段各景观指数的计算及比较分析，理清研究区景观格局变化的基本特点，最后对研究区景观的动态过程进行研究。研究结果包括如下5部分内容。

① 在研究时段内，常平镇景观中水体斑块的数量和面积均不断减少；农田在斑块总面积中减少的同时，数量显著增加；城镇斑块虽面积显著增加但斑块数量却维持相对稳定；林地斑块的总面积亦保持相对的稳定，数量呈波动状态；果园斑块的面积在1991年底以前有显著增加，数量不断减少，此后面积则逐渐减少而数量不断增加；开发区是其他组分类型向城镇转化的一种过渡组分类型，其面积和斑块数量在1988～1994年期间不断增加，到1996年后又同步减少；各种自然和农业组分的绝对减量部分最终均转移到城镇建成区和开发区中，斑块数量从1988年开始不断减少，1991年底达到最低值，此后又逐渐增加到原来的水平。

② 景观多样性和均匀性指数显示。1988～1994年期间，常平镇景观的优势组分对景观的控制程度减弱，景观向均匀化方向发展；1996年这种均匀化势头受到遏制，其原因是城镇斑块对景观的控制作用增强，景观优势度指数和累积面积百分比分析结果从另一个侧面证实了多样性和均匀度分析的结论。

③ 景观整体破碎度从1988年开始不断减少，到1991年达到最低值，这是常平镇农业规模化经营导致斑块数量减少的结果；1991～1996年，整体破碎化指数不断增加是由于城镇建成区和开发区对于各种自然和农业组分的割裂作用增强的结果。组分的碎裂化指数结果显示出斑块数量和景观平均斑块面积对碎裂化程度的联合影响，水体、城镇的碎裂化程度逐渐降低；农田和开发区的碎裂化程度不断增加；林地基本维持稳定；果园则呈现先降后升的变化格局，转折点出现在1991年，不过其总体状况是碎裂化程度有所减少。

④ 形状指数的计算结果表明，在近10年的强烈人为干扰影响下，常平镇的小面积复杂斑块的数量减少，景观均匀化程度增加。1996年，因小面积开发区斑块和不规则水体斑块及果园斑块比重增加，导致景观的均匀性又有所降低，但是在景观剧烈变化的过程中，各组分斑块的总体规则化水平未出现显著变化。不同组分的形状指数比较分析表明：果园和农田的规则性最差，林地、水体和城镇居中，开发区规则性最好。

⑤ 景观整体和各组分的格局动态分析结果表明：1991年底和1994年是景观动态变化的两个重要的转折点，其中斑块数量、斑块平均面积、景观整体破碎化指数和果园面积等组分格局指数的变化趋势在1991年出现显著改变；而景观多样性、优势度、均匀度、形状指数和景观控制性组分类型等指标的变化趋势在1994年出现显著变化。所以1991年和1992年无疑是日后确定景观不同动态变化阶段的关键点。

11.3.6　在区域管理决策支持系统方面的应用

20世纪70年代初，美国学者提出了决策支持系统(decision support system, DSS)的概念，标志着DSS研究的正式开始。DSS研究领域首先融合了数据库技术与管理决策模型化技术，发展了数据模型集成的DSS，进而吸收了人工智能技术，于20世纪80年代初产生了智能DSS(IDSS)。到了20世纪80年代中后期至90年代初，出现了DSS研究的新热点，即支持群体决策的GDSS(群体决策支持系统)，它面向群体活动，可提供沟通支持、模型支持及机器诱导的沟通模式。

决策支持系统具有强大的信息处理功能和友好的人—机界面，可以对收集来的信息进行初步加工和筛选，以形成有价值的综合信息；将数据库和模型库、方法库集成在一起，避免了数据传递和转换过程易造成的数据丢失和错误等问题；系统在提供决策信息时，考虑了决策者的偏好，可根据决策者制定的方式或侧重点的不同，提供不同的决策方案，这使得系统能为不同层次的规划者、管理者和决策者提供所需要的决策支持；系统的人—机界面是面向对象式的，用户无须面对错综复杂的系统，从而大大地增强了系统的灵活性。

传统的3S技术的研究重点在于数据库的建立、维护、管理和空间分析，模型与模型库管理系统在GIS中处于从属地位。随着信息技术的发展，DSS与3S的结合为传统的3S技术赋予了新的意义，使得其从以数据库为核心的传统阶段逐渐向以模型库为核心的空间决策支持系统理论与实践阶段发展。目前，3S技术已被广泛应用于区域管理决策支持系统之中。例如，基于GIS的土壤资源管理决策支撑系统的构成和建立等。

11.3.6.1　系统的建立

基于GIS的土壤资源管理决策支持系统由数据库及其管理系统、模型库及其管理系统、方法库及其管理系统及人—机交互系统组成（见图11.15）。

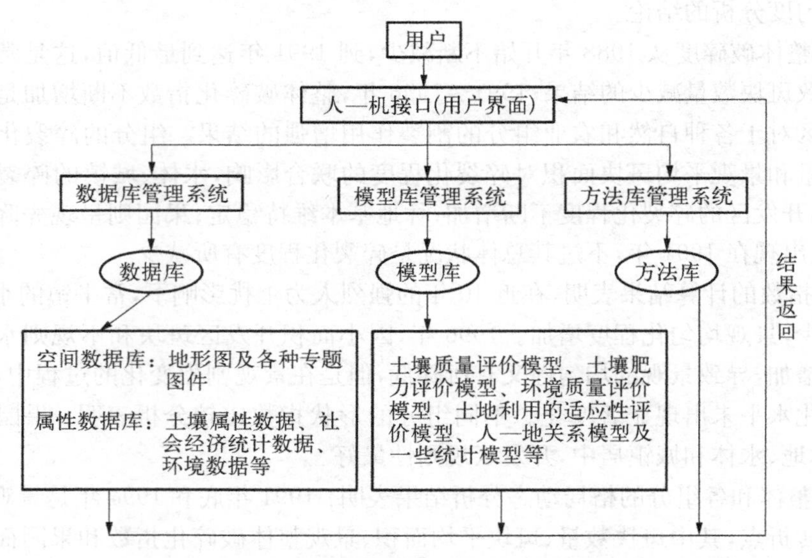

图11.15　土壤资源管理决策支持系统结构示意图

源：周勇，田有国，任意，等. 基于GIS的区域土壤资源管理决策支持系统[J]. 系统工程理论与实践，2003(3)：40-44.

11.3.6.2　数据库子系统

决策支持系统的数据层包括空间数据库和属性数据库。数据库子系统是DSS的基础，为决策者提供输入所必需的信息和数据。以GIS为基础的决策支持系统应遵循以空间数据库为核心、数据库与模型库相结合、数据直接支持模型的原则。空间数据库是土壤资源数据库的核心，是实现空间分析的基础，包括地形图和各种专题图件，通常以GIS软件为依托，通过手扶跟踪数字化仪录入，或通过智能扫描识别系统在屏数字化输入；也可以通过RS与GIS的结合，对遥感图像进行处理来获取和更新地图要素数据。属性数据库包括土壤属性数据（土壤类型、土壤利用状况、土壤理化性质等）、社会经济统计数据（人口密度、农产品价格等）以及环境数据等。属性数据库主要通过DBMS(Sybase、Oracle、Access)录入，而数据库管理系统则利用面向对象的计算机程序设计语言（VB或VC）编写程序建立。

11.3.6.3　模型库子系统

模型库子系统的设计成功与否是DSS成功的关键。模型库子系统包括模型集和管理子系统。模型集主要由一些评价和预测模型组成，包括土壤质量评价模型、土壤肥力评价模型、环境质量评价模型、土地利用的适应性评价模型、人地关系模型及一些统计模型等。这些模型需要结合土壤学、地理学知识及专家的知识和经验，运用计算机程序语言开发。每个模型都从数据库中提取数据及参考值，同时又将模型运算结果送回数据库，实现模型库与数据库的资源共享。模型库管理系统具备对模型进行查询、检索、增删、调用和参数修等功能，将模型集成为能够支持决策问题的、有机联系的系统，并使其在决策语句的控制下协调地运转。

11.3.6.4　方法库子系统

方法库子系统包括具有一定智能功能的管理系统、方法集和解释说明子系统。方法库管理系统可以针对不同的决策需要选取适当的算法。各模型库之间、数据库之间以及模型库与数据库之间通过函数调用和参数传递来连接，相关程序用面向对象的程序设计语言开发。

11.3.6.5　人—机交互系统

人—机接口是决策支持系统的一个重要组成部分，其能有效地将数据库、模型库和方法库集在一起。通过人—机交互界面，用户可以方便快捷地调用和查询数据库中的数据、各种模型，进行评价分析和预测分析等。而模型库、数据库及方法库之间的连接和数据传递对用户来说是不可见的。

参考文献

[1]　车生泉.城市绿地景观结构分析与生态规划[M].南京：东南大学出版社，2003.

[2]　申广荣.资源环境信息学[M].上海：上海交通大学出版社，2008.

[3]　王振中."3S"技术集成及其在土地管理中的应用[J].测绘科学，2005，30(4)：62-64.

[4]　刘康，欧阳志云，王效科等.甘肃省生态环境敏感性评价及其空间分布[J].生态学报，2003，23(12)：2711-2718.

[5]　卢中正，张敦虎，邱少鹏.RS和GIS技术在生态功能保护区规划中的应用[J].遥感信息，2003(4)：20-21.

[6]　麻素挺，汤洁，林年丰.基于GIS与RS多源空间信息的吉林西部生态环境综合评价[J].资源科学，2004，26(4)：40-45.

[7]　蒋卫国，谢志仁，王文杰等.基于3S技术的安徽省景观生态分类系统研究[J].水土保持研究，2002，9(3)：236-240.

[8]　曾辉，郭庆华，刘晓东.景观格局空间分辨率效应的实验研究——以珠江三角洲东部地区为例[J].北京大学学报(自然科学版)，1998，34(6)：820-826.

[9]　周勇，田有国，任意，等.基于GIS的区域土壤资源管理决策支持系统[J].系统工程理论与实践，2003(3)：40-44.

[10]　章家恩.生态规划学[M].北京：化学工业出版社，2009.

12 数学方法在生态规划中的应用

随着生态规划研究的不断深入，许多新技术和新方法如3S技术、现代数学方法、数据管理方法及虚拟环境等得到了广泛使用，不同学科的融合与渗透使得一些新的理论与方法不断被应用到生态规划和生态评价过程中。另一方面，各种类型生态系统的结构、功能、动态和管理方面的数据、信息和其他相关知识的获取也促进了相应评价方法的不断发展和完善。其中，最受关注的是多指标综合评价体系的形成及广泛应用。根据一些数学评价方法所依据的理论基础及近年来生态评价的实践，本章对几种主要的数学方法(层次分析法、主成分分析、聚类分析、模糊综合评价、灰色综合评价、人工神经网络评价和理想解法等)在生态评价和生态规划中的应用加以介绍，以便生态规划工作者能够针对具体问题，从众多的途径中寻找和选择最适宜的思路与方法。

12.1 层次分析法在生态规划中的应用

层次分析法(analytic hierarchy process, AHP)是指将一个复杂的多目标决策问题作为一个系统，将目标分解为多个目标或准则，进而分解为多指标(或准则、约束)的若干层次，通过定性指标模糊量化方法算出层次单排序(权数)和总排序，以作为多目标(多指标)、多方案优化决策的系统方法，称为层次分析法。

层次分析法由美国著名数学家萨蒂(T. L. Saaty)于20世纪70年代初提出，又称"多层次权重分析法"。该方法将人的思维过程层次化、数量化，并用数学方法为分析和决策提供定量的依据，这事实上是一种定性与定量相结合的方法。

层次分析法的基本原理就是把要研究的复杂问题看作一个大系统，通过对系统的多个因素的分析，划分出各因素相互联系的有序层次；再请专家对每一层次的各因素进行客观的判断，给出相对重要性的定量表示，建立数学模型，计算出每一层次全部因素的相对重要性权数并加以排序；最后根据排序结果进行规划决策并选择解决问题的措施。层次分析法可以为分析由相互关联、相互制约的、众多因素构成的复杂系统问题提供简便而实用的决策方法和途径，近年来在生态评价中应用广泛。

12.1.1 层次分析法的基本方法和步骤

层次分析法是把复杂问题分解成各个组成因素，又将这些因素按支配关系分组形成递阶层次结构。通过两两比较的方式确定各个因素的相对重要性，然后综合决策者的判断，确定决策方案相对重要性的总排序。运用层次分析法进行系统分析、设计和决策时，可分为4个步骤进行：

① 分析系统中各因素之间的关系，建立系统的递阶层次结构；

② 对同一层次的各元素关于上一层中某一准则的重要性进行两两比较，构造两两比较的判断矩阵；

③ 由判断矩阵计算被比较元素对于该准则的相对权重；

④ 计算各层元素对系统目标的合成权重，并进行排序。

12.1.1.1 递阶层次结构的建立

将系统问题条理化、层次化，构造出一个层次分析的结构模型。在模型中，复杂问题被分解，分解后的各组成部分称为“元素”，这些元素又按属性分成若干组，形成不同层次。同一层次的元素作为准则对下一层的某些元素起支配作用，同时又受上一层次元素的支配。层次可分为3类。

① 最高层。该层次中只有一个元素，是问题的预定目标或理想结果，因此也叫目标层。

② 中间层。该层次包括要实现目标所涉及的中间环节需要考虑的准则。该层可由若干层次组成，因而有准则和子准则层之分，这一层也叫“准则层”。

③ 最底层。该层次包括为实现目标可供选择的各种措施、决策方案等，因此也称为“措施层”或“指标层”。

上层元素对下层元素的支配关系所形成的层次结构被称为递阶层次结构(见图12.1)。上一层元素可以支配下层的所有元素，也可以只支配其中部分元素。递阶层次结构中的层次数与问题的复杂程度及需要分析的详尽程度有关，可不受限制。每一层次中各元素所支配的元素一般不要超过9个，因为支配的元素过多会给两两比较判断带来困难。层次结构的好坏对于解决问题极为重要。当然，层次结构建立得好坏与决策者对问题的认识是否全面、深刻有很大关系。

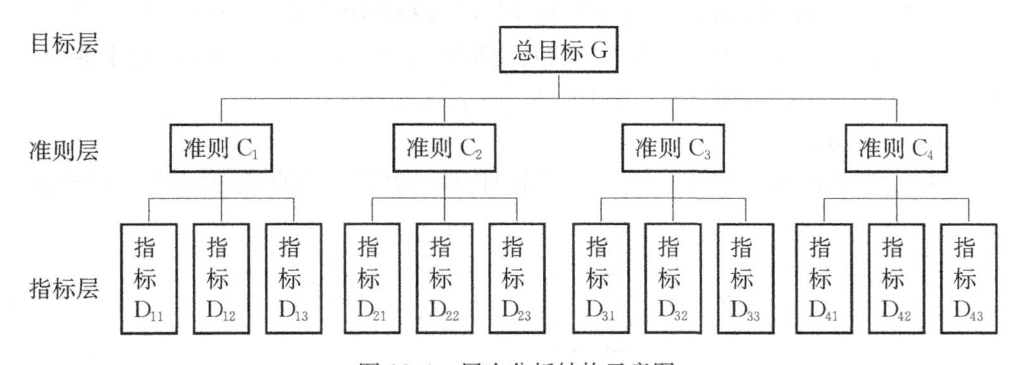

图12.1 层次分析结构示意图

来源：王莲芬，许树柏. 层次分析法引论[M]. 北京：中国人民大学出版社，1990.

12.1.1.2 构造两两比较判断矩阵

在递阶层次结构中，设上一层元素C为准则，所支配的下一层元素u_1，u_2，…，u_n对于准则C相对重要性即权重。通常可分两种情况：

① 如果u_1，u_2，…，u_n对C的重要性可定量(如货币、重量等)，其权重可直接确定；

② 如果问题复杂，u_1，u_2，…，u_n对于C的重要性无法直接定量而只能定性，那么确定权重用两两比较方法。其方法是：对于准则C，元素u_i和u_j哪一个更重要及重要的程度如何，通常按1～9比例标度对重要性程度赋值，表12.1中列出了1～9标度的含义。

表 12.1 标度的含义

标　度	含　义
1	表示两个元素相比,具有同样重要性
3	表示两个元素相比,前者比后者稍重要
5	表示两个元素相比,前者比后者明显重要
7	表示两个元素相比,前者比后者强烈重要
9	表示两个元素相比,前者比后者极端重要
2, 4, 6, 8	表示上述相邻判断的中间值
倒数	若元素 i 与 j 的重要性之比为 a_{ij},那么元素 j 与元素 i 重要性之比为 $a_{ji}=1/a_{ij}$

来源：许树柏. 实用决策方法——层次分析法原理[M]. 天津：天津大学出版社,1986.

对于准则 C, n 个元素之间相对重要性的比较得到一个两两比较判断矩阵：

$$A=(a_{ij})_{n\times n}$$

式中：a_{ij} 为元素 u_i 和 u_j 相对于 C 的重要性的比例标度。

判断矩阵 A 具有下列性质：$a_{ij}>0, a_{ji}=1/a_{ij}, a_{ii}=1$。

由判断矩阵所具有的性质可知,一个 n 个元素的判断矩阵只需要给出其上(或下)三角的 $n(n-1)/2$ 个元素即可,即只需做 $n(n-1)/2$ 个比较判断即可。

若判断矩阵 A 的所有元素满足 $a_{ij}a_{jk}=a_{ik}$,则称 A 为一致性矩阵。

不是所有的判断矩阵都满足一致性条件,只是在特殊情况下才有可能满足一致性条件。

12.1.1.3 单一准则下元素相对权重的计算以及判断矩阵的一致性检验

已知 n 个元素 $u_1, u_2, \cdots, u_n$ 准则 C 的判断矩阵为 A,求 $u_1, u_2, \cdots, u_n$ 对于准则 C 的相对权重 $\omega_1, \omega_2, \cdots, \omega_n$,写成向量形式即为 $W=(\omega_1, \omega_2, \cdots, \omega_n)^T$。

(1) 权重计算方法

① 和法。将判断矩阵 A 的 n 个行向量归一化后的算术平均值,近似作为权重向量,即

$$\omega_i=\frac{\sum_{j=1}^{n}a_{ij}}{n\sum_{k=1}^{n}\sum_{j=1}^{n}a_{kj}}\quad i=1, 2, \cdots, n \tag{12.1}$$

计算步骤如下：第 1 步,A 的元素按行归一化;第 2 步,将归一化后的各行相加;第 3 步,将相加后的向量除以 n,即得权重向量。

类似的还有列和归一化方法计算,即

$$\omega_i=\frac{\sum_{j=1}^{n}a_{ij}}{n\sum_{k=1}^{n}\sum_{j=1}^{n}a_{kj}}\quad i=1, 2, \cdots, n \tag{12.2}$$

② 根法(即几何平均法)。将 A 的各个行向量进行几何平均,然后归一化,得到的行向量

就是权重向量。其公式为

$$\omega_i = \frac{\left(\prod_{j=1}^{n} a_{ij}\right)^{\frac{1}{n}}}{\sum_{k=1}^{n}\left(\prod_{j=1}^{n} a_{kj}\right)^{\frac{1}{n}}} \quad i = 1, 2, \cdots, n \tag{12.3}$$

计算步骤如下：第 1 步，A 的元素按列相乘得一新向量；第 2 步，将新向量的每个分量开 n 次方；第 3 步，将所得向量归一化后即为权重向量。

③ 特征根法(简记 EM)。用以解判断矩阵 A 的特征根问题。

$$AW = \lambda_{\max} W$$

式中：$\lambda_{\max}$——A 的最大特征根；

W——相应的特征向量。

所得到的 W 经归一化后就可作为权重向量。

④ 对数最小二乘法。用拟合方法确定权重向量 $W = (\omega_1, \omega_2, \cdots, \omega_n)^T$，使残差平方和 $\sum_{1 \leqslant i \leqslant j \leqslant n} [\lg a_{ij} - \lg(\omega_i/\omega_j)]^2$ 为最小。

⑤ 最小二乘法。确定权重向量 $W = (\omega_1, \omega_2, \cdots, \omega_n)^T$，使残差平方和 $\sum_{1 \leqslant i \leqslant j \leqslant n} [\lg a_{ij} - \lg(\omega_i/\omega_j)]^2$ 为最小。

(2) 一致性检验。在计算单准则下权重向量时，还必须进行一致性检验。在判断矩阵的构造中，并不要求判断具有传递性和一致性，即不要求 $a_{ij} \cdot a_{jk} = a_{ik}$ 严格成立，但要求判断矩阵应满足大体上的一致性。如果出现“甲比乙极端重要，乙比丙极端重要，而丙又比甲极端重要”的判断，则显然是违反常识的，而一个混乱的、经不起推敲的判断矩阵很有可能导致决策上的失误。上述各种计算排序权重向量(即相对权重向量)的方法，在判断矩阵过于偏离一致性时，其可靠程度也就值得怀疑了，因此要对判断矩阵的一致性进行检验，具体步骤如下：

① 计算一致性指标 $C.I.$ (consistency index)。

$$C.I. = \frac{\lambda_{\max} - n}{n - 1}$$

② 查找相应的平均随机一致性指标 $R.I.$ (random index)。

表 12.2 给出了 1～15 阶正互反矩阵计算 1 000 次得到的平均随机一致性指标。

表 12.2　平均随机一致性指标 *R.I.*

矩阵阶数	1	2	3	4	5	6	7	8
R.I.	0	0	0.52	0.89	1.12	1.26	1.36	1.41
矩阵阶数	9	10	11	12	13	14	15	
R.I.	1.46	1.49	1.52	1.54	1.56	1.58	1.59	

来源：章家恩. 生态规划学[M]. 北京：化学工业出版社，2009.

③ 计算性一致性比例 $C.R.$ (consistency ratio)。

$$C.R. = \frac{C.I.}{R.I.}$$

当 $C.R. < 0.1$ 时，认为判断矩阵的一致性是可以接受的；当 $C.R. \geqslant 0.1$ 时，应该对判断矩阵做适当修正。

为了讨论一致性，需要计算矩阵最大特征根 $\lambda_{\max}$，除常用的特征根方法外，还可使用下列公式进行计算。

$$\lambda_{\max} = \sum_{i=1}^{n} \frac{(AW)_i}{n\,\omega_i} = \frac{1}{n}\sum_{i=1}^{n} \frac{\sum_{j=1}^{n} a_{ij}\omega_j}{\omega_i}$$

④ 计算各层元素对目标层的总排序权重。上面得到的是一组元素对其上一层中某元素的权重向量。最终要得到各元素，特别是最低层中各元素对于目标的排序权重，即所谓总排序权重，从而进行方案的选择。总排序权重要自上而下地将单准则下的权重进行合成，并逐层进行总的判断一致性检验。

设 $W^{(k-1)} = (\omega_1^{(k-1)}, \omega_2^{(k-1)}, \cdots, \omega_{k-1}^{(k-1)})^T$ 表示第 $k-1$ 层上 n_{k-1} 个元素相对于总目标的排序权重向量，用 $P_j^{(k)} = (P_{1j}^{(k)}, P_{2j}^{(k)}, \cdots, P_{nkj}^{(k)})^T$ 表示第 k 层上 n_k 个元素对第 $k-1$ 层上第 j 个元素为准则的排序权重向量，其中不受 j 元素支配的元素权重取为零。矩阵 $P^{(k)} = (P_1^{(k)}, P_2^{(k)}, \cdots, P_{nk-1}^{(k)})^T$ 是 $n_k \times n_{k-1}$ 阶矩阵，它表示第 k 层上元素对 $k-1$ 层上各元素的排序，那么第 k 层上元素对目标的总排序 $W^{(k)}$ 为

$$W^{(k)} = (\omega_1^{(k)}, \omega_2^{(k)}, \cdots, \omega_{n_k}^{(k)})^T = P^{(k)}W^{(k-1)}$$

或

$$\omega_i^{(k)} = \sum_{j=1}^{n_{k-1}} p_{ij}^{(k)}\omega^{(k-1)} \quad i = 1, 2, \cdots, n$$

并且一般公式为 $W^{(k)} = P^{(k)}P^{(k-1)}\cdots W^{(2)}$

式中：$W^{(2)}$ 是第 2 层上元素的总排序向量，也是单准则下的排序向量。

要从上到下逐层进行一致性检验，若已求得 $k-1$ 层上元素 j 为准则的一致性指标 $C.I._j^{(k)}$，平均随机一致性指标 $R.I._j^{(k)}$，一致性比例 $C.I._j^{(k)}$（其中 $j=1, 2, \cdots, n_{k-1}$），则 k 层的综合指标为

$$C.I.^{(k)} = (C.I._1^{(k)}, \cdots, C.I._{n_{k-1}}^{(k)})W^{(k-1)}$$

$$R.I.^{(k)} = (R.I._1^{(k)}, \cdots, R.I._{n_{k-1}}^{(k)})W^{(k-1)}$$

当 $C.R.^{(k)} < 0.1$ 时，认为递阶层次结构在 k 层水平的所有判断具有整体满意的一致性。

12.1.2 层次分析法在生态评价中的应用实例

——郊野公园综合评价（车生泉，2012）

郊野公园是指位于城市近郊、在城市规划区之内、城市建设用地以外、以自然景观和乡村景观为主体、生态系统较稳定、由政府主导和财政投资、经科学保育和适度开发后具有少量基础设施、为周边城镇居民提供郊外游憩、休闲运动、科普教育等服务的公众开放性公园。

12.1.2.1 郊野公园评价指标体系构建

郊野公园评价指标体系的构建从指标选取、权重计算和综合评分3方面展开，分别应用了德尔斐法(Delphi technique)确定指标、层次分析法(AHP)计算指标权重和五分制综合评分。

1) 郊野公园评价指标体系的构建原则

分析评价郊野公园是一个复杂的问题，涉及多层次、多目标。其指标体系的构建必须遵守以下原则。

(1) 系统性原则。评价指标体系要求全面、系统地反映郊野公园的特征和各要素之间的关系，并能反映其动态变化和发展趋势。各指标间应相互补充，充分体现郊野公园的一体性和协调性。

(2) 科学性原则。具体指标的选取必须建立在对相关学科充分研究的基础上，评价指标的物理及生物意义必须明确，测量方法标准，统计方法规范，以客观和真实地反映郊野公园建设的主要目标实现的程度。

(3) 层次性原则。郊野公园是一个复杂的系统，对其进行综合评价的指标体系应具有合理而清晰的层次结构，评价指标在不同尺度、不同级别上都能反映和识别郊野公园的属性。

(4) 独立性原则。评价指标应相互独立，不能相互代替、包含和相互换算。

(5) 真实性原则。评价指标应反映郊野公园的本质特征及其发生、发展规律。

(6) 实用性原则。评价指标应简单明了，含义确切，数据计算和测量方法简便，较易获取，可操作性强，具有较强的可比性和可测性。

2) 评价指标体系的构建方法

(1) 综合法。综合法是指对已存在的指标群，按一定的标准进行聚类，并使之体系化的一种构造指标体系的方法(沈烈英，2008)。例如，西方许多国家的社会评价指标体系的构建是在公共研究机构拟定的指标体系的基础上，做进一步的归类整理，使之条理清晰，这就是一种综合法。若将诸多领域的学者对综合评价问题的不同观点综合起来，就可以构造出相对全面的综合评价指标体系。

(2) 分析法。分析法即将综合评价指标体系的度量对象和度量目标，划分成若干个不同组成部分，或者不同侧面，或者子系统，并逐步细分，形成各级子系统及功能模块，直到每一个部分和侧面都可以用具体的统计指标来描述和实现。这是构造综合评价指标体系最基本、最常用的方法。其基本过程是对评价问题的内涵与外延做出合理解释，划分概念的侧面结构，明确评价的总目标与子目标。

(3) 交叉法。交叉法是构造综合评价指标体系的一种思维方法，通过二维、三维甚至更多维的交叉，可以派生出一系列的统计指标，从而形成指标体系。

(4) 聚类分析法。聚类分析法既是指标体系结构初构的一种方法，也是进行指标体系精选的一种有效分析方法。它采用指标聚类的方式对原始指标进行归类，然后根据一定的选择标准，确定出相应的分类数，从每一类中选择一个或若干个代表性指标，最后构成一个指标体系，是一个可以客观地对指标初选集进行分类综合的科学有效方法。

(5) 指标属性分组法。由于统计指标本身有许多不同属性和不同的表现形式，因此一个初选评价指标体系的指标属性也可以不统一。建立初选评价指标体系时，可以从指标属性角度构思体系中指标元素的组成。对该体系做进一步的充实完善，可得到比较全面、合理的统计指标体系。

3）郊野公园评价指标的确定

(1) 指标筛选的方法。德尔斐法：又称专家咨询法、专家评分法、专家意见法等，是美国兰德公司发展的一种新的专家意见法，是在集体的经验、知识、智慧基础上进行分析、评价与判断的一种定性分析方法，具有匿名性、反馈性和数理性等特点，多用于筛选某一项目的评价指标，可以广泛应用于各种评价指标体系的建立和具体指标的确定过程。

德尔斐法的一般过程为：先向有关专家提出相关问题，请专家分别写出书面意见；然后，主持人将各人的意见再交换寄给专家，由专家作出分析意见后再收集起来，进行综合、整理，再反馈给每个人；各人在修改和增添后再寄给主持人，如此反复多次，直到各专家的意见大体趋于一致为止。德尔斐法隔绝了群体成员间可能的相互影响，也无须参与者到场。

具体在评价指标筛选的应用中，首先将自己要研究的内容做成咨询表，然后选择在本领域比较权威的专家，根据自己的知识和经验，对咨询表的每一项内容进行判断和选择，回收后，综合各专家的意见，再将结果反馈给各专家，再次回收，如此反复多次(一般3～4轮)，待专家的意见趋于一致后终止。

专家的选择虽然具有主观性，但却是专家长期积累的知识、经验的反映，集成多数专家的意见，可以在一定程度上化主观为客观。根据专家意见，删除一些不能较好地反映评价对象的评价指标，保留专家认可的指标。

(2) 评价指标的初选。通过大量的文献查阅和专家访谈(陈红光，2005；程绪珂，2006；刘滨谊等，2002；宫宾，2007；吴颖，2008；林楚燕，2006；丛艳国等，2004；陈美兰，2008；罗秋萍，2007)，共收集到郊野公园的评价指标30个，以初选的30个指标因子为基础，进行了功能划分，共分为六大功能作为一级指标：游憩功能、科普功能、生态功能、社会功能、经济功能和景观功能。

① 游憩功能衡量指标。功能指标，具体的有如下一些：

游憩空间：指室外的开敞空间，包括室外的软质可进入空间(如疏林草地、林下的自然探索空间等)和硬质的游憩空间(如聚散的小型自然式广场)两大类。主要从其是否能满足游人的需要来衡量。一种是根据总面积来计算，郊野公园的开敞空间面积需在城市公园的基础上翻若干倍；另一种是根据游人量测算，计算其是否满足旺季日均人流量的要求。

游憩设施：指游憩设施的完善度，具体包括设施类型和需求。从不同类型人群的需求来衡量，要根据老人、中青年人和儿童的不同需求，设置游玩、休息的设施；从数量的角度来衡量，要按照日均人流量的需求，设置必要的游憩设施；从游憩的丰富度来衡量，要依据不同的游憩内容，如垂钓、烧烤、漂流、攀岩、远足、自行车越野等，来设置相吻合的设施。

可达性：指目标客源到达郊野公园的交通工具类型的多样性，以及到达郊野公园所需时间的合理性。

服务设施：指停车场、厕所、商业服务等最基本的服务设施的配套完善度。

游憩内容：指游客亲近自然的娱乐、休闲内容的多样性。

② 科普教育功能衡量指标。归纳起来，科普教育功能衡量指标有如下几方面：

古树名木：指郊野公园内树龄在百年以上的树木的种类和数量，以及国内外稀有的、具有历史价值和纪念意义或重要科研价值的树木的种类和数量。

珍奇度：指郊野公园内珍稀濒危动物、植物的种类和数量。

地质地理：指郊野公园特有的地质现象和地质类型。

科普设施：指为了达到科普教育的目的而特别设置的设施，如标识标牌等。

科普场所：指为了达到科普教育目的而建立的博物馆、展览厅等。

信息载体：指为科普教育信息的传达载体，如纸质宣传材料、多媒体展示手段。

③ 生态功能衡量指标。这些指标主要是指生物多样性、生境多样性等指标。

生物多样性：指郊野公园内基因、物种和生态系统的丰富程度，包括动物、植物、微生物的物种多样性，物种的遗传与变异的多样性以及生态系统的多样性。

生境多样性：指郊野公园内各种生境的丰富程度，如湿地、河流、湖泊、平地、坡地、陡峭地等。

群落稳定性：指郊野公园内植物群落自然演替的稳定程度。

群落自然度：指郊野公园内乡土植物的比例，以及地带性植物群落的比例。

生态空间率：指郊野公园自然空间的比例，即绿地面积与总面积的比率。

自然资源保护：指郊野公园的设立在自然资源保护方面是否发挥了充分作用。

限制城市无序扩张：指郊野公园的设立是否在限制城市快速膨胀方面发挥充分作用。

④ 社会功能衡量指标。社会功能衡量指标主要是指与人们生活密切相关的一些指标。

就业岗位：指郊野公园的设立，为周边农村人口所提供的就业渠道。

完善城市功能和结构：指郊野公园的设立，是否满足了城市居民短期出游以接触自然或亲近自然景观的目的。

调整农林产业结构：指郊野公园的设立，是否调整了农、林产业结构，在发展农业和林业、促进林业健康发展、推动农民致富等方面，是否充分发挥了作用。

⑤ 经济功能衡量指标。经济功能指标也是评价郊野公园的重要指标。

收入：指郊野公园的门票收入、政府补贴收入和商业运营收入。

支出：指为了维护和管理郊野公园，所发生的必要开支，如绿化养护费、管理人员工资、设施维修费、设施保养费等。

建设成本：指为了建造郊野公园而发生的直接费用。

⑥ 景观功能衡量指标。景观功能衡量指标主要是指下面一些指标：

景观丰富度：指景观中景观类型的丰富程度，用平均丰富度和相对丰富度来计算。

景观珍稀度：指景观类型的稀有程度。

景观特色度：指景观类型的唯一程度。

自然野趣性：指景观特性区别于城市人工景观，充满野趣和乡村风格。

历史文化性：指景观类型中包含历史遗产、遗址或遗迹，拥有历史或文化质感。

尺度合理性：指游客对景观体量的接受范围。

(3) 评价指标群的确定。选取由风景园林、林业、地理、生态环境、艺术、城市规划及政府官员组成的专家小组，设计专家调查问卷表格。用问卷来获取专家们对评价指标的意见。通过反馈的有效问卷，按照选中率的高低，确定六大类功能指标 24 个，包括：游憩空间、游憩设施、可达性、服务设施、古树名木、珍奇度、地质地理、科普设施、科普场所、生物多样性、生境多样性、群落稳定度、群落自然度、生态空间率、自然资源保护、就业岗位、完善城市结构和功能、收入、支出、景观丰富度、景观珍稀度、景观特色度、自然野趣性和历史文化性。

4) 建立郊野公园评价指标体系

将上述确定的 24 个评价指标群汇总形成方案层，将方案层指标按功能划分成 6 个功能指标，构成准则层，隶属于目标层郊野公园评价指标体系，从而可构建如下郊野公园评价指标体系(见图 12.2)。

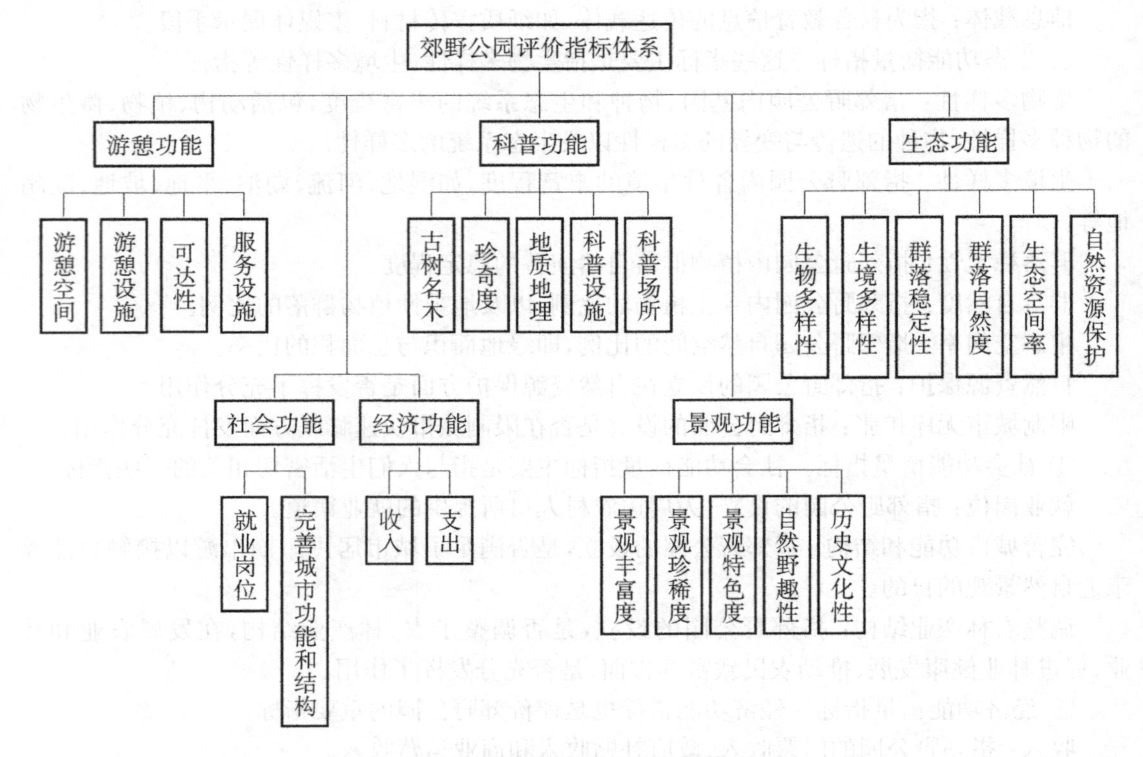

图 12.2　郊野公园评价指标体系

12.1.2.2　应用层次分析法计算指标权重

确定好指标群，按照目标层、准则层和方案层的标准构建好郊野公园评价指标体系之后，需计算各指标的权重，以进行综合评分。

1) *层次分析法计算软件 yaahp*

鉴于层次分析法计算时的庞大计算量，本研究采用了专业的层次分析法计算软件 yaahp(见图 12.3)，其版本、版权情况如下。

图 12.3　层次分析法计算软件 yaahp 的版本版权情况

yaahp 操作界面如下(见图 12.4):

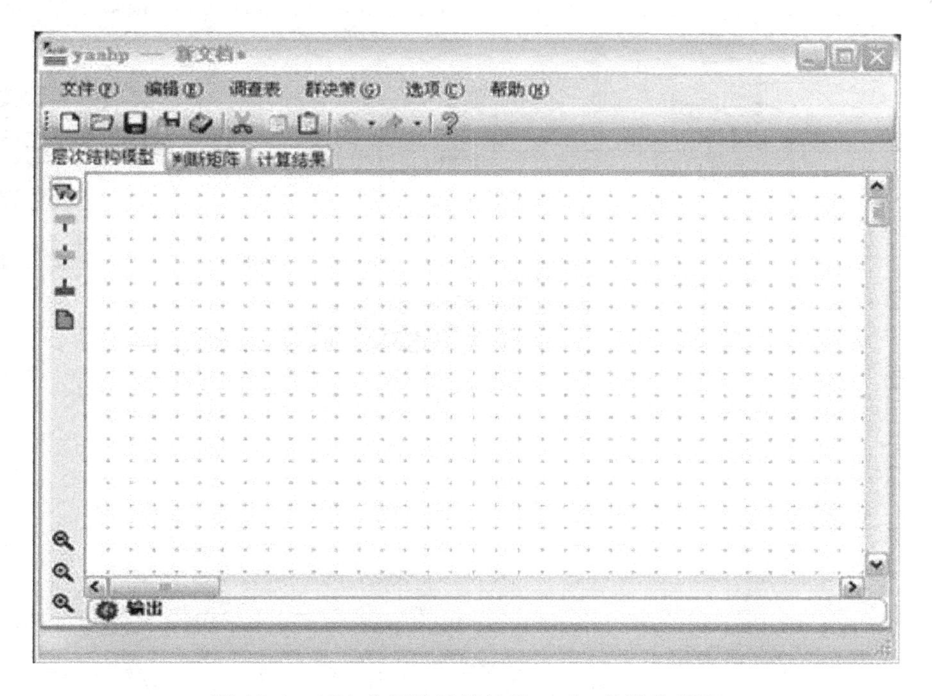

图 12.4 层次分析法计算软件 yaahp 的操作界面

2) 应用 yaahp 计算指标权重

① yaahp 的使用步骤。将郊野公园评价指标体系的 3 个层次,按照目标层、准则层、方案层 3 个层次输入“层次结构模型”界面(见图 12.5),然后在自动生成的“判断矩阵”中,按照图 12.6 的标度法,输入成对比较的结果,如一致性检验通过,即 $CR<0.1$ 时,则“计算结果”中的数据可采用,得到的权重即为郊野公园评价指标体系中各指标的权重。

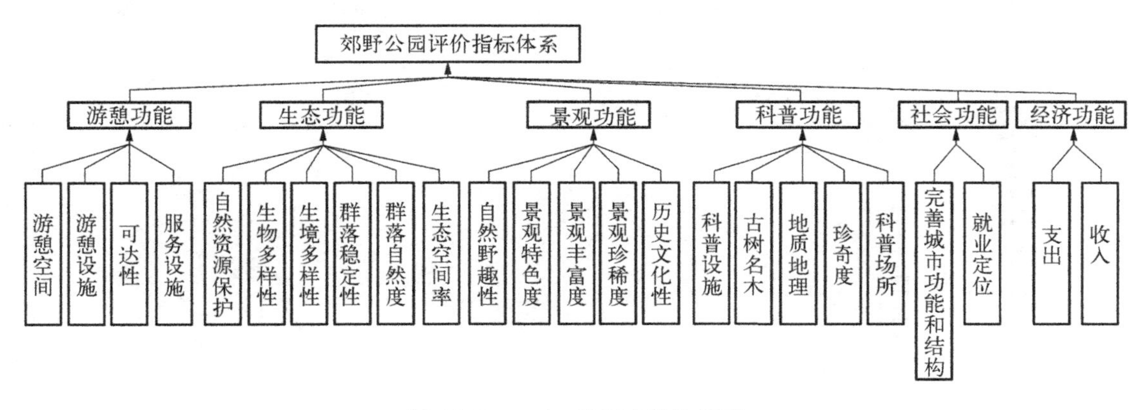

图 12.5 yaahp 的层次结构模型

② yaahp 的使用过程。yaahp 的层次结构模型:

yaahp 的判断矩阵(见图 12.6):

yaahp 的计算结果(见图 12.7):

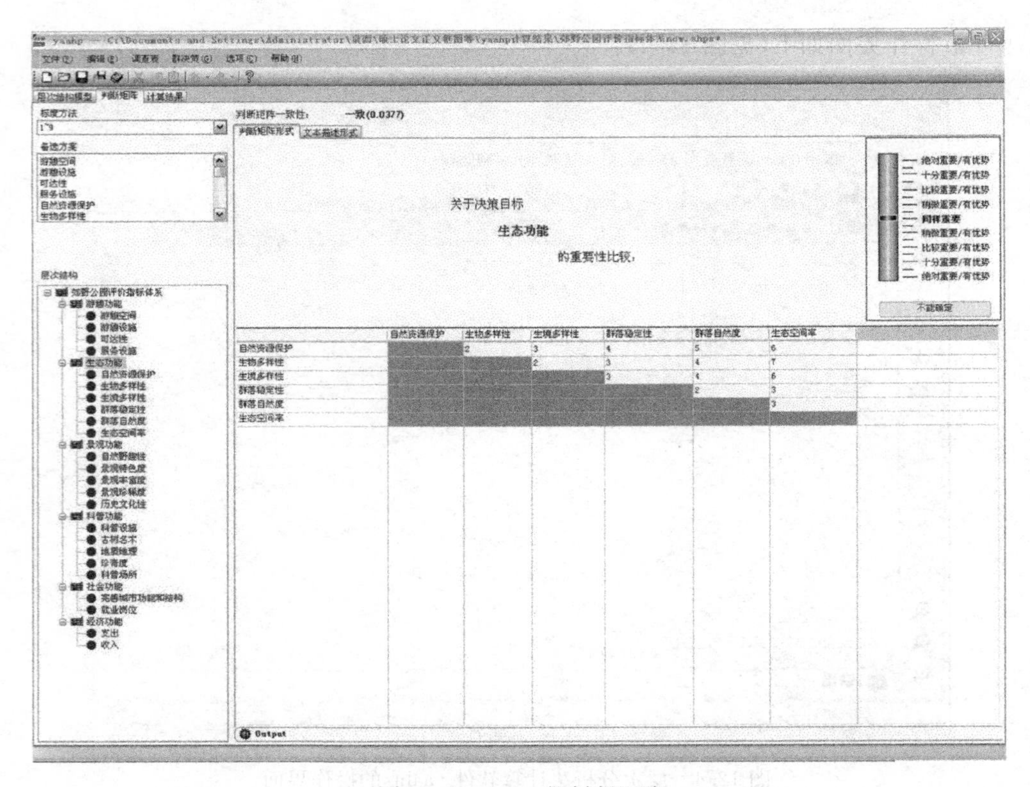

图 12.6　yaahp 的判断矩阵

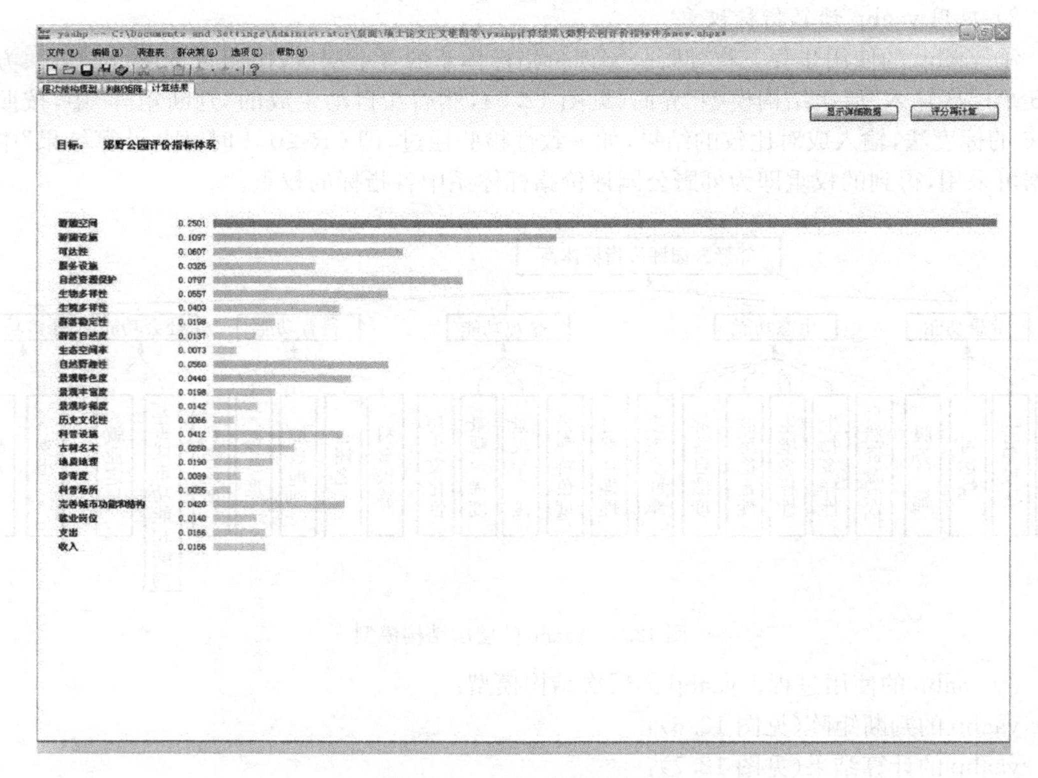

图 12.7　yaahp 的计算结果

③ 准则层的层次单排序及一致性检验。应用 yaahp 软件将计算的准则层判断矩阵和指标权重结果导出，即可得到如下各类图表和数据(见表 12.3)：

表 12.3 准则层评价指标判断矩阵和权重一览表

指标体系	游憩功能	生态功能	景观功能	科普功能	社会功能	经济功能	W_i
游憩功能	1.000 0	3.000 0	4.000 0	5.000 0	7.000 0	8.000 0	0.453 2
生态功能	0.333 3	1.000 0	2.000 0	3.000 0	4.000 0	5.000 0	0.216 5
景观功能	0.250 0	0.500 0	1.000 0	2.000 0	3.000 0	4.000 0	0.140 6
科普功能	0.200 0	0.333 3	0.500 0	1.000 0	3.000 0	4.000 0	0.100 5
社会功能	0.142 9	0.250 0	0.333 3	0.333 3	1.000 0	3.000 0	0.056 0
经济功能	0.125 0	0.200 0	0.250 0	0.250 0	0.333 3	1.000 0	0.033 2
郊野公园评价指标体系　判断矩阵一致性比例：0.042 5；对总目标的权重：1.000 0							

准则层各评价指标对应的权重饼图(见图 12.8)如下：

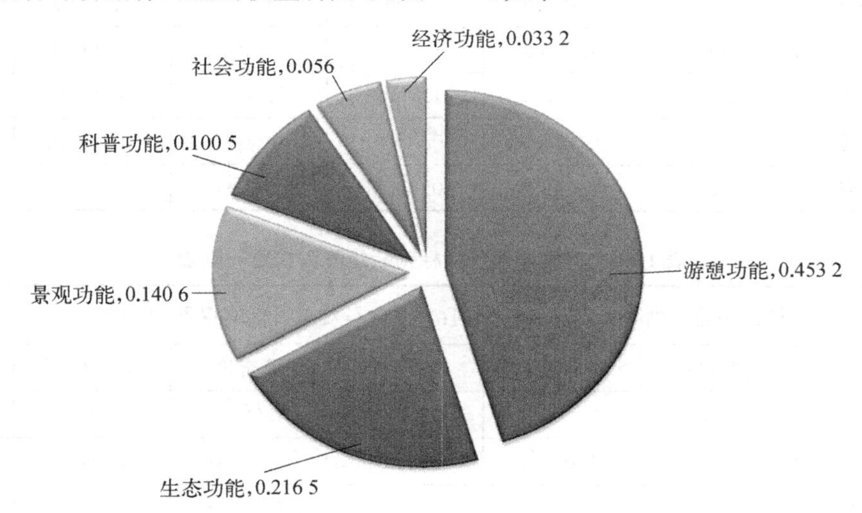

图 12.8　准则层评价指标权重饼图

④ 方案层的层次单排序及一致性检验。应用 yaahp 软件将计算的方案层判断矩阵和指标权重结果导出，即可得到如下各类图表和数据(见表 12.4、表 12.5)。

表 12.4 方案层评价指标判断矩阵和权重一览表

游憩功能　判断矩阵一致性比例：0.017 1；对总目标的权重：0.453 2

游憩功能	游憩空间	游憩设施	可达性	服务设施	W_i
游憩空间	1.000 0	3.000 0	4.000 0	6.000 0	0.551 9
游憩设施	0.333 3	1.000 0	2.000 0	4.000 0	0.242 1
可达性	0.250 0	0.500 0	1.000 0	2.000 0	0.134 0
服务设施	0.166 7	0.250 0	0.500 0	1.000 0	0.072 0

（续表）

生态功能　判断矩阵一致性比例：0.037 7；对总目标的权重：0.216 5

生态功能	自然资源保护	生物多样性	生境多样性	群落稳定性	群落自然度	生态空间率	W_i
自然资源保护	1.000 0	2.000 0	3.000 0	4.000 0	5.000 0	6.000 0	0.368 1
生物多样性	0.500 0	1.000 0	2.000 0	3.000 0	4.000 0	7.000 0	0.257 3
生境多样性	0.333 3	0.500 0	1.000 0	3.000 0	4.000 0	6.000 0	0.186 0
群落稳定性	0.250 0	0.333 3	0.333 3	1.000 0	2.000 0	3.000 0	0.091 2
群落自然度	0.200 0	0.250 0	0.250 0	0.500 0	1.000 0	3.000 0	0.063 4
生态空间率	0.166 7	0.142 9	0.166 7	0.333 3	0.333 3	1.000 0	0.033 9

景观功能　判断矩阵一致性比例：0.053 3；对总目标的权重：0.140 6

景观功能	自然野趣性	景观特色度	景观丰富度	景观珍稀度	历史文化性	W_i
自然野趣性	1.000 0	2.000 0	3.000 0	4.000 0	5.000 0	0.398 2
景观特色度	0.500 0	1.000 0	3.000 0	4.000 0	6.000 0	0.313 0
景观丰富度	0.333 3	0.333 3	1.000 0	2.000 0	3.000 0	0.140 9
景观珍稀度	0.250 0	0.250 0	0.500 0	1.000 0	4.000 0	0.100 8
历史文化性	0.200 0	0.166 7	0.333 3	0.250 0	1.000 0	0.047 1

表 12.5　方案层评价指标判断矩阵和权重一览表

科普功能　判断矩阵一致性比例：0.036 7；对总目标的权重：0.100 5

科普功能	科普设施	古树名木	地质地理	珍奇度	科普场所	W_i
科普设施	1.000 0	2.000 0	3.000 0	4.000 0	5.000 0	0.409 8
古树名木	0.500 0	1.000 0	2.000 0	3.000 0	4.000 0	0.258 5
地质地理	0.333 3	0.500 0	1.000 0	3.000 0	5.000 0	0.188 9
珍奇度	0.250 0	0.333 3	0.333 3	1.000 0	2.000 0	0.088 2
科普场所	0.200 0	0.250 0	0.200 0	0.500 0	1.000 0	0.054 5

社会功能　判断矩阵一致性比例：0.000 0；对总目标的权重：0.056 0

社会功能	完善城市功能和结构	就业岗位	W_i
完善城市功能和结构	1.000 0	3.000 0	0.750 0
就业岗位	0.333 3	1.000 0	0.250 0

经济功能　判断矩阵一致性比例：0.000 0；对总目标的权重：0.033 2

经济功能	支出	收入	W_i
支出	1.000 0	1.000 0	0.500 0
收入	1.000 0	1.000 0	0.500 0

⑤ 层次总排序及一致性检验。应用 yaahp 软件将通过一致性检验的方案层指标总权重结果导出，可得到如下各类图表和数据(见表 12.6、图 12.9)，即为层次的总排序。

表 12.6 方案层评价指标总权重一览表

序号	评价指标	权重
1	游憩空间	0.250 1
2	游憩设施	0.109 7
3	可达性	0.060 7
4	服务设施	0.032 6
5	自然资源保护	0.079 7
6	生物多样性	0.055 7
7	生境多样性	0.040 3
8	群落稳定性	0.019 8
9	群落自然度	0.013 7
10	生态空间率	0.007 3
11	自然野趣性	0.056 0
12	景观特色度	0.044 0
13	景观丰富度	0.019 8
14	景观珍稀度	0.014 2
15	历史文化性	0.006 6
16	科普设施	0.041 2
17	古树名木	0.026 0
18	地质地理	0.019 0
19	珍奇度	0.008 9
20	科普场所	0.005 5
21	完善城市功能和结构	0.042 0
22	就业岗位	0.014 0
23	支出	0.016 6
24	收入	0.016 6

3) 综合评分原则

根据 5 分制原则(高玉平，2007)，将每一个评价指标分为 5 个等级，从低到高分别赋予 1～5分，该项没有的赋予 0 分，然后将各指标赋值乘以各自的权重，所有的项再相加即是所评价的郊野公园的得分值，依据得分高低来综合考评郊野公园建设的优劣。

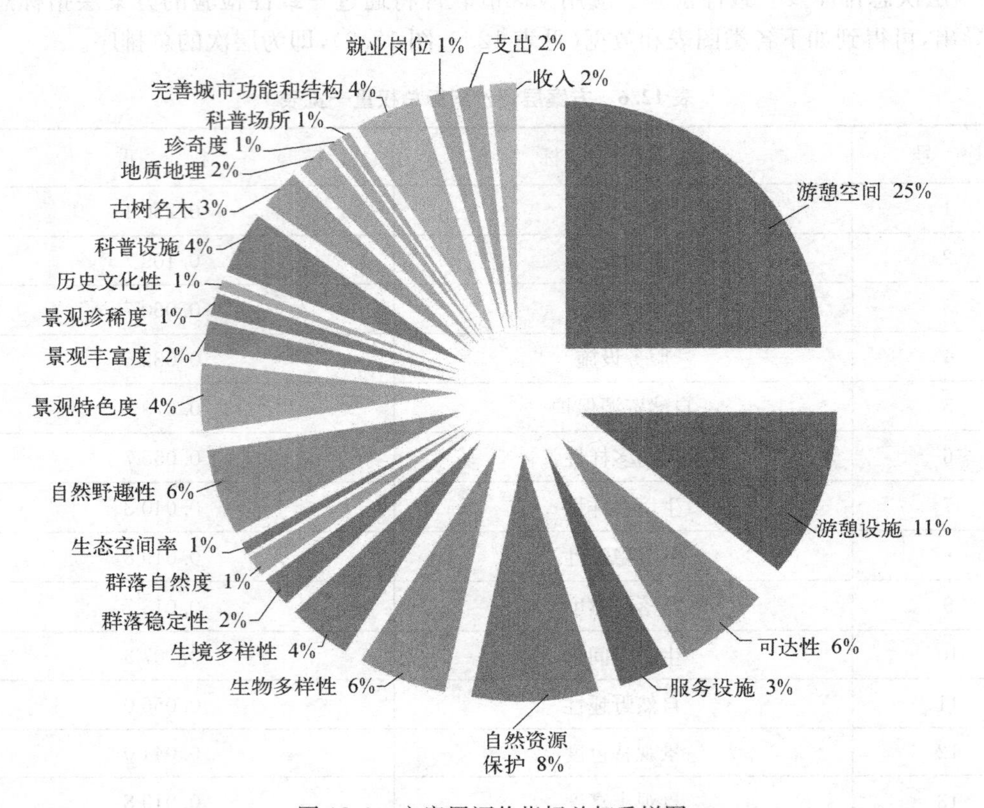

图 12.9　方案层评价指标总权重饼图

12.2　主成分分析在生态规划中的应用

主成分分析(principal component analysis，PCA)，又称主分量分析，是将多个变量通过线性变换以选出较少个数重要变量的一种多元统计分析方法。主成分分析首先是由英国生物学家卡特·皮尔森(Kart Pearson)于1901年首次对非随机变量引入的，1933年霍特林(H Hotelling)将此方法推广到随机变量的情形中。

在数据分析工作中，常常需要将很复杂的数据集简化，即将多个指标所构成的多维系统简化为一维系统，主成分分析就是把多个指标化为少数几个综合指标的一种统计分析方法。在多指标(变量)的研究中，往往由于变量个数太多，且彼此之间存在着一定的相关性，因而使得所观测的数据在一定程度上存在信息的重叠。当变量较多时，在高维空间中研究样本的分布规律就更加麻烦。主成分分析采取一种降维的方法，找出尽可能地反映原来变量信息量的、彼此之间互不相关的几个综合因子，从而达到简化的目的。

生态系统是一个复杂的大系统，影响因素多种多样，在选取评价因子、制定评价指标体系及构建评价模式时，不可能面面俱到，应当遵循简洁、方便、有效、实用的原则。通过相关学科理论的概括，抽取对生态环境质量影响较大、易于获取的观测数据，以及便于规划及管理等部门使用的因子或指标，使理论与实践良好地结合。

12.2.1 主成分分析法的基本原理和步骤

12.2.1.1 基本原理

设 p 个进行综合评价的原始指标：$x_1, x_2, \cdots, x_p$，并假定这些指标在 n 个成分之间进行比较，得到 $n \times p$ 阶矩阵：

$$X = \begin{pmatrix} x_{11} & x_{12} & \cdots & x_{1p} \\ x_{21} & x_{22} & \cdots & x_{2p} \\ \cdots & \cdots & \cdots & \cdots \\ x_{n1} & x_{n1} & \cdots & x_{np} \end{pmatrix} \tag{12.4}$$

主成分分析的初始目标是要用较少的几个相互独立的综合指标来代替原来较多的变量指标，并且使其尽可能地反映原来较多指标所反映的信息。若这些变量指标的综合指标变量为 $Y=(y_1, y_2, \cdots, y_m)(m<p)$，可将 $X=(x_1, x_2, \cdots x_p)$ 的 p 个指标综合成 p 个新指标，新的指标可表示为

$$\begin{pmatrix} y_1 \\ y_2 \\ y_m \end{pmatrix} = \begin{pmatrix} \mu_{11} & \mu_{12} & \cdots & \mu_{1p} \\ \mu_{21} & \mu_{22} & \cdots & \mu_{2p} \\ \cdots & \cdots & \cdots & \cdots \\ \mu_{m1} & \mu_{m1} & \cdots & \mu_{mp} \end{pmatrix} \begin{pmatrix} x_1 \\ x_2 \\ x_p \end{pmatrix} \tag{12.5}$$

可简记为：$y_i = \sum_{i=1}^{m} \mu_{ij} x_j (j = 1, 2, \cdots, p)$。式中，指标 y_i 互不相关。因为每个新指标都是原始指标的线性组合，都是一个新指标。实际上，主成分分析是将 p 个原始指标的总方差分解为 p 个不相关的综合指标 y_i 的方差之和，而且使第 1 个综合指标 y_1 的方差达到最大（贡献率最大）；第 2 个综合指标的方差达到第二大，以此类推。一般前面几个综合指标 y_1，y_2，$\cdots$，$y_m(m<p)$ 即可包括总方差中的绝大部分信息，被称之为原始指标的第 1、第 2、第 m 个主成分，即主成分分析法可以使原始指标的大部分方差"集中"于少数几个主成分上。通过对这几个主成分的分析即可实现对总体的综合评价。

12.2.1.2 主要步骤

主成分分析法一般可以分为以下几个主要步骤：

1）原始数据的标准化

考虑到一些指标的量纲不同，或者有的指标在数量级上差别很大，难于进行线性组合，因此进行主成分分析之前，需对原始数据进行标准化处理，并写出相应的数据矩阵如式(12.4)所示。

2）计算相关系数矩阵 $\boldsymbol{R}$

$$\boldsymbol{R} = \begin{pmatrix} r_{11} & r_{12} & \cdots & r_{1p} \\ r_{21} & r_{22} & \cdots & r_{2p} \\ \cdots & \cdots & \cdots & \cdots \\ r_{n1} & r_{n2} & \cdots & r_{np} \end{pmatrix} \tag{12.6}$$

式中：$r_{ij}(i, j = 1, 2, \cdots, p)$ 为原来变量 x_i 与 x_j 的相关系数，其计算公式为

$$r_{ij}=\frac{\sum_{k=1}^{n}(x_{ki}-x_i)(x_{kj}-x_j)}{\sqrt{\sum_{k=1}^{n}(x_{ki}-x_i)^2\cdot\sum_{k=1}^{n}(x_{kj}-x_j)^2}}$$

因为$\boldsymbol{R}$为实对称矩阵，只需计算其上三角元素或下三角元素即可。

3) 计算特征值与特征向量

令 $|\boldsymbol{R}-\lambda_1 I|=0$，$|\boldsymbol{R}-\lambda_2 I|=0$，…，$|\boldsymbol{R}-\lambda_p I|=0$

λ_1，λ_2，…，λ_p 为$\boldsymbol{R}$的非负特征值，$|\boldsymbol{R}-\lambda_1 I|=0$

$$\begin{bmatrix} r_{11}-\lambda_1 & r_{12} & \cdots & r_{1p} \\ r_{21} & r_{22}-\lambda_1 & \cdots & r_{2p} \\ \cdots & \cdots & \cdots & \cdots \\ r_{n1} & r_{n2} & \cdots & r_{np}-\lambda_1 \end{bmatrix}=0$$

其他类同，求出特征值 $\lambda_i(i=1,2,\cdots,p)$，并使其按大小排列，即 $\lambda_1\geqslant\lambda_2\geqslant\cdots\geqslant\lambda_p\geqslant0$，然后分别求出对于特征值 λ_i 的特征值向量 $\boldsymbol{E}_i(i=1,2,\cdots,p)$。

4) 构建主成分方程

计算贡献率和累计贡献率，据以确定主成分(即综合指标 y_i)的个数，建立主成分方程。

第 k 个主成分 y_k 的方差贡献 a_k 率为：$a_k=\dfrac{\lambda_k}{\sum_{i=1}^{p}\lambda_i}(k=1,2,\cdots,m)$，$a_k$ 越大，表明 y_k 综合 x_1，x_2，…，x_p 信息的能力越强。

主成分 y_1，y_2，…，y_m 的累积贡献率为：$\sum_{i=1}^{m}\left(\dfrac{\lambda_k}{\sum_{i=1}^{p}\lambda_i}\right)$，实际应用中，一般取使累积贡献率≥85%以上的 m 个主成分，$m<p$。

确定主成分后，可建立相应的主成分方程如式(12.5)所示。

5) 结果解译

解释各主成分的意义，并将原始数据代入方程中，计算综合评价值进行分析比较。

12.2.2 主成分综合评价方法

12.2.2.1 主成分的选择

当变量个数较多时，进行综合评价比较困难，因而在利用主成分分析时，使用者希望取较少的主成分来进行评判，同时，又希望损失的信息量尽可能地少。一般来说，在确定主成分时应能够满足如下原则：

(1) 数据变异最大原则。即要求主成分取数据方差最大方向，使主成分所含的原始信息尽可能地多。

(2) 最小二乘原则。主成分分析的过程就是把原始数据在新的空间表示，从几何学角度看，若使信息损失最小，就需要使原样本点与新的空间中主平面上投影的距离平方和达到最小。

(3) 群点相似性改变最小原则。要使主成分分析信息损失最小，需使各数据间的相似性改变最小。

(4) 对原变量系统最佳综合表现力原则。使主成分与原变量的相似性最大,以达到减少信息数据的目的。

确定主成分个数的方法很多,在实际操作中应用较多的有第一主成分法、累积贡献率准则、特征根均值准则、斯格里准则(Scree test)和巴特莱特准则(Bartlett test)。

12.2.2.2 主成分综合评价权重的确定

由主成分分析法的计算过程可以看出,综合评价函数 F 是各主成分 y_1, y_2, …, y_m 的线性组合,即

$$F = a_1 y_1 + a_2 y_2 + \cdots + a_m y_m \tag{12.7}$$

式中:$a_k = \frac{\lambda_k}{\sum_{i=1}^{p} \lambda_i}$ $(k=1, 2, \cdots, m)$。在此线性组合中,各主成分的权重 a_k 不是人为确定的,而是根据定义及原始数据所给定的信息计算得来的,这样就保证了评价结果的客观性,克服了某些评价方法中人为确定权重的缺陷,使得评价结果具有客观性。但是过于客观的评价方法容易表面化、形式化,也有学者对主成分综合评价做出了改进,即当主成分已经求出后,在确定权重时不运用贡献率这一指标,而是利用德尔菲法,根据原始变量的重要程度,分别赋予相应的权重,并形成新的变量矩阵,在新的变量矩阵基础上进行主成分分析。这样,在源头上保证了指标权重的合理性,在重视原始变量的重要程度的基础上,获取主成分分析的权重。

12.2.3 主成分分析在生态评价中的应用实例

——以上海环城绿带不同植物群落绿地土壤综合评价为例(张凯旋,2010)

上海环城林带是上海市最大的跨世纪生态工程,本案例采用主成分分析法对上海环城林带不同植物群落绿地土壤进行综合评价,分析不同群落类型与土壤肥力的关系,从而为保护和恢复土壤肥力、保证树木正常生长提供依据,为促进城市绿地的营建、管理以及城市生态系统功能的有效发挥提供建议。

12.2.3.1 建立土壤性质与功能间的隶属函数

首先,借助模糊数学原理,建立土壤性质与功能间的隶属函数,实现对各土壤性质的量纲归一化,使评价指标间具有可比性。

土壤指标常见的隶属度函数类型有"S"形、梯形、抛物线形等。对于"S"形隶属函数的土壤指标,即土壤性质与土壤功能效应曲线呈"S"形,在一定范围内评价因素指标值与土壤功能(如生产力)呈正相关。土壤全氮、全磷、氨氮、硝氮、有机质、总孔隙度和毛管孔隙度等属于此类。在计算这些土壤隶属度值时,其公式为

$$X' = \frac{X - X_{\min}}{X_{\max} - X_{\min}}$$

式中:X' 为各个评价指标的隶属度值,X 表示各个评价指标原始数值,$X_{\max}$ 和 $X_{\min}$ 分别表示各个评价指标的最大值和最小值(下同)。

抛物线形隶属函数,即土壤性质与功能效应曲线呈抛物线形,指评价因素指标值对土壤功能效应呈抛物线形,表明评价因素指标值对土壤功能有一个最佳适宜范围。pH 和容重属

于此类。环城林带的土壤呈碱性，在 7.5～8.5 之间，土壤容重在 1.4～1.6 之间，没有出现太大偏离，因而采用如下公式：

$$X' = \frac{X_{\max} - X}{X_{\max} - X_{\min}}$$

12.2.3.2　运用主成分分析法计算各群落土壤质量指数

土壤质量是各土壤属性综合作用的结果，通过主成分分析得到各个评价指标的权重，采用加权求和法对土壤质量指数(soil quality index，SQI)进行计算。

$$SQI = \sum_{i=1}^{n} X_i \times C_i$$

式中：X'——各个评价指标的隶属度值；

C_i——第 i 个评价指标的权重；

n——评价指标的个数。

由于不同植物群落土壤属性间排序变化较大，本案例运用主成分分析法对 7 个植物群落和裸地的表层(0～20 cm)土壤的 8 项土壤属性指标进行主成分分析(见表 12.7)。结果表明，特征值≥1 的主成分有两个，其累积贡献率为 83.036，能够解释较多的变异性。其中，容重、毛管孔隙度、总孔隙度、有机质、全氮和全磷在第一主成分中发挥了重要作用，氨氮和硝氮在第二主成分中发挥了重要作用。利用主成分分析法得到的各土壤评价指标的公因子方差，通过计算各个公因子方差占公因子方差总和的百分数，将权重值转换成 0～1.0 的数值。

表 12.7　土壤属性主成分因子载荷矩阵，公因子方差和因子权重

土壤属性	主成分		公因子方差	权　重
	PC-1	PC-2		
容　　重	0.890	0.430	0.976	0.147
毛管孔隙度	0.791	0.283	0.705	0.106
总孔隙度	0.907	0.157	0.847	0.127
有 机 质	0.851	0.335	0.836	0.126
全　　氮	0.902	0.313	0.912	0.137
全　　磷	−0.859	0.111	0.750	0.113
氨　　氮	0.124	0.884	0.797	0.120
硝　　氮	0.234	0.875	0.820	0.123
主成分特征根	5.308	1.335		
主成分贡献率(%)	66.354	16.683		
主成分累积贡献率(%)	66.354	83.036		

来源：张凯旋. 上海环城林带群落生态学与生态效益及景观美学评价研究[D]. 上海：华东师范大学，2010.

12.2.3.3　评价结果和分析

土壤质量指数法是将评价结果转化成 0.1～1.0 的数值，指数越高代表土壤质量越好。

通过上述计算得到各土壤属性指标的权重，采用加权和法对土壤质量指数进行计算，各植物群落的 SQI 值见表 12.8。

表 12.8 上海环城林带不同植物群落的土壤质量指数

植被类型	群落类型	*SQI*
针叶林	池杉群落	0.728
针阔混交林	杂交杨＋水杉群落	0.434
常绿阔叶林	女贞群落	0.58
落叶阔叶林	全缘叶栾树群落	0.333
	悬铃木群落	0.758
常绿落叶阔叶混交林	全缘叶栾树＋香樟群落	0.71
	杂交杨＋香樟群落	0.444
对　照	裸　地	0.113

来源：张凯旋. 上海环城林带群落生态学与生态效益及景观美学评价研究[D]. 上海：华东师范大学，2010.

各植物群落的 *SQI* 值均高于裸地，其中落叶阔叶林中悬铃木群落、落叶针叶林池杉群落和常绿落叶阔叶混交林的全缘叶栾树＋香樟群落的 *SQI* 值均超过了 0.7，而落叶阔叶林中全缘叶栾树群落的 *SQI* 值最小，其他群落的 *SQI* 值在 0.4～0.7 之间。

12.3 聚类分析在生态规划中的应用

聚类分析(cluster analysis)是指将物理或抽象对象的集合分组成为由类似的对象组成的多个类(群集)的分析过程。聚类分析又称群集分析，是样本或指标进行归类的一种统计方法，它根据样本或指标之间存在的相似性(或相近性)，找出一些能够度量样本之间相似程度的统计量，并以此为依据，将一些相似程度大的样本聚为一类，疏远的聚合到一个大的分类单位，最后把分类系统直观地用图形(谱系图或称分群图、聚类图等)表示出来，以清晰地反映出样本或变量的亲疏关系。

聚类源于诸多领域，包括数学、计算机科学、统计学、生物学和经济学。在不同的应用领域，很多聚类技术都得到了发展，这些技术方法被用于描述数据、衡量不同数据源间的相似性或将数据源分类到不同的族中。

在聚类过程中，研究样本或变量亲疏程度的数量指标有两种，即相似系数和距离系数。其中，相似系数常用来测度变量之间的亲疏程度，又称 R 型聚类分析，常用的统计量有夹角余弦系数、相关系数、关联系数、指数相似系数等。距离系数则常用于测度样本之间的聚类，又称 Q 型聚类分析，相应的统计量为明氏距离、欧氏距离、马氏距离、兰氏距离和切比雪夫距离等。

12.3.1 聚类分析的基本方法和步骤

目前，用于聚类分析的方法很多，如系统聚类、逐步聚类、动态聚类、模糊聚类、灰色聚类、关联聚类、神经网络聚类等，其中系统聚类法最为常用。下文以系统聚类法为例，说明聚类分析的基本方法，首先需定义样本间的距离。

12.3.1.1　距离

设有 n 个样本，p 个指标，数据矩阵为

$$\begin{pmatrix} x_{11}, & \cdots, & x_{1p} \\ x_{21}, & \cdots, & x_{2p} \\ \vdots & & \\ x_{m}, & \cdots, & x_{mp} \end{pmatrix}$$

元素 x_{ij} 表示第 i 个样本的第 j 个指标。因每个样本有 p 个指标，故每个样本可以看成 p 维空间中的一个点，n 个样本就构成 p 维空间中的 n 个点。因此，我们可以用距离来度量样本之间接近的程度。

常用的距离有：

1）明氏(Minkowski)距离

$$d_{ij}(q)=\Big(\sum_{\sigma=1}^{p}|x_{i\sigma}-x_{j\sigma}|^{q}\Big)^{\frac{1}{q}}$$

当 $q=1$ 时，为绝对距离；当 $q=2$ 时，为欧氏距离；当 $q=3$ 时，为切比雪夫距离。

当各变量的测量值相差悬殊时，不宜直接使用明氏距离，需要先对数据标准化，然后用标准化后的数据计算距离。

明氏距离(特别是其中的欧氏距离)是人们较为熟悉的距离，也是使用最多的距离。明氏距离的局限主要表现在两个方面：第一，它与各指标的量纲有关；第二，它没有考虑指标之间的相关性，欧氏距离也不例外。

2）马氏距离

设 $\sum$ 表示指标的协差阵，即

$$\sum=(\sigma_{ij})_{p\times p}，其中，\sigma_{ij}=\frac{1}{n-1}\sum_{a=1}^{n}(x_{ai}-\bar{x}_i)\sum_{a=1}^{n}(x_{aj}-\bar{x}_j)\quad i,j=1,\cdots,p$$

$$\bar{x}_i=\frac{1}{n}\sum_{a=1}^{n}x_{ai}\qquad \bar{x}_j=\frac{1}{n}\sum_{a=1}^{n}x_{aj}$$

如果 $\sum^{-1}$ 存在，则两个样本之间的马氏距离为

$$d_{ij}^{2}(M)=(x_i-x_j)'\sum^{-1}(x_i-x_j)$$

这里 $\boldsymbol{x}_i$ 为样本 x_i 的 p 个指标组成的向量，即原始资料阵的第 i 行向量，与样本 $\boldsymbol{x}_i$ 类似。顺便给出样本 X 到总体 G 的马氏距离定义为

$$d^{2}(X,G)=(X-\mu)'\sum^{-1}(X-\mu)$$

式中：$\boldsymbol{u}$ 为总体的均值向量，Σ 为协方差阵。

马氏距离既排除了各指标之间相关性的干扰，也不受各指标量纲的影响。此外，将原数据做一线性交换后，马氏距离仍不保持变。

3）兰氏距离

$$d_{ij}(L)=\frac{1}{p}\sum_{a=1}^{p}\frac{|x_{ia}-x_{ja}|}{x_{ia}+x_{ja}}\quad i,\ j=1,\ \cdots,\ n$$

此距离仅适用于一切 $\boldsymbol{x}_{ij}>0$ 的情况，这个距离有助于克服各指标之间量纲的影响，但没有考虑指标之间的相关性。

计算任何两个样本 $\boldsymbol{x}_i$ 与 $\boldsymbol{x}_j$ 之间的距离 d_{ij} 时，其值越小，表示两个样本接近程度越大，d_{ij} 值越大，表示两个样本接近程度越小。任何两个样本的距离可排成距离阵：

$$\boldsymbol{D}=\begin{bmatrix} d_{11} & d_{12} & \cdots & d_{1n} \\ d_{21} & d_{22} & \cdots & d_{2n} \\ \cdots & \cdots & \cdots & \cdots \\ d_{n1} & d_{n2} & \cdots & d_{nn} \end{bmatrix}$$

式中：$d_{11}=d_{22}=\cdots=d_{nn}=0$。$\boldsymbol{D}$ 是一个实对称阵，所以只需计算上三角形部分或下三角形部分即可。根据 $\boldsymbol{D}$ 可对 n 个点进行分类，距离近的点归为一类，距离远的点归为不同的类。

12.3.1.2 相似系数

(1) 夹角余弦。将任何两个样本 $\boldsymbol{x}_i$ 与 $\boldsymbol{x}_j$ 看成 p 维空间的两个向量，这两个向量的夹角余弦用 $\cos\theta_{ij}$ 表示，则

$$\cos\theta_{ij}=\frac{\sum_{a=1}^{p}\boldsymbol{x}_{ia}\boldsymbol{x}_{ja}}{\sqrt{\sum_{a=1}^{p}\boldsymbol{x}_{ia}^{2}\cdot\sum_{a=1}^{p}\boldsymbol{x}_{ja}^{2}}}\quad -1\leqslant\cos\theta_{ij}\leqslant 1$$

当 $\cos\theta_{ij}=1$ 时，说明两个样本 $\boldsymbol{x}_i$ 与 $\boldsymbol{x}_j$ 完全相似；$\cos\theta_{ij}$ 接近 1 时，说明两个样本 $\boldsymbol{x}_i$ 与 $\boldsymbol{x}_j$ 密切相似；$\cos\theta_{ij}=0$ 时，说明 $\boldsymbol{x}_i$ 与 $\boldsymbol{x}_j$ 完全不一样；$\cos\theta_{ij}$ 接近 0 时，说明 $\boldsymbol{x}_i$ 与 $\boldsymbol{x}_j$ 差别大。所有两两样本的相似系数计算结果可排成相似系数矩阵：

$$H=\begin{pmatrix} \cos\theta_{11}, & \cos\theta_{12}, & \cdots, & \cos\theta_{13} \\ \cos\theta_{21}, & \cos\theta_{22}, & \cdots, & \cos\theta_{23} \\ \vdots & & & \\ \cos\theta_{n1}, & \cos\theta_{n2}, & \cdots, & \cos\theta_{nn} \end{pmatrix}$$

其中，$\cos\theta_{11}=\cos\theta_{22}=\cdots=\cos\theta_{nn}=1$。$\boldsymbol{H}$ 是一个实对称阵，所以只需计算上三角形部分或下三角部分，根据 $\boldsymbol{H}$ 可对 n 个样本进行分类，把比较相似的样本归为一类，差别较大的样本归为不同的类。

(2) 相关系数。一般指变量间的相关系数。作为刻画样本间的相似关系，即第 i 个样本与第 j 个样本之间的相关系数也可以被定义为

$$r_{ij}=\frac{\sum_{a=1}^{p}(x_{ia}-\bar{x}_i)(x_{ja}-\bar{x}_j)}{\sqrt{\sum_{a=1}^{p}(x_{ia}-\bar{x}_i)^2\cdot\sum_{a=1}^{p}(x_{ja}-\bar{x}_j)^2}}\quad -1\leqslant r_{ij}\leqslant 1$$

其中

$$\bar{x}_i = \frac{1}{p}\sum_{a=1}^{p} x_{ia}, \bar{x}_j = \frac{1}{p}\sum_{a=1}^{p} x_{ja}。$$

实际上，r_{ij} 就是两个向量 $\boldsymbol{X}_i - \overline{\boldsymbol{X}}_i$ 与 $\boldsymbol{X}_j - \overline{\boldsymbol{X}}_j$ 的夹角余弦。其中，$\overline{\boldsymbol{X}}_i = (\bar{x}_i, \cdots, \bar{x}_i)'$，$\overline{\boldsymbol{X}}_j = (\bar{x}_j, \cdots, \bar{x}_j)'$。若将原始数据标准化，则 $\overline{\boldsymbol{X}}_i = \overline{\boldsymbol{X}}_j = 0$，这时 $r_{ij} = \cos_{ij}\theta$。两两样本的相关系数计算结果可排成样本相关系数矩阵：

$$\boldsymbol{R} = (r_{ij}) = \begin{bmatrix} r_{11}, & r_{12}, & \cdots, & r_{13} \\ r_{21}, & r_{22}, & \cdots, & r_{23} \\ \vdots & & & \\ r_{n1}, & r_{n2}, & \cdots, & r_{nn} \end{bmatrix}$$

其中，$r_{11} = r_{22} = \cdots = r_{m} = 1$，可根据 R 可对 n 个样本进行分类。

12.3.1.3　聚类

正如样本之间的距离可以有不同的定义方法一样，类与类之间的距离也有各种定义。例如，可以定义类与类之间的距离为两类之间最近样本的距离，或者定义为两类之间最远样本的距离，也可以定义为两类重心之间的距离等。类与类之间用不同的方法定义距离，就产生了不同的系统聚类方法。常用的 8 种系统聚类方法有最短距离法、最长距离法、中间距离法、重心距离法、类平均法、可变类平均法、可变法和离差平方和法。尽管系统聚类方法繁多，但归类步骤基本相同，差别是类与类之间的距离有不同的定义方法，得到了不同的计算距离公式。以最短距离法为例，用 d_{ij} 表示样本 $\boldsymbol{x}_i$ 与 $\boldsymbol{x}_j$ 之间距离，用 D_{ij} 表示类 G_i 与 G_j 之间的距离。定义类 G_i 与 G_j 之间的距离为两类最近样本的距离，即

$$D_{ij} = \min_{x_i \in G_i,\, x_j \in G_j} d_{ij}$$

设类 G_p 与 G_q 合并成一个新类，记为 G_r，则任一类 G_k 与 G_r 的距离是：

$$\begin{aligned} D_{kr} &= \min_{x_i \in G_k,\, x_j \in G_r} d_{ij} \\ &= \min\{\min_{x_i \in G_k,\, x_j \in G_p} d_{ij}, \min_{x_i \in G_k,\, x_j \in G_q} d_{ij}\} \\ &= \min\{D_{kp}, D_{kq}\} \end{aligned}$$

最短距离法聚类的步骤如下：

① 定义样本之间的距离，计算样本两两距离，得一距离阵，记为 $D_{(0)}$，开始每个样本自成一类，显然，这时 $D_{ij} = d_{ij}$；

② 找出 $D_{(0)}$ 的非对角线最小元素，设为 D_{pq}，则将 G_p 与 G_q 合并成一个新类，记为 G_r，即 $G_r = \{G_p, G_q\}$；

③ 给出计算新类与其他类的距离公式

$$D_{kr} = \min\{D_{kp}, D_{kq}\}$$

将 $D_{(0)}$ 中第 p、q 行及 p、q 列用上面公式并成一个新行新列，新行新列对应 G_r，所得到的矩阵，记为 $\boldsymbol{D}_{(1)}$；

④ 对 $\boldsymbol{D}_{(1)}$ 重复上述对 $\boldsymbol{D}_{(0)}$ 的②、③得 $\boldsymbol{D}_{(2)}$，直到所有的元素并成一类为止。如果某一步

$D_{(k)}$ 中非对角线最小的元素不止一个，则对应这些最小元素的类可以同时合并。

12.3.2　聚类分析在生态评价中的应用实例

——以石家庄市土地资源生态安全进行评价为例(张清君，2011)

区域土地资源生态安全评价是一项涉及资源、环境、经济、社会等诸多方面的多因素、多层次的复合系统工程。随着经济的快速发展、城镇化进程的不断加快、人口的持续增加和耕地资源的不断减少，土地资源的生态安全受到了严重的威胁。本案例应用聚类分析法，对石家庄市土地资源生态安全进行评价，得出石家庄市土地资源生态安全状况。

12.3.2.1　区域土地资源生态安全评价指标体系的构建

评价指标不仅反映了区域土地资源生态安全的要素，还反映了对生态安全有潜在影响的相关因素(包括人类活动)。因此，在选择评价指标时要全面考虑生态环境要素。同时，为方便获取数据，还要靠评价指标数据的可获得性。遵循科学性、系统性、相对独立性、可操作性、可持续性等原则，从土地资源自然生态安全、土地资源经济生态安全和土地资源社会生态安全3方面选取了20项指标，区域土地资源生态安全评价指标体系见表12.9。

表12.9　土地资源生态安全评价指标体系

目标层A	准则层B	指标层C
土地资源生态安全A	土地资源自然生态安全 B_1	C_1：人均耕地面积(hm^2/人)
		C_2：土地利用率(%)
		C_3：土地垦殖率(%)
		C_4：森林覆盖率(%)
		C_5：旱地面积比重(%)
		C_6：水土协调度(%)
		C_7：人均建设用地面积(hm^2/人)
	土地资源经济生态安全 B_2	C_8：人均GDP(元/人)
		C_9：粮食单产(kg/hm^2)
		C_{10}：人均粮食占有量(kg/人)
		C_{11}：农民人均纯收入(元/人)
		C_{12}：单位耕地化肥负荷(kg/hm^2)
		C_{13}：单位耕地用电量[$(kw \cdot h)/hm^2$]
		C_{14}：单位农用地年产值(万元/hm^2)
	土地资源社会生态安全 B_3	C_{15}：人口密度(人/km^2)
		C_{16}：城镇化水平(%)
		C_{17}：经济密度(万元/hm^2)
		C_{18}：第三产业占GDP的比例(%)
		C_{19}：交通用地指数(%)
		C_{20}：全社会固定资产投资增长速度(%)

来源：张清军，鲁俊娜，程从勉.区域土地资源生态安全评价——以石家庄市为例[J].湖北农业科学，2011，50(6)：1122-1127.

根据石家庄市国土资源部门和统计部门的相关数据，获得石家庄各县(市、区)的原始数据资料，并经过简单运算得到评价体系各指标的数值。

12.3.2.2 主成分的提取

在确定了研究区域指标原始数据后，利用统计分析软件 SPSS 11.5 的因子分析功能，对石家庄各县(市、区)的数据进行降维处理，通过提取载荷因子相关系数矩阵，得到各评价单元的因子特征值与累计贡献率。得到特征值>1.0 的因子，且累计贡献率已达 87.176%，符合主成分分析的要求(累计贡献率≥85%即认为主成分以较少的指标综合体现了原有评价指标的信息)，所以选取因子 1～5 作为主成分，进一步分析计算，可以得到主成分载荷矩阵。

12.3.2.3 计算评价单元得分

首先，确定主成分的权重，应用公式 $W_i=\lambda_i\Big/\sum_{i=1}^{5}\lambda_i$，式中 W_i 为主成分权重，λ_i 为因子特征值。然后，利用权重再计算评价单元的综合得分并进行排名，结果见表 12.10。

表 12.10　评价单元主成分综合得分及排名

行政单位	综合评价得分	排　名	类　别	安全程度
桥西区	1.589	1	1	生态安全低风险区
桥东区	0.97	2	1	生态安全低风险区
裕华区	0.656	3	1	生态安全低风险区
新华区	0.623	4	1	生态安全低风险区
长安区	0.458	5	1	生态安全低风险区
矿区	0.335	6	1	生态安全低风险区
藁城市	0.183	7	2	生态安全中风险区
正定县	0.096	8	2	生态安全中风险区
新乐市	0.091	9	2	生态安全中风险区
栾城县	0.063	10	2	生态安全中风险区
辛集县	0.047	11	2	生态安全中风险区
无极县	−0.009	12	2	生态安全中风险区
鹿泉市	−0.068	13	3	生态安全高风险区
晋州市	−0.072	14	2	生态安全中风险区
深泽县	−0.198	15	2	生态安全中风险区
赵县	−0.228	16	2	生态安全中风险区
高邑县	−0.255	17	2	生态安全中风险区
高新区	−0.369	18	1	生态安全低风险区
元氏县	−0.444	19	2	生态安全中风险区
行唐县	−0.576	20	3	生态安全高风险区
灵寿县	−0.611	21	3	生态安全高风险区

（续表）

行政单位	综合评价得分	排　名	类　别	安全程度
井陉县	−0.672	22	3	生态安全高风险区
赞皇县	−0.74	23	3	生态安全高风险区
平山县	−0.872	24	3	生态安全高风险区

来源：张清军，鲁俊娜，程从勉．区域土地资源生态安全评价——以石家庄市为例[J]．湖北农业科学，2011，50(6)：1122－1127.

12.3.2.4　根据综合得分进行聚类分析

在进行聚类分析时，由于类与类之间的距离可以有多种定义，所以就对应多种聚类法。这里用类平均法分别对石家庄各县（市、区）进行聚类，用 SPSS 11.5 统计分析软件实现聚类分析的过程，并得到聚类分析图（见图 12.10）。

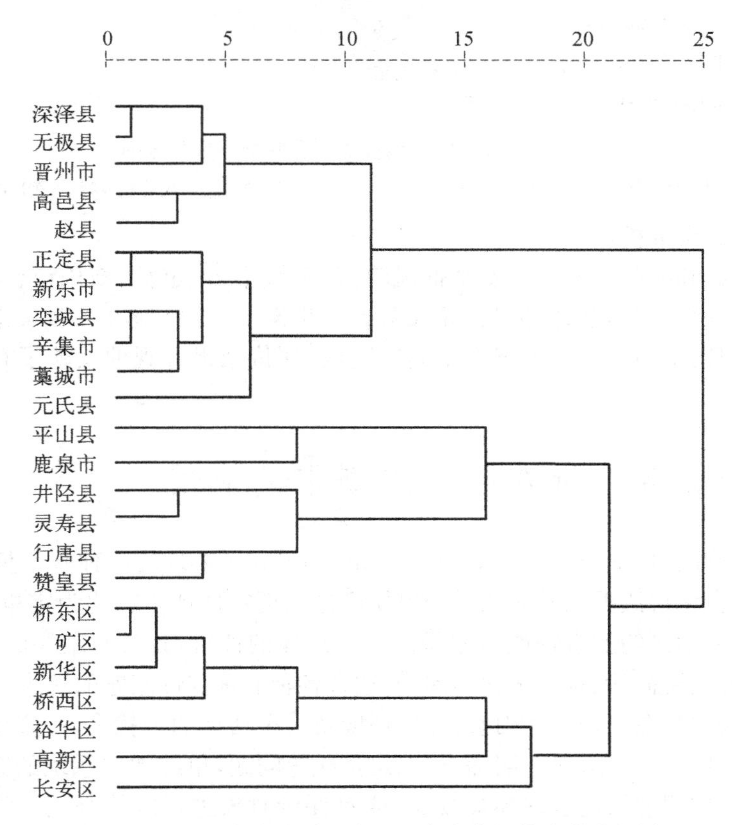

图 12.10　石家庄市土地资源生态安全评价聚类分析图

来源：张清军，鲁俊娜，程从勉．区域土地资源生态安全评价——以石家庄市为例[J]．湖北农业科学，2011，50(6)：1122－1127.

结合各个评价单元的综合可知，当类间距取 $d=20$ 时，将研究区域分为 3 类较合适。结合各个评价单元的综合得分、排名及石家庄市土地利用的具体情况，将该地区的生态安全区划分为生态安全高风险区、生态安全中风险区、生态安全低风险区 3 个等级。根据生态安全分区的结果，绘制石家庄市土地资源生态安全分区图（见图 12.11）。

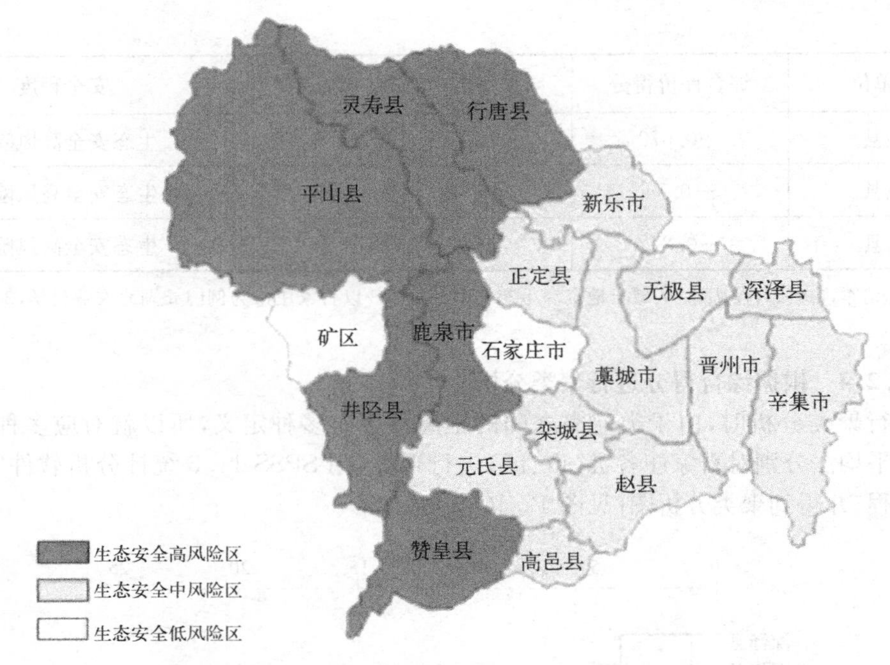

图 12.11　石家庄土地资源生态安全评价分区图

来源：张清军，鲁俊娜，程从勉.区域土地资源生态安全评价——以石家庄市为例[J].湖北农业科学，2011，50(6)：1122－1127.

12.3.2.5　结果分析

石家庄市辖区和矿区处于生态安全低风险区；藁城市、正定县、新乐市、栾城县、辛集市、无极县、晋州市、深泽县、赵县、高邑县、元氏县处于生态安全中风险区；鹿泉市、行唐县、灵寿县、井陉县、赞皇县、平山县处于生态安全高风险区，评价结果客观地反映了石家庄市土地资源生态安全状况。

12.4　模糊综合评价在生态规划中的应用

模糊综合评价法(fuzzy comprehensive evaluation method)是一种基于模糊数学的综合评价方法。该综合评价法根据模糊数学的隶属度理论把定性评价转化为定量评价，即用模糊数学对受到多种因素制约的事物或对象做出一个总体的评价，其具有结果清晰、系统性强等特点，能较好地解决模糊的、难以量化的问题，适合各种非确定性问题的解决。

大量的研究表明，在多种内在因素、外界环境及人类活动的干扰下，许多生态学过程中普遍存在着系统信息不完全、边界不明确、难以定量化等问题，单纯建立系统的数字模型进行评价既困难，又不能贴切地描述这些模糊现象，或对评价对象进行准确判别。就目前最为人熟知的线性评价模型(加权平均综合模型)而言，其评价思想的核心建立在评价结果可以叠加，评价因子为线性关系的假设之上。尽管该模型计算简单，建模方便，但由于评价对象常含有多种属性，这些属性从不同侧面反映了评价对象的不同特征，而这些特征往往又带有一定程度的模糊性和非线性特征，因此运用此模型得出的评价结果往往不能令人满意，可信度也较差。而模糊综合评价是以模糊数学为基础，运用模糊关系合成原理将一些边界不清、不易定量的因素定量化，适合解决评价中存在模糊性，特别是定性信息较多的问题。

12.4.1 模糊综合评价的基本原理和步骤

模糊综合评价方法是通过构造等级模糊子集把对象的模糊指标进行量化(即确定隶属度),然后利用模糊变换原理对各指标综合评价,一般根据以下步骤来实现:

第 1 步,确定评价对象因素论域(p 个评价指标),$U=\{u_1, u_1, \cdots, u_p\}$。

第 2 步,确定评价等级论域 $V=\{v_1, v_1, \cdots, v_m\}$,即等级集合,每个等级可对应一个模糊子集。

第 3 步,进行单因素评价,建立模糊关系矩阵 $\boldsymbol{R}$。在构造了等级模糊子集后,要逐个对被评事物从每个因素 $\boldsymbol{U}=\{u_1, u_1, \cdots, u_p\}$ 上进行量化,即通过确定单因素,找出被评事物对各等级模糊子集的隶属度 ($\boldsymbol{R}/\boldsymbol{U}_i$),进而得到模糊关系矩阵:

$$\boldsymbol{R}=\begin{bmatrix}\boldsymbol{R}/\boldsymbol{U}_1\\ \boldsymbol{R}/\boldsymbol{U}_2\\ \cdots\\ \boldsymbol{R}/\boldsymbol{U}_m\end{bmatrix}=\begin{bmatrix}r_{11} & r_{12} & \cdots & r_{1n}\\ r_{21} & r_{22} & \cdots & r_{2n}\\ \cdots & \cdots & \cdots & \cdots\\ r_{n1} & r_{n2} & \cdots & r_{mn}\end{bmatrix}$$

矩阵 $\boldsymbol{R}$ 中第 i 行第 j 列元素 r_{ij} 表示某个被评事物从因素 u_i 来看对 v_j 等级模糊子集的隶属度。一个被评事物在某个因素 u_i 方面的表现是通过模糊向量 ($\boldsymbol{R}/\boldsymbol{U}_i$) $=(r_{i1}, r_{i2}, \cdots, r_{im})$ 来刻画的,因此从这个角度讲模糊综合评价需要更多的信息。

第 4 步,确定评价因素的模糊权向量 $\boldsymbol{A}$:

$$(\boldsymbol{R} \mid \boldsymbol{U}_i)=(r_{i1}, r_{i2}, \cdots, r_{im})$$

在模糊综合评价中,权向量 $\boldsymbol{A}$ 中的元素 a 代表因素 u_i 对模糊子集{对被评事物重要的因素}的隶属度,一般用模糊方法来确定,并且在合成之前要归一化,即

$$\boldsymbol{A}=(a_1, a_2, \cdots a_m)$$
$$\sum a_i=1 \quad a_i \geqslant 0$$

第 5 步,利用合适的合成算子将 $\boldsymbol{A}$ 与各被评事物的 $\boldsymbol{R}$ 合成得到各被评事物的模糊综合评价的结果向量 $\boldsymbol{B}$,即

$$\boldsymbol{A}\circ\boldsymbol{R}=(a_1, a_2, \cdots, a_m)\circ\begin{bmatrix}r_{11} & r_{12} & \cdots & r_{1n}\\ r_{21} & r_{22} & \cdots & r_{2n}\\ \cdots & \cdots & \cdots & \cdots\\ r_{n1} & r_{n2} & \cdots & r_{mn}\end{bmatrix}$$
$$=(b_1, b_2, \cdots, b_n)=\boldsymbol{B}$$

式中:b_j——由 $\boldsymbol{A}$ 与 $\boldsymbol{R}$ 的第 j 列运算得到的,它表示被评事物从整体上看对 v_j 等级模糊子集的隶属程度;

$\boldsymbol{B}$——某参评单位的模糊合成值;$\circ$为合成算子。

第 6 步,进行模糊综合评价。若进行分类评价,则采用某一原则(如最大隶属度原则)进行模糊类别识别,给出评定结果;若是排序评价,则可以采取一定方法将评价结果转化为可排序的形式进行综合评价排序。

可以看出，前 4 步实际上仍是一个模糊合成的过程，它是模糊综合评价的基础，而第 6 步则是模糊综合评价的核心。

12.4.2 模糊综合评价方法

模糊数学在生态评价领域的应用广泛，却在很长一段时间内局限于对研究区的整体生态环境状况的全面评估，所得结果仅为全局或分区的系列模糊综合评价值，而对研究区内任一具体空间位置的生态环境质量状况却无法直接给出评价结果，这在一定程度上限制了模糊数学在生态环境评价领域中应用的广度和深度。近年来不断发展的地理信息系统(GIS)技术以其强大的对多源空间数据的采集、存储、管理、查询和分析功能，为区域生态环境的定量评价提供了行之有效的研究手段。在 GIS 技术的基础上，利用空间模糊综合评价法来解决模糊数学在生态评价中所遇到的空间表达问题成为当前生态规划中不可或缺的研究手段。

空间模糊综合评价的概念是特别针对 GIS 所管理的空间栅格数据而提出的一种评价方法。其基本思想是以 GIS 中栅格数据格式中的单个栅格为基本研究对象，确定空间中各点(由栅格来刻画)单因素评价指标的隶属函数，将隶属函数概念扩展到二维平面的点上，并逐点进行多层次模糊综合评价，从微观的角度对宏观的区域生态环境质量进行衡量，最终获得整个研究区空间上的模糊评价结果。空间模糊综合评价的本质是在 GIS 空间数据的支持下对模糊综合评价在二维空间上的一种扩展。生态评价所涉及的因素较多，各因素还存在不同的层次或水平，为了进一步挖掘原始数据的信息，增加评价的可靠性和稳定性，常采用多层次的模糊综合评价。以生态环境质量空间模糊综合评价为例，评价的 5 个基本步骤如下。

1) 确定评价指标的层次结构

进行生态环境质量空间模糊综合评价时，首先需要针对研究区域和研究对象的特殊性，选择一套科学、完备、统一、独立、可空间化的生态环境综合评价指标系统。运用层次分析法，将影响因素众多、关系纷繁复杂的生态环境系统由繁至简、由上至下划分出若干子系统，各子系统分别包含不同方面的影响因素，影响因素又可选出不同的评价指标进行时间和空间的量化，在不同的认识层次上对不同的时空尺度进行统分结合的系统研究，并且尽可能地应用现代科学技术予以权衡和科学化的定量表达，以便研究影响因素集合 $U=\{u_1, u_2, \cdots, u_m\}$，也就是 p 个生态环境评价指标的集合。

2) 建立评价空间和评价等级

为将生态环境数据库中的所有数据纳入同一可比尺度空间进行评价，必须建立一个合适的评价等级集合，确定评价空间。

设 V 为生态环境影响因素 U 的评价标准，则有评价等级论域 $V=\{v_1, v_2, \cdots, v_m\}$，即等级集合，每一个等级可对应一个模糊子集。在对每个评价指标 u_i 确定评价分级方案时，由于指标类型、数据空间分布对环境质量所起的正负作用不同，所采用的分级方法也应有所不相同。利用 GIS 的数据空间分析和处理功能，对空间化的指标数据可采用自然间断点法、分位数法、等间距法、标准偏差法等方法进行分级，充分提取指标所包含的有用信息，建立更为准确、合理的指标评价空间。

3) 确定隶属函数，进行单因素评价

隶属函数有多种确定方法，根据环境评价因素的空间连续分布特性，可构造折线型隶属函数来确定单因素指标对各等级模糊子集的隶属度。设某一生态环境质量评价正向指标因

素 u_i 的 m 级标准值分别为 $P_{ij}(i=1, 2, \cdots, n, j=1, 2, \cdots, m)$，空间位置 k 上的评价因子 u_i 的实际指标值为 C_{ij}，r_{ij} 表示第 i 个因素对第 j 个等级的隶属度，则评价因子对各等级的隶属函数的通式如下：

(1) 1 级(即 $j=1$)的隶属函数为

$$r_{ij}=\begin{cases}1 & C_{ki}>P_{i1}\\ \dfrac{C_{ki}-P_{i2}}{P_{i2}-P_{i1}} & P_{i1}\leqslant C_{ki}\leqslant P_{i2}\\ 0 & C_{ki}<P_{i2}\end{cases}$$

(2) 2 至 $m-1$ 级，即 $j=2, 3, \cdots, m-1$ 的隶属函数为

$$r_{ij}=\begin{cases}\dfrac{P_{ij-1}-C_{ki}}{P_{ij-1}-P_{ij}} & P_{ij}>P_{ij-1}\\ \dfrac{P_{im-1}-C_{ki}}{P_{im-1}-P_{im}} & P_{ij+1}\leqslant C_{ki}\leqslant P_{ij}\\ 0 & C_{ki}>P_{ij-1},\ C_{ki}>P_{ij+1}\end{cases}$$

(3) m 级(即 $j=m$)的隶属函数为

$$r_{ij}=\begin{cases}0 & C_{ki}>P_{im-1}\\ \dfrac{P_{im-1}-C_{ki}}{P_{im-1}-P_{im}} & P_{im}\leqslant C_{ki}\leqslant P_{im-1}\\ 1 & C_{ki}<P_{im}\end{cases}$$

当空间上任一点的 C_{ki} 给定，可以用以上隶属函数求出该位置 u_i 评价因子分别对各等级评价空间的隶属度，并由其确定单因素模糊评价矩阵 $\boldsymbol{R}=(r_{ij})_{n\times m}$。同样，对于生态环境质量评价负向指标，构造类似的隶属函数通式。为了表示各指标在整个指标体系中的相对重要性程度，需要对指标赋权，常用的方法有经验权数法、专家咨询法、层次分析法、主成分分析法等。

4) 单层次模糊综合评价

在综合评价空间三元组(U, V, R)中，利用加权平均型模糊合成算子，将权向量 $\boldsymbol{A}$ 与模糊关系矩阵 $\boldsymbol{R}$ 合成，则得到模糊综合评价矩阵 $\boldsymbol{B}$，计算公式如下：

$$\boldsymbol{B}=\boldsymbol{A}\circ\boldsymbol{R}=(a_1, a_2, \cdots, a_p)\circ\begin{bmatrix}r_{11} & r_{12} & \cdots & r_{1n}\\ r_{21} & r_{22} & \cdots & r_{2n}\\ \cdots & \cdots & \cdots & \cdots\\ r_{p1} & r_{p2} & \cdots & r_{pn}\end{bmatrix}=(b_1, b_2, \cdots, b_p)$$

式中：b_j 表示评价指标体系中单层次上对 v_j 等级模糊子集的隶属程度。对于空间模糊综合评价方法而言，每个 b_j 是一个空间栅格文件，矩阵 $\boldsymbol{B}$ 仅仅是模型抽象意义上的数学表达。

5) 多层次模糊综合评价

多层次模糊综合评价模型就是将单层次模型应用在多层因素上，第 1 层的评价结果又是上一层评价的输入，直到最上层为止，是单层模型的扩展。

对因素集 $U=\{u_1, u_2, \cdots, u_p\}$ 作一次划分 P 时，可得到 2 层次模糊综合评价模型，算式为

$$B' = \boldsymbol{A} \circ \boldsymbol{R} = \circ \boldsymbol{A} \begin{bmatrix} A_1 & \circ & R_1 \\ A_2 & \circ & R_2 \\ \cdots & & \cdots & \cdots \\ A_P & \circ & R_P \end{bmatrix}$$

式中：$\boldsymbol{A}$——$\dfrac{U}{P} = \{U_1, U_2, \cdots, U_p\}$ 中 p 个因素 U_i 的权重分配；

A_i——$U_i = \{u_{i1}, u_{i2}, \cdots, u_{ik}, \cdots, u_{ip}\}$ 中 k 个因素的权重分配；

$\boldsymbol{R}$ 和 $\boldsymbol{R}_i$——分别为 $\dfrac{U}{P}$ 和 U_i 的综合评价的变换矩阵；

B' 则为 $\dfrac{U}{P}$ 等同时也为 U 的综合评价结果。

在空间模糊综合评价中，B' 实际上是将单层模糊评价空间栅格数据利用 GIS 工具进行数据综合分析后的结果，其属性值表示了空间中任意一点处生态环境模糊综合评价值。

12.4.3 模糊综合评价在景观评价中的应用实例

——以长江三峡（重庆段）景观视觉敏感度进行模糊综合评价为例（王祥荣，2007）

景观视觉敏感度是指景观被观景者所注意的程度，景观环境视觉质量总体上受景观视觉敏感度的控制，景观视觉敏感度的评价结果可以为区域的景观保护、管理与建设规划提供科学依据。本案例运用 GIS 评价技术对长江三峡（重庆段）的景观视觉敏感度进行模糊综合评价，评价结果可为该区域景观视觉资源信息库的建立和景观视觉资源目标的制定提供科学依据，具有现实的指导意义。

12.4.3.1 评价指标体系的建立

1）评价指标的筛选

评价指标体系的建立包括层次结构模型的构建和因素权重的定量化表达。长江三峡（重庆段）是以仰视为主的峡谷景观，其景观视觉敏感度的评价指标确定为相对坡度、观景者与景观的相对距离、景观在观景者视域内出现的频率以及景观的醒目度等 4 个因素。景观视觉敏感度的评价指标及权重参见表 12.11，各指标与景观视觉敏感度等级之间可以建立直接的价值关系。

表 12.11 景观视觉敏感度评价指标及权重

评价指标	指　标　属　性	权重
相对坡度	体现景观的可视性	0.35
相对视距	体现景观者与景观的临近度及景观的易见性与清晰度	0.30
视觉概率	体现视野的频率、观察者的数量以及景观时间的长短	0.15
醒目程度	体现景观的知名度、重要性、社会的普遍关注程度以及公众的个性与期盼	0.20

来源：陈守煜. 系统模糊决策理论与应用[M]. 大连：大连理工大学出版社，1994.

2）评价指标权重的确定

在综合多种评价因子时，权值往往被用于反映不同评价因子的重要性程度。采用德尔菲法(Delphi technique)，调查咨询30位园林学、建筑学、城市规划学、美学、生态学、环境保护学、景观生态学等方面专家的赋值方案，进行统计分析，参考相关文献及数据精度最终确定。

12.4.3.2 模糊综合评价方法

长江三峡(重庆段)的景观视觉敏感度评价是模糊性较强的综合评价问题，采用模糊数学的方法是最佳途径之一。采用模糊综合评价法，用隶属度来划分级别界线，即在确定因子的评价等级标准和权重的基础上，运用模糊集合变换原理，以隶属度描述各因子的模糊界限，构造模糊评价矩阵，通过模糊矩阵的复合运算，最终确定评价对象所属的等级。

12.4.3.3 评价模型的建立

1）建立评价基础模型

首先，确定影响因素，建模糊因素集 $S=\{S_a, S_d, S_t, S_o\}$。式中：S_a——相对坡度；

S_d——观赏视距；

S_t——视觉概率；

S_o——醒目程度。

其次，参照国家相关的标准及文献资料，建立评价集$V=\{$Ⅰ，Ⅱ，Ⅲ，Ⅳ$\}$，式中的Ⅰ，Ⅱ，Ⅲ，Ⅳ代表评价级别，Ⅰ代表评价级别最高，Ⅳ代表评价级别最低，每个评价等级的含义见表12.12。最后，确定各项指标的分级标准。目前，我国对景观视觉环境评价的系统性研究较少，各评价因素100%隶属于每个评价级别的标准值，只能依据各因素的特点，参考相关标准和已有的研究成果，并咨询专家来确定(见表12.13)。

表12.12 景观视觉环境敏感度评价等级及其含义

评价等级	含　　义
Ⅰ级	具有较高的文化、科学或教育价值，对周围环境很重要，近景观赏、视觉频率较高、坡度较陡，是主要旅行道经过的区域
Ⅱ级	社会关注度一般，普通的文化、科学或教育价值，中景视距、视觉频率高，一般旅行道经过的区域
Ⅲ级	社会关注度低，文化、科学或教育价值有限，中远景视距、视频较低，少数旅行道通过
Ⅳ级	很少有人关注、远景视距、没有旅行道通过或位于不可见区域

表12.13 各因素100%隶属于不同景观视觉敏感度等级的标准值

	相对坡度(°)	观赏视距(m)	视觉概率(次)	醒目程度(%)
100%隶属于Ⅰ级	90	0	30	100
100%隶属于Ⅱ级	60	600	10	30
100%隶属于Ⅲ级	30	1 200	1	10
100%隶属于Ⅳ级	0	2 400	0	0

来源：汤晓敏，王云，咸进国，等.基于RS-GIS的长江三峡景观视觉敏感度模糊评价[J].同济大学学报(自然科学版)，2008,36(12).

2）建立评价数学模型

单因素模糊评价函数的定义方法为：根据测量所采用的四级语义标度，确定单因素的隶属度函数。

(1) 基于相对坡度的评价模型。设 α 表示所测量的坡度值，$s_{\sigma1}$，$s_{\sigma2}$，$s_{\sigma2}$，$s_{\sigma3}$，$s_{\sigma4}$ 分别指相对坡度对于每个级别的隶属度，相对坡度对于评价集合的隶属度函数为

$$s_{\sigma1}=\begin{cases}\dfrac{\alpha-60}{30} & 60<\alpha\leqslant 90\\ 0 & 0\leqslant\alpha\leqslant 60\end{cases}$$

$$s_{\sigma2}=\begin{cases}\dfrac{90-\alpha}{30} & 60<\alpha\leqslant 90\\ \dfrac{\alpha-30}{30} & 0\leqslant\alpha\leqslant 60\\ 0 & 0\leqslant\alpha\leqslant 30\end{cases}$$

$$s_{\sigma3}=\begin{cases}0 & 60\leqslant\alpha\leqslant 90\\ \dfrac{60-\alpha}{30} & 30\leqslant\alpha<60\\ \dfrac{\alpha-0}{30} & 0<\alpha<30\end{cases}$$

$$s_{\sigma4}=\begin{cases}0 & 60<\alpha\leqslant 90\\ \dfrac{30-\alpha}{30} & 0\leqslant\alpha<30\end{cases}$$

(2) 基于观赏视距的评价模型。设 d 表示所测量的视距，S_{d1}，S_{d2}，S_{d3}，S_{d4} 分别指观赏视距对于每个级别的隶属度，视距对于评价集合的隶属度函数为

$$s_{d1}=\begin{cases}\dfrac{600-d}{600} & 0<d\leqslant 600\\ 0 & d>60\end{cases}$$

$$s_{d2}=\begin{cases}\dfrac{d-0}{600} & 0<d\leqslant 600\\ \dfrac{1\,200-d}{600} & 600<\alpha\leqslant 1\,200\\ 0 & \text{其他}\end{cases}$$

$$s_{d3}=\begin{cases}\dfrac{d-1\,200}{1\,200} & 60\leqslant\alpha\leqslant 1\,200\\ \dfrac{2\,400-d}{1\,200} & 1\,200\leqslant d<2\,400\\ 0 & \text{其他}\end{cases}$$

$$s_{d4}=\begin{cases}\dfrac{d-1\,200}{1\,200} & 1\,200<d\leqslant 2\,400\\ 0 & d<1\,200\\ 1 & d>2\,400\end{cases}$$

(3) 基于视觉概率的评价模型。设 f 表示景物被看到的次数，S_{f1}，S_{f2}，S_{f3}，S_{f4} 分别指视

觉概率对于各个级别的隶属度。视觉概率对于评价集合的隶属度函数为

$$s_{f1}=\begin{cases}1 & f>30\\ \dfrac{f-10}{20} & 10\leqslant f\leqslant 30\\ 0 & 0\leqslant f<10\end{cases}$$

$$s_{f2}=\begin{cases}0 & f>30\\ \dfrac{30-f}{20} & 10<f\leqslant 30\\ \dfrac{f-1}{9} & 1<f\leqslant 10\\ 0 & 0\leqslant f\leqslant 1\end{cases}$$

$$s_{f3}=\begin{cases}0 & f\geqslant 10\\ \dfrac{10-f}{9} & 1\leqslant f<10\\ \dfrac{f-0}{1} & 0\leqslant f<1\end{cases}$$

$$s_{f4}=\begin{cases}0 & f\geqslant 1\\ \dfrac{1-f}{1} & 0<f<1\\ 1 & f=0\end{cases}$$

(4) 基于醒目程度的评价模型。假设受公众关注的景观得分值 S_{na} 为 100，景观与环境的对比度分值 S_{nb} 在 0～100 之间。将 S_{na} 与 S_{nb} 进行取最大值的运算，得出景观醒目度的分值。设 n 表示景物醒目度分值，S_{n1}，S_{n2}，S_{n3}，S_{n4} 分别指醒目程度对于每个级别的隶属度。醒目程度对于评价集合的隶属度函数为

$$s_{n1}=\begin{cases}\dfrac{1-30}{70} & 30<n\leqslant 100\\ 0 & 0\leqslant n\leqslant 30\end{cases}$$

$$s_{n2}=\begin{cases}\dfrac{100-n}{70} & 30<n\leqslant 100\\ \dfrac{n-10}{20} & 10<n\leqslant 30\\ 0 & 0\leqslant n\leqslant 100\end{cases}$$

$$s_{n3}=\begin{cases}0 & 30\leqslant n\leqslant 100\\ \dfrac{30-n}{20} & 10\leqslant n<30\\ \dfrac{n-0}{10} & 0\leqslant n<10\end{cases}$$

$$s_{n4}=\begin{cases}0 & 10\leqslant n\leqslant 100\\ \dfrac{10-n}{10} & 0\leqslant n<10\end{cases}$$

3）建立综合评价模型

假定评价因素 S_i 的权重分配集为 W，$W=(w_1, w_2, w_3, w_4)$，w_i 是评价因子 S_i 相应的权重，满足 $\sum_{i=1}^{4} w_i = 1$。设景观视觉敏感度的模糊综合评价集为 $B=(b_1, b_2, b_3, b_4)$，$B=W \circ R$。根据最大隶属准则，可得到评判对象的综合评价等级。评价中，利用 GIS 的空间分析模块(spatial analyst)得出每个栅格点相对于各个级别的敏感度隶属度的综合指数，根据最大化原则，综合指数最大的那个级别就是该栅格点的敏感度级别。

12.4.3.4 结果与分析

综合评价图(见图 12.12)反映长江三峡(重庆段)景观视觉敏感度 4 个等级的空间分布状况，从表 12.14 的分析得出：

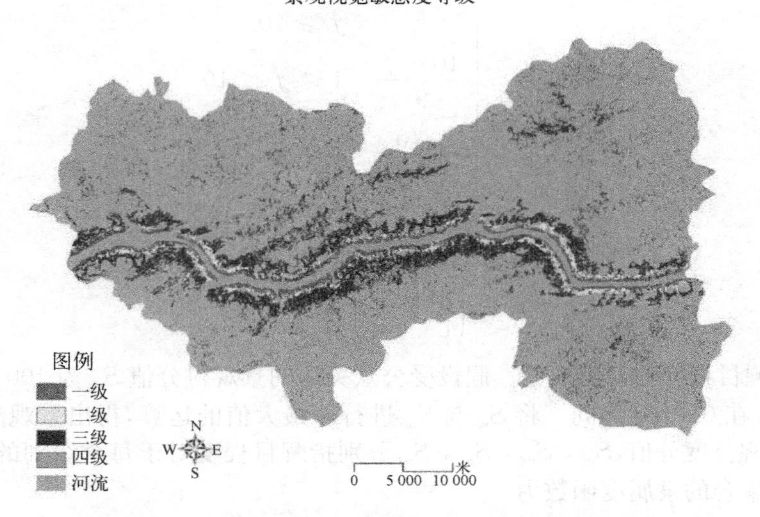

图 12.12 长江三峡(重庆段)景观视觉敏感度综合评价图

来源：王祥荣等. 长江三峡库区沿江景观生态研究[M]. 北京：中国建筑工业出版社，2006.

表 12.14 长江三峡(重庆段)景观视觉敏感度综合指数分级

综合指数	景观视觉敏感度				
	Ⅰ级	Ⅱ级	Ⅲ级	Ⅳ级	总计
面积(km^2)	42.10	40.70	223.45	1 457.50	1 763.75
比例(%)	2.38	2.30	12.67	82.65	100.00

来源：王祥荣等. 长江三峡库区沿江景观生态研究[M]. 北京：中国建筑工业出版社，2006.

① Ⅰ级敏感区主要分布在沿江可见的离江边水平距离 500 m 内或海拔高度 500 m 以下的范围内；敏感度较低的Ⅳ级主要分布在离江边的水平距离大于 1 200 m、海拔高度在 500～1 500 m之间，并且都在具有较强的相关性。

② 瞿塘峡峭壁、夔门、夔门古象馆、白帝城、风箱峡、风箱峡悬棺、盔甲洞、犀牛望月、二叠瀑布、长江与大溪交叉口、长江与草堂溪交叉口、陆游洞、金盔银甲峡、巫峡十二峰、孔明洞等重要的景点都在Ⅰ级或Ⅱ级敏感区内，说明知名度较高的景观具有高敏感度，评价结果与实际情况相符。

12.5 灰色综合评价在生态规划中的应用

灰色系统理论(grey system theory)的创立于20世纪80年代，与概率论、模糊数学一起并称为研究不确定性系统的3种常用方法，着重研究概率统计、模糊数学所不能解决的"小样本、贫信息不确定"问题，并依据信息覆盖，通过序列生成寻求现实规律。这一理论要考察和研究的是，对信息不完备的系统，通过已知信息来研究和预测未知领域从而达到了解整个系统的目的。其中心内容就在于将抽象的问题实体化、量化，充分利用已知的"白信息"，将灰色系统"淡化、白化"。生态环境系统是一个多因素、多层次的巨系统，系统中各影响因子之间存在着复杂多变的联系，这种联系有些还很难做到定量的推理或描述，评价等级之间界限的划分也具有一定的不确定性。此外，由于客观条件的限制，人们只能获取系统所提供的有限的时空数据信息。从信息论的观点看，评价系统中部分信息明确，部分信息不明确的状况实际上构成了灰色系统的基本特征。因此，在灰色系统理论的基础上进行生态评价是切实可行的。大量的事实表明灰色评价在生态评价、规划与决策中发挥了重要作用。

12.5.1 灰色综合评价的基本方法和步骤

灰色评价是目前人们应用较多的综合评价方法之一，指基于灰色系统理论，对系统或所属因子在某一时段所处的状态，做出一种半定性半定量的评价与描述，以便对系统的综合效果与整体水平进行研究和预测。在实际应用中有灰色排序评价、灰色聚类评价、因素分析，可单独应用灰色系统方法进行评价，也可结合模糊数学、物元分析等方法、专家评价、多层次评价等方法进行灰色系统综合评价。不同的研究采用的具体方法不尽相同。一般而言，灰色系统综合评价大致分为3种情况：第1种是基于白化函数所做的评价，第2种是基于关联分析所做的评价，第3种是同时基于白化函数与关联系数进行的综合评价。

12.5.1.1 基于灰色系统白化函数的综合评价

这是应用最多的一种灰色系统评价方法，也是邓聚龙(1992)最初提出的"灰色聚类"过程，主要用于评判观测对象是否属于事先设定的不同类别。

(1) 选择评价指标体系，给出聚类灰类。记$i=1, 2, \cdots, n$为聚类样本，$j=1, 2, \cdots, m$为灰类别，即按某一标准的分级，记$k=1, 2, \cdots, p$为聚类指标。

(2) 通过实测样本系列，确定聚类白化数$d_{ij}=(i\in[1, 2, \cdots, n], j\in[1, 2, \cdots, m])$，并根据选取的分级标准构造白化函数$f_{ki}(x)$。

这是关键的一步，$f_{ki}(x)$实际上就是第k指标隶属于第j灰类的程度，被称为"灰数$\oplus j$的白化函数"。目前应用最多的白化函数是"梯形函数"或"三角形函数"，且都是对称的，但事实上可以采用非线性的一些"白化函数"，完全可以是非对称的，同样需要分别根据每一指标每一灰类来确定白化函数形式。需要注意的是，确定白化函数需要先确定每一指标相对于每一灰类的"灰数"，即白化函数的有关临界点。灰数决定了白化函数的位置与形状。

(3) 计算各指标各类别的权重系数。根据邓聚龙(1992)最早提出的"标定聚类权"方法，第k是个指标、第j个灰类的权重数量为

$$n_{kj}=\frac{\lambda_{kj}}{\sum_{j=1}^{m}\lambda_{kj}}$$

式中：n_{kj}——第 j 灰类第 k 指标的权重；

λ_{kj}——各级别的阈值，对应各灰类灰数中的一个临界点。

在多指标综合评价中，各指标的量纲常常是不完全相同的，这时直接根据原始数据来计算上述的“标定聚类权”常会产生错误，因而必须对 λ_{kj} 进行同度量化处理之后再计算，比较简明的方法是对 λ_{kj} 采取“均值化”(求同一指标不同灰类 λ_{kj} 值的平均数)或极值化(求同一指标不同灰类 λ_{kj} 值的最大值)处理。

(4) 计算聚类系数。若将白化函数值记为 $R=(f_{ki}(x))P_m$，聚类向量为 $\boldsymbol{B}=(b_1, b_2, \cdots, b_m)$。记第 j 灰类的权向量为 $\boldsymbol{W}^{(j)}=(w_1, w_2, \cdots, w_m)$。对于标定聚类权法则有：$\boldsymbol{W}^{(j)}=(n_{1j}, n_{2j}, \cdots, n_{pj})$，第 i 类的聚类系数为 $b_i=\sum_{k=1}^{p} f_{ki}(x)n_{kj}$，可用矩阵形式表达：$\boldsymbol{B}=\boldsymbol{W}^T\boldsymbol{R}$。

(5) 聚类。当 $b_c=\max\{b_j, j=1, 2, \cdots, m\}$时，该单位可被判为 c 灰类。

若需要进行综合评价排序，可将 $\boldsymbol{B}$ 转化为点值 y，即

$$y=\sum_{j=1}^{m} b_j t_j$$

式中：t_j 为第 j 灰类的灰水平赋值，根据每个单位的 y 值大小可以进行综合评价排序。

12.5.1.2　基于关联分析的灰色综合评价

这类灰色评价的思想是借助于灰色系统理论中的一个重要概念——灰色关联系数而独立设计的，是根据所给出的评价标准或比较序列，通过计算参考序列与各评价标准或比较序列的关联度大小，判断该参考序列与哪级比较序列的接近程度更高来评定该参考序列的等级，具体步骤如下。

(1) 确定参考序列和比较序列。设实测样本序列数即参考序列有 $m(n)$ 个，包含 $n(p)$ 个评价指标，则有第 i 实测样本序列 X。

$$i=\{x_i(1), x_i(2), \cdots, x_i(n)\}，其中，i=1, 2, \cdots, m$$

设分级标准作为比较序列，共分 s 级，因此有第 j 级标准的比较序列 Y。

$$j=\{y_i(1), y_i(2), \cdots, y_i(n)\}，其中，j=1, 2, \cdots, s$$

(2) 数据归一化处理。由于系统中各因素的量纲不一定相同，而且有时数值的数量级相差悬殊，这样的数据很难直接进行比较，且它们的几何曲线比例也不同。因此，对原始数据需要消除量纲，转换为可比较的数据序列，也就是归一化处理。一是使各序列无量纲化，二是使各序列基本处于同一数量级。

(3) 求关联系数。

$$\xi(k)=\frac{\min_j \min_k \Delta_{ij}(k)+\xi \max_j \max_k \Delta_{ij}(k)}{\Delta_{ij}(k)+\xi \max_j \max_k \Delta_{ij}(k)}$$

式中：$\Delta_{ij}(k)=|x_i(k)-y_i(k)|$——$\{x_i(k)\}$与$\{y_i(k)\}$在第 i 点第 k 项的绝对差；

$\min_j \min_k \Delta_{ij}(k)$——二极最小差；

$\max_j \max_k \Delta_{ij}(k)$——二极最大差；

ξ 为分辨系数，其取值在 0～1 之间，一般取 $\xi=0.5$；$k=1, 2, \cdots, n$。

由于评价标准并非一具体数值，而是一个区间，故定义 $y_j(k)=[a_j(k), b_j(k)]$，则

$$\Delta_{ij}(k)=\begin{cases}a_j(k)-x_i(k) & x_i(k)<a_j(k)\\ 0 & a_j(k)\leqslant x_i(k)\leqslant b_j(k)\\ x_i(k)-b_j(k) & x_i(k)<b_j(k)\end{cases}$$

式中：$a_j(k)$、$b_j(k)$分别表示指标 k 第 j 个级别的上限与下限。

(4) 求加权关联度 $\gamma_{ij}=\sum_{k=1}^{n}\omega(k)\xi_{ij}(k)$，其中 $\omega(k)$表示第 k 指标权重，$k=1,2,\cdots,n$。关联度分析实质上是对序列数据进行空间几何关系比较，通过对两序列加权关联度大小的比较，得到 γ_{max}，即可确定该实测评价样本所属的等级。然后根据不同实测评价样本序列与比较序列即标准序列比较所得的 γ_{max}，可以对评价样本进行排序，从而实现排序和等级分类。

12.5.1.3 基于灰色系统白化函数与灰关联系数的综合评价过程

从形式上看，这是一种将灰色关联分析与传统的“灰色聚类”相结合的一种综合评价思路。因此，其基本步骤为

第 1 步，划分灰类，确定白化函数。

第 2 步，确定权重，计算每一个单位的白化函数值，则每一个被评价单位的每一项指标对某一灰类的从属度(白化值)就构成一个序列，记作第 k 单位第 i 指标在第 j 类的白化值为 y_{kij}，$y(k_j)=(y_{k1j},y_{k2j},\cdots,y_{kpj})$为该单位关于 j 类的白化值序列。

第 3 步，计算第一单位每一指标在每一灰类的灰关联系数。取所有的参考序列均为 $y_0=(1,1,\cdots,1)_{1\times p}$，因为当所有指标均属于某一灰类时，识别结论必须认定该单位属于该灰类。采用前述关联系数公式计算灰关联系数。

第 4 步，采用加权算术平均方式计算该单位在同一灰类之下各指标灰关联系数的平均值，即关联度。不同灰类关联度构成了该单位的关联度向量。

第 5 步，灰类识别。一般仍采用“最大关联原则”。

与前一方法类似，这一评价输出也可以用于排序。

对以上 3 种灰色综合评价情况而言，若评价目标只有一个，可称单层次灰评估；若评估目标不止一个，且对这些评估目标还要进行更高层次的综合，则称双层次或多层次灰色评估。在很多情况下，系统的状态是由多项指标或一组数据来表述的，因而多维灰色评估方法使用更为广泛。

12.5.2 灰色综合评价在生态评价中的应用实例

——以湖南省临湘市的生态脆弱性进行评价为例(张祚等，2007)

本案例应用灰色综合评价法对湖南省临湘市的生态脆弱性进行评价。由于自然因素和人为因素的双重影响，临湘市生态环境有逆向变化的趋向：土壤退化、耕地减少、环境恶化、生态失调、水旱灾害加剧、农业受损、水土流失面积逐步扩大、流失程度日益加剧。因此，有必要对临湘市的生态脆弱性进行评价，并以评价结果为基础提出相应生态措施。

对临湘市的生态脆弱性进行评价可以分为 5 个步骤进行。第 1 步，构建指标体系；第 2 步，建立递阶层次结构；第 3 步，确定计算各层指标的组合权重；第 4 步，指标取值及划分灰类；第 5 步，计算各指标对应灰类的隶属度并在此基础上进行综合分析得到评价结果。

12.5.2.1 构建指标体系

生态环境的脆弱性由多种因素相互作用或叠加而成。在不同的时空尺度上，相同成因所

引起的生态脆弱程度是有一定差别的。因此，在评价之前，必须遵循科学性原则、系统性原则、动态性原则和可操作性原则，并询问专家意见，以全面分析各地区环境因子，选择引起生态脆弱性的敏感因子，构建评价指标体系，综合反映特定时空区域上的生态脆弱性程度。

根据临湘市的实际情况和构建生态脆弱性评价指标体系的一般性原则，确定 19 个指标作为考察对象：生态脆弱性评价通过形成原因和表现结果两方面来反映，而形成原因指标又包括自然成因和社会成因；表现结果则包括居民生活水平和经济发展水平。自然成因通过实际年水资源量、≥10℃积温、森林覆盖率 3 个指标来反映。其中，实际年水资源量是决定生态环境的关键因子；≥10℃积温是反映热量充足与否的重要指标；森林是保护生态环境的屏障。社会成因通过垦殖率、土地利用率和人口密度 3 个指标来反映。其中，垦殖率是指耕地面积和土地总面积的比值，土地利用率是已利用土地面积和土地总面积的比值，这两个指标是反映人类对土地利用程度和利用效果的重要指标；人口密度反映了临湘人口的承载状况，人口密度过高超过其承载力将加剧生态环境的脆弱性。居民生活水平和经济发展水平分别由农民人均收入、人均粮食产量、高中入学率、人均 GDP、人均工业产值、农业现代化水平来反映。其中农业现代化水平一般包括：有效灌溉面积、化肥施用量、农村用电量等方面。此外，人口密度与生态环境脆弱度大小成正相关，其余各项指标与脆弱度大小成负相关。

12.5.2.2 确定指标权重

为了体现各项指标的相对重要程度，在建立指标体系的前提下确立各个指标的权重分配。本案例采用层次分析法来确定各个指标的权重。

依据 AHP 原理和方法，在建立递阶层次结构后聘请有关专家，自上而下对指标体系各层次进行两两重要程度判断比较，对层次结构模型的各层次建立判断矩阵。由于人们区分信息等级的极限能力为 7±2，因此引入 1～9 的标度，如表 12.15 所示。

表 12.15 生态脆弱性评价各指标组合权重

目标	生态脆弱性评价指标						各指标
	一级指标	权重	二级指标	权重	三级指标	权重	权重
生态脆弱性评价指标权重确定 P	形成原因指标(A_1)	0.50	自然成因指标(B_1)	0.50	实际水资源量 (C_1)	0.49	0.12
					≥10℃积温 (C_2)	0.31	0.08
					森林覆盖率 (C_3)	0.20	0.05
			社会成因指标(B_2)	0.50	垦殖率 (C_4)	0.20	0.05
					土地利用率 (C_5)	0.20	0.05
					人口密度 (C_6)	0.60	0.15
	结果表现指标(A_2)	0.50	居民生活水平指标(B_3)	0.67	人均 GDP (C_7)	0.41	0.14
					人均粮食产量 (C_8)	0.33	0.11
					农民人均收入 (C_9)	0.26	0.09
			社会发展水平指标(B_4)	0.33	人均工业产值 (C_{10})	0.49	0.08
					农业现代化水平 (C_{11})	0.31	0.05
					高中入学率 (C_{12})	0.20	0.03

来源：张祚，李江风，黄琳，等. 基于 AHP 对生态脆弱性的灰色综合评价方法研究——以湖南临湘市为例[J]. 资源环境与发展，2007(2)：13-17.

根据专家意见和层次分析法评判标度构建两两判断矩阵并计算判断矩阵每一行各元素之乘积，即，$M_i = \prod_{j=1}^{n} a_{ij} (i = 1, 2, \cdots, n)$；计算 M_i 的 n 次方根，即，$\overline{W} = \sqrt[n]{M_i} (i = 1, 2, \cdots, n)$，对向量 $\overline{W}_t = (\overline{W_1}, \overline{W_2}, \cdots, \overline{W_n})$ 进行归一化处理，即 $W_i = \overline{W}_i / \sum \overline{W}_i$，得 $W^T = (\overline{W_1}, \overline{W_2}, \cdots, \overline{W_n})$ 即为权重向量；计算判断矩阵的最大特征根 $\lambda_{max} = \frac{1}{n} \sum_{i=1}^{n} \frac{A \cdot W_i'}{W_i}$；计算判断矩阵一致性指标 $CI = \frac{\lambda_{max} - n}{n-1}$（$n$ 为判断矩阵的阶数）；计算判断矩阵的随机一致性比较 $CR = \frac{CI}{RI}$。经过计算得到各层次指标 CR 均 <0.10，通过一致性检验。根据以上计算结果，可以最终求得评价指标各自的权重。

12.5.2.3 生态环境脆弱性评价

在确定各指标的权重后，下一步即通过对各个指标的值进行计算并对计算的结果进行综合的评价和分析。本案例采用的评价方法是基于三角白化权函数的灰色评价法。

1）指标取值及划分灰类

根据所收集的 2005 年临湘市各部门提供的资料，按照上节所建立的指标体系确定各个所列指标的数值。结合岳阳市和湖南省的实际情况和平均水平对临湘市各个指标划分为“较差”、“一般”、“较好”3 个灰类（见表 12.16）。

表 12.16 临湘市生态脆弱性评价各指标取值及其灰类划分

A_i	B_i	C_i	单位	实现值(X_i)	较差(0, a)	一般(a, b)	较好(b, ∞)
形成原因指标 A_1	自然原因指标 B_1	实际水资源量 C_1	亿 m^3	25.5	10	10, 20	20
		≥10℃积温 C_2	℃	5 250	3 000	3 000, 6 000	6 000
		森林覆盖率 C_3	%	44.56	10	10, 20	20
	社会成因指标 B_2	垦殖率 C_4	%	19.51	10	10, 20	20
		土地利用率 C_5	%	89.58	70	70, 90	90
		人口密度 C_6	人/km^3	277	250	250, 350	350
结果表现指标 A_2	居民生活水平指标 B_3	人均 GDP C_7	元/人	7 689.6	8 000	8 000, 9 500	9 500
		人均粮食产量 C_8	kg/人	559.59	350	350, 450	450
		农民人均收入 C_9	元	3 628.56	3 000	3 000, 4 000	4 000
	社会发展水平指标 B_4	人均工业产值 C_{10}	元	7 488.88	6 000	6 000, 8 000	8 000
		农业现代化水平 C_{11}	%	47.89	35	35, 50	50
		高中入学率 C_{12}	%	85	75	75, 90	90

来源：张祚，李江风，黄琳等. 基于 AHP 对生态脆弱性的灰色综合评价方法研究——以湖南临湘市为例[J]. 资源环境与发展，2007(2)：13－17.

2）计算各指标对应灰类的隶属度

将各个指标的取值范围进行延拓，相应地划分为 5 个区间：$[\alpha_0, \alpha_1], \cdots, [\alpha_4, \alpha_5]$。令 $\lambda_1 = \frac{\alpha_1 + \alpha_2}{2}$，$\lambda_2 = \frac{\alpha_3 + \alpha_4}{2}$，$\lambda_3 = \frac{\alpha_4 + \alpha_5}{2}$ 并代入公式中计算单个指标对应各个灰类的白

化权函数值。然后，将各个指标的实际值代入 $f_j^k(x)$ 分别得到 $f^1(x)$、$f^2(x)$、$f^3(x)$ 并取其中的最大值 $\text{Max}f_j^k(x)$。

$$f_j^k(x)=\begin{cases}0 & x\in[\alpha_{k-1},\ \alpha_{k+2}]\\ \dfrac{x-\alpha_{k-1}}{\lambda_k-\alpha_{k-1}} & x\in[\alpha_{k-1},\ \lambda_k]\\ \dfrac{\alpha_{k+2}-x}{\alpha_{k+2}-\lambda_k} & x\in[\lambda_k,\ \alpha_{k+2}]\end{cases}$$

经过计算得出 C 层各个指标的隶属度分别为：C_1、C_3、C_5、C_8 隶属于第 3 灰度；C_2、C_4、C_9、C_{10}、C_{11}、C_{12} 隶属于第 2 灰度；C_6、C_7 隶属于第 1 灰度。$\text{Max}f_{ci}^k(x)$ 值分别为：0.60、0.88、0.20、0.73、0.77、0.64、0.92、0.32、0.84、0.99、0.92、0.71。由于人口密度指标和生态环境呈负相关性，即人口密度越大对生态环境的影响也越大，和其他指标的相关性相反。因此，取 $\text{Max}[1-f_{ci}^k(x)]$ 作为修正。B 层各个指标的隶属度分别为：B_1 隶属于第 3 灰度；B_4 属于第 2 灰度；B_2、B_3 属于第 1 灰度。$\text{Max}(\delta_{Bi}^k)$ 值分别为：0.49、0.60、0.51、0.92。A 层各个指标的隶属度分别为：A_1 隶属于第 3 灰度，A_2 隶属于第 1 灰度，$\text{Max}(\delta_{Ai}^k)$ 值分别为 0.38、0.46，经过计算得到临湘生态脆弱性评价的总目标综合聚类权系数的值为 0.41，隶属于第 2 灰度。

3）对计算结果进行综合评价

从以上计算结果可以得出：临湘市实际水资源量较丰富，森林覆盖处于较好水平，土地利用率也较高，人均粮食产量高于全国平均水平；≥10℃积温、垦殖率、农民人均收入、人均工业产值、农业现代化水平、高中入学率等指标都处于中等水平；人口密度较大、人均 GDP 处于较低水平。

综合而言，临湘生态脆弱性处于一般水平。从形成原因方面看，临湘市的自然条件相对较好，社会因素对生态环境的影响较大；从结果表现方面来看，居民生活水平不高，社会发展水平一般。

12.6 人工神经网络在生态规划中的应用

人工神经网络（artificial neural networks，简写为 ANNs）简称为神经网络（NNs）或连接模型（connectionist model），是对人脑或自然神经网络若干基本特性的抽象和模拟。人工神经网络以对大脑的生理研究成果为基础，目的在于模拟大脑的某些机制，实现某个方面的功能。国际著名的神经网络研究专家，第一家神经计算机公司的创立者与领导人赫克特·尼尔森（Hecht Nielsen）将人工神经网络定义为“人工神经网络是由人工建立的、以有向图为拓扑结构的动态系统，通过对连续或断续的输入作状态相应进行信息处理”。

人工神经网络的研究可以追溯到 1957 年，罗森勃拉特（Rosenblatt）提出了感知器模型（perceptron），其几乎与人工智能——AI（artificial intelligence）同时起步，但 30 余年来并未取得人工智能那样巨大的成功，中期经历了长时间的萧条，直到 20 世纪 80 年代，人工神经网络获得了切实可行的算法，而以 Von Neumann 体系为依托的传统算法在知识处理方面逐渐疲软。此时，人们才重新对人工神经网络产生了兴趣，促进了神经网络的复兴。目前，神经网络研究已形成多个流派，而最富有成果的研究工作包括：多层网络 BP 算法、Hopfield 网络模型、自适应共振理论、自组织特征映射理论等。人工神经网络是在现代神经科学的基础上提出来的，其虽然反映了人脑功能的基本特征，但远不是自然神经网络的逼真写照，只是它的某种简化抽象和模拟。

人工神经网络在模式识别、知识处理、非线性优化、传感技术、智能控制等领域应用极其广泛。20世纪90年代初以来，由于其具有自适应性、自学习性、容错性和联想记忆能力等许多常规方法所不具备的特点，人工神经网络逐渐为生态学家所采用。许多研究也证实了该方法在识别、优化、评价和预测复杂的生态系统及相关过程、状态等方面有着极为广阔的应用空间。

12.6.1 人工神经网络的基本方法和步骤

人工神经网络模型是由3个基本要素构成的，即神经元、互连模式和学习规则，它的实质体现了网络输入及输出的一种函数关系。通过选取不同的模型结构和有效传输函数，可以形成不同的人工神经网络，得到不同的输入及输出关系式，达到设计的目的。目前，最具代表性和广泛应用的是基于误差的反向传播(back propagation，简称BP网络)算法的多层前馈网络，它是一种监督式的学习方法，通常由输入层、输出层及隐含层组成，隐含层可有一个或多个，每层由多个神经元组成(见图12.13)。其特点是各层神经元仅与相邻层神经元之间有连接；各层内神经元之间无任何连接；各层神经元之间无反馈连接。输入信号先向前传播到隐结点，经过变换函数之后，把隐结点的输出信息传播到输出结点，经过处理后再给出输出结果。结点的变换函数通常选取Sigmoid型函数。一般情况下，隐含层采用S型对数或正切激活函数，而输出层采用线性激活函数。

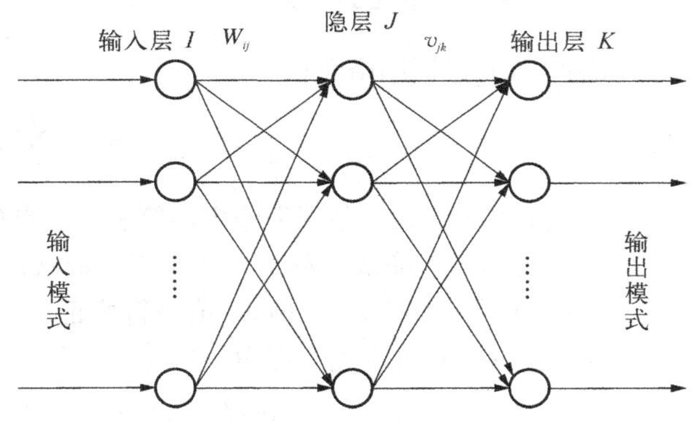

图12.13 多层前馈BP神经网络的拓扑结构

来源：王伟. 人工神经网络原理[M]. 北京：北京航空航天大学出版社，1995.

BP神经网络采用误差反传学习算法，使用梯度搜索技术，实现网络的实际输出与期望输出的均方差最小化。网络学习的过程是一种边向后边传播边修正权的过程。在这种网络中，学习过程由正向传播和反向传播组成。在正向过程中，输入信号从输入层经隐层单元逐层处理，并传向输出层，每一层神经元的状态只影响下一层神经元的状态。如果在输出层不能得到期望的输出，则转向反向传播，将输出的误差按原来的连接通路返回。通过修改各层神经元的权值，使得误差信号最小。得到合适的网络连接值后，便可对新样本进行非线性映像。

1) 信息的正向传递

假设BP网络共L层，对于给定的P个样本，网络的期望输出为

$$T_d = [T_{d1},\ T_{d2},\ \cdots,\ T_{dp}]$$

当输入第P个样本时，对于网络中的第$l(l=1,\ 2,\ \cdots,\ l-1)$层中第$j$个神经元的操作特性为

$$net_{jp}^{(l)} = \sum_{i=1}^{n_{l-1}} W_{ji}^{(l)} O_{ip}^{l-1} - \theta_j^l$$

$$O_{jp}^l = f_l(net_{jp}^l)$$

式中：W_{ij}——神经元 i 到神经元 j 的连接权值；

n_{l-1}——第 $l-1$ 层的结点数；

$O_{jp}^{(l)}$——神经元 j 的输出；

f_l—非线性可微非递减函数，一般取为 S 型函数，

即

$$f_l(x)=\frac{1}{1+e^{-x}}$$

而对于输出层则有

$$O_{jp}^{(l)}=f_L(net_{jp}^{l})=\sum_{i=1}^{n_{L-1}}W_{ji}^{(l)}O_{ip}^{l-1}-\theta_j^l$$

神经网络学习的目的是实现使每一样本

$$E_p=\frac{1}{2}\sum_{j=1}^{m}(T_{jdp}-\hat{T}_{jp})^2,(p=1,2,\cdots,P;\ m\text{ 为输出结点个数})$$

达到最小，从而保证网络总误差

$$E=\sum_{p=1}^{P}E_p$$

极小化。其中 T_{jdp}、$\hat{T}_{jp}$ 分别为输出层第 j 个节点的期望输出和实际输出。

2）利用梯度下降法求权值变化及误差的反向传播

采用梯度算法对网络权值、阈值进行修正。

第 1 层的权系数迭代方程为：

$$W(k+1)=W(k)+\Delta_pW(k+1)$$
$$W=\{w_{ij}\}$$

式中：k——迭代次数。

令 $\Delta_p\omega_{ji}\propto-\frac{\partial E_p}{\partial\omega_{ij}^{(l)}}$

$$-\frac{\partial E_p}{\partial\omega_{ij}^{(l)}}=-\frac{\partial E_p}{\partial net_{jp}^{(l)}}\frac{\partial net_{jp}^{(l)}}{\partial\omega_{ij}^{(l)}}=-\frac{\partial E_p}{\partial net_{jp}^{(l)}}O_{ip}^{(l-1)}$$

令 $\delta_{pj}^{(l)}=-\frac{\partial E_p}{\partial net_{jp}^{(l)}}$，则有

$\Delta_p\omega_{ji}=\eta\delta_{pj}^{(l)}O_{ip}^{(l-1)}$，其中，$\eta$ 为学习步长。

3）网络的训练过程

（1）网络初始化，用一组随机数对网络赋初始权值，设置学习步长 η、允许误差 ε 和网络结构（即网络层数 L 和每层节点数 n_l）。

（2）为网络提供一组学习样本。

（3）对每个学习样本 p 循环：

① 逐层正向计算网络各节点的输入和输出；

② 计算第 p 个样本的输出的误差 E_p 和网络的总误差 E；

③ 当E小于允许误差ε或者达到指定的迭代次数时，学习过程结束，否则，进行误差反向传播；

④ 反向逐层计算网络各节点误差$\delta_{pj}^{(l)}$，如果f_l取为S型函数，即$f_l(x)=\dfrac{1}{1+e^{-x}}$，则对于输出层$\delta_{pj}^{(l)}=O_{jp}^{l}(1-O_{jp}^{l})(y_{jdp}-O_{jp}^{l})$，对于隐含层$\delta_{pj}^{(l)}=O_{jp}^{l}(1-O_{jp}^{l})\sum\delta_{pj}^{(l)}\omega_{kj}^{(l+1)}$；

⑤ 修正网络连接权值，则$W_{ij}(k+1)=W_{ij}(k)+\eta\delta_{pj}^{(l)}O_{ip}^{(l-1)}$。

式中：k——学习次数；

η——学习因子。

η取值越大，每次权值的改变越剧烈，可能导致学习过程振荡。因此，为了使学习因子的取值足够大，又不致产生振荡，通常在权值修正公式中加入一个附加动量。

12.6.2 人工神经网络在生态评价中的应用实例

——以苏州市1996～2015年生态安全预警分析为例(舒帮荣，2010)

近年来，借助于GIS空间分析功能和人工神经网络模型中自组织特征映射网络方法，为生态环境质量、土地适宜性评价提供了一条崭新的途径。本案例运用BP人工神经网络(BP-ANN)对经济快速发展的苏州市1996～2015年生态安全进行预警分析，介绍该方法在生态评价方面的应用。

12.6.2.1 预警指标体系构建

考虑到生态安全与资源、环境问题错综复杂，且发达地区在社会经济上发展较快，其生态安全问题多出于自然、半自然生态系统，因而本案例偏重于狭义生态安全研究。本研究结合生态市(县)考核指标、各类规划指标及已有研究成果，在坚持科学性、可操作性、完备性、独立性和区域性的原则下，从资源因素、环境因素和人类支持因素3个方面遴选了28项指标，分3个层次构建了生态安全预警指标体系(见表12.17)。

表12.17 苏州市生态安全预警指标体系

目标层	因素层	指　标　层
生态安全预警	资源因素(0.261 1)	人均耕地指数(0.320 0)；粮食产生水平(kg/hm^2，0.220 0)；人口密度(万人/km^2，0.096 9)；林地覆盖率(%，0.132 3)；人均水资源源量(m^3/人，0.064 8)；能源自给率(%，0.166 0)
	环境因素(0.411 1)	空气质量优良天数(d，0.072 7)；降水pH(0.038 3)；湖泊、河流水质达标率(%，0.067 9)；饮水水源水质达标率(%，0.119 9)；地下水水质达标率(%，0.168 0)；COD年排放量(t/a，0.117 2)；SO_2年排放量(万t/a，0.117 8)；生活废水排放量(万t/a，0.040 9)；工业废水排放量(t/a，0.062 6)；氨氮年排放量(t/a，0.098 7)；单位耕地化肥施用量(t/hm^2，0.039 4)；单位耕地农药施用量(t/hm^2，0.056 6)
	人类支持因素(0.327 8)	单位GDP能耗(t标煤/万元，0.088 8)；单位GDP用水量(t/元，0.061 2)；单位GDP SO_2排放量(t/万元，0.151 1)；单位GDP COD排放量(t/万元，0.147 4)；单位GDP氨氮排放量(t/万元，0.092 9)；污水集中处理率(%，0.102 5)；工业固体废弃物综合利用率(%，0.079 9)；垃圾无害化处理率(%，0.130 7)；人均日生活用水量(L/d，0.033 6)；工业废水排放达标率(%，0.111 9)

来源：舒帮荣，刘友兆，徐进亮，等. 基于BP-ANN的生态安全预警研究——以苏州市为例[J]. 长江流域资源与环境，2010，19(9)：1080-1085.

12.6.2.2　指标处理及权重确定

研究中需对原始指标数据进行无量纲化处理，本案将指标分为发展类和限制类两种。发展类指标即指标值越大对生态安全越有利，如粮食产出水平，其标准化处理方法为：$x_i'=x_i/X$；限制类指标即指标值越小对生态安全越有利，如单位 GDP 能耗，其标准化方法为：$x_i'=X/x_i$。式中：x_i' 为指标标准化值，x_i 为指标原值，X 为指标参照值。参照值确定方法主要有：问卷调查法征集当地有关专家、学者和政府决策者的意见及参考现有国内、国际标准。本案例结合苏州市"十一·五"规划指标，综合以上方法确定最终参照值；对于指标权重的确定，本研究采用较成熟的层次分析法，其结果见表 12.17。

12.6.2.3　预测预警模型与警限划分

1）预测方法的选择

本案例的预测方法采用 BP－ANN 方法。BP－ANN 是由 3 层及以上的网络构成的多层前馈神经网络，包括输入层、隐层和输出层，是目前应用最广的一种神经网络模型，Kolmogorov 3 层神经网络映射存在定理已证明了任一连续函数都能与 3 层 BP 网络建立映射关系，故本案采用 3 层 BP－ANN 模型进行生态安全预警研究。

2）预警模型与警限划分

状态空间是欧氏几何空间用于定量描述系统状态的一种有效方法。本案例结合状态空间模型，采用"超载度"表征生态安全状况，超载度越高，系统越不安全。超载度的表达式为

$$O_r = 1/|M_r| = 1\Big/\sqrt{\sum_{i=1}^{n}\omega_i x'^2_{ir}}$$

式中：$r(r=R,\mathrm{E},\mathrm{H})$——分别代表资源、环境和人类子系统；

$|\boldsymbol{M}_r|$——各子系统承载状况空间矢量的模；

O_r——各子系统的超载度；

x'_{ir}——各指标在状态空间中的坐标值($i=1,2,\cdots,n$)，即经标准化处理的指标值；

n——指标个数；

w_i 为 x'_{ir} 轴的权重值。

当 $O_r>1$ 时，系统超载并处于不安全状态；当 $O_r<1$ 时，系统低载并处于安全状态；当 $O_r=1$ 时，系统处于安全与不安全的临界状态。在此基础上对生态系统安全状况进行综合评价：

$$REO = 1/|\boldsymbol{M}| = 1\Big/\sqrt{\sum_{i=1}^{3}W_r\ |\boldsymbol{M}_r|^2}$$

式中：REO——生态系统超载度；

$|\boldsymbol{M}|$——生态系统承载状况的有向矢量模；

$\boldsymbol{W}_r(r=R,\mathrm{E},\mathrm{H})$代表 3 个因素层的权重。

当 $REO>1$ 时，生态系统处于不安全的超载状态；当 $REO<1$ 时，生态系统处于安全的低载状态。要对生态安全进行预警，还需对其安全标准进一步细分，而目前尚无统一认可的标准。考虑到生态系统具有一定的恢复弹性力，结合专家意见及相关研究确定阈值的方法，本案例在超载度 1(即系统处于临界安全状态)的基础上上下浮动 20%作为中警的上下界，即生态安全预警区间容差值为 0.4。在此基础上将生态安全状况划分为 5 个等级：安全、较安

全、临界安全、较不安全和极不安全，其对应的警情为无警、轻警、中警、重警和巨警，诊断预警区划分如表12.18所示。

“无警”表示区域生态系统处于安全稳定状态，生态系统完全能承受当前人类社会活动压力且有富余，这是一种可持续发展的理想状态。“轻警”表示生态系统处于较安全的状态，人类活动与生态系统发展较为协调。“中警”表示生态系统处于临界安全的满载状态，此时人类活动已达生态系统承受能力的最高限，如继续按现有模式发展，系统将不堪重负。“重警”表示生态系统因超载水平较高而处于较不安全状态，此时系统的恢复能力受到一定程度的削弱，尽管人类可采取措施来恢复系统功能，但其代价极大甚至只能恢复部分功能。“巨警”表示区域生态系统处于极不安全状态，此时人类发展与生态系统发展极不协调，资源供给能力已面临严重短缺，生态环境已遭到严重破坏，此时只有采取强有力的措施，才可阻止系统的持续恶化，但这需要付出极大的代价。

表12.18　生态安全诊断预警警限

警情	无警	轻警	中警	重警	巨警
安全状况警限（REO、O_r）	安全[0, 0.4]	较安全 (0.4, 0.8]	临界安全 (0.8, 1.2]	较不安全 (1.2, 1.6]	极不安全 (1.6, +∞]

来源：舒帮荣，刘友兆，徐进亮，等. 基于BP-ANN的生态安全预警研究——以苏州市为例[J]. 长江流域资源与环境. 2010,19(9)：1080-1085.

12.6.2.4　苏州市生态安全预警结果分析

运用前述指标体系及预警模型，对苏州1996～2007年的资源因素、环境因素、人类支持因素以及生态安全进行评价，并采用BP-ANN在Matlab支持下采用滚动方式预测出2008～2015年资源、环境及人类支持因素的变化趋势：先用各因素层前3年归一化数据预测第4年的归一化数据，如此反复直至满足预测精度，即以1996～2004年9个样本作为输入，以1999～2007年的数据作为网络输出。为保证训练的可靠性，采用1999～2007年的数据进行交叉检验（见表12.19），使误差达到满意的程度，并在此基础上用训练好的网络进行预测。其中，各因素层预测时隐层激活函数为tansig，输出层激活函数为tansig，网络训练函数为trainrp，训练误差设置为0.000 01，学习速率设置为0.1，最大训练次数为20万次，资源因素与环境因素预测时的隐层节点数为7，人类支持因素预测中隐层节点数为6，动态参数及sigmoid参数等为默认值。通过对3个因素安全状况的预测，计算出未来几年生态系统超载度，再根据警限对评价及预测结果进行预警分析。

表12.19　BP神经网络模型预测检验

样本	资源因素输出值					环境因素输出值					人类支持因素输出值				
	实际值	预测值	相对误差(%)	r	RMSE	实际值	预测值	相对误差(%)	r	RMSE	实际值	预测值	相对误差(%)	r	RMSE
1	1.335 2	1.332 0	−0.24			0.748 0	0.750 0	0.27			1.371 6	1.410 4	2.83		
2	1.304 3	1.299 0	−0.41			0.811 1	0.808 4	−0.33			1.392 0	1.382 7	−0.67		
3	1.284 7	1.280 6	−0.32			0.882 3	0.880 7	−0.18			1.378 7	1.305	−5.35		

（续表）

样本	资源因素输出值					环境因素输出值					人类支持因素输出值				
	实际值	预测值	相对误差（%）	r	RMSE	实际值	预测值	相对误差（%）	r	RMSE	实际值	预测值	相对误差（%）	r	RMSE
4	1.292	1.293 2	0.09			0.873 5	0.880 4	0.79			1.334 6	1.333 2	−0.10		
5	1.312 5	1.294 2	−1.39	0.952	0.013	0.868 1	0.860 4	−0.89	0.996	0.006	1.176 3	1.220 5	3.75	0.983	0.031
6	1.272 6	1.299 9	2.15			0.916 5	0.927	1.15			1.105 7	1.104 2	−0.14		
7	1.226 4	1.221 7	−0.38			0.987 1	0.976 2	−1.11			1.084 6	1.083 9	−0.07		
8	1.205 9	1.220 8	1.23			0.969 4	0.971 6	0.22			0.971 0	0.974 6	0.37		
9	1.230 2	1.222 4	−0.63			0.929 4	0.930 6	0.12			0.913 4	0.913	0.00		

来源：舒帮荣，刘友兆，徐进亮，等. 基于 BP-ANN 的生态安全预警研究——以苏州市为例[J]. 长江流域资源与环境. 2010,19(9)：1080-1085.

结果表明（见图 12.14），1996～2007 年苏州市生态系统超载度在 0.8～1.2 间围绕 1.0 上下波动，说明近 12 年来苏州生态系统整体处于临界安全的中警状态，其超载水平经历了“加重—稳定—缓解”的波动性变化过程。其中，1996～2001 年生态系统超载状态处于加重态势，超载度从 0.892 0 上升至 1.079 1。这是由于快速工业化、城市化与外来人口剧增造成了水资源、土地资源的高消耗的，表征环境因素的各项指标均呈现恶化态势，环境污染问题不断加重；2001～2005 年，生态环境问题逐渐受到重视，人们开始采取相应措施来解决资源与生态环境问题，虽然环境问题仍有所加重，但资源消耗水平有所下降，人类支持能力也不断提高，从而使生态安全处于相对稳定阶段；2005～2007 年，生态系统超载水平开始下降，超载度从 1.069 6降低到了 0.980 0，这是由于采取的环保措施使环境恶化有所缓解，单位经济增长对资源的消耗和环境的污染不断降低，从而使苏州市生态系统开始好转。预警结果也显示，2008～2015 年生态系统超载水平也将波动下降，到 2015 年其超载度可降为 0.837 7，但整个

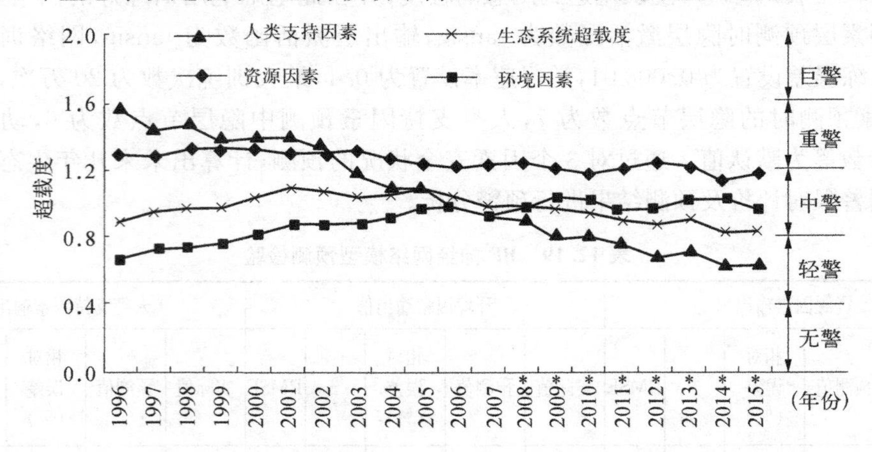

图 12.14　1996～2015 年苏州市生态安全状况变化图

图中标注“*”的年份为预测年份。

来源：舒帮荣，刘友兆，徐进亮，等. 基于 BP-ANN 的生态安全预警研究——以苏州市为例[J]. 长江流域资源与环境. 2010,19(9)：1080-1085.

时段内警情仍为中警。这是因为生态系统的改善需要漫长的过程，且当前苏州经济发展模式仍以粗放、外延式为主，单位经济增长资源消耗和环境污染问题仍较突出，如果不继续加大对生态环境问题的重视程度，那么区域可持续发展的实现问题将不容乐观。

从资源因素看，1996～2007 年苏州资源状况处于较不安全的重警状态，其中 2006 年其超载水平最低，仅为 1.205 9。从预警结果来看，今后几年内资源超载指数将围绕 1.2 上下波动，至 2015 年可达到 1.163 3，虽然较 1996～2007 年的整体状况好，但警情级别仍在重警与中警之间徘徊，资源安全问题难以得到有效改善。原因是土地资源和水资源制约了苏州经济发展。随着工业化与城市化的进一步推进，土地、水资源及能源需求量将保持不变。

从环境因素看，1996～2007 年苏州市环境超载度在 0.6～1.0 之间波动，其中1996～1999年环境状况处于较安全的轻警状态，而此后进入了临界安全的中警状态，环境超载度从 2000年的 0.811 1 上升到了 2005 年的 0.987 1，表明其社会经济活动已基本达到了最大环境容量。从 2005 年开始，随着环境治理力度的加大及各项措施效果的显现，环境持续恶化的趋势得到遏制，环境超载度下降到了 2007 年的 0.929 4。但从未来几年的预警结果看，到 2015 年苏州市环境状况仍将处于较不安全的中警状态，且环境超载度将围绕 1.0 波动变化，这是因为环境的改善需要长期持续的环保投入及经济发展模式的转变。目前苏州市环境安全状况已处于关键时期，如放松对环境的治理，环境问题将重新反弹，并可能向重警转变。

人类支持因素从 1996 年的 1.548 4 降低到了 2007 年的 0.913 4，且未来几年将进一步下降，但下降趋势将逐渐趋缓。这说明生态问题引起了人们的极大重视，社会经济发展模式在不断调整，与资源和环境相关的科技实力不断增强。特别是在技术方面，工业节能、排污治污、废弃物循环利用等技术都得到了明显提高。但投入环保领域的资金等力度仍显不足，如 2007 年城市生活污水处理率仍仅为 74.44%。

12.7 理想解法在生态规划中的应用

理想解法(technique for order preference by similarity to an ideal solution，TOPSIS)法是 C. L. Hwang 和 K. Yoon 于 1981 年首次提出的，TOPSIS 法是根据有限个评价对象与理想化目标的接近程度进行排序的方法，是在现有的对象中进行相对优劣的评价。

TOPSIS 法是一种理想目标相似性的顺序选优技术，在多目标决策分析中是一种非常有效的方法。其通过归一化后的数据规范矩阵，找出多个目标中最优目标和最劣目标(分别用理想解和反理想解表示)，分别计算各评价目标与理想解和反理想解的距离，获得各目标与理想解的贴近度，按理想解贴近度的大小排序，以此作为评价目标优劣的依据。贴近度取值在0～1之间，值越接近 1，表示相应的评价目标越接近最优水平；反之，值越接近 0，表示评价目标越接近最劣水平。该方法已经在土地利用规划、物料选择评估、项目投资、医疗卫生等众多领域得到了成功的应用，明显提高了多目标决策分析的科学性、准确性和可操作性。

12.7.1 理想解法的基本方法和步骤

TOPSIS 法求解步骤如下：

设原始数据矩阵 $\boldsymbol{X}=(x_{ij})$，则

(1) 构造标准化数据矩阵 $\mathbf{Z}=\{z_{ij}\}_{n\times k}$，式中 $z_{ij}=\dfrac{x_{ij}}{\sum_{i=1}^{n}x_{ij}}$

(2) 确定评价对象的理想解 z^{+} 与负理想解 z^{-}：

$$z^{+}=(z_j^{+})_k\{(\max_i z_{ij}\mid j\in J_1)(\min_i z_{ij}\mid j\in J_2)i=1,\ 2,\ \cdots,\ n\}$$
$$z^{-}=(z_j^{-})_k\{(\min_i z_{ij}\mid j\in J_1)(\max_i z_{ij}\mid j\in J_2)i=1,\ 2,\ \cdots,\ n\}$$

式中：J_1——效益型指标集；

J_2——成本型指标集。

(3) 分别计算待评样本与理想解和负理想解的欧氏距离值：

$$d_i^{+}=\left[\sum_{j=1}^{k}(z_{ij}-z_j^{+})^2\right]^{\frac{1}{2}},\ d_i^{-}=\left[\sum_{j=1}^{k}(z_{ij}-z_j^{-})^2\right]^{\frac{1}{2}}$$

(4) 计算各方案与理想解的相对贴近度：

$$C_i=\frac{d_i^{-}}{d_i^{+}+d_i^{-}}$$

显然，若 $Z=Z^{+}$，则 $C_i=1$；若 $Z=Z^{-}$，则 $C_i=0$。当 $C_i\rightarrow 1$ 时，样本 S_i 越来越接近理想解。

(5) 按照相对贴近度 C_i 由大到小排列待评样本的优劣序，位于前面的样本优于位于后面的样本。

12.7.2 理想解法在生态评价中的应用实例

——以宜居生态城市综合评价为例(杨卫泽，2008)

宜居生态市是一种在市域生态环境综合动态平衡制约下的人—社会—经济—自然发展模式，涉及经济、社会、环境、制度的持续性与动态协调性。宜居生态市建设成果具有抽象性、间接性、模糊性与长期性，对其作出公正的评价和排序是一项复杂和困难的工作。本案例通过建立 TOPSIS 法的定量评价模型，在采集的客观数据的基础上进行定量分析，使评价和排序更具有客观性、公正性和公平性。

12.7.2.1 宜居生态市评价指标体系的构建

宜居生态市的建设不仅包含了塑造城市外在形象的内容，还包含了生态文明在公众中的普及和人与人、人与社会、人与自然关系的协调。宜居生态市的创建是包括了理念生态化、经济生态化、社会生态化、环境生态化和制度生态化在内的城市生态化动态建设过程。

宜居生态市的建设主要体现在经济社会、生活质量、资源保护、环境治理以及基础设施 5 个方面，具体表现为：

(1) 经济社会类 B_1。经济发展、社会和谐是百姓宜居的重要基础条件。经济子系统中产业结构调整是关键，大力发展第三产业(高增值、广就业、资源消耗和污染排放少的行业)，能带动经济的整体发展。社会子系统建设的主要原则是控制人口总量和密度、调整人口结构、提高人口素质、提高居民生活质量、建立健全社会保障体系、减少城乡居民间的收入差距、提高社会公平性。这对宜居生态市的建设具有重要意义,必须在指标体系中体现和强调。

(2) 生活质量类 B_2。生活质量是百姓宜居的集中体现。由全面建设宜居生态城市的内涵可知,“以人为本”、个人财富的增加、素质的提高和幸福感的增强是全面建设宜居生态城市的重要内容和目的所在,也是最为关键的要素。

(3) 资源保护类 B_3。城市资源量是城市发展的必要条件。资源丰富则有利于提高公众的生活质量,也是建设宜居生态城市的重要条件。为此,应调整现有的以煤炭为主要能源的能源结构,大力推广清洁能源,开发生态绿色能源,提高公众的环保意识和环保责任。

(4) 环境治理类 B_4。环境是否优美是城市宜居与否的决定性因素之一。改善环境就是要加强对自然生态系统的保护,强化生态系统结构与功能的和谐关系;严格监控污染源污染物的排放,加大污染治理投资,倡导水和固体废弃物的循环利用;加快城市绿化建设,特别是大型公共绿地、环城绿带、居住绿地等。

(5) 基础设施类 B_5。城市基础设施建设既是保障人民生活的基本条件,也是拉动经济发展的重要举措。因此,加强城市基础设施系统的建设、提高普及率与使用率、改善交通环境、鼓励发公共交通系统和环保交通系统等是建设宜居生态市的根本。

具体内容为:

$B_1=[C_1, C_2, \cdots, C_{11}]$=[人均地区生产总值,年人均财政收入,城镇登记失业率,第三产业占 GDP 的比例,恩格尔系数,基尼系数,城市化水平,高等教育入学率,人口性别比,每万人口刑事案件立案数,民群众对社会治安的满意度]。

$B_2=[C_{12}, C_{13}, \cdots, C_{31}]$=[农民年人均纯收入,城镇居民年人均可支配收入,人均住宅建筑面积,城镇低保家庭每户人均住宅建筑面积,普通商品住房、廉租房、经济适用房占本市住宅总量的比例,人均寿命,人均拥有道路面积,城市燃气普及率,自来水普及率,有线电视网覆盖率,因特网光缆到户率,地区物价指数(CPI)增幅,居民对城市交通的满意率,人均商业设施面积,社区卫生服务机构覆盖率,城镇社会保险综合参保率,每万人拥有公共图书馆、文化馆(群艺馆)、科技馆数量,万人拥有医疗卫生服务者数量,万人拥有法律工作服务者数量]。

$B_3=[C_{32}, C_{33}, \cdots, C_{41}]$=[单位 GDP 能耗,单位 GDP 水耗,应实施清洁生产企业通过验收比例,规模化企业通过 ISO14001 认证比例,综合物种指数,本地植物指数,森林覆盖率,受保护地区占国土面积的比例,退化土地恢复率,人均可用淡水资源总量,城市热岛效应程度]。

$B_4=[C_{42}, C_{43}, \cdots, C_{59}]$=[城市空气质量,城市水功能区水质达标率,主要污染物达标率,城镇生活垃圾无害化处理率,农村粪便无害化处理率,工业固体废物处置利用率,集中式饮用水源水质达标率,城镇生活污水集中处理率,再生水利用率,工业用水重复利用率,建成区噪声达标区覆盖率,旅游区环境达标率,公众对环境的满意率,环境保护宣传教育普及率,城镇人均公共绿地面积,建成区人均公共绿地面积,建成区绿化面积,建成区绿地率,城市中心区人均公共绿地面积]。

$B_5=[C_{60}, C_{61}, \cdots, C_{67}]$=[城市生命线系统完好率,城市气化率,城市管网水水质年综合合格率,建成区道路广场用地中透水面积的比重,主次干道平均时速,建成区内符合节能设计标准的建筑面积比例,城市万人拥有公共交通车辆,公共交通出行分摊率]。

12.7.2.2 TOPSIS 法宜居生态市建设评价应用

为了说明近 3 年某市宜居生态市建设所取得的成绩,及其与设定的目标值之间的关系,采用 TOPSIS 方法进行评价。

1）列出原始数据矩阵

$$X = \begin{bmatrix} 6.67 & 0.92 & \cdots & 6.95 \\ 8.23 & 1.18 & \cdots & 8.75 \\ 9.95 & 1.59 & \cdots & 12 \\ 11 & 2 & \cdots & 15 \end{bmatrix}_{4\times 67}$$

式中：前 3 行为近 3 年的实际值，第 4 行为目标值。

2）标准化后的数据矩阵

$$Z = \begin{bmatrix} 0.186\,53 & 0.161\,687\,2 & \cdots & 0.162\,763\,5 \\ 0.229\,567\,6 & 0.207\,381\,4 & \cdots & 0.204\,918 \\ 0.277\,545\,3 & 0.279\,437\,6 & \cdots & 0.281\,030\,4 \\ 0.306\,834 & 0.351\,493\,8 & \cdots & 0.351\,288\,1 \end{bmatrix}_{4\times 67}$$

3）确定理想解 Z^+ 与负理想解 Z^-

$$Z^+ = (0.306\,834 \quad 0.351\,493\,8 \quad \cdots \quad 0.351\,288\,1)_{1\times 67}$$

$$Z^- = (0.186\,53 \quad 0.161\,687\,2 \quad \cdots \quad 0.162\,763\,5)_{1\times 67}$$

式中：理想解 Z^+ 即为所设定目标值，负理想解 Z^- 为近 3 年中各指标数据中相对较差数据的集合。

4）计算与理想解和负理想解的距离值（近 3 年）

与理想解的距离值分别为

$$\begin{cases} d_1^+ = 0.528\,525 \\ d_2^+ = 0.350\,007 \\ d_3^+ = 0.298\,436 \end{cases}$$

与负理想解的距离值分别为

$$\begin{cases} d_1^- = 0.217\,058 \\ d_2^- = 0.378\,765 \\ d_3^- = 0.420\,128 \end{cases}$$

5）计算相对贴近度（近 3 年）

$$\begin{cases} C_1 = 0.291\,126 \\ C_2 = 0.519\,73 \\ C_3 = 0.584\,677 \end{cases}$$

从相对贴近度来看，其值每年逐步上升，说明该市的宜居生态市建设是有成效的。但是，从另一方面看，该市的当前状况距离设定的理想目标还具有一定的差距，仍需不断加强生态建设，缩短现状与目标值之间的差距。

参 考 文 献

[1] 陈红光. 城市森林评价指标体系研究及应用[D]. 南京：南京林业大学硕士学位论文，2005.
[2] 陈美兰. 北京郊野公园建设发展研究[D]. 北京：北京林业大学硕士学位论文，2008.
[3] 程绪珂，胡运骅. 生态园林的理论与实践[M]. 北京：中国林业出版社，2006.
[4] 丛艳国，冯志坚. 郊野森林公园的综合旅游评价及旅游开发研究[J]. 林业经济问题，2004(10)：296-299.
[5] 高玉平. 上海市物种多样性优先保护地与郊野公园体系构建研究[D]. 上海：华东师范大学硕士学位论文，2007.
[6] 宫宾. 城市自然遗留地综合评价方法及实例研究[D]. 上海：上海交通大学硕士学位论文，2007.
[7] 林楚燕. 郊野公园的地域性研究——以深圳郊野公园为例[D]. 北京：北京林业大学硕士学位论文，2006.
[8] 刘滨谊，姜允芳. 中国城市绿地系统规划评价指标体系的研究[J]. 城市规划汇刊，2002(2)：27-29.
[9] 罗秋萍. 香港郊野公园的特点与效用[J]. 黑龙江生态工程职业学院学报，2007(7)：22-23.
[10] 沈烈英. 上海城市森林的植被特征与综合评价研究[D]. 南京：南京林业大学博士学位论文，2008.
[11] 吴颖. 郊野公园规划研究[D]. 武汉：华中农业大学硕士学位论文，2008.
[12] 邓聚龙. 灰色系统基本方法[M]. 武汉：华中理工大学出版社，1992.
[13] 舒帮荣，刘友兆，徐进亮，等. 基于 BP-ANN 的生态安全预警研究——以苏州市为例[J]. 长江流域资源与环境. 2010，19(9)：1080-1085.
[14] 汤晓敏，王云，咸进国，等. 基于 RS-GIS 的长江三峡景观视觉敏感度模糊评价[J]. 同济大学学报(自然科学版)，2008，36(12)：1679-1685.
[15] 王伟. 人工神经网络原理[M]. 北京：北京航空航天大学出版社，1994.
[16] 王祥荣，蒋勇，等. 长江三峡库区沿江景观生态研究[M]. 北京：中国建筑工业出版社，2006.
[17] 吴玉红，田霄鸿，同延安，等. 基于主成分分析的土壤肥力综合指数评价[J]. 生态学杂志，2010，29(1)：173-180.
[18] 许明祥，刘国彬，赵允格. 黄土丘陵区侵蚀土壤质量评价[J]. 植物营养与肥料学报，2005，11(3)：285-293.
[19] 杨卫泽，韩之俊. 基于 TOPSIS 的宜居生态市评价研究[J]. 环境保护，2008(7B)：31-32.
[20] 张凯旋. 上海环城林带群落生态学与生态效益及景观美学评价研究[D]. 上海：华东师范大学博士学位论文，2010.
[21] 张清军，鲁俊娜，程从勉. 区域土地资源生态安全评价——以石家庄市为例[J]. 湖北农业科学，2011，50(6)：1122-1127.
[22] 张祚，李江风，黄琳，等. 基于 AHP 对生态脆弱性的灰色综合评价方法研究——以湖南临湘市为例[J]. 资源环境与发展，2007(2)：13-17.

第3篇　应　用　篇

关于生态规划与设计的案例不胜枚举，本书根据研究尺度的不同，主要介绍区域生态规划、生态城镇规划、重点生态区规划以及生态设计与技术4种规划设计类型，分别选取国内外比较典型和成熟的案例进行介绍。

13 区域生态规划

区域生态规划是指根据区域可持续发展的要求，运用生态规划的方法，合理规划区域或流域的资源开发与利用途径和社会经济的发展方式，寓自然生态系统环境保护于区域开发与经济发展之中，使之达到资源利用、环境保护与经济增长的良性循环，不断提高区域的可持续发展能力，实现人类的社会经济发展与自然过程的协同进化。本节主要介绍美国波托马克河流域(Potomac River, America)生态规划和中国长江三峡库区(重庆段)沿江区域生态功能区划两个案例。

13.1 美国波托马克河流域(Potomac River, America)生态规划

1965～1966 年，宾夕法尼亚大学风景园林学和区域规划研究所承担了波托马克河流域的一项研究工作，这项工作是在 Ian McHarg 的指导下进行的，也是美国首个生态规划研究，是这类性质规划研究的原型。因此，这项工作具有里程碑式的意义。

13.1.1 研究区域

波托马克河是美国中东部最重要的河流，发源于阿巴拉契亚山脉西麓，由北布朗奇河同南布朗奇河汇合而成，穿越蓝岭山脉，形成许多瀑布和峡谷，最后注入大西洋的切萨皮克湾。从南布朗奇河源头算起，长 590 km，连同三角港为 780 km，流域面积 3.7 万 km^2(见图 13.1)。

13.1.2 区域自然资源调查

流域是一个水文单元，不是一个地文单元。波托马克河流域是一个单一的水文单元，从波托马克河源头至海洋，该河共横跨了 6 个自然地理区域，从阿勒格尼高原(Allegheny)至岭谷地区(Ridge and Valley Province)，然后到达大河谷(Great Valley)、蓝岭(Blue Bidge)和皮德蒙高原(Piedmont)，最后到达海岸平原(Coastal Plain)的河口湾。

研究将波托马克河流域视为一个相互作用的过程，看作一个价值体系，研究重点在于未来的土地利用。经过现状调查和分析评价后，研究最后提出了适宜的土地利用方式。

1) 气候

阿巴拉契亚山脉影响到阿勒格尼高原，在高原的东部形成“雨影区”，强烈的暴风雨和短暂的生长季节成为这一区域显著的特点。这里夏秋两季多雾多云，夏天温暖炎热，湿度高；冬天气温适中，在此流域中生长季节最长(见图 13.2)。

2) 地质

波托马克河流域是大西洋和海湾海岸体系中的次区域，由前寒武纪以来地质活动形成，

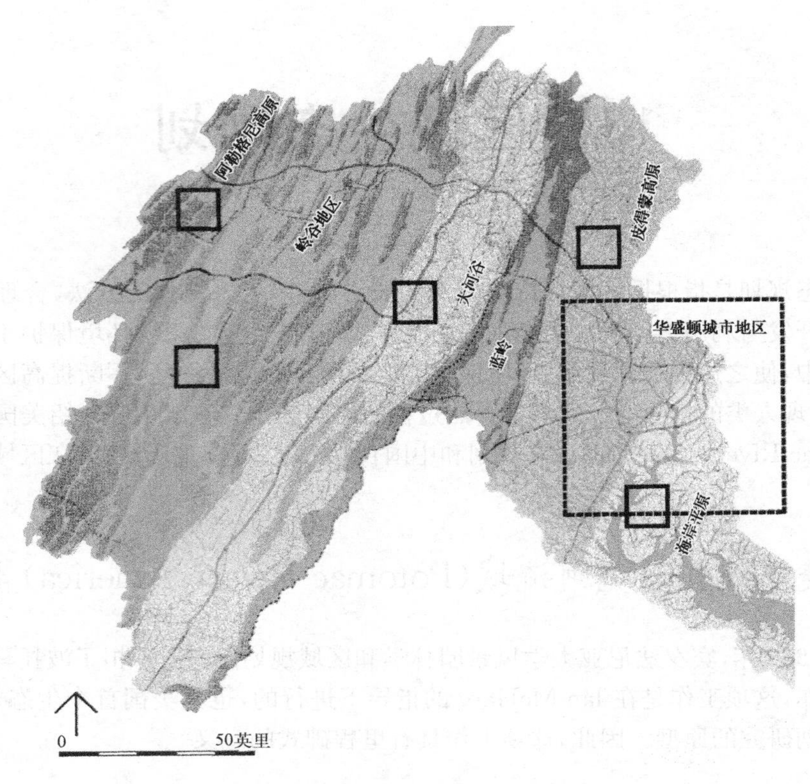

图 13.1　研究区域区位图

注：[1 mile(英里)＝1 609.344 m]

至今约有5亿年之久。从地质学上讲，整个区域由三大地带组成：第1，皮德蒙高原古老的结晶岩地区；第2，由新近的沉积物形成的阿勒格尼高原；最后，东面是最晚形成的海岸平原疏松的沉积地层系列。

阿勒格尼高原的页岩和砂岩的夹层里有煤炭资源；岭谷有砂岩的山脊和石灰岩山谷；大河谷大部分在石灰岩上形成；蓝岭由层层直立或翻转的片麻岩和片岩构成；皮德蒙高原由花岗岩、页岩、片麻岩和辉长岩等结晶岩组成；而海岸平原由沙子、砾石和泥灰构成(见图13.3)。

3) 水文

波托马克河流经的流域面积大约为15 000 m^2(约38 850 km^2)，它的主要支流是北支流和南支流，还有大谢南多厄、卡卡朋、康纳康奇克和莫诺卡西等河溪。河流从最小的山脉支流、弯曲的谢南多厄小溪，到波托马克河下游宽大的河口湾，流经几百公里，形态上变化很大。

4) 地下水

在阿勒格尼高原可以找到丰富的地下水资源，特别是在砂岩、石灰岩和页岩的岩层中。在岭谷地区存在区域性的硬水资源(hard water)，大河谷地区具备地下含水层。在皮德蒙高原，主要在三叠纪的纽瓦克岩系中能找到地下水资源。海岸平原全部由多孔隙的物质组成，也包含范围广阔的地下水资源。地下水在海岸平原的变化很大。

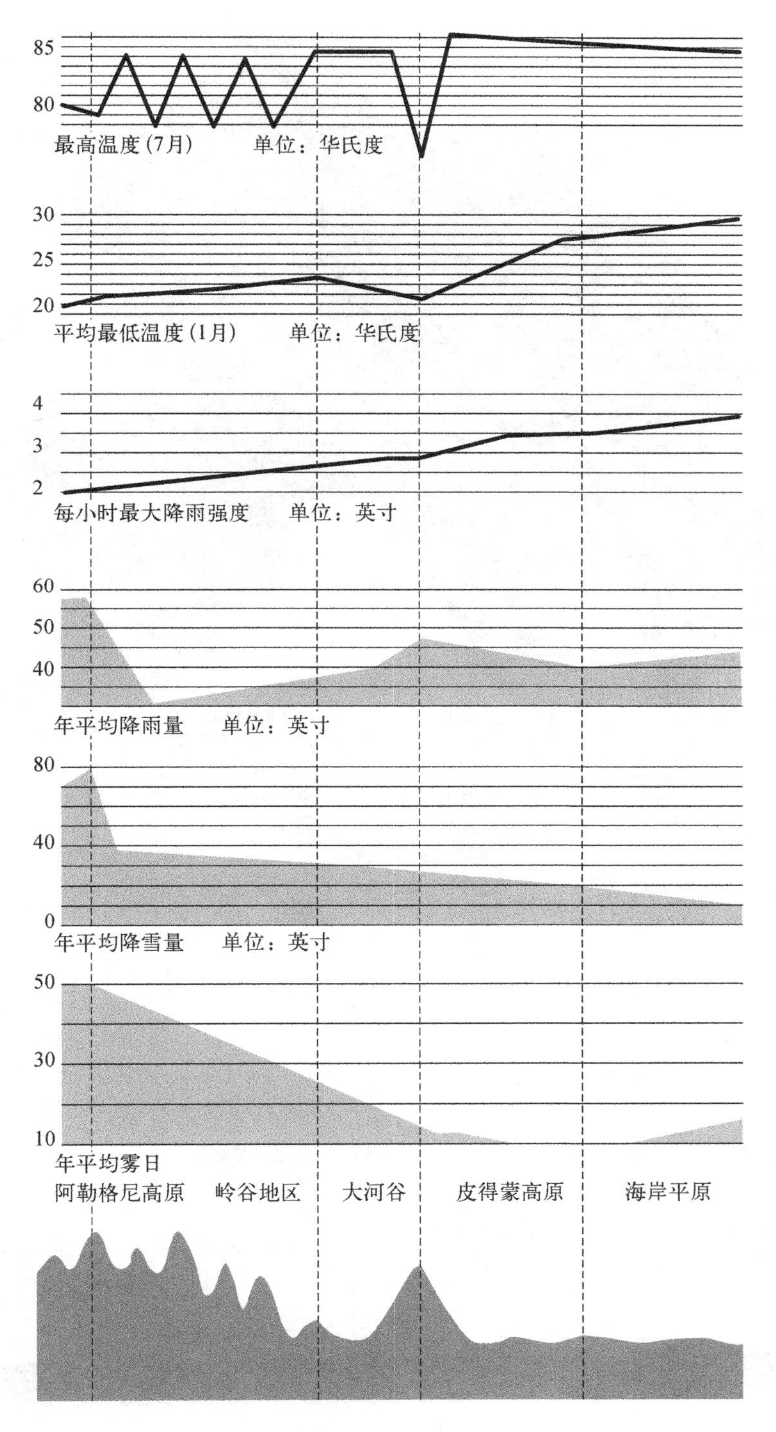

图 13.2 气候

注：[1 in(英寸)=0.025 4 m]；1 华氏度(℉)=[(5/a)(x—32)℃]

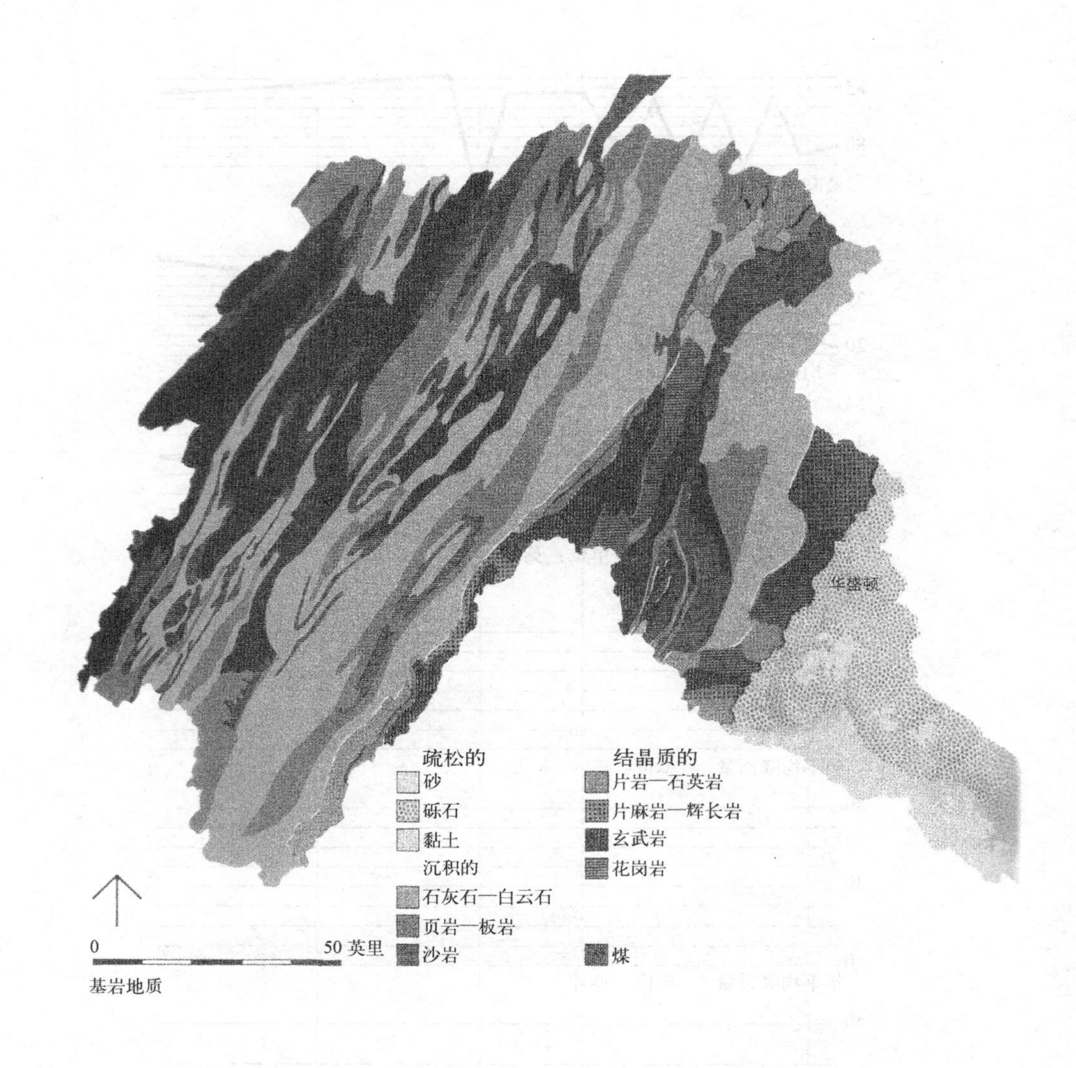
华盛顿
疏松的
砂
砾石
黏土
沉积的
石灰石—白云石
页岩—板岩
沙岩
结晶质的
片岩—石英岩
片麻岩—辉长岩
玄武岩
花岗岩
煤
0
50 英里
基岩地质

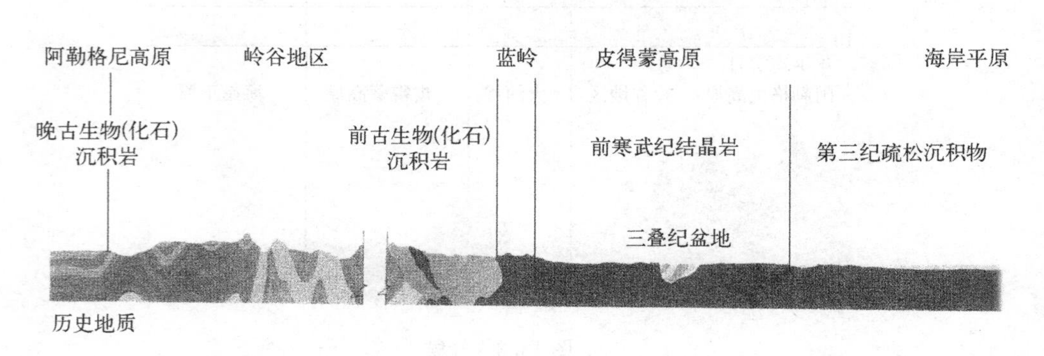
阿勒格尼高原
岭谷地区
蓝岭
皮得蒙高原
海岸平原
晚古生物(化石)
沉积岩
前古生物(化石)
沉积岩
前寒武纪结晶岩
第三纪疏松沉积物
三叠纪盆地
历史地质

图 13.3 地 质

5）土壤

在阿勒格尼高原，土壤主要来自沉积的页岩和砂岩，不具肥力，主要的土壤类型是石质土、砾质土、沙土和粉砂壤土。岭谷地区的土壤浅薄而且贫瘠，易遭侵蚀，只有某些石灰岩高地和谷底滩地上的土壤是和整个农村的土地一样肥沃。除了页岩地层外，大河谷的石灰岩土壤很肥沃，这是本流域的农业核心区（见图 13.4）。

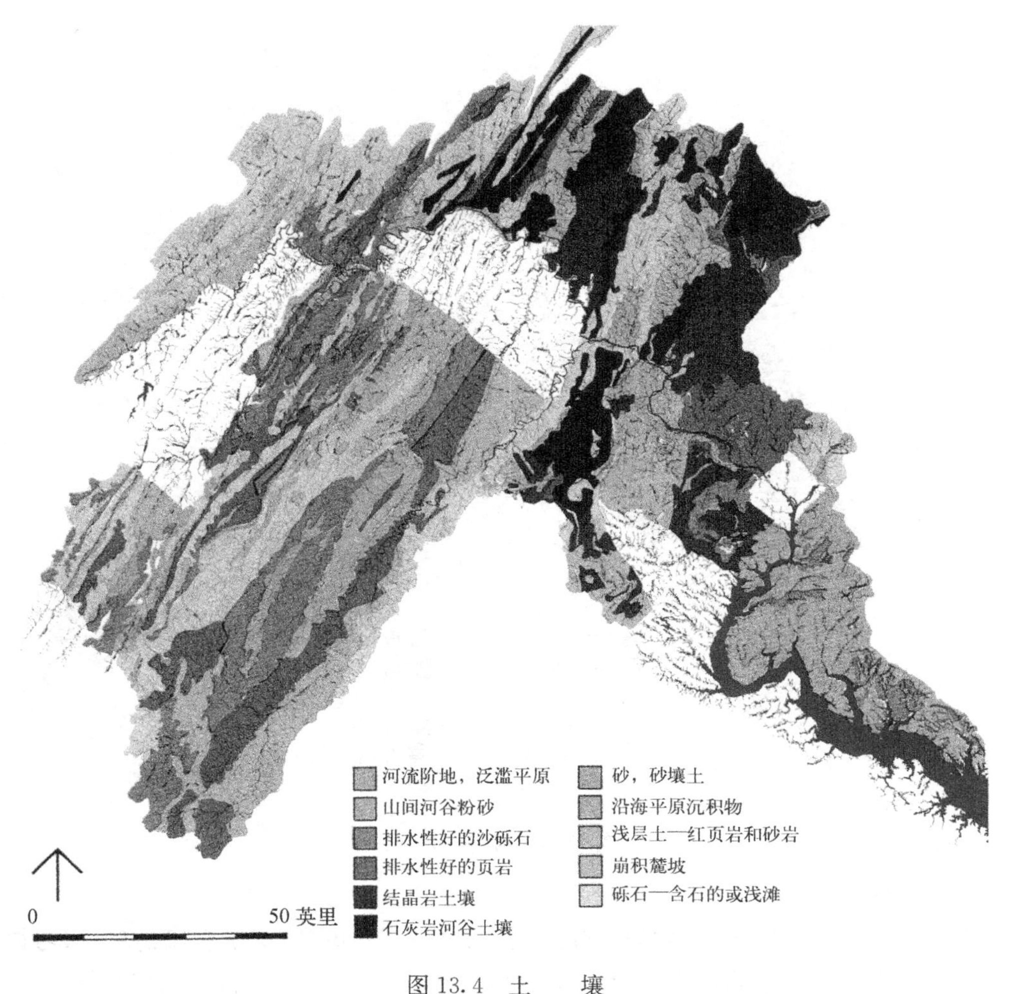

图 13.4 土 壤

6）植物群落

区域由东到西广阔地带上由三大森林群落构成：橡树—松树群落、橡树—栗树群落和混合中生林。其中，橡树—松树群落是海岸平原上的主要群落，主要由白柳、针橡和山核桃属等植物组成，常伴有欧石楠属小树和枫香树。橡树—栗树群落生长在皮德蒙高原、大河谷和岭谷三大自然地理区域内，一直延伸到阿勒格尼山脉前缘（见图 13.5）。在蓝岭的最高峰——鹰嘴岬，4 000 ft（约 1 219 m）的高度上生长着云杉和冷杉，而在较低的山坡上生长着混合的中生森林，有山毛榉、铁杉、白松和鹅掌楸等。在中间的山坡上，主要树种是红橡和白橡。大河谷地区北侧山脉的岩石山坡上覆盖有橡树—栗树群落，在河谷地带分布着橡树—山核桃森林。岭谷地区的森林以橡树为主。阿勒格尼高原主要生长有大片的混合中生林，森林的主要树种有美国最细密的硬材树种，如山毛榉、糖槭、甜七叶树、红橡、白橡、美国鹅掌楸和椴树等(见图 13.6)。

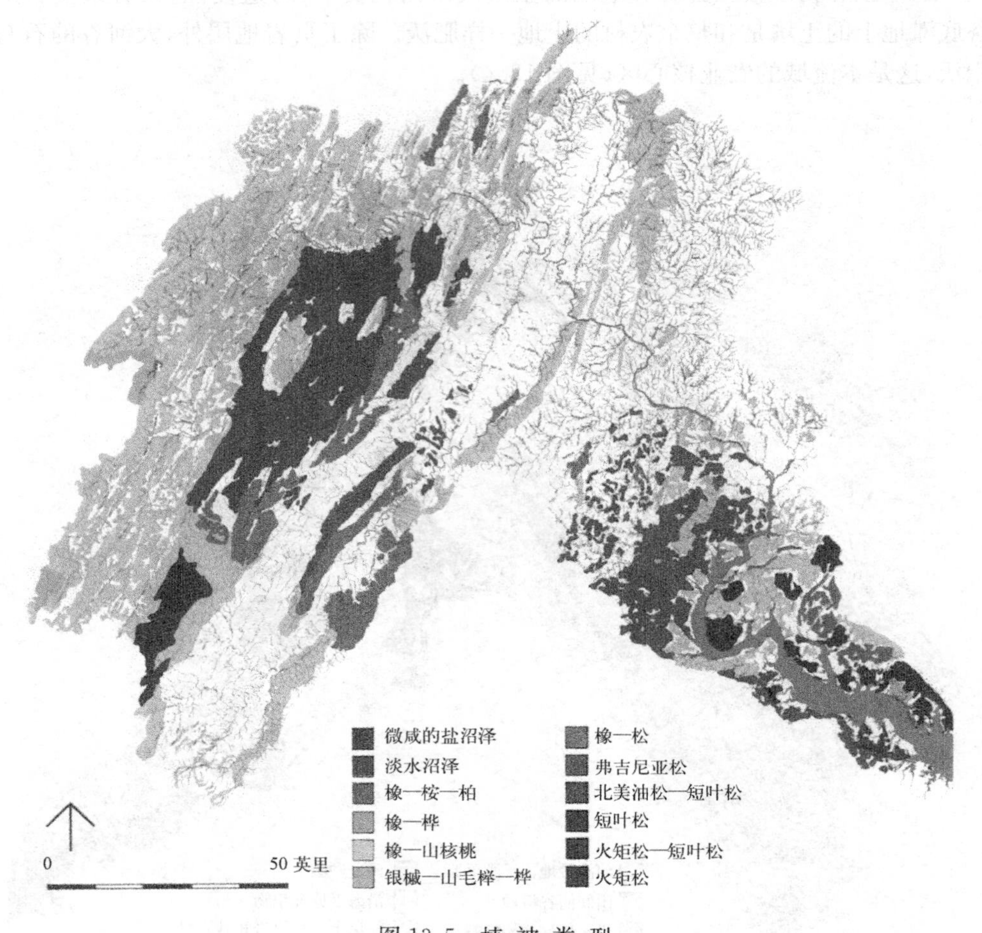

图 13.5 植 被 类 型

7) 野生动物

该流域分布有众多野生动物，如不躲避人类的松鼠、知更鸟、鸽子和模仿鸟等，习惯于躲避人类的熊、野猫和鹰、喜欢凉水的鳟鱼、喜欢温暖水域的欧洲鲈鱼、喜欢泥泞水域的鲇鱼、在涨潮线与落潮线之间生长的牡蛎、蛤和贻贝等。

8) 水资源

高原分水岭常有集中而且大量的降水，岭谷地区易遭暴洪侵袭，沿海平原和皮德蒙高原常有热带风暴。此外，自然地理的特点、岩层、主要支流的流向、降雨方式，加之缺少由冰河作用产生的自然蓄水能力，这些因素均使波托马克河成为东海岸最变化无常、泛滥成性的河流之一(见图 13.7)。

酸性矿物的排放形成了橘黄色河流，大片的阿巴拉契亚山的森林被砍伐，地区土地受到大量的侵蚀。随着人口的增加，不断地向河里排放污物，而又缺乏足够的处理，波托马克河随里程的增加变得越来越脏。在河口湾地区，藻类过渡繁殖导致鱼类大面积死亡，污染也使牡

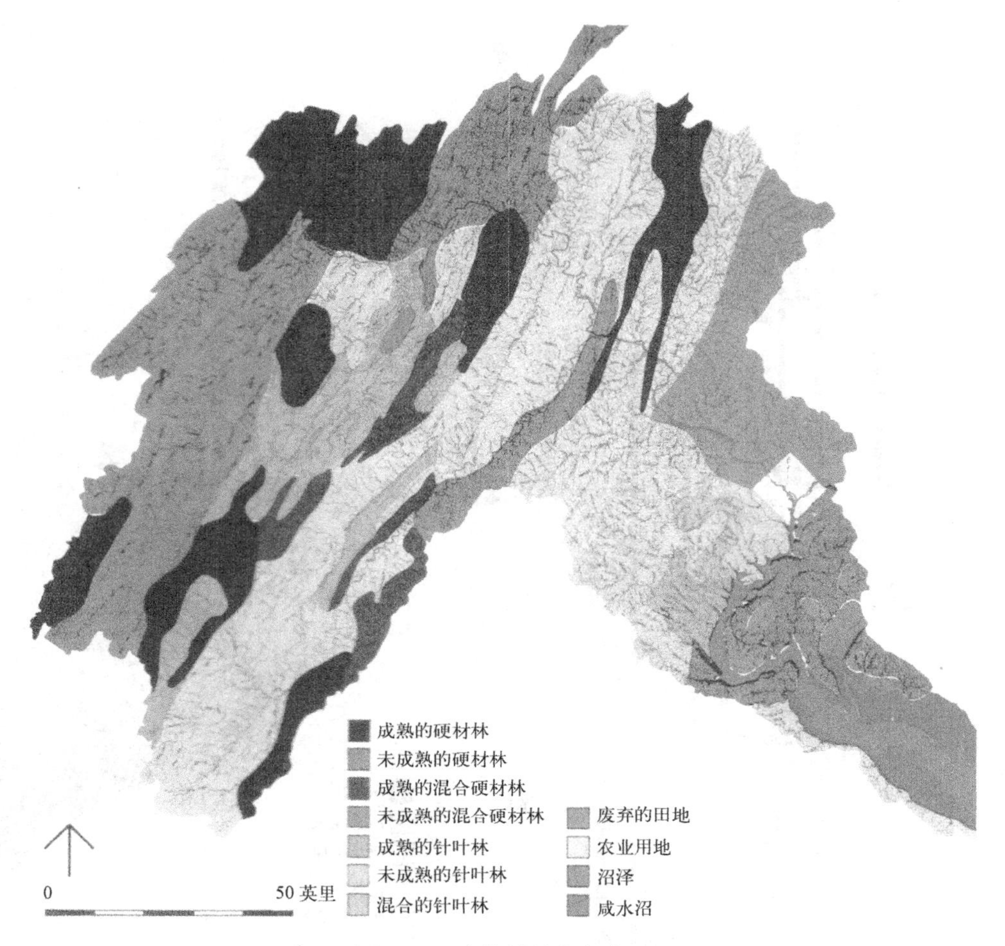

图 13.6　森林树种分布类型

蛎和蛤的资源减少。

13.1.3　土地适合度评价

土地适合度评价中首要考虑的因素应是独特或极稀缺的资源。区域内的资源分为自然资源和文化资源。自然资源包括深红色的海滩和石灰岩岩洞、山巅和出产鳟鱼的河溪、具有重要地质和生态意义的地区。文化资源是指具有独特的或重要文化意义的资源、具有重大历史价值的建筑物、场所和空间(见图 13.8)。

1) *矿物资源*

流域范围内的矿物资源包括：煤、石灰岩、沙和砾石和漂白土。在这个区域内，采煤造成严重的后果，煤矿废弃地极大地毁坏了景观(见图 13.9)。

2) *地形*

地形变化具有明显的区域性，在岭谷地区地形富于变化，而在海岸平原则很少，皮德蒙高原和大河谷地区地形是由河流切割而成(见图 13.10)。

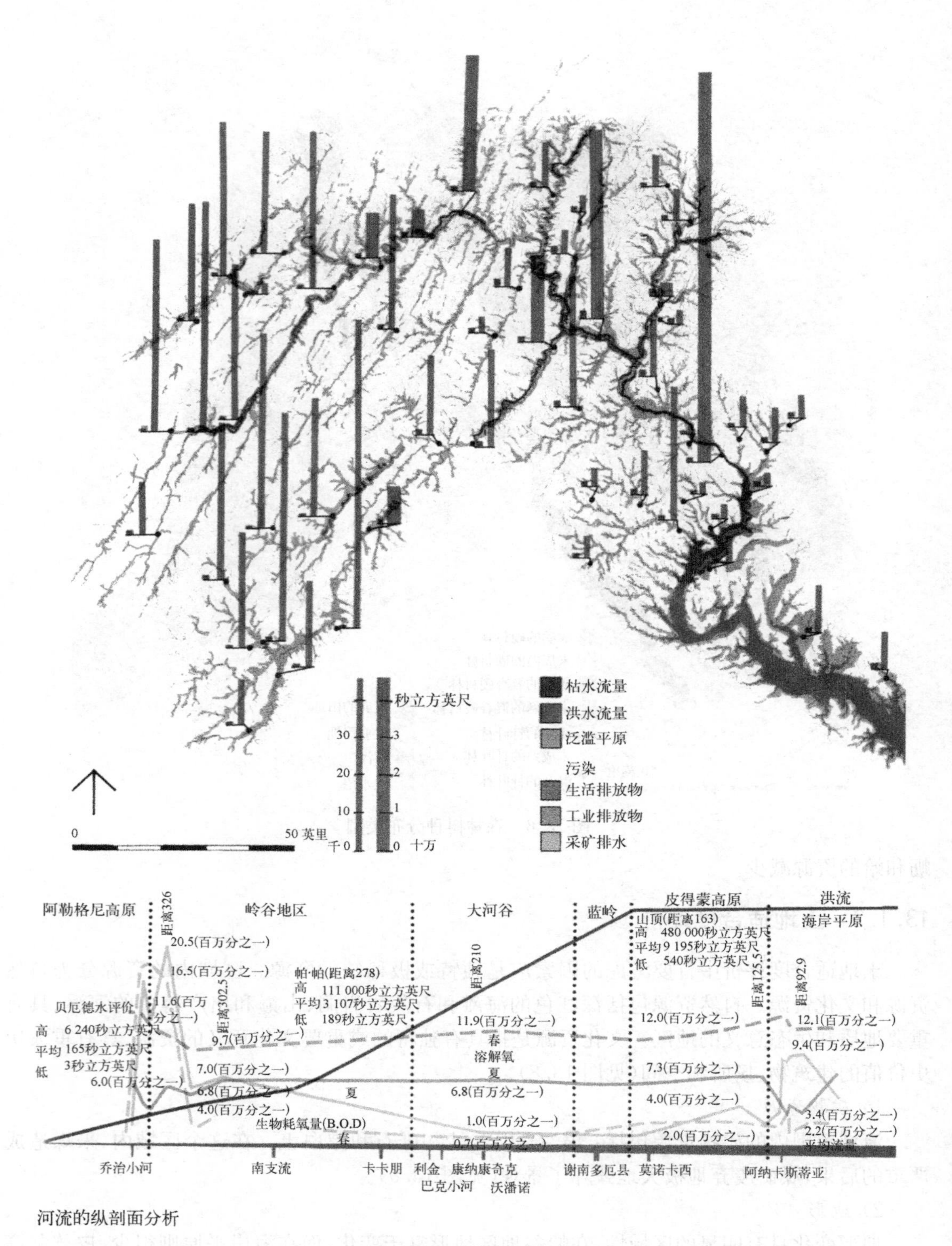

秒立方英尺
30
20
10
千 0
3
2
1
0 十万
枯水流量
洪水流量
泛滥平原
污染
生活排放物
工业排放物
采矿排水
0
50 英里
阿勒格尼高原
距离326
岭谷地区
大河谷
蓝岭
皮得蒙高原
洪流
海岸平原
20.5(百万分之一)
16.5(百万分之一)
帕·帕(距离278)
高 111 000秒立方英尺
平均 3 107秒立方英尺
低 189秒立方英尺
距离210
山顶(距离163)
高 480 000秒立方英尺
平均 9 195秒立方英尺
低 540秒立方英尺
距离125.5
距离92.9
贝厄德水评价
高 6 240秒立方英尺
平均 165秒立方英尺
低 3秒立方英尺
11.6(百万分之一)
距离302.5
9.7(百万分之一)
11.9(百万分之一)
12.0(百万分之一)
12.1(百万分之一)
9.4(百万分之一)
春
溶解氧
夏
7.0(百万分之一)
7.3(百万分之一)
6.0(百万分之一)
6.8(百万分之一)
夏
6.8(百万分之一)
4.0(百万分之一)
4.0(百万分之一)
生物耗氧量(B.O.D)
1.0(百万分之一)
3.4(百万分之一)
2.2(百万分之一)
春
0.7(百万分之一)
2.0(百万分之一)
平均流量
乔治小河
南支流
卡卡朋
利金
巴克小河
康纳康奇克
沃潘诺
谢南多厄县
莫诺卡西
阿纳卡斯蒂亚
河流的纵剖面分析

图 13.7 水资源示意图

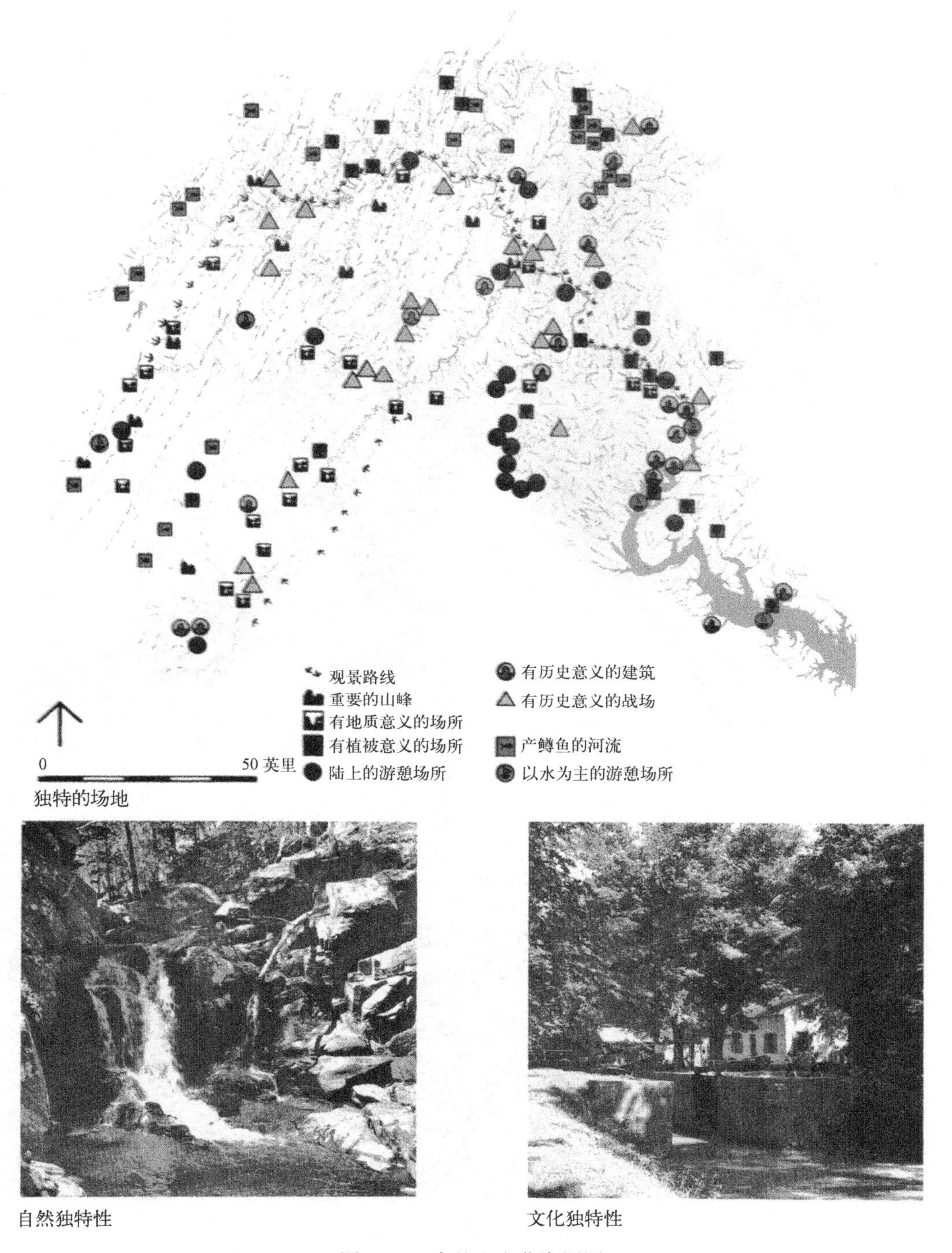

图 13.8　自然和文化资源图

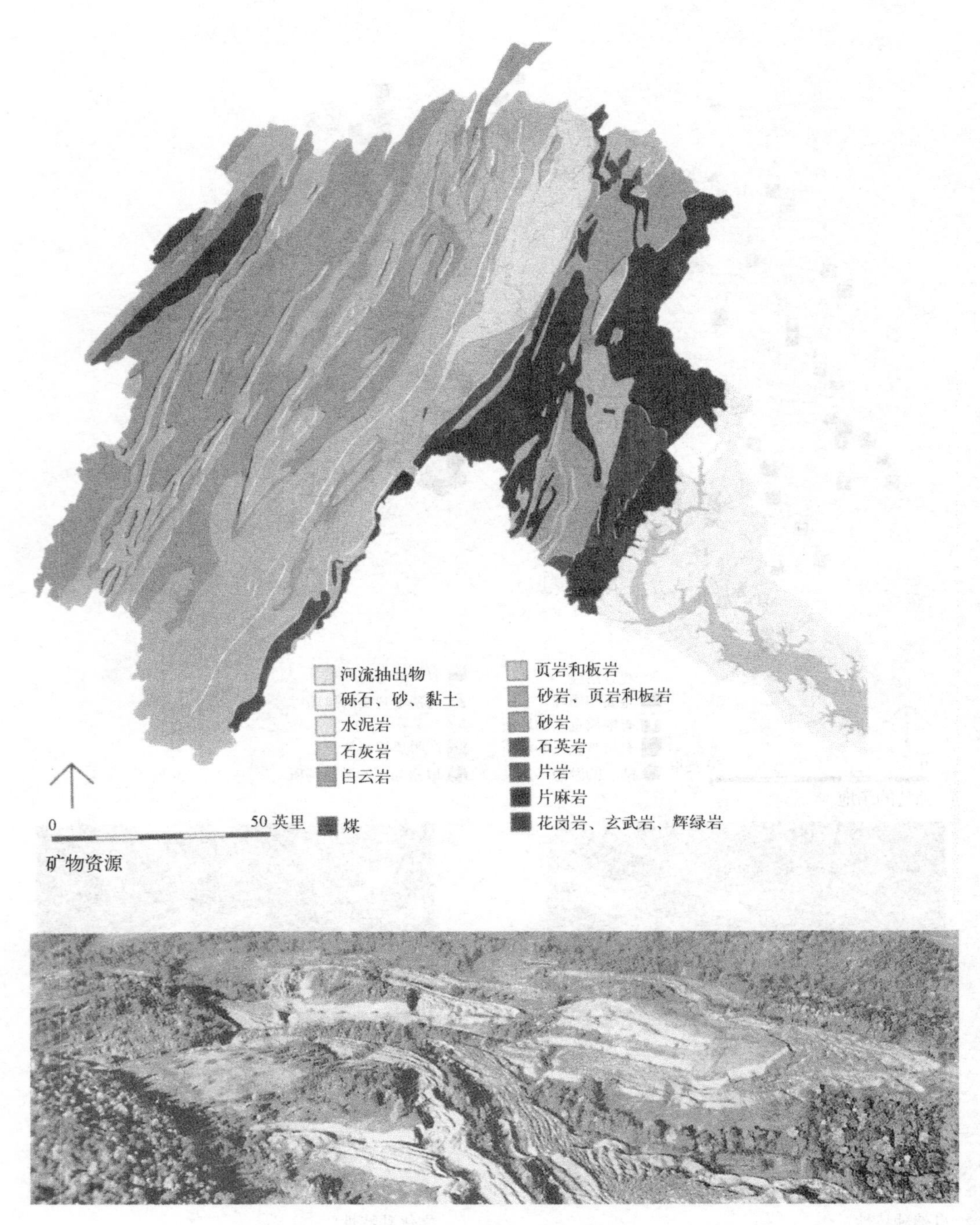
河流抽出物
砾石、砂、黏土
水泥岩
石灰岩
白云岩
页岩和板岩
砂岩、页岩和板岩
砂岩
石英岩
片岩
片麻岩
花岗岩、玄武岩、辉绿岩
0
50 英里
煤
矿物资源

图 13.9 矿物资源图

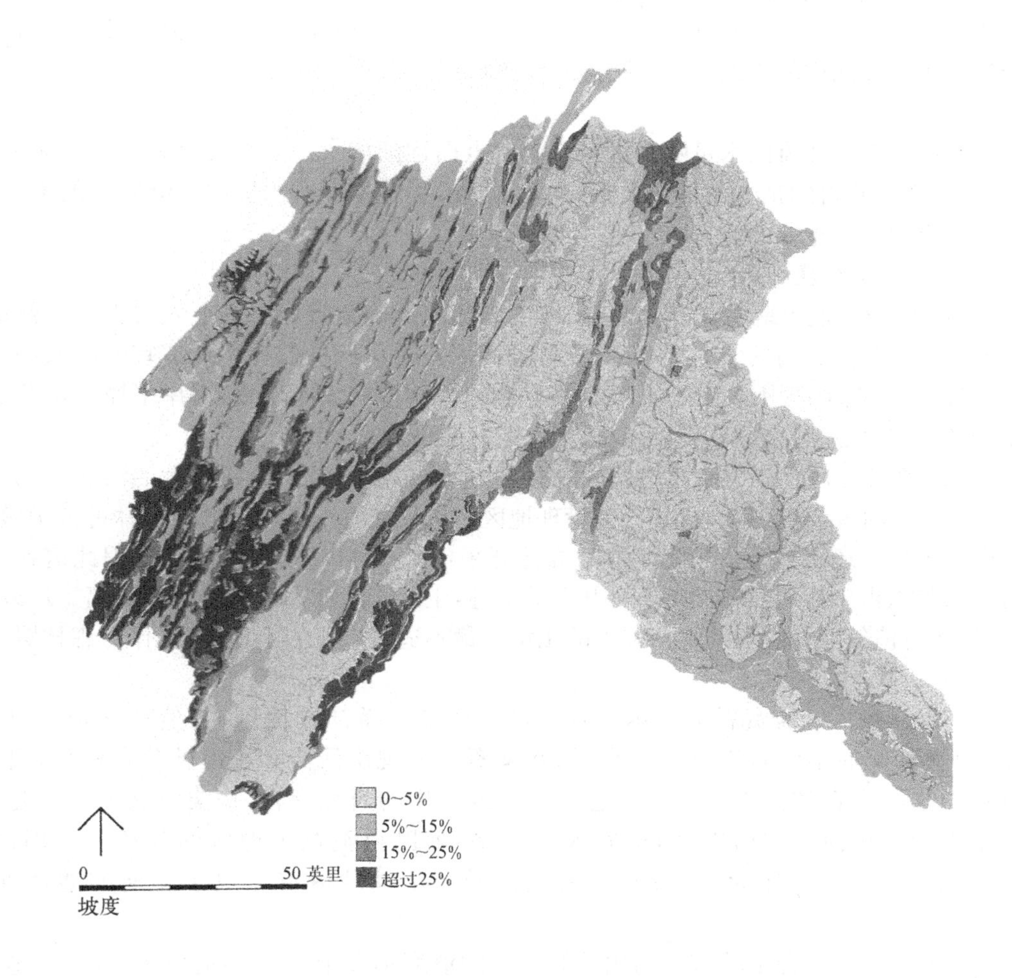

图 13.10 地 形 图

3）通达性

整个流域的地形的主导走向是东北至西南方向，在华盛顿及其腹地之间不断插入了许多屏障。自华盛顿特区方向过来的交通十分困难，降低了用地的经济价值。另一方面，交通不便保证了大片面积的土地仍处于明显的自然状态。

4）水资源

地面溪流与河流的水量随着水系流向终点而逐渐增大。了解支流和主要干流上每一点可靠的、能够获得的枯水流量是很重要的。此外，了解地下含水层中能够获得的水量及其物理性质也有某种重要的意义。

5）内在适合度

(1) 农业。地表地质、气候、土壤、坡度和朝向是确定流域中农业发展类型的衡量标准。大河谷地区是流域内的农业核心区；皮德蒙高原具有广阔的农业生产适宜的区域；岭谷的狭窄山谷中，农业生产用地稀少；在阿勒格尼高原上则没有农业用地；海岸平原土壤贫瘠，农业生产条件差，但通过土壤改良，可以作为农业用地（见图 13.11）。

(2) 森林。适宜作为商业用途的森林，一般应位于五级河流或更大的河流上，坡度小于25%，实行宽松的分区管理或非分区管理地区。生长在海岸平原上的软材林可被用做次一级的商用木材。还有一类是非商业性的森林开采：林木可以开采，但森林会因此遭到破坏，短时间内难以再生。最后一类是不可开采的森林，生长于陡坡，交通不能到达，离工厂或河流较远，经济价值较低。陡坡和易遭侵蚀的土壤是最不适宜农耕的土地，建议作为森林覆盖（见图 13.12）。

(3) 游憩。气候资料能揭示适合于夏天或冬天游憩的地区；自然地理资料显示出山巅、山脊和交通不便难以抵达的乡村；水文资料表现出河流和小溪的分布格局；自然植被资料能推断出森林诸多实质性信息。在土地利用的研究中，有历史意义的人工建造物反映了人们开掘河口的历史、印第安人的堡垒、阿巴拉契亚山地区的开拓和美国内战等。荒野是否可以转化作为短期的、高密度的游憩活动地区将取决于交通的通达性（见图 13.13）。

(4) 城市。适合于城市化的用地其土地的坡度不大于5%，不能位于50年一遇的洪泛平原上，也不应位于重要的地下水回灌区，不应位于雾谷或曝露在日光和风雨中的高海拔位置上，必须位于具有充足水源供应的地区。公路不能建设在坡度大于15%的坡地上（见图 13.14）。

13.1.4 综合：最适宜的土地利用方案

通过前文研究能得到区域土地对于农业、林业、游憩和城市化等土地利用需求的适宜度，揭示每一个区域的相对价值，为寻求多种相兼容的土地利用方式提供了可能。通过矩阵，将所有未来的土地利用都标注在坐标上，使每种土地利用与其他所有的土地利用进行对比检验，确定兼容的和不相容的，以及两种土地利用相互干扰的程度（见图 13.15）。

通过矩阵得出的成果显示出该流域范围内共存的和可兼容的最大潜力土地利用的组合。在任何一种情况下，占支配地位的或共同占支配地位的土地利用是和次要的可以兼容的土地利用结合在一起的（见图 13.16）。

从分析土地利用的结果可知，在阿勒格尼高原以采矿、煤和水资源为基础的工业有最高

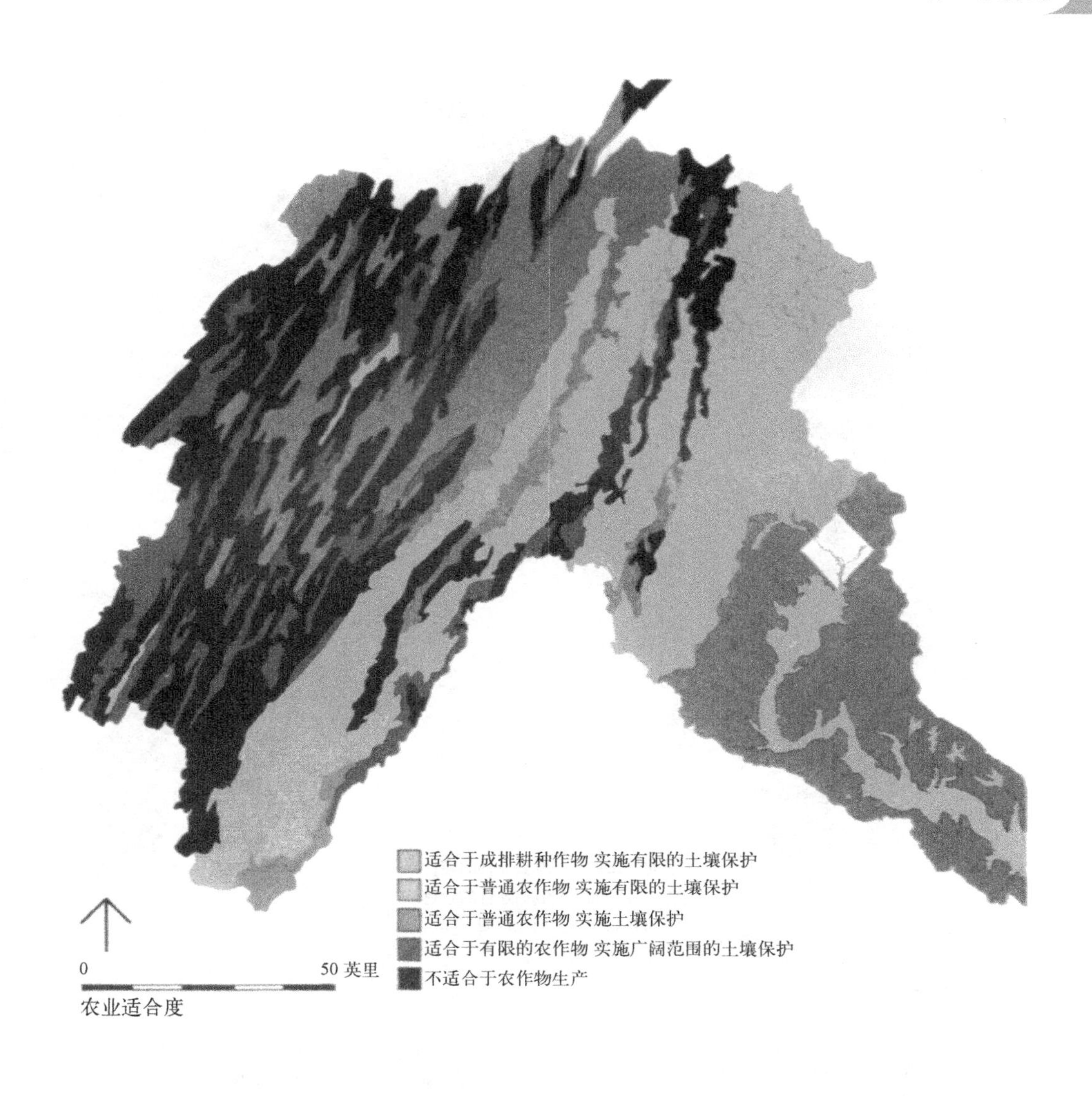
适合于成排耕种作物 实施有限的土壤保护
适合于普通农作物 实施有限的土壤保护
适合于普通农作物 实施土壤保护
适合于有限的农作物 实施广阔范围的土壤保护
不适合于农作物生产
0
50 英里
农业适合度

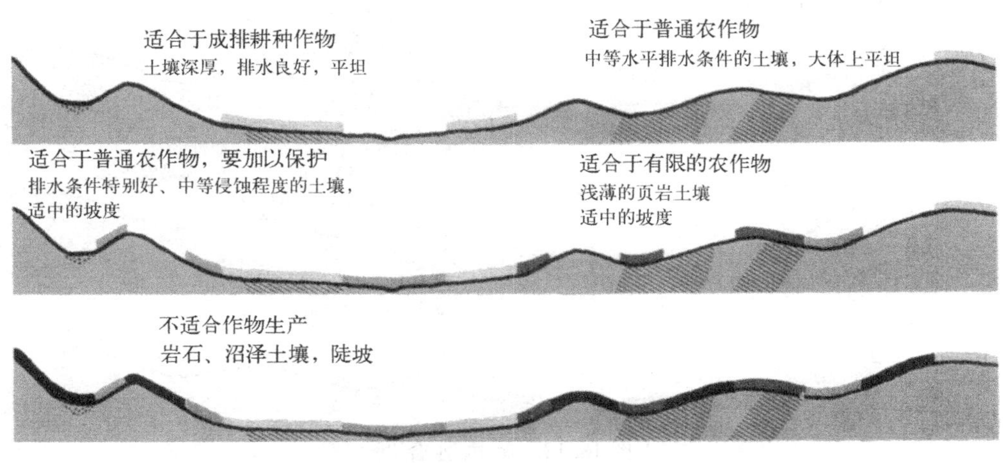
适合于成排耕种作物
土壤深厚，排水良好，平坦
适合于普通农作物
中等水平排水条件的土壤，大体上平坦
适合于普通农作物，要加以保护
排水条件特别好、中等侵蚀程度的土壤，
适中的坡度
适合于有限的农作物
浅薄的页岩土壤
适中的坡度
不适合作物生产
岩石、沼泽土壤，陡坡

图 13.11 农业适合度

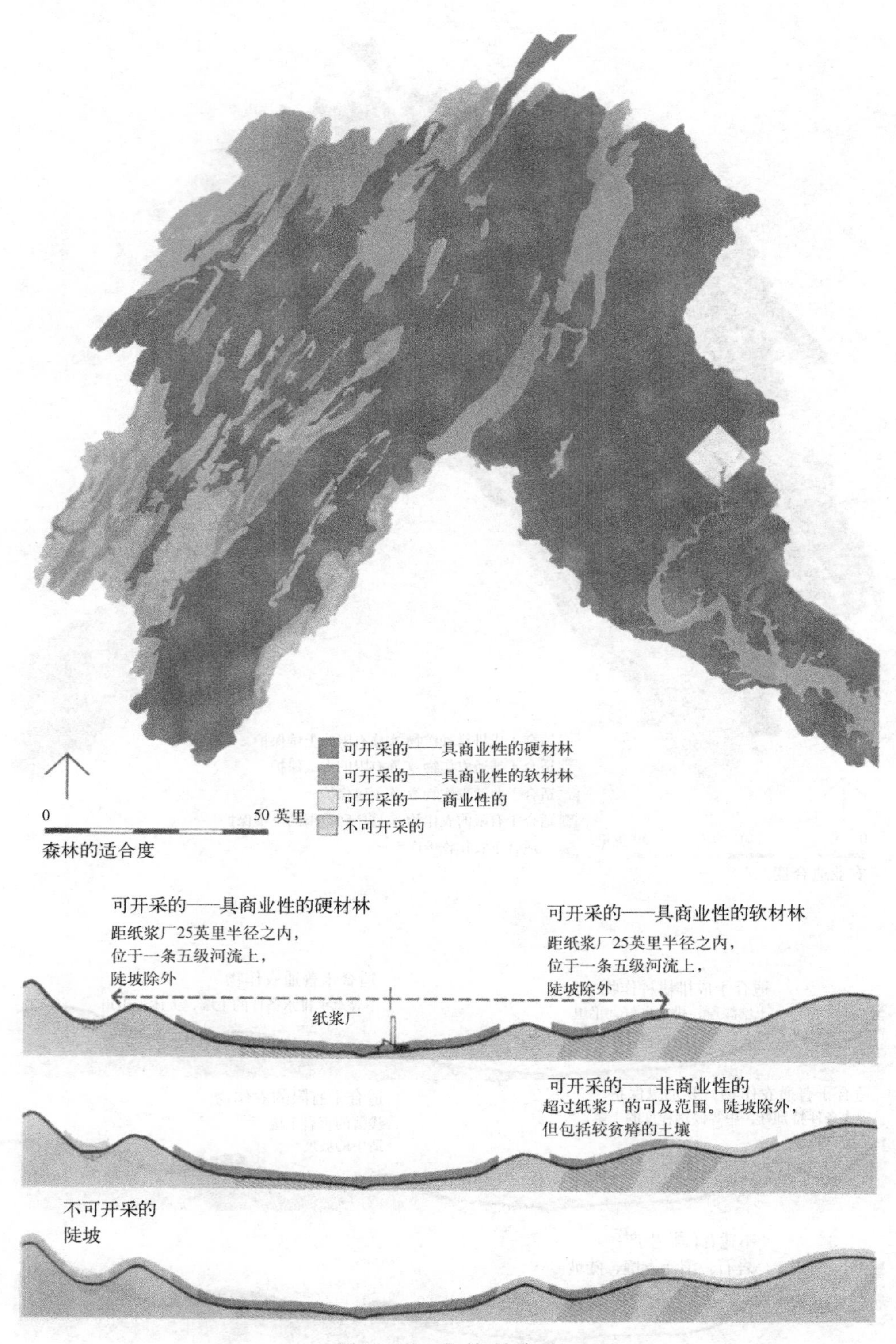
可开采的——具商业性的硬材林
可开采的——具商业性的软材林
可开采的——商业性的
不可开采的
0
50 英里
森林的适合度
可开采的——具商业性的硬材林
距纸浆厂25英里半径之内，
位于一条五级河流上，
陡坡除外
可开采的——具商业性的软材林
距纸浆厂25英里半径之内，
位于一条五级河流上，
陡坡除外
纸浆厂
可开采的——非商业性的
超过纸浆厂的可及范围。陡坡除外，
但包括较贫瘠的土壤
不可开采的
陡坡

图 13.12 森林适合度

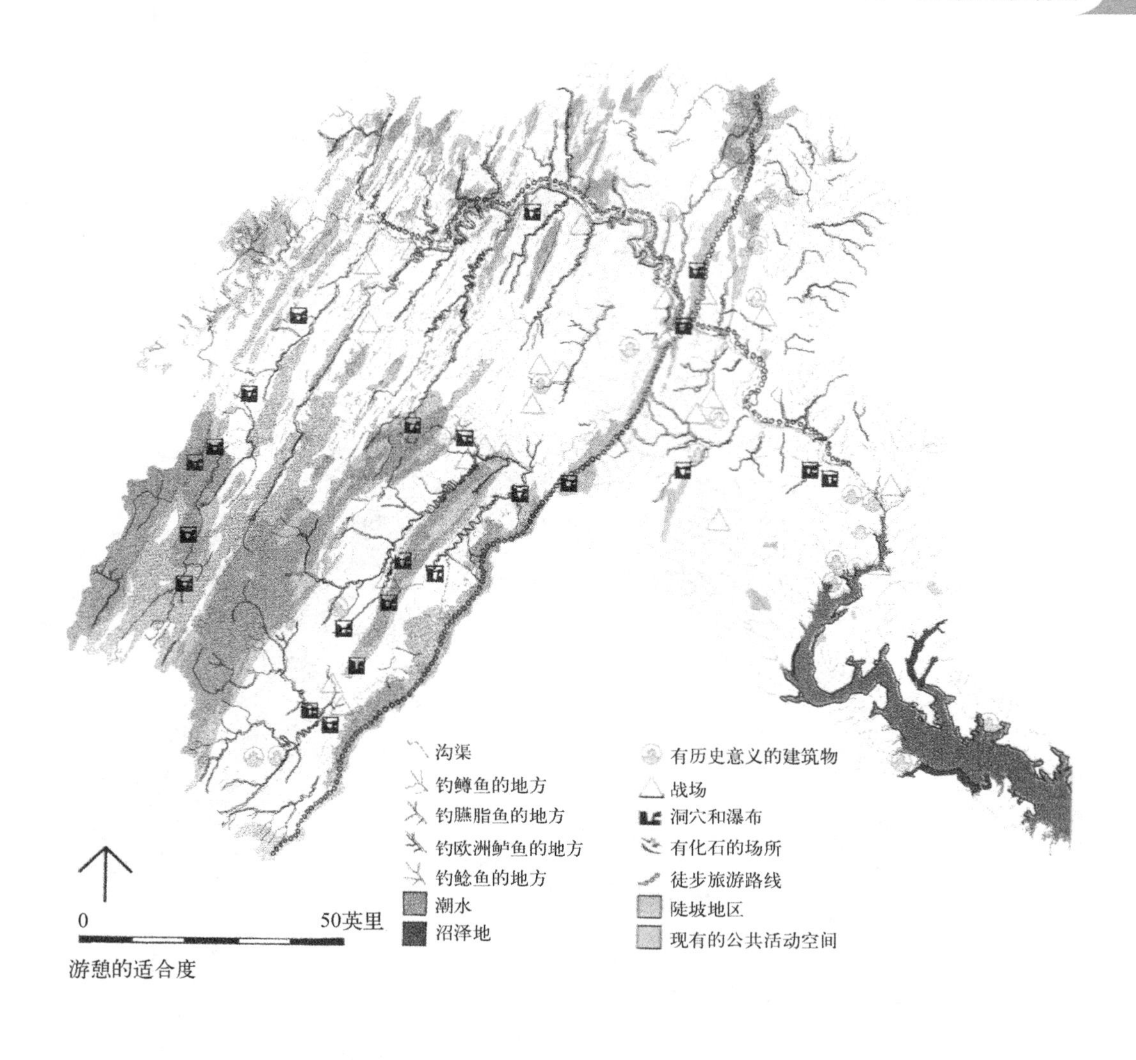
沟渠
钓鳟鱼的地方
钓膳脂鱼的地方
钓欧洲鲈鱼的地方
钓鲶鱼的地方
潮水
沼泽地
有历史意义的建筑物
战场
洞穴和瀑布
有化石的场所
徒步旅游路线
陡坡地区
现有的公共活动空间
0
50英里
游憩的适合度

图 13.13 游憩适合度

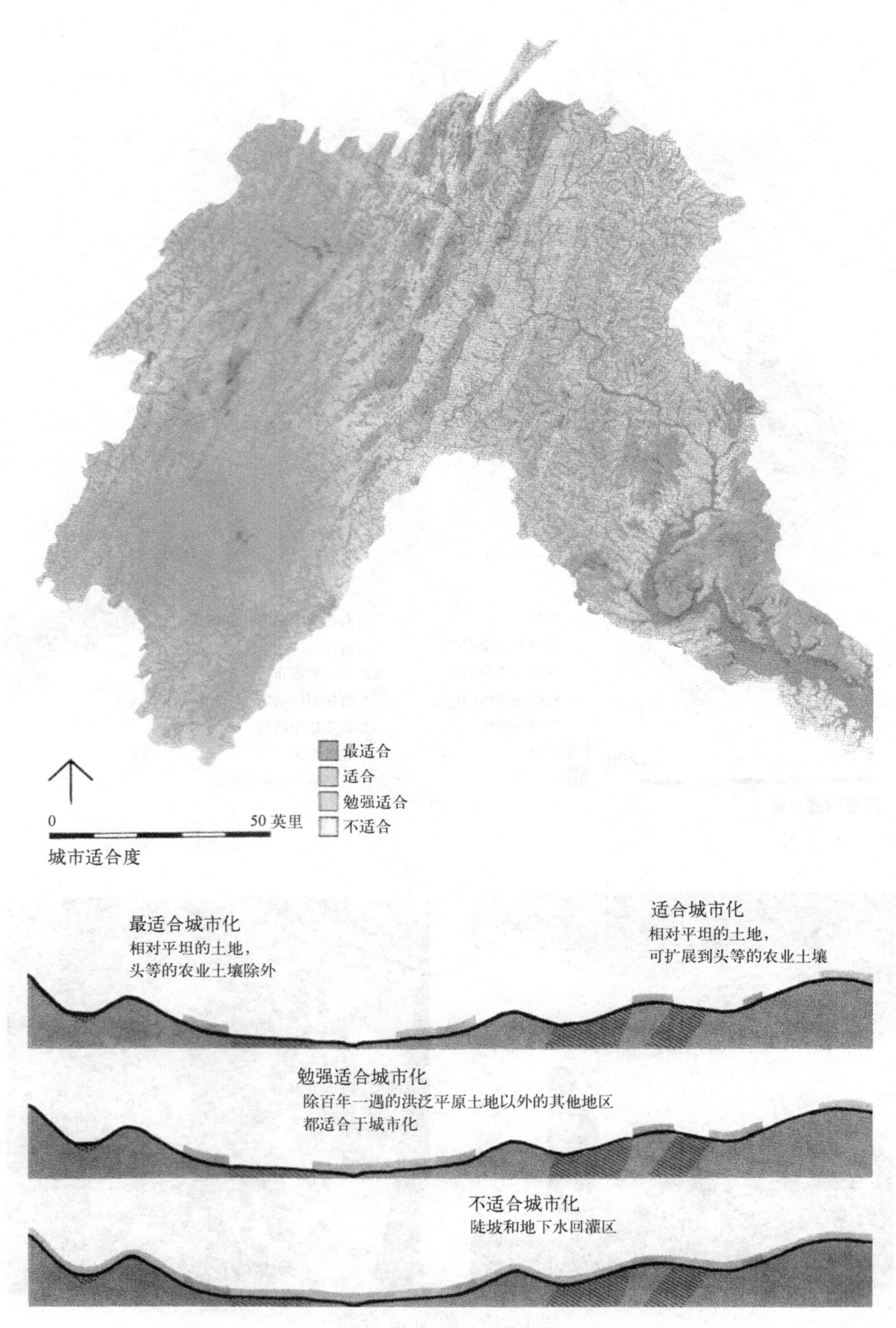
最适合
适合
勉强适合
不适合
0
50 英里
城市适合度
最适合城市化
相对平坦的土地，
头等的农业土壤除外
适合城市化
相对平坦的土地，
可扩展到头等的农业土壤
勉强适合城市化
除百年一遇的洪泛平原土地以外的其他地区
都适合于城市化
不适合城市化
陡坡和地下水回灌区

图 13.14　城 市 适 合 度

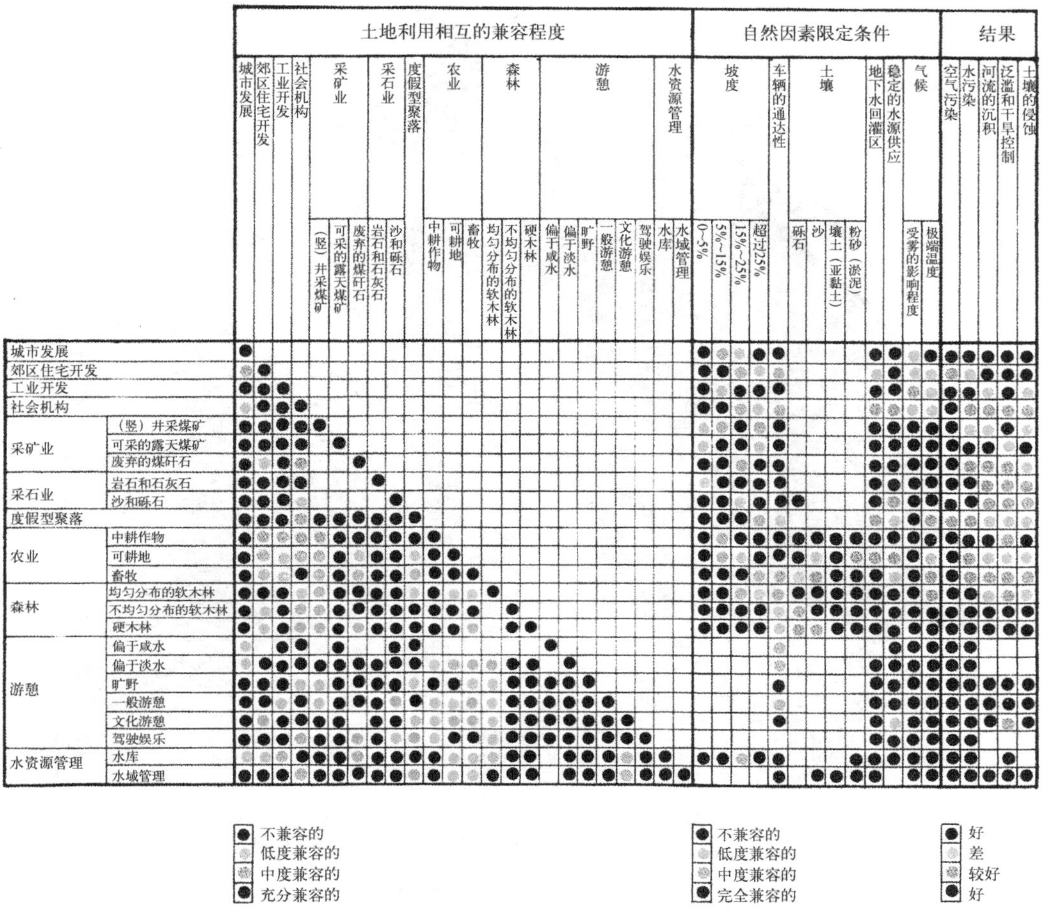

土地利用相互的兼容程度
自然因素限定条件
结果
城市发展
郊区住宅开发
工业开发
社会机构
采矿业
（竖）井采煤矿
可采的露天煤矿
废弃的煤矸石
采石业
岩石和石灰石
沙和砾石
度假型聚落
农业
中耕作物
可耕地
畜牧
森林
均匀分布的软木林
不均匀分布的软木林
硬木林
游憩
偏于咸水
偏于淡水
旷野
一般游憩
文化游憩
驾驶娱乐
水资源管理
水库
水域管理
坡度
0~5%
5%~15%
15%~25%
超过25%
车辆的通达性
土壤
砾石
沙
壤土（亚黏土）
粉砂（淤泥）
地下水回灌区
稳定的水源供应
气候
受雾的影响程度
极端温度
空气污染
水污染
河流的沉积
泛滥和干旱控制
土壤的侵蚀

城市发展
郊区住宅开发
工业开发
社会机构
采矿业
（竖）井采煤矿
可采的露天煤矿
废弃的煤矸石
采石业
岩石和石灰石
沙和砾石
度假型聚落
农业
中耕作物
可耕地
畜牧
森林
均匀分布的软木林
不均匀分布的软木林
硬木林
游憩
偏于咸水
偏于淡水
旷野
一般游憩
文化游憩
驾驶娱乐
水资源管理
水库
水域管理

不兼容的
低度兼容的
中度兼容的
充分兼容的

不兼容的
低度兼容的
中度兼容的
完全兼容的

好
差
较好
好

土地使用兼容程度

图 13.15 土地使用兼容程度示意图

的适宜度，林业和游憩的适宜度次之。在岭谷地区，游憩活动具备主要的发展潜力，林业、农业和城市化次之。在大河谷地区，农业是最大的优势资源，游憩和城市化应占用较少的土地。蓝岭地区显示出相对单一的游憩潜力，但具有最高的生态适宜度。皮德蒙高原主要适合于城市化，附带可作为农业和一般游憩活动使用。海岸显示出具有以水资源为基础的游憩活动，以及具有林业的最大潜力，但不宜作为城市化和农业用地。

通过上述分析可以明确土地的利用性质。具有不同资源的土地提供了不同的土地利用方式。生态的规划方法通过对土地性质的调查分析，按照不同土地性质进行不同的利用，以期更好地使用和管理土地。

13.1.5 分区：自然地理区域

整个流域地区的研究是在 1∶250 000 比例尺的图纸上进行的，很多细节会被忽略或难以识别。因此，在对每个自然地理区域的详细研究中，可选择 1∶24 000 比例尺，并挑选出在区域内具有典型性的地区进行详细研究。

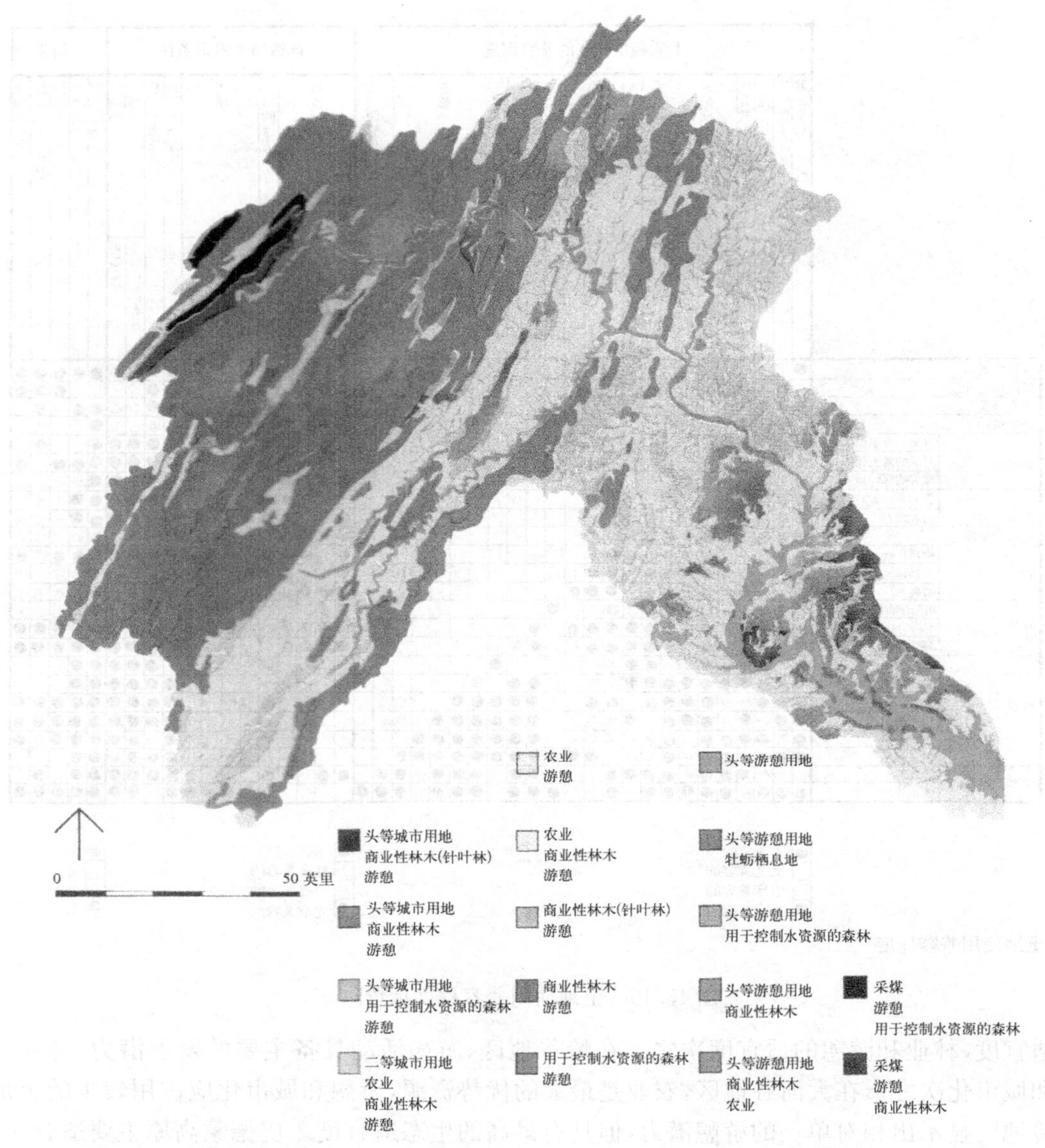

图 13.16　综合：多种用途交替的适合度示意图

1）阿勒格尼高原

粗放式矿藏开采以及掠夺式森林砍伐导致了生态失衡、土地贫瘠、居民生活水平低下。但是，这里仍有许多资源——丰富的煤矿、潜在的森林、野生动物和具有最高潜在价值的游憩活动资源条件（见图 13.17）。可以根据这些资源条件，制定开发计划和管理政策。

2）岭谷地区

该地区拥有本流域最大的陆上游憩资源。虽然谷底狭窄，但土壤肥沃。森林的商业价值低，但游憩价值很高，是地区的主要资源，可以加以开发，以发挥其社会经济价值。目前，许多城市建在洪泛平原上，但更好的坐落位置应在较高的地势上，坡度适中，朝向好，高于霜降带，适于城市发展(见图 13.18)。

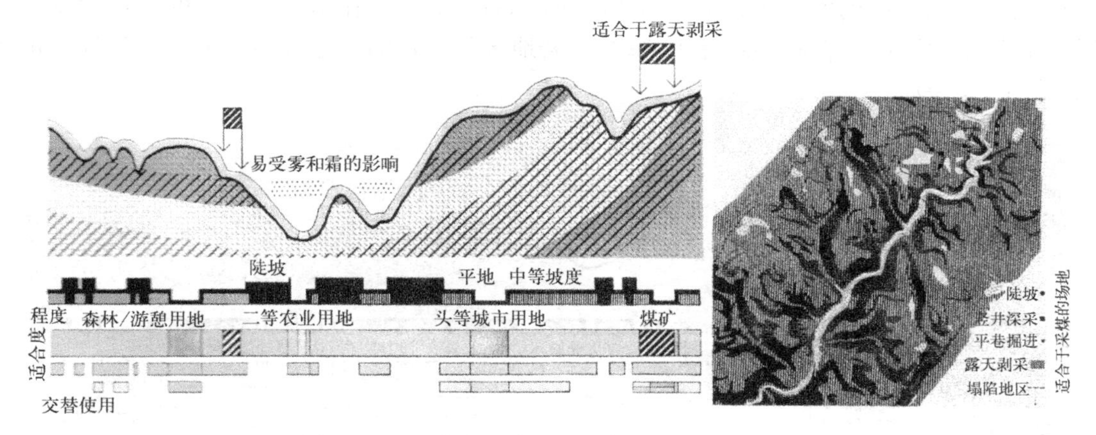

图 13.17 阿勒格尼高原土地使用适合度示意图

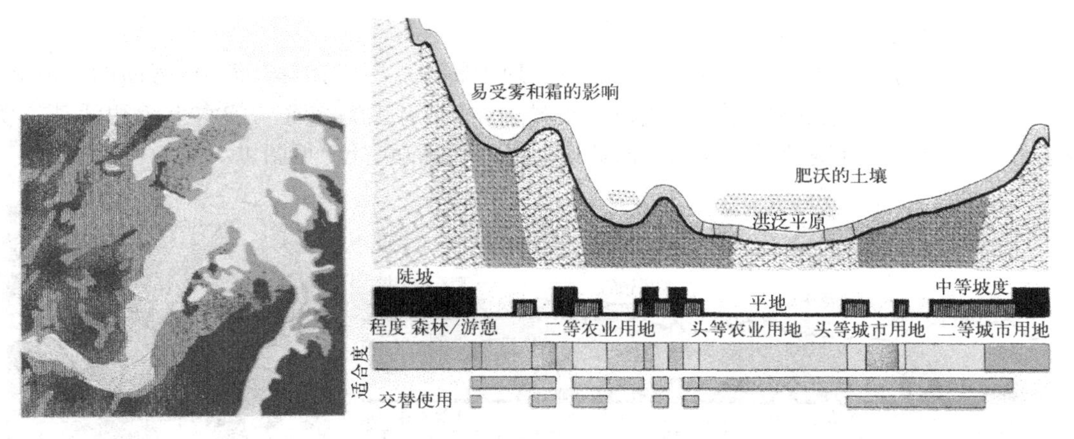

图 13.18 岭谷地区土地使用适合度示意图

3) 大河谷地区

谷底十分宽广，总体平坦，土壤成分以石灰岩为主。山丘的景观特色具有游憩价值，石灰岩土壤适宜发展农业，页岩地带远离地下含水层，是最佳的城市坐落位置(见图 13.19)。

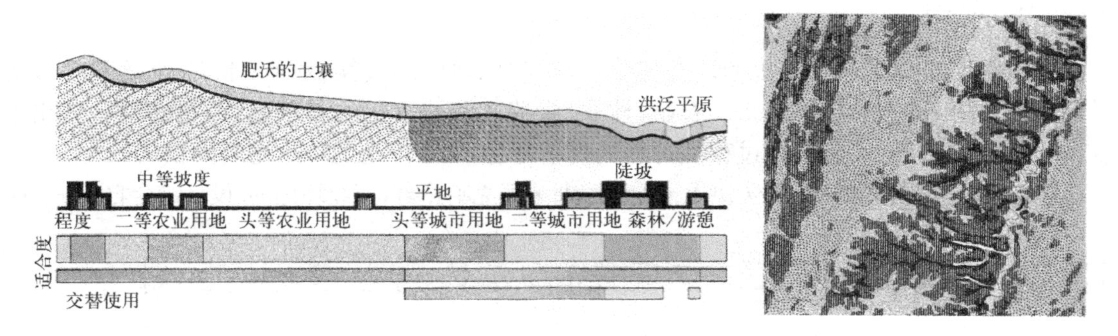

图 13.19 大河谷地区土地使用适合度示意图

4）皮德蒙高原

生态适宜度反映相应的地质、自然植被、水文和土壤情况。石灰岩和石英岩的谷底可作为农业用地，页岩的河谷可作为畜牧和非商业性的森林用地；在结晶岩地区的谷地和洪泛平原可作为某些农作物、畜牧和森林用地；结晶岩地区的平坦的高原或山岭上适宜作为城市用地（见图 13.20）。

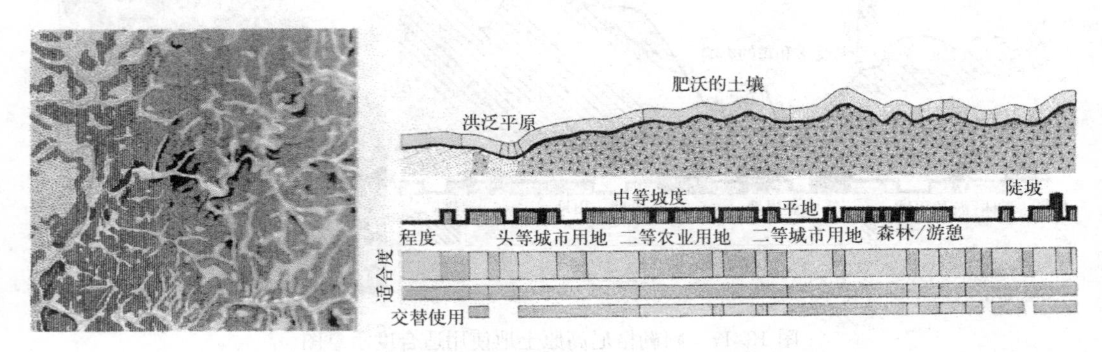

图 13.20　皮德蒙高原土地使用适合度示意图

5）海岸平原

波托马克河下游地区具有海岸平原的自然地理特点：河口、海湾、海口、弯曲的溪流和沼泽等。森林分布广，地下水位高，土壤以石英砂为主，具有该流域唯一的水上游憩活动资源。农业和城市用地适宜度较低。森林和渔业用地具有较高适宜度（见图 13.21）。

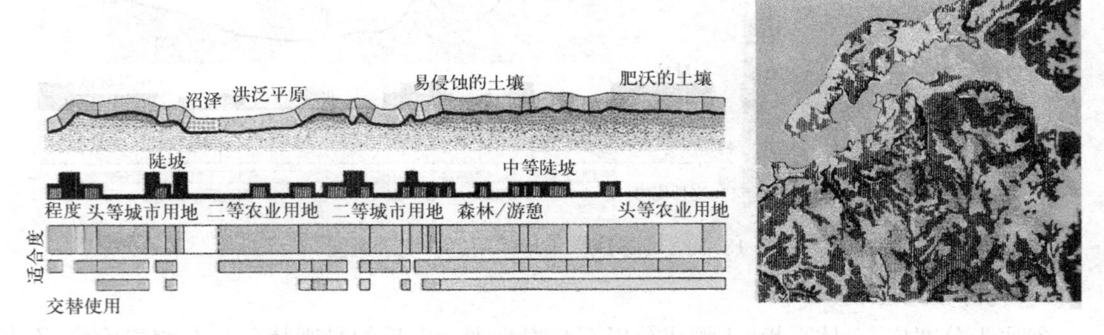

图 13.21　海岸平原土地使用适合度示意图

13.1.6　总结

首先对某一地域进行系统的调查和分析，得到该地区的气候、地质、水文、土壤和植被等信息，将这些信息与社会发展——农业、林业、旅游业和城市化的需求进行对比分析，得出潜在的土地利用方案，以将设计过程与自然进程结合起来，系统地建构生态规划模式。

来源：本节图表均引自（美）伊恩·伦诺克斯·麦克哈格著，芮经纬译的《设计结合自然》一书。

13.2　长江三峡库区（重庆段）沿江区域生态功能区划

生态功能区划是依据区域生态环境要素、生态敏感度与生态服务功能等特征的空间分异规律而进行的地理空间分区，其目的是明确区域生态安全重要地区，为制定区域生态环境保护与建设规划、维护区域生态安全、促进区域产业的合理布局和资源的有效利用，保护区域生态环境提供科学依据，并为环境管理部门和决策部门提供管理信息与管理手段，为实施区域生态环境分区管理提供基础和前提。

在对长江三峡库区重庆段沿江区域的生态敏感度和服务功能定量评价的基础上，结合区域生态环境现状对这一特殊敏感区域进行了生态功能区划。

13.2.1 区域概况

长江三峡库区(重庆段)地处我国西南部地势第 2 阶梯东缘(28°32′～31°26′N，105°49′～110°12′E)，在地质构造上位于大巴山褶皱带、川鄂湘黔褶皱带、川东褶皱带和黄陵背斜交汇处，北靠大巴山，南依云贵高原，跨越川鄂中低山峡谷和川东平行峡谷低山丘陵区。库区地貌区划为板内隆升蚀余中低山，沿江以奉节为界，西段主要为侏罗系碎屑岩组成的低山丘陵宽谷地形；东段主要为震旦系至三叠系碳酸盐岩组成的川鄂山地，长江由西向东横切巫山，形成举世闻名的长江三峡区内地势从南北向长江河谷倾斜，地貌类型复杂多样，山地面积占 71.3%，丘陵台地占 22.8%，平原、岗地、坝地仅占 5.9%。此外，库区内河网密布，长江干流从重庆市域的中部自西向东贯穿整个库区，汇集包括嘉陵江、乌江、涪江、渠江、大宁河等上百条大小支流，构成向心状的复合水系(见图 13.22)。

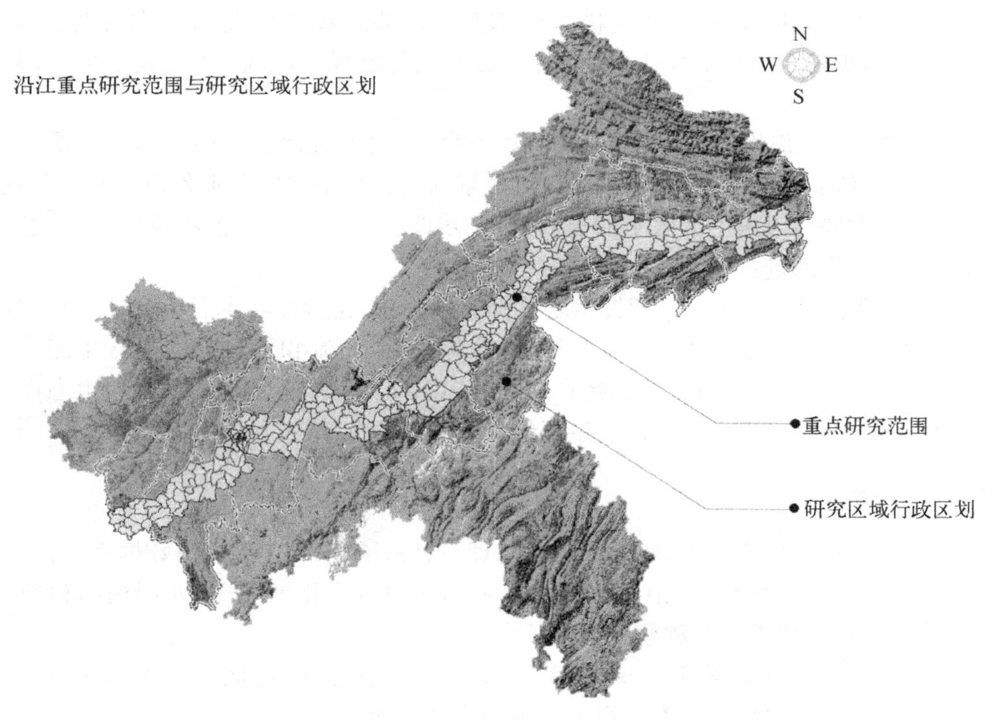

图 13.22 研究区域位置图

库区地处中纬度中亚热带湿润地区，属于湿润亚热带季风气候，年均气温 14.8～18.7℃，平均降水量 1 038～1 186 mm，平均日照 960～1 580 h，具有冬暖春早、夏热伏旱、秋雨多、湿度大、云雾多等特征。多样的地貌和气候条件使得许多孑遗植物在这里得以保存，植物种类汇总分析表明库区的高等植物有208科，1 428属，6 088种，生物多样性优势较为突出。

在行政区划上，该区域东起巫山，西至江津，涉及包括重庆市都市圈在内的22个区、市、县，面积约36 900 km^2，2004年末人口1 748万人，人口密度473人/km^2，生态负荷较重。三峡工程的建设亦极大地改变了三峡库区生态系统的结构和功能，加剧了库区本来就已十分突出的人地矛盾。由于重庆市境内长江干流沿江城镇区域是人类活动与环境响应最强烈的界面区，根据生态系统在时空分布上的连续性、完整性、共轭性等特点，本研究的重点区域确定为沿长江主干(重庆段)永川以下至巫山区段长680 km和两岸纵深各5 km所涉及的城市(城镇)行政辖区范围，面积约11 000 km^2。

13.2.2 生态功能区划原则

根据生态功能区划的目的，区域生态服务功能与生态环境问题的形成机制与规律，并结合三峡库区沿江区域生态环境条件复杂且高度敏感的特点，针对这一区域的生态功能区划除了应当遵循可持续发展、发生学、区域分异与共轭、区域相关与相似性等传统原则外，还应着重强调以下原则。

(1) 整体优化与协调共生。强调三峡库区(重庆段)沿江区域都市区与市域组团城市群和广大农村区域景观以及周围环境之间相互关系的协调、有序和动态平衡，在充分研究三峡库区沿江区域生态环境要素、功能现状、问题及发展趋势的基础上，综合考虑其现状布局和资源环境背景值，积极协调与整合社会发展中多目标的价值观，追求社会、经济和生态环境的整体最佳效益。

(2) 趋势开拓。以生态系统服务功能、环境容量、自然资源承载能力和生态适宜度为依据，积极寻求最佳的区域生态位，以利于环境容量的充分利用和生态服务功能的充分发挥，促进社会经济的发展与人民生活水平的提高，进一步改善区域生态保护和建设水平，追求区域生态环境质量的不断进步。

(3) 生态整合与特色传承。把握生态系统的开放性、连续性和生态整合性，以行政区域、自然环境的特征性、相似性和连续性为基础，提高物流、能流和信息流的整合生态效益。同时，尊重地域历史文化、民俗民风，弘扬区域特色，以综合分析社会经济发展和生态保护与建设的主导因素为基础，保障生态文化、生态经济和生态安全的持续性建设。

13.2.3 方法

区域定量分析评价均基于ArcGIS 9.0地理信息系统平台，包括以下数据来源：

(1) 三峡库区(重庆段)。沿江区域1∶50 000的数字化地形图，并利用高程数据产生TIN三角网数据，生成数字高程模型(DEM)。

(2) 沿江区域。2002年，Landsat ETM$^+$卫星遥感影像图，经地形矫正与几何矫正并在Geostar3.0平台下通过监督分类所得的土地利用现状图。

(3) 沿江区域土壤类型、水系、水土流失状况、地质灾害发生点等自然要素分布图。

(4) 区域行政区划、道路交通、风景名胜区和旅游区、居民点分布状况等要素分布图。

将各纸质专题地图经扫描数字化后与原有的矢量图层一起导入 ArcGIS，在此平台下建立统一的坐标系统，并进行相应空间配准、边界匹配裁切、要素编辑修改以及拓扑关系重生成等操作，为进一步的分析提供可靠的数据支持平台。

13.2.4 区域生态敏感度评价

生态环境敏感度是指生态系统对区域自然和人为活动干扰的响应程度，具体表现为区域生态系统在遇到干扰时，可能发生的生态环境问题的类型及其难易程度。敏感度评价即是根据区域生态环境问题的形成机制，分析与其成因相关要素的区域分异规律，以判断生态环境问题可能发生的地区范围与可能性大小。

根据研究区域生态系统特征，选择区域坡度、地形起伏度、土壤侵蚀度、流域集水量和地质灾害点密度等要素建立敏感度评价模型，并生成相应的空间属性数据库。其中坡度和地形起伏度由 ArcGIS 的 3DAnalyst 模块分析 DEM 生成；流域集水量由 Hydrology 模块对 DEM 进行填洼削峰、计算径流流向、统计集水区面积等系列分析运算生成；土壤侵蚀度及地质灾害点密度则通过原有水土流失和地质灾害点分布状况的数字化要素图经矢量-栅格转换而成。然后依据各要素属性特征对于生态敏感度的影响程度进行重分类并赋以相应的属性分值和权重；在上述分项评价基础上运用 GIS 的 Spatial Analyst 模块对区域生态敏感度进行综合评价，计算出各栅格的区域生态敏感度评价指数 RESI(Regional Ecological Sensitivity Index)，其计算公式为 $RESI=\sum S_iW_j$，式中 S 和 W 分别为各评价要素的属性分值与权重值。最后依据各栅格 RESI 的自然断点分布特征将研究区域生态敏感度划分为 5 级(表 13.1)，并基于 RESI 重分类生成区域生态敏感性空间分布图(见图 13.23)。

表 13.1 研究区域生态敏感度分级

等　级	面积(km^2)	所占比例(%)
低敏感	162.8	1.48
较低敏感	938.3	8.53
中度敏感	3 007.4	27.34
较高敏感	4 272.4	38.84
高敏感	2 618.0	23.80

13.2.5 区域生态服务功能重要性评价

建立基于 GIS 的研究区域地形起伏度、坡度、土壤侵蚀敏感度、各景观要素生态功能重要度、流域集水量、交通及区位优势度、区域地质灾害发生程度及工程地质等级等评价因子的空间属性数据库。然后将所有图层通过矢栅转换，根据研究目的对各要素在某种特定意义上的生态适宜度进行相应的重分类并赋以半定量属性值，从而确定基于各分项数据的区域生态适宜度评价指数，在上述分项评价基础上运用 GIS 叠置分析模块对区域发展与景观建设综合生态适宜度(regional comprehensive ecological suitability index for development and landscape construction, RCESI)进行了评价，其计算公式为 $RCESI=\sum S_iW_j$，式中 S 和 W 分别为各

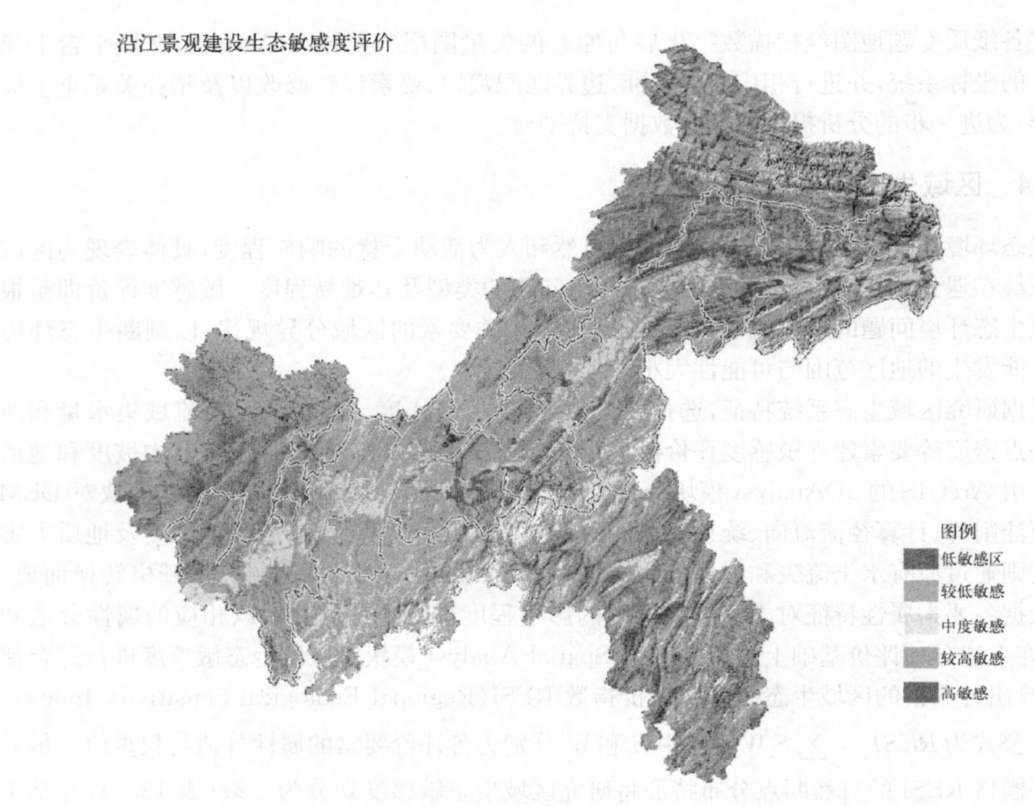

图 13.23 区域生态敏感度空间分布图

评价要素的半定量属性值与权重值。经计算，各斑块综合评价范围在 5～27 之间，根据数据的自然断点分布特征，将研究区域生态适宜度划分为 5 级(见表 13.2)，最后形成生态适宜度空间分布图(见图 13.24)。

表 13.2 研究区域生态适宜度分级

等　　级	面积(km^2)	所占比例(%)
低	991.1	9.01
较低	3 646.5	33.15
中	2 575.1	23.41
较高	2 066.9	18.79
高	1 721.5	15.65

13.2.6 生态功能区划

在 GIS 基础数据平台之上导入生成的生态敏感度以及生态服务功能重要性分布图，进行区划要素界线的叠置。综合考虑区域自然特征、生态环境问题及社会经济发展情况，采用定性和定量相结合的方法进行分区划界，取重合最多处为界线，对重合较少处，则以主导要素划分界线并进行必要的修正。具体分为 3 个等级：一级区划主要考虑区内气候特征的相似性与

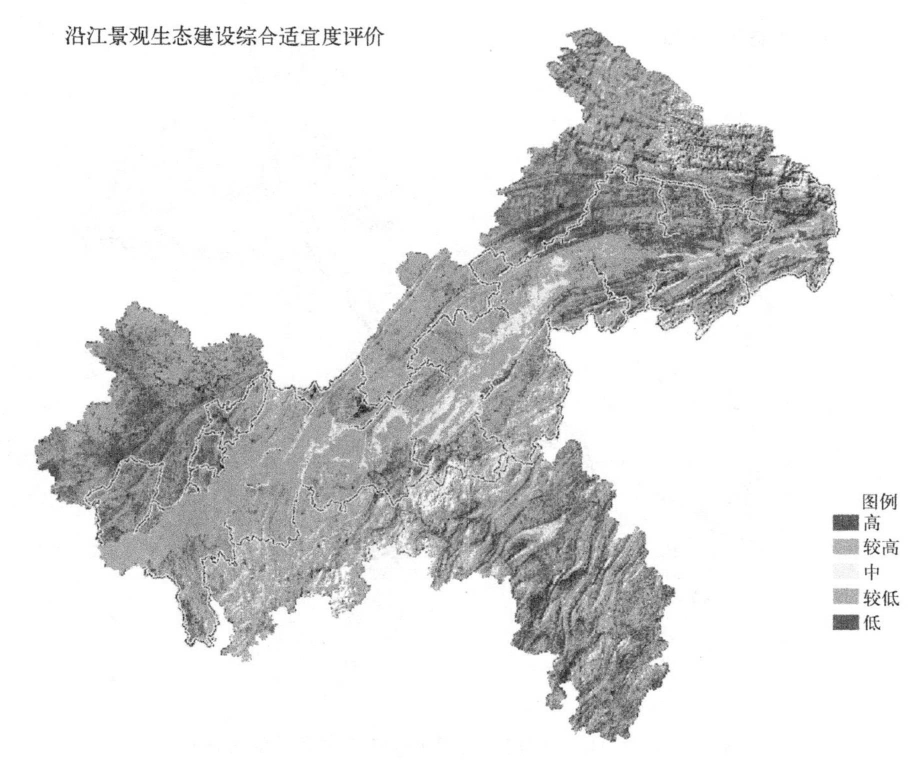

图 13.24　区域生态适宜度空间分布图

地貌单元的完整性；二级区划以区内生态系统类型与过程的完整性，以及生态服务功能类型的一致性为参考标准；三级区划则是以生态服务功能重要性、生态环境敏感一致性为依据。此外，一般边界的确定还综合考虑了山脉、河流等自然特征以及行政边界的完整性，以便于对各功能分区的管理和建设。

13.2.7　沿江生态功能分区方案

在进行区域生态环境现状、生态环境敏感度和生态服务功能重要性评价的基础上，以研究区域主要生态环境问题的现状和趋势、生态环境敏感性和生态服务功能重要性的区域分异规律为依据，将研究区域划分为 3 个一级生态区，分别为库区西部平行岭谷低山丘陵生态区、库区中部平行岭谷丘陵低山生态区、库区东部中山峡谷生态区，并针对各亚区的景观结构特征、城镇社会经济发展现状及发展趋势，进一步将一级生态区划分成 11 个二级生态亚区和 34 个三级生态功能区（见图 13.25）。

13.2.8　区域发展对策建议

三峡库区是长江上游经济带的重要组成部分，是长江中下游地区的生态环境屏障和西部生态环境建设的重点，在促进长江地区经济发展、东西部地区经济交流和西部大开发中具有十分重要的战略地位。由于自然生态条件及人为干扰综合作用的结果，库区沿江各区均存在着不同程度的生态敏感单元。总体而言，重庆都市圈和涪陵至万州市区沿江丘陵低山区的生态敏感度较低，库区下游万州部分至云阳、奉节和巫山区段生态敏感度相对较高，更易受城镇

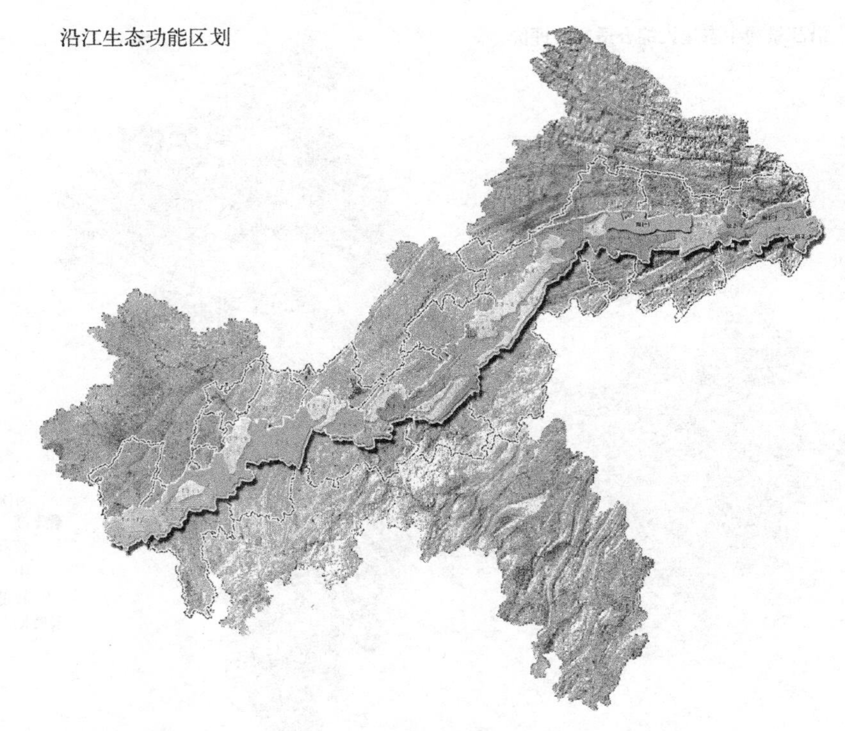

图 13.25　长江三峡库区(重庆段)沿江生态功能分区图

开发、自然灾害的影响,库区上游则因部分地区垦殖过高易发生水土流失。

在区域发展对策上,水土流失和地质灾害易发的敏感区域应当重点改善农林业耕种开发条件,对于沿江坡度在25°以上的坡耕地和荒草地,结合退耕还草和退耕还林实施坡改梯改造工程,积极发展以经济林建设、无公害蔬菜基地建设和优质果品基地建设为主的农林复合经营模式。同时,还应当禁止任何可能加剧山体结构破坏的开发建设以有效遏制水土流失,尽可能保持沿江山体自然原貌。

沿江城市和城镇发展区作为区域的可持续发展与生态建设的重要节点,如万州、云阳等宜着重于城镇发展与三峡旅游风光带开发的协调,在尊重三峡库区自然环境演变过程的基础上尽可能维持沿江山系、水系的原有景观风貌,合理布局沿江城镇及产业带体系,尽可能限制和改变沿江就地移民设置城镇、开山修路、采矿建厂等破坏山体及沿岸工程地质结构的不合理活动。同时,强化城市集聚及经济辐射功能,加强城市基础设施建设,通过重点地段系列规划与建设工程丰富都市生态景观,创建健康、舒适、适宜人居的城市。

对于奉节以下至巫山三峡库区最关键的沿江景观风貌带,由于其本身较高的生态脆弱性而不适宜于大规模的城镇建设及农业开发,宜适度发展小城镇并重点加强移民迁建城镇的总体规划与城镇建设,依托长江三峡旅游资源优势建设国家级特色旅游城市。在区域整体生态环境建设方面宜加强沿江山系生态恢复,特别是加强周围山丘、河流两岸的绿化,将山坡绿地、林地、果园、沿河防护绿化带组织成为立体化、多层次的城镇外围生态绿化圈,重塑名城自然山水与人文景观。

来源:本节图表均引自王祥荣,蒋勇.长江三峡库区(重庆段)沿江景观生态研究[M].北京:中国建筑工业出版社,2006.

参考文献

[1] (美)伊恩·伦诺克斯.麦克哈格.设计结合自然[M].芮经纬译.天津：天津大学出版社，2006.
[2] 王祥荣，蒋勇.长江三峡库区(重庆段)沿江景观生态研究[M].北京：中国建筑工业出版社，2006.

14 生态城镇规划

城市是社会产业发展和人类居住的主要区域，世界范围内都把城镇生态化建设作为21世纪社会和经济发展的重要手段。《我国国民经济和社会发展十二·五规划纲要》提出"树立绿色、低碳发展理念，以节能减排为重点，健全激励与约束机制，加快构建资源节约、环境友好的生产方式和消费模式，增强可持续发展能力，提高生态文明水平"，指出要"大力推进节能降耗"、"加强水资源节约"、"完善再生资源回收体系"、"推广绿色消费模式"、"促进生态保护和修复"等，为城镇生态规划设计和建设提出了明确的要求。本节选取了中新天津生态城规划和台北生态规划两个案例。

14.1 中新天津生态城

中新天津生态城位于天津滨海新区内，毗邻天津经济技术开发区、天津港、海滨休闲旅游区，地处塘沽区、汉沽区之间，距天津中心城区45 km，距北京150 km，总面积约31.23 km^2，规划居住人口35万，生态城于2008年9月开工建设。中新天津生态城是由中国和新加坡两国政府共同规划建设的生态城，是我国目前规模较大、启动较快、影响较广的生态城之一。

14.1.1 建设目标和特点

14.1.1.1 建设目标

中新天津生态城的建设目标为：建设环境生态良好、充满活力的地方经济，为企业创新提供机会，为居民提供良好的就业岗位；促进社会和谐和广泛包容的社区的形成，社区居民有很强的主人意识和归属感；建设一个有吸引力的、高生活品质的宜居城市；采用良好的环境技术，促进可持续发展；更好地利用资源，产生更少的废弃物；探索未来城市开发建设的新模式，为中国城市生态保护与建设提供管理、技术、政策等方面的参考。

14.1.1.2 特点

① 一个国家间合作开发建设的生态城市；

② 选择在资源约束条件下建设生态城市；

③ 以生态修复和保护为目标，建设自然环境与人工环境共融共生的生态系统，实现人与自然的和谐共存；

④ 以绿色交通为支撑的紧凑型城市布局；

⑤ 以指标体系作为城市规划的依据，指导城市开发和建设；

⑥ 以生态谷（生态廊道）、生态细胞（生态社区）构成城市基本构架；

⑦ 以城市直接饮用水为标志，在水质性缺水地区建立中水回用、雨水收集、水体修复为

重点的生态循环水系统；

⑧ 以可再生能源利用为标志，加强节能减排，发展循环经济，构建资源节约型、环境友好型社会。

14.1.2 生态城总体规划

中新天津生态城总体规划编制过程严格贯彻生态规划理念，具体体现在以下几个方面。

14.1.2.1 “选址”体现自然生态原则和经济生态原则

中新天津生态城选址在天津海滨新区，选址范围内以非耕地为主，体现了保护和节约利用土地资源的自然生态原则。生态城在以下几个方面体现了经济生态原则：

① 生态城选址靠近中心城市，能够依托大城市交通和服务优势，使其融入国际、示范全国、带动区域（见图 14.1）；

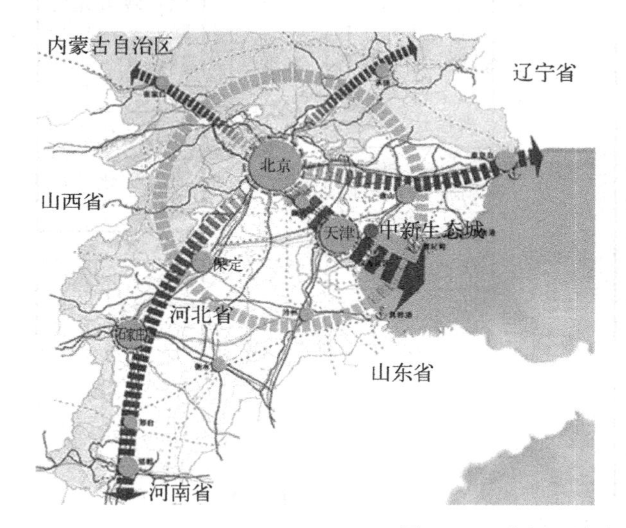

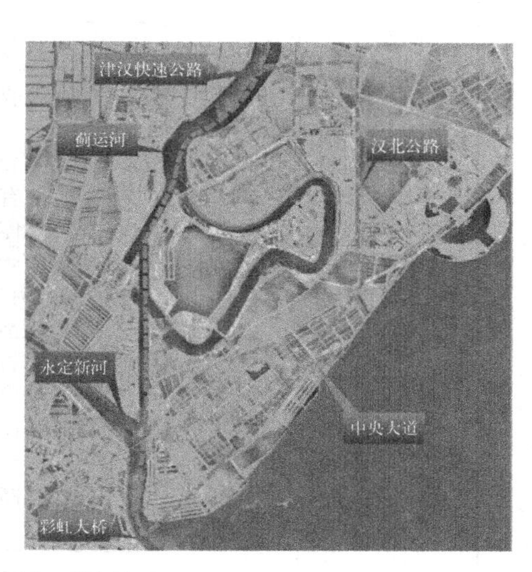

图 14.1 中新天津生态城区位图

② 选址位于水资源缺乏地区，在规划中将重点研究和推广节约、循环利用水资源的先进适用技术，体现了高效利用水资源的目标。

14.1.2.2 “指标体系”体现复合生态原则

中新天津生态城的最终目标是要创建一个人与自然和谐共处的城市，这个城市既要顺应区域生态系统的要求，构建符合自身生态特征的空间，又要满足人类社会发展需求，为人类提供适宜的居住场所，并提供高效的经济流及物质流的运转平衡。为此，规划以“经济蓬勃”、“环境友好”、“资源节约”、“社会和谐”作为 4 个分目标，提出指标 26 项。指标体系突出了生态保护与修复、资源节约与重复利用、社会和谐、绿色消费和低碳排放等理念，既体现了先进性，又注重可操作性（见图 14.2）。

14.1.2.3 “产业选择”体现经济生态原则

规划认为，实现职住平衡是生态城建设与运营成功的关键（规划在指标体系中要求“就业住房平衡指数≥50％”），生态城必须发展一定规模的产业。从产业类型上看，应围绕“生态产业”这个主题，并且选择产业链的高端，也就是研发设计阶段和市场营销阶段，从而起到示范和带头作用。

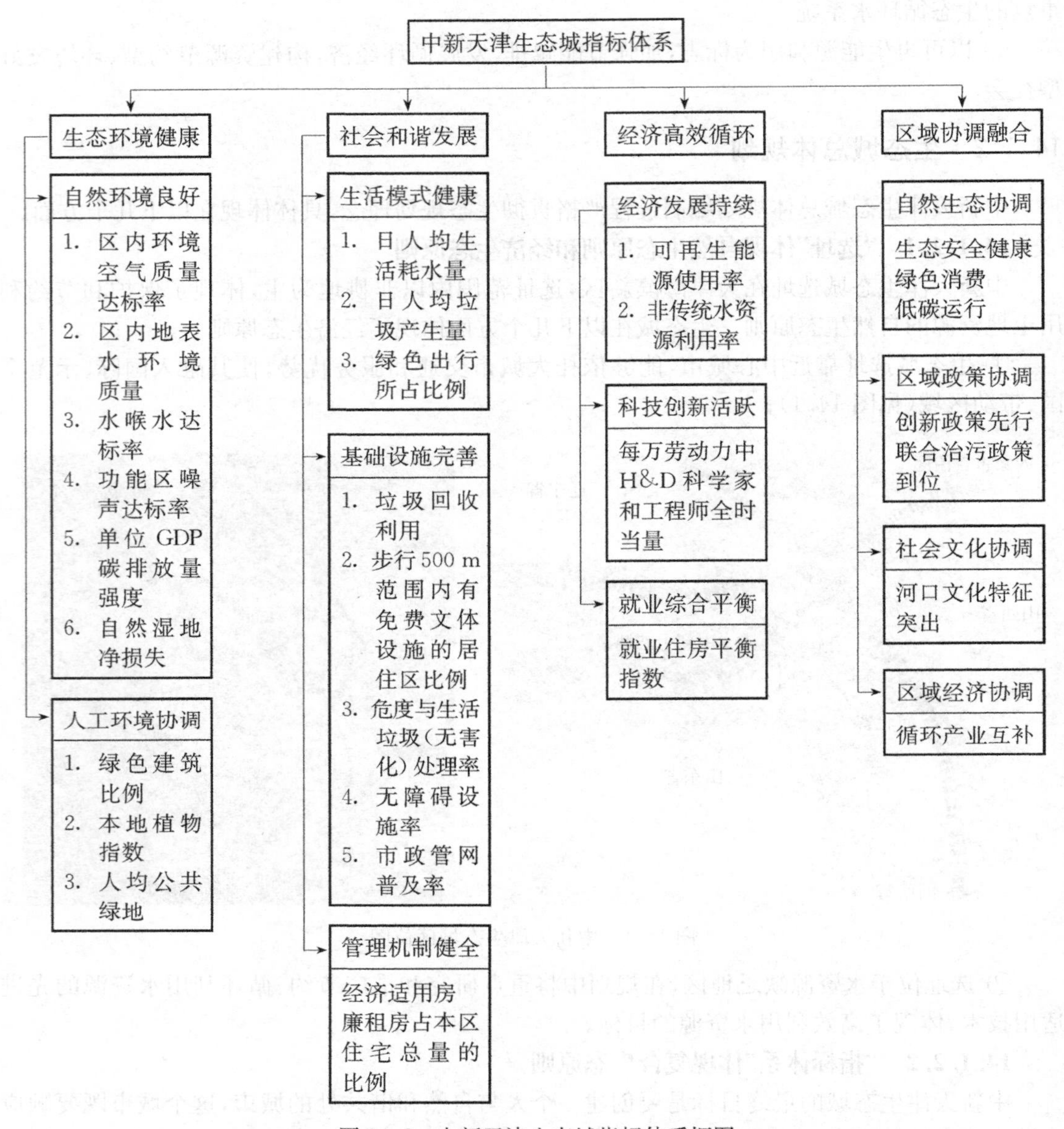

图 14.2 中新天津生态城指标体系框图

规划确定的主导产业之一就是"生态环保科技研发转化产业",坚持把自主创新作为转变发展方式的中心环节,积极开发和推广节能减排、节约替代、资源循环利用、生态修复和污染治理等先进适用技术。依托高校和科研院所,建立产学研合作的创新模式,发展生态环保教育产业,增强创新能力。

14.1.2.4 "生态适宜性评价"体现自然生态原则

规划范围内地质条件复杂,生态环境较为脆弱。规划采用了层次分析法与地理信息系统叠加结合的方法对规划范围用地进行基于生态因子的适宜性评价,分别对砂土液化区分布、天然地基利用、桩基利用、多年地面沉降累计量分布、地震烈度分布、地下水水位、土壤盐渍化等因子进行了评价和叠加分析(见图 14.3)。在评价分析结果的基础上,结合运河古河

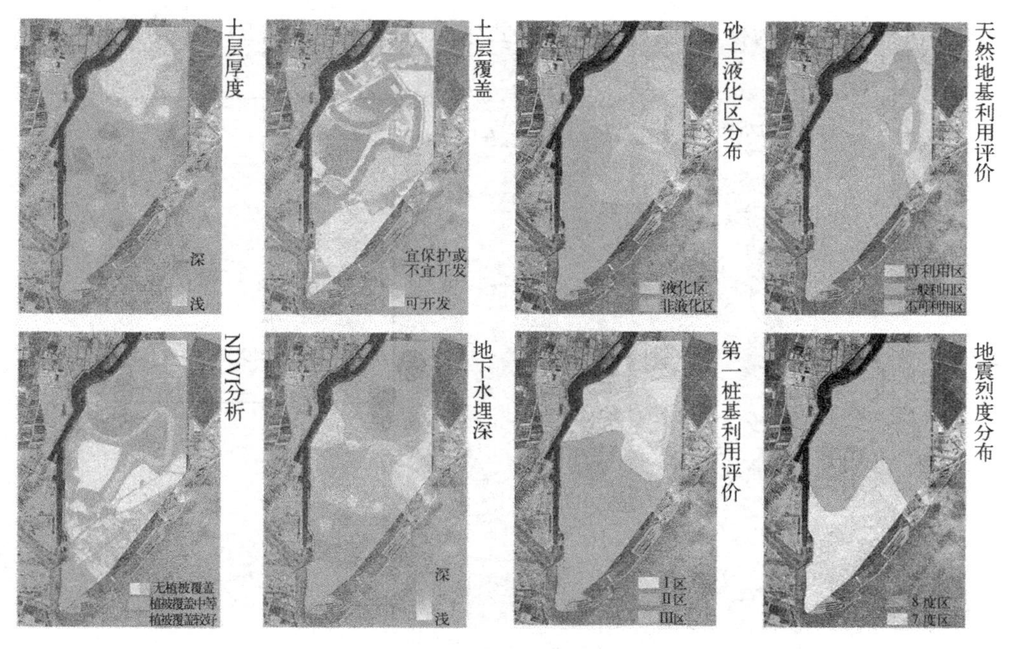

图 14.3　生态因子分析图

道、污水库缓冲带和廊道宽度限制要求划分禁建区、限建区、可建区和已建区(见图14.4)。

以上述环境和土地承载力分析为基础,辅以基于紧凑城市理念、宜居城市理念、就业居住平衡理念的容量分析,规划最终确定生态城的合理人口规模为35万人左右,人均城市建设用地约60 m^2,大大低于一般城市的指标。

14.1.2.5　"生态格局优化"体现自然生态原则

区域的整体生态格局与生态网络是城市生态发展的基础和保障,也是建设一个稳定健康的城市生态系统的前提。

规划保留了从七里海湿地连绵区通向渤海湾的区域生态廊道,同时强调了内部生态结构与区域生态局网络的衔接。依据景观生态学的原理,理想的生态"斑块"(patch)是接近圆形并保持自然曲线边界的,它应当与向外放射的指状"廊道"(corridor)连接在一起,通过廊道与外部的"基质"(matrix)相连。以此为理论依据,

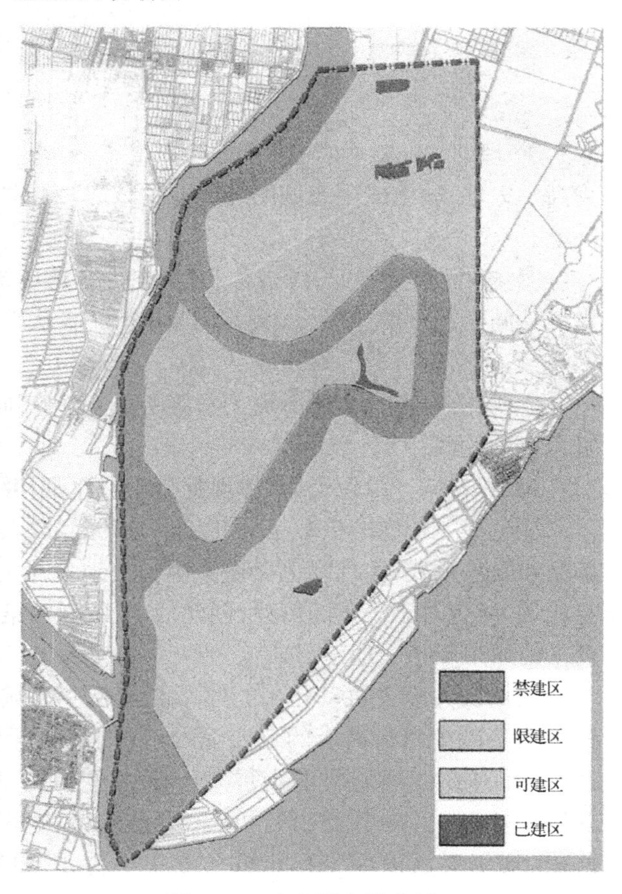

图 14.4　生态适宜性分析

规划形成了以中心水域为核心的放射形、网络式生态格局(见图 14.5)。

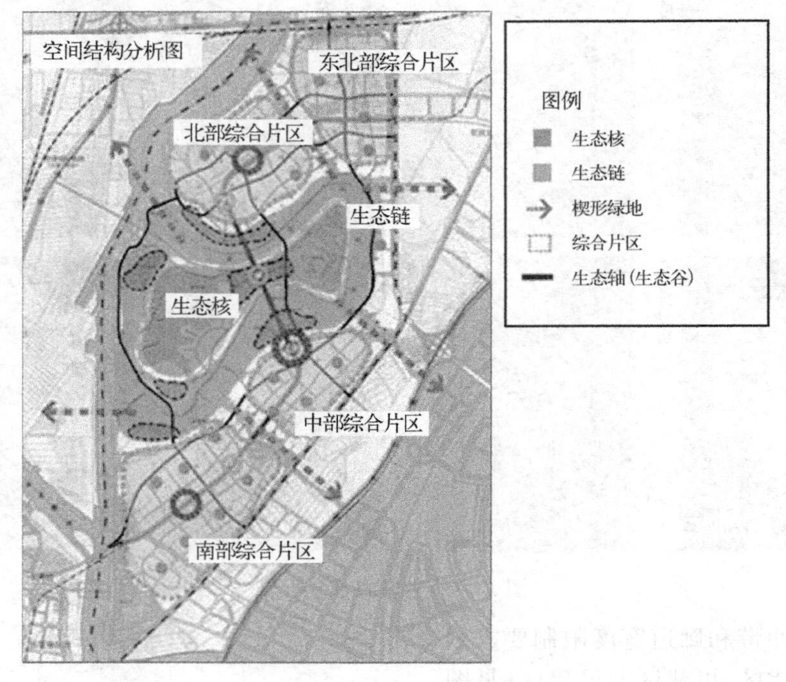

图 14.5 空间结构分析图

① 规划中的核心“斑块”被称为“生态核”,是以清净湖(治理后的污水库)、问津洲(现状为高尔夫球场)组成生态城的开场绿色核心,发挥“绿肺”功能,为生态城提供优美宜居的生态环境;

② 核心“斑块”的边缘被称为“生态链”,是环绕“生态核”的运河故道和两侧缓冲带,以及点缀其间的若干游憩娱乐、文化博览、会议展示功能点,结合健身休闲的自行车专用道形成“绿链”;

③ 规划中的“廊道”一共有 6 条,从“生态链”向江海(“基质”)连通,将建设用地划分成适宜尺度的片区。

14.1.2.6 “绿色交通”体现社会生态原则和经济生态原则

绿色交通理念的核心是从“以车为本”到“以人为本”,规划创建了以绿色交通系统为主导的交通发展模式;实现绿色交通系统与土地使用的紧密结合;提高公共交通和慢行交通的出行比例,减少对小汽车的依赖;创建低能耗、低污染、低占地,高效率、高服务品质、有利于社会公平的城市绿色交通发展典范。

规划认为减少机动化出行需求是实现生态城节能减排的重要方式,而尽可能地实现职住平衡是减少出行需求的首要途径,规划在指标体系中要求“就业住房平衡指数≥50%”。在空间布局上,规划要求步行 300 m 内可到达基层社区中心,步行 500 m 内可到达居住社区中心,80%的各类出行可在 3 km 范围内完成。以“职住平衡”和“生活服务便利”为前提,规划要求内部出行非机动方式不低于 70%,公交方式不低于 25%,小汽车方式占 10%以下。

为贯彻健康环保理念，实现“以人为本”，规划将非机动车作为最主要的交通出行方式，并将非机动车出行时的外部公共空间环境作为本次规划重点考虑的内容，为此建立了一套非机动车专用路系统(见图 14.6、图 14.7)，包括休闲健身道路(滨河活环湖设置，满足城市居民散步、跑步或骑自行车等休闲健身活动)和通勤道路(城市居民日常非机动方式出行的道路)。

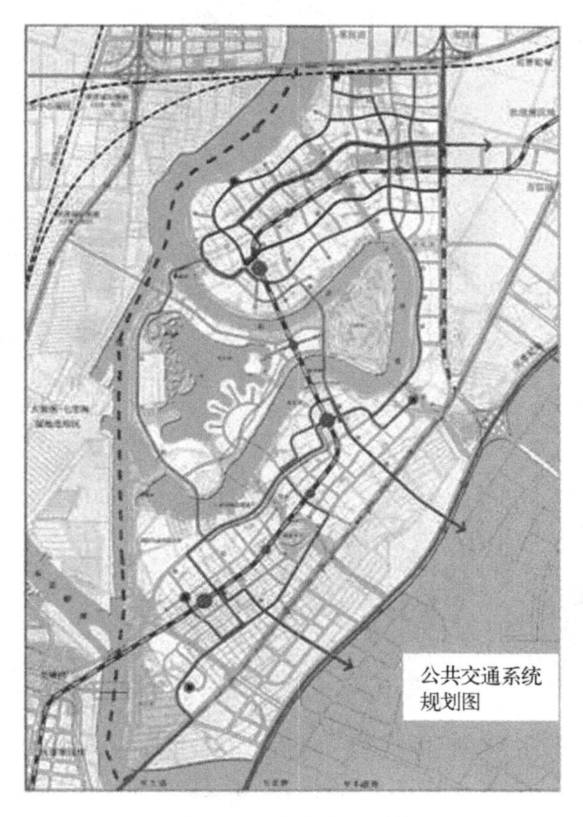

图 14.6 公共交通系统

14.1.2.7 “生态社区”体现社会生态原则和经济生态原则

规划借鉴了新加坡新城建设中的社区规划理念，并与生态城规划和我国社区管理要求相结合，确定了符合示范要求的生态社区模式。

规划建立了基层社区(即“细胞”)—居住社区(即“邻里”)—综合片区三级居住社区体系。其中基层社区由约 400 m×400 m 的街廓组成，基层社区中心服务半径 200～300 m，服务人口约 8 000 人；居住社区由 4 个基层社区，约 800 m×800 m 的街廓组成，居住社区中心服务半径约 500 m，服务人口约 30 000 人；综合片区由 4～5 个居住社区组成，结合场地灵活布置。这种结构符合当前最科学的“生成整体论”的哲学思想，即每一个构成系统整体的局部，都包含了整体的特性，局部是整体的表现。

生态社区模式的另外一个理念就是上述的绿色交通理念，包括机非分离、P&R 模式、TOD 模式、机动车车速渐变体系等概念，正是绿色交通理念的植入，使其从新加坡的新城社区模式演化为生态城的生态社区模式(见图 14.8)。

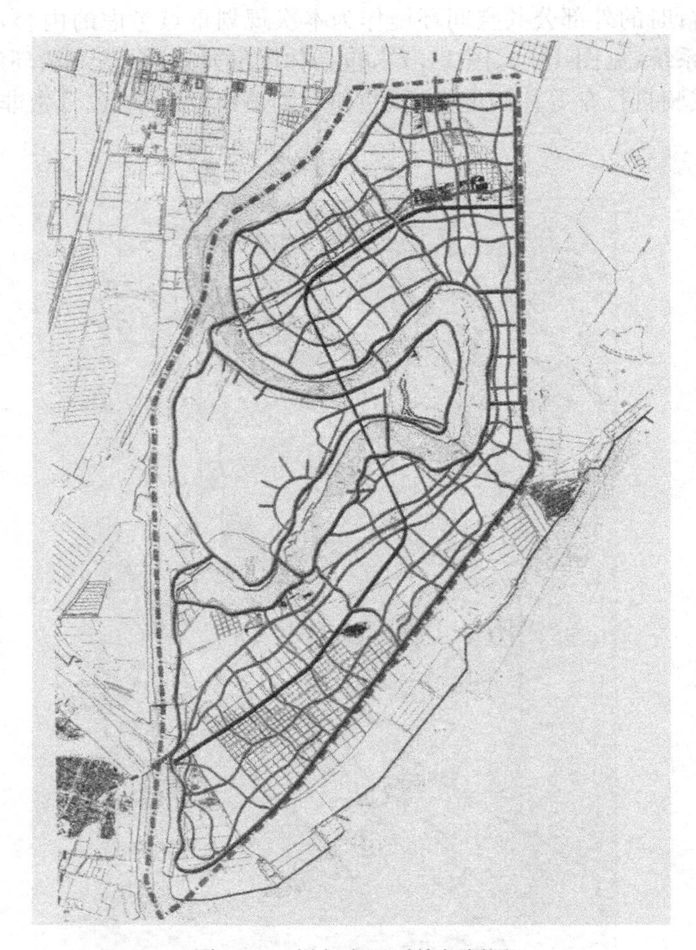

图 14.7　慢行交通系统规划图

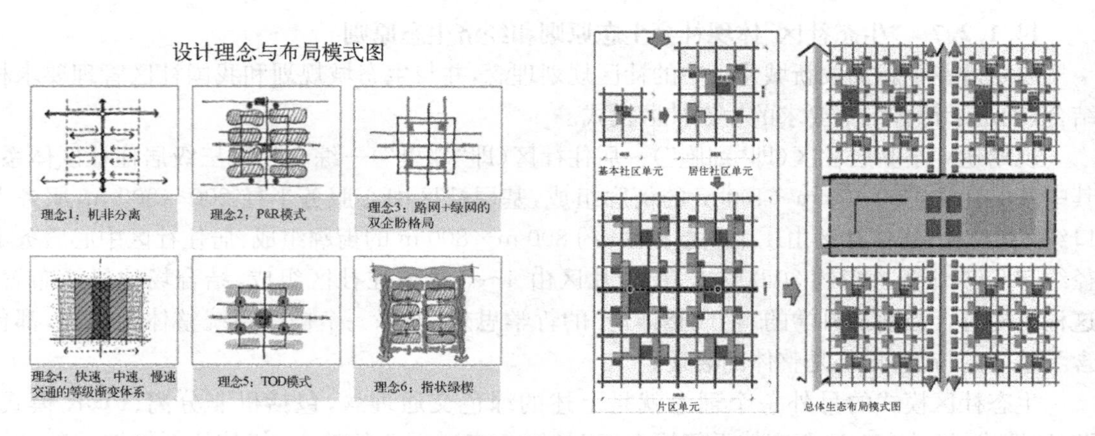

图 14.8　生态社区设计理念和布局模式图

14.1.2.8 “历史文化保护”体现社会生态原则

规划强调了对既有历史文化的保护与弘扬，突出体现在运河文化的发掘和原有村庄的保护与更新上。

以宝华和更新原有村庄为例，规划对青坨子村肌理和空间格局进行积极的保护性利用，通过修缮、整治和更新，改造成为集特殊旅游、民俗活动等为一体的综合文化功能区；对五七村进行适度改造，结合景观设计对原有工业构筑物等设施加以利用，保留历史记忆。

14.1.2.9 “水资源高效利用”体现自然生态原则

规划的目标是以节水为核心，推进水资源的优化配置和循环利用，构建安全、高效、和谐、健康的水系统。利用人工湿地等生态工程设施进行水环境修复，并纳入复合生态系统格局(见图 14.9)。水资源利用的主要策略包括：

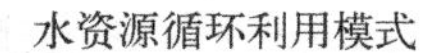

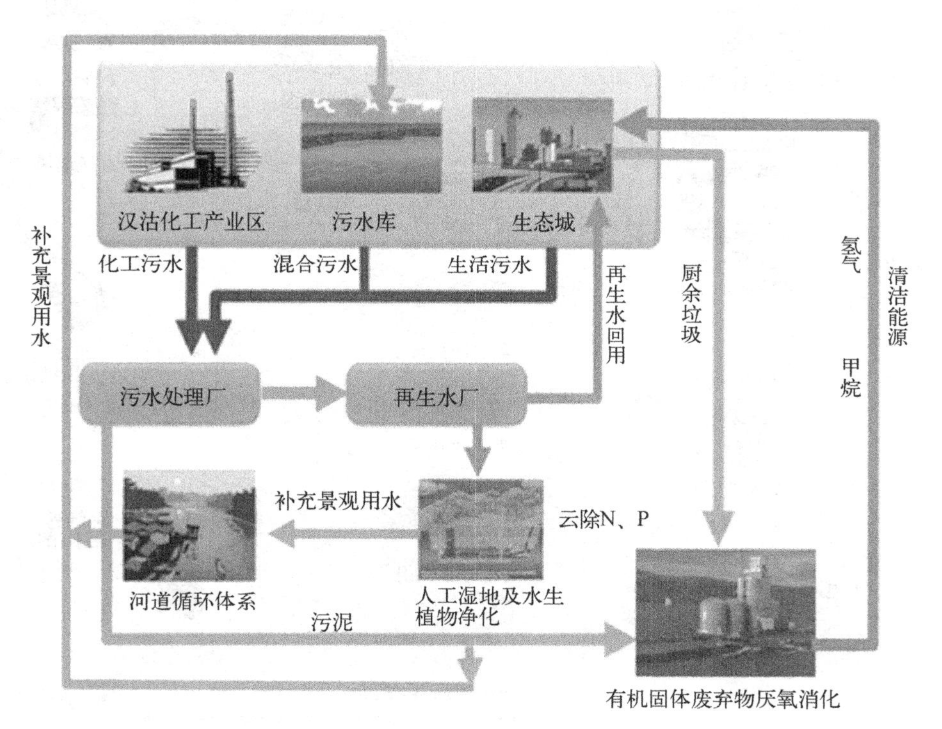

图 14.9 水资源循环利用模式图

① 节约用水，人均生活用水指标控制在 120 L/(人/d)；

② 采用非常规水资源，多渠道开发利用再生水，收集利用雨水和淡化海水，非传统水资源利用率不低于 50%；

③ 优化用水结构，合理配置水资源，实行分质供水，提高水资源利用率；

④ 建立水体循环系统，加强水生态修复与重建，加强地表水源涵养，建设良好的水生态环境。

本项目还编制了再生水利用工程规划，再生水主要用于建筑杂用(冲厕)、市政浇洒以及区内地表水系补水，剩余水量用于周边地区用水需求。

14.1.2.10 “能源高效利用”体现自然生态原则

规划的目标是促进能源节约，提高能源利用效率，优化能源结构，构建安全、高效、可持续的能源供应系统。

能源利用的主要策略包括：

(1) 降低能源消耗，充分利用新能源技术、绿色建筑技术及绿色交通技术，并加强能源梯级利用，增强居民节能意识，提高能源使用效率。

(2) 优先发展可再生能源，形成与常规能源相互衔接、相互补充的能源利用模式，可再生能源使用率不低于 15%。

(3) 促进高品质能源的使用，禁止使用非清洁煤、低质燃油等高污染燃料，减少对环境的影响，清洁能源使用比例达到 100%。

对各种能源的利用方式如下(见图 14.10)：

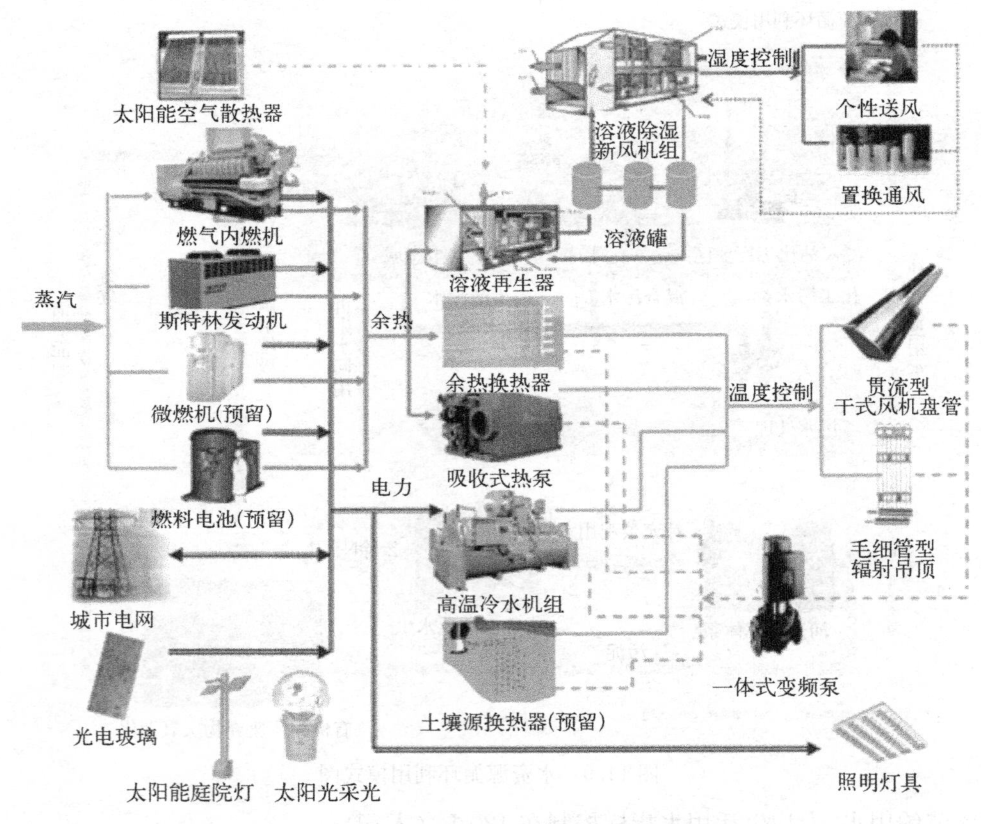

图 14.10 能源综合利用图

① 太阳能利用。利用太阳能热水系统为居民提供生活热水，全年太阳能热水供热量占生活热水总供热量的比例不低于 60%；鼓励发展太阳能光伏发电；在主要道路敷设路面太阳能收集系统，用于建筑供暖和制冷。

② 风能利用。利用风电建筑一体化技术为建筑供电，远期可利用外围风力发电厂为生态城供电。

③ 地热能利用。分散供热区内优先利用地热为建筑供热，地热占全部采暖供热量的比

例不小于8%。

④ 能源综合利用。采用热泵回收余热、热电冷三联供以及路面太阳能利用等技术并合理偶合,实现对能源的综合利用。

综合上述分析,最终的土地利用总图如图14.11所示。

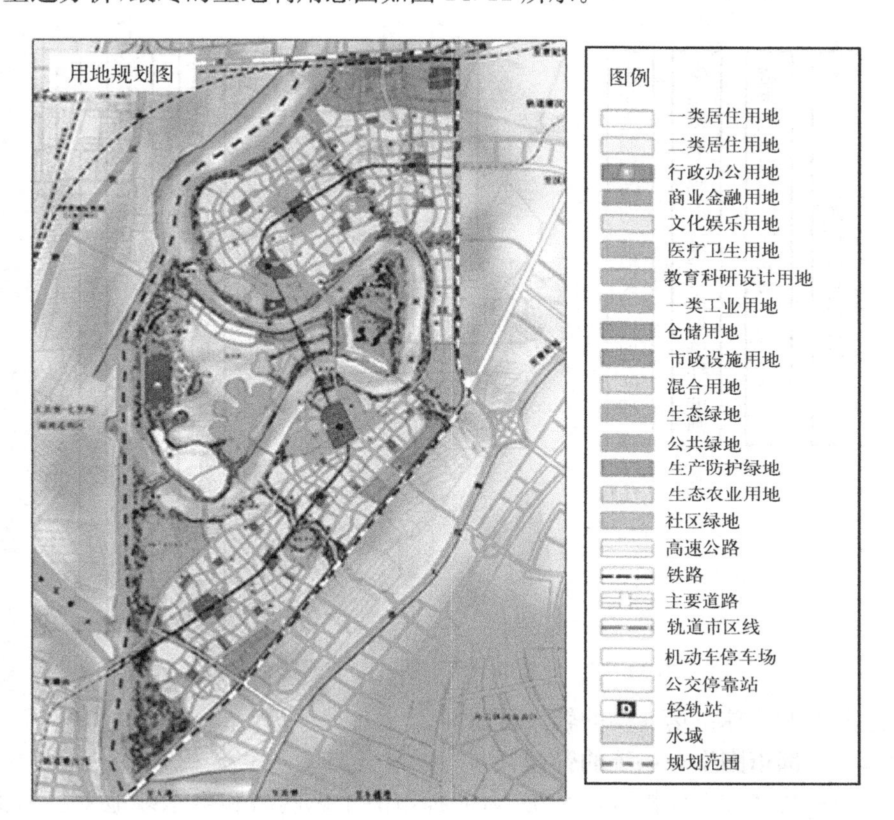

图14.11 生态城土地利用规划图

来源:本节图片均引自中新天津生态城管委会.中新天津生态城总体规划[R],2008.

14.2 中国台北生态城市规划

14.2.1 台北市生态城市纲要规划的概念构架

台北市生态城市纲要规划着眼于建立一个系统性的、可执行的生态城市纲要规划,其主要框架见图14.12。

14.2.2 台北市生态城市发展战略

14.2.2.1 生态城市的全球对策

依托台北盆地自然系统条件为单元区划的基础,结合城市发展现状,建立小尺度的"生态城市分区"发展单元,每一分区均充分发挥其环境潜力,寻求在全球城市网络中探寻其特定位置与发展角色。"生态城市分区"各具特色,整个城市/自然系统具备高度多样性和复杂度,具

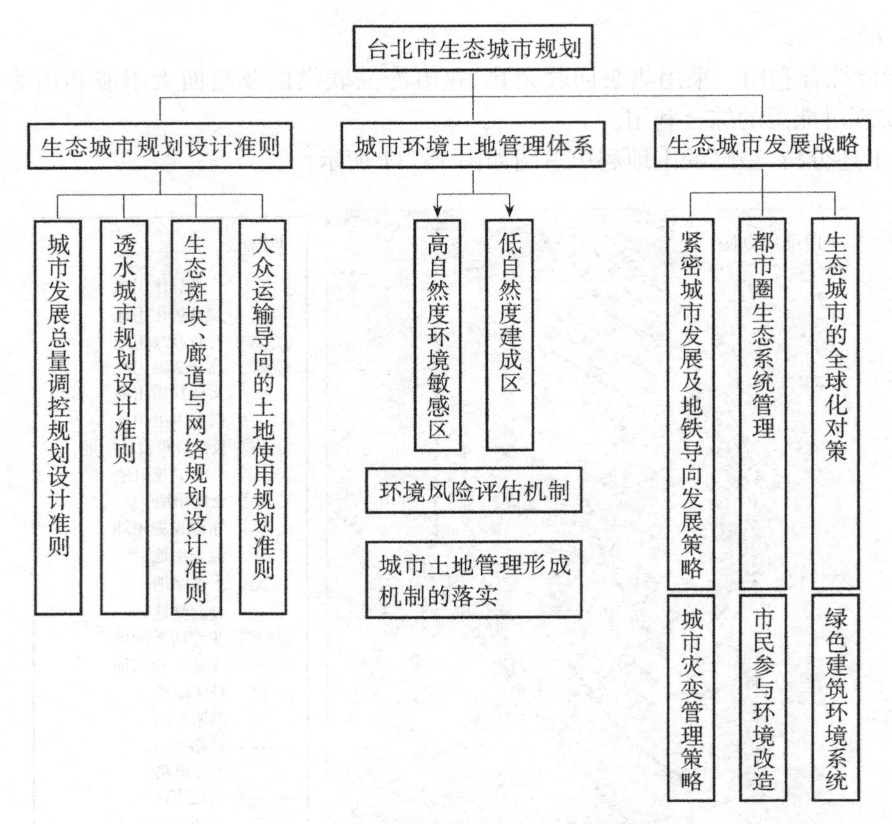

图 14.12　台北市城市纲要规划的概念构架图

有应对瞬息万变的全球市场变动的较大可能性。

14.2.2.2　都市圈生态系统的管理

建立生态系统多样性保护资讯系统、台北都市圈生态网络和生态绿地发展的指标系统。在各个"生态城市分区"中实施如下城市生态网策略：建立绝对保护生态核心区；建立都市边界与缓冲区；建立生态廊道；进行栖息地恢复。

同时，建立生态绿地发展指标系统，提升城市中生态绿地的量和品质：绿化覆盖率：由33.65%提升至50%；人均绿地：将台北市现有3.88 m^2/人的标准逐渐提升；叶面积系数：以乔木、灌木、地被复合形式设计，以取得最大光能利用率；绿视率：这是比绿化覆盖率指标更有意义的指标。绿视率指标至少达到25%时，约有80%的人会满足于该绿色环境。

14.2.2.3　紧密城市发展及大众运输导向(TOD)发展策略

紧密城市策略，可以应对台北都市圈空间因无序蔓延而导致的盆地周边自然灾害频繁的现象。台北今后应更强调以山域水域系统作为自然分界，每一分区追求功能完整性、区域特色与能源资源使用的效率。将都市活动尽可能引导到大众运输系统场站周边，以减少小汽车的使用频率。依台北都市圈地铁系统场站及周边可开发土地为多核心发展目标，场站周边约400～500 m步行5～8 min的距离范围是增加土地使用强度的地区。

14.2.2.4　绿色建筑环境系统

台北市的绿色建筑政策定位于城区绿色建筑环境系统的营造，追求系统的"极小能源输入"。通过太阳能及节能技术、环保建材与资源再生系统来设计及营造。绿色建筑政策可结合建筑环境影响评估制度、建筑污染防治法令、绿色建筑检测技术整合、建筑节约能源政策等加以实施。

14.2.2.5 市民参与

以《地区环境改造规划》为机制加入市民的参与，提升居民的社区认同感与环境自主权。市民参与地区环境管理不仅可以改善邻里社区的安全及环境维护，同时也使生活空间中的自然过程变得明晰可视，是生态城市纲要规划进一步成为行动纲领的重要环节。

14.2.2.6 城市灾变管理与防治策略

城市灾变管理策略，应建立灾害在生态城市及可持续发展规划策略中的结构性位置，扮演“准则检验”的角色：不论城市制度或基础环境设计如何，若能有效降低灾害的危害，则其规划准则即能符合可持续发展的基本要求；反之，若一再发生非预期的重大灾害，或无法根据灾害的发生有效应变，则显示出制度或环境设计具有重大缺陷。

就台北市生态城市灾变管理而言，首先将历年来城市灾害的发生地点、频率与成因予以整理，并对照当时城市发展政策、防灾策略与灾后反应，找出灾害与规划的关系，最后将这些关系列为城市发展的重要影响因素，规定各部门的规划必须针对这些对照关系提出影响说明，这是以灾害作为规划准则检证的方法。其次。灾害管理从实践上可分为防灾与预警阶段、紧急应变阶段、灾后重建阶段。理清各种灾变在紧急应变阶段的共通性，将共同处理部分予以整合。

另外，就台北市生态城市灾变防治而言，应更积极地针对影响城市或国土开发建设的相关法令、制度、开发方案进行开发效益与影响的综合评价，从源头杜绝灾变的产生。例如，水灾防治除了防洪工程之外，应加强土地使用分区及开发许可的管制，促成各基地开发前后水文条件维持不变并能推动水灾保险，分散水灾风险，以达到灾害防治的综合效果。

14.2.3 城市土地管理体系

城市土地管理机制的建立应关注城市内不同区位土地发展潜力与限制之间的关系。从土地发展潜力与限制两方面考虑，引导出台北市各区域土地发展适宜性加以评估，进一步区分环境敏感区与低自然度建成区，而后因地制宜建立城市土地管理行政机制，使台北市未来土地规划依循生态的发展方向。

14.2.3.1 环境敏感地划分

主要依据台北市自然环境敏感地区调查资料绘制成自然环境敏感地区分布图、植被与土地开发现状分布图、土地利用潜力分布图及有价值空间分布图等。在台北市生态城市规划的研究中，更进一步划分为自然生态敏感区、景观资源敏感区、地表水源敏感区、天然灾害敏感区(包括洪水平原、地质灾害及空气污染等3个敏感地区)等四大类。

14.2.3.2 建成区

主要着眼于未来城市形貌变化中比较有潜力的大范围空地及城市再发展土地。针对这些土地首先检视其所属的“台北市生态城市分区区划”，从自然系统观点定位该地原来应扮演的生态功能以及引入新的活动可能造成的生态地位变迁。同样，再从城市功能角度及文化价值角度对这些土地进行检视，以作为生态规划管理的依据。

14.2.3.3 环境风险评估机制

主要依据已有的开发审议法令对于土地使用适宜性评估作业内容的要求。应在前面生态城市发展的政策、策略指导框架下充分考虑生态规划方法的利用。此外，也针对灾害风险进行评估，步骤为：确认所有可能的危险因子；建立危险因子与都市活动的关联性认识；依据因果关系估计危险发生概率与权重；建立风险因子备忘录。

而风险评估结果的落实必须以风险管理方式进行，步骤为：认识风险评估结果；讨论各种风险管理策略的可行性；选择最佳风险管理策略；建立标准化管理计划；执行、监视及改进风险管理计划。

14.2.4 生态城市规划设计准则

14.2.4.1 生态斑块、廊道与网络规划准则

台北市在迈向生态城市的过程中尝试站在生态理论的角度以土地嵌合(land mosaics)模式去分析生态城市区划内的实质环境。这种规划理论的运用比起传统的自然生态环境分析，更具系统性与应用性，而且是一种以生态维护与恢复为基础的土地使用规划方法。按环境特性，台北市生态城市区划单元划分及规划准则见表14.1。

表14.1 台北市生态城市区划单元及规划准则

区划单元	规划准则
绝对保护区	● 原保护区范围内，植被情况多数完整、具备生态重要性的大型斑块，须避免人类活动的过度干扰视为绝对保护区 ● 坡度30%以上范围列为绝对保护区 ● 10 hm^2 以上大型生态斑块优先划入 ● 临近大型生态斑块而有“被领域化”效应的小型斑块，可纳入绝对保护区的生态影响范围 ● 河口生态地、河川汇流区有洪泛之虞的地区 ● 土地利用发展为粗放纹理模式 ● 符合“AWO(aggregate-with-outliers)生态化土地利用配置模式”原则中的核心空间(即大面积自然生态粗纹理区) ● 2025年(目标年)生态空间值ESF为1，亦即在目标年前对对保护区范围内的自然系统进面保护以及生态恢复工作
条件保护区	● 依据《山坡地保育利用条例》中“山坡地”的定义标高在10 m如以上以及标高未满100 m，而且平均坡度在5%以上的山坡地设区 ● 在区位上位于坡地的绝对保护区与已开发建成区之间具备“缓冲区”空间过渡性质的地区 ● 在区位上位于水岸绝对保护区与已开发建成区之间具备“缓冲区”空间过渡性质的地区 ● 因上游的山坡地开发或河道改变而导致排水问题严重的地区，须改善地区排水功能或加强下游水土保持工作如滞洪池规划等地区 ● 符合“AWO生态化土地利用配置模式”原则中的边界空间(粗、细纹理间边界)(AWO生态化土地利用配置模式是哈佛大学Richard T. T. Forman 1995年提出的，强调在土地配置模式上“粗放纹理”与“细致纹理”两者结合。在高自然度地区粗放纹理的土地中的主要组成即为大型生态板块，提供生态系统最重要的多样化基因库来源；粗放纹理空间模式的周边，发展许多细致纹理空间模式，提供包含人类活动在内的多样化基因库来源；粗放纹理空间模式的周边，发展许多细致纹理空间模式，提供包含人类活动在内的多样化生物栖息地，以及丰富的环境资源与条件。所以，城市应保留3种不可或缺的空间元素：超大尺度生态斑块、足够宽的廊道、在建成区散布的小型生态斑块与廊道，以形成细致纹理多样化地区) ● 2025年(目标年)生态空间参数值ESF为0.66，亦即在目标年前需通过管制与恢复的双重手段，使开发行为及人类活动对条件保护区范围内的自然系统所造成的扰动使自然系统得以在2/3以上的范围内维持原有的功能

（续表）

区划单元	规　划　准　则
建成区生态廊道恢复区	● 在区域景观破碎而断裂的城市化地区，具有“区域生态策略节点地位”的地区 ● 小型残存的生态斑块具备发展成为“生态踏脚石”网络的地区 ● 河川及溪流两侧 5 m 至一个街廓建成区范围内的河谷廊道 ● 轨道运输走廊含地铁、轻轨、铁路地下化新生地两侧及站区范围所构成的廊道 ● 土地利用发展细致纹理模式 ● 2025 年（目标年）生态空间参数值 ESF 为 0.33，即划入本区建成区范围内，自然系统的恢复工作至少须达到绝对保护区 1/3 左右的自然度
一般建成区	● 上述 3 类分区以外的建成区均为一般建成区 ● 一般建成区内应尽量设置公园绿地 ● 公园区位分布应达到“区内居民自住家至公园距离不超过步行 10 分钟”的目标

14.2.4.2　透水城市规划设计准则

从城市整体尺度而言，应使城市区域的排水过程恢复到在高自然的地区中水文循环的降雨、截流、入渗、径流等过程，提出一个全区透水城市的构想。面对高度城市化地区中径流水往往夹带城市污染，并直接影响溪流与河川水质的现象，透水城市的设计除延长水循环过程，利用入渗过程中的自净能力外，须考虑设计减污与排污的方法以逐步净化溪流、河川与地下水的水质。基本构想为划设出：现有河道与历史河道恢复；第 1 级自然排水区区划；第 2 级人工辅助入渗区的区划与设计；城市防洪调节池策略点选定。

14.2.4.3　大众运输导向规划设计准则

包括地铁线网及站区、轻轨系统路网及战区以及设公车专用道路网等方面的准则。

14.2.4.4　城市发展总量调控规划设计准则

在城市发展极限的观念之下，台北市城市发展政策所拟定的计划人口总量、生活指标可支持总量均需严格管制。在此总量管制下所拟定的计划容积总量，严格维持上限，但可根据各地区的区位特点建立容积转入与容积移出的总量调控机制，使城市发展与自然系统的运作得以各得其所。在适宜的区位引入恰当的活动与土地利用方式，在生态原则下，同时着重社会公平与经济活力的维持（见表 14.2）。

表 14.2　台北市城市发展总量调控准则

区域分类	调　控　准　则
生态容积移出区	● 属第 1 级绝对保护区，因限制开发的规定而影响地主权益须转移原容积的地区 ● 属第 2 级条件保护区，因条件开发的规定而影响地主权益，有部分须移转原容积的地区 ● 移出容积以原分区容积作为参考值于该地区通盘检讨中订出比例标准，并不得大于全市的平均容积
可能的再发展容积移出区	● 市政府公告奖励的城市更新地区，为提升更新后的地区环境品质、减轻交通冲击，须移转容积的地区 ● 民间建议的城市更新地区，为提升更新地区环境品质、减轻交通冲击须移转容积的地区 ● 移出容积或建管法规所允许的最高容积的较小值作为参考值于该地区通盘检讨中订出比例和标准并不得大于全市的平均容积

（续表）

区域分类	调　控　准　则
可能发展的容积接受区	● 大型公共事业用地军事用地铁路地下化新生交通用地在纳入该地区通盘检讨后，适宜作为容积接收的地区 ● 现有工业区在纳入该地区通盘检讨后，适宜作为容积接受的地区 ● 属上述再发展容积接受区类型的移入容积的上限为 20%
地铁站区容积接受区	● 台北市地铁线网车站地区 400 m 半径范围内经通盘检讨划定为站区容积接受区 ● 容积移入的上限为 20%居于交通枢纽地位的特定站区经通盘检讨后可提高上限至 30%
轻轨站区容积接受区	● 轻轨线网车站地区 400 m 半径范围内经检讨划定为站区容积接受区 ● 容积移入的上限为 20%

来源：本节图表均引自郑文瑞. 台湾台北市绿色生态城市规划案例研究[J]. 现代城市研究，2006(6)：65－72.

参 考 文 献

[1] 田野. 生态城市规划编制初探：大连与天津的实践[M]. 北京：中国建筑工业出版社，2010.
[2] 郑文瑞. 台湾台北市绿色生态城市规划案例研究[J]. 现代城市研究，2006(6)：65－72.
[3] 中新天津生态城管委会. 中新天津生态城总体规划[R]. 2008.

15 重点生态区规划

15.1 上海世界博览会区域生态功能区规划

15.1.1 上海世界博览会区域概况

上海 2010 年世博会场地横跨黄浦江两岸，位于南浦大桥和卢浦大桥之间的滨江地区，面积 5.128 km^2，曾是上海的重工业基地之一。1867 年，江南造船厂迁至此处后，上钢三厂、南市发电厂和华纶印染厂等陆续在此建厂，并屡次增建、扩建。基地内建筑设施以造船、冶金机械、能源、化工和建筑材料等重工业厂房为主体，配合仓储、客货运码头、生活服务等辅助设施(见图 15.1)。

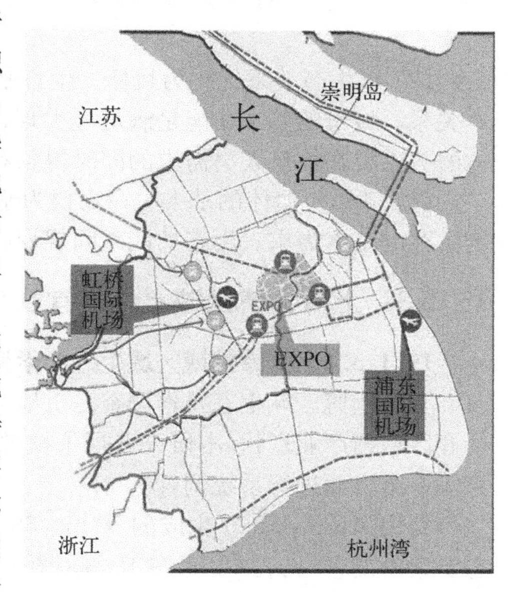

图 15.1 区位关系图

上海 2010 世界园艺博览会是世博会历史上第一次由发展中国家举办的综合类世博会，其主题“城市，让生活更美好”充分体现了“人与自然和谐及持续发展” 的理念，而“绿色”、“生态”是该主题的重要内涵。“生态”世博的内涵不仅体现在绿色、节能、环保和生态建筑科技方面，还体现在世博区域的规划和建设中。实践运用生态规划的理论和方法，在对自然本底条件进行详细调查的基础上，进行土地适应性评价，并对生态功能空间进行规划，为世博区域土地利用的可持续发展及区域内的生态平衡提供依据。

15.1.2 生态功能空间规划方法

与传统的生态功能区规划尺度相比，上海 2010 世博会区域面积相对较小，传统的生态功能区规划的方法难以适应本次规划的需求，因此采用“生态功能空间”的概念进行规划。

生态功能空间，即人居环境中具有生态功能效益的功能类型。生态功能空间包括农地、林地、高尔夫球场、公园、居住区绿化、水域、垂直绿化、屋顶绿化、自然半自然湿地、废弃地植物群落等，即城市中可见的各种规模各种形态的自然绿地、人工绿地，以及具有一定规模的自然空间。

城市空间是以生态功能空间为基底的人工系统。由于生态功能空间在城市空间中占有较小的比例，因此需要一定强度(甚至强烈)的人工干预，以维持系统的平衡和稳定。

生态功能空间具有3个基本的特点(见图15.2)。

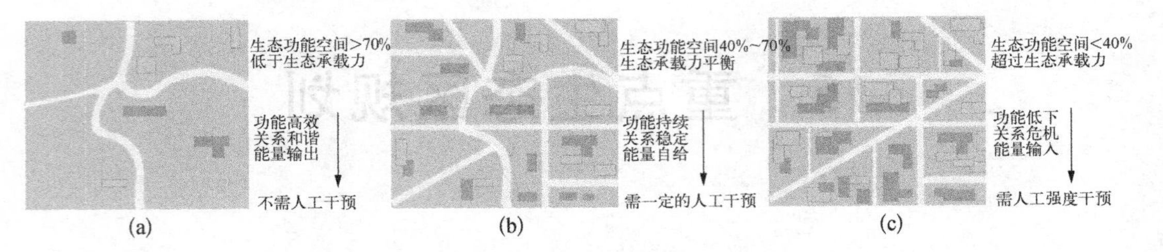

图15.2　生态功能空间类型图

(1) 以自然景观为基质。生态基质(eco-matrix)——以自然要素为场地的基质。虽然,在城市中,人工构筑物占据了大面积的土地,但是生态功能空间规划还是将城市生态系统和自然生态系统同等对待,将绿地等自然要素视为基质,将人工构筑物视为景观中的要素。

(2) 以生态关系优化为目标。生态基源(life essential relationship)——反映生命体间基本关系。城市的基本功能是满足人类现代化的生产生活需要;在这样的人工系统内,各生命体的关系要在满足人类需求的同时得到和谐的发展和协调。

(3) 满足生命体的基本生命需要为基础。生态基需(life basical requirement)——满足生物生存的基本需求。生态功能空间规划需同时满足人类及其他生物的生产、生活、栖息需求。

15.1.3　上海世博区域土地适宜性分析

15.1.3.1　上海世博区域生态要素调查与分析

上海世博区域生态要素调查是土地适宜性分析的基础和前提,针对世博区域的城市化特征和区域内产业现状,本研究选择了植被、土壤重金属、土壤肥力、鸟类、鸣虫蝶类、植物病虫害等6个方面进行系统调查。

利用ARCGIS9.0生成的50 m×50 m工作电子底图,根据各专业的要求进行网格化生态要素的调查(见表15.1、图15.3~图15.8)。

表15.1　上海世博区域生态要素调查一览表

生态要素	调 查 方 法	结 果 分 析
植被	现场群落调查和航片绿地格局判读	按绿地模式的空间形态将植被景观分为三级绿核与两级廊道。确立了有保留价值的植物群落和植物种类
土壤重金属	采用均匀布局采样法,共采集169个样点,检测的重金属有:银、砷、镉、钴、铜、铁、锰、镍、铅、锌	全覆盖分析。根据重金属样点及其周围用地类型的相似性,把世博区域按照50 m×50 m的最小栅格单元进行划分,将样点数据扩展到整个区域
土壤肥力	选择有代表性的80个样地进行采样,检测内容有pH、EC、有机质等,然后对绿地土壤肥力进行综合评价	通过对土壤肥力的调查,将土壤肥力因子分为5组

（续表）

生态要素	调 查 方 法	结 果 分 析
鸟类	选择世博区域内25个样方、区域外10个样方，通过网格法、目测和听觉记录。记录所有看到和听到的鸟种和数量，对在样点半径之外出现的可以辨别的鸟也记录在内，而对调查过程中飞过样点的鸟不作记录	共记录到鸟类67种。鸟类分布以后滩湿地为源点，顺着植被廊道自西向东、从南向北逐渐变少，且多分布在高等级绿核周围，鸟类的适宜生境与植被的生态功能直接相关
鸣虫蝶类	对世博区域87个地块普查，记录了98个样点。鸣虫：7月份前寻找幼虫和卵，7月份后用人耳辨识和集音器以“三角形听音辨位法”调查鸣虫的种类和数量 蝶类：捕虫网采集成虫和幼虫，一部分制作标本，一部分带回饲养	世博公共开放园区有鸣虫10种，鸣虫分布很不均匀，地栖性鸣虫分布广泛，一般生存于泥土地。此外，结合植被分布图发现植物与鸣虫的关系极为密切
植物病虫害	调查148个有效样点，依据上海市标准《园林植物保护技术规程》统计危害程度	发现120种病虫害。根据资料和经验推定其中大部分病虫害只影响植物生长势，对景观和游人安全影响较小

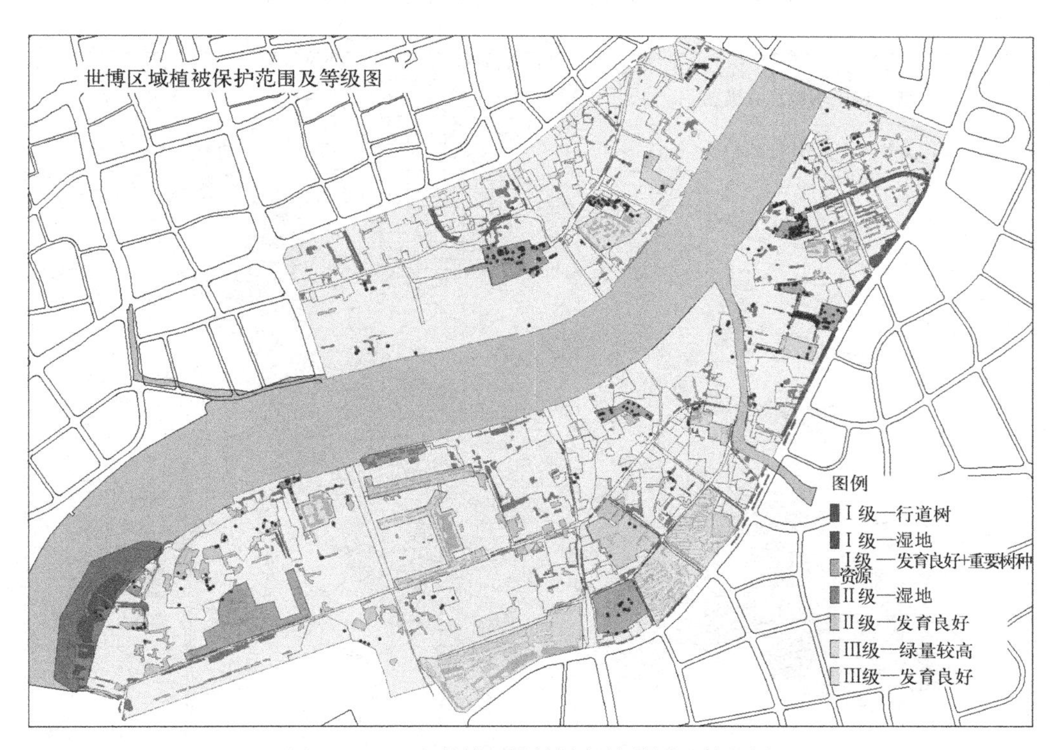

图15.3 上海世博区域植被保护范围及等级图

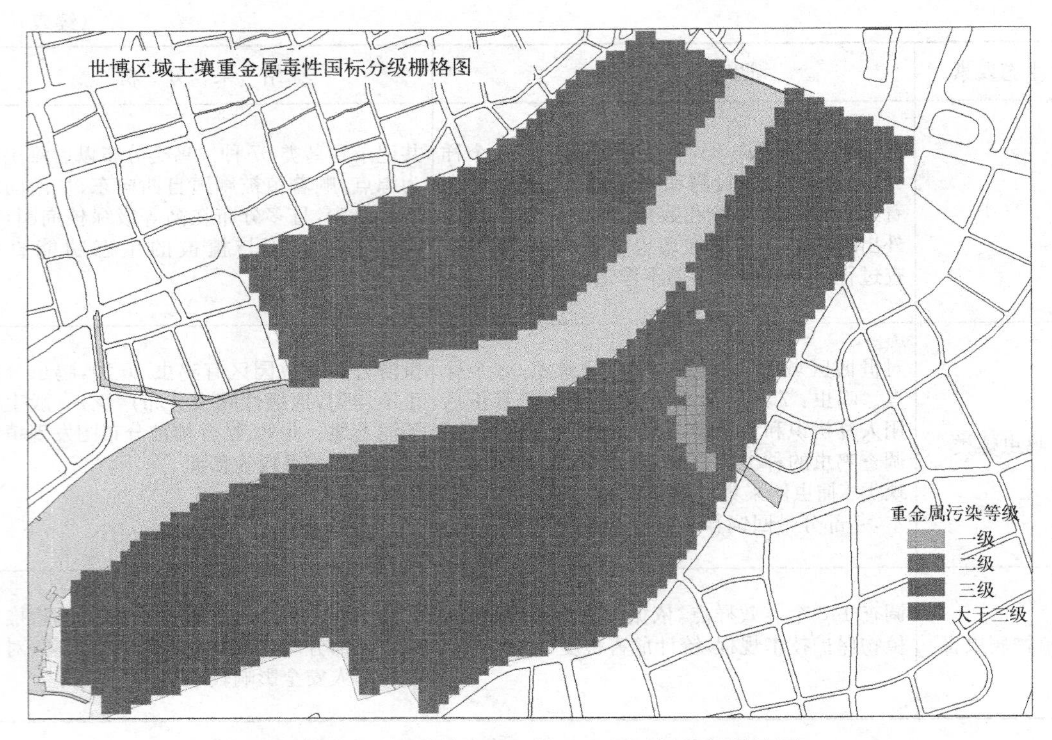

图 15.4　上海世博区域土壤重金属国标分级栅格图

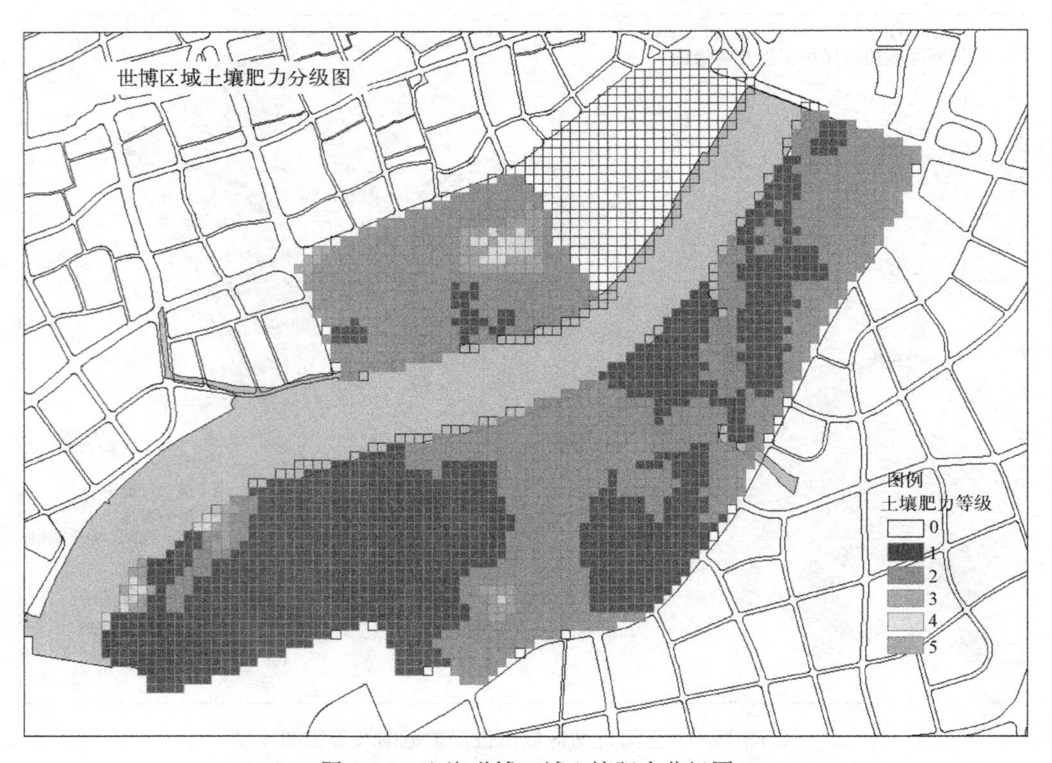

图 15.5　上海世博区域土壤肥力分级图

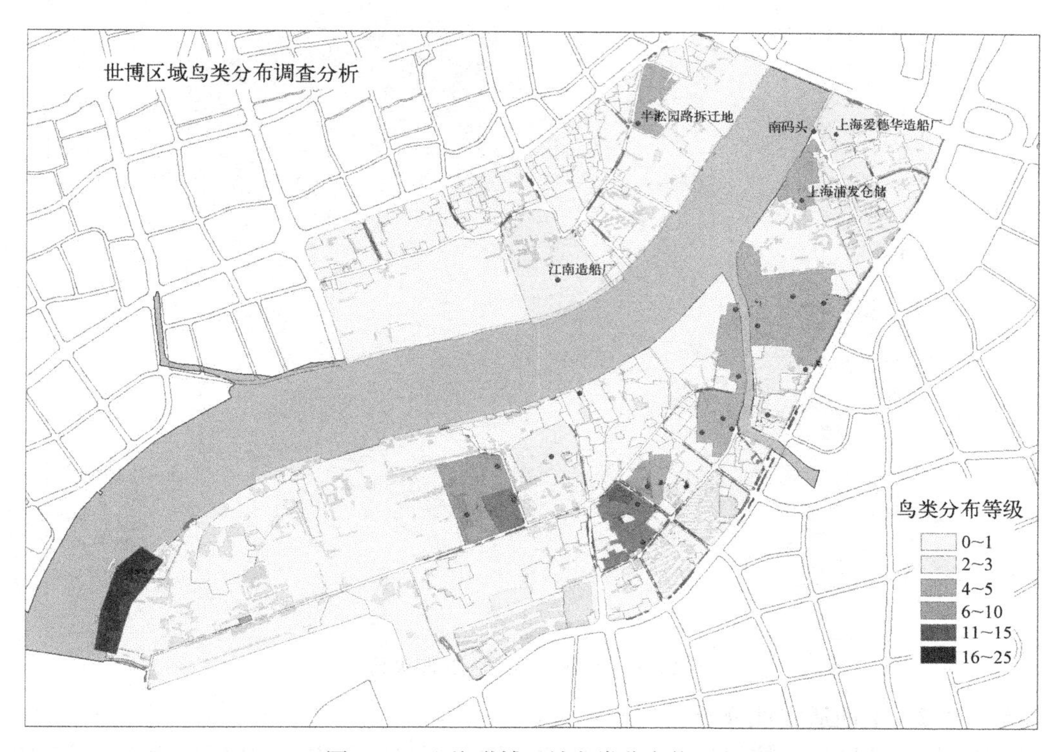

图 15.6 上海世博区域鸟类分布状况图

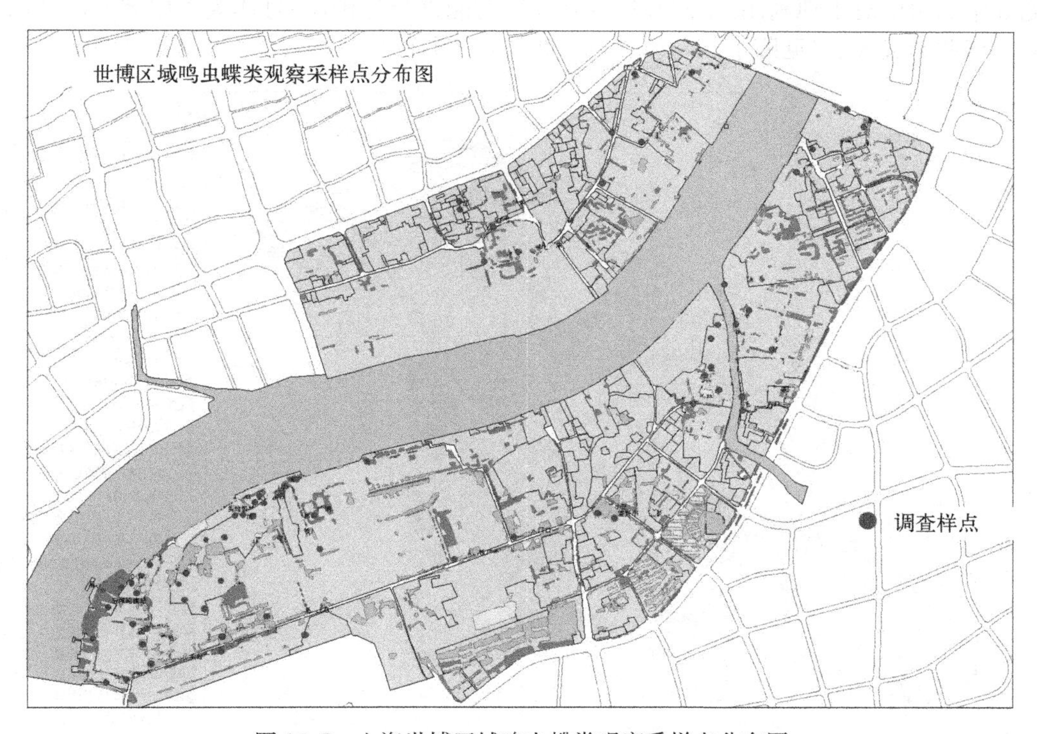

图 15.7 上海世博区域鸣虫蝶类观察采样点分布图

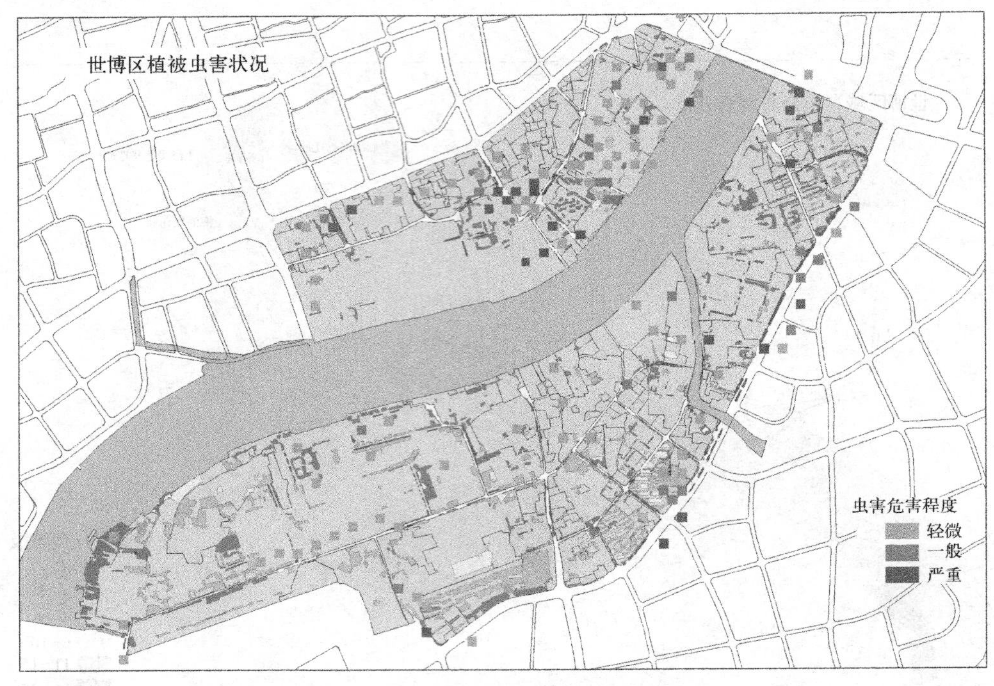

图 15.8　上海世博区域虫害状况图

15.1.3.2　土地适宜性分析

根据上海世博区域总体规划，按照土地适应性分析目标和方法，从区域生态安全和生态功能健康的角度对土地利用、空间布局及其场所功能进行分析，将总体规划中涉及的28种用地类型合并为五大类（见图15.9、图15.10和表15.2）。

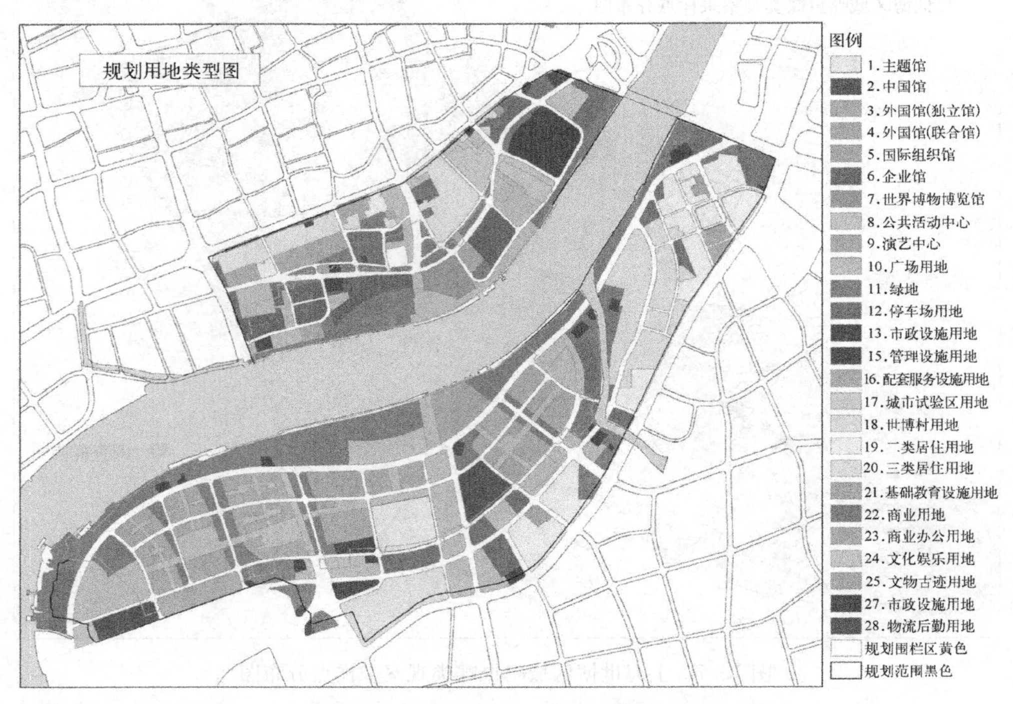

图 15.9　上海世博区域总体规划用地类型图

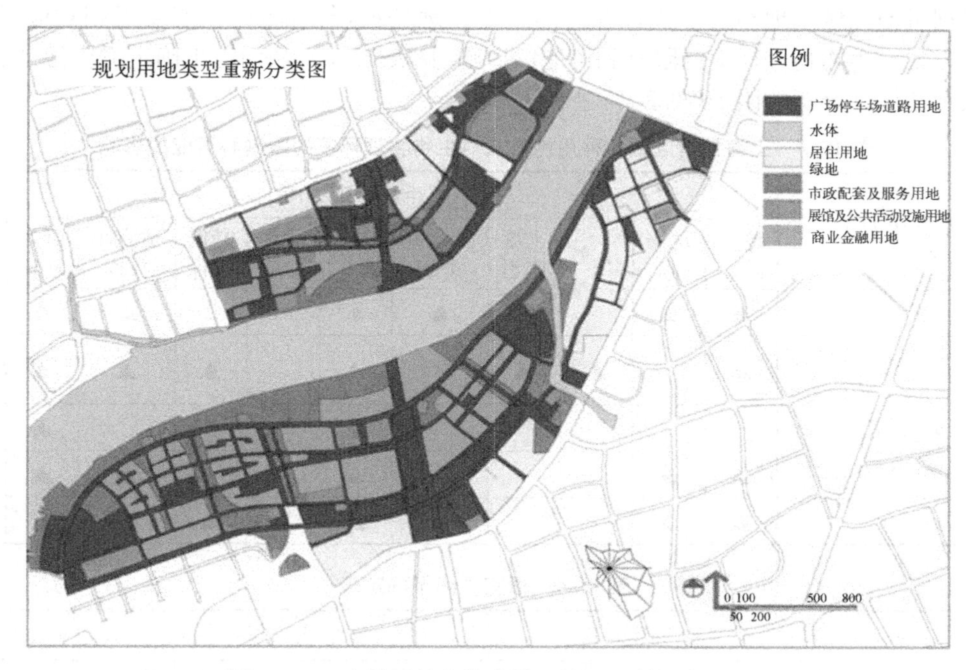

图 15.10 合并后的上海世博区域土地利用类型图

表 15.2 上海世博区域总体规划中用地类型归并后的 5 类土地利用类型

<table>
<tr><td colspan="2"></td><td>绿地</td><td colspan="2">展馆及公共活动设施用地</td><td>广场、停车场、道路用地</td><td>市政及配套服务用地</td><td>居住用地</td></tr>
<tr><td colspan="2" rowspan="2">总体规划中用地类型归并分类</td><td rowspan="2">沿江绿地
核心绿地
活动游憩绿地
缓冲绿地</td><td>永久建筑用地</td><td>公共活动中心
演艺中心
中国国家馆
主题馆
部分独立外国馆
历史建筑</td><td rowspan="2">广场用地
道路用地
停车场用地</td><td rowspan="2">市政设施用地
物流后勤用地
管理设施用地
配套服务设施用地</td><td rowspan="2">世博村用地
城市试验区用地</td></tr>
<tr><td>临时建筑用地</td><td>企业馆
国际组织馆
世界博物博览馆
其他外国馆</td></tr>
<tr><td rowspan="3">依据</td><td>使用功能</td><td>生态廊道、保护物种多样性、改善自然生态环境、防护、展示、游憩</td><td colspan="2">室内展示、人群集中、大型公共活动</td><td>室外展示、交通指引、综合演出、人群疏散</td><td>提供市政及配套服务：供水电、垃圾处理、票务、信息处理</td><td>世博主题居住示范区</td></tr>
<tr><td>生物物理条件</td><td colspan="6">地下水、地表水、水文、土壤生产力、土壤重金属、植物、适宜的坡度、易侵蚀性、适宜小气候、野生动物、地质、景观</td></tr>
<tr><td>社会条件</td><td colspan="6">硬质地面的建设、轻型建筑及构架物、重型建筑及构架物、草地、对于主干道的可达性、对于城市供水/排水系统的可达性</td></tr>
</table>

根据世博区域土地利用方式合并后的 5 类用地特征，与区域内生态要素相对应，得出 5 种用地方式对生物物理环境的限制和可能的影响(见表 15.3)，从而得出确定适应性分析因子的方法和适应性分析的因子(见表 15.4)。

表 15.3　上海世博区域 5 种用地方式对生物物理环境的限制和可能的影响

土地利用方式	生物物理方面										
	地下水	地表水	水文	土壤肥力	土壤重金属	植物	适宜坡度	易侵蚀性	适宜小气候	野生动物	地质
绿地	▲	▲		▲	▲	▲			▲	▲	
展馆及公共活动设施用地	▲		▲	▲		▲		▲	▲	▲	▲
广场、停车场、道路用地						▲				▲	
市政及配套服务用地	▲	▲				▲		▲	▲	▲	▲
居住用地	▲	▲			▲	▲		▲	▲	▲	▲

表 15.4　适宜性因子确定表

	非生物因子				生物因子				人工环境
	土壤重金属	土壤肥力	水文	微气候	植物	鸟类	鸣虫蝶类	植物病虫害	遗迹文化
适宜性分析	√	√	√	√	√	√			√
分析结果	污染等级	高、中、低			保留价值：有/无	鸟类居留点			保留价值：有/无
建　议	限制土地使用	土壤肥力与植物生长关系		舒适度设计	植物配置方案	招引方法	招引方法	生态防控	遗迹与环境一体化设计

15.1.4　世博区域生态功能空间布局规划

依据世博区域用地性质、生态功能、会展功能和人流干扰模式(见表 15.5)，按照生态功能等级由强至弱将世博区域划分为甲、乙、丙、丁 4 类生态功能空间(见图 15.11)。

表 15.5　上海世博区域生态功能空间区划分依据

用地性质	用地类型	1. 展馆及公共活动设施用地；2. 广场；道路停车场用地；3. 绿地；4. 市政及配套服务用地；5. 居住用地
	绿量	Ⅰ～Ⅳ(很高，高，一般，低，下同)
	建筑性质	永久性建筑
		临时性建筑
自身功能的完整性	会展功能	1. 生态景观展示；2. 国际城市文化展示；3. 国内城市文化展示；4. 公共活动；5. 人流聚集，分散，入口
	生态功能	1. 大气调节(Ⅰ～Ⅳ)；2. 气候调解(Ⅰ～Ⅳ)；3. 抗干扰(Ⅰ～Ⅳ)；4. 给水调节(Ⅰ～Ⅳ)；5. 营养物循环(Ⅰ～Ⅳ)；6. 废物处理(Ⅰ～Ⅳ)；7. 传粉；8. 生物控制；9. 庇护所；10. 基因库；11. 休闲娱乐；12. 文化

（续表）

人流干扰模式	干扰核心	有（Ⅰ～Ⅳ）
	人流密度	单位时间单位面积通过人数（Ⅰ～Ⅳ）
	扩散方式	人流形态

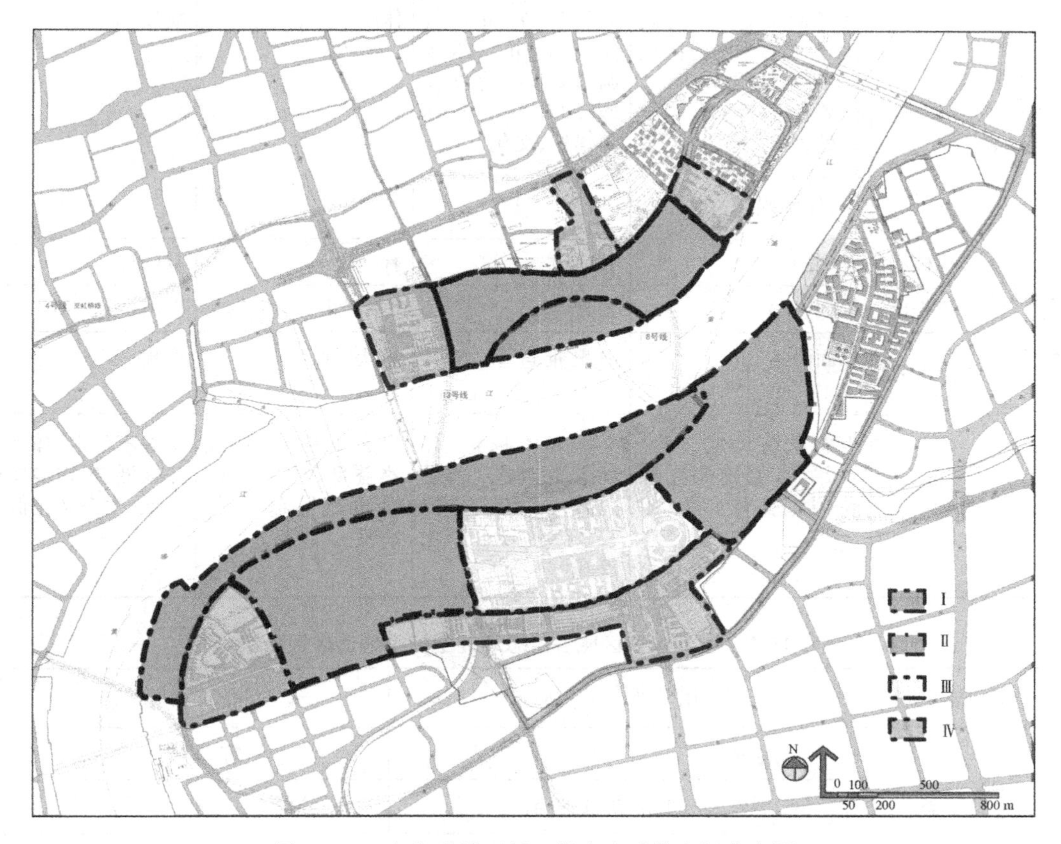

图 15.11 上海世博区域 4 类生态功能空间分布图

上海世博区域生态功能空间主要特征和土地适宜性等级划分如表 15.6、表 15.7 所示。

表 15.6 上海世博区域各类生态功能空间特征

生态功能空间		甲 类	乙 类	丙 类	丁 类
用地性质	用地类型	展馆及公共活动设施用地、绿地、市政及配套服务用地	展馆及公共活动设施用地、广场道路停车场用地、市政及配套服务用地	展馆及公共活动设施用地、广场用地道路停车场用地、市政及配套服务用地	广场用地道路停车场用地
	绿量	Ⅰ—很高	Ⅱ—高，	Ⅲ—一般	Ⅳ—极低
	建筑性质	永久性建筑	永久性建筑 临时性建筑	永久性建筑 临时性建筑	永久性建筑 临时性建筑

（续表）

生态功能空间		甲　类	乙　类	丙　类	丁　类
自身功能完整性	会展功能	生态景观展示 公共活动	国际城市文化展示	国内城市文化展示 公共活动	人流聚集 分散、入口
	生态功能	大气调节（Ⅰ）、气候调节（Ⅰ）、抗干扰（Ⅰ）、给水调节（Ⅰ）、营养物循环（Ⅰ）、废物处理（Ⅰ）、传粉、生物控制、庇护所、基因库、休闲娱乐、文化	大气调节（Ⅱ）、气候调节（Ⅱ）、给水调节（Ⅲ）、营养物循环（Ⅰ～Ⅳ）、休闲娱乐、文化	休闲娱乐、文化	缺失
人流干扰模式	干扰核心	有（Ⅱ）	有（Ⅲ）	有（Ⅱ）	有（Ⅲ）
	人流密度	较低（Ⅳ）	较高（Ⅲ）	很高（Ⅱ）	极高（Ⅰ）
	扩散方式	界面渗透	内聚推进型，鱼骨状扩散	树状扩散	聚集
综合特征		生态系统稳定、环境效益高、生物多样性高、生态文化丰富	生态基本稳定、环境效益较高（满足内需）、生物多样性较高、生态文化较好	生态不稳定、环境效益低、生物多样性低、生态文化一般	生态不稳定、环境效益极低、生物多样性极低、生态文化低下

表 15.7　上海世博区域各生态功能空间土地适应性分级

生态功能空间	用　地　类　型	适　宜　等　级
甲　类	绿地	完全适宜
	展馆及公共活动设施用地	空缺
	市政及配套服务用地	一般性适宜
乙　类	展馆及公共活动设施用地	一般性适宜
	广场道路停车场用地	部分极不适宜
	市政及配套服务用地	空缺
丙　类	展馆及公共活动设施用地	一般性适宜
	广场道路停车场用地	部分极不适宜
	市政及配套服务用地	空缺
丁　类	广场道路停车场用地	部分极不适宜

21世纪，生态环境问题日益加剧，生态规划作为解决生态环境问题的途径之一，在我国得到广泛的研究和实践。但是，生态平衡和人类的可持续发展是个全球的系统问题，单一的技

术和规划方法均无法应对所有的问题。本研究仅局限于小尺度生态功能空间的规划研究，主要针对上海 2010 世博区域土地的可持续利用提出了可行的对策。

来源：本节图表均引自车生泉，王小明. 上海世博区域生态功能区规划研究[M]. 北京：科学出版社，2008.

15.2 上海江湾新城大绿岛生态规划

15.2.1 场地概况

上海江湾新城原址为上海江湾机场，位于杨浦区北部、黄浦江南侧，南接军工路，东起逸仙路，西至闸殷路，北连政立路。20 世纪 30 年代，场地由农田开发成为军用机场，至 1996 年停止使用，2003 年被规划为江湾新城。大绿岛位于江湾机场的中南部，面积 150 亩，原为弹药库，军用机场搬迁后，土地被废弃。部分原有栽植树木经过十余年的自然演替，形成了林木繁盛的植被景观，成为郊区型、生态型的城市自然遗留地。

上海江湾机场大绿岛的主要地形类型有低湿地、高亢地、平坦地、硬质地(道路、建筑物地基等)、水域等；主要水系有护河场河、池塘、沟渠、湿地、河流等；主要生境类型包括林灌生境、湿地生境、荒地生境三大类型；主要植被类型可分为水生植被、沼生植被、杂草草甸和落叶阔叶林等。

15.2.2 生态综合评价体系构建

15.2.2.1 构建评价指标体系的基本原则

以城市生态学、景观生态学、城市规划、美学等学科理论为指导，根据其在生态、社会和文化上的价值，建立一个涵盖生态、景观、社会、文化等多因子的城市综合评价指标体系。

(1) 系统性原则。评价指标体系要求全面、系统地反映规划场地中各要素的特征、状态和各要素之间的关系，并反映其动态变化和发展趋势。各指标间应相互补充，充分体现内在的一体性和协调性。

(2) 科学性原则。具体指标的选取必须建立在对相关学科充分研究的科学基础上，评价指标的物理及生物意义必须明确，测量方法标准，统计方法规范，客观和真实地反映现代城市生态建设的主要目标的实现程度。

(3) 层次性原则。综合评价的指标体系应具有合理而清晰的层次结构，评价指标在不同尺度、不同级别上均能反映和识别规划区域的内部属性。

(4) 独立性原则。评价指标应相互独立，不能相互代替和包含，不能由相互换算得来。

(5) 真实性原则。评价指标应反映规划区域的本质特征及其发生、发展规律。

(6) 实用性原则。评价指标应简单明了，含义确切，数据计算和测量方法简便，较易获取，可操作性强，具有较强的可比性和可测性。

15.2.2.2 评价指标体系的构建过程

江湾大绿岛综合评价指标体系的重要功能之一是定量评价和预测一定时间内大绿岛的发展状态和趋势。由于涉及的指标比较庞杂，因此必须考虑各指标间的整合(不遗漏、不重叠、不矛盾)，以寻求一组具有典型代表意义、同时又能全面反映大绿岛评价各方面要求的特征指标，并将其恰当地组合。

将江湾大绿岛的价值归纳为生态环境价值、生态游憩价值、社会文化价值和科学研究价值4类(见图15.12)。分别根据城市生态学、景观生态学、游憩学、美学、城市规划学和环境心理学等学科的原理，选择与4类价值相关的评价指标，建立初步的指标框架。

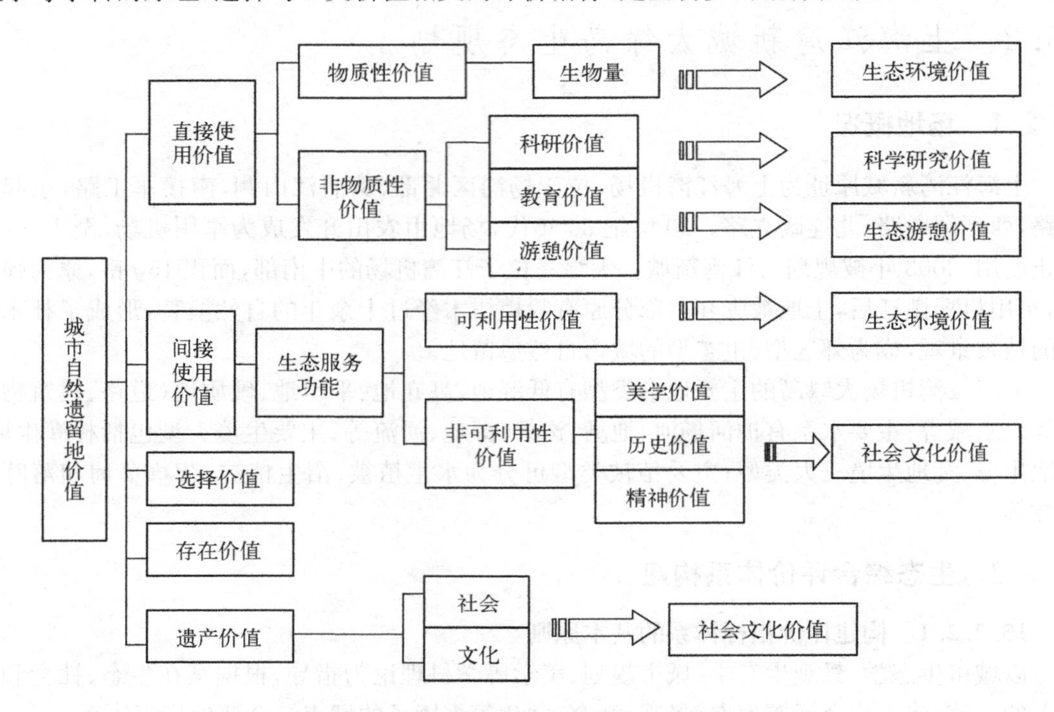

图15.12　江湾大绿岛价值构成演化图

为了将这些综合性的目标与具体定量指标直接联系起来，综合性指标被分解为若干较具体的目标，这些较具体的中间目标可称为“准则”。因此，运用层次分析法，从原始评价指标体系方案中优化综合，最后形成由生态环境价值B_1、生态游憩价值B_2、社会文化价值B_3和科学研究价值B_4共4个指标构成的2级层次；多样性C_1、稀有性C_2、自然性C_3、面积适宜性C_4、稳定性C_5、游憩功能C_6、景观要素C_7、美学价值C_8、历史价值C_9、科学价值C_{10}构成3级层次；在第3层次下，又下设若干第4层次的指标D_1～D_{20}。

然后，经过初步的筛选，确定第4层次的若干指标，确定指标框架(见图15.13)。

目标层A：江湾大绿岛的综合评价。

准则层B：生态环境价值；生态游憩价值；社会文化价值；科学研究价值。

指标层C：多样性；稀有性；自然性；面积适宜性；稳定性；游憩功能；景观要素；美学价值；历史价值；科学价值。

指标层D：物种多样性；生境类型及结构多样性；物种濒危程度；生境稀有性；自然度；面积适宜度；种群稳定性；生态系统稳定性；生态关注度；景观游憩吸引度；交通可达性；景观环境容量；景观多样性；景观稀有性；美景度；历史背景丰富度；历史年龄；科学模式地；物种典型性；生境典型性。

最终得到江湾大绿岛综合评价的指标体系(见图15.14)。

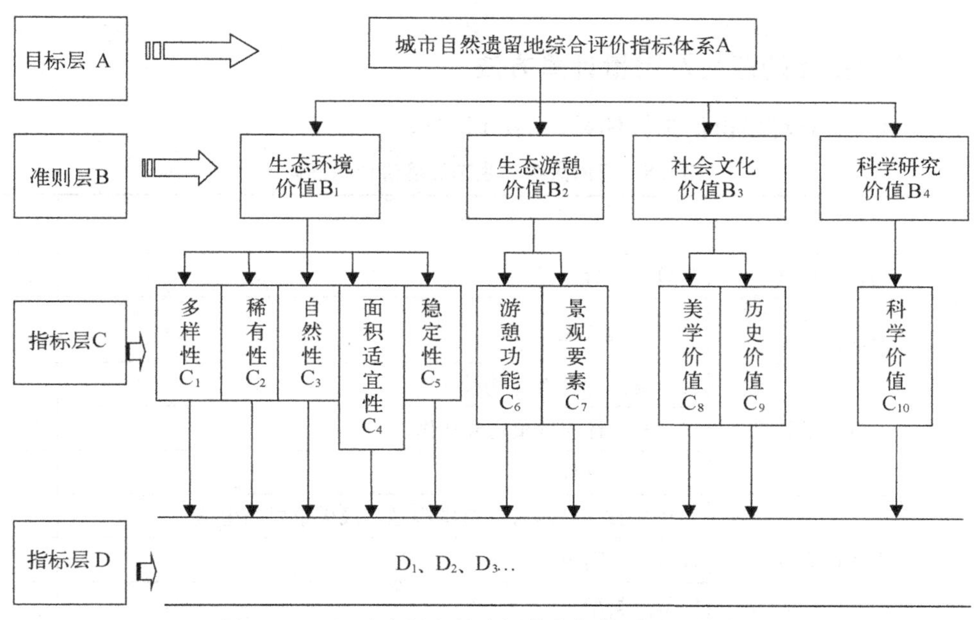

图 15.13　江湾大绿岛综合评价指标体系层次结构图

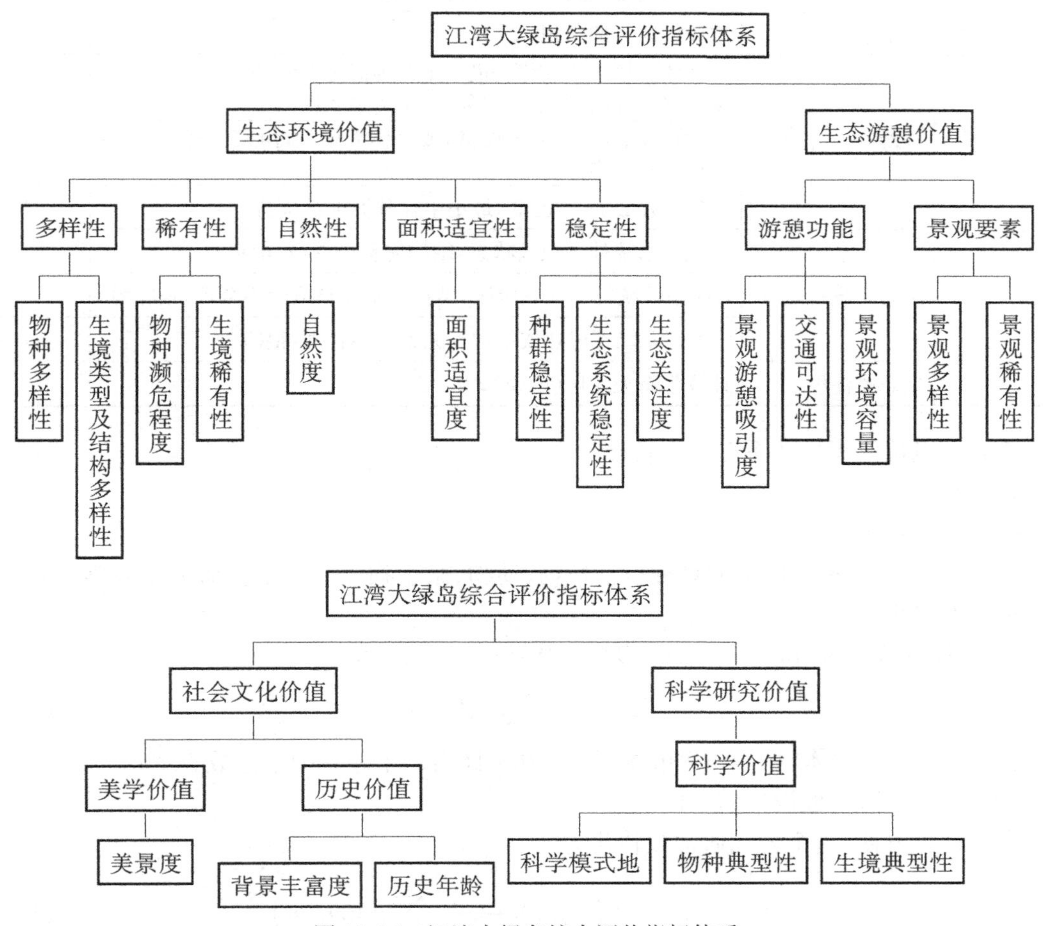

图 15.14　江湾大绿岛综合评价指标体系

15.2.3 评价指标的意义及定量计算方法

15.2.3.1 生态环境价值指标体系(见表 15.8)

表 15.8 江湾大绿岛生态环境价值指标体系

指标		等级	分值(分)
多样性	物种多样性	计算多样性指数	
	生境类型及结构多样性	统计生境类型数量	
稀有性	物种濒危程度	A 全球性珍稀濒危物种	3
		B 国家珍稀濒危植物或动物	2
		C 区域性物种	1
	生境稀有性	A 国家或生物地理区范围内唯一或极重要的生境	3
		B 地区范围内	2
		C 常见类型	1
自然性	自然度	未被人类侵扰的区域占评价区域面积比例	
面积适宜性	面积适宜度	被评价区域的面积	
稳定性	种群稳定性	A 个体数量多,密度高,最小生存种群可以维持物种多样性高,群落分层复杂,生境中生性	3
		B 个体数量较多,但密度低,或个体数量少,但密度高,最小生存种群不易维持	2
		C 个体数量少,密度低,最小生存种群很难维持	1
	生态系统稳定性	A 生态系统处于顶极状态,结构完整合理,较稳定	3
		B 生态系统处于成熟阶段,结构较不完整或较不合理,较脆弱	2
		C 生态系统不成熟或结构不完整或不合理,很脆弱	1
	生态关注度	计算生态关注度(EAE)	

生态环境价值指标体系有如下特性:

1) 多样性

(1) 物种多样性:

① 意义。物种多样性中的物种包括植物、动物、微生物等。本案例研究主要涉及植物和动物种类的多少。

② 计算方法。Shannon-Wiener 多样性指数(1.5~3.5)

$$H' = -C\sum P_i \log_2 P_i \tag{15.1}$$

式中:P_i——一个个体属于第 i 种的概率,以其个体占总个体数的十分数表示;

C——常数,一般设置 $C=1$。

为了计算方便,这个公式通常被转化为

$$H' = 3.3219\left(\log_{10} N - \frac{1}{N}\sum_{i=1}^{s} n_i \log_{10} n_i\right) \tag{15.2}$$

式中：N——全部种的个体总数；

n_i——第 i 种的个体数。

(2) 生境类型及结构多样性：

① 意义。生境或生态系统的组成成分、结构和存在的不同生境类型。

② 计算方法。统计区域内不同的生境类型。

2) 稀有性

(1) 物种濒危程度。意义：物种濒危程度是对物种濒危状态的评定，针对不同濒危状态的物种采取不同的保护策略，使濒危物种得到有效保护，最大限度地延缓物种灭绝的速度。

(2) 生境稀有性。意义：生境稀有性是对生境类型的稀缺、宝贵特征的评定，不同的物种需要不同的生境，保护稀缺的生境，也就保护了栖息、生长在其中的物种。

3) 自然性

① 意义。自然性指生态系统保持相对自然状态的程度，与其所受人类干扰有较大的相关性。

② 评定方法。自然性的评价实质就是评价人类对自然环境的侵扰程度。

4) 面积适宜性

① 意义。有效面积大小能否保持生态系统的结构功能，能否有效保护全部保护对象。

② 评定方法。一般而言，自然生态系统类的城市自然遗留地的大小要从生态的完整性角度加以考虑，含有大型野生动物的城市自然遗留地的大小可从最小生存种群计算得出。

5) 稳定性

(1) 种群稳定性。意义：种群稳定性主要从最小生存种群的角度考虑其保护的价值。

(2) 生态系统稳定性。意义：生态系统稳定性反映了自然保护区内生态系统结构的完整性、合理性及衰退状况。

(3) 生态关注度(ecology attention estimation, EAE)。意义：指公众对评价区域发生人为景观变动的关注程度。

15.2.3.2 生态游憩价值指标体系(见表 15.9)

表 15.9 江湾大绿岛生态游憩价值指标体系

指标		等级	分值(分)
游憩功能	景观游憩吸引度	计算景观游憩吸引度(LAE)	
	交通可达性	计算交通可达性	
	景观环境容量	计算景观环境容量	
景观要素	景观多样性	计算景观多样性指数	
	景观稀有性	A 具有全国范围内稀有、独特景观	3
		B 地区范围内	2
		C 常见景观	1

1) 游憩功能

(1) 景观游憩吸引度(landscape attraction estimation, LAE)。意义：区域在一定程度上的珍稀、奇特程度、知名程度等价值，表征城市自然遗留地发挥生态旅游的服务功能的大小。

(2) 交通可达性

① 意义。交通可达性是评价交通系统能否优质、高效地完成运输任务，能否达到充分、高效、平衡、协调等基本要求的评价指标。其中，可达性指标用于分析从城市其他各点、各区到该点、该区的方便性。

② 计算方法。居民平均出行距离(km)/时间(min)。

(3) 景观环境容量

① 意义。在保证生态环境稳定的前提下，区域所能容纳的游人数量。

② 计算方法：

$$P = m/S \tag{15.3}$$

式中：P——景观环境容量；

S——单位景观面积；

m——所容纳的人数。

景观环境容量也可用景观生态承载力表示。

2) 景观要素

(1) 景观多样性：

① 意义。反映城市区域内景观类型的多样性。

② 计算方法。计算景观多样性指数：

$$h = -\sum h_i \cdot \ln h_i \tag{15.4}$$

式中：h——景观多样性指数；

h_i——景观类型 i 所占区域总面积的比率。

(2) 景观稀有性。意义：景观的稀有性是景观文化价值评价中的重要特征，某种景观被破坏后可能恢复的时间(年、世纪)越长则越稀有。

15.2.3.3 社会文化价值指标体系(见表 15.10)

表 15.10 江湾大绿岛社会文化价值指标体系

指标		等级	分值(分)
美学价值	美景度	计算美景度(SBE)	
历史价值	历史背景丰富度	A 历史背景丰富，有较深的历史感	3
		B 有一定历史背景，能体会到一定的历史感	2
		C 无历史背景	1
	历史年龄	存在的时间	

1) 美学价值

美景度(scenic beauty estimation，SBE)。美景度是不受评判标准和得分制影响的理想的代表值。评判者对景观的评判结果应是评判者对景观的知觉和判断标准两者综合作用的产物。

2) 历史价值

(1) 历史背景丰富度。意义：被评价区域所处的位置在历史上具有特殊的地位，或在形成过程中经历过较多的变故，或是具有一定的历史古迹或有历史名人的足迹。

(2) 历史年龄。意义：被评价区域存在或形成距今的时间。

15.2.3.4 科学研究价值指标体系

科学研究价值指标体系的科学价值(见表 15.11、表 15.12)：

(1) 科学模式地。城市自然遗留地可以被用来开展长期的城市环境趋势的研究，可以被科研人员作为参照地，与在其他地方发现的同一物种、生境、群落或生态系统进行比较研究。

(2) 物种典型性。在物种进化、群落演替、育种等方面，被评价区域的物种可以为科教工作者提供研究的对象和材料。

(3) 生境典型性。被评价区域的生境类型在国内的典型程度。

表 15.11 江湾大绿岛科学研究价值指标体系

指标		等级	分值(分)
科学价值	科学模式地	A. 在城市环境变化趋势的研究和物种、生境、群落或生态系统的研究上意义很大	3
		B. 在城市环境变化趋势的研究和物种、生境、群落或生态系统的研究上意义一般	2
		C. 在城市环境变化趋势的研究和物种、生境、群落或生态系统的研究上意义较小	1
	物种典型性	A. 物种在全国范围内具有典型性	3
		B. 物种在区域范围内典型	2
		C. 地区范围内常见的物种	1
	生境典型性	A. 全国范围内独有	3
		B. 全省(市)范围	2
		C. 地区范围	1

表 15.12 评价指标体系各指标的权重

目标层	权重	准则层	权重	指标层	权重
生态环境价值	0.30	多样性	0.20	物种多样性	0.17
				生境类型及结构多样性	0.03
		稀有性	0.34	物种濒危程度	0.13
				生境稀有性	0.21
		自然性	0.21	自然度	0.21
		面积适宜性	0.01	面积适宜度	0.01
		稳定性	0.24	种群稳定性	0.08
				生态系统稳定性	0.15
				生态关注度	0.01

（续表）

目 标 层	权重	准 则 层	权重	指 标 层	权重
生态游憩价值	0.43	游憩功能	0.69	景观游憩吸引度	0.47
				交通可达性	0.04
				景观环境容量	0.18
		景观要素	0.31	景观多样性	0.14
				景观稀有性	0.17
社会文化价值	0.17	美学价值	0.70	美景度	0.70
		历史价值	0.30	背景丰富度	0.26
				历史年龄	0.04
科学研究价值	0.10	科学价值	1.00	科学模式地	0.27
				物种典型性	0.27
				生境典型性	0.46

15.2.4 评价标准的制定

确定评价标准是将实际指标转化为评价指标的关键，本研究采用了实际测算数据和等级赋值相结合的方法，内容包括（见表 15.13）：

表 15.13 江湾大绿岛综合评价指标标准值

		指 标	单位	标 准 值	依 据
生态环境价值	多样性	物种多样性	多样性指数	3.5	植被生态学
		生境类型及结构多样性	种	4	上海生境类型特征
	稀有性	物种濒危程度	分	具有国家珍稀濒危动物或植物	我国自然保护区生态评价指标与评价标准
		生境稀有性	分	具有国家或生物地理区范围内唯一或极重要的生境	我国自然保护区生态评价指标与评价标准
	自然性	自然度	%	100	理想状态
	面积适宜性	面积适宜度	ha	10	上海城市森林面积特征
	稳定性	种群稳定性	分	物种多样性高，群落分层复杂，生境中生性	植被生态学
		生态系统稳定性	分	生态系统处于顶极状态，结构完整合理，较稳定	我国自然保护区生态评价指标与评价标准
		生态关注度	EAE	29.3	案例调查中景观 EAE 最大值

（续表）

		指　　标	单位	标　准　值	依　　据
生态游憩价值	游憩功能	景观游憩吸引度	LAE	134.2	案例调查中景观 LAE 最大值
		交通可达性		5.0～10.0 km/25～50 min，用时间表示：40 min	城市交通可达性新概念及其应用研究(杨涛等)
		景观环境容量	人/hm^2	100	风景名胜区规划规范
	景观要素	景观多样性	多样性指数	1.32	上海城市森林景观特征
		景观稀有性	分	具有全国范围内稀有、独特景观	我国自然保护区生态评价指标与评价标准
社会文化价值	美学价值	美景度	SBE	74.7	案例调查中景观 SBE 最大值
	历史价值	背景丰富度	分	历史背景丰富，有较深的历史感	但新球，森林景观资源美学价值评价指标体系的研究
		历史年龄	年	30	案例调查中历史年龄最大值
科学研究价值	科学价值	科学模式地	分	3	史作民，区域生态系统多样性评价方法
		物种典型性	分	全国范围内独有	但新球，森林景观资源美学价值评价指标体系的研究
		生境典型性	分	全国范围内独有	但新球，森林景观资源美学价值评价指标体系的研究

(1) 采用国际或国家标准作为基准值。如风景名胜区规划规范。

(2) 采用影响力较高的学术研究专著或文献作为基准。如《植被生态学》、《我国自然保护区生态评价指标与评价标准》等。

(3) 参考上海地域性特点。如上海城市森林中涉及的一些指标。

(4) 采用自身标准作为基准值。一些指标的标准应与指标本身应达到的目标进行比较，尤其是一些采用比重的指标，用 100%作为评价标准。

(5) 进行实地考查与主观评判确定基准值。有些指标量化比较困难，通过描述分析具体情况，依据事实来评判指标得分值。

15.2.5 标准值的计算

15.2.5.1 三级指标指数的计算

三级指标指数是城市自然遗留地综合评价指标体系的基础，其计算公式如下：

当指标值越大越好时，$$Q_i = 1 - \frac{S_i - C_i}{S_i - \mathrm{Min}S} \tag{15.5}$$

当指标值越小越好时，$$Q_i = 1 - \frac{C_i - S_i}{\mathrm{Max}S - S_i} \tag{15.6}$$

式中：Q_i——某一个三级指标的指数值；

S_i——某一个三级指标的标准值；

C_i——根据评价城市自然遗留地的某一三级指标的现状值；

$MaxS$——所选相关指标的最大值乘以 1.05；

$MinS$——所选相关指标的最小值除以 1.05。

15.2.5.2　二级指标指数的计算

二级指标指数是根据所属各三级指标指数值的算术平均值计算得出（把二级指数的所属各三级指标均视为具有相等的重要性），其计算个公式如下：

$$V_i = \left(\sum_{i=1}^{m} Q_i\right)/m \tag{15.7}$$

式中：V_i——某一二级指标的指数值；

Q_i——某一三级指标的指数值；

m——该二级指标所属三级指标的项数。

15.2.5.3　一级指标指数的计算

一级指标指数的计算是将其所属的二级指数乘以各自的权重后，进行加和。其计算公式如下：

$$U_i = \sum_{i=1}^{n} V_i W_i \tag{15.8}$$

式中：U_i——某一一级指标的指数值；

V_i——该一级指标下某一二级指标的指数值；

W_i——该一级指标下某一二级指标的权重；

n——该一级指标下所属二级指标的个数。

15.2.5.4　综合指数额计算

采用加权叠加的方法，将各一级指数乘以各自的权重，再进行一次求和，得出综合评价指数（CI），其计算公式如下：

$$CI = \sum_{i=1}^{n} V_i W_i \tag{15.9}$$

式中：V_i——某一级指标指数值；

W_i——某一级指标的权重；

n——一级指标项数。

15.2.6　计算的结果及综合分析

根据调查资料，按上述公式计算即可得出各级指标评价结果，再进一步对综合指数进行分级，就能确定城市自然遗留地的价值程度。笔者参照自然保护区综合评价指数值的分级标准，将研究区域中以植被生态系统为主的自然、半自然景观组分划分为 4 个等级（见表 15.14）。

表 15.14 城市自然遗留地综合评价指数分级标准

分　级	指　数　值	评　语
第 1 级	0.80～1.00	综合价值很高
第 2 级	0.60～0.80	综合价值较高
第 3 级	0.40～0.60	综合价值一般
第 4 级	低于 0.40	综合价值较差

标准值的计算结果：

1）三级指标指数的计算(见表 15.15)

表 15.15 三级指标指数值

		指　标	指数值	权重	最小值	最大值
生态环境价值	多样性	物种多样性	0.940	0.17	1.93	3.40
		生境类型及结构多样性	0.672	0.03	1	3
	稀有性	物种濒危程度	1.000	0.13	1	2
		生境稀有性	1.000	0.21	2	3
	自然性	自然度	0.700	0.21	70	100
	面积适宜性	面积适宜度	1.000	0.01	0.1	10
	稳定性	种群稳定性	1.000	0.08	1	3
		生态系统稳定性	1.000	0.15	1	3
		生态关注度	0.595	0.01	4.47	19.13
生态游憩价值	游憩功能	景观游憩吸引度	0.537	0.47	18.65	80.30
		交通可达性	0.724	0.04	50	110
		景观环境容量	1.000	0.18	0	100
	景观要素	景观多样性	1.000	0.14	1.10	1.32
		景观稀有性	1.000	0.17	1	3
社会文化价值	美学价值	美景度	0.489	0.70	−8.83	32.20
	历史价值	背景丰富度	1.000	0.26	1	3
		历史年龄	0.236	0.04	4	30
科学研究价值	科学价值	科学模式地	1.000	0.27	1	3
		物种典型性	1.000	0.27	1	3
		生境典型性	1.000	0.46	2	3

2）二级指标指数的计算(见表15.16)

表15.16 二级指标指数值

目标层	准则	指标值	权重
生态环境价值	多样性	0.806	0.20
	稀有性	1.000	0.34
	自然性	0.700	0.21
	面积适宜性	1.000	0.01
	稳定性	0.865	0.24
生态游憩价值	游憩功能	0.754	0.69
	景观要素	1.000	0.31
社会文化价值	美学价值	0.489	0.70
	历史价值	0.618	0.30
科学研究价值	科学价值	1.000	1.00

3）一级指标指数值的计算

表15.17 一级指标指数值

目标层	指标值
生态环境价值	0.866
生态游憩价值	0.83
社会文化价值	0.527
科学研究价值	1

4）综合指数值计算

江湾大绿岛的综合评价指数值为0.813。

从上述的评价可知，江湾大绿岛科研教育价值和生态环境价值是其核心价值所在，大绿岛的科研教育价值的指数值为1。大绿岛的生态环境价值很高，表示其物种丰富多样、生境类型多样，具有濒危的物种和稀有的生境，并且种群和生态系统较稳定。大绿岛景观游憩价值也很高，表示其能够吸引游人前来游憩，并且景观环境容量较大。

15.2.7 规划理念——合理保护、有机更新

在对大绿岛充分调查的基础上，提出了“合理保护、有机更新”的规划策略，并确定4个基本的规划对策：保护、恢复、改造和联系(见图15.15)。

(1) 保护。对于大绿岛内生存栖息的动物和植物，尤其是稀有的、受保护的、有城市价值的动植物资源和植物群落给予特殊的保护；保护动植物生境以及江湾特殊的自然景观；保护历史遗留的、具有地域特色的遗迹。

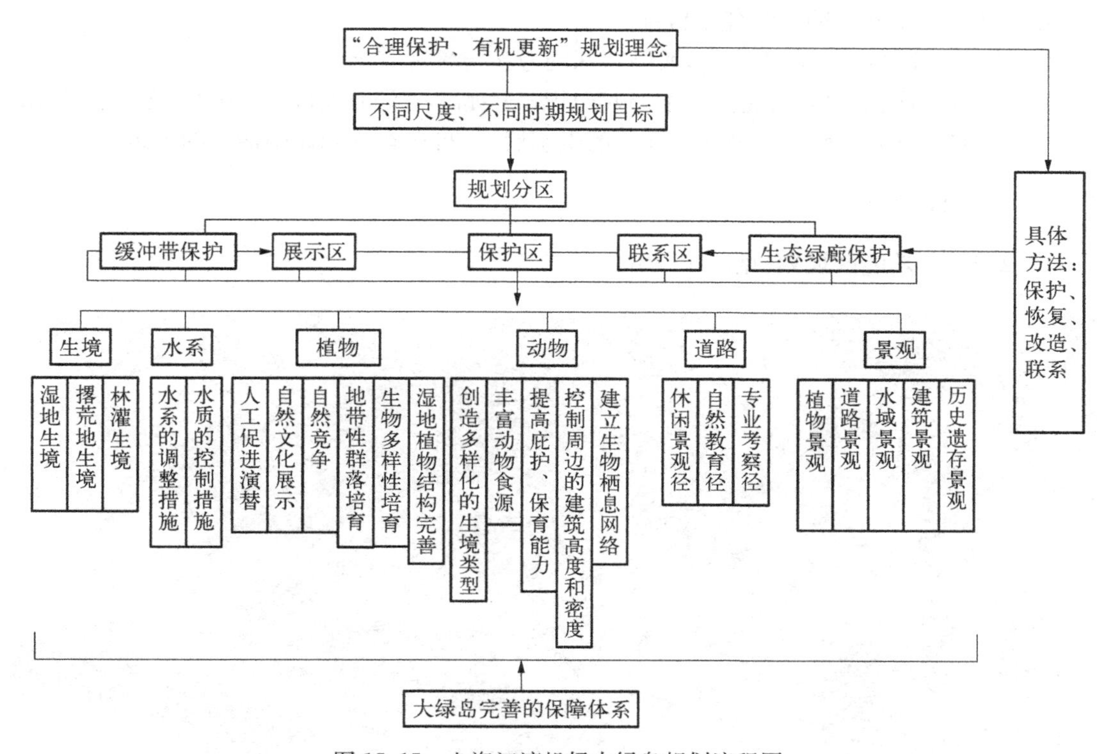

图 15.15 上海江湾机场大绿岛规划流程图

(2) 恢复。对受到破坏的、不完整的、可再生的植物群落进行恢复，建立能够自我维持的、健康的生态系统。

(3) 改造。对于被破坏的或没有再生能力的生境进行完全改造。废弃场地除部分保存作为场地痕迹以外，其他改造成与原机场风格和形式相互契合的景观。

(4) 联系。沟通大绿岛内部的可连接要素，与周围区域的生态系统建立连接，发挥大绿岛“源”与“汇”的作用。

15.2.8 规划目标

15.2.8.1 不同尺度下的规划目标

大绿岛的规划目标将从城市尺度、大绿岛区域尺度、大绿岛内各要素尺度 3 个方面出发，制定不同层次的规划目标，为进一步设计提供明确的方向。

(1) 城市尺度下的目标。成为上海城市的“生命和文化之源”；作为上海历史发展过程中的自然文化展示基地。

(2) 大绿岛区域尺度下的目标。通过“合理保护、有机更新”的规划理念和科学的生态设计方法，实现大绿岛的生态平衡；适度地开展一定程度的游憩活动，满足城市居民接近自然、了解自然、体验自然的需求。

(3) 大绿岛内各要素尺度下的目标。在各自然要素尺度上建立和维持自身的稳定和平衡，反映江湾机场典型的生境类型，力求体现上海乡土植被、地带性植被和动植物区系的特点，体现机场遗留地的生态演替特征。

15.2.8.2 不同时期下的规划目标

(1) 近期。以封闭式保护为主，兼顾特殊的考察与参观需求。

(2) 中期。周边地区建设完善，人们环境意识普遍提高，逐渐开展科普教育和自然体验活动。

(3) 远期。形成向城市居民适度开放的生态展示、自然教育和休闲活动的基地。

15.2.9 规划分区

15.2.9.1 功能区规划(见图 15.16)

图 15.16 大绿岛规划总平面图

(1) 保护区——大绿岛核心区域的保护与更新。该区主要位于整个大绿岛规划范围的中部，由 3 个军事掩体及一系列分散的护岛水渠、池塘组成。该地区的植被生长最茂盛，涵盖了江湾机场 3 种典型的生境类型，但是植被构成略显单调，水体间相互不沟通。此部分规划对区域内的生境和自然要素以保护为基本方法，重点整治和改进现有绿地范围内的植物群落结构及景观效果。

(2) 联系区——大绿岛的衍生，与生态绿廊的联系。位于保护区域的东部，规划重点在于沟通西部水体，扩大水体面积，形成有效连接大绿岛和右侧生态绿廊的湿地，设置多个小岛，为动植物栖息、迁移、运动和传播提供生态通道。

(3) 展示区——历史文化展示、生态教育基地。位于保护区域的西部，由护岛水渠划分边界，作为入口和生态教育基地，除保存生长良好的植物群落和生境外，规划将对破坏较大的场地进行重塑，并发挥入口集散和生态活动的场地功能，建造满足参观和考察功能的简易建筑，风格上力求与大绿岛的自然特色相一致。

15.2.9.2 大绿岛与周围环境的联系——扩充湿地、连接水系

为连接大绿岛与新江湾城的生态绿廊，并为生物提供迁移、运动和传播的路径，规划在保护范围的东侧增加了联系区域——湿地型生境，表现为较窄的河道和大面积的浅水、滩涂，其中分布大量栖息岛。

15.2.9.3 缓冲带保护

(1) 措施一：隔音墙。江湾大绿岛西边和北边有城市主干道经过，为阻隔交通噪声和光线对绿地内动植物，尤其是昆虫和鸟类的干扰，规划沿道路设置了隔音围墙。砌筑墙体的混凝土预制块有专门吸收阻隔交通噪音的吸声腔，墙体边种植爬藤植物，既美观，又能增强吸声效果(见图15.17)。

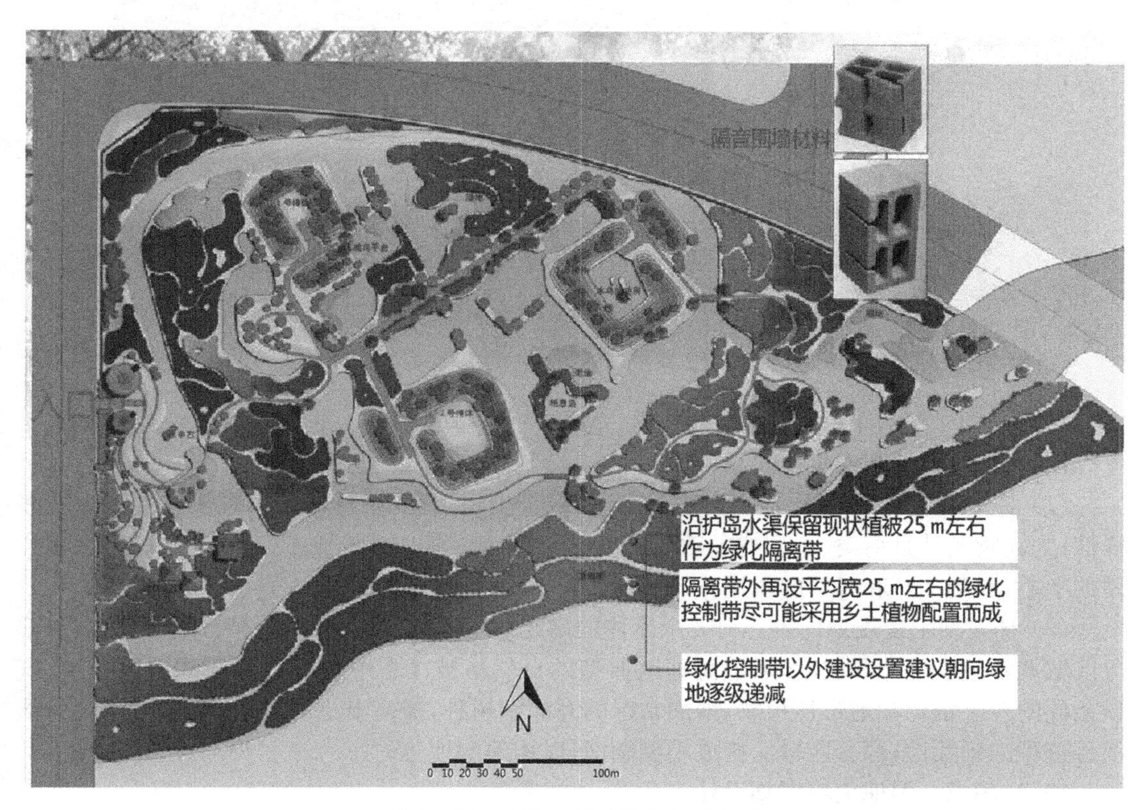

图15.17 大绿岛缓冲带保护规划图

(2) 措施二：河岸隔离带。大绿岛的南边和东边直接与五角场城市副中心相邻，建设强度高，建议规划上要求沿护岛水渠保留现状25 m宽的植被作为绿化隔离带；隔离带外再设平均宽25 m左右的绿化控制带，尽可能配植乡土植物；绿化控制带以外的建设量应(朝向绿地)逐级递减。

15.2.10 生境规划与设计

大绿岛生境规划的总体设想是利用原大绿岛有利的地理条件和生物资源，将原有掩体和水系作为绿地的构建骨架，在合理保护和适度更新的基础上，创造多样化的景观与生境，构建水体、湿地、草地和林地等复合生境，营造能够反映江湾机场的典型特征的生境类型(见图15.18)。

图 15.18　大绿岛生境规划图

15.2.10.1　林灌型生境规划设计

(1) 林灌型生境规划目标。形成多样化的多级生境类型，维持区域景观多样性和生物多样性；为动物尤其是鸟类、小型哺乳动物提供栖息、繁衍、庇护的场所；成为江湾新城生物多样性的中心，起到“源”和“汇”的作用。

(2) 林灌型生境规划内容。对3个掩体的高亢地基本保持原貌、维持植被的历史遗存；部分区域调整地表形态和坡度，从上海地区典型的自然植被区系中选择适合江湾地区土壤、气候条件的乡土植物和地带性植物，增加常绿的乔灌木树种，提高上层乔木的多样性，维持自然演替进程的延续性；部分区域深挖成小型湖面，以构建湿地。

15.2.10.2　湿地生境规划设计

(1) 湿地生境规划目标。在目前湿地生境基础上，形成从陆生、湿生、水生的全系列景观。

(2) 湿地生境规划内容。进一步扩大湿地水域的面积，规划通过水域开挖、深挖，在湿地形成深水区(＞1 m)、中水区(0.5～1 m)、浅水滩涂区(0.1～0.5 m)，丰富水边、水中、水底植被构成，并在湿地中部构筑若干水中土丘和较大的生物栖息岛，形成多样化的湿地生境，成为水鸟的庇护地。

15.2.10.3　撂荒地生境规划设计

(1) 撂荒地生境规划目标。保留部分现有撂荒地景观，任由其自然演替，尤其是揭示外来杂草(如加拿大一枝黄花)的演替动态；对其他荒地生境进行改造。

(2) 撂荒地生境种植规划内容。以3种种植方法为主：单纯种植乡土草本植物；草本植物与灌木混植；乔、灌、草结合，形成地带性群落类型。在1号掩体前保留部分加拿大一枝黄花，其他地方去除外来单优群落，并根据上海地区乡土植物(含归化植物)特点，选择有一定特色的乡土植物(含归化植物)进行种植。

(3) 撂荒地中硬地和历史遗存的更新内容。3个掩体中的撂荒地基本是混凝土地面，对植物生长具有明显胁迫；能够生长的植被几乎为先锋性植被。由于固体废弃物可能对植物生长造成机械阻碍，并对植物体造成毒害，规划将采取深埋和人工覆土等措施，结合地形改造，将体量较大或明显影响植物生长的废弃物进行深埋，在渣土表面覆盖黏土并压实，以固定废弃物，防止和减少雨水渗入渣土废弃物堆体内，再覆盖种植土。机场遗留下来的石料和部分构筑物作为场所记忆保留或者赋予其新的功能。石料作为路缘石或花台的砌筑石材；利用适应能力强的植物和石料结合可以建造独特的小花园；构筑物作为爬藤植物生长的依附物。

15.2.11 水系规划设计

15.2.11.1 规划设计目标

水系整治是大绿岛保护成功与否的关键要点。水系规划的目标是通过合理的措施沟通大绿岛内部与外界水系的联系，提高水体的自净能力(见图15.19)。

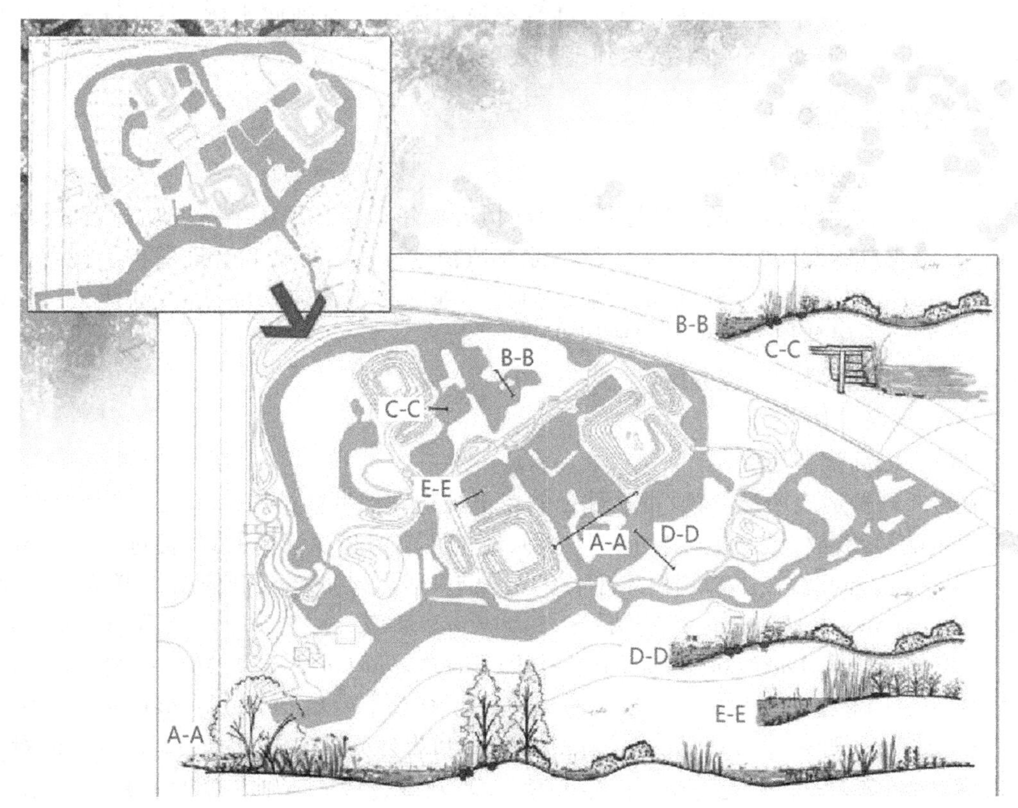

图15.19 大绿岛水系沟通规划图

15.2.11.2 规划设计内容

(1) 水系的调整措施——横向沟通，竖向整理。通过横向沟通，连接小水域，扩大水体面积；通过竖向整理，使水体深浅有致。两项措施结合，可在一定程度上增加水体流动性。尤其是竖向整治结合植物改造、增加浅滩湿地的比例可以大大提高水体的自净能力。若结合定期的人工清理则可以达到理想效果。

规划通过水域开挖形成从陆生、湿生、水生的全系列景观，形成深水区(>1 m)、中水区(0.5～1 m)、浅水滩涂区(0.1～0.5 m)，并构筑若干水中土丘和较大的生物栖息岛，形成多样化的湿地生境。

(2) 水质的控制措施——自净、人工清理。水系整治中应重视生物净化的过程。在陆生、湿生、水生3种不同的区域栽植适应不同深度生长的植物，如在陆生区域栽植耐湿耐涝的植物如垂柳(*Salix babylonica*)、柽柳(*Tamarix chinensis*)、水杉(*Metasequoia glyptostroboides*)、池杉(*Taxodiumascendens. Brongn*)、枫杨(*China Wingnut*)等；在水陆交错地带种植湿生植物和挺水植物如芦苇(*Phragmites australis*)、泽泻(*Rhizoma Alismatis*)、红蓼(*Polygonum orientale Linn.*)、白花蓼(*Polygonum coriarium Grig.*)、木贼(*Herba Equiseti Hiemalis*)、茭白(*Zizania latifolia* (*Griseb.*) *Stapf*)、水芹(*Oenanthe javanica* (*Blume*) *DC*)等；在水中种植浮水、沉水植物如菱类等，对其密度适度控制可以起到控制地表径流、吸收污水、改善水质的作用。另外，通过生物活动，尤其是微生物的作用，使污染物分解而降低浓度，还可适当地引入鱼类，以藻类为食。对现有水底为自然泥底的水体，适量铺设沙石、卵石稍加改造，保证水体与地下水体能进行交换和循环。对硬底水体，需进行改造并贯穿。结合定期的人工清理也可使水质达到理想效果。

15.2.12 植物规划设计

15.2.12.1 规划设计目标

植物选择和自然群落构建的合理性是大绿岛植被重建和生态系统维持成功与否的关键，在尊重自然、顺应自然发展的原则上对大绿岛原有植物进行适当更新和合理保护。规划在对上海绿化植物适应性进行充分调查和分析的基础上，兼顾苗木来源的可行性，选择生长良好的地带性物种、乡土树种作为栽植的主要树种。

15.2.12.2 植物群落功能分区(见图15.20)

1) 人工促进演替区

(1) 目标。提高演替速度。

(2) 措施。种植适应当地气候、抗逆性强的乡土植物和地带性植物。

在乔灌木的植物品种选择上，采用乡土植物、地带性植物和常绿树种，以促进生态演替进程，提高演替速度。同时，在不影响树木生长的情况下，适当保护部分野花植物群落，如牛膝(*Radix Achyranthis Bidentatae*)、繁缕(*Stellaria media* (*Linn.*) *Cyr.*)、毛茛(*ranunculus asiaticus*)、蛇莓(*Herba Duchesnea Indica*)、泽漆(*Euphorbia helioscopia*)、婆婆纳(*Veronica polita Fries*)、打碗花(*Calystegia hederacea*)、盒子草(*Actinostemma lobatum*)、马兰(*Kalimeris indica*)、野菊(*Chrysanthemum indicum*)和蒲公英(*Herba Taraxaci*)等。而对一些恶性杂草，如加拿大一枝黄花、一年蓬、空心莲子草、灰藜、葎草等，则在养护中重点去除。

2) 自然文化展示区

(1) 目标。历史遗存展示，植物群落演替展示。

(2) 措施。对硬地和外来植物进行改造，保留其他现状植被任其自由发展。

自然文化展示区原来是一号掩体和它前面的植物群落。掩体前的大块硬地通过地形改造和人工覆土等措施种植野生花卉特别是多年生宿根花卉。通过草本植物生长和群落发育，

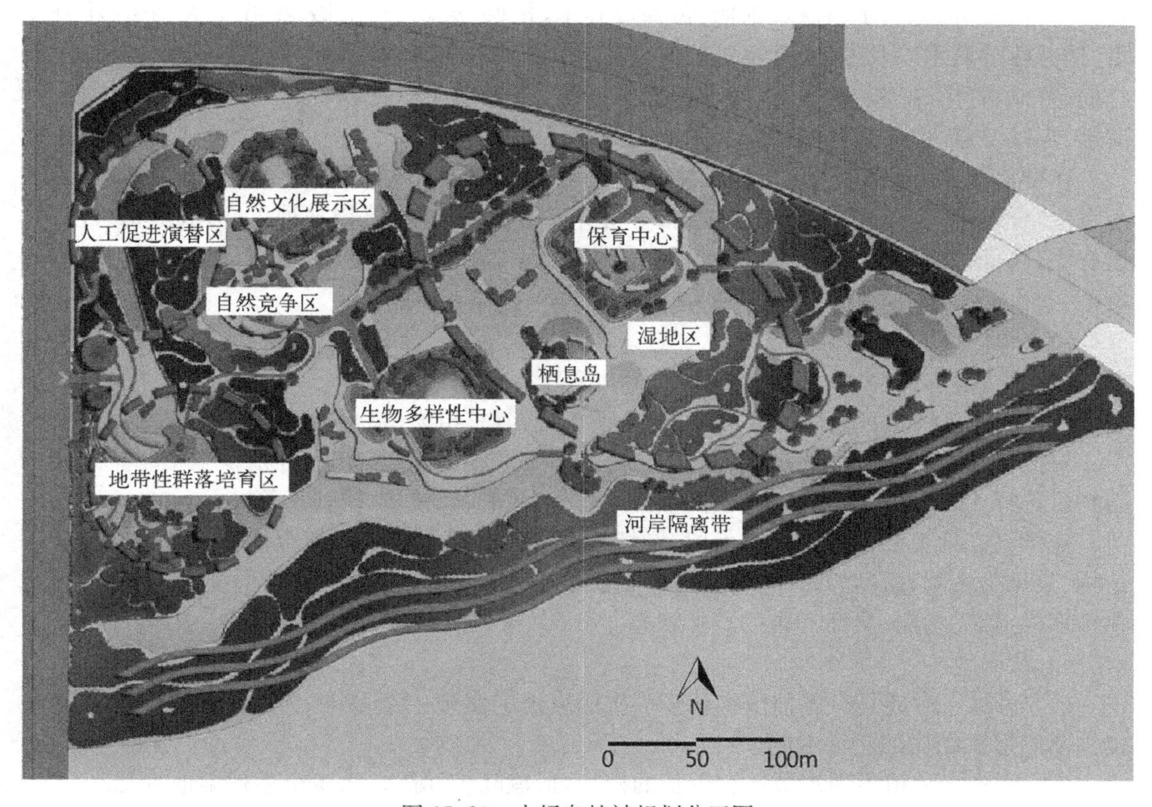

图 15.20　大绿岛植被规划分区图

预计生态系统的自我维持和调控机制能够产生一定的作用，绿地土壤的理化性质将得到一定改良，土壤肥力也将提高。采用的植物可选择：马齿苋、酢浆草、刺果毛茛、诸葛菜、乌蔹莓、朝天委陵菜、茅莓、荠菜、泽漆、毛茛、蛇莓、打碗花、婆婆纳、马兰、野菊、蒲公英、天胡荽、虎杖、酸模、盒子草和黄鹌菜等。

考虑到一号掩体高亢地上的植被生长繁茂，植物种类较丰富。对现状植被基本采取保留的措施，长期检测监控，观察它的演替方向。

3) 自然竞争区

(1) 目标。揭示外来物种竞争规律。

(2) 措施。不做任何处理，保留加拿大一枝黄花。

大绿岛的外来物种调查中加拿大一枝黄花几乎占了全部面积的 60%，但是在这里我们留出一块地方，让这些恶性杂草自然生长，自由竞争，长期检测观察以揭示外来物种竞争规律；另一方面，保留外来植物也可以让游人在参观中了解到自然发展过程中的诸多外来不利因素的影响。

4) 地带性群落培育区

(1) 目标。构建地带性植物群落。

(2) 措施。对废弃地进行植物改造，去除杂草，种植地带性植物群落。

考虑上海绿化植物适应性和苗木来源的可行性，引进樟科、壳斗科、山茶科、木兰科、冬青科、杜鹃科、蔷薇科、紫金牛科等地带性常绿阔叶林的优势种和建群种，选择常见的地带性植物如臭椿、女贞、无患子、香樟、垂柳、苦楝等乔木,杞柳、火棘、鸡爪槭、狭叶十大功劳、小叶女贞、扶芳藤等灌木以及麦冬、鸢尾等草本植物,并且大力发展运用新的地带性植物如天竺桂、红楠、苦槠、青冈、皂荚、苦楝、南酸枣、豆梨、云实、狭叶山胡椒、山鸡椒、天仙果、野鸦椿、椿叶花椒、大叶冬青、白马骨、醉鱼草、紫珠属和柃木属等。

在群落配置上,充分考虑不同植物的生物学习性,根据不同植物的生态幅度,构筑和拓展生态位,合理配置乔、灌、藤和草本植物,丰富林下植物,增加群落物种种类,形成疏密有度、障透有序、高低错落的群落层次结构以及丰富的色相和季相,并优先选择能自然更新的物种,如臭椿、女贞等。

5) 生物多样性中心

(1) 目标。物种多样、蝶飞鸟鸣、生命和谐。

(2) 措施。种植乡土性的蜜源植物、鸟嗜植物、芳香植物、浆果类植物。

对掩体前有大块硬地通过深埋和人工覆土等人工措施将其改造,种植乡土植物。采用的植物可选择:醉鱼草、木蓝、悬钩子、小腊、野蔷薇、牡荆、胡枝子、绣线菊等。

掩体高亢地上的植被大多被保留,增植乔木和灌木类的乡土性蜜源植物、鸟嗜植物、芳香植物、浆果类植物,保留原草本群落,建立复层结构群落,促进生物多样性的提高,有利于形成物种多样、蝶飞鸟鸣、生命和谐的自然状态。

6) 湿地区

(1) 目标。形成具有多种植物和多层次栖息地的湿地生态系统,为不同动物特别是鸟类提供不同层次结构的生活空间。

(2) 措施。种植不同水域适宜生长的植物,形成陆生、湿生、水生全系列湿地景观。

通过开挖土方,形成中生区、滩涂区、浅水区、中水区、深水区。在湿地区保留部分原有植被,特别是原来水塘和水渠的湿地植被,保留芦苇、毛茛、羊蹄、芦荻等原生植物,形成春季毛茛黄花盛开、秋季芦苇飘逸的自然景色。

水陆过渡带作为水体生态系统的重要组成部分,采用自然曲折的驳岸形式,种植水生植物、湿生植物、陆生耐水湿植物组成的水陆植被生态序列,形成具有多种植物和多层次栖息地的湿地生态系统。在部分水面,可以增加湿地植物的种植面积,有些植物宜多丛小片状种植较好。

15.2.13 动物规划设计

15.2.13.1 规划设计目标

① 尽最大可能保留和保护该区域附近目前出没或栖息的动物,同时通过局部改造措施为部分动物提供不受干扰的庇护所;

② 根据对现状和未来生态状况的预测,通过一定手段吸引,使生物多样性进一步丰富;

③ 在周边大环境合理变迁的情况下,科学客观地对待部分动物在本地区的消失。

15.2.13.2 方法措施——动物的保护保育

实现大绿岛的自然保护,保护物种是最基本的保护手段之一。动物物种的保护包括鸟类、昆虫、水生动物等的保护和保育,方法多种多样。

① 创造多样化的生境类型和足够尺度的植物群落。在设计中尽量保留一些落叶林和灌草丛,这样的生境有利于动物的栖息。通过植被、水系改造创造多样化的生境类型如密林、疏林、密灌丛、疏灌丛、稀疏灌丛、草丛、湿地、水域等。由于很多鸟类的食物来自湿地生物,所以

可以增加或保留较多湿地面积，建立一些人不能随意上去的自然岛。另外，保留3个掩体周边足够尺度的植物群落为物种长期繁衍时内部基因变异和交换提供必要条件。

② 丰富动物食源。保留和种植蜜源植物、鸟嗜植物，如浆果类植物，果木类植物。丰富水中的鱼、虾、贝类等动物，为鸟类等提供丰富的食源。

③ 提高庇护、保育能力。减少噪声干扰、光干扰和废气等环境干扰。在大绿岛的周边种植具有一定宽度的高大乔木群落，并设置隔音、隔光设施，最大限度地减少对大绿岛内生物的干扰。在保护鸟类上，营造有利于鸟类栖息、取食、繁衍的场所。例如，悬挂鸟巢、设置投食台、选择鸟类喜好栖息取食的植物等。

④ 建立生物栖息网络，避免野生生物群落的孤岛形成。可以通过西部生态绿廊的设计将本区域生物与规划中的绿带有机结合，使得各类生物尤其是小型哺乳动物能顺利通过，扩大其活动范围，为其生存提供更大空间。

⑤ 建议控制周边的建筑高度。在周围居住区中种植高大茂密的乔木群落，让建筑掩映在乔木林中，构筑利于生物(尤其是鸟类)栖息繁衍的大环境。

15.2.13.3 湿地中重要的保育区

① 保育中心区。将掩体前的硬地改造，深挖与地下水沟通形成水面，水陆交错带以自然形式种植多种水生和湿生植物群落，周围保留高大的植物群落为水面掩护形成一个半封闭的空间，能为以鸟类为主的动物的生存繁衍提供安静的庇护所。

② 栖息岛。对原有栖息岛进行保留，形成陆生、湿生、水生全系列的植物群落。保留栖息岛附近的水边、枯树为动物提供特别的隐蔽处。新植乔灌木植物品种尽量选择鸟嗜植物、蜜源植物、浆果类植物，湿生和水生植物群落配置尽量满足动物鸟类生存繁衍。

来源：本节图表均引自车生泉. 城市生态型绿地研究[M]. 北京：科学出版社，2012.

15.3 安徽宁国生态农业科技示范园

15.3.1 概况

宁国生态农业科技示范园位于安徽省宁国市北部，距离市区12 km。园区包括3个部分——主体园区、李家独屋片区与山门洞片区。其中，主体园区西起海螺水泥厂厂区，东至宁港公路；南北方向上北起山门中学，南至青龙乡以及宁国市区北缘，共计1 154.40 ha；李家独屋片区面积为102.60 ha；山门洞片区(中日友好林)面积为80.51 ha，已建设完成。整个示范区用地涉及港口镇、青龙乡及宁国市区的行政边界，总占地约1 337.51 ha。本次规划主要针对的是除山门洞片区外的两处片区，用地共计1 257 ha(见图15.21)。

15.3.2 土地利用现状

园区现状用地以丘陵林地为主，其间散布村落与农田、菜地。规划区内有3处较大面积的水库，分别为七里冲水库与潘家庄水库。其中，七里冲水库面积约6.7 ha，蓄水量达100万 m^3。潘家庄水库面积约12.1 ha，蓄水量达61.2万 m^3。园区内另有多处小型汇水池塘(见表15.18、图15.22)。此外，规划区内林地的主要原生植被为马尾松、湿地松、元竹等。村镇建设用地为33.1 ha，共计居民约1 300人。

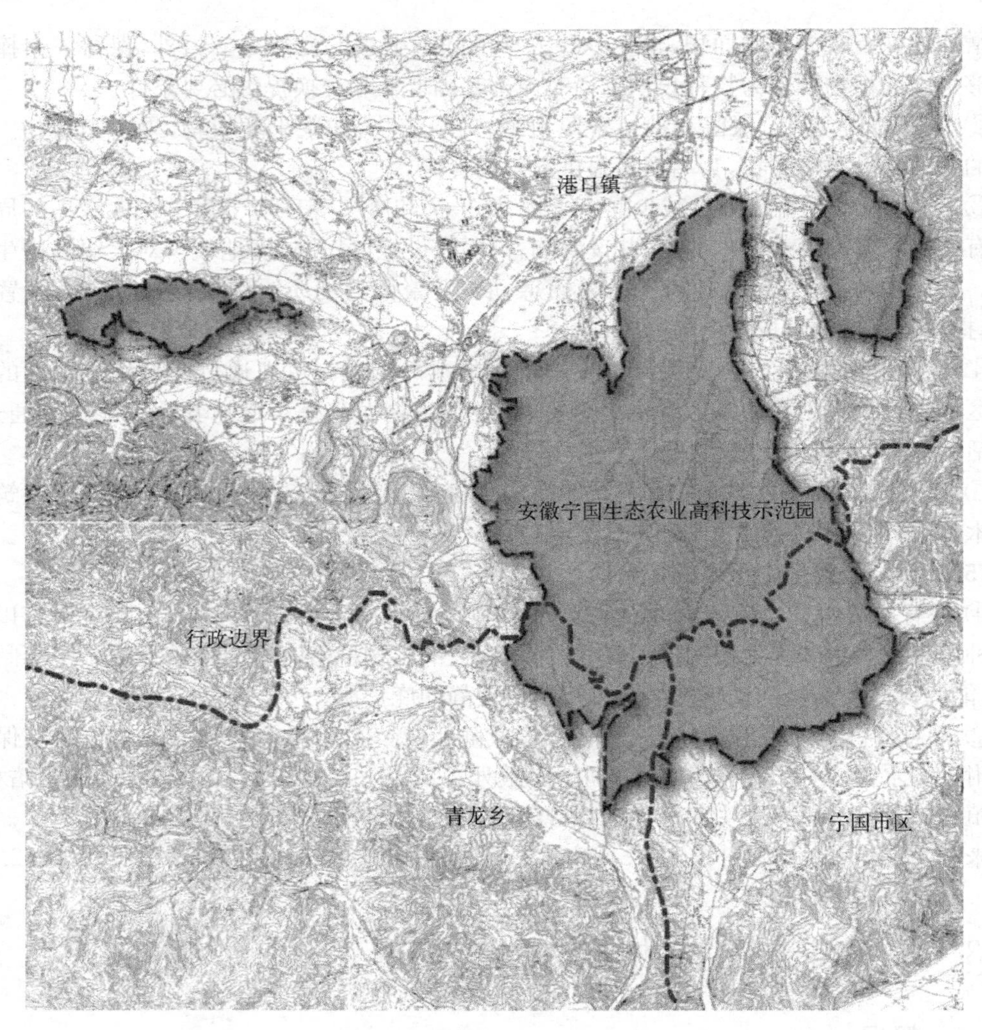

图 15.21 规 划 范 围

表 15.18 现状用地构成表

用地类型	面积(ha)	面积(亩)	比例(%)
林 地	1 106.92	16 603.76	82.8
耕 地	124.24	1 863.57	9.3
水 体	35.13	526.94	2.6
居住用地(村镇建设)	33.10	496.43	2.5
道路广场用地	10.72	160.84	0.8
滞留用地	16.21	243.10	1.2
游览设施用地	3.31	49.70	0.2
风景游赏用地	4.07	61.04	0.3
其他用地	3.83	57.41	0.3
总 和	1 337.51	20 062.61	

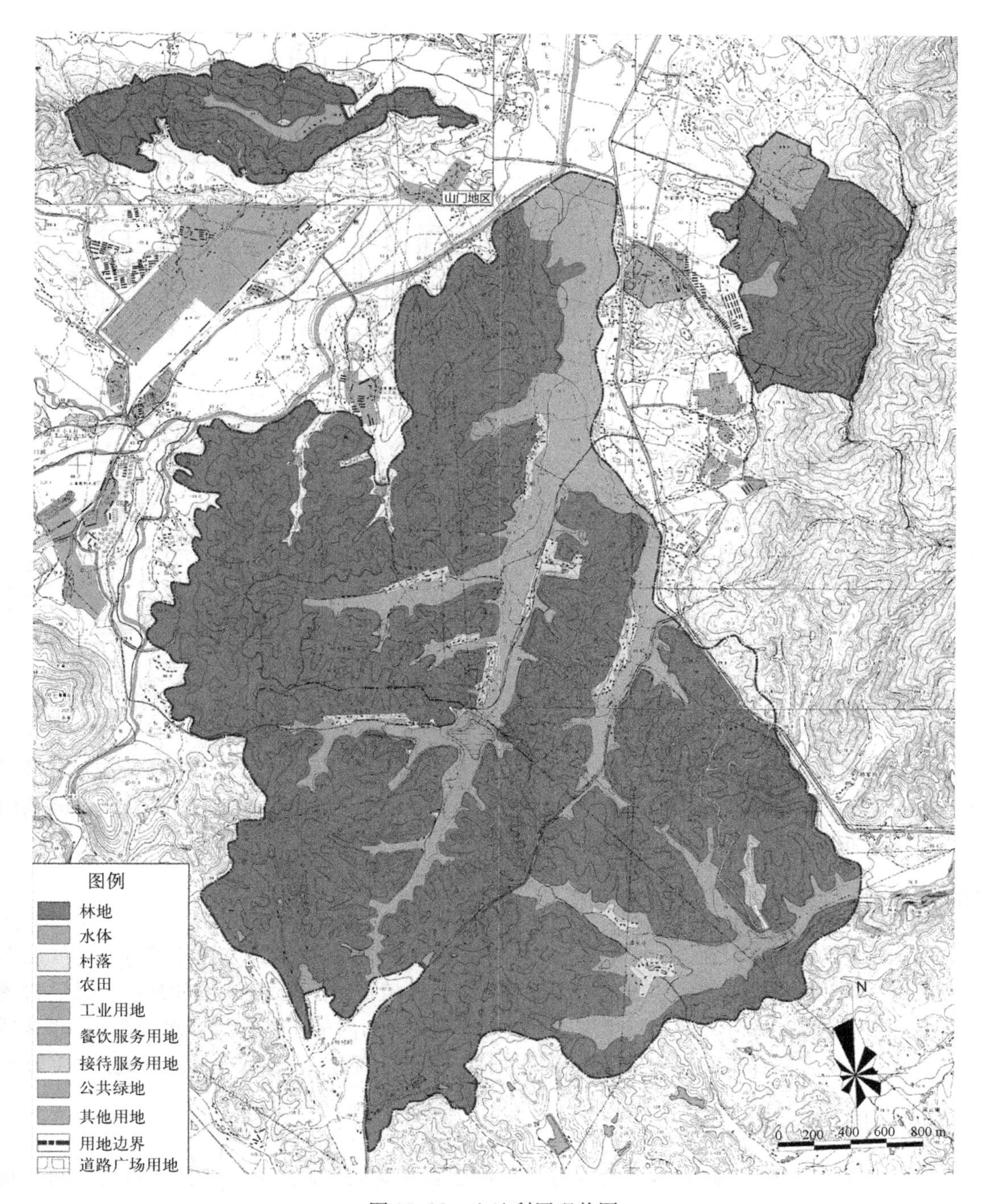

图 15.22　土地利用现状图

15.3.3 植被现状调查(见图 15.23、图 15.24、图 15.25)

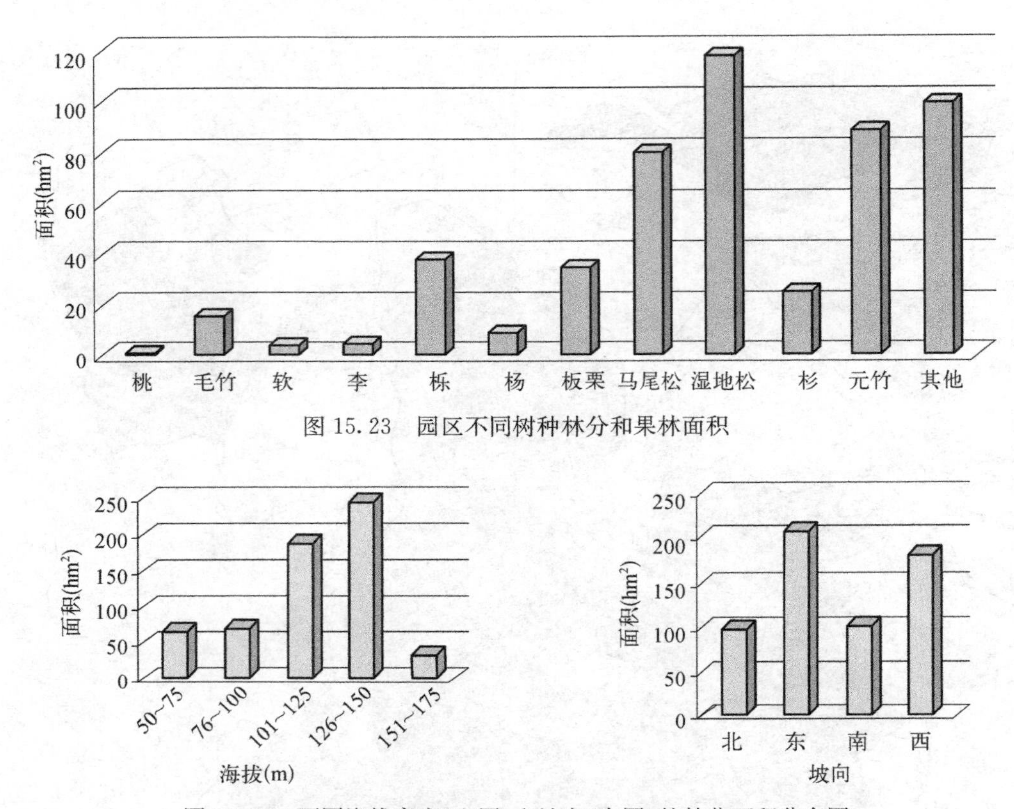

图 15.23 园区不同树种林分和果林面积

图 15.24 不同海拔高度(左图)和坡向(右图)的林分面积分布图

规划区内植被以经济林和杂木林为主,主要林分有板栗、毛竹、元竹、果树、马尾松、柳杉等。通过对园区内的林分调查,结合当地的林业小班清查资料,对林地的林分构成、不同坡向和海拔的分布特征等进行了统计分析。

15.3.4 土地利用生态适宜性分析

利用遥感影像资料,在 3S 技术平台上,对园区内的高程、坡向、坡度进行了分析(见图 15.26、图 15.27 和图 15.28),并结合 15.3.4 中的区内植被的分析和园区内农业、水域、村落的分布情况,对园区进行土地利用生态适宜性分析,将园区内的土地分为:水域用地、非常适宜建设用地、较为适宜建设用地、不适宜建设用地、很不适宜建设用地 5 个类型(见图 15.29)。

15.3.5 周边环境

示范区的东南两侧为山地,北侧为港口镇区建设用地,西侧水泥厂是农业园区空间与视觉景观的主要污染源。

15.3.6 总体定位

作为北亚热带珍稀树木种类最多、中国面积最大的珍稀乡土树木园,国内第一个以珍稀

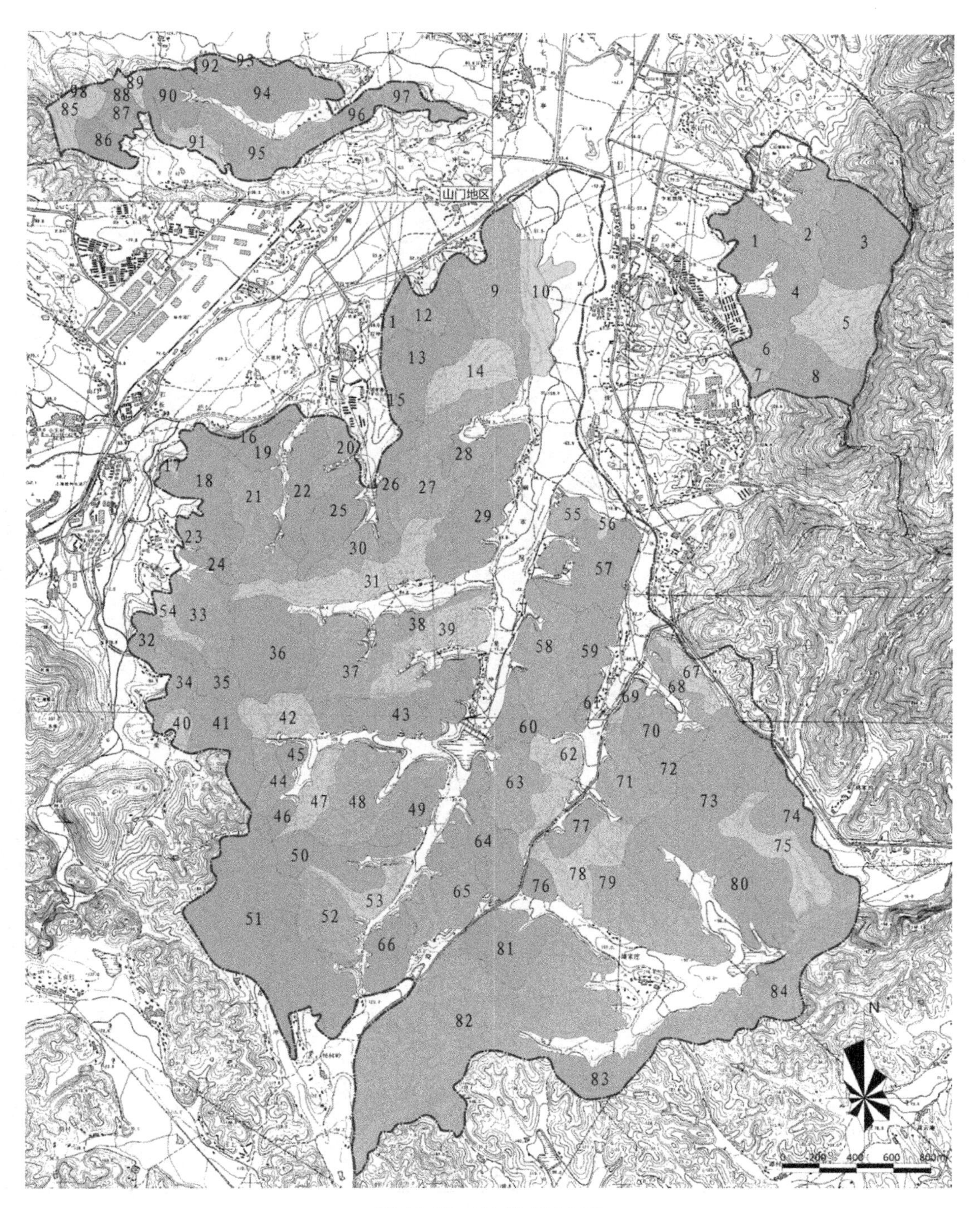
山门地区
1
2
3
4
5
6
7
8
9
10
11
12
13
14
15
16
17
18
19
20
21
22
23
24
25
26
27
28
29
30
31
32
33
34
35
36
37
38
39
40
41
42
43
44
45
46
47
48
49
50
51
52
53
54
55
56
57
58
59
60
61
62
63
64
65
66
67
68
69
70
71
72
73
74
75
76
77
78
79
80
81
82
83
84
85
86
87
88
89
90
91
92
93
94
95
96
97
98
N
0
200
400
600
800m

图 15.25 现状植被图

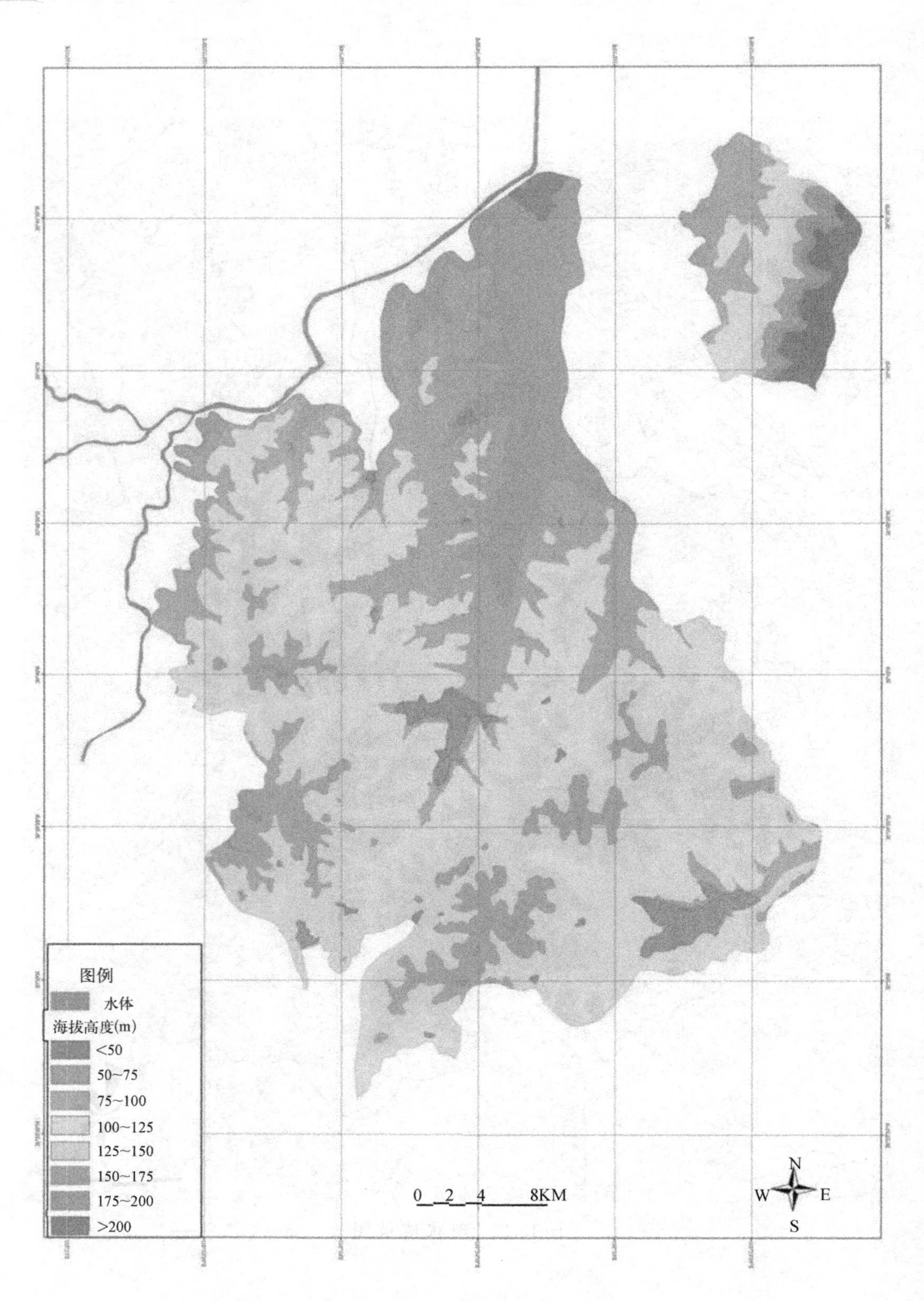

图 15.26　场地高程分析

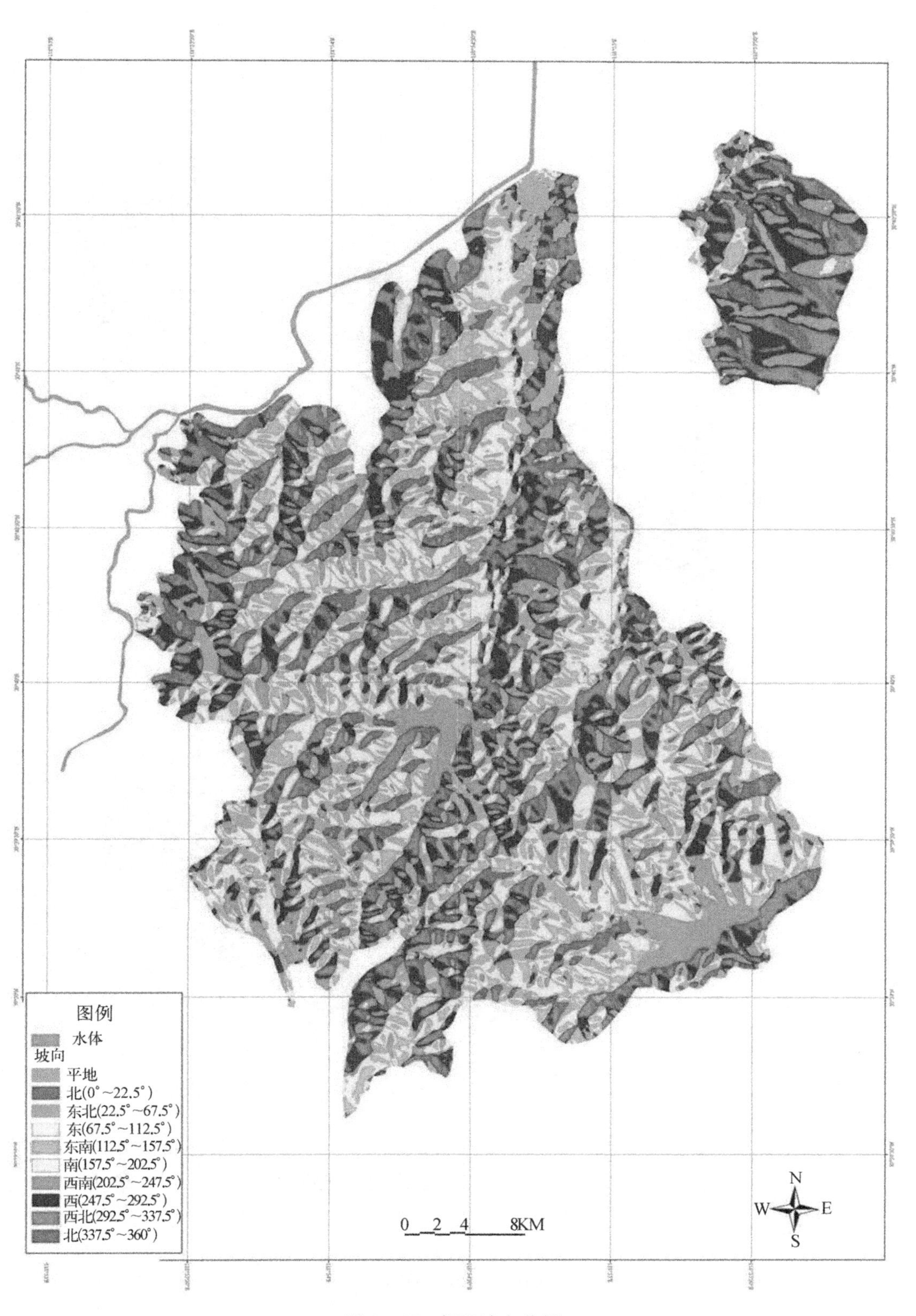

图 15.27　场地波向分析

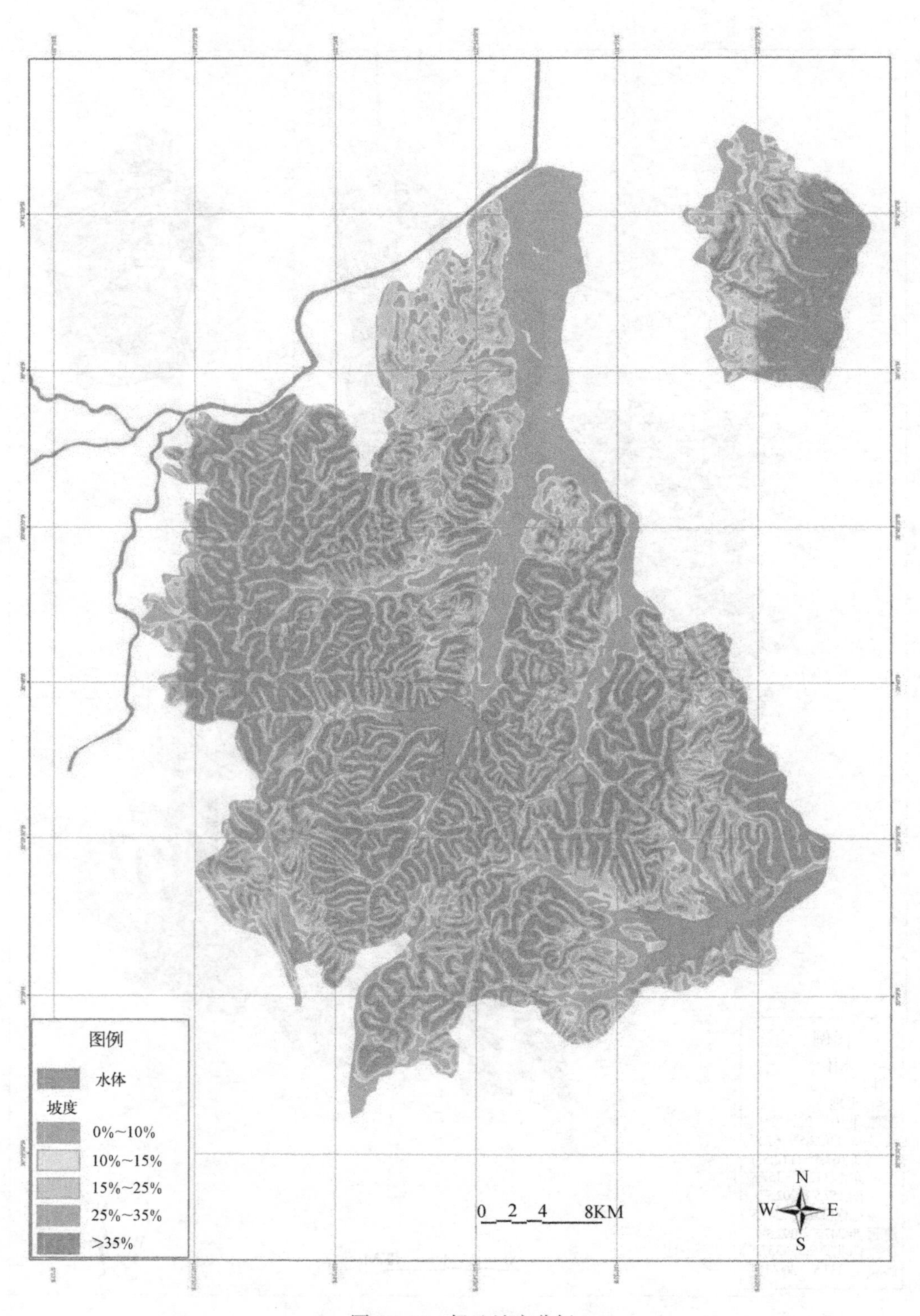

图 15.28　场地坡度分析

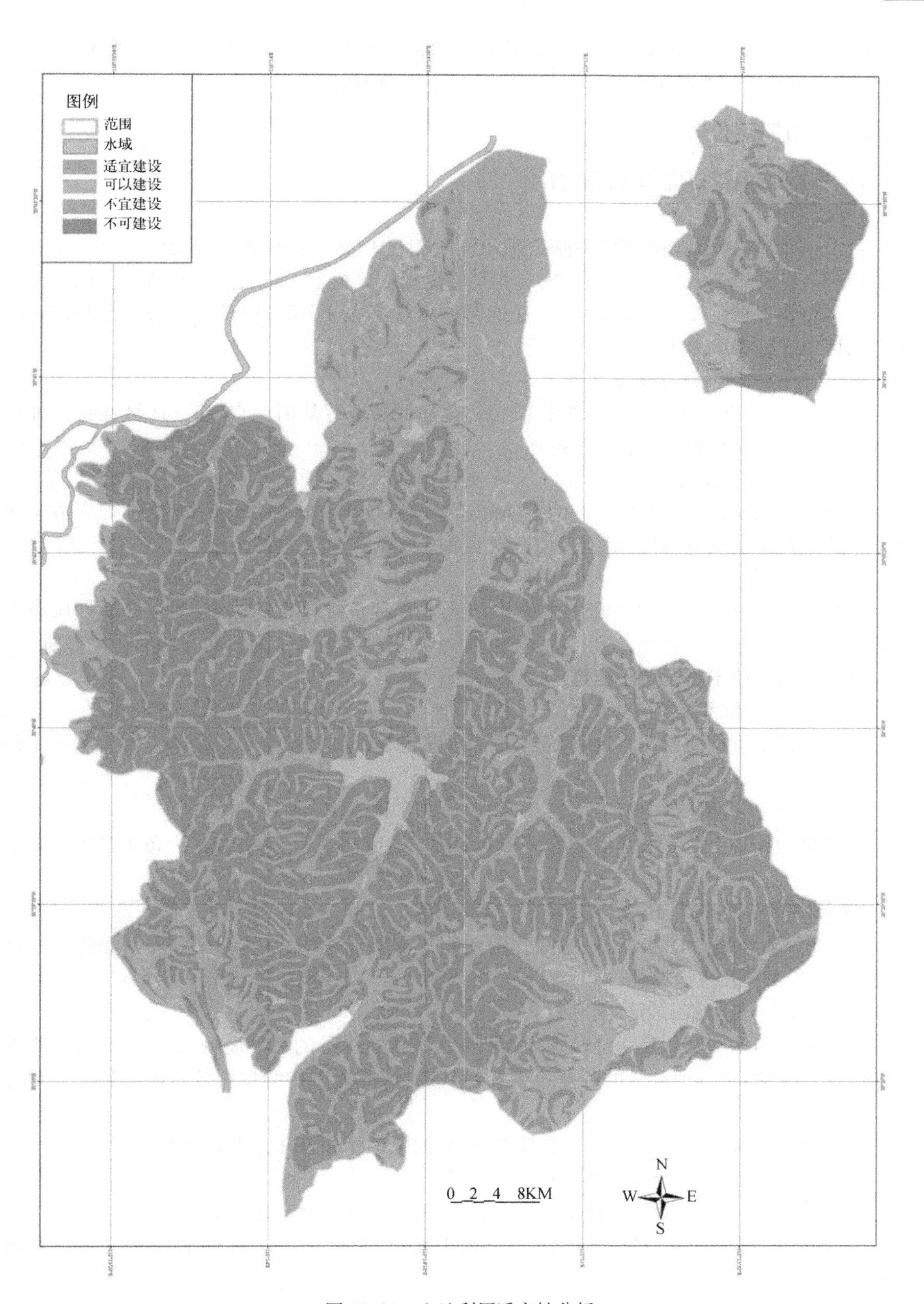

图 15.29 土地利用适宜性分析

树木和乡土树木引种驯化及种苗繁育为特色，集科研、科普、种质资源基因保存、新优苗木栽培、生态旅游和休闲度假于一体的高科技生态农业示范园。

15.3.7 功能定位

15.3.7.1 科学研究和科普教育

1）珍稀树木保护

目前，全世界有50%的植物物种受到灭绝的威胁，珍稀植物在现代社会中具有重要的文化价值和直接利用价值。因此，开展对珍稀植物的保护是树木科学研究和科普教育的重要方面。珍稀植物保护主要包括就地保护、迁地保护和对植物分布区进行严格规划管理等措施。示范园区以迁地保护为主。

2）引种驯化与种质资源基因保存

对珍稀、名优和乡土特色树木进行引种驯化和种植资源基因保存，建立区域性特色种质资源保育和扩繁基地和研发教育示范地。

3）森林生态系统研究

森林生态系统是人类赖以生存的重要陆地生态系统，对园区内的森林类型、保育方法和经营措施进行系统研究，对皖南山区林业发展具有重要的科技支撑作用。

4）科普教育

科普教育不仅是园区功能提升的重要手段，也是促进现代生态旅游、提供知识性旅游产品的重要保障。园区规划设计旨在将复杂的科学知识转变为易于理解和互动的科普行动。

15.3.7.2 技术研发和示范推广

1）珍稀乡土树木繁育技术研发

包括珍稀乡土种质资源收集、种质资源品种鉴定和种质繁育与现代生物基因工程技术研发等内容。

2）珍稀和乡土性苗木培育

珍稀植物和乡土苗木培育包括珍稀和乡土苗木适应性驯化、珍稀和乡土苗木扩繁和苗木培育。

3）标准化苗木生产与管理技术

标准化、批量化苗木是未来城市绿化苗木的基本要求，按照苗木规格和类型等进行标准化生产，形成工厂化生产的能力。

15.3.7.3 生态旅游与休闲度假

生态旅游与休闲度假是示范区实现产业升级和效益提升的关键途径，通过合理开发生态旅游与休闲度假，提升示范区的产业价值和经济效益，成为可持续发展的重要保证。主要包括以下几个方面：

① 森林生态养生康体。森林生态体验、森林健康理疗和森林养生保健等。

② 商务会议。国内外商务会议和学术会议。

③ 户外拓展运动。山地自行车、山地运动极限拓展和各类户外运动等。

④ 森林文化体验。森林博物馆、森林与人类文明、森林童话、珍稀树木、森林木屋文化博览和森林传说等。

⑤ 水上游赏。水上清凉世界、垂钓俱乐部、水上风情街、水上森林和水上居住等。

15.3.7.4 推进新农村建设

促进城乡一体，打破城乡二元结构和推动新农村建设是示范区建设的社会责任和目标。

① 提高土地附加值。合理配置一产结构，融合三产发展，大力提升土地附加值。

② 有效吸纳剩余劳动力。通过拓展旅游服务业，吸收农村劳动力，促进农村就业。

③ 促进农民增收。企业增效和农民增收相辅相成。

④ 构建和谐社会。通过土地集约化经营，促进农民就业和增收，提高农民生活质量，为城市居民提供亲近自然的机会，成为构建和谐社会的示范地。

15.3.7.5 生态环境保育与优化

生态环境保育和生态质量优化是农业示范区建设的基础，以及实现示范区可持续发展和产业升级的保障，主要包括：

① 森林生态系统构建。保护生态敏感区，建立以地带性植被为主体的结构合理、生态稳定的森林生态系统，使之成为园区开发建设的生态基础。

② 生物多样性提升。在开展苗木生产和休闲旅游的同时，通过植物多样性的提升而提升园区的生物多样性，构建植物的王国和动物的乐园。

③ 珍稀树木保育。珍稀树木是自然的遗产，是稀有的生物资源，对珍稀树木进行保育和培植是园区的核心特征，同时也是提升市场竞争力的核心动力。

④ 低碳园区构建。森林是地球主要的碳汇，通过营建碳汇林和低碳森林经营管理模式，增加园区森林碳汇能力，成为碳汇森林经营的典范。

15.3.8 建设目标

兼顾社会、经济、生态三大效益，将示范区建设成为：

① 苗木培育科技创新高地。生态化、标准化培育技术、信息化管理和经营技术、珍稀植物种质资源保育与扩繁技术、科技研发与推广技术。

② 森林生态旅游度假胜地。自然生态体验、休闲康体保健、产业文化示范，使园区成为面向全国、立足长三角地区的休闲度假与自然疗养胜地。

③ 森林科普教育文化基地。科普教育、生态科技体验。

④ 新农村建设和创新示范地。产业升级、破解城乡二元结构、提高社会生产效率、构建和谐社会。

15.3.9 建构高科技生态产业创新体系

① 研发创新。包括珍稀植物引种驯化、种质资源库构建、扩繁技术和国际化研发平台。

② 生产创新。包括种苗培育技术、苗木标准化生产技术、循环型生态农业技术和废弃物资源化利用技术、苗圃地景观化技术和数字化全息动态控制技术。

③ 管理创新。包括管理信息化技术、新农村建设模式创新。

④ 市场创新。包括一三产融合、培育新优(珍稀)苗木市场空间、旅游产品错位发展。

15.3.10 总体规划

15.3.10.1 空间结构规划

示范区的空间结构可归纳为："双核、双轴、四片、多点。"

①“双核”是指入口综合服务核心与休闲度假服务核心。

②“双轴”为两条产业轴——林业生产轴与旅游产业轴。其中,旅游产业轴连接两个服务核心。

③“四片”是指珍稀乡土树木研发片区、珍稀乡土苗木生产示范片区、森林生态文化体验片区与森林休闲度假片区。

④“多点”是分布与各个片区中的旅游、景观节点。节点与服务核心之间的旅游联系形成了两条产业轴线的互动关系,共同推进示范区的发展。

15.3.10.2 功能分区与项目策划

规划根据用地现状条件与规划建设目标及空间结构,将示范区分为五大分区:入口综合服务区、森林生态文化体验区、森林休闲度假区、珍稀乡土树木研发区、珍稀乡土苗木生产示范区(见表 15.19、表 15.20、图 15.30 和图 15.31)。

表 15.19 功能区划表

功 能 区	面积(ha)	比例(%)
入口接待服务区	29.15	2.2
森林生态文化体验区	228.65	17.1
森林休闲度假区	261.07	19.5
珍稀乡土树种研发区	254.11	19.0
珍稀乡土苗木生产示范区	564.53	42.2
总 计	1 337.51	

表 15.20 项目内容一览表

分 区	类 别	项 目
入口综合服务区	接待区	入口广场
		停车场
		接待服务中心与信息中心
		购物街
	森林科技博览苑	树木博览馆
		生态多样性馆
		生态林业科普馆
		生态技术展示与体验馆
		生态虫草馆
	民俗风情园	民俗风情园
森林生态文化体验区	芳香谷	降血压植物区
		助睡眠植物区
		抗抑郁和精神振奋植物区
		抗呼吸道疾病植物区

（续表）

分　区	类　别	项　　　　目
森林生态文化体验区	草药谷	地带性特色中草药
	锦绣谷	春花秋色
		森林童话小路
		户外拓展运动
		野营基地
	花海云林	紫薇坡
		海棠坞
		玉兰峪
		桂花岭
	水上世界	水上活动(水库)
		滨水垂钓
	艺术林	森林艺术景观
		低碳农田景观
森林休闲度假区		管理中心
		世界木屋村(宾馆类木屋及旅游地产)
		国际会议中心
		五星级宾馆
		水上风情街(酒吧、特色餐饮、娱乐)
		水上运动
		高尔夫球场
珍稀乡土树木研发区	引种驯化区	珍稀树种引种驯化
		乡土树种引种驯化
	科普教育展示园	珍稀树木分类标本园
		特色乡土树种科普园
		地带性乡土植物群落保育园
	科技研发推广基地	科技研发中心
		教育培训中心
		现代农业研发中心与培训基地
		农业部都市农业(南方)重点开放实验室安徽研发中心
		上海交通大学新农村研究院安徽基地
	珍稀乡土树木专类区	华东特有植物专类区
		安徽省珍稀植物专类区
		观赏类珍稀植物专类区

（续表）

分　区	类　别	项　　　目
珍稀乡土苗木生产示范区	珍稀乡土苗木扩繁区	珍稀苗木扩繁
		乡土苗木扩繁
		设施温室
	珍稀苗木生产区	珍稀苗木生产
	乡土苗木生产区	乡土苗木生产
	低碳农田景观区	低碳景观农田
		碳汇林

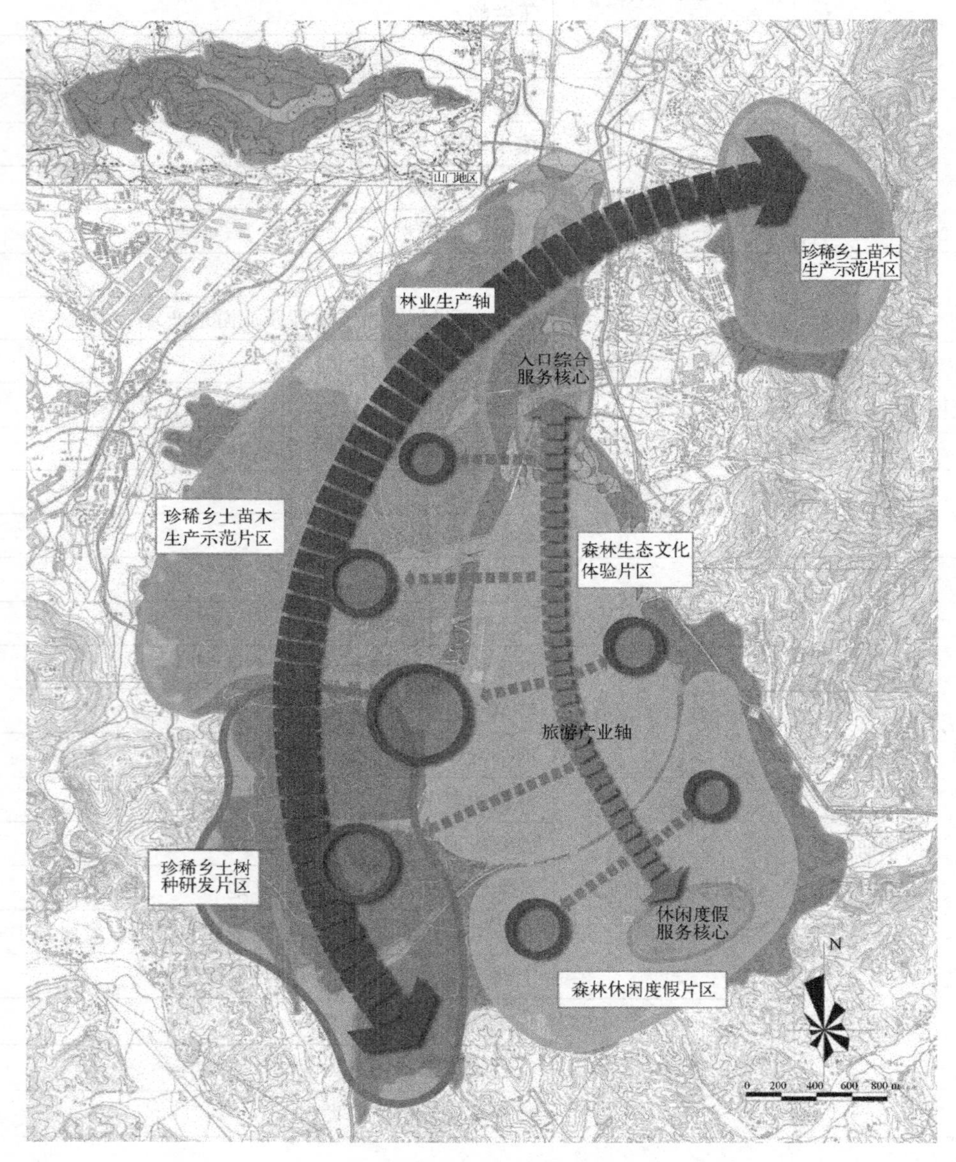

图 15.30　空间结构规划图

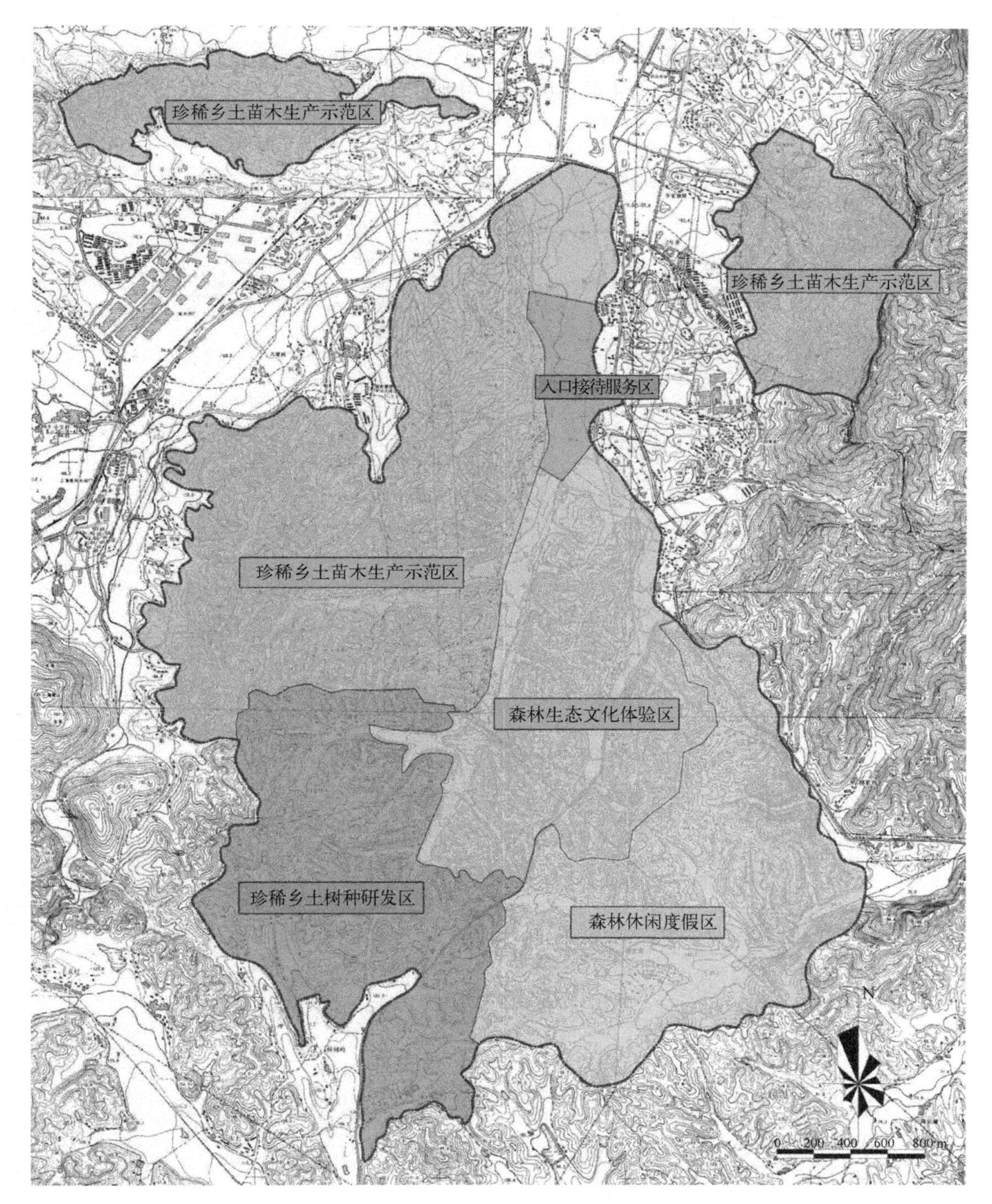

图 15.31　功能分区规划图

功能分区的原则：

① 根据现状用地与地形条件、交通条件与功能的匹配性进行功能分区布置。

② 根据园区功能的相关性进行合理分区，使管理服务与旅游游览功能结合。

③ 根据园区各项目分期建设的时段，结合各部分的区位条件进行合理布局，从空间布局

中体现项目建设强度、开发时序与保育强度。

④ 分区边界线包括主要道路与山脊线。其中,脊线作为视线屏障,是天然的景观空间分界线,方便进行交通空间管制。而主要道路则对用地进行分割。

1) 入口综合服务区(见图 15.32)

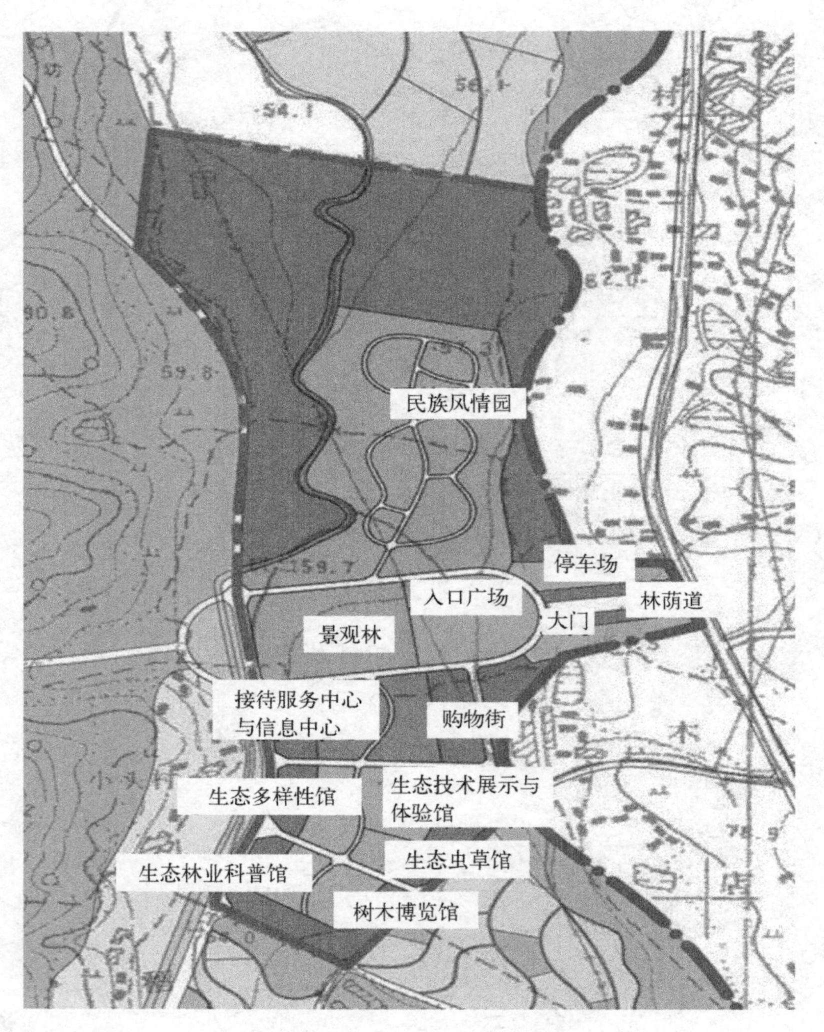

图 15.32　入口综合服务区

2) 森林生态文化体验区(见图 15.33)

3) 森林休闲度假区(见图 15.34)

4) 珍稀乡土树木研发区(见图 15.35)

5) 珍稀乡土苗木生产示范区(见图 15.36)

15.3.11　树木种植规划

15.3.11.1　规划原则

(1) 群落类型与生境相协同。适地适树,根据不同生境类型(坡度、坡向、海拔、小气候)

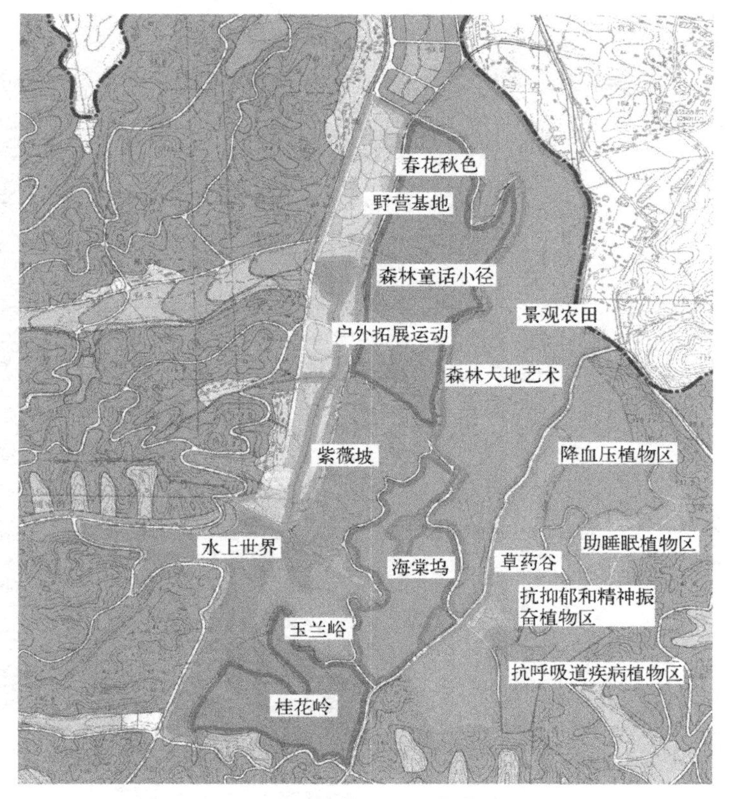

图 15.33　森林生态文化体验区

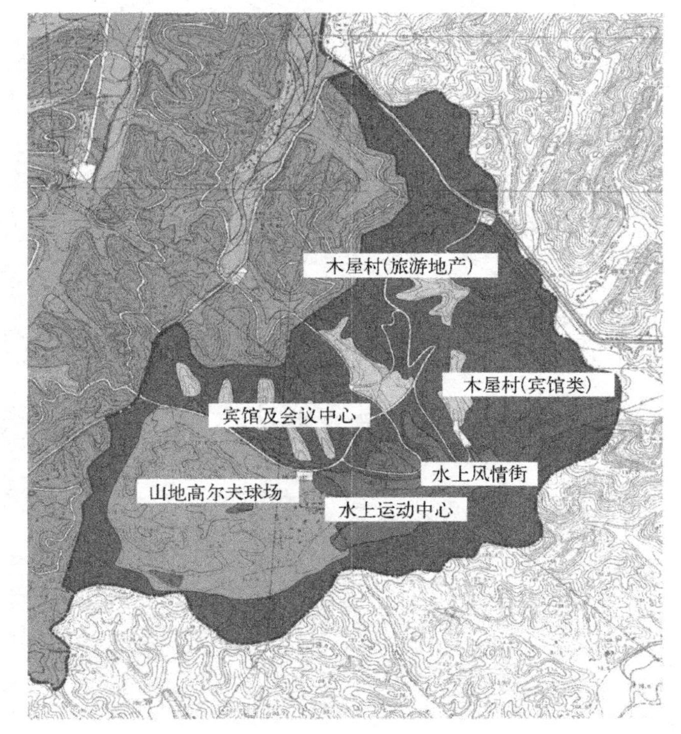

图 15.34　森林休闲度假区

图 15.35　珍稀乡土树木研发区

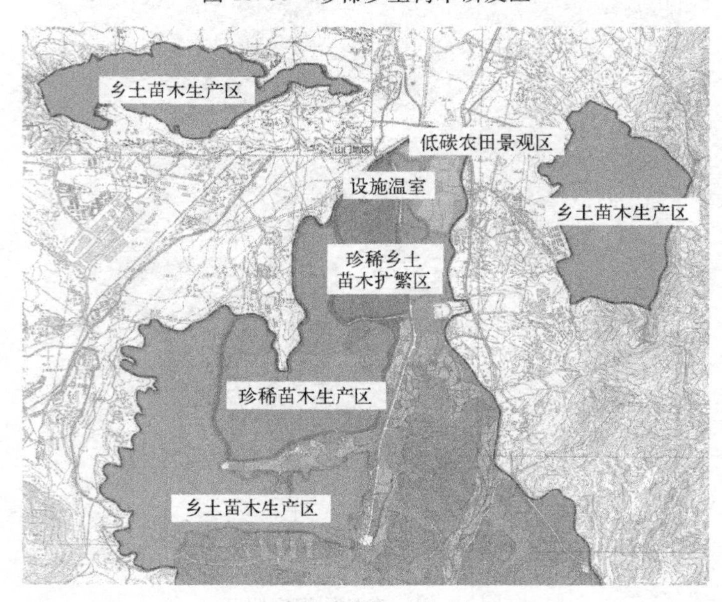

图 15.36　珍稀乡土树木研发区

营建不同的珍稀乡土群落类型。

(2) 空间布局与生态保育相协同。优化森林群落空间结构，提升生态环境健康水平。

(3) 生产性、景观性和游憩性相协同。创造优美的森林大地景观格局，一产与三产充分结合(见图 15.37)。

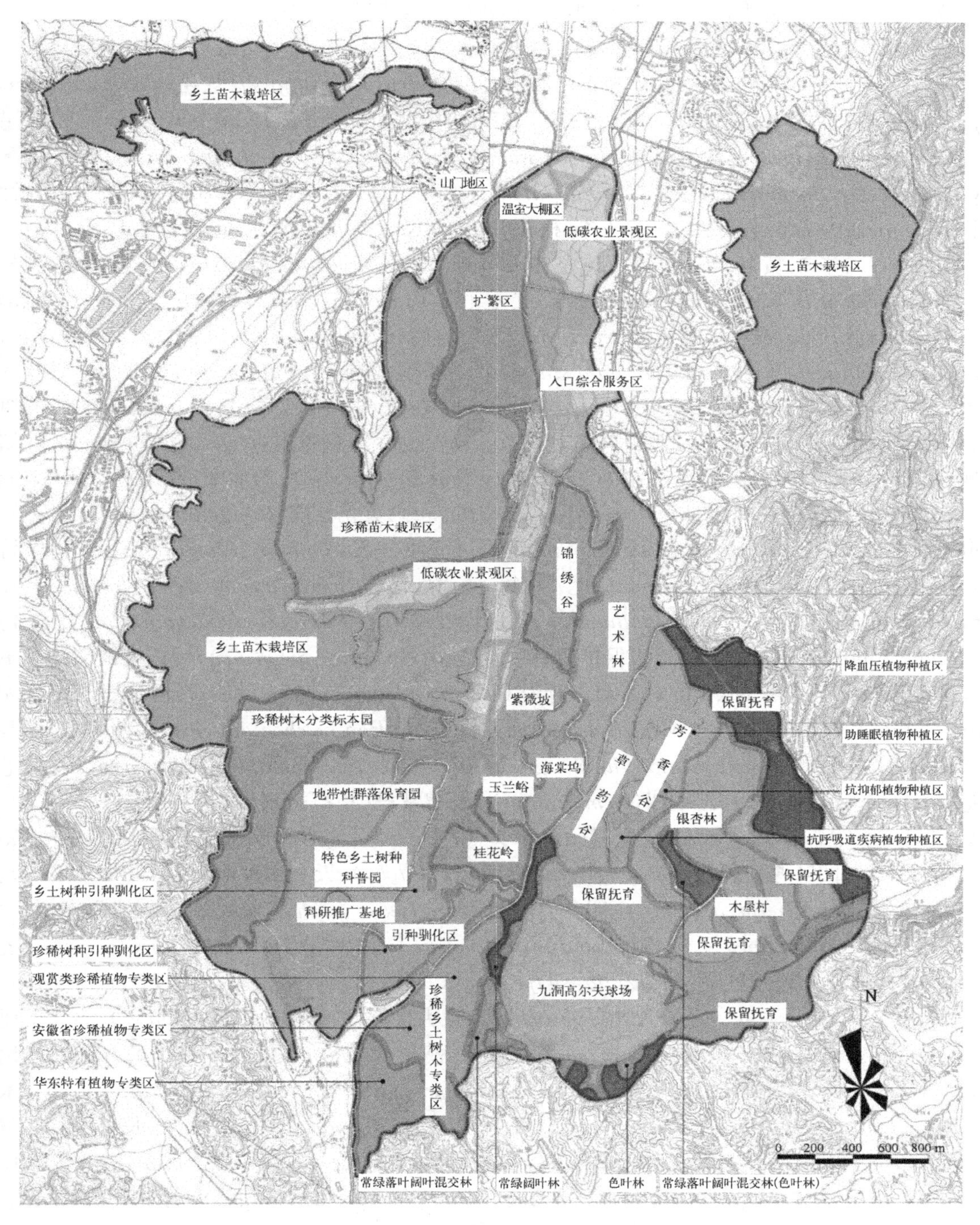

图 15.37 树木种植规划图

15.3.11.2 珍稀乡土树木研发区树木规划

1）珍稀树木规划

我国红皮书保护的植物种类有近400种，国家林业局颁布的第一批次和第二批次的“国家重点保护野生植物名录”共1 900种，按照植物的地理分布和环境需求，结合目前我国各大植物园引种成功的种类，提出适于本园区引种栽培的珍稀树木如下：

珍稀树木分类标本区（按照恩格勒系统排列）

篦子三尖杉（*Cephalotaxus oliver*）、翠柏（*Calocedrus macrolepis*）、红桧（*Chamaecyparis formosensis*）、福建柏（*Fokienia hodginsii*）、轩辕柏（侧柏）（*Platycladus orientalis*）、朝鲜崖柏（*Thuja koraiensis*）、贵州苏铁（*Cycas guizhouensis*，*Cycas panzhihuaensis*）、斑子麻黄（*Ephedra lepidosperma*）、银杏（*Ginkgo biloba*）、黄枝油杉（*Keleeria calcarea*）、大别山五针松（*Pinus dabeshanensis*）、华南五针松（*pinus kwangtungensis*）、金钱松（*Pseudolarix kaempferi*）、华东黄杉（*Pseudotsuga gaussenii*）、黄杉（*Pseudotsuga sinensis*）、南方铁杉（*Tsuga chinensis* var. *tchekiangensis*）、红豆杉（*Taxus chinensis*）、南方红豆杉（*Taxus chinensis* var. *mairei*）、叶榧树（*Torreya jackii*）、翁榆（*Ulmus gaussenii*）、水杉（*Metasequoia glyptostroboides*）、金钱槭（*Dipteronia sinensis*）、中华猕猴桃（*Actinidia chinensis*）、全缘叶冬青（*Iies integra*）、普陀鹅耳枥（*Carpinus putoensis*）、华榛（*Corylus chinensis*）、伯乐树（*Bretschneidera sinensis*）、夏腊梅（*Calycanthus chinensis*）、双盾木（*Dipelta floribunda*）、蝟实（*Kolkwitzia amabili*）、连香树（*Cercidiphyllum japonicum*）、美容杜鹃（*Rhododendron calophytum*）、百合花杜鹃（*Rhododendron liliiflorum*）、黄花杜鹃（*Rhododendron lutescens*）、叶杜鹃（*Rhododendron williamsianum*）、杜仲（*Eucommia ulmoides*）、短穗竹（*Brachystachyum densiflorum*）、毛环短穗竹（*Brachystachyum densiflorum* var. *villosum*）、箭竹（*Fargesia spathacea*）、小叶银缕梅（*Parrotia subaequalis*）、山白树（*Sinowilsonia henryi*），国家二级保护稀有种青钱柳（*Cyclocarya paliurus*）、核桃楸（*Juglans mandshurica*）、核桃（*Juglans regia*）、普陀樟（*Cinnamomum japonicum*）、天目木姜子（*Litsea auriculata*）、舟山新木姜子（*Meolitsea sericea*）、浙江楠（*Phoebe chekiangensis*）、楠木（*Phoebe zhennan*）、沙冬青（*Ammopiptanthus mongolicus*）、矮沙冬青（*Ammopiptanthus nanus*）、绒毛皂荚（*Gleditsia vestita*）、红豆树（*Ormosia hosiei*）、鹅掌楸（马褂木）（*Liriodendron chinense*）、天目木兰（*Magnolia amoena*）、黄山木兰（*Magnolia cylindrical*）、厚朴（*Magnolia officinalis*）、凹叶厚朴（*Magnolia officinalis subsp. biloba*）、天女木兰（*Magnolia sieboldii*）、红花木莲（*Manglietia insignis*）、四川木莲（*Manglietia szechuanica*）、乐东拟单性木兰（*Parakmeria lotungensis*）、珙桐（*Davidia involucrate*）、对节白蜡（*Davidia involucrate* var. *vilmoriniana*）、紫斑牡丹（*Paeonia suffruticosa* var. *papaveracea*）、矮牡丹（*Paeonia suffruticosa* var. *spontanea*）、玫瑰（*Rosa rugosa*）、香果树（*Emmenopterys henryi*）、台湾栾树（*Koelreuteria elegans subsp. Formosana*）、文冠果（*Xanthoceras sorbifolia*）、黄山梅（*Kirengeshoma palmate*）、银鹊树（*Tapiscia sinensis*）、白辛树（*Pterostyrax psilophyllus*）、木瓜红（*Rehderodendron macrocarpum*）、秤锤树（*Sinojackia xylocarpa*）、长瓣短柱茶（*Camellia grijsii*）、金花茶（*Camellia nitidissima*）、西南红山茶（*Camellia pitardii*）、野茶树（*Camellia sinensis* var. *assamica*）、领春木（*Euptelea pleiospermum*）、青檀（*Pteroceltis tatarinowii*）、琅琊榆（*Ulmus chenmoui*）。

2）乡土树种规划

乡土树种是指当地生长的、经过长期种植，能很好地适应当地土壤、气候等自然条件，自然分布、自然演替，已经融入当地的自然生态系统中的树木。乡土树种是当地的植物特色，具有较高的适应能力和生态功能。通过对皖南山区及天目山地区乡土树种的分析，提出适于本园区引种栽培的乡土树种如下：

鹅耳枥（*Carpinus turczaninowii*）、昌化鹅耳枥（*Carpinus tschonoskii*）、黄山栎（*Quercus stewardii*）、槲栎（*Quercus aliena*）、榉树（*Zelkova schneideriana*）、杭州榆（*Ulmus changii*）、大果榆（*Ulmus macrocarpa*）、榆树（*Ulmus pumila*）、榔榆（*Ulmus parvifolia*）、珊瑚朴（*Celtis julianae*）、大叶朴（*Celtis koraiensis*）、香榧（*Torreya grandis*）、青钱柳（*Cyclocarya paliurus*）、胡桃（*Juglans regia*）、苦槠（*Castanopsis sclerophylla*）、青冈栎（*Cyclobalanopsis glauca*）、栓皮栎（*Quercus variabilis*）、麻栎（*Quercus acutissima*）、白栎（*Quercus fabri*）、化香（*Platycarya strobilacea*）、山核桃（*Carya cathayensis*）、杜仲（*Eucommia ulmoides*）、柘树（*Cudrania tricuspidata*）、华山松（*Pinus armandi*）、大别山五针松（*Pinus dabeshanensis*）、白皮松（*Pinus bungeana*）、鹅掌楸（*Liriodendron chinense*）、天目木兰（*Magnolia amoena*）、黄山木兰（*Magnolia cylindrical*）、厚朴（*Magnolia officinalis*）、凹叶厚朴（*Magnolia officinalis subsp. biloba*）、木莲（*Manglietia fordiana*）、深山含笑（*Michelia maudiae*）、南五味子（*Kadsura longepedunculata*）、华中五味子（*Schisandra sphenanthera*）、披针叶茴香（*ium lanceolatum*）、亮叶蜡梅（*onanthus nitens*）、夏蜡梅（*Chimonanthus chinensis*）、浙江新木姜子（*Neolitsea aurata* var. *chekiangensis*）、月桂（*Laurus nobilis*）、天竺桂（*Cinnamomum japonicum*）、红楠（*Machilus thunbergii*）、金缕梅（*Hamamelis mollis*）、木通（*Akebia quinata*）、枫香（*Liquidambar formosana*）、檵木（*Loropetalum chinense*）、蚊母树（*Distylium racemosum*）、黄山溲疏（*Deutzia glauca*）、宁波溲疏（*Deutzia ningpoensis*）、油茶（*Camellia oleifera*）、木荷（*Schima superb*）、厚皮香（*Ternstroemia gymnanthera*）、黄瑞木（*Adinandra Millettii*）、格药柃（*Eurya muricata*）、细枝柃（*Eurya hebeclados*）、山梅花（*Philadelphus incanus*）、李叶绣线菊（*Spiraea prunifolia*）、珍珠绣线菊（*Spiraea thunbergii*）、麻叶绣线菊（*Spiraea cantoniensis*）、金丝桃（*Hypericum monogynum*）、金丝梅（*Hypericum patulum*）、中华绣线菊（*Spiraea chinensis*）、野珠兰（*Stephanandra chinensis*）、华中栒子（*Cotoneaster silvestrii*）、平枝栒子（*Cotoneaster horizontalis*）、椤木石楠（*Photinia davidsoniae*）、枇杷（*Eriobotrye japonica*）、木瓜（*Chaenomeles sinensis*）、皱皮木瓜（*Chaenomeles speciosa*）、金樱子（*Rosa laevigata*）、棣棠（*Kerria japonica*）、木莓（*Rubus swinhoei*）、茅莓（*Rubus parvifolius*）、掌叶覆盆子（*Rubus chingii*）、云实（*Caesalpinia decapetala*）、决明（*Cassia tora*）、皂荚（*Gleditsia sinensis*）、巨紫荆（*Cercis gigantean*）、红豆树（*Ormosia hosiei*）、白花紫荆（*Cercis chinensis cv.* "*Alba*"）、常春油麻藤（*Mucuna sempervirens*）、大果冬青（*Ilex macrocarpa*）、华东槐蓝（*Indigofera fortune*）、多花槐蓝（*Indigofera amblyantha*）、黄檀（*Dalbergia hupeana*）、大金刚藤黄檀（*Dalbergia dyeriana*）、多花胡枝子（*Lespedeza floribunda*）、美丽胡枝子（*Lespedeza bicolor subsp. formosa*）、中华胡枝子（*Lespedeza chinensis*）、青榨槭（*Acer davidii*）、乌桕（*Sapium sebiferum*）、银薇（*Lagerstroemia indica f. alba*）、无患子（*Sapindus mukorossi*）、全缘叶栾树（*Koelreuteria bipinnata* var. *integrifoliola*）、七叶树（*Aesculus chinensis*）、亮叶冬青（*Ilex viridis*）、冬青（*Ilex purpurea*）、

大叶冬青(*Ilex latifolia*)、羊踯躅(*Rhododendron molle*)、满山红(*Rhododendron mariesii*)、映山红(*Rhododendron simsii*)、毛白杜鹃(*Rhododendron mucronatum*)、马银花(*Rhododendron ovatum*)、锦绣杜鹃(*Rhododendron pulchrum*)、黄山杜鹃(*Rhododendron maculiferum subsp. anhweiense*)、云锦杜鹃(*Rhododendron fortune*)、美丽马醉木(*Pieris Formosa*)、小果南烛(*Lyonia ovalifolia* var. *hebecarpa*)、紫金牛(*Ardisia japonica*)、硃砂根(*Ardisia crenata*)、红凉伞(*Ardisia crenata f. hortensis*)、毛八角枫(*Alangium kurzii*)、梾木(*Cornus macrophylla*)、四照花(*Dendrobenthamia japonica* var. *chinensis*)、山茱萸(*Macrocarpium officinale*)、青荚叶(*Helwingia japonica*)、通脱木(*Tetrapanax papyriferus*)、刺楸(*Kalopanax septemlobus*)、多花勾儿茶(*Berchemia floribunda*)、铜钱树(*Paliurus hemsleyanus*)、老鸦柿(*Diospyros rhombifolia*)、浙江柿(*Diospyros glaucifolia*)、秤锤树(*Sinojackia xylocarpa*)、白檀(*Symplocos paniculata*)、紫丁香(*Syringa oblate*)、白丁香(*Syringa oblata* var. *alba*)、冬树(刺桂)(*smanthus Heterophyllus*)、接骨木(*Sambucus williamsii*)、郁香忍冬(*Lonicera fragrantissima*)。

3) 专类区

(1) 华东特有树木专类区。华东特有树木专类区主要有如下树木：夏腊梅(*Sinocalycanthus chinensis*)、短穗竹(*Brachystachyum densiflorum*)、银缕梅(*Shaniodendron subaequalum*)、永瓣藤(*Monimopetalum chinense*)、凹叶厚朴(*Magnolia officinalis subsp. Biloba*)、黄山木兰(*Magnolia cylindrical*)、拟单性木兰(*Parakmeria*)、香果树(*Emmenopterys henryi*)、钟萼木(*Bretschneideraceae sp.*)、天目木兰(*Magnolia amoena*)、显脉野木瓜(*Stauntonia conspicua*)、浙江石楠(*Phoebe chekiangensis*)、天目木姜子(*Litsea auriculata*)、琅琊榆(*Ulmus chenm*)、醉翁榆(*Ulmus gaussenii*)、华东黄杉(*Pseudotsuga gaussenii*)。

(2) 安徽省珍稀树木专类区。安徽省现有珍稀濒危植物38种，隶属于24科，33属(不含栽培品种)。其中，属于国家二级保护的有12种，属于国家三级保护的有26种，属于国家濒危树木的有7种，稀有的有15种，渐危的有16种。

在安徽省珍稀树木中，目前已较大量迁地保存的品种类有：大别山五针松(*Pinus dabeshanensis*)、琅琊榆(*Ulmus parvifolia*)、醉翁榆(*Ulmus gaussenii*)、长序榆(*Ulmus elongate*)、连香树(*Cercidiphyllum japonicum*)、黄山梅(*Kirengeshoma palmate*)、天目木兰(*Magnolia amoena*)、天目木姜子(*Litsea auriculata*)、浙江楠(*Phoebe chekiangensis*)、金钱松(*Pseudolarix kaempferi*)、鹅掌楸(*Liriodendron chinense*)、短穗竹(*Brachystachyum densiflorum*)、青檀(*Pteroceltis tatarinowii*)、黄山木兰(*Magnolia cylindrical*)、凹叶厚朴(*Magnolia officinalis*)、银鹊树(*Tapiscia sinensis*)和小花木兰(*Magnolia sieboldii*)等。

其中，金钱松(*Pseudolarix kaempferi*)、鹅掌楸(*Liriodendron chinense*)、青檀(*Pteroceltis tatarinowii*)、凹叶厚朴(*Magnolia officinalis*)等已成为人们熟知的园林绿化植物，琅琊榆(*Ulmus parvifolia*)、醉翁榆(*Ulmus gaussenii*)、长序榆(*Ulmus elongate*)、天目木姜子(*Litsea auriculata*)、黄山木兰(*Magnolia cylindrical*)、短穗竹(*Brachystachyum densiflorum*)、银鹊树(*Tapiscia sinensis*)等已是城市园林绿化中的珍贵品种。

试验性少量迁地保存的品种主要有：小勾儿茶(*Berchemiella*)、猬实(*Kolkwitzia amabilis*)、永瓣藤(*Monimopetalum Chinense*)、南方铁杉(*Tsuga Chinensis* var.

Tchekiangensis)、金刚大(*Croomia japonica*)、香果树(*Emmenopterys henryi*)、领春木(*Euptelea pleiospermum*)、黄山花楸(*Sorbus amabilis*)等；其中，猬实(*Kolkwitzia amabilis*)、香果树(*Emmenopterys henryi*)、领春木(*Euptelea pleiospermum*)等正成为城市绿化的新品种。

属安徽省珍稀树木专类区的植物有：大别山五针松(*Pinus dabeshanensis*)、金钱松(*Pseudolarix kaempferi*)、华东黄杉(*Pseudotsuga gaussenii*)、南方铁杉(*Tsuga Chinensis* var. *Tchekiangensis*)、连香树(*Cercidiphyllum japonicum*)、琅琊榆(*Ulmus parvifolia*)、醉翁榆(*Ulmus gaussenii*)、长序榆(*Ulmus elongate*)、青檀(*Pteroceltis tatarinowii*)、天目木姜子(*Litsea auriculata*)、浙江楠(*Phoebe chekiangensis*)、鹅掌楸(*Liriodendron chinense*)、黄山木兰(*Magnolia cylindrca*)、天目木兰(*Magnolia amoena*)、小花木兰、凹叶厚朴(*Magnolia officinalis subsp. biloba*)、红椿、香果树(*Emmenopterys henryi*)、银鹊树(*Tapiscia sinensis*)、小勾儿茶(*Berchemiella*)、七子花(*Heptacodium miconioides*)、猬实(*Kolkwitzia amabilis*)、永瓣藤(*Monimopetalum Chinense*)、黄山花楸(*Sorbus amabilis*)。

(3) 观赏类珍稀植物专类区。专类区的观赏类珍稀植物主要有：珙桐(*Davidia involucrate*)、香果树(*Emmenopterys henryi*)、连香树(*Cercidiphyllum japonicum*)、秤砣树(*Sinojackia xylocarpa*)、凹叶厚朴(*Magnolia officinalis*)、金钱松(*Pseudolarix Kaempferi*)、马褂木(*Liriodendron chinense*)、夏腊梅(*Calycanthus chinensis*)、红豆树(*Ormosia hosiei*)、青钱柳(*Cyclocarya paliurus*)。

15.3.11.3 珍稀乡土苗木生产示范区树木规划

1) 珍稀树木苗木栽培

根据目前珍稀苗木的栽培成功状况，规划园区目前可以栽培的珍稀苗木有：

红豆杉(*Taxus chinensis*)、南方红豆杉(*Taxus chinensis* var. *mairei*)、凹叶厚朴(*Magnolia officinalis*)、杜仲(*Eucommia ulmoides*)、鹅掌楸(马褂木)(*Liriodendron chinense*)、黄山木兰(*Magnolia cylindrca*)、连香树(*Cercidiphyllum japonicum*)、珙桐(*Davidia involucrate*)、青檀(*Pteroceltis tatarinowii*)、天目木姜子(*Litsea auriculata*)、天目木兰(*Magnolia amoena*)、天女木兰(*Magnolia sieboldii*)、夏蜡梅(*Calycanthus chinensis*)、香果树(*Emmenopterys henryi*)、金钱柳(*Pterocarya stenoptera*)、中华猕猴桃(*Actinidia chinensis*)。

随着园区在珍稀树木引种方面的成功，不断推出引种成功的珍稀苗木品种。

2) 乡土苗木栽培

根据目前华东地区苗木市场的需求和城市绿化发展趋势，确定的常规乡土苗木栽植品种有：香樟(*Cinnamomum camphora*)、女贞(*Ligustrum lucidum*)、桂花(*Osmanthus fragrans*)、广玉兰(*magnolia grandiflora*)、白玉兰(*Magnolia denudate*)、紫玉兰(*Magnolia liliflora*)、二乔玉兰(*Magnolia soulangeana*)、深山含笑(*Michelia maudiae*)、喜树(*Camptotheca acuminate*)、无患子(*Sapindus mulorossi*)、栾树(*Koelreuteria paniculata*)、水杉(*Metasequoia glyptostroboides*)、珊瑚朴(*Celtis julianae*)、红枫(*Acer palmatum*)、青枫(*Acer palmatum*)、七叶树(*Aesculus chinensis*)、山桐子(*ldesia polycarpa*)、榉树(*Zelkova serrata*)、红果冬青、大叶冬青(*llex latifolia*)、乐昌含笑(*Michelia chapensis*)、池杉(*Taxodium ascendens*)、红豆杉(*Taxus mairei*)、竹柏(*Podocarpus*)、滨柃(*Eurya emarginata*)、北美马褂木、美国红栌、枫香(*Liquidambar formosana*)、香泡(*Citrus medica*)、湿地松(*Pinus elliottii*)、南酸枣(*Choerospondias axillaris*)、喜树(*Camptotheca acuminate*)、蓝果树(*Nyssa sinensis*)、红花槭(夕阳红)(*Acer rubrum*)、弗吉尼亚栎、娜塔栎、沼生栎(*Quercus palustris*)、柳叶栎(*Quercus salicina*)、美洲复叶槭、黄连木(*Pistacia chinensis*)、大花六道木(*Abelia. grandiflora*)、杜仲(*Eucommia ulmoides*)、厚朴(*Magnolia officinalis*)、洒金柏球、金焰绣线菊(*Spiraea xbumalda*)、椴树(*Tilia tuan*)、冻绿(*Rhamnus utilis*)、樟叶槭(*Acer albopurpurascens*)、椤木石楠(*Photinia davidsoniae*)等。

根据天目山山脉植物区系构成和目前引种栽培较为成功的苗木种类,规划园区目前可以栽培的乡土苗木有:

甜槠(*Castanopsis eyrei*)、苦槠(*Castanopsis sclerophylla*)、青冈栎(*Cyclobalanopsis glauca*)、青荚叶(*Helwingia japonica*)、红豆树(*Ormosia hosiei*)、黄山溲疏(*Deutzia glauca*)、江南桤木(*Alnus trabeculosa*)、夏蜡梅(*Calycanthus chinensis*)、接骨木(*Sambucus williamsii Hance*)、多花槐蓝(*Indigofera amblyantha*)、华东木蓝(*Indigofera fortune*)、中华胡枝子(*Lespedeza chinensis*)、美丽胡枝子(*Lespedeza formosa* (*Vog.*))、菝葜(*Smilax china*)、华东菝葜(*Smilax sieboldii*)等。

随着园区在乡土性苗木引种方面的成功,不断推出引种成功的乡土苗木品种。

15.3.11.4 森林生态文化体验区树木规划

1) 锦绣谷

锦绣谷模拟山地杜鹃林景观,形成绵延不断的壮美景观。植物主要由春季观花灌木和色叶乔木组成。春季观花灌木主要是杜鹃花科类植物:

春鹃(*Rhododendronsimsii&R. spp.*)、毛白杜鹃(*Rhododendron mucronatum*)、羊踯躅(*Rhododendron molle*)、夏鹃(*Rhododendron simsii*)、云锦杜鹃(*Rhododendron fortune*)、猴头杜鹃(*Rhododendron simiarum*)等。

色叶乔木包括:栾树(*Koelreuteria paniculata*)、全缘叶栾树(*Koelreuteria integrifoliola*)、枫香(*Liquidambar formosana*)、无患子(*Sapindus mulorossi*)、杜英(*Elaeocarpus sylvestris*)、火炬漆(*Rhus typhina*)、五角枫(*Acer mono*)和红枫(*Acer palmatum*)等。

2) 芳香谷

芳香谷以自然疗法为参考,依托园区的自然地势和环境特点,针对不同人群的身体状况,设置对应的自然芳香治疗区域,通过科学的游憩路线和驻留点规划,让游人充分接触芳香植物,达到治疗的目的。经过筛选,确定适于园区内种植的芳香谷植物种类如下。

(1) 降血压植物区。具有降血压作用的植物有:雪松(*Cedrus*)、辛夷(*Magnolia biondii*)、栀子(*Gardenia jasminoides*)、含笑(*Michelia figo*)、香紫苏(*Salvia sclarea*)、薰衣草(*lavandula pedunculata*)、珠兰(*ChlorantusSpicatusMak*)、甜牛至(*Origanum vulgare*)、胡椒薄荷(*Mentha arvensis*)、茉莉(*Jasminum sambac*)、腊梅(*Chimonanthus praecox*)、意大利柏(*Cupressus sempervirens*)、欧耄草。

(2) 助睡眠植物区。有助于睡眠的植物有:柠檬马鞭草(*Aloysia triphylla*)、薰衣草(*lavandula pedunculata*)、甜牛至(*Origanum vulgare*)、香蜂花(*Melissaofficinalis*)、香橙(*Citrus junos*)、甜橙(*Citrus sinensis*)、木槿(*Althaea syriaca*)、金银花(*Lonicera japonica*)、

玫瑰(*Rosa rugosa*)、西洋甘菊(*Matricaria recutita*)。

(3) 抗抑郁和精神振奋植物区。有助于振奋精神的植物有：桉树(*Eucalyptus spp*)、柠檬(*Citrus limon*)、代代(*Citrus aurantium cv. Daidai*)、玫瑰(*Rosa rugosa*)、木槿(*Althaea syriaca*)、生姜(*Zingiber officinale Roscoe*)、甜罗勒(*Ocimum basilicum*)、留兰香(*Menthae Spicatae*)、柠檬草(*Cymbopogon citrates*)、红橘、甜橙(*Citrus sinensis*)、广藿香(*Pogostemon cablin*)、茉莉(*Jasminum sambac*)、山苍子(*Litsea cubeba*)、樟树(*Cinnamomum camphora*)。

(4) 抗呼吸道疾病植物区。有益于呼吸道疾病防治的植物有：侧柏(*Platycladus orientalis*)、桉树(*Eucalyptus spp*)、樟树(*Cinnamomum camphora*)、代代(*Citrus aurantium cv. Daidai*)、锦葵(*Malva sylvestris*)、神香草(*Hyssopus officinalis*)、茶树(*Camellia sinensis*)、刺柏(*Juniperus formosana*)、山苍子(*Litsea cubeba*)、柠檬草(*Cymbopogon citrates*)、香蜂花(*Melissaofficinalis*)、椒样薄荷(*Mentha arvensis*)、香叶天竺葵(*Pelargonium graveolens*)、百里香(*Thymus vulgaris*)、白千层(*Melaleuca leucadendra*)。

3) 草药谷

草药谷以地带性特色中草药为主，乔、灌、地被相结合，形成以草本(草药)植物为主的郁闭度较低(30%～50%)的森林草药谷景观。

草药谷中的乔木主要有：南方红豆杉(*Taxus chinenwsis* var. *mairei*)、杜仲(*Eucommia ulmoides*)、厚朴(*Magnolia officinalis*)、浙江楠(*Phoebe chekiangensis*)、木香(*Saussurea costus*)、辛夷(*Magnolia biondii*)、枇杷(*Eriobotrya japonica*)、枫香(*Liquidambar formosana*)、香榧(*Torreya grandis*)、银杏(*Ginkgo biloba*)等。

草药谷中的灌木植物主要有：牡丹(*Paeonia suffruticosa*)、金银花(*Lonicera japonica*)、枸杞(*Lycium chinense*)、何首乌(*Polygonum multiflorum*)、金樱子(*Rosa laevigata*)、山茱萸(*Cornus officinali*)。

草药按照功效可以分为：

(1) 解表药：桂枝(*Ramulus Cinnamomi*)、紫苏(*Perilla frutescens*)、生姜(*Zingiber officinale*)、荆芥(*Schizonepeta tenuifolia*)、防风(*Saposhnikovia divaricata*)、羌活(*Rhizoma et Radix Notopterygii*)、白芷(*Angelica dahurica*)、香薷(*Elsholtzia ciliate*)、苍耳子(*Fructus Xanthii*)、辛夷(*Magnolia biondii*)、薄荷(*Mentha Canadensis*)、牛蒡子(*Arctium lappa*)、桑叶(*Folium Mori*)、菊花(*Flos Chrysanthemi*)、葛根(*Pueraria lobata*)、柴胡(*Bupleurum chinense*)。

(2) 清热药：栀子(*Gardenia jasminoides*)、夏枯草(*Prunella vulgaris*)、芦根(*Rhizoma Phragmitis*)、淡竹叶(*Lophatherum gracile*)、黄芩(*Scutellaria baicalensis*)、黄连(*Coptis chinensis*)、龙胆草(*Gentiana rigescens*)、苦参(*Sophora flavescens*)、生地(*Rehmannia glutinosa*)、玄参(*Scrophularia ningpoensis*)、丹皮(*Paeonia suffruticosa*)、赤芍(*Paeonia lactiflora*)、紫草(*Lithospermum erythrorhizon*)、金银花(*Lonicera japonica*)、连翘(*Forsythia suspense*)、蒲公英(*Taraxacum mongolicum*)、大青叶板蓝根(*Isatis indigotica*)、鱼腥草(*Houttuynia cordata*)、射干(*Belamcanda chinensis*)、白头翁(*Pulsatilla chinensis*)、败酱草(*Patrinia villosa*)、穿心莲(*Andrographis paniculata*)、半边莲(*Angiopteris petiolulata*)、土茯苓(*Rhizoma Smilacis*)、山豆根(*Euchresta japonica*)、红藤(*Mimulus tenellus* var. *platyphyllus*)、马齿苋(*Portulaca oleracea*)、白花蛇舌草(*Hedyotis diffusa*)、

紫花地丁(*Viola philippica*)、垂盆草(*Sedum sarmentosum*)、青蒿(*Artemisia carvifolia*)、地骨皮(*Lycium chinense*)、白薇(*Cynanchum atratum*)、胡黄连(*Picrorhiza scrophulariiflora*)、银柴胡(*Stellaria dichotoma*)。

(3) 利水泻药：茯苓(*Smilax glabra*)、泽泻(*Alisma plantago-aquatica*)、车前子(*Plantago asiatica*)、木通(*Akebia quinata*)、金钱草(*Desmodium styracifolium*)、茵陈(*Artemisia capillaries*)、通草(*Tetrapanax papyriferus*)、石韦(*Folium Pyrrosiae*)、地肤子(*Kochia scoparia*)、苍术(*Atractylodes lancea*)、厚朴(*Magnolia officinalis*)、藿香(*Agastache rugosa*)、佩兰(*Eupatorium fortune*)。

(4) 温里理气药：附子(*Cyperus rotundus*)、干姜(*Zingiber officinale*)、吴茱萸(*Evodia rutaecarpa*)、细辛(*Asarum sieboldi*)、花椒(*Zanthoxylum bungeanum*)、丁香(*Flos Caryophyllata*)、茴香(*Foeniculum vulgare*)、橘皮(*Pericarpium Citri Reticulatae*)、枳实香附(*Cyperus rotundus*)、青皮(*Vatica mangachapoi*)、乌药(*Lindera aggregate*)。

(5) 理血药：延胡索(*Corydalis yanhusuo*)、丹参(*Salvia miltiorrhiza*)、虎杖(*Polygonum cuspidatum*)、益母草(*Leonurus artemisia*)、桃仁(*Prunus persica*)、牛膝(*Achyranthes bidentata*)、鸡血藤(*Millettia reticuiata*)、大蓟(*Cirsium souliei*)、小蓟(*Cephalanoplos segetum*)、地榆(*Sanguisorba officinalis*)、白及(*Bletilla striata*)、三七(*Panax Notoginseng*)、茜草(*Rubia cordifolia*)、蒲黄(*Typha angustifolia*)、艾叶(*Folium Artemisiae*)、槐花(*Sophora japonica*)、侧柏叶(*Platycladus orientalis*)、仙鹤草(*Agrimonia pilosa*)。

(6) 化痰止咳平喘药：半夏(*Pinellia ternate*)、天南星(*Arisaema erubescens*)、白芥子(*Semen Brassicae*)、桔梗(*Platycodon grandiflorum*)、旋覆花(*Inula japonica*)、瓜蒌(*Fructus Trichosanthis*)、白前(*Cynanchum stauntonii*)、前胡(*Peucedanum praeruptorum*)、杏仁(*Amygdalus Communis*)、百部(*Stemona japonica*)、紫苑(*Aster tonpolensis*)、款冬(*Petasites japonicus*)、枇杷叶(*Eriobotrya japonica*)、马兜铃(*Aristolochia debilis*)、白果。

(7) 补益药：甘草(*Glycyrrhiza uralensis*)、黄芪(*Astragalus membranaceus*)、党参(*Codonopsis pilosula*)、杜仲(*Eucommia ulmoides*)、蛇床子、白芍、当归(*Radix Angelica Sinensis*)、熟地(*Rehmannia glutinosa*)、何首乌(*Fallopia multiflora*)、麦冬(*Ophiopogon japonicas*)、北沙参(*Radix Glehniae*)、南沙参(*Radix Adenophorae*)、玄参(*Radix Scrophulariae*)、枸杞子(*Fructus lycll*)。

4) 艺术林

艺术林包括森林艺术和景观农田。

(1) 森林艺术。规划通过森林种植，以简单明了的艺术形象形成大尺度的森林艺术。在地形处理方面，设计坡面较为平滑，容易形成视觉界面，在横向上避免过于蜿蜒变化。选择深绿色常绿植物，如香樟(*Cinnamomum camphora*)、女贞(*Ligustrum lucidum*)、广玉兰(*Magnolia grandiflora*)等为背景植物；为与背景植物在色彩上区分，选择落叶植物、色叶植物为图案植物，如栾树(*Koelreuteria paniculata*)、枫香(*Liquidambar formosana*)、银杏(*Ginkgo biloba*)、马褂木(*Liriodendron chinense*)等。

(2) 景观碳汇农田。以水稻(*Oryza sativa*)和油菜(*Brassica campestris*)为主要栽培作物，通过艺术化的土地肌理，形成优美而独特的视觉效果。

5）花海云林

（1）紫薇坡：紫薇官郎。以紫薇类植物形成群植效应，构成缤纷多姿的夏季景观，选择的植物有：大花紫薇（*Lagerstroemia speciosa*）、紫薇（*Lagerstroemia indica*）、银薇（*Lagerstroemia indica f. alba*）。

（2）海棠坞：海棠春坞。以蔷薇科海棠类植物形成群植效应，构成优美壮观的春天景观，选择的植物有：垂丝海棠（*Malus halliana*）、西府海棠（*Malus micromalus*）、贴梗海棠（*Chaenomeles speciosa*）、木瓜海棠（*Chaenomeles sinensis*）、金樱子（*Rosa laevigata*）、多花蔷薇等。

（3）桂花岭：丹桂飘香。以木犀科桂花类植物形成群植效应，构成秋季桂子飘香、香飘云岭的独特景观，选择的植物有：金桂（*Osmanthus fragrans* var. *thunbergii*）、银桂（*Osmanthus fragrans* var. *latifolius*）、丹桂（*Osmanthus fragrans*）、四季桂（*Osmanthus fragrans cv. Semperflo*）、刺桂（*Osmanthus heterophyllus*）等。

（4）玉兰峪：玉兰迎春。以木兰科植物中的广玉兰（*magnolia grandiflora*）、白玉兰（*Magnolia denudate*）、紫玉兰（*Magnolia liliflora*）、厚朴（*Magnolia officinalis*）、凹叶厚朴（*Magnolia officinalis subsp. biloba*）、含笑（*Michelia figo*）、乐昌含笑（*Michelia chapensis*）、黄山木兰（*Magnolia cylindrca*）等形成多样的木兰园。

来源：本节图表均引自车生泉. 安徽宁国生态农业科技示范园总体规划[R]. 2011.

参考文献

[1] 车生泉，王小明. 上海世博区域生态功能区规划研究[M]. 北京：科学出版社，2008.
[2] 车生泉. 城市生态型绿地研究[M]. 北京：科学出版社，2012.
[3] 车生泉，王玲. 安徽宁国生态农业科技示范园规划[R]. 2011.

16 生态设计技术

生态社区、生态家园、生态建筑是人居环境生态设计的主要内容。在国内外众多实践案例中，瑞典的“明日之城”、英国的沃灵顿、上海世博会零碳馆、“上海沪上·生态家”、上海生态办公楼示范项目等都是按照生态设计原则和目标设计和建造的。本章选编了“上海世博会沪上·生态家”、“上海辰山植物园雨水花园”和“上海生态示范楼”3 个案例详加说明。

16.1 上海世博会沪上·生态家生态绿化技术

沪上·生态家位于 2010 上海世博浦西 E 片区的城市最佳实践区内，是灰色、青色、白色三色为主色调的 4 层坡屋顶建筑，由上海市建筑科学院(集团)有限公司总体负责，历时两年的策划研究诞生，是唯一代表上海参展上海世博会的实物案例。以项目原型来资助上海市科委的绿色建筑示范楼，名为“沪上”则代表着这个项目立足于上海本土，专为上海的地理、气候条件量身打造的，有机地融合了江南建筑与海派建筑的元素，通过“风、光、影、绿、废”5 种主要“生态”元素的构造与技术设施的一体化设计，反映了中国上海未来绿色建筑生态、环保、低能耗的理念(该项目比同类建筑节能 60%以上)。

16.1.1 生态家绿化技术要点

沪上·生态家的绿化设计主要包含 5 个方面的内容：建筑侧立面的生态绿墙的设计、西侧建筑立面的攀援类植物设计、建筑内部“生态绿核”的设计、地面部分水池及地下一层水池中水生植物的设计、屋顶花园中整体绿化的设计。

16.1.1.1 建筑南侧立面

位于建筑南侧立面的垂直绿化是建筑的绿色外衣，使整体建筑变得灵动而富有生机。传统的墙面绿化是利用攀缘植物依附于结构物的能力，依靠攀援植物的生长来覆盖墙面，达到垂直绿化的效果。然而，这种方法的形成过程比较缓慢，要使垂直绿墙达到一定的效果，往往需要几年的时间，且实际效果难以把控，而对于南立面的窗体及采光要求则更难解决。要保证在两年以上的展示期内保持稳定的生态绿墙效果，必须找到一种全新的技术手段和施工方法来实现，面临的主要技术要点如下：

① 时间紧迫，须在短期内达到效果；

② 室外墙体上的绿化，必须能适应上海世博会期间长达一个月的梅雨天气的影响，并保证梅雨期间植物不会出现烂根、枯萎；

③ 能抵抗夏季阳光西晒造成的高温，保证植物成活；

④ 能经受上海冬季低温的考验；

⑤ 主体结构及植物能抵抗 11 级台风，保证植物及栽培介质不脱落；

⑥ 方便安装和拆卸，能满足植物及时更换的要求；

⑦ 能满足垂直墙面滴灌的要求，要求滴灌水压稳定均一；

⑧ 生态绿墙的荷载要在已有结构层允许的荷载范围之内。

16.1.1.2 生态绿核

白色镂空、爬满藤蔓植物的中庭是根据流体力学设计的。“嵌”在整座建筑之中的“生态核”，由于其独特的螺旋结构，当展馆的屋顶被打开之后，室外的风能不断地注入馆内，对四面八方的风进行“优化组合”，并通过植物过滤净化系统，使得四季室内的空气均保持畅通、清新。生态核的绿化是整个建筑的核心绿化，要求和难度较高。主要技术要点如下：

① 必须在 3 个月内达到绿化覆盖的整体效果；

② 必须考虑安装方便的问题，便于植物的拆卸和组装；

③ 必须考虑植物的遮光问题，要研究植物品种的选择；

④ 安装之后要考虑植物的养护问题，要求养护方便；

⑤ 安装要考虑到“风谷”钢结构的问题，荷载要在已有结构层允许的荷载范围之内。

16.1.1.3 地下水体区域的植物

地下水体区域的植物设计也是整体设计的亮点所在。水生植物除了点缀和修饰作用外，更重要的是通过植物所具有的净化功能来提高整个水体的净化能力。主要的技术要点如下。

① 属于景观水体，水体比较浅，且无须预留水生植物的种植槽；

② 因为处于地下水体之中，考虑到水生植物的采光问题，植物的可选择的范围更小。

16.1.1.4 屋顶花园

在屋顶花园的设计中，建筑设计采用“追光百叶”的设计，整体屋顶的采光是半通透式，所以材料选择也需慎重考虑。主要的技术要点如下。

① 屋顶的净空空间很低，植物设计时候要考虑高度问题；

② 屋顶要考虑到植物的荷载问题，植物以及覆土的荷载要在屋面的承受安全荷载之内；

③ 要考虑屋顶的排水、保水、阻根问题；

④ 考虑植物的采光问题。采光设计结合智能化信息集成管理系统，统筹自然采光。这样的系统，通过对室内外光线的感知，可以自动调控。但由于屋顶上面的“太阳能光板”及“追光百叶”的设计有一些区域还存在着采光盲点，对于植物的选择及植物的性能也要进行具体的研究。

16.1.2 生态绿化设计

16.1.2.1 建筑南侧立面的生态绿墙设计

南部外墙绿化以壁挂绿化为主体，其盎然的绿意展示了“生态”的概念(见图 16.1)。设计中运用了垂直壁挂模块技术(见图 16.2)。南侧建筑立面是沪上・生态家建筑的主要观赏面，设计中运用了渐变的色彩来形成独特的风格，其中植物选择以景天科植物和常春藤类植物为主(见图 16.3)。设计通过挂壁模块绿化、种植槽藤本植物、景天毯、绿屏等方式实现了建筑立面的大面积绿化，并且这些新型的绿化材料能够实现现场整体拼装。在夏季，墙面垂直绿化能起到一定程度的隔热作用，降低建筑物外墙表面的温度；而气候变换时，植物的种类也能够根据气温等外部因素进行调整，便捷实用而且美观。此外，建筑侧立面的垂直绿化能够净化空气，灰尘、有害气体等能够被植物吸附过过滤。

图 16.1　南部外墙绿化

图 16.2　垂直壁挂模块技术

图 16.3 绿化植物选择

16.1.2.2 西侧建筑立面的攀援类植物设计

设计西侧墙体时主要考虑到西侧的开窗比较少，于是设计了络石等上海乡土植物组合，利用细钢索将植物牵引到墙体上部锚固的做法，达到了预期的效果(见图 16.4)。

16.1.2.3 建筑内部生态绿核的设计

内部生态核的绿化设计，采用的植物是常春藤。常春藤的攀援性较好，生长快速，效果为半通透，结合光影的变化效果较适合“生态核”的效果要求(见图 16.5、图 16.6)。

16.1.2.4 水生植物设计

地面部分水池及地下水池中水生植物的设计采用了一些水生植物组合容器，以增加水体中的生物层次。此外，设计中还运用了一些鲜花类植物，以通过容器的布置来丰富水体景观(见图 16.7、图 16.8)。

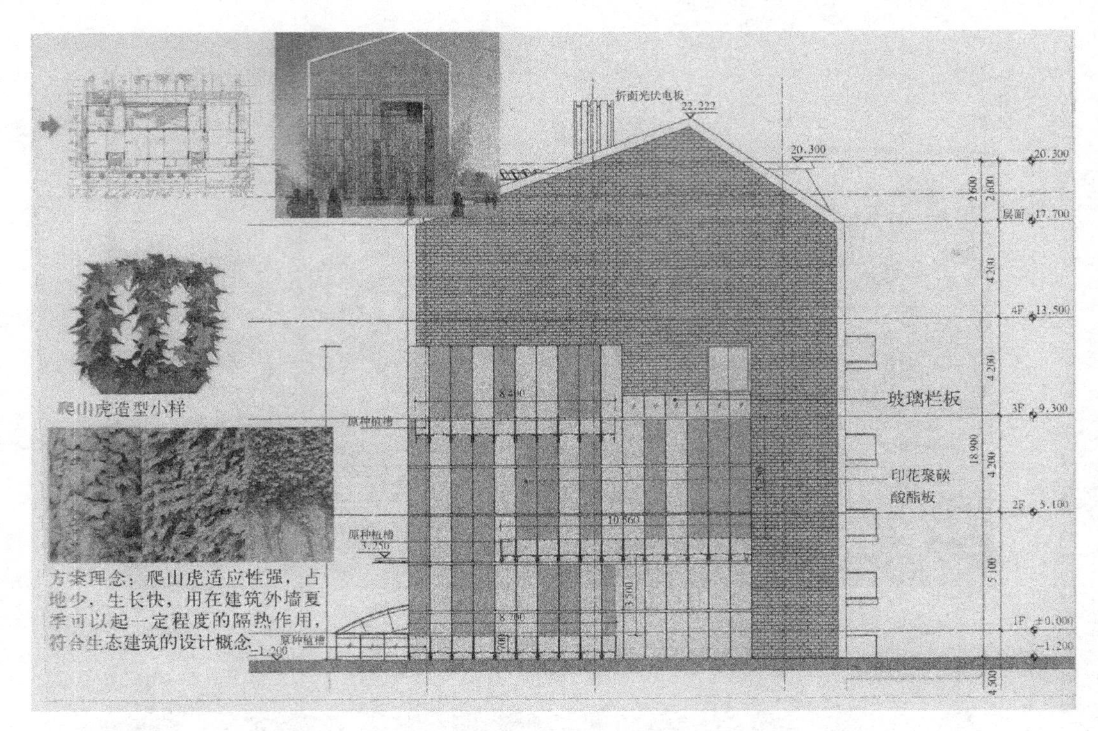

图 16.4　墙面绿化技术

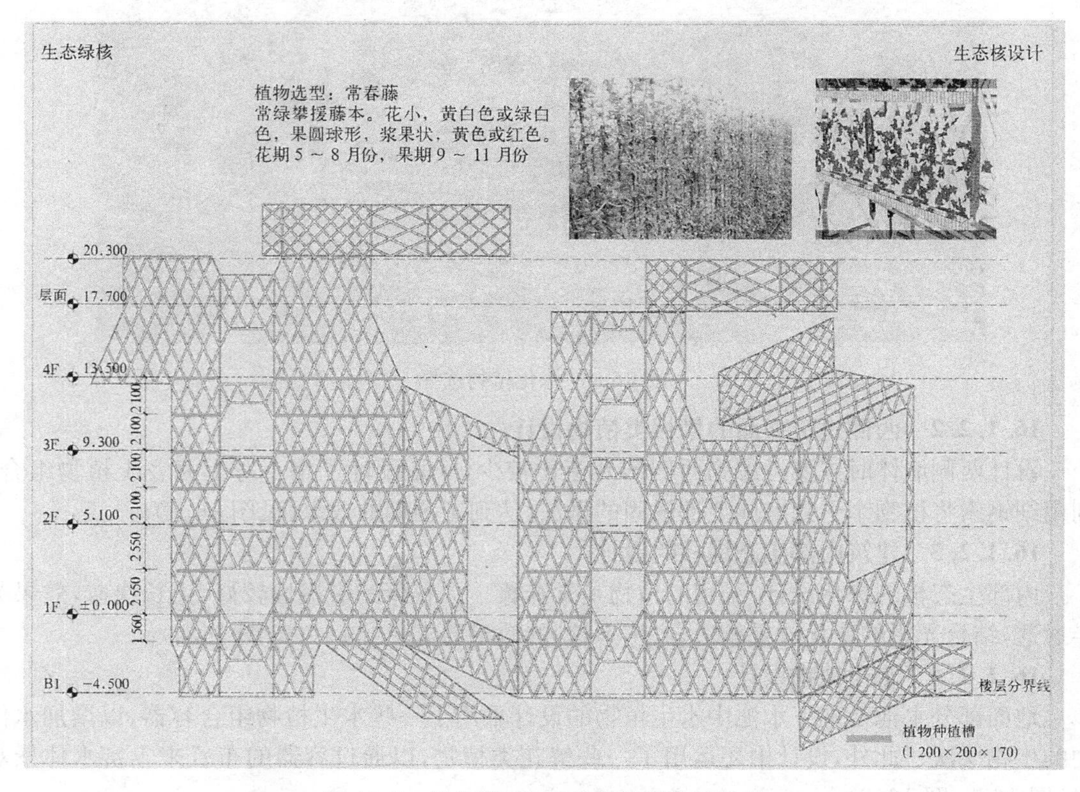

图 16.5　风谷展开面植物种植槽位置示意

图 16.6　风谷框架上攀附植物的设计效果图

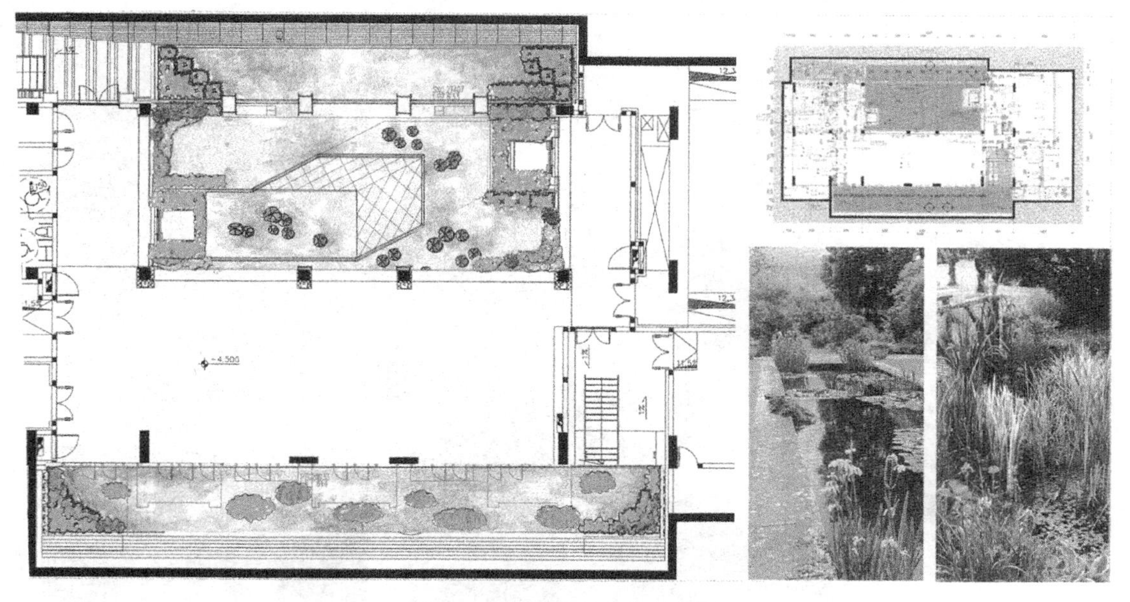

图 16.7　水生植物设计图

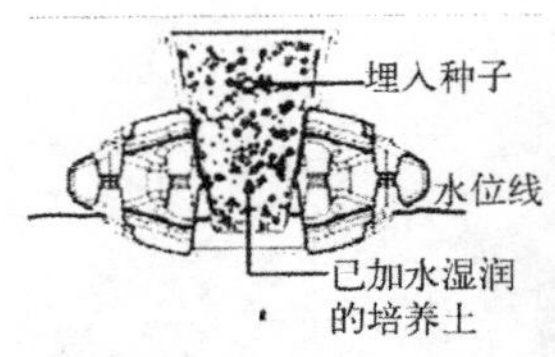

1. 播种栽培法
将种植杯填入已湿润的培养土到全满的位置并轻轻压实，埋入种子（依植物种类不同，决定种子埋入培养土中深度），然后组合种植杯与花飞碟，再将整组花飞碟与种植杯置于可照射到阳光的水面上，待种子发芽成长即可

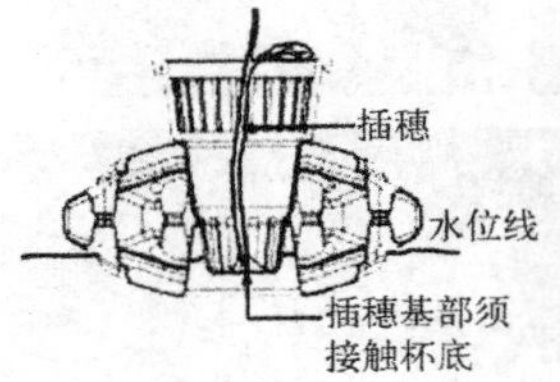

2. 扦插栽培法
直接将种植杯组合在花飞碟上，再将扦插植物放进种植杯内，插穗基部必须接触到杯底，然后将整组生态漂移水培系统置于可照射到阳光的水面上，待其生根萌芽即可

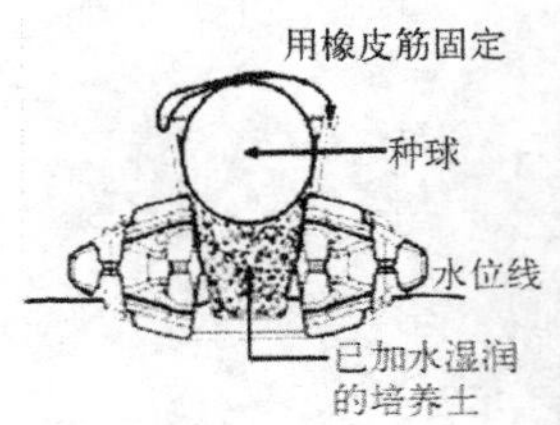

3. 种球栽培法（郁金香、夜来香……）
将种植杯填入适量已湿润的培养土，放入种球并轻轻压实，且尽可能使种球与杯缘平齐，再用 TPU 橡皮筋勾住种植杯缘 B2 扣点，以固定种球（种球底部须与培养土密切接触），并将整组花飞碟浮体与种植杯置于可照射到阳光的水面上，待种球发根成长即可开花

图 16.8　水生植物种植示意图

16.1.2.5　屋顶花园整体绿化的设计

屋顶花园的设计主要是新技术的展示，为生态家的 VIP 客户提供休憩和观赏的空间。通过模块设计叠加组合出不同的空间造型(见图 16.9)，主要内容有：

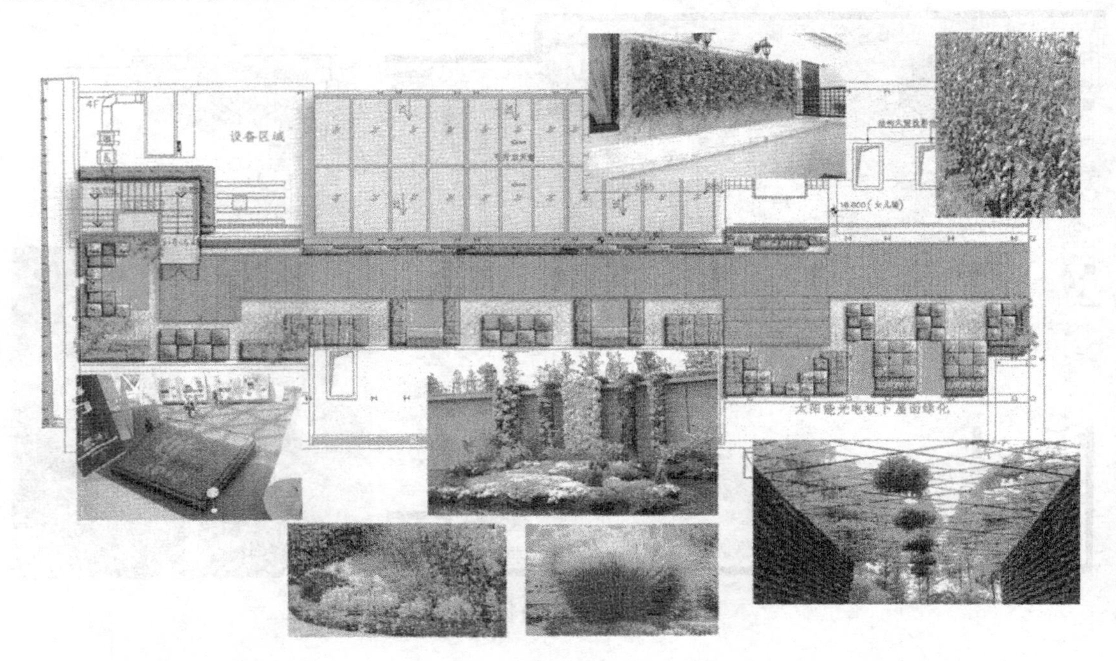

图 16.9　屋顶花园整体绿化示意

① 垂直壁挂模块展示区域；
② 景天毯的种植展示区域；
③ 拼装绿化展示区域；
④ 立体花坛展示区域；
⑤ 花境展示区域；
⑥ 可移动式绿化展示区域。

来源：本节图片均引自上海园林(集团)有限公司.上海世博会园区景观绿化建设[M].上海：上海科学技术出版社，2010.

16.2 上海辰山植物园雨水花园

上海辰山植物园位于上海市松江区辰花公路3888号，于2011年1月23日对外开放，是一座集科研、科普和观赏游览于一体的综合性植物园，有园区植物园分中心展示区、植物保育区、五大洲植物区和外围缓冲区等四大功能区，占地面积达207万 m^2，为华东地区规模最大的植物园，同时也是上海市第二座植物园(见图16.10)。

图16.10 上海辰山植物园规划设计总平面图
来源：德国瓦伦丁规划设计组合提供

16.2.1 雨水花园的营建背景

上海辰山植物园及其附近的松江地区水资源十分丰富，但所有水系均为劣Ⅴ类水质，极易出现湖面泛绿、藻类短期内爆发性增长、大量异味产生并扩散等现象，从而大大降低了辰山植物园的景观水平。

针对辰山植物园水体的现状，设计时首先将该地区丰富的地表径流汇集到园区内，控制园内水体的标高，对已经被污染的水体进行净化修复，并通过控制水体中 COD、BOD、TN 和 TP 等污染物的含量及藻类的生长(避免过度繁殖)，形成长效水体净化机制。

参考国内外以控制径流量和径流污染为目的的雨水花园的营建技术，设计时把对雨水进行收集和净化，以达到控制地表径流和全园内各个水域水位的目标考虑在内，并通过功能性植物的合理种植，构建高效的雨水花园生态系统，在达到良好景观效果的同时，全面改善植物园的水质。

16.2.2 雨水花园的营建技术

16.2.2.1 上海辰山植物园雨水花园类型

1) 以控制径流量为目的——雨水渗透型

在全园内结合场地特征进行了雨水收集设计(见图 16.11)，主要目的是收集经过初步净化的雨水作为灌溉用水，节省运营成本。同时，经过净化的雨水流入园内的景观水体，可以有效地削减进入水体的污染负荷，有利于园内总体水质的改善。

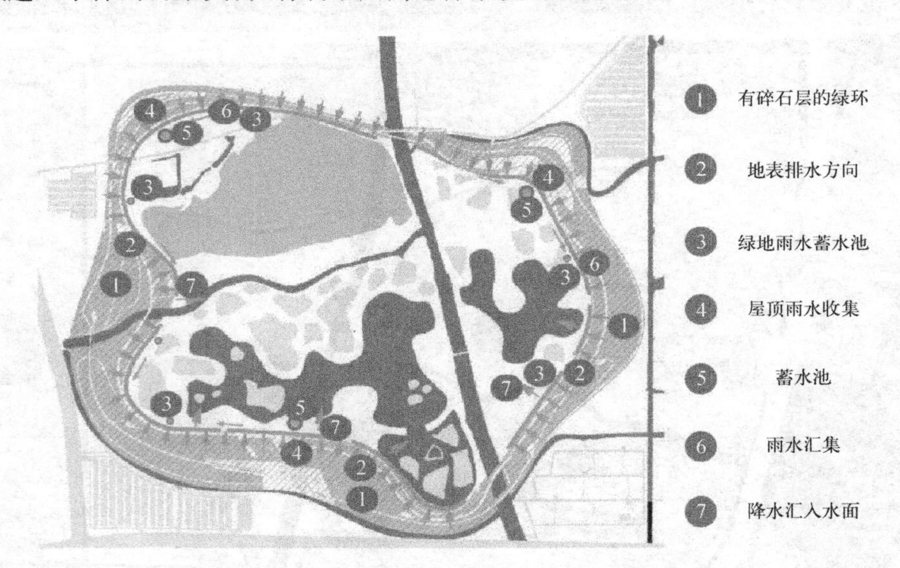

图 16.11 辰山植物园雨水收集设计示意图

其次，雨水的收集可以有效控制径流量，削减洪峰流量，并减缓雨水对地表的冲击。这对“绿环”的地形堆筑尤为重要，由于“绿环”的边坡坡脚 70%的区域接近 45°，远大于 23.5°的土体自然安息角，易发生滑坡。因此，必须通过控制径流量来减缓地表冲刷，这对稳定“绿环”的结构非常重要。

辰山植物园主要通过“绿环”和温室屋顶进行雨水收集，并作为园区内灌溉的备用水。其中，对绿环的处理是在地基上铺设碎石层、排水管及雨水汇集管，从而起到收集雨水的作用，绿环雨水收集剖面构造见图 16.12。

辰山植物园绿环的雨水收集流程如图 16.13 所示，即初始雨水在经过地表土和碎石层

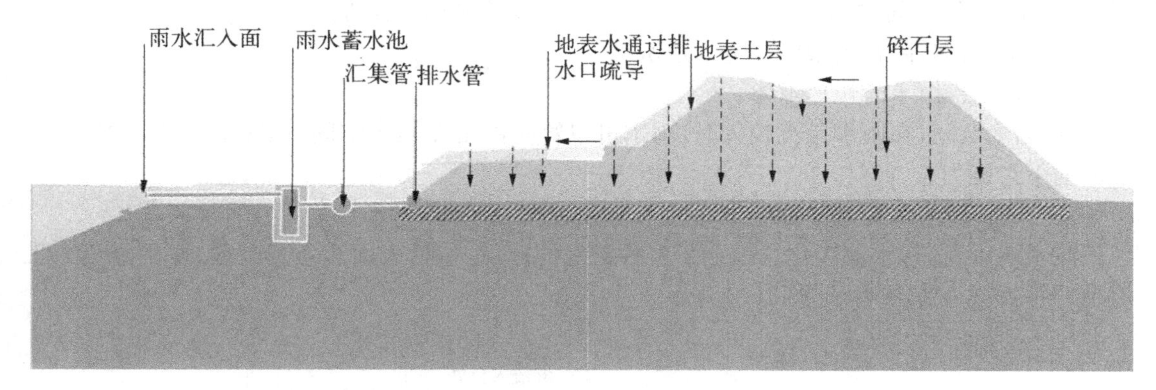

图 16.12　绿环雨水收集剖面构造图

后，土层和碎石可以将雨水中的固体污染物及颗粒较大的胶体颗粒吸附，使雨水得到初步净化。然后，“绿环”各处的雨水将顺着排水管和汇集管汇流到蓄水池，蓄水池中的水可以流入景观水体，改善园内水质或直接作为灌溉用水，节省园内的灌溉用水量。

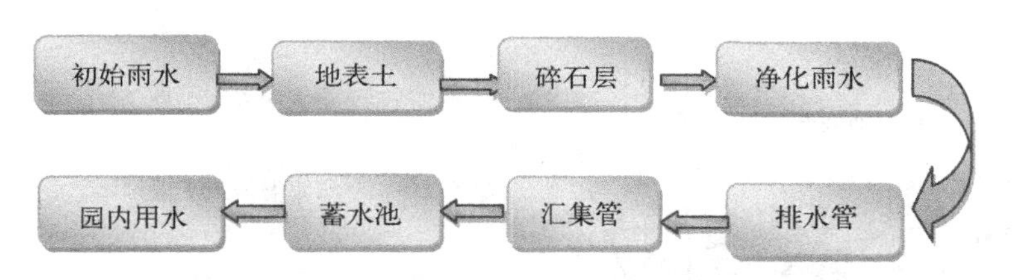

图 16.13　绿环雨水收集流程图

“绿环”的雨水收集功能为园内的水体储存了水质较好的降水，而每年通过温室屋顶雨水收集又可回用 400 t 的雨水，可供 7 d 温室植物浇灌用量，一定程度上节约了运营成本。

2) 以控制径流污染为目的——雨水收集型

为了有效改善园内景观水体的水质，植物园在部分区域，特别是水体边缘，结合雨水花园技术和人工湿地技术来控制径流污染，对水质进行生态修复。主要需要控制的径流污染物包括地表的 COD、BOD_5、Hg 等重金属，以及通过大气进入雨水径流的降尘、酸雨和氮氧化物(NO_x)。

以控制径流污染为主的雨水花园通过利用植物及其下垫面的处理来达到去污的效果(见图 16.14)。由图可知：

图 16.14　辰山植物园雨水花园构造示意图

① 植被层，主要栽植去污能力强、抗逆性较好的植物，能对径流中重金属离子、营养物进行吸收和吸附；同时，植被可以吸附空气中的尘埃，抑止扬尘，吸收空气中的有害气体。

② 腐殖土层，为植被层提供营养，同时通过土壤吸附对雨水中的总悬浮物(SS)等进行吸

附，过滤雨水径流；同时，微生物作用可以去除油类物质及病原体等。

③ 土工布层，防止土壤颗粒进入透水层。

④ 透水层，雨水能快速下渗。

⑤ 储水空间，在雨水径流较大时，雨水可以暂时停留在储水空间，以缓解渗透压力，增大径流的下渗能力。

⑥ 渗透层，雨水经过渗透层最终进入地下，并得到有效净化。

除了雨水花园，水体净化也结合了多种湿地的建设，包括表面流人工湿地、水平潜流人工湿地和垂直流人工湿地（见图 16.15）。

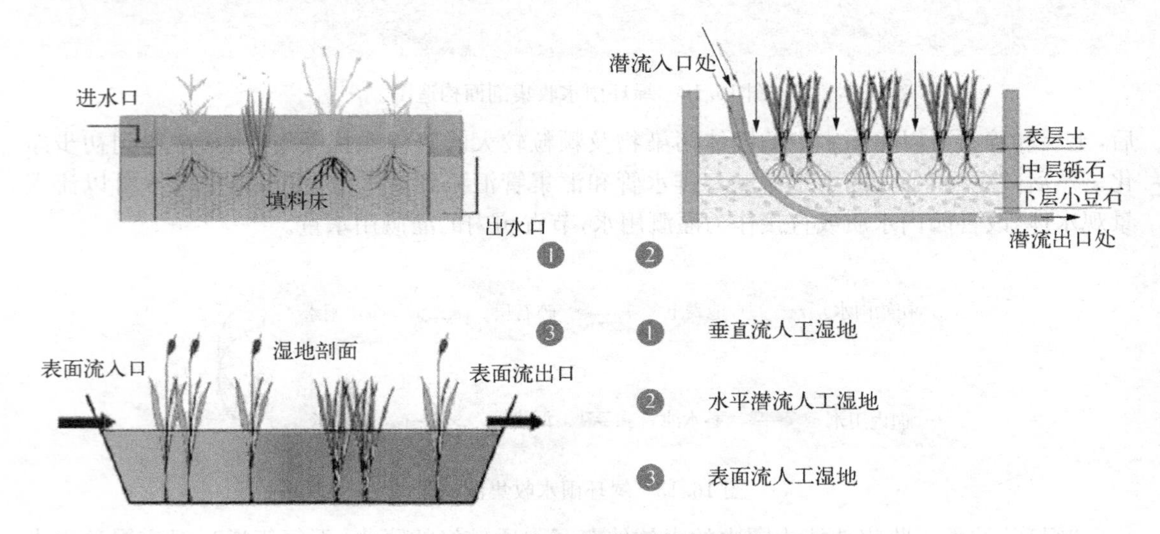

图 16.15　不同湿地类型构造示意图

表面流人工湿地中绝大部分有机污染物的去除是依靠水下植物茎秆上的生物膜来完成的，处理能力较低。在水平潜流湿地系统的运行过程中，污水经配水系统在湿地的一端均匀地进入填料床植物的根区，经过净化后的出水由湿地末端的集水区中铺设的集水管收集后排出处理系统，出水的水质优于传统的二级生物处理。垂直流湿地中的水流综合了地表流湿地系统和潜流湿地系统的特性，水流在填料床中基本上呈由上而下的垂直流动，水流流经床体后被铺设在出水端底部的集水管收集并排出处理系统。目前，国内外处理富营养景观水体和受污染的河道水体时，通常采用表面流人工湿地和水平潜流人工湿地相结合的滤床系统，以取得良好的净化效果。

16.2.2.2　雨水花园植物配置技术

1）雨水花园植物选择

辰山植物园雨水花园植物选择的前提是科研功能与休闲观赏功能相结合，既凸显水生植物的多样性，又要为公众提供具有科普教育意义的植物景观。植物的选择主要从两个方面出发：一是功能性植物，能够有效去除污染物，构建人工湿地以及水生植物群落；二是观赏性的水生植物，满足人们对多样性水生植物观赏的需求。

（1）净化功能性植物选择。雨水花园的功能性植物群落以水体污染治理、污水净化和促进生态系统的建立和完善为主要目标，要求耐污能力和生态效益良好。水湿生植物的水质净化及修复功能主要表现为：改善和净化水质，去除 N、P，控制水体富营养化、吸收和富集重金属等方面。在表16.1中列举了辰山水生专类园可净化修复水质的部分水生植物种类。

表16.1 辰山水生专类园可净化修复水质的部分水生植物

种名	科名	属名	学名	功能
凤眼莲	雨久花科	凤眼莲属	*Eichhornia crassipes*	繁殖能力强,除氮效果好
金鱼藻	金鱼藻科	金鱼藻属	*Ceratophyllum demersum*	除氮、磷效果好,抗逆性一般
大漂	天南星科	大漂属	*Pistia stratiotes*	繁殖能力强,除氮效果好
慈姑	泽泻科	慈姑属	*Sagittaria trifolia* var. *sinensis*	除氮、磷效果好,抗逆性强
满江红	满江红科	满江红属	*Azolla imbricata*	除氮、磷效果好,抗逆性强
微齿眼子菜	眼子菜科	眼子菜属	*Potamogeton maackianus*	除氮、磷效果一般,适用性强
菹草	眼子菜科	眼子菜属	*Potamogeton crispus*	除氮、磷效果好,抗逆性中等
伊乐藻	水鳖科	伊乐藻属	*Elodea Canadensis*	除氮、磷效果好,抗逆性强
菱角	菱科	菱属	*Trapa japonica*	除氮、磷效果好,抗逆性强
茭白	禾本科	菰属	*Zizania latifolia* (Griseb.) *Stapf*	对Mn、Zn等有富集作用,除BOD_5效果好
香根草	禾本科	香根草属	*Vetiveria zizanioides*	根茎粗壮,较耐旱
芦苇	禾本科	芦苇属	*Phragmites australis*	根系发达,传氧能力强,除COD效果好,抗逆性强
香蒲	香蒲科	香蒲属	*Typha orientalis*	根系发达,除COD和氨态氮效果好

(2) 观赏性水生植物选择。在满足功能需求的同时,为了营造良好的景观效果,设计需要选择观赏特征明显的(如优美的姿态、绚丽的色彩、不同质感的)植物。同时,地带性水生、湿生植物的应用可以凸显乡土野趣和低于特征。表16.2列举了辰山植物园造景可以选择的部分水生植物种类。

表16.2 辰山水生专类园部分观赏性水生植物

种名	科名	属名	学名	园林利用
鸢尾	鸢尾科	鸢尾属	*Iris pseudacorus*	适宜水景岸边
菱	菱科	菱属	*Trapa bispinosa*	水面绿化
莲	睡莲科	莲属	*Nelumbo nucifera*	水面绿化、点缀亭榭
睡莲	睡莲科	睡莲属	*Nymphaea tetragona*	庭院水面观赏花卉
王莲	睡莲科	王莲属	*Victoria amazornica*	绿化水面,形大而色艳
千屈菜	千屈菜科	千屈菜属	*Lythrum salicaria*	多用水边丛植,也做水生花卉园花境背景
萍蓬草	睡莲科	萍蓬草属	*Nuphar pumilum*	常遍植于湖面,也可点缀池塘、桥头、亭边
水葱	莎草科	藨草属	*Scirpus validus*	常以丛植或遍植点缀亭、桥附近;或作湿地植物用

（续表）

种名	科名	属名	学　名	园 林 利 用
气泡椒草	天南星科		*Cryptocoryne balansae*	作沉水景观的前中景布置
黄花鸢尾	鸢尾科	鸢尾属	*Iris pseudacorus*	栽植水湿洼地、池边湖畔
芡实	睡莲科	芡属	*Euryaie ferox*	观叶水景植物
美人蕉	美人蕉科	美人蕉属	*Canna generali*	常植于岸边水间，也可布置水面，色彩艳丽
再力花	竹芋科	再力花属	*Thalia dealbata*	株型美观洒脱，叶色翠绿可爱
莼菜	睡莲科	莼属	*Brasenia schreberi*	水面绿化
荇菜	龙胆科	荇菜属	*Nymphoides peltatum*	点缀水面
梭鱼草	雨久花科	梭鱼草属	*Pontederia cordata*	河道两侧、池塘四周、人工湿地
雨久花	雨久花科	雨久花属	*Monochoria morsakowii*	花叶俱佳，布置于临水池塘，十分别致
大薸	天南星科	大薸属	*Pistiastratiotes*	点缀水面
芦苇	禾本科	芦苇属	*Phragmites communis*	公园的湖边一角，主要做后景材料水面绿化
慈姑	泽泻科	慈姑属	*Chinese arrowhea*	成片植于池塘的水际边，也可3～5株点缀石隙间

2）雨水花园的植物配置

(1) 功能性的植物配置。功能性的植物配置主要针对下述两种区域：

① 在以控制径流量为主的区域。以辰山植物园中“绿环”的植物配置为例，上木栽植深根性植物，如榉树（*Zelkova serrata*）、黄连木（*Pistacia chinensis*）、无患子（*Sapindus mukorossi*）、朴树（*Celtis sinensis*）等乔木，下木以耐践踏、深根性、抗逆性强的老虎皮（*Zoysia japonica*）和果岭草（*Cynodon dactylon*）作草坪，结合观赏性草本植物如紫娇花（*Tulbaghia violacea*）、粉花美女樱（*Verbena hybrida*）、萱草（*Hemerocallis fulva*）、丛生福禄考（*Phlox subulata*）构成缀花草坪，同时通过匍枝亮绿忍冬（*Lonicera nitida* “Maigrun”）、木芙蓉（*Hibiscus mutabilis*）、木槿（*Hibiscus syriacus*）、美国金钟连翘（*Forsythia intermedia* Zabel）、火焰南天竹（*Nandina domestica* “Firepower”）等灌木分隔空间。从乔灌草3个方面综合配置，一方面防止水土流失，稳土护坡，滞留雨水、促进地表径流下渗；另一方面提高植物群落的美景度，丰富景观空间层次。

② 以控制径流污染为主的区域。以辰山植物园的滨水湿地区的植物配植为例，植物选择以去污力强、抗逆性强的植物为主。上木选择池杉、落羽杉、水杉、垂柳等耐水湿的乔木，下木选择芦苇（*Phragmites australis*）、香蒲（*Typha orientalis*）、灯心草（*Juncus effusus*）、苔草（*Carex tristachya*）等适应能力强、净化能力高的基础植被，在沿岸地区成片种植。随着水质的改善，在浅水区和深水区选择净化能力相对较弱的植物，如菱角（*Trapa Japonica*）、菹草（*Potamogeton crispus*）、微齿眼子菜（*Potamogeton maackianus*）、睡莲（*Nymphaea tetragona*）等，同时在水体中引入鱼类、蛙类等动物，构建较完整的生态群落。

(2) 景观性的植物配置。为了提高环境的景观美景度，选择的植物应与雨水花园的构造相结合，以营造观赏性较高的绿地空间，且选择的观赏性植物应该避免与净化植物构成竞争关系。

辰山植物园中景观性植物的重点配置区域位于人流量比较大的水边及观赏性区域，如西湖岸边及水生专类园。在西湖的岸边，根据生境条件不同，植物配置从水体到岸边依次栽植沉水植物、浮水植物、挺水植物、湿生植物、陆生植物(见图 16.16)，一方面展示了植物自然演化的过程，另一方面营造不同层次的景观空间。例如，最底层为沉水植物，浮水植物次之，挺水植物和岸边的湿生灌木再次之，最后是湿地乔木和陆生乔木。在挺水植物和湿生林之间的湿生草类区、陆生植物及湿生植物之间的缀花草坪穿插其间。这样，横向空间的疏密有致及竖向空间的高低错落能够塑造丰富的空间体验。

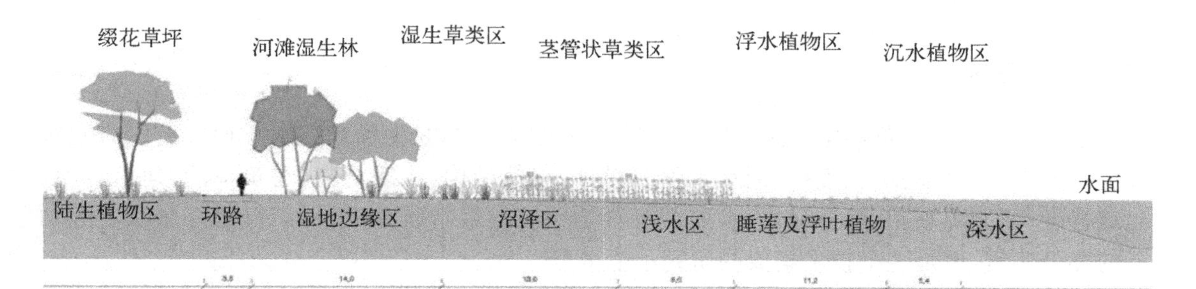

图 16.16 辰山植物园雨水花园部分景观剖面示意图

为了提高景观的观赏性，应综合考虑植物的姿态、色彩、质感、花期的搭配；同时根据植物园的游憩特性，通过视觉、听觉、味觉、触觉等不同的感官，普及生态学、植物学等相关知识，通过亲身的触摸、观察、实践，形成多重感知体验(见图 16.17)。

图 16.17 辰山植物园雨水花园实景图

辰山植物园的雨水花园的设计，在因地制宜方面，根据不同的场地特征，设计雨水收集和净化设施，如温室、“绿环”的雨水收集系统和水体周边的雨水净化系统；在生境营造方面，通过水位控制，为雨水花园中不同层次的植物提供适宜的生境条件。上述设计在生态功能上收集了降水，节省了灌溉用水，净化了雨水，削减了进入水体的污染负荷，改善了水体的水质，为植物园的运营节省了成本；在景观效果上，植物的配植师法自然，并结合场地特征营造空间层次丰富、景观美景度高的景观效果。

16.3 上海生态办公示范楼

16.3.1 概况

上海生态办公示范楼位于闵行区莘庄科技发展园区内，是上海建筑科学研究院结合建筑环境研究中心所做的示范工程，汇集了建筑设计、建筑结构、建筑材料、建筑节能、建筑环境、建筑智能、新能源利用、园林绿化、水处理等科学领域的最新研究成果，不仅是一个有实际功能的办公建筑，更是一个技术集成的研究示范平台。

16.3.2 生态建筑设计

建筑设计上将环境生态学与生物气候学的理论相结合。示范楼基地形状呈梯形，东西长；建筑为南北向，主入口设在东西向；南面开挖大面积景观水池，延续了江南地区“临水而居”的传统，有效调节了小气候(见图 16.18)。

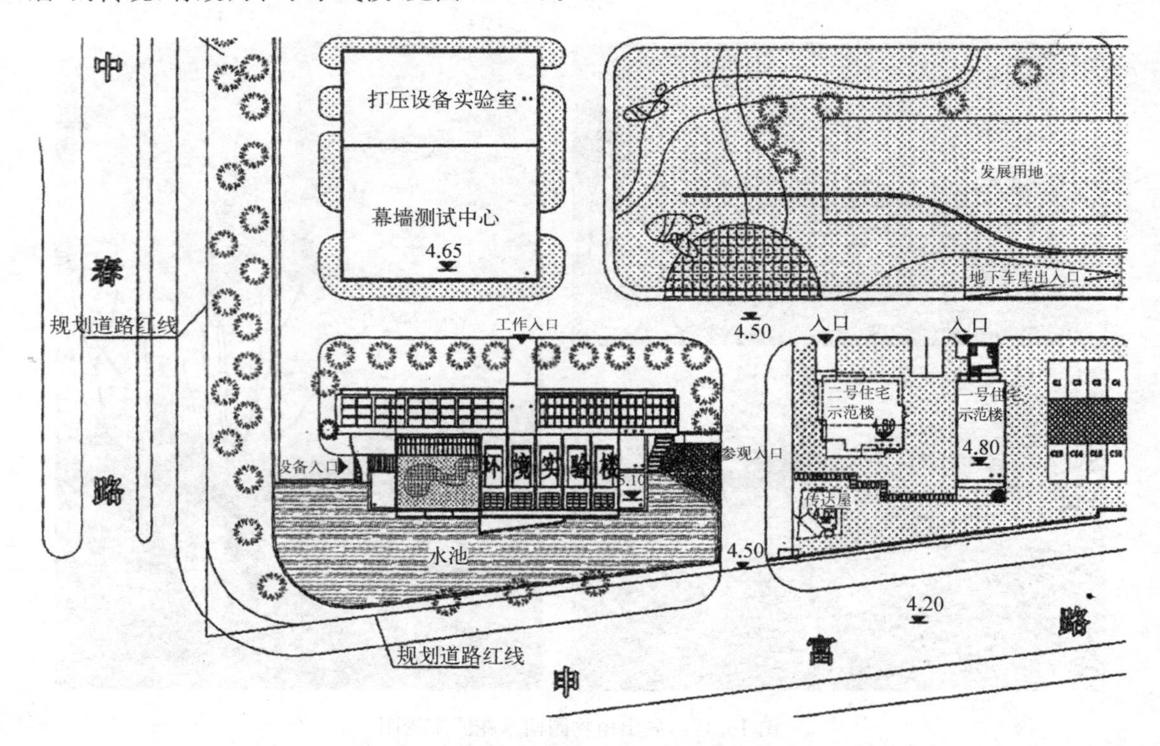

图 16.18 上海生态办公示范楼总平面图

16.3.2.1 形态

示范楼整体造型为斜坡型，南低北高，南部两层，北部 3 层。这种典型的斜坡造型能更好地吸收和利用太阳能，同时大坡顶也具有中国传统建筑举架的特色(见图 16.19)。建筑平面呈“凸”形，北墙平整，南墙中部凸起。这种凸形平面是为了减弱西北风对入口的影响，也有利于接纳东南向的凉风。示范楼大部分主要用房朝向正南，有利于阳光的采集和通风(见图 16.20)。

图 16.19 上海生态办公示范楼建筑整体造型

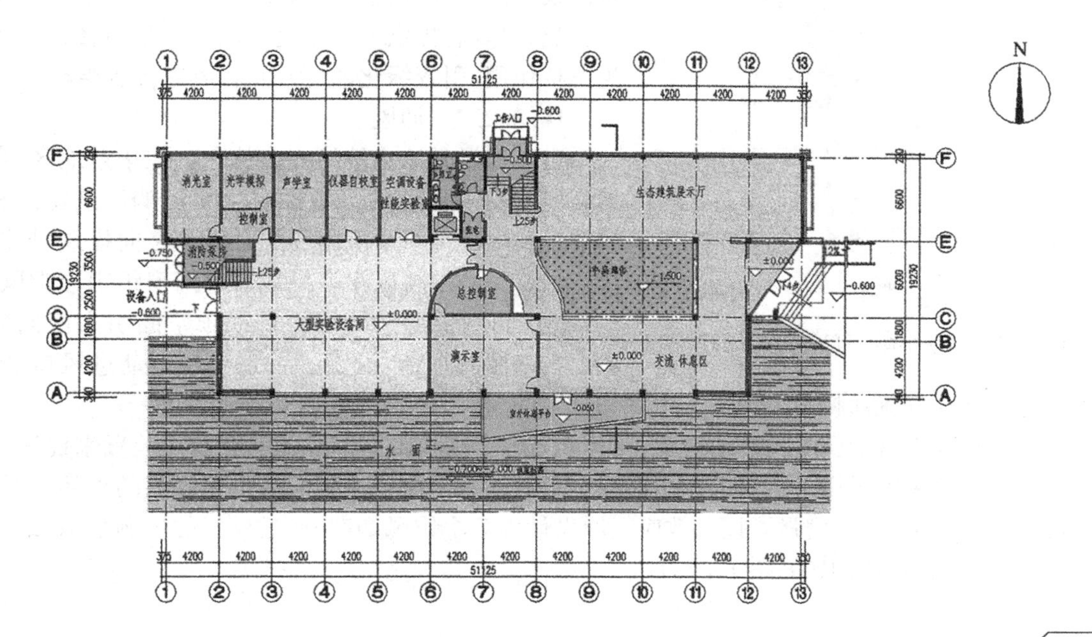

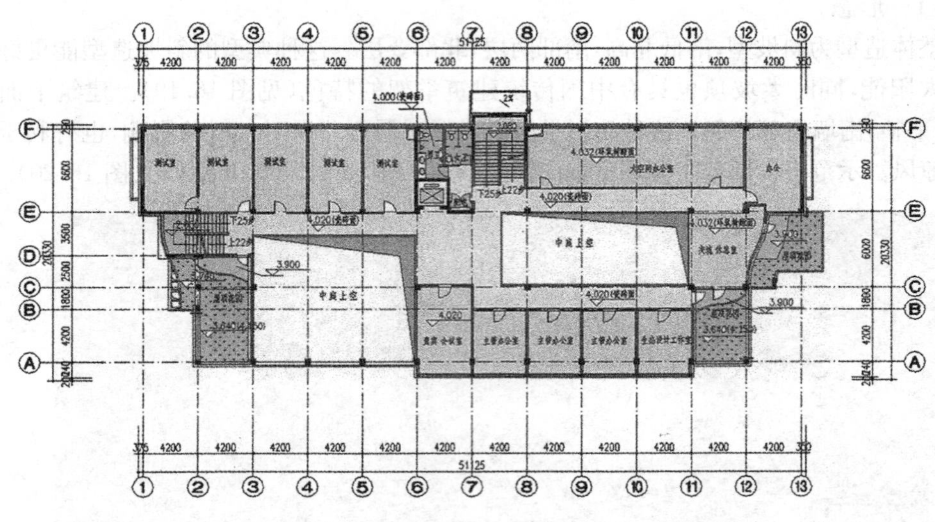

图 16.20　上海生态办公示范楼一两层平面

建筑设计综合考虑了建筑外观、视野、保温、采光和通风等各方面要求，并通过节能软件动态分析，为建筑确定了合理的窗墙比，其综合窗墙比为 0.30，南窗为北窗的 2～3 倍，南向 0.59、北向 0.14、西向 0.14。

16.3.2.2　空间

示范楼供建筑科学院建筑环境研究中心的员工使用，其功能用房有办公室、设计工作室、实验室、测试室、展厅和休息厅等。在空间组织上，不但考虑了功能和交通要求，也考虑了气候和周围环境的影响。整个建筑分为东西两区，东区为展示、办公区；西区为实验室、测试区。南面以楼梯间、设备间和测试室作为热缓冲空间。在景观环境较好的南部，安排了交流休息厅、主管办公室等。东区设置的共享中庭是整个建筑的核心。中庭为工作人员、参观者提供了一个交流场所。示范楼发挥了生态核作用，引入绿化、太阳、光和风等自然要素。

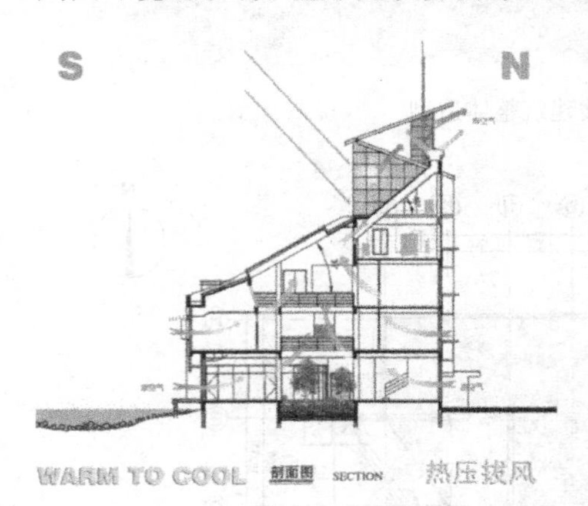

图 16.21　剖面示意：穿堂风与竖向拔风

16.3.2.3　通风

自然通风是该建筑的一大特色。在华东地区，自然通风对室内环境的舒适性有重要影响。该建筑利用热压和风压组织了室内的穿堂风和竖向拔风（见图 16.21）。一两层可以很容易地通过门窗组织穿堂风。3 层的房间则要通过 2 层上部吊顶空间引入南面的风。在南墙的顶部，设置了一条带状电动进风口，室内竹片百叶让气流通畅无阻地进入中庭和 3 层的房间。

中庭顶部设有 80 cm 高的通风窗，可以电动控制启闭，并利用太阳能加热装置来促进自然通风。加热装置运用了富余的太阳能热水资源。太阳能集热拔风塔位于 3 层的顶部，加热期使出风口保持负压，增强了拔风效应。原设计为 5 个拔风烟囱，通过反复的风洞模拟，最后改成通长的倾斜通风道（见图 16.22）。

图 16.22 被动式拔风塔

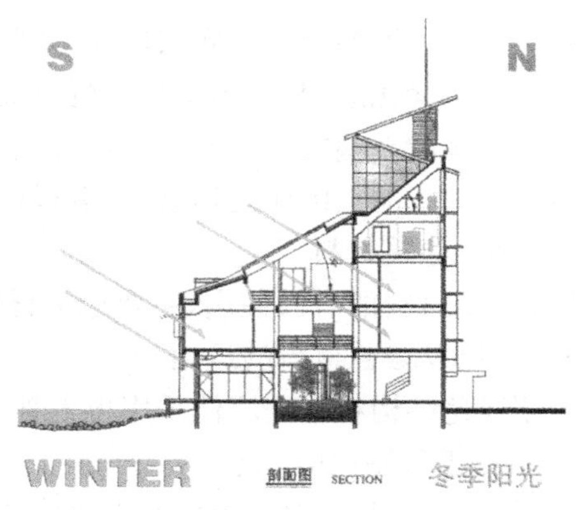

图 16.23 中庭天窗

16.3.2.4 采光

该建筑主要空间都保证有充足、均匀的天然采光，保证在非重阴天全部依赖日光照明。建筑中庭 5 个条形天窗是实现无影化双向天然采光的重要设计策略(见图 16.23)。

16.3.2.5 遮阳

示范楼采用了多种形式的遮阳设计，主要包括：

① 南向设计铝合金大型水平百叶遮阳，其百叶形式有固定角度和可调节角度两种(见图 16.24)。可调节百叶的叶片在 0°～103°之间旋转，以适应太阳照射角的变化。根据上海太阳入射的角度，确定合理的百叶间距为 300 mm。

图 16.24 南面大型百叶和中型百叶

② 西向设置铝合金竖直百叶帘，这种新型遮阳百叶，其叶片角度可以调节，以遮挡西向低角度阳光。百叶帘还具备向上叠收和遇强风时自动收回的功能。

③ 中庭天窗上安置轨道式遮阳篷，材料为透光性强的化纤布，遮阳篷由电脑控制启闭。

④ 利用2层出挑的形体为底层玻璃遮阳。

⑤ 利用屋顶绿化遮阳，利用屋顶混凝土葡萄架为东侧的休息室遮阳。

⑥ 屋顶花园的玻璃门上方安装了折臂式遮阳篷。

⑦ 屋顶大面积的太阳能集热器、光电板也为建筑提供了遮阳。

16.3.2.6 建筑材料

示范楼注重材料的有效使用，主要包括材料的减少使用(reduce)、重新使用(reuse)、循环使用(recycle)以及绿色材料的运用。

① 采用绿色结构材料。墙体采用再生骨料混凝土空心砌块，基础采用再生混凝土，并采用再生骨料、粉煤灰制成的砂浆。

② 使用旧木屋架、木地板用做非承重构件，如外墙隔栅等。选用废弃木材加工制成的科技木作为室内扶手。

③ 低含能自然材料的使用。用速生的、成材快、质感自然的竹片制作室内通风百叶。

④ 装修材料全部采用环保低挥发性材料，如健康内墙涂料、水性木器漆、环保细木板等。

16.3.3 节能措施及能源利用

该项目主要的节能策略包括采用低能耗围护结构、太阳能利用技术、自然通风、采光和高效率空调、合适的墙窗比等。

16.3.3.1 低能耗围护结构

示范楼采用了多种围护结构构造体系，包括4种复合墙体保温体系，3种复合型屋面保温体系，双层中空玻璃Low-E窗。东、西墙采用了中填高效保温层的新型复合外墙体系；南、北墙为聚苯板保温体系。绿化屋顶为倒置式保温体系，采用耐植物根系腐蚀的XPS板和泡沫玻璃板两种材料，配合土壤层和植物层，大大增加了屋顶的保温隔热性能。没有绿化的屋面则采用硬质泡沫塑料为保温层。建筑外门窗均采用断热铝合金中空Low-E门窗，而大窗则采用了3层玻璃Low-E窗，即有自净功能的安全玻璃。

16.3.3.2 太阳能采集与利用

该项目中太阳能集热器集多功能为一体，可以为热水型吸收式空调、地板采暖、通风散热片提供热源，还可供应室内热水(见图16.25)。其分时段策略使太阳热能在全年得到充分的利用。在冬季，太阳热能供应给地板采暖系统；过渡季节，利用太阳能强化自然通风；在夏季，则利用太阳能吸收式空调负担部分冷负荷。这种新技术打破了太阳能集热器单一热水供应的状况。示范楼选用了高效率的多晶硅光电板，PV板功率为5 kW。产生的电量可与市政电网联网，节省了昂贵的蓄电池费用。经能耗模拟计算，该建筑每年能耗将降为30 kWh/m^2，与未采用节能措施的办公室每年能耗为102 kWh/m^{2}相比，节能率高达70.7%。

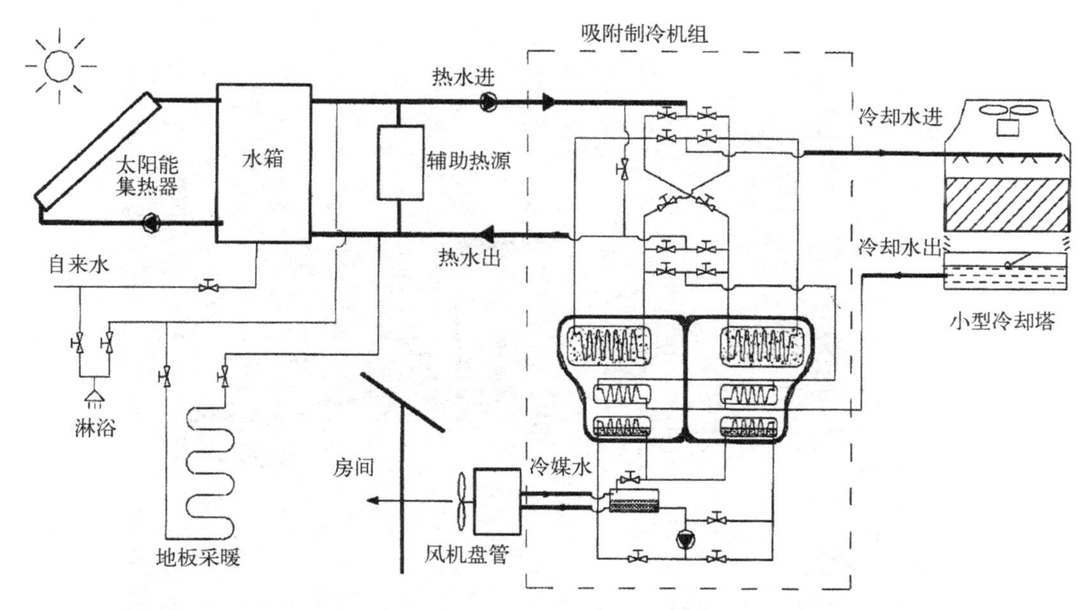

图 16.25　中型太阳能热水型吸附式空调、采暖复合系统

16.3.4　水与水资源利用

雨污水回用、景观水质修复系统和节水型卫浴为示范楼水资源利用的 3 项主要策略。

16.3.4.1　雨污水回用

雨污水回用技术系统设计的回用率高达 60%～80%。污水水源来自示范楼的雨污水和附近幕墙检测中心的实验冲淋水、雨污水。处理后的水用于道路清洁、绿化浇灌、景观用水和冲厕，既节省了水资源，又实现了雨污水就地无害化处理，且设施占地小，仅为 20 m^2。

16.3.4.2　景观水质修复

景观水质修复系统结合绿化来保持和修复水质。活性生物滤床是该系统的核心。其由空隙率很高的活性填料组成，大量微生物附着其上形成了生物膜。污水滤过时，污染物被生物膜上的微生物吸收，并产生洁净的再生水。设计选用上海本地有净水和美化功能的水生植物，如金鱼藻、睡莲、黄菖蒲、萍逢草等。此外，设计师还采用了水体除藻技术，为景观水池定期除藻。这些策略和技术对景观水质的净化和维持起到了重要的作用。

16.3.5　户外环境设计

建筑选址位于科技园区邻入口处，既方便参观，也保证了后期开发用地的完整性。该项目总绿化面积达 1 750 m^2，生态水景面积约为 1 000 m^2。景观绿化设计充分考虑到了对水土的保护和修复，采用形式多样的驳岸，缓坡入水减少径流冲刷，陡坡以杉木桩、卵石为驳岸，防止土壤流失。池岸边种植水生植物，在净化水体、丰富驳岸景观的同时，也可以稳固土壤，抑制暴雨径流对驳岸的冲刷。

大面积的绿化和 8 个屋顶花园在发挥遮阳、降噪作用的同时，也营造了舒适的小环境（见图 16.26）。从综合的角度来看，绿化有助于减低建成区与非建成区的热工梯度效应，也在细微处起到保护流域水资源的作用。

图 16.26　南面大型百叶和中型百叶

来源：本节图片均引自韩继红.上海生态建筑示范工程生态办公室示范楼[M].北京：中国建筑工业出版社，2005.

参 考 文 献

[1]　韩继红.上海生态建筑示范工程生态办公室示范楼[M].北京：中国建筑工业出版社，2005.

[2]　上海园林(集团)有限公司.上海世博会园区景观绿化建设[M].上海：上海科学技术出版社，2010.

[3]　王爱民，李新国，谢进南.2010世博上海案例“沪上生态家”——建筑节能设计与海派建筑元素融入调研剖析[J].中国名城，2010，9(25)：37－41.